广视角·全方位·多品种

皮书系列为“十二五”国家重点图书出版规划项目

权威·前沿·原创

生态城市绿皮书

GREEN BOOK OF ECO-CITIES

中国生态城市建设发展报告（2012）

THE REPORT ON THE DEVELOPMENT OF CHINA'S ECO-CITIES (2012)

顾　问／王伟光　刘永富　陆大道　王兴隆
主　编／李景源　孙伟平　刘举科
副主编／杨通进　胡文臻　曾　刚　常国华

社会科学文献出版社
SOCIAL SCIENCES ACADEMIC PRESS (CHINA)

图书在版编目（CIP）数据

中国生态城市建设发展报告. 2012/李景源，孙伟平，刘举科主编. —北京：社会科学文献出版社，2012.3
（生态城市绿皮书）
ISBN 978-7-5097-3184-0

Ⅰ.①中… Ⅱ.①李… ②孙… ③刘… Ⅲ.①城市环境-生态环境建设-研究报告-中国-2012 Ⅳ.①X321.2

中国版本图书馆 CIP 数据核字（2012）第 032477 号

生态城市绿皮书
中国生态城市建设发展报告（2012）

主　　编／李景源　孙伟平　刘举科
副 主 编／杨通进　胡文臻　曾　刚　常国华

出 版 人／谢寿光
出 版 者／社会科学文献出版社
地　　址／北京市西城区北三环中路甲 29 号院 3 号楼华龙大厦
邮政编码／100029

责任部门／社会政法分社（010）59367156
电子信箱／shekebu@ssap.cn
项目统筹／王　绯
责任编辑／赵慧英　关晶焱
责任校对／吕伟忠
责任印制／岳　阳
总 经 销／社会科学文献出版社发行部（010）59367081　59367089
读者服务／读者服务中心（010）59367028

印　　装／北京季蜂印刷有限公司
开　　本／787mm×1092mm　1/16
印　　张／38.5
版　　次／2012 年 3 月第 1 版
字　　数／666 千字
印　　次／2012 年 3 月第 1 次印刷
书　　号／ISBN 978-7-5097-3184-0
定　　价／128.00 元

生态城市绿皮书编委会

主要编撰者简介

李景源 男，全国政协委员。中国社会科学院学部委员、文史哲学部副主任，中国社会科学院文化研究中心主任，《哲学研究》主编，哲学研究所前所长，研究员、教授、博士生导师。中央马克思主义理论研究与建设工程“马克思主义哲学”首席专家。

孙伟平 男，中国社会科学院社会发展研究中心主任，中国社会科学院哲学研究所副所长，中国辩证唯物主义研究会副会长，博士、研究员、教授、博士生导师。

刘举科 男，甘肃省城市发展研究院副院长，兰州城市学院副院长，甘肃中国传统文化研究会副会长，教授，享受国务院政府特殊津贴专家。

杨通进 男，中国社会科学院社会发展研究中心副主任，哲学研究所研究员，博士，教授。联合国教科文组织环境伦理专家组成员。

胡文臻 男，中国社会科学院社会发展研究中心副主任，文化研究中心副主任，特约研究员，博士。

曾　刚 男，华东师范大学城市与区域规划研究院院长，国家自然科学基金委员会特聘专家，中国城市规划学会理事，中国自然资源学会理事，教授，博士生导师。

常国华 女，兰州城市学院化学与环境科学学院副教授，环境科学博士。

摘 要

生态文明是人类文明的高级形态。生态城市是依照生态文明理念，按照生态学原则建立的自然、经济、社会和人的协调发展的新型城市，是中国城市化发展的必由之路。生态城市建设对于促进文明范式转型，提高城市居民生活质量和水平，具有重大战略意义。

《中国生态城市建设发展报告》是针对生态环境日益恶化、“城市病”日益加深的严峻现实进行深刻反思，围绕生态城市进行创意研究、决策指挥、工程实践于一体的智库型的研究报告，旨在为生态城市建设提供理论指导和决策咨询。

造成人类生存环境恶化的始作俑者是人类自己。重建生态文明、拯救人类自身必须标本兼治，核心是处理好人与环境的关系，关键是转变人们的价值观念，着眼点在于转变生产方式和生活方式。基于这一理念，本书构建了生态城市建设理论体系，确立了生态城市建设的评价体系与实践范例，探索了生态城市建设中政府、企业、非政府组织与社会公众的职能、责任与义务，提出了“五位一体、两点支撑、三带镶嵌、四轮推动、和谐发展”的生态城市建设基本思路。

关键词： 生态文明　生态城市　生产方式　生活方式　可持续发展

Abstract

The Ecological Civilization is considered a high-level achievement of human civilization. And the Ecological City is a new type of city, constructed on the theories of eco-civilization and principles of ecology, in which nature, economy, society and human beings can develop harmoniously. It will be an inevitable course in Chinese Urbanization. The construction of an eco-city will have a strategic significance in the transformation of the city civilization model and in the development of urban life.

Analyzing the deterioration of the ecological environment and "City Disease", "*The Report on the Development of China's Eco-cities*", provides a think-tank advisory on creative research, strategy-making and engineering practices of the eco-city's construction, with an aim to offer theoretical directions and decision-making consultation for the development of eco-city.

It is human himself who causes the deterioration of the ecological environment. To revive an eco-civilization and save human race, the top priority is to establish a human-friendly environment and to change people's values concerning their surrounding environment, and accordingly change people's ways of production and life. Based on such a theory, the book establishes a theoretical system, evaluation standards and practical examples for the construction of an eco-city. In addition, the book also explores the functions, responsibilities and obligations of government, enterprises, NGOs and the general public in the construction. In this report, ideas on the construction of an eco-city are presented: "Integrating ecological environment, green life, environment-friendly production with cities and towns; Supporting the development of an eco-city with Ecological Gardens and Green Communities; Linking cities with agricultural zones, natural zones and cultural zones; Jointing hands of government, enterprises, NGOs and the citizens to build an eco-city; Harmoniously developing man, nature, and society."

Key words: eco-civilization; eco-city; production pattern; lifestyle; sustainable development

目录

GⅣ 第四部分 探索篇

GⅤ 附录

皮书数据库阅读使用指南

CONTENTS

GⅢ Section Three Demonstration

GⅣ Section Four Exploration

GⅤ Appendix

序　言

李景源

党的十七大报告，将“建设生态文明”作为中国实现全面建设小康社会奋斗目标的新要求之一。生态文明的提出，既是对人与自然关系认识的深化，又是人类自我认识的飞跃。把生态文明建设作为中国特色社会主义事业总体布局的组成部分，标志着我们党对人类社会发展规律、社会主义建设规律、共产党执政规律的认识达到了新的阶段，标志着我们党和国家对生态问题的认识达到了新的境界，标志着人民群众对生态文明的期待进入了新的阶段。建设生态文明，实质上就是要建设以资源环境承载力为基础、以自然规律为准则、以可持续发展为目标的资源节约型、环境友好型的社会。

生态城市，既是依据生态文明的理念，按照生态学原则建立的社会、经济、自然协调发展，物质、能量、信息高效利用，技术、文化、景观充分融合，人与自然的潜力得到充分发挥，居民身心健康，生态持续，和谐发展的集约型人类聚居地，又是人类有效利用环境资源实现可持续发展的新的生产和生活方式。

以生态文明引领经济、社会发展，以生态城市建设带动、辐射生态文明建设，以人为本，全面提高人的文明素质，促进人的全面发展和经济社会可持续发展，实现人与自然、人与社会的和谐发展，是形式和内容的统一，是理想与现实的结合，是实现人类文明进步的最有效方式。

《生态城市绿皮书》站在新时期新阶段党和国家事业发展全局的战略高度，明确提出了必须全面准确领会科学发展观的科学内涵、精神实质和根本要求；深刻分析了环境问题产生的内在因素是人类为了自身生存与发展的需要，主动发起了对地球的挑战，开始了自觉地和不自觉地征服与改造自然的过程，然而自然界也对人类违反自然规律的行为进行了报复，造成资源短缺、森林锐减、土地荒漠化、沙尘暴、海平面升高、水灾频发、生物多样性降低，工业、交通和化学农业导致环境污染，垃圾包围城市等形成全球性公害，这些环境和生态问题给人类的生存和发展造成了前所未有的威胁。

《生态城市绿皮书》运用自然科学和社会科学的综合理论，从生态哲学的高度提出了把生态城市建设上升到人与自然共存的高度去认识。生态文明首先强调以人为本原则，反对极端人类中心主义与极端生态中心主义。极端人类中心主义制造了严重的人类生存危机，而极端生态中心主义却过分强调人类社会必须停止改造自然的活动。生态文明认为人是价值的中心，人是主动的方面，引发生态危机的关键在于人自身。从本质看，人是自然界的一部分；从人的生存与发展看，自然界为生产提供了劳动对象和劳动资料，人与自然的物质交换活动是社会的基础；从人与自然的相互作用看，人的活动不能超越自然所能接受的限度，不能违背自然规律。因此，人类如果想使自身与自然正常地存续下去，归根结底必须和自然共存，人的全面发展必须促进人与自然和谐，从而实现在保持自然资源质量和持续供应能力的前提下促使经济的持续发展，在不超越环境系统涵容能力和更新能力的前提下促使人类社会健康发展。这些人与自然应该和谐相处的道理，听起来很神秘也很遥远，但其实它和我们的现实非常贴近，只是我们没有太多地考虑这些问题罢了。历史告诫我们，如果不善于和大自然和谐相处，即使我们曾经拥有大自然的丰厚馈赠，即使我们在同大自然的搏斗中曾取得胜利，大自然带给我们的将不再是生活的乐趣和发展的希望，而只能是生存的艰难。

《生态城市绿皮书》运用人类文化学和城市生态学的理论，对国内外城市化过程中的经验、教训和趋势进行了探索、总结提炼和创新发展，进一步从生态伦理学的高度阐释了人和自然的关系。德国诗人海涅曾经说过，每个时代都有它的重大课题，解决了它就把人类社会向前推进了一步。那么，什么是我们这个时代的重大课题呢？事实上，我们这个时代的重大课题来自人类赖以生存的城市。由于工业化浪潮席卷全球，大量的农业人口离开故土涌向城市，再加上农村城镇化进程的加快，使得各国城市人口急剧增加，规模不断扩大，生产能力迅速增强。然而遗憾的是，人们并没有意识到这种生产方式是不循环的，是耗散的，产生了大量的垃圾污染着环境，使得地球生态系统几乎达到崩溃的边缘，直接影响了世界经济的可持续发展。因此，可以说城市已经成为危害人类生存环境的源头。虽然这个结论违背了人类建设城市的初衷，但为什么人类建设城市的美好理想和最终得到的结果背道而驰呢？原因就在于人类对大自然的认识从一开始就发生了歧义，导致人类的生态伦理观念发生异化，极端人类中心主义支配着地球上相当一部分人的行为。要想改变今天人类社会的现状，我们必须追本溯源，重新理顺人类生态伦理观念，回归人类生态哲学的历史唯物主义的本来面目。

《生态城市绿皮书》在总结我国生态城市建设理论与实践最新成果的基础上，对国内外生态城市的理论发展和实践进程进行了分析，并结合我国国情，就如何建设生态文明和生态城市从总体规划、理论构想、文明示范和文明探索等四大部分进行了深入研究，提出了建立人与自然平等和谐的价值观以适应文明范式的转型，转变生产方式以适应经济发展模式的转型，改变生活方式以适应低碳节能生活消费模式的建立。创新性地将“法于人体”的管理思维运用于生态城市建设和管理之中，提出了动态平衡的生态城市建设评价模型。关于生态城市建设，我们提出了“五位一体，两点支撑，三带镶嵌，四轮推动，和谐发展”的创新思路。根据中国生态城市建设的实际状况，将其划分为环境友好型、资源节约型、绿色产业型、循环经济型、景观休闲型、绿色消费型等6种类型，进一步丰富了中国生态城市研究理论。认为现有大、中城市要在进行生态文明建设的同时，充分发挥其辐射带动作用，建设规模适度的卫星城市，保护耕地，在城市内社区、园区之间以农业带、自然带和人文带镶嵌，学习国外先进生态城市建设经验，依据霍华德的“田园城市”、舍尔的“城市种植业”理论，在新建城市和小城镇规划中，社区与社区之间、园区与园区之间、社区与园区之间规划一定距离的间隔用于农业、自然与人文带建设，以解决城市居民生产、生活资源与绿化功能。在城市内社区与社区之间、园区与园区之间、社区与园区之间规划一定距离的间隔用于农业、自然与人文带建设；在城市群、城市带与城市圈之间采用“三带镶嵌”，将城乡连成一片，实现从形式到实质上的城镇化，使更多农业人口就地就近实现城镇化转变，不再大批涌向大城市、产生新的城市贫民。这一生态城镇化道路是符合中国特色的。

转变生产方式，要走绿色产业和生态城市化道路，建设“阳光城市”。德国社会学家、经济学家赫尔曼·舍尔认为，解决城市问题的方案不是“全球城市”，而是“阳光城市”，循环经济、可持续生态经济发展模式。遵循生态系统物质循环和能量流动规律，按照生态系统中生产、消费和分解的机理，以发展太阳能技术为主，以小水电、风能、现代生物能、地热能、海洋能以及可再生能源为补充能源，建立循环经济的生态工业园区、生态农业园区和绿色居住社区。

《生态城市绿皮书》正确界定了经济发展与环境保护之间的关系，在积极主动应对污染、大力解决影响科学发展和损害公众健康的突出环境问题基础上，总结了我国乃至全球生态城市建设中积累的经验，为研究生态文明理论、宣传生态文明理念和生态城市建设提供了很好的平台。实现人与自然和谐、发展与环境双赢、经济社会发展成果人人共享、公众幸福指数不断提升、社会日益和谐、全面协调可持续发展的文明，是当今世界的大势所趋，是人类社会发展的必然选择。希望生态城市研究者能充分利用这个平台，以科学发展观为统领，积极开展理论层面的研究，深入探索和提供治理生态环境中种种问题的对策和建议，为促进人与自然和谐发展做出应有的贡献！

第一部分 总报告

Section One General Report

G.1

中国生态城市建设总报告

孙伟平 刘举科 王定君

城市是以人类社会进步为目的的一个集约人口、资源、环境的空间地域系统，是一个融经济、政治、文化、社会和生态发展为一体的综合有机体。作为人类的主要聚居地和区域发展的极核，城市集中了一个地区生产力最先进、最重要的部分，代表着一个国家或一个地区国民经济的发展水平与方向。纵观人类社会现代化发展的轨迹，城市化和工业化的快速发展是其鲜明的标志。但是，在城市化和工业化齐头并进、高奏凯歌之时，城市特有的代谢功能正对自然界的生态平衡产生重大的影响和冲击，带来了一系列影响人类健康、幸福和发展的生态环境问题。面对城市生态环境问题对人类提出的严峻挑战，人们正在积极调动智慧以寻觅解决路径。走向生态文明，建设生态城市，就是对此问题作出的一种明智回答和科学选择。基于生态文明的理念，建设可持续的、高效的、安全的、健康的、人性化的生态城市，日益成为当今城市发展的主旋律。

我国当前正处于城市化和工业化的高速发展阶段，生态环境问题尤为严重和突出，建设生态城市更为必要和紧迫。在世界生态城市创建的大潮中，深化生态城市建设的理论思考，分析中国生态城市建设的状况和问题，探索中国生态城市建设的思路和方略，具有重要的理论意义和实践价值。《中国生态城市建设发展报告》就是在建设生态文明理念的引领下，总结和深化中国生态城市建设理论和实践的一个尝试。它基于对生态城市多学科分析的理论成果，聚焦中国生态城市建设的实际状况，对中国不同类型的生态城市建设进行评价比较，总结中国生态城市建设的实践经验，发现其中的基本规律和发展趋势，并提出推动中国生态城市建设的具体意见和建议。

一　生态城市建设的基本理论

生态城市是人类文明演进到生态文明时代的产物，是在生态文明思想的指导下展开的城市建设。它源于人类对工业文明时代造成的资源枯竭危机、环境污染危机和生态破坏危机的深刻反思，是以城市学、经济学、社会学和生态学等学科交叉研究的理论成果为基础对城市发展进行的理论和实践探索。我们首先对生态城市建设的基本理论做一廓清和总结。

（一）生态城市及其特征

1. 生态城市的内涵

“生态城市”是在1971年联合国教科文组织发起的“人与生物圈（MAB）”计划研究过程中提出的一个概念，它的内涵随着社会和科技的发展不断得到充实和完善。苏联生态学家扬诺斯基、美国生态学家理查德·瑞吉斯特、国内学者王如松等对生态城市进行了研究，从不同角度提出了生态城市的定义。

1984年，苏联生态学家扬诺斯基提出，生态城市是一种理想的城市模式，是技术与自然的充分融合，是人的创造力和生产力得到最大限度的发展，城市居民的身心健康得到最大限度的保护，物质、能量、信息得到有效利用和生态良性循环的一种理想环境。[①] 1987年，美国生态学家瑞吉斯特认为，生态城市是以追求人类与自然的健康与活力为目标的紧凑、充满活力、节能并与自然和谐共存的聚居地。[②]

---

① Yanitsky O.，“Social Problem of Man's Environment”. *The City and Ecology*. 1987（1）：174.

② Register R.，*Ecocity*：*Berkeley*. USA：Noah Atlantic Books，1987.

1988 年，我国学者王如松也提出，生态城市是社会、经济、自然协调发展，物质、能量、信息有效利用，生态良性循环的人类聚居地。[①] 王彦鑫则提出，生态城市是以生态承载能力与环境容量为发展基础的结构合理、功能完善、经济高效、环境宜人、社会和谐的可持续发展的城市。[②] 黄光宇认为，生态城市是根据生态学原理，综合研究社会—经济—自然复合生态系统，并用生态工程、社会工程、系统工程等现代科学与技术手段进行建设的社会、经济、自然可持续发展，居民满意，经济高效，生态良性循环的人类居住区[③]。

综合上述观点，我们认为，生态城市是基于社会、经济、人口、资源、环境可持续发展的，运用生态科学原理规划设计的，社会和谐、经济高效、自然生态良性循环的人类住区形式，是自然、城市和人融为有机整体的互惠共生结构。

2. 生态城市建设的必然性

工业文明的出现，使社会生产力有了质的飞跃，人类利用自然的能力极大提高。这时，人类对自然的态度也发生了根本改变，由“利用”变为“征服”，“人是自然的主宰”的思想占据了统治地位。在这种思想支配下，对自然的征服和统治变成了对自然的掠夺和破坏，对自然资源无节制的大规模消耗带来了污染物的大量排放，最终造成自然资源迅速枯竭和生态环境日趋恶化，能源危机、环境污染、水资源短缺、气候变暖、荒漠化、动植物物种大量灭绝等灾难性恶果直接威胁到人类的生存与发展，人与自然的和谐也面临着有史以来最严峻的挑战。

从全球层面看，人类面临的生态危机主要表现在以下几个方面：

第一，温室效应。由于人类活动，全球气候正在逐年变暖。据估计，到 2100 年，地球温度将比 1990 年升高 5.8℃。这将是 5000 万年以来地球的最高温度。气候变暖不仅会导致海平面上升，使许多沿海国家和岛屿国家遭受淹没和更多的风暴潮，而且，还会导致疾病流行、水资源减少、物种灭绝、害虫逞凶、土地荒芜等一系列自然灾害。全球气候变暖已成为人类面临的最危险也最具挑战性的问题。

第二，物种灭绝。现在全世界约有 25000 种植物和 1000 种脊椎动物处于灭

---

① 王如松：《城市生态学》，科学出版社，1990，第 53 ~ 87 页。

② 王彦鑫：《生态城市建设：理论与实证》，中国致公出版社，2010，第 71 页。

③ 黄光宇、陈勇：《生态城市理论与规划设计方法》，科学出版社，2002，第 13 ~ 26 页。

绝的边缘。由人类活动导致的物种灭绝速度是自然灭绝速度的100～1000倍。物种灭绝速度加快导致生态系统趋于简化，这将会使生态系统失衡，而地球上现存的物种一旦灭绝，往往没有再生的可能。

第三，森林锐减。森林是地球生物圈的重要组成部分。历史上地球曾有森林76亿公顷，19世纪降到55亿公顷，而现在仅有森林不足3亿公顷。森林正以平均每年4000平方公里的速度消失。世界热带雨林的面积也在剧减，目前仍以每分钟20公顷的速度消失。照此速度，2030年，世界将无热带雨林。

第四，土壤沙化。现在全球沙漠已占地球土地总面积的1/4。全世界每年仍有600万平方公里的土地继续出现沙漠化，或有沙漠化危险。现在沙漠化影响着世界约1/6人口的生活。

第五，水源短缺和水污染。据统计，全世界有100多个国家缺水，发展中国家有3/4的农村人口和1/5的城市人口得不到安全卫生的饮用水，而水污染又加重了水源危机，80%的疾病和1/3的死亡率与水污染有关。

第六，有毒化学品污染。现在世界上约有500万种化学品，对人体健康和生态系统有害的有3万多种，能致癌、致畸、致突变的有500余种。同时，每年有几万种新的化学品问世，由此也带来日益增多的有毒化学品污染事故。这些有毒化学品对环境和人类健康的有害影响会通过协同作用而增强。

从20世纪60年代开始，人类对自身与自然关系的反思日益升温。1972年，联合国发表《人类环境宣言》；90年代以后，《里约环境与发展宣言》、《21世纪议程》、《关于森林问题的原则声明》、《联合国气候变化框架公约》和《生物多样性公约》等一系列有关环境问题的国际公约和国际文件相继问世，标志着实现人与自然和谐发展成为全球共识。

迈入21世纪，人类社会正处于全球化、信息化和生态化的深刻变革之中。传统的以征服和宰制自然为基础的工业文明发展模式已难以为继，而主张人与自然和谐共处的生态文明日益成为全球共识和时代主题。生态文明是对以往文明的超越和升华。从广义上看，生态文明以人与自然的协调发展为准则，要求实现人口、经济、资源环境的协调和可持续发展。从狭义上看，生态文明与政治文明、物质文明、精神文明等相并列，强调人类对待人与自然的关系所达到的文明程度。生态文明既与其他文明所传承的精神基本一致，又突出了更为深刻的生态意蕴。一是重视人与自然的平等。强调人是自然界生物进化出来的一部分，是

“自然之子”，而不能作为“自然之主”去征服自然。否则，人类对自然的贪婪掠夺必将导致自然对人类的无情惩罚。二是揭示人与自然的对立统一关系。人类作为万物之灵，与自然界形成了既对立又统一的辩证关系。只有遵循自然界的客观规律办事，敬畏自然、尊重规律、遏制欲望、保护地球，才能确保经济与社会的可持续发展。三是强调人类代际的公平。人类向大自然的索取不能不考虑生态系统的可持续发展，当代人必须给子孙后代留下一个良好的生存和发展环境，实现人与自然的和谐，生物与非生物的共进，现在与未来的对话。总之，只有通过建设生态文明，才能走出目前的生态危机；只有实现从工业文明到生态文明的转型，城市建设才能闯出一条新路。

生态城市的本质是要追求城市、人与自然的和谐互惠共生结构，其思想基础是生态人本主义。生态人本主义通过建立生态伦理、生命伦理而改变人类单纯的经济理性和技术理性，实现理性和价值的整合，是对人类中心主义和非人类中心主义的超越和扬弃。在人与自然的相互作用中，生态人本主义在将人类共同的、长远的和整体的利益置于首要地位的同时，还考虑兼顾非人存在物乃至外部生态环境整体的利益，它保留了“人类中心主义”中人的主体地位和“非人类中心主义”中人与自然的整体性，克服了以人为中心的主仆关系和物种平等的民主关系，是在对传统环境伦理理念的扬弃基础上，强调生态、讲求人本的一种新思想。在人与自然这个和谐统一的整体中，人占据着发展中心的特殊位置。生态人本主义强调，要在二者和谐的基础上，把实现人的全面发展作为一切行动和措施的最终目标，把实现好、维护好、发展好人类的根本利益作为出发点、着眼点和落脚点。这体现了以人为本的思想，展示了对人的全面关怀。①

从生态哲学角度看，生态城市的实质是实现人和自然的和谐共生发展，是资源节约型社会和环境友好型社会的集聚体现；从生态经济学角度看，生态城市是以循环经济为特征、以绿色产业为主导的一种集约式经济发展方式；从生态社会学角度看，生态城市是社会、经济、文化、人口、资源、环境协调发展的生态系统；从城市生态学角度看，生态城市是物质流、能量流、信息流能够高效利用的结构合理、功能稳定的社会—经济—自然复合生态系统；从城市规划学角度看，生态城市是空间结构布局合理，基础设施完善，生态建筑广泛应用，城市景观宜

① 李想：《发端于生态文明——人与自然和谐共生研究》，中国致公出版社，2011，第76页。

人的人工环境与自然环境融合的人类住区；从地理空间角度看，生态城市是城乡融合、互为一体、绿色化发展的复合体。

3. 生态城市的特征

生态城市是社会、经济、文化和自然高度协同和谐的复合生态系统，其内部的物质变换、能量流动和信息传递构成环环相扣、协同共生的网络，具有实现物质循环再生、能量充分利用、信息反馈调节、经济效益最好、社会高度和谐、人与自然协同共生的机能。作为自然、城市和人融为有机整体的互惠共生结构，生态城市与传统城市相比，主要特征如下：

第一，和谐性。生态城市的和谐性，不仅讲求人与自然的和谐，强调人回归自然，贴近自然，自然融于城市，更重要的还要讲求人与人之间的和谐。

第二，高效性。生态城市一改现代城市“高能耗”、“非循环”的运行机制，竭力提高一切资源的利用效率，物尽其用，地尽其利，人尽其才，各施其能，各得其所，物质、能量得到多层次分级利用，废弃物循环再生，各行业、各部门之间的共生关系协调。

第三，持续性。生态城市是以可持续发展思想为指导的，它兼顾不同时间、空间，合理配置资源，公平地满足现代与后代在发展和环境方面的需要，不因眼前的利益而用掠夺的方式促进城市暂时的繁荣，保证其发展的健康、持续、协调。

第四，整体性。生态城市不是单纯地追求环境优美，或自身的繁荣，而是兼顾社会、经济和环境三者的整体效益，不仅重视经济发展与生态环境协调，更注重人类生活质量的提高，是在整体协调的新秩序下寻求多赢式发展。

第五，区域性。生态城市作为城乡统一体，其本身即为一区域概念，是建立在区域平衡基础之上的，而且城市之间是相互联系、相互制约的。只有平衡协调的区域才有平衡协调的生态城市。

（二）生态城市的理论基础

目前关于生态城市的理论研究方兴未艾，呈现出多学科交叉综合发展的态势。我们主要从生态学理论、人本主义理论、循环经济理论、可持续发展理论和三种生产理论等五个方面梳理生态城市的理论基础。

1. 生态学理论

德国生物学家赫克尔1869年首次提出生态学的概念。他把生态学定义为研究有机体与周围外部世界关系的一般学科。美国大百科全书解释为："生态学是生物学的一个分支学科，它研究植物和动物在自然界的存在状态及其相互依赖关系。"如果将生态学概念引入到人类社会研究中来，则是"研究人类在自然环境、社会环境中的生存状态以及与它们之间的相互关系"。进入20世纪70年代以来，随着世界性环境危机的加剧，城市发展进程受到了空前的挑战，生态学原理与方法在城市规划建设中得以广泛推广与应用，并由此产生了城市生态学。城市生态学以城市生态关系为研究核心，通过对城市生态系统中各子系统的综合布局与安排，维护城市生态系统的平衡，实现城市的和谐、高效、可持续发展。可以说，生态学以及城市生态学研究的兴起，为生态城市的诞生奠定了坚实的理论基础。

生态学理论把城市看作一个人工生态系统。城市生态系统是特定区域内人类、资源、环境（包括自然环境、社会环境和经济环境）通过各种生态网络和社会经济网络机制建立起来的人类聚集地或社会、经济、自然的复合体，是人类在改造和适应自然环境基础上建立起来的特殊的人工生态系统。城市作为人口密集，建筑物密集，工厂、商店、机关、学校等汇集的地方，也是资源与能源大量消耗，产品和废物大量制造，物资和财富大量集中，劳动力和人才大量汇集的场所。因此，从生态学角度看，城市生态系统与其他人工生态系统一样，是一个由自然组分和人工组分相互渗透形成的受人工干预的，具有多层次结构和多功能的大系统。城市生态系统是在以人为中心的城市空间范围内各种因素组成的地域综合体，其组成要素可分为经济、社会、自然三个子系统。自然生态子系统以生物结构和物理结构为主体，包括植物、动物、微生物等生物群体，城市气候、城市地质地貌、城市水文、土地资源等自然环境，以及人工设施环境。社会生态子系统以城市人口为主体，以高密度的人口和高强度的生活消费为特征，以城市人口结构、规模、居住、交通、教育、生活、社会组织等有序发展为内容。经济生态系统则是以城市生产为核心，以物质资源要素转化和流动以及能源消耗为特征，由农业、工业、服务业等三大产业体系组成。城市生态系统的自然、经济、社会三个子系统之间密切联系、相互作用、相互影响，形成一个有机整体。

2. 人本主义理论

城市因人的发展而产生，也因人的发展而兴盛，城市的本义应是文明的人居环境。“城市应当是一个爱的器官，而城市最好的经济模式应是关怀人和陶冶人。”① 芒福德的这句话正是对生态城市发展人本化理念的诗意表达。人本主义的核心在于关注人的需求和价值，尊重人的自我选择，促进人的全面发展。生态城市发展的人本化理念是指城市建设和发展要尊重人的生理与心理欲求，以宜人居住为目标，体现人文关怀，吸纳市民参与，强调公共服务，呼唤情感认同，使人们在城市生活得更加安全、健康、舒适、自由和和谐。以人本主义理论指导生态城市建设，要着力强调以下四个方面：

第一，生态城市要创造宜人空间。宜人化是从社会学角度提出的理想城市概念，强调的中心思想是城市要为市民创造便利、舒适、安全的环境，适合所有居民居住、学习、工作和生活。宜人化的城市建设强调，无论大中小城市均应具有适宜人居住的空间环境与尺度，处处体现人文关怀与呵护的匠心设计。城市作为一种为人们提供交流活动的场所空间，只有当特定的元素和意象满足了人的基本需求和对应了人的行为规范时，它的设计才具有意义。正如凯文·林奇所说：“好的城市设计应洞悉人们感知环境的方式，努力使城市元素的设计更具意象性，创造出令人感觉亲切、适意和从容的城市环境。”② 如何在城市创造一个宜人生活的空间环境？根据在1992年巴西里约热内卢通过的《21世纪议程》关于人居环境建设的相关要求，我们认为，宜人城市的建设和发展应包括以下工作：①提供足够的、多层次的、多样化的住宅，使全体市民居者有其屋；②改善包括供水、供电、供暖、排水、环卫与垃圾处理等在内的基础设施建设，使市民有良好的生活保障；③提供可持续发展的能源系统和交通系统，使市民生活便捷，出行方便；④提供多样化的休闲娱乐、文化体育活动空间和方式，使市民在城市有归属感和自由感；⑤推动可持续发展的土地利用规划与经营管理、建筑业规划与经营管理以及居住环境规划与经营管理，使整个城市布局合理合情，既有秩序又有活力。

第二，生态城市要体现人文关怀。城市是人类文明的创造物，是人类文化的

---

① 芒福德：《城市史》，中国社会科学出版社，2005，第8页。

② 林奇：《城市意象》，华夏出版社，2001，第34页。

凝聚体。雅各布把城市的意义功能发挥为人性成长的需要，“城市空间不应是单纯工程性的和只追求技术效率的，它更应成为人性成长、人际互动的空间，这种互动为城市环境注入了生活的血液”①。基于人文立场，城市发展要面向最大多数老百姓的利益，应接近于人的精神世界，应关注人的基本素质的提升。城市是人民的，它应充分表达平民性、共享性的理念，而不应强化等级、特权和社会分层。城市建设必须为大众的需要着想，具备满足人们基本需求的良好功能。它首要的不是一种景观，而是一种服务，而且符合“安全、适合与便利”的宗旨。市容的美观只有在方便人们生活的尺度内才是可取的，牺牲功能性的市容美是矫情的，是华而不实的政绩工程，是城市平民消受不起的奢侈品。所以，城市建设“锦上添花”固然重要，但最重要的还是要面向社会的大多数人，强调向弱势群体以及中低收入者“雪中送炭”。

第三，生态城市吸纳公众参与。正如芒福德所说：“最卑微的居民也可以将自己同城市的集体人格联系起来，同城市的权力和光彩联系起来。城市是有机的，是有情感的，城市与其中的人民是密不可分的，是一体的。”② 市民参与城市发展规划，充分发掘人的聚集所产生的思想汇聚、文化交融和制度创新的优势，必将成为一股巨大的推动力，有力地推动城市的健康发展。因为生活在城市的居民对于其所居住的舒适、安全、美化的人居环境产生的生气勃勃的创造力是发自内心的，自然的，可贵的，可以发挥出无穷的力量。市民参与城市发展规划的思想，与精英决策城市发展规划的思想不同，它认为，吸纳了居民的感受、理解、认同和创造的发展规划更能使城市向着健康、民主、人文、和谐的方向发展。这一思想的核心观点可以概括如下：①城市绝不仅仅是专家理性的物质化产物，更应是生活于其中的居民的情感和意志的物质化产物，必须正视城市中居民的情感和意志；②不同的人和不同的群体具有不同的价值观，规划不应当以一种价值观来压制其他多种价值观，而应当为多种价值观的体现提供可能；③城市发展规划本质上是一项公共权利，并且也是一项非常重要的公共权力。让居民参与到城市发展规划中，让公众与政府共同拥有城市规划权，才能更好地维护城市发展的公共目标，提升城市规划的合理性、权威性和可行性。④城市规划专家的智

① 于海主编《城市社会学文选》，复旦大学出版社，2005，第137页。

② 芒福德：《城市史》，中国社会科学出版社，2005，第324页。

慧和力量是单薄的，而广大市民具有强大潜力，必须整合公众的聪明才智，让公众充分行使自身的权利，维护和创造一个美好的城市家园。

第四，生态城市要关注社区和谐。生动的城市生活从来都不服从工程师规划的整齐划一的环境结构，人们会不断发明空间的使用方式，把他们的需要与街道、公园、广场和游戏场所调和起来。这种互动的调适创造了城市富有生气的公共空间，任何阻碍这种互动的环境规划都背离了环境的人文尺度。良好的城市要体现社会和谐、市民合作的精神，生动而丰富的社区活动带来了社区的活力、团结和安全感。城市不仅是人们组织其生活的空间，而且还是富有意义的感性环境。人们将某种意义和特定感情联系到各种场所。“家”这个词的意义不只限于你住的公寓或别墅，它也指示着你住的街区，你的邻里，或你特定的居住空间所坐落的都市的一个地段和社区。与你的房子联系在一起的舒适、安全和熟悉的感觉，也会附着在你家周围的环境上。城市要关注人的心灵感受和情感归属，就应努力为城市居民创造一个安全、清洁、悦目和富有人情味的和谐社区。城市是自然尺度和人文尺度的综合，具有多维的向度。它是一种合意的空间尺度。超过人的生理和心理容量限度的城市环境会让人感到疏离、压抑和紧张。建立和谐社区，就是建立一种亲切的人文尺度的空间。这种人文尺度的空间应是视力可及、举手可触、投足可至的令人感到“亲切的”空间，如从社区的任何一处步行不足五分钟便可抵达的公园是有人文性的空间，因为它容易成为人们日常生活世界的一部分。它是一种最大限度减少因人们的收入、权力和声望等差异带来的社会不平等程度的社会尺度。城市应成为联结人的心灵的纽带，它能消除人与人之间的疏离和隔膜。它具有多样性，在这里，不同族群、不同年龄、不同爱好的人们都能相互悦纳、和睦相处；它具有可靠性，人们之间互相信任，乐于沟通，共同维护社区的优美和融洽。

城市是人能动的对象性活动的结果，是一种打上了人类活动印记并在一定程度上表达了人类意愿和文化理想的人工环境。城市的本质是生活，是市民的生活。亚里士多德说：“人们为了活着，聚集于城市；为了活得更好，居留于城市。”这句话精辟地揭示了城市的本质，即城市不是徒有其形的物质实体，而是人类生活的载体。生态城市发展的人本化理念给予我们的启示是：人是城市的主人，城市应顺应人性、撒播人情、和谐人际、昭彰人伦、弘扬人文，从而使城市真正成为个人全面发展和社会和谐发展的舞台。

3. 循环经济理论

循环经济是一种以资源的高效利用和循环利用为核心，以“减量化、再利用、资源化”为原则，以低消耗、低排放、高效率为基本特征，符合可持续发展理念的经济增长模式，是对“大量生产、大量消费、大量废弃”的传统增长模式的根本变革。循环经济是把清洁生产和废弃物的综合利用融为一体的经济，强调资源的节约和高效利用，着力构造整个社会的物质循环流程，本质上是一种生态经济。

循环经济理论充分考虑自然生态系统的承载能力，尽可能地节约自然资源，不断提高自然资源的利用效率，建立良好的物质能量的循环利用流程。在生产过程中，循环经济理论要求遵循“3R”原则：资源利用的减量化（Reduce）原则，即在生产的投入端尽可能少地输入自然资源；产品的再使用（Reuse）原则，即尽可能地延长产品的使用周期，并在多种场合反复使用；废弃物的再循环（Recycle）原则，即最大限度地减少废弃物排放，力争做到排放的无害化，实现资源再循环。同时，在生产中尽可能地利用可循环再生资源代替不可再生资源，如利用太阳能和风能等，使生产合理地依托在自然生态循环中；尽可能地利用高科技，以知识投入来替代物质投入，以达到经济、社会与生态的和谐统一。

循环经济理论应用在生态城市建设中，主要体现在城市产业发展要特别强调清洁生产和绿色制造两个方面。清洁生产是近年来研究工业生产方式的一门新兴学科，是企业层面实现生态化的基本模式。清洁生产最初从少废、无废工艺和废弃物综合利用演化而来，其核心是在生产的全过程中坚持污染预防，实现原料和产品无害化原则。坚持清洁生产，就是要利用清洁的原料和能源，利用清洁的生产技术，制造出不危害人体健康和生态环境的清洁产品。绿色制造又称环境意识制造，是一种综合考虑资源利用和环境影响的现代制造方式，其目标是使产品从设计、制造、包装、运输、使用到报废处理的整个生命周期对环境影响最小，不损害人体健康，资源的利用效率最高。坚持绿色制造，就是要在产品制造过程中，坚持绿色设计、绿色生产、绿色包装。

4. 可持续发展理论

1972 年，著名的罗马俱乐部推出了它的第一份研究报告《增长的极限》。报告深刻地揭示了环境的重要意义以及资源和人口之间的内在联系，强调地球的资源无法支撑世界消费型工业社会的进一步发展，人类要消除资源危机带给人类的生存危机，就必须及时转变资源利用方式和经济增长方式，寻求新的经济社会发展模式，实现资源、经济、社会、生态环境的协调、持续发展。1983 年 3 月，成立了以挪威首相布伦特兰夫人任主席的世界环境与发展委员会。1987 年，这个委员会向联合国大会提交了研究报告《我们共同的未来》。报告在系统探讨了人类面临的一系列重大经济、社会和环境问题之后，明确提出了“可持续发展”的概念。可持续发展是“既满足当代人的需求，又不损害后代人满足需求能力的发展”。换句话说，就是指经济、社会、资源和环境协调发展，它们是一个密不可分的系统，既要达到发展经济的目的，又要保护好人类赖以生存的大气、淡水、海洋、土地和森林等自然资源和环境，使子孙后代能够永续发展和安居乐业。可持续发展的核心是发展，但要求在严格控制人口、提高人口素质和保护环境、资源永续利用的前提下进行经济和社会的发展。

从系统论的角度而言，人类与其赖以生存和发展的地球系统共同构成复杂的人地巨系统，即“社会—经济—自然复合生态系统”，其中的各子系统相互联系、相互作用、相互制约。实施可持续发展必须扬弃人地二元论，树立“天人合一”的人地巨系统观，从整体上把握和解决人口、资源、环境和发展问题。可持续发展简言之就是实现人地巨系统的最优化发展。

从环境经济学的角度而言，可持续发展就是要正确处理自然资源利用与生产废弃物排放之间的关系，强化环境的价值观念，促进资源的有效利用，抑制环境污染的发生，积极开辟新的资源途径，尽可能利用可再生资源，实现经济效益、社会效益与环境效益的协调统一。

从生态经济学的角度而言，可持续发展就是追求建立在保护地球自然生态系统基础上的持续经济发展，经济发展要与生态保护相统一，经济效益、社会效益和生态效益相统一。资源的永续利用和生态的良性循环是可持续发展的重要标志。

从社会伦理的角度而言，可持续发展理论主张公平分配地球资源，既满足当前发展的需要，又考虑未来长远发展的需要，既满足当代人的利益，又不损害后代人的利益。

从人与自然关系的角度而言，可持续发展的实质是人类如何与大自然和谐共处的问题。人类一方面要提高可持续发展的意识，增强可持续发展的能力，另一方面要把人口控制在可持续发展的水平上，减轻对资源和环境的压力，从而实现与大自然的和谐相处。

5. 三种生产理论

人与环境组成的世界系统本质上是一个由人类社会与自然环境组成的复杂的巨大系统，它在基本的物质运动层次上，可以抽象为三种“生产活动”——物质生产、人口生产和环境生产——呈环状链接在一起的结构。这三种生产之间的关系随着人类社会的发展以及人类认识的不断深化而经历了漫长的演变过程，一直到工业文明时代，人口生产、物质生产、环境生产成为三个相互独立的系统，且三者之间的相互关系主导了世界系统的运行。

物质生产是指人类利用技术手段从环境中索取自然资源并将其转化为生活资料的总过程。该过程生产生活资料以满足人类的物质需求，同时产生加工废弃物返回环境。人口生产是指人类生存和繁衍的总过程，既包括人口的再生产（繁衍、生育)，也包括人口在其生存过程中对物质资料的消费。该过程消费物质生产产出的生活资料和环境生产所提供的生活资源，产生人力资源以支持物质生产和环境生产，同时产生消费废弃物返回环境，产生消费再生物返回物质生产环节。环境生产是指在自然力和人力共同作用下环境对其自然结构和状态的维持与改善的过程，该过程包括消纳污染（加工废弃物、消费废弃物）和产生资源(生活资源、生产资源)。三种生产理论认为，这三种生产活动构成一个整体，物质在这个环状结构中循环运动。任何一种物质在这个系统中的流动受阻，都会危害世界系统的和谐运动与持续发展。反过来或者可以说，人与环境的和谐程度取决于物质在这三种生产之间流动的畅通程度。

然而在工业文明时代，人类只认识到物质生产和人口生产这两个环节以及它们之间的联系，忽视了环境生产环节，对世界系统的结构和运行的看法是片面的、不完整的，相应形成的观念、理论、方法和技术，使得世界系统的运行呈现出根本上的混乱和无序，导致发展难以持续。当今，人们已意识到以前的许多观念、理论、方法、技术都必须加以改变，因此，建设环境友好型、资源节约型社会，培植绿色产业、发展循环经济是生态城市和生态文明建设的必由之路。

三种生产理论指明了城市生态文明建设的主要目标和任务。若要三种生产能够和谐运行，就必须使物质在这个系统中的流动畅通，使每一种生产环节的物质输入输出均衡。将人类在生活和生产中排泄的“废弃物”，或者以与环境亲和的形态进入环境，或者重新转变为物质生产子系统可以利用的资源，将自然资源的开发强度、废弃物的排放强度和环境生产力匹配起来。

三种生产理论在最基础的物质层次上揭示了人与环境关系的实质，揭示了人类社会系统与自然环境系统相互作用的本质。为了人类社会的持续发展，人类必须以和谐人与环境的关系为目标，正确管理好自己的社会行为，而且把管理自己社会行为的实践作为打造城市生态文明的行为来组织。

（三）生态城市的结构、功能与运行

1. 生态城市的结构

生态城市是在以人为中心的城市空间范围内各种因素组成的地域综合体，是典型的社会—经济—自然复合生态系统。城市生态系统的组成要素可分为经济、社会、自然三个子系统。自然生态子系统以生物结构和物理结构为主体，包括植物、动物、微生物等生物群体，城市气候，城市地质地貌，城市水文、土地资源等自然环境，以及人工设施环境。社会生态子系统以城市人口为主体，以高密度的人口和高强度的生活消费为特征，以城市人口结构、规模、居住、交通、教育、生活、社会组织等的有序发展为内容。经济生态系统则是以城市生产为核心，以物质资源要素的转化和流动以及能源的消耗为特征，由工业、农业、建筑、交通、贸易、金融、科教等三大产业体系组成。城市生态系统的自然、经济、社会三个子系统之间密切联系、相互作用、相互影响，形成一个有机整体。按照城市生态系统的运行功能，城市生态系统可分为生态支持系统和生产消费系统两个亚系统。

第一，城市生态支持系统。城市生态支持系统是维持城市运作的基础，也是城市发展的源泉。它包括三个方面——自然环境、人工环境和广域环境。自然环境由自然要素（如气候、水文、地质、地貌、生物）和自然资源（太阳辐射、水、土地、岩矿）组成。自然环境不但向城市生态系统提供必要的资源与能源，同时还向城市提供必要的生态服务功能，如气候调节、防洪、降噪等。人工环境由物质环境和精神环境组成，其中物质环境包括建筑、人工景观、废弃物处理设施、资源配置和流通系统等，精神环境包括文化、教育、科技、信息等。城市是高度人工化的生态系统，是人类对自然生态系统改造的结果。在城市环境中，城市人工环境是人类活动的结果，同时，人类自身所创造的人工环境也支撑着人类的生存和发展。

第二，城市生产消费系统。城市生态系统与自然生态系统最本质的区别是城市活跃的经济政治生活和高度的物质信息生产过程。城市的生产消费系统是城市生态系统的核心，是城市得以存在和运行的关键。它主要是以人为主体，将各种自然资源进行加工、处理和消费的运作系统。该系统又分为生产系统和消费系统两个子系统。

生产系统包括人类进行物质、能量、信息等方面循环转化并直接或间接产生经济效益的各种经济活动。一般由物质生产、信息生产、流通服务及行政管理等组成。物质生产主要是城市各部门设法从系统内部或外部获取物质能量，并按照社会的需要转换成有一定功能的产品。信息生产主要由科技、教育、文艺、宣传、出版等部门为社会积累、加工、传授和推广信息，培养、输送人才，满足社会在生产和生活活动中的信息及人才需求。流通服务不直接生产产品，只是为各个生产和生活部门牵线搭桥，横向联系，保证城市社会经济活动正常进行。行政管理则是通过各种纵向联系和管理维持城市功能的正常发挥和社会的正常秩序。

消费系统是人类为满足各种社会需求而进行的各类活动。人类的需求有层次地分为生理需求、安全需求、尊重需求、自我实现需求等。消费系统最基本的是满足生理需求所进行的活动，即维持城市人类正常活动所进行的消费活动。包括对食物、淡水、衣着等日常生活用品，燃料、动力供应等消耗性物品以及住房、交通、教育和医疗等的使用，以保证人体新陈代谢的正常进行和人类种群的持续繁衍。

2. 生态城市的功能

城市生态系统的基本功能包括支持、生产、消费和还原四大功能。这些功能的发挥是靠系统中连续不断和密集的物质流、信息流、人口流等生态流来实现和维持的。正是这些生态流以物质循环、能量流动和信息传递的运动方式和过程，实现了城市的支持、生产、消费和还原功能。因此，这些生态流是城市生态系统的功能过程和动态表现。弄清这些生态流的动力学机制和调控方法，也就基本掌握了城市生态系统中错综复杂的生态系统。

①城市生态系统的物质流。物质流是指物质在时空上所发生的输入、转化、输出以及循环运动过程的总称。城市生态系统是人和人工物质高度聚集的地区。每个城市每天都要从外界输入大量的粮食、水、原料、劳动资料等，同时，又要

向外界输出大量产品和“三废”物质等。所以，城市是地球表层物质在空间大量集中的地域，是各种物质输入、转化、输出和循环的热点地域，借助于这些密集高效的物质流，城市能够不断地进行新陈代谢，保持其活力和发展。

②城市生态系统的能量流。能量流是指各种形态的能量在系统内部和系统之间的流动状况。城市生产系统要维持其经济功能和生态功能，必须不断地从外部输入能量，如输入食物、煤、石油、天然气、水能等，并经过加工、储存、传输、使用、综合利用等环节，使能量在城市生态系统中流动。城市的能量流是随着物质的流动而逐渐转化和消耗的，它是城市居民赖以生活、城市经济赖以发展的基础。能量流的特点一是单程的，是不可逆过程，二是在运动过程中是逐级减弱的，能量传递是以耗散的状态进行的，三是城市的能量流是由低质能量向高质能量转化和高质能量消耗的过程。

③城市生态系统的信息流。在城市生态系统中，伴随着物质流、能量流、人口流等还进行着大量的信息流动。这种信息流表现为城市生态系统的主体——人对系统的各种“流”的状态的认识、加工、传递和控制过程。城市生态系统的任何运动都要产生一定的信息，如属于自然信息的水文信息、气候信息、地质信息、生物信息、环境质量信息及物理信息、化学信息等，属于经济信息的新产品信息、价格信息、市场信息、金融信息、劳动力和人才信息、国际贸易信息等。因此，城市生态系统是一种信息高度集中的地域，信息流是系统中最具有本质特征的流。信息流具有非消耗性、非守恒性、强时效性等特点。

④城市生态系统的人口流。密集的人口流是城市生态系统功能的重要动态表现。这种人口流包括空间范围内的流动（市区流动、城乡流动和城市间流动）和时间范围内的变动（人口自然增长和机械增长）。此外，城市生态系统中的人口流还指城市系统内部人口的流动，即城市人口在城市内部空间的位移所形成的“流”。

3. 生态城市运行体系

城市生态系统的各要素是组成系统的基础，是系统运行结构的基本功能单元即生态元。各生态元之间通过相互联系、相互作用行使着支持、生产、消费和还原功能，形成了一个完整的系统。城市生态系统的生态元之间的联结，构成了链状的运行结构，链与链之间又耦合成为网状结构，最后由链与网、网与网之间相互作用耦合成为具有一定时间特性的复杂的主体网络结构。因此，城市生态系统的运行结构是由元—链—网耦合而成的复杂运行体系。城市生态环境问题的实质是城市生态系统流、网、序（序指人的经营、管理和控制能力）的失衡，是系统结构功能和过程的失调。通常表现为资源利用效率低下，系统关系不和谐和系统自我调控能力低下。要解决这些问题，需运用生态工程、生态规划和生态管理的办法，达到流的高效、网的和谐和序的完善。

城市生态包括城市生物和环境演化的自然生态、城市生产和消费代谢的经济生态、城市社会和文化行为的人类生态，以及城市结构与功能调控的系统生态四层耦合关系，是城市绿韵（蓝天、绿野、沃土、碧水）与红脉（产业、交通、城镇、文脉）的复合生态关联状态，是天、地、人、境间的和谐关系。和谐的城市生态关系包括城市人类活动和区域自然环境之间的服务、胁迫、响应和建设关系，城市环境保育和经济建设之间在时、空、量、构、序范畴的耦合关系，以及城市人与人、局部与整体、眼前和长远之间的整合关系。生态城市的运行具体包括生态城市的环境演化、生态城市的产业转型和生态城市的社会进化三个方面。

①生态城市的环境演化。生态城市的环境演化是指从以化石能源、化工产品、地表硬化、水体绿化、空气酸化、生物退化为特征的工业景观向以净化（干净、安静、卫生、安全）、绿化（景观、产业、行为、体制）、活化（水欢、风畅、土肥、生茂）及美化（文脉、肌理、韵律、标识）为特征的生态文明景观的演化，变死水为活水，霾天为青天、硬化地表为活性地表、灰色景观为绿色景观，促进城市建设从满足市民的居住空间需求到生活质量需求、污染治理需求到生态健康需求、景观绿化需求到生态服务需求转型。

②生态城市的产业转型。生态城市的产业转型是指在传承传统农业文明的再生和自生机制、工业文明的竞生机制以及社会主义的共生机制基础上，推进资源耗竭、环境破坏型的物态经济向资源节约、环境友好型的生态经济方向演化，促进传统生产方式从产品导向向功能导向、链式经济向网络经济、自然经济向知识经济、厂区经济向园区经济、刚性生产向柔性生产、减员增效向增员增效、职业谋生向生态乐生的循环经济转型。

③生态城市的社会进化。生态城市的社会进化是指推进决策方式从线性思维向系统思维，管理体制从条块分割向区域统筹、城乡统筹、人与自然统筹、社会与经济统筹以及内涵与外延统筹方向演化；基础设施、居住社区和产业园区从单功能向各类服务功能完善的成熟社区演化；生活方式从以金钱为中心的富裕生活

到以健康为中心的和谐生活、以数量多多为目标的占有型消费到以功效优化为目标的适宜型消费、从以外显为中心的摩登消费到以内需为中心的科学消费、从以利己为中心的物理型关爱到以爱他为中心的生态型关爱演化。

（四）生态城市的规划原则、建设目标和标准

1. 生态城市的规划原则

生态城市规划的原则最早可追溯到20世纪50年代至60年代的英国产生的宜人环境和宜人规划等概念。1967年，英国颁布了《城市宜人环境法》。城市发展的宜人化概念主要包括以下四个方面内容：一是改善环境卫生，消除过分拥挤嘈杂、疾病流行的恶劣环境；二是创造和谐、美观的环境，给人们以舒适和愉快的享受，满足人们的精神需求；三是保护自然环境，把城市建立在具有良性生态循环、与大自然协调一致的基础上；四是保护历史环境，保护历史文化要素，提高环境的文化内涵。

1984年，“人与生物圈”计划组织提出了生态城市规划的五项原则：生态保护战略；生态基础设施；居民的生活标准；文化历史的保护；将自然融入城市。这些原则从整体上概括了生态城市规划的主要内容。

1990年，美国生态学家瑞吉斯特提出了生态城市建设的十项计划：普及与提高人们的生态意识；致力于疏浚城市内部、外部物质与能量循环途径的技术和措施研究，减少不可再生资源的消耗，保护和充分利用可再生资源；设立生态城市建设的管理部门，完善生态城市建设的管理体制；对城市进行生态重建，力求为居民创造多样的自由生存空间；建立和恢复野生生物的生境；调整和完善城市生态经济结构；加强旧城、城市废弃土地的生态恢复；建立完善的公共交通系统；取消汽车补贴政策；制定政策，鼓励个人、企业参与生态城市建设。这十项计划比较全面地反映了西方国家生态城市建设的热点和发展趋势。

2002年，在中国深圳举办了第五届国际生态城市大会，通过了《生态城市建设的深圳宣言》。《宣言》从五个层面提出了生态城市规划的原则：一是生态安全，即向所有居民提供洁净的空气、安全可靠的水、食物、住房和就业机会，以及市政服务设施和减灾防灾措施的保障。二是生态卫生，即通过高效率低成本的生态工程手段，对粪便、污水和垃圾进行处理和再生利用。三是生态产业代谢，即促进产业的生态转型，强化资源的再利用、产品的生命周期设计、可更新

能源的开发、生态高效的运输，在保护资源和环境的同时，满足居民的生活需求。四是生态景观整合，即通过对人工环境、开放空间（如公园、广场）、街道桥梁等连接点和自然要素（水路和城市轮廓线）的整合，在节约能源、资源，减少交通事故和空气污染的前提下，为所有居民提供便利的城市交通。同时，防止水环境恶化，减少热岛效应和对全球环境恶化的影响。五是生态意识培养，帮助人们认识其在与自然的关系中所处的位置和应负的环境责任，引导人们的消费行为，改变传统的消费方式，增强自我调节的能力，以维持城市生态系统的高质量运行。

2. 生态城市的建设目标

①经济持续高效。以粗放外延型的产业体系向集约内涵型的高效经济体系转变，提高效益、节约资源、减少废物，保护与合理利用一切自然资源与能源。坚持以信息化带动工业化，进一步转变经济发展方式，形成以高新技术产业为先导、先进制造业、现代服务业和农业全面发展的产业格局。通过生产、消费、运输、回用、调控之间的系统耦合，企业及部门间形成食物网式的横向耦合，产品生命周期全过程的纵向耦合，工厂生产与周边农业生产及社会系统的区域耦合，从产品导向型生产转向功能导向型生产，建立循环经济产业体系，达到资源高置换化、产业高效益化。充分挖掘自然、人文和社会资源，整合区域资源，实现区域资源优化配置。

②社会发展文明。保持人口规模与资源供求平衡，公众健康与社会文明同步发展，人性得到充分发展；创建一个多层次、多样化的教育体系，全面提升人口素质；创造一个保障平等、自由、文明的社会环境，建立健全社会保障和服务体系，形成安全稳定的社会秩序。

③环境协调健康。建设良好的区域生态环境，实现生态服务功能，保障生态安全；建立生态净化和恢复系统，形成城乡一体的生态绿地开放系统，不断提升生态资源化处置回收利用系统，为城镇居民提供一个整洁、健康、安全的环境；合理利用土地，协调城乡结构、布局形态和功能分区，实现城乡空间结构生态化；融合人工环境与自然环境，达到物质形态、生态功能和美学效果上的创耨，实现城市景观的人性化、生态化。从环境工程向生态工程、环境管理向生态管理、绿化美化向生态服务转型，建设山水城田、和谐共生的生态环境。

④文化生态和谐。保护和继承历史文化遗产，尊重村规民俗等地方文化，保

持文化的多样性；建立以“生态文化”为核心的新文化体系，倡导生态伦理道德和价值观，使生态文明观渗透到政策、制度、生产、生活的各个领域；采用可持续的消费模式，改善消费结构，倡导文明消费。提高消费效益，实现社会生活的生态化。

3. 生态城市的建设标准

生态城市的创建标准，要从社会生态、自然生态和经济生态三个方面来确定。社会生态的原则是以人为本，满足人的各种物质和精神方面的需求，创造自由、平等、公正、稳定的社会环境；经济生态原则保护和合理利用一切自然资源和能源，提高资源的再生和利用，实现资源的高效利用，采用可持续生产、消费、交通、居住发展模式；自然生态原则，给自然生态以优先考虑，最大限度地予以保护，使开发建设活动一方面保持在自然环境所允许的承载能力内，另一方面，减少对自然环境的消极影响，增强其健康性。生态城市建设包括生态基础设施、生态人居环境、生态代谢网络和生态能力四大体系的建设。

第一，生态基础设施，是城市生态文明的支撑体系。生态基础设施包括流域汇水系统和城市排水系统、区域能源供给和光热耗散系统、城市土壤活力和土地渗滤系统、城市生态服务和生物多样性网络、城市物质代谢和静脉循环系统、区域大气流场和下垫面生态格局等。生态基础设施建设的目标是维持这些系统结构功能的完整性及生态活力，强化水、土、气、生、矿五大生态要素的支撑能力。可以选择以下指标对其进行测度：

生态用水占用率：指城市生产、生活活动用水量与维持本土自然生态系统基本功能所需要的常年平均水资源量的比例，一般应低于35%；生态服务用地率：指建成区内城市农业、林业、绿地、湿地及自然保护地面积与城市建设用地面积之比，生态服务用地面积一般应不低于建设用地的两倍；生态能源利用率：地热、太阳能、风能、生物质能等可再生能源利用率，一般不低于10%；强热岛效应地区（温差超过2°）面积率，一般不超过10%；生态安全保障率：本地物种比例一般不低于65%，景观多样性逐年上升、灾害发生频率逐年下降。

第二，生态人居环境，是城市生态文明的彰显体系。城市人居和产业环境的适宜性取决于社区或园区环境的肺（绿地）、肾（湿地）、皮（地表及立体表面）、口（主要排污口）和脉（山形水系、交通主动脉等）的结构和功能的完好性。在2009年伊斯坦布尔召开的第八届国际生态城市大会上，代表们一致倡导制定一套生态城市人居环境建设的标准。根据中外生态城市建设的经验，我们根据国内外生态城市建设研究的经验提出十点建议：

①紧凑的空间格局：从平面建设向空中和地下空间发展，注重街道及地下空间的立体开发，倡导6~10层互动型居住小区，层数过低土地利用不经济，过高社会效益和环境效益不好，社区人口密度不低于1万人/平方公里。

②凸显城市主动脉：新城和产业园沿轻轨和大容量快速公交主动脉呈糖葫芦串形布局与主城区相连，各组团间由绿地、湿地、城市农田、城市林地等生态服务用地隔开。生态交通网络覆盖人口超过城市人口的80%，从主动脉上任何一站乘快速直达公交到城市中心不超过半小时。

③宽松的红绿边缘：破解摊大饼的城市格局，每个居住小区的绿缘要尽可能长，居民步行到最近的大片绿地时间不超过10分钟。

④健全的肾肺生态：城市开旷地表100%可渗水透绿，屋顶和立面绿化、下沉式绿地兼湿地功能，湿地兼生态给排水功能；城区人均生态服务用地面积不低于30平方米，其中人均湿地面积不小于3平方米。

⑤混合功能就近上班：居住、工商、行政和生态服务功能混合，1/3以上职工能就近上班，从居住点到工作地点乘公交车正常情况下不超过30分钟。

⑥便民生态公交：居民高峰期出行80%以上是公交、轻轨或自行车，城市任何一点步行到最近公交站点不超过10分钟。

⑦生态建筑比例：新建社区生态建筑占70%，与传统建筑相比生态建筑节能60%，碳减排50%，化石能源消耗减少15%~30%。

⑧彰显生态标识：通过标志性建筑、雕塑、生物和文化景观凸显当地自然生态和人文生态特征、文脉和肌理，生态标识满意度高于80%。

⑨生态游憩廊道：在汽车和轻轨交通网络外为市民和游客提供无断点出行、游览观光及生态服务的游憩绿道，包括自行车道+步道网络、休闲驿站及人文服务设施、生物绿篱及缓冲廊道。人均生态游憩廊道面积应不低于5平方米，生态游憩绿道能覆盖和连接市域内每一个社区、乡村和景点。

⑩民风淳朴邻里交融：社区和睦、治安良好、积极参与、文体设施与场所健全，2/3以上居民能天天见面、周周交流。

第三，生态城市代谢网络，是城市生态文明的运作体系。城市生态代谢网络是一种以高强度能流、物流、信息流、资金流、人口流为特征，不断进行新陈代谢，具备生产、流通、消费、还原、调控等多种功能，经历着孕育、发展、繁荣、熟化、衰落、复兴等演化历程的自组织和自调节系统。可以用以下指标来衡量其生态经济效率和环境影响：

①城市生态足迹：指维持城市基本的消费水平并消解其产生的废物所需要的土地面积的总量。通过提高自然资源单位面积的产量，高效利用现有资源存量及改变人们的生产和生活消费方式可以减小城市的生态足迹。

②城市生态服务：指生态系统为维持城市社会的生产、消费、流通、还原和调控活动而提供有形或无形的自然产品、环境资源和生态公益的能力。其核算框架包括空间测度、时间测度、当量测度、格局测度和序理测度。

③产业生态效率：指产业系统生态资源满足城市需要的效率，是产品和服务的产出与资源和环境的投入的比值。评价时从生命周期的全过程出发，分析从自然资源开采、材料加工到产品生产、运输、消费及循环再生的所有环节，以寻求合适的经济方法或者政策手段来提高产业系统的生态效率。

④生态物流循环：本地食品生产和消费占城市总生产和消费需求的百分比不低于50%，高效率的污水处理和节水及中水设施，人均生活用水低于100升/日，普及城乡生态卫生工程，户均1平方米的社区堆肥池，70%的生活垃圾在社区内就地减量化和资源化。

第四，生态能力，是城市生态文明的保障体系。城市生态文明的能力建设以更新人的观念、调节人际关系、诱导人的行为、提高人的素质为主导，强调城市生态的人文过程。通过利益相关者的行为调节和能力建设带动整个城市形态的彰显和神态的升华，促进物态谐和、业态祥和、心态平和与世态亲和的城市文明发展。要大力推进区域协同共生、城乡一体共荣、体制条块整合、天人关系和谐和社会均衡发展，着力调整局部和整体、眼前和长远、发展速度和质量、自主创新和对外开放的统筹关系。提升城市各部门、各单位和各阶层竞生、共生、再生、自生的社会生态活力。可以选择以下指标来度量：

①生态认知指数：包括决策者、企业家、科技人员和普通民众的生态知识（生态哲学、生态科学、生态工学、生态美学和生态经济学）、生态意识（全球环境变化、区域生态服务、人群生态健康、生态可持续性管理）和生态境界（温饱、功利、道德、信仰、天地）。

②生态统筹能力：指城市各级管理部门对区域统筹、城乡统筹、人与自然统筹、社会与经济统筹及内涵与外延统筹的一种协调与管理水平，及竞生、共生、再生、自生能力。

③经济发展活力：指腹地自然资源的支撑能力和潜力，生态系统的承载和涵养能力，科技和人力资源的孵化和培育能力，产业结构和布局的生态合理性，研究与开发、服务与培训人员的比例，经济发展的力度、速度、多样性和稳定性。

④社会参与能力：是指城市为公众参与所提供的机制、体制和平台的完善程度，公众关心和参与重大决策的意愿、知识与技能，社会自下而上监督渠道的完美程度和志愿者的参与力度。

（五）生态城市建设的指标体系和动态评价模型

生态城市建设是随时间发展而不断演化的。构建生态城市建设动态模型主要涉及两个问题：描述生态城市建设现状和对当前生态城市建设进行合理评价。描述生态城市建设现状是以指标体系的构建为基础的，但因为指标动态性的存在，导致顺序关系在描述问题时尤为重要。时间序列的顺序关系被用来描述生态城市建设是否具有可持续性，而可持续性正是衡量生态城市建设的理想标准之一。对生态城市建设进行合理评价需要客观的尺度标准。这也正是生态城市建设相对性的体现。指标体系的尺度标准也具有动态性：根据不同时期考察范围内生态城市建设的最高现状与最低现状来建立评价标准。建立了评价标准之后，对当前生态城市建设的评价就可以通过计算实际观测数据与标准之间的差距或者越过此标准的指标频数来度量。

1. 生态城市建设的指标体系

联合国可持续发展委员会（UNCSD）从社会、经济、环境和制度四方面，以驱动力—状态—反应模式构建了 134 个指标（后精简为 58 个）。2003 年，原国家环保总局制定《生态县、生态市、生态省建设指标》，分经济发展、生态环境保护和社会进步三个大项，指标控制在 22 个以内。2005 年，建设部颁布《国家生态园林城市标准（暂行）》，分城市生态环境、城市生活环境和城市基础设施三大项共 19 个指标。

我们从复合生态系统的角度出发，将生态城市建设综合评价进行指标分解。

按照生态城市评价体系的设计原则，将生态城市建设综合评价体系分解为8个二级指标：生态系统、人居环境、资源节约、经济发展、生活方式、人文政策环境、社会发展程度和协调程度。

生态系统包含5个三级指标：森林覆盖率、生物多样性、自然保护区面积比、水土流失率、自然灾害发生率；

人居环境包含11个三级指标：空气质量指数、人均公共绿地面积、河湖水质、人均二氧化碳排放量、饮用水水质达标率、环境噪声达标率、生活垃圾无害化处理率、工业废水排放达标率、城市生活污水集中处理率、城市规划优美度、市民满意率；

资源节约包含5个三级指标：资源能源依存度、粮食自给率、人均水资源总量、清洁能源使用率、新能源（可再生）规模与比重；

经济发展包括15个三级指标：R&D占GDP比重、技术研发能力及专利数、服务业占GDP比重、高新技术产业增长率、文化产业增长率、教育经费占GDP比重、环保投入占GDP比重、生态农业占农业比重、循环经济规模与比重、单位GDP综合能耗、单位GDP水耗、单位GDP二氧化碳排放量、单位GDP二氧化硫排放量、工业固体废物综合利用率、工业用水重复利用率；

生活方式包含10个三级指标：市民观念、市民绿色消费、人均能源消费率、人均生活用水量、绿色建筑所占比重、人均道路面积、绿色运营车辆占有率、绿色出行所占比例、市民环境投诉率、市民中环保志愿者比例；

人文政策环境包含7个三级指标：城市文化、政府政策法规及执行力、政府绿色采购率、社会安全指数（刑事案件发案率）、生态环保知识法规普及率、企业社会责任（包括环保公益捐赠）、区域国际合作状况（专家评价）；

社会发展程度包含9个三级指标：人均GDP、人均受教育年限、人均预期寿命、基尼系数、恩格尔系数、就业率、城乡一体化程度（城乡收入比）、社会保险覆盖率、医疗保险覆盖率；

协调程度包含3个三级指标：社会和谐度，市民幸福感，生态、环境、资源、经济、社会与人的协调发展程度。

以上8个二级指标、65个三级指标构成了整个指标体系。通过对各个指标进行赋权求和，就可以得到该时段生态城市建设综合评价指数。在以上65个指标中，部分指标当前在国际上有公开的标准可供参考。对于没有国际公开标准的指标，需要依据客观情况制定标准，将已知时段该指标的最高现状值和最低现状值进行赋权平均，制订出下一时段该指标的评价标准，其中权重的确定是满足某些客观要求约束下问题的最优解。

2. 生态城市建设的动态评价模型

生态城市建设标准是一个动态概念，生态城市建设需要有一套体现生态城市特点的建设标准和指标体系，我们利用空间上的锥与半序试图从一个新角度构建中国生态城市建设标准与评价方法。

从动态角度按照城市生态建设效果把生态城市分为三类，第一类是在某个时期内其建设效果越来越好，而且达到了建设标准要求的城市称为生态城市建设是良性健康发展的；第二类是在某个时期内虽然其建设效果越来越好，但未达到建设标准要求的城市称为生态城市建设是可持续发展的；第三类是在某个时期内其建设效果时好时坏。

按照生态建设效果从动态角度以数学为工具把中国生态城市建设分为初、中、高三个阶段。初级阶段的基本特征是上述三类城市均存在；中级阶段的基本特征是第一类、第二类城市均存在，但第三类城市不存在；高级阶段的基本特征是仅有第一类城市存在，第二、第三类城市均不存在。

由于生态城市分类和中国生态城市建设的三个发展阶段都是通过建设效果来确定的，因而建立指标体系、确立建设标准是核心问题。我们把指标分为两类，一类是硬性指标，即不依赖于人的意志为转移的指标，上述提到的指标体系中的指标，仅限于硬性指标。另一类是软性指标，即主要是人们对建设效果的主观评价。也就是说，首先利用硬性指标体系，确立不同时期中国生态城市建设的最低发展现状和最高发展现状，再利用数学模型确立不同时期的建设标准，然后依据硬性指标体系和建设标准对生态城市进行分类（分为三类），并提出中国生态城市建设的三个发展阶段的概念。

中国生态城市建设评价标准要依据中国生态城市建设现状和不同区域的特点来制定。要始终注意运用生态学原理和可持续发展理论来指导，始终坚持人与自然和谐这条主线，始终突出环境和资源的保护。必须要平衡经济发展、社会进步和环境保护三大要素。要控制城市人口规模，统筹城乡发展。必须依据不同类型城市的最低发展现状和最高发展现状来合理制定生态城市建设指标体系，先简后繁，先易后难，分类指导，分步实施，逐步推进。

二　中国生态城市建设的现状和问题

当前我国正处于城市化水平迅速提升的关键阶段。在城市化快速发展进程中，反思现有的城市发展模式，摒弃传统的城市发展道路，探索可持续发展的生态城市发展道路，更好地解决城市与环境资源的协调问题，成为重要的战略考量。中国共产党的十七大报告明确提出，“建设生态文明，基本形成节约能源资源和保护生态环境的产业结构、增长方式、消费模式。循环经济形成较大规模，可再生能源比重显著上升。主要污染物排放得到有效控制，生态环境质量明显改善。生态文明观念在全社会牢固树立。”这一论述丰富了文明和发展的内涵，开创了中国可持续发展的新时代，对城市的建设、管理和发展也提出了新任务和新要求。城市建设正在进行一次转型，即从为经济发展来建设城市转变为为生活更美好来建设城市，生态城市建设已经成为中国城市发展的一个共识。

（一）中国生态城市建设的现状

我国的生态城市建设方兴未艾，取得了一些成就和经验，也存在着一些问题，面临着许多挑战。

1. 正在形成生态城市建设的潮流

我国生态城市建设有几个大的标志性事件。1986 年，江西省宜春市在全国首先提出建设生态城市的发展目标，并于 1987 年进行了生态城市规划与建设试点工作，拉开了我国生态城市建设的序幕；1987 年，黄光宇等学者对四川省乐山市进行了生态城市的规划实践；1995 年起，我国开展了生态示范区的试点工作，目前共建国家级生态示范区共计 389 个；1999 年，海南省人大颁布《关于建立生态省的决定》，通过了《海南生态省建设规划纲要》，同年国家环境保护总局批准海南省为全国生态省建设试点；2002 年，贵州省贵阳市被国家环保总局批准为全国循环经济型生态城市建设试点城市，为资源型城市建设生态城市作出了积极探索；2007 年，由新加坡和天津市共同建设的全球首座国家间合作开发的生态城在天津滨海新区动工建设，标志着我国生态城市建设在国际合作开发方面迈出了积极的步伐；2008 年汶川大地震之后，“生态”也成为灾后重建的一个重要目标。专家指出，灾后重建城市规模应以中小型为主，并以生态化为目标，建成安全、舒适、生态友好之城。

迈入21世纪，随着可持续发展战略的推行、生态文明理念的传播和科学发展观的深入人心，我国掀起了生态城市建设的潮流。吉林、黑龙江、福建、浙江、山东、安徽、江苏、河北、广西、四川、辽宁等省纷纷提出了建设生态省的发展目标；北京、上海、深圳、苏州、宁波等多个城市纷纷提出建设生态城市的目标。中国城市科学研究会学术交流部所做的一项统计研究表明，截至2011年2月，中国287个地级以上城市中提出生态城市建设目标的有230个，所占比重为80.1%；提出“低碳城市”建设目标的有133个，所占比重为46.3%；综合上述两种建设目标，提出建设低碳生态城市有关建设目标的城市已达259个，占到地级市比例的90.2%。[①] 目前，生态城市的建设，已经成为中国各个城市落实科学发展观和转变经济发展方式的主要抓手。

2. 制定了生态城市建设的标准

目前我国有多个与城市生态建设或可持续发展相关的指标体系，它们由不同的部门颁布，侧重于反映城市某一方面的特征，主要包括：“十一五”国家环境保护模范城市考核指标——国家环保总局制定；全国生态示范区建设试点考核验收指标——国家环保总局制定；国家园林城市标准——建设部制定；国家生态园林城市标准（暂行）——建设部制定；中国人居环境奖参考指标体系——建设部制定；宜居城市科学评价标准——中国城市科学研究会制定；循环经济评价指标体系——发改委、国家环保总局、统计局制定；“国家森林城市”评价指标——林业局制定；全国绿化模范城市检查评分标准——全国绿化委员会制定；全国文明城市测评体系（试行）——中央文明委制定；国家卫生城市标准——全国爱卫会制定；国家可持续发展实验区社会经济与生态环境状况主要指标——科技部制定；中国优秀旅游城市检查标准——国家旅游局制定。

2003年5月23日，国家环保总局颁布了《生态县、生态市、生态省建设指标（试行）》，其中生态市建设指标包括经济发展、环境保护和社会进步三类28项指标；2008年1月15日，颁布了《生态县、生态市、生态省建设指标（修订稿）》，其中生态市建设指标包括经济发展、环境保护和社会进步三类19项指标。在生态市建设指标的阐释中，生态市的主要标志是：生态环境良好并不断趋

① 李迅、刘琰：《生态城市：希望和压力同在》，《中国建设报》2011年6月17日。

向更高水平的平衡，环境污染基本消除，自然资源得到有效保护和合理利用；稳定可靠的生态安全保障体系基本形成；环境保护法律、法规、制度得到有效的贯彻执行；以循环经济为特色的社会经济加速发展；人与自然和谐共处，生态文化有长足发展；能够使城市、乡村环境整洁优美，人民生活水平全面提高。生态市的基本条件是：①制定了《生态市建设规划》，并通过市人大审议、颁布实施。国家有关环境保护法律、法规、制度及地方颁布的各项环保规定、制度得到有效的贯彻执行。②全市县级（含县级）以上政府有独立的环保机构。环境保护工作纳入县（含县级市）党委、政府领导班子实绩考核内容，并建立相应的考核机制。③完成上级政府下达的节能减排任务。三年内无较大环境事件，群众反映的各类环境问题得到有效解决。外来入侵物种对生态环境未造成明显影响。④生态环境质量评价指数在全省名列前茅。⑤全市 80% 的县（含县级市）达到国家生态县建设指标并获命名；中心城市通过国家环保模范城市考核并获命名。

修订版标准与试行版标准的区别值得关注：将“完成上级政府下达的节能减排任务”作为生态市建设的基本条件；在大的类别上，将“环境保护”改为“生态环境保护”，表达更为全面；指标体系调整为 19 项，总体上更为精练，去掉了一些意义不大或不易统计、计算的指标，尤其是社会进步类指标缩减到只剩 3 项；精练之余又对多项指标名称做了调整，使其对于生态城市建设更具指导意义，如原来的“单位 GDP 水耗”，现改为用“单位工业增加值新鲜水耗”和“农业灌溉水有效利用系数”两项更为具体的指标来反映经济发展对水资源造成的压力；对多项指标值进行了调整，使生态城市建设目标紧扣国家政策，如“单位 GDP 能耗”标准由 1.4 吨标准煤/万元 GDP 调整为 0.9 吨标准煤/万元 GDP，这一严格要求体现了对国家节能减排政策的响应；将指标分为参考性指标和约束性指标两类，除社会进步类的 3 个指标和“第三产业占 GDP 比例”属于参考性指标外，其余 15 项全为约束性指标。

3. 出现了不同类型的生态城市

现在我国的生态城市有几种：一种是新建的卫星城，比如天津生态城、曹妃甸生态城、无锡生态城、株洲生态城、上海奉贤生态城，以及深圳的光明新区、坪山新区等都作为第一批生态城示范点。这一类城市全国目前有十几个，它从规划开始就注重节能减排、注重生态环保、注重城市生物多样性的保护、注重人居环境的改善，追求人与自然的和谐相处。第二类是既有城市改造成生态城。这方面我国已经制定了一系列的标准，比如垃圾分类和循环利用，水的循环利用，绿色交通，绿色建筑，低碳产业，可再生能源应用等，这一类城市就是依据这些标准通过对现有城市的逐步完善改造和功能品质提升而形成的新型城市。第三类是灾后重建的生态城。比如北川、玉树的灾后重建规划，强调这些城市要一步达到生态环保、节能减排和适宜人居的要求，建设成生态城市。

总观中国的生态城市建设，大致可概括为六类示范型生态城市，即景观休闲型城市、绿色产业型城市、资源节约型城市、环境友好型城市、循环经济型城市和绿色消费型城市。其中，景观休闲型城市是指具有较高生态文明程度的城市，以城市的景观作为人们休闲的主要载体，以户外休闲作为主要休闲形式，以城市的景观系统作为支撑，以生态服务作为核心内容的城市。这类城市的代表有以人文景观特色见长的苏州市等。绿色产业型城市是指通过倡导绿色理念，采用先进技术，建立绿色化产业体系，从而达到社会、经济、环境的可持续发展，实现自然生态平衡与人文生态和谐的城市。这类城市的代表有着力构建绿色产业体系的昆明市等。资源节约型城市就是在生产、流通、消费等领域，通过采取法律、经济和行政等综合措施，提高资源的利用效率，以最少的资源消耗获得最大的经济和社会收益，保障经济社会可持续发展的城市。这类城市的代表有着力推进节能减排的北京市等。环境友好型城市是以环境承载力为基础，以遵循自然规律为准则，以绿色科技为动力，倡导环境文化和生态文明的城市。这类城市的代表有以亲近和融汇自然山水风景为一体的桂林市。循环经济型城市是以循环经济为基础构建的空间布局合理，基础设施完善，环境整洁优美，生活安全舒适，物质能量高效利用，资源永续利用的城市。这类城市的代表有着力推动循环经济发展的贵阳市等。绿色消费型城市是指依据环保理念和节约理念，倡导绿色产品消费的城市。这类城市的代表有着力推动绿色生活方式的大连市等。

4. 达成了一些生态城市建设的共识

在生态城市的创建潮流中，我国就生态城市建设的路径和注意事项达成了一些共识，形成了一些经验。第一，把制定明确的生态城市建设规划作为生态城市建设的基础。各城市的生态城市规划中设定了具体的阶段性目标和评价指标，并提供一系列项目确保规划的实施，从而为生态城市建设提供了科学规范的依据。第二，积极发挥生态功能区划在生态城市建设中的作用。注重生态功能区划是我国生态城市建设的一个特色。在全面进行生态环境现状、生态脆弱性和生态服务功能评价的基础上，从城市现有的空间布局和区域生态系统特征出发，规划生态功能分区方案，并明确各生态功能分区的生态系统特征、功能、发展方向与保护目标，指导其自然资源合理开发利用和有效保护，从而为城市产业布局提供科学依据。第三，把发展循环经济作为推进生态城市建设的关键。只有发展循环经济，才能将经济活动对自然资源的需求和对生态环境的影响降低到最小程度，以最小的资源消耗，最小的环境代价实现经济的可持续增长，这一理念已经逐步得到全社会的普遍认同。我国的生态城市建设从产业政策、产业布局、产业结构调整、建立产业园区等角度规划完整的循环经济和生态产业发展体系，将其作为生态城市建设的重要内容。第四，以系统全面的观点指导生态城市建设。2004 年国家环保总局在苏州市召开全国生态市（县）建设现场会，提出生态市建设要抓重点、抓关键，特别是做好如下工作：一要大力发展生态产业，努力建设高效、低耗、低污染的生产体系；二要大力改善生态环境，努力建设稳定、和谐、高质的生态环境体系；三要大力推进生态人居建设，努力建设优美舒适、协调和谐的人居体系；四要大力倡导生态文化，努力建设现代、文明、各具特色的环境文化体系。

（二）中国生态城市建设存在的主要问题

近些年来，尽管我国生态城市建设取得了可喜成绩，但是，对照国外生态城市建设的经验，针对我国城市发展中出现的痼疾，我们认为，我国生态城市建设依然存在着许多问题和挑战。

1. 片面强调中心城市生态建设，忽视区域联系和城乡联动

第一，城市和区域是密不可分的。城市是区域的核心，区域是城市的基础。两者相互依存、互相促进。城市间、区域间不断进行着物质、能量、信息的交换。城市越发展，这种交换越频繁，相互作用就越强。生态城市建设要特别强调城市间、区域间的协作。我国现阶段进行的生态城市建设只是片面强调各个中心城市的生态发展，而忽视了区域间的合作与发展，没有从大区域发展和城市集群发展整体考虑区域之间在生态建设上的互补效应。第二，城市与乡村也是密不可分的，二者尤其在生态建设上具有内在的深刻关联。城市要进行生态规划，必须要把附属农村的发展予以兼顾，以大生态观和循环经济理念把城乡经济社会发展统筹考虑，在生态建设上注意生态工业和生态农业的互补互哺，整体打造绿色产业，实现可持续发展。我国现阶段进行的生态城市研究与建设只是片面强调各个中心城市的生态发展，而忽视了城乡之间的生态关联和有机联动。

2. 生态城市建设缺乏法制保障，生态标准的执行力度弱化

随着可持续发展战略的实施，生态文明理念的宣讲，科学发展观的学习，全社会普遍高扬起了生态城市建设的旗帜，大家都意识到了生态城市建设的急迫性和严峻性。但是具体到城市发展的实践中，生态城市建设缺乏硬性的约束和法规保障，政府、企业往往偏重于经济发展指标，而相对弱化了环境保护指标。突出表现为：第一，在城市化过程中片面追求经济效益，无视生态环境。第二，在城市规划时，有对城市绿地、城市建筑群的密度和高度、城市基础设施的标准设计，但在城市化过程中得不到严格执行。第三，城市建设过程缺乏统一管理，各自为政。某些单位为了满足自身利益，不顾城市环境的美观整洁，甚至无视公众利益，任意挤占和扩展地盘，侵占公共用地。第四，某些企业的污染物没有达到排放标准，任意排放，使城市环境污染依然严重。城市生态恶化趋势没有得到有效遏制。

3. 生态城市建设的合力机制没能形成，公众参与的广度不够

城市生态化建设是一个需要多方密切配合、相互协作的系统工程，需要社会各界的认同和合作，而不是简单地分解到各行政部门，由行政管理人员组织实施。公众是生态城市建设的主体，政府在制定城市生态发展政策时，必须建立在广泛听取民意的基础之上，只有充分反映人民的需要，政策才有说服力和影响力，才能使公众在参与中形成关注生态、保护环境的自觉行动，才有助于和谐社会的发展。生态城市的建设，离不开每个市民的努力。每个人既是环境的施害者，同时又是环境的受害者，生态环境的走向与每个个体是息息相关的。当前，在我国生态城市建设中更多的只是涉及政府与企业，全民性参与力度明显不足。而没有全民的参与，生态城市的建设只能成为一句空话。因此，在生态城市建设的过程中，我们的当务之急是强化公众参与，包括加强环保民间组织力量、加强环境教育以及加强公众环境参与等等，从而改变我国生态城市建设只依靠政府力量单枪匹马打天下的局面。

4. 生态城市建设不能因地制宜，建设重点和特色彰显不够

国外生态城市建设的一个突出特点是其问题指向性，它往往不试图在城市中全面铺开地进行生态城市建设，而是面向问题、抓住重点、逐步推进，针对城市发展中面临的突出问题，如交通拥挤、地面硬化、垃圾污染等问题，集中力量促使一两个问题的解决，并在解决问题的过程中积累经验、培养人才、教育公众、树立形象、凝聚人心，逐渐扩展到对其他问题的解决。比如巴西的库里蒂巴建设重点在于城市交通和垃圾资源化，日本有些城市的建设重点在于生态工业园和循环经济，而欧洲的一些城市则重点考虑生态社区。我国生态城市建设存在着重点不明、特色不明显、形态雷同等问题，突出表现为：第一，绿地建设模式脱离国情、市情。许多城市在绿地建设中大搞草坪工程，既浪费财力又不节约资源。应该因地制宜，坚持以树为主，乔、灌、草、藤、花结合，多树种混合，大量种树，适度种草的绿化思路。第二，城市布局建设不科学。随着城市生活化的程度越来越高，各地地貌特征发生了许多改变，出现了很多不良现象，如大肆兴建人造景观，景点的无序开发等等，使得各地建筑特色基本消失，城市风格趋于同一。第三，建筑规划设计不能体现人文特色。建筑规划设计要求遵循生态原则，表现为对自然地形、景观、生物的尊重与关怀，同时它体现着一座城市的人文精神、文明程度和文化观念。城市建筑应顺应城市的性质，服从生态城市的统一规划，为城市的发展发挥应有的作用。我国地域辽阔，各地区的自然状况、经济发展水平、社会发展状况等基础条件各异，并具有各自的特点，因此，其生态城市建设应有各自的侧重点和不尽相同的发展策略。

三　中国生态城市建设的原则、思路和举措

遵循生态文明的理念和现代城市精神，建设生态城市，在我国是一个全新的事件，既没有现成的模式，也没有固定的方法。这需要我们解放思想，实事求是，以开拓创新之精神逐步推进。

（一）中国生态城市建设遵循的原则

1. 系统性原则

城市作为一种特殊的生态系统，不同于其他生物群落，它是以人的行为为主导，以生态环境为依托，以物质流动为命脉，以社会体制为经络的人工生态系统。一座可持续发展的城市，有赖于资源持续供给的能力；有赖于生态支持系统的自我调节能力和社会经济系统的自我组织、自我调节能力；有赖于城市生产、

消费、还原的生态功能的协调；有赖于社会的宏观调控能力、部门之间的协调行为以及公众的参与意识。其中，任何一个方面功能的削弱或增强，都会影响其他成分，并最终影响到城市可持续发展的进程。因此，生态城市建设必须遵循生态系统原理，从系统观点出发，把自然、经济、社会结合起来作为一个整体进行综合分析、评价。

2. 循环再生原则

城市的物质资源是有限而并非无限的，城市系统中的资源、产品和废弃物的多重利用和循环再生是扩大生态支持能力的重要保证，也是生态城市长期生存并不断发展的基本需求。以往城市各种生态环境问题产生的原因在于城市缺乏这种内在的物质和产品的循环再生机制，致使城市吸纳了大量的物质资源后，只有少量形成产品，大量的以废弃物的形式排放，不仅资源利用程度低，而且诱发大量环境问题的产生。因而，生态城市建设需改变城市生态系统中资源的利用方式，使资源利用由单一的线性“链”状演变成复合的“网”状，在城市资源和废弃物之间，内部和外部之间构筑一个利于循环再生的通道，才能提高城市的生态和环境效益。

3. 和谐共生原则

和谐性是生态城市调控的核心内容。生态城市本质是要处理好人与自然、城市与乡村、人工环境与自然环境的关系，任何一个组分对立统一的关系没有协调好，都会影响到城市生态系统的正常循环运行。生态城市不仅要求每一组分彼此间协调，而且要求所有组分的有机耦合，单一组分的和谐有序不能保证生态城市的健康发展，只有系统内所有组分的协调共生才是系统实现最优的充分必要条件。系统优化共生的结果不仅节省了资源、能源、能量和信息，而且使系统获得多重综合效益。相反，单一的资源利用，各组分低强度的耦合，都会使共生关系减弱，最终影响系统的活力与健康。

4. 持续内生原则

城市生态系统是一个自组织系统，在一定的生态阈值范围内，系统具有自我调节、自我维持稳定、自我发展的机制和功能。这种生态阈值又叫生态承载力，是某一环境状态和结构在对人类生存发展不发生有害变化的前提下，所能承受的人类社会活动的程度，具体体现在规模、强度和速度上，它包括资源承载力、技术承载力和污染承载力。生态承载力的大小取决于城市内部的结构与功能，是客观与主观相结合的产物。首先它表现为客观存在，同时，它又是可能由人类通过自身行为来改变的。生态承载力的改变会引起城市生态系统结构和功能的变化，从而推动城市生态系统正向演替或逆向演替。只有当城市活动强度小于生态承载力时，城市生态系统才会向着结构复杂、能量利用优化、生产力不断提高的方向演化即正向演替，城市也才会持续发展。否则，城市的可持续发展无从谈起。

（二）中国生态城市建设的思路

生态城市建设旨在通过观念更新、体制革新和技术创新，调谐城市社会—经济—自然环境之间各类竞生、共生、再生、自生的生态关系，在生态系统承载能力范围内去改变生产和消费方式、决策和管理方法、文化和精神生活及生态和环境意识。我国生态城市建设的思路是以生态建设和社会经济持续发展为主题，遵循“环境为体，经济为用，生态为纲，文化为常”的原则，全面推进现代化、信息化和生态化进程；以生态安全为基础，建立健康安全的环境支持体系；以工业兴市为主线，建立具有国际竞争力的生态产业经济体系；以生态景观为特征，全面推进景观保护和建设；以生态文化为主脉，全面发展物质文明与精神文明。具体表现为：

一是要大力发展生态产业，努力建立高效、低耗、低污染的生产体系。要结合产业结构调整，大力推进清洁生产，努力发展生态经济和生态产业，坚持走科技含量高，经济效益好，资源消耗低，环境污染少，人力资源得到充分利用的新型工业化发展道路。有条件的地区、行业、企业、园区，要着力发展循环经济，通过物质流、能量流、信息流等循环传递、多级利用，在生产过程的企业之间、园区之中、区域之内形成共生互动的循环产业，推动一些有条件的社区、单位建设循环型社会。

二是要大力改善生态环境，努力建立稳定、和谐、高质的生态环境体系。围绕创建工作，强化环境影响评价，强化环境监管，防止新的重大人为生态环境破坏，在发展过程中，在环境上做到尽可能少欠或不欠新账；要加大生态环境整治力度，加快偿还环境污染和生态破坏的老账；要大力推动生态环境建设，努力实现辖区内天蓝、海碧、山青、水秀，生态系统稳定、和谐。

三是要大力推进生态人居建设，努力建设优美舒适、协调和谐的人居体系。要以人为本，科学规划，在城市社区建设、小城镇建设中，努力做到现代理念与传统文化相融合，人居建设与经济基础相适应，人居环境与自然环境相协调，努力实现人居环境优美和谐、功能齐全、生活方便舒适。

四是要大力倡导生态文化，努力建设现代、文明、各具特色的环境文化体系。要大力传播生态知识，普及现代文明发展理念，弘扬民族优秀文化传统，完善环保法律法规制度，提升环境伦理道德水准，通过人们总体素质、综合素质的提高，为区域可持续发展提供思想保证，夯实社会基础①。

贯彻这一思路，生态城市的建设重点应从以下几个方面来展开：

第一，建设可持续的经济体系。由碎石型、粗放型经济为主导的产业体系向复合型、特色型和知识型经济为主导的高效型经济转型，提高知识、科技等要素在经济增长中的贡献率，加强区域间的横向联合，建设具有竞争力的可持续经济体系。

第二，健全可持续的社会体系。控制城市人口发展规模，保持城市适度人口密度，提高人口素质；引导市民的价值取向由富足向健康与文明转化，消费行为向节约、绿色过渡；建立完善的社会保障体系、社区服务体系，建设以人为本、人地谐美的社会体系。

第三，建立可持续的资源体系。依靠科技，推进清洁生产、资源综合利用，切实提高资源的利用效率，促使生态资产持续增长与正向积累，为当代、后代的生存和发展创造有利条件。

第四，营造可持续的生态环境。加大环境治理力度，修复、保护自然生态环境，全面提高生态环境质量，保护和开发自然山水资源，以自然山水为框架，构筑多层次、多功能、立体化、复合型、网络型的生态结构体系，展现城市独特的生态景观。

第五，完善可持续的城市功能。加强城市基础设施建设，扩大城市基础设施承载能力，突破基础设施的瓶颈，建设适应社会、经济发展和人民生活需要的、安全可靠的城市基础设施网络，有效发挥基础设施的服务功能，实现城市物流、能流、人流、信息流等各种生态流的通畅。

---

① 祝光耀：《认真落实科学发展观，扎实推进生态市（县）建设——在全国生态市（县）建设现场会上的讲话》，环境保护部自然生态保护司编《生态省建设理论与实践》，中国环境科学出版社，2008，第68页。

第六，强化可持续的管理体制。促进传统区域管理向可持续的生态管理转变。充分挖掘、全面整合历史文化资源，彰扬、提升城市文化和人文精神，凸现充满诗意的城市文化底蕴。在综合决策、文化传承、认知能力、政策体系、公众参与、区域合作等方面形成成熟的可持续管理体系。

（三）中国生态城市建设的具体举措

在总结国内外生态城市建设理论和实践的基础上，我们认为，中国生态城市建设宜坚持“五位一体、两点支撑、三带镶嵌、四轮推动、和谐发展”的具体方略。

1. “五位一体”

“五位一体”是指我国生态城市建设应坚持乡村城镇化、城市园林化、生产清洁化、生活绿色化、环境生态化的努力方向，走城乡生态建设一体化的道路。

（1）实现乡村城镇化

国家十二五规划提出构建以“两横三纵”为主体的城市化战略格局。这一格局是在优化提升东部沿海城市群的基础上，在中西部一些资源环境承载能力较好的区域，培育形成一批新的城市群，促进经济增长和市场空间由东向西、由南向北拓展。“两横三纵”为主体的城市化战略格局是指构建以陆桥通道、沿长江通道为两条横轴，以沿海、京哈京广、包昆通道为三条纵轴，以国家优化开发和重点开发的城市化地区为主要支撑，以轴线上其他城市化地区为重要组成的城市化战略格局。推进环渤海、长江三角洲、珠江三角洲地区的优化开发，形成3个特大城市群；推进哈长、江淮、海峡西岸、中原、长江中游、北部湾、成渝、关中—天水等地区的重点开发，形成若干新的大城市群和区域性的城市群。根据这一战略规划以及目前我国的城市化进程，我国的生态城市建设将和乡村城镇化进程密切伴随。城镇化是指农村人口向城镇转移，第二、三产业不断向城镇集聚，从而使城镇数量不断增加，城镇人口规模和地域规模不断扩大的动态的自然、社会历史过程。农村城镇化是城镇化的重要侧面，是城市化体系的重要组成部分，它是指农村生产和生活方式的城镇化，是农村地区生产和生活方式的非农化及其集聚过程。农村城镇化将进一步转变经济增长方式，促进产业结构转型。农村城镇化与工业化、现代化相伴而行，农村城镇化的过程也是农村产业结构升级的过程。随着城镇化的深入，实现人口、资金、技术、土地等要素的集约以产生强大的规模经济效应和集聚效应，从而改变以往农村地区“散、空、穷”的局面。

促进乡村城镇化，需要注意以下几个方面：一是要密切注意城市化过程中的资源承受力、环境承载力、土地承载力和人口容纳密度，关注城市化发展中的生态问题。提前做好城市规划，改变以往城市化发展的弊病，按照生态城市的标准发展和管理城市。二是要注意城市化过程中大中小城市的发展布局问题，2010年中央一号文件明确指出要大力发展中小城市与城镇，使农村经济变成“双轮驱动”，即新农村建设与城镇化，是我国三农政策的重要战略转移。形成大中小城市和小城镇协调发展、城镇化与新农村建设良性互动的局面，努力实现农业现代化与工业化、城镇化协调发展。三是要优化空间结构。减少工矿建设空间和农村生活空间，适当扩大服务业、交通、城市居住、公共设施空间，扩大绿色生态空间。控制城市蔓延扩张、工业遍地开花和开发区过度分散。四是要优化城镇布局。进一步健全城镇体系，促进城市集约紧凑发展，围绕区域中心城市明确各城市的功能定位和产业分工，推进城市间的功能互补和经济联系，提高区域的整体竞争力。五是要优化人口分布。合理控制特大城市主城区的人口规模，增强周边地区和其他城市吸纳外来人口的能力，引导人口均衡、集聚分布。六是要优化产业结构。推动产业结构向高端、高效、高附加值转变，增强高新技术产业、现代服务业、先进制造业对经济增长的带动作用。发展都市型农业、节水农业和绿色有机农业；积极发展节能、节地、环保的先进制造业，大力发展拥有自主知识产权的高新技术产业，加快发展现代服务业，尽快形成服务经济为主的产业结构。积极发展科技含量和附加值高的海洋产业。七是要优化发展方式。率先实现经济发展方式的根本性转变，大力提高清洁能源比重，壮大循环经济规模，广泛应用低碳技术，大幅度降低二氧化碳排放强度，能源和水资源消耗以及污染物排放等标准达到或接近国际先进水平，全部实现垃圾无害化处理和污水达标排放。加强区域环境监管，建立健全区域污染联防联治机制。八是要优化基础设施布局。优化交通、能源、水利、通信、环保、防灾等基础设施的布局和建设，提高基础设施的区域一体化和同城化程度。九是要优化生态系统格局。把恢复生态、保护环境作为必须实现的约束性目标。严格控制开发强度，加大生态环境保护投入，加强环境治理和生态修复，净化水系、提高水质，切实严格保护耕地以及水面、湿地、林地、草地和文化自然遗产，保护好城市之间的绿色开敞空间，改善人居环境。

（2）实现城市园林化

园林是运用自然的条件和社会的因素，通过科学的和技术的手段，创造出优美的、生态良好的人类生活和享用的境域。建立生态城市，重要的一条路径就是实现城市园林化。城市园林化是以丰富的园林植物、完整的绿地系统、优美的景观和完备的设施发挥改善城市生态、美化城市环境的作用，为广大人民群众提供休息、游览、开展科学文化活动的园地，增进人民身心健康；同时还承担着保护、繁殖、研究珍稀、濒危物种的任务。

关于城市园林化问题，我国在园林城市标准中提出了十二条标准，从城市绿地分类、布局以及指标方面都作了具体的规定，是实现城市园林化的基本标准，其主要内涵应该是：绿化指标先进；规划布局科学、合理；城市景观连续；环境质量宜人；城市风貌独特；有利于改善城市生态和可持续发展。园林城市标准是结合我国实际提出来的，它要求各类绿地布局合理、功能齐全，形成统一完整的系统，取得良好的生态、环境效益。将城市绿地系统同国土绿化紧密联系，把城市当做一个大园林进行规划、保护自然山川地貌和郊区林地、农业用地，形成城乡一体的优良环境。

实现城市园林化具体要从以下几方面去做：第一，加强城市生态绿化建设，适当增加城市园林绿地的面积。园林绿地面积要达到一定数量才能保证城市生态系统的良性循环，这已经成为衡量现代城市人居环境水平的重要标准之一。根据卫生学的要求，园林绿地面积应占城市总用地面积的50%以上；根据大气中氧气与二氧化碳平衡的要求，每人需要拥有30～40平方米的园林绿地，绿化覆盖率要达到30%～40%，大气中的碳氧平衡才能得到保持。所以，联合国把绿化覆盖率达到50%、人均绿地面积达到60平方米、居住区人均绿地面积达到28平方米确定为生态城市应达到的指标。由于历史和其他原因以及人多地少的国情，我国城市园林绿化面积普遍偏少。因此，必须适当增加城市园林绿地面积、提高绿化覆盖率。城市生态绿化建设就是要根据城市所在地域的环境地理特征，因地制宜地进行科学规划设计和建设。城市生态绿化建设的思路是在建设中尽量保留原有的自然和人文景观，把城市建设对生态环境的干扰和破坏降到最低程度；完善城市绿地规划布局，有效协调城市居民与环境的关系；根据城市气候效应特征和居民生存环境质量要求，搞好城市绿化布局并进行城市绿化系统设计，提出城市功能区绿地面积分配、品种配置、种群或群落类型方案；根据生态功能区建设理论，建立环境生态调节区，在此区中，自然生态系统的特征和过程应被保留、维护或模仿。城市生态绿化应贯彻生态优先的原则，同时参与城建项目规划和建设过程。生态绿化通过构建多样性景观，对城市整体空间进行生态合理配置。城市绿化不应局限于仅仅作为满足绿化的外在形象美观，还要起到净化城市生态环境的重要功能。不仅要加强城市绿化生物多样性，构建合理的植物种群。还要进行合理的植物配置，构造具有乡土特色和城市个性的绿色景观；同时慎重而节制地引进国外特色物种。积极推广城市立体三维绿化，大幅增加城市的三维绿量，还能降温除污减噪且效果显著，促进城市生态平衡。第二，开发水体景观，发挥水体改善城市环境的作用。城市水体不仅可以增加城市空气湿度，调节空气湿度的时空分布，还影响生物物种的种类与数量，促进绿地形成更为完善的植被结构和更为强大的生态功能。同时，水体也是城市与外部生态系统的主要交流通道，水系也是城市最重要的景观廊道之一。因此，城市绿化建设将重视沿河道的森林景观建设。对于一个城市来说，绿地是“城市之肺”，而河流和湖泊等各种湿地则是“城市之肾”，它维持着一个环境的健康但也需要一个环境来维持其本身的健康。前者是因为水系如与土地及其生物环境结合会具有极强的自净能力，同时对沿岸的小气候产生影响，可使周围的平均气温降低，加快空气流动，对人体健康有良好的作用，也可为城市中多种生物提供栖息地，并净化水质，更为重要的是生态健全的水系构成绿色通道网络，最具有蓄洪和缓解旱涝灾害的能力；后者是指水系与其他生态系统之间有着密切的联系，如果把他们隔离起来（如水泥硬化河道岸坡等），在失去生态系统之间交流的情况下，水体的自净能力就大大下降，结果有可能成为死亡的水面。城市因为有了森林和水体而风景优美，空气清新，环境宜人。因此，林水结合有利于城市生态系统的良性循环。第三，加强城市森林建设。建设城市森林将成为城市绿化的代表性理念。“人在城中，城在林中”将成为21世纪城市建设的目标。城市生态环境建设强调以人为核心的设计理念，创造“天人合一”的城市与森林融合的人居环境空间。城市森林建设的主旨是“人与自然和谐共生”，以“绿色空间”构筑“绿色城市”空间网络。完整的城市森林生态系统将为彻底改善城市生态环境提供物质和能量两方面的保障。城市森林景观建设要求具有亲和性、人情味、文化教育性和舒适性，使城市森林景观能够激起人们亲近的愿望，增加城市森林景观的吸引力。同时城市森林建设还要求自然化，以自然为宗，依托城市自然地形地貌，结合城市风貌、结构特征和空间属性等进行科学布局和规划，体现自然植被景观和群落结构特征，实现城市森林的自我维持，协调发展，发挥城市森林的综合效益。城市森林建设已经成为我国新世纪可持续发展林业战略的重要组成部分。我国于 1992 年开始创建“园林城市”活动，合肥、珠海、杭州、马鞍山、中山、深圳、威海、大连、南京、南宁和厦门等十二个城市已跨入“园林城市”行列，目前在全国已掀起创建“园林城市”热潮。第四，构建城郊一体的园林绿地网络。一般情况下，城区建筑物密集、人口稠密、绿地偏少；郊区人口相对较少，且保留了大量的自然植被，包括山林、草甸、河湖、沼泽等，又有大片农田，总体生态效益要远远高于城区，应该很好地加以保护和利用。同时要大力提倡农田林网化，并通过城—郊交通道路绿化隔离带的建设，把城区与郊区的园林绿地紧密联系起来，形成系统完整的园林绿地网络，构成城—郊的绿色生态通道，把郊区清新的空气导入市区，以缓解城区的空气污染。在城市园林化过程中，首先是要对城市绿地系统中的“点、线、面”进行合理规划，其次要坚守“点、线、面”三者之间的绿线管制，在绿线之内做到“点、线、面”三者的有机结合，打造适合城市特点的绿地系统，以便能够最终完成城市园林化，使城市成为宜居之所。

（3）实现生产清洁化

按照联合国环境规划署工业与环境活动中心提出的定义：“清洁生产是指将综合预防的环境政策持续用于生产过程和产品中，以减少对人类和环境的风险。”《中国 21 世纪议程》对清洁生产的定义是：“所谓清洁生产，是指既可满足人们需要又可合理使用自然资源和能源并保护环境的实用性生产方法和措施，是对生产过程和产品的整个生命周期实施综合防治战略。”就生产过程而言，清洁生产就是指节约能源和原材料，淘汰有害原材料，尽可能不使用有毒有害的化学品和原材料，消除对人体和环境的污染和危害。就生产工艺来说，清洁生产是指改进工艺流程和改善企业管理，改进操作步骤，实行物料闭路循环和废物循环利用，实现废物资源化、减量化和无害化。我们讲生产清洁化，是从广义上来讲，指城市要切实转变发展方式，积极推进循环经济建设，实现产业的生态化，建立可持续的生态型经济。

为实现生产清洁化，需从以下几方面着手：第一，运用循环经济理念，开展城市生态工业园区建设，加快产业结构优化升级。具体表现为：要大力发展低能耗、高附加值的电子信息、生物医药、新能源、新材料等高新技术产业，运用高新技术和先进适用技术改造提升传统产业，提高有效利用资源和保护环境的能力；要加快发展节能、节水工业，积极发展利用可再生资源和吸纳工业废弃物的综合利用产业，严格限制高污染行业的扩张，从严控制工业污染物的排放，坚决淘汰浪费资源、污染环境的落后工艺、技术、设备和产品，逐步形成有利于节约资源、保护环境的产业结构；要以城市现有开发区和工业小区为基础，按照清洁生产的政策法规和技术标准，开展工业生产园区建设，创建一批高标准、规范化的清洁生产示范企业。第二，研究开发节能降耗、清洁生产、污染治理等环保产品和环保工艺，积极发展环保产业。具体表现为：要建立环保关键技术和产品开发生产试验基地，集中力量扶持一批环保产业骨干企业和集团，培育和建设环保产业基地；要按照专业化、社会化和市场化的原则，推动以资金融通、工程建设、设施运营和技术咨询、信息服务、人才培训等为主要内容的环境服务体系建设，提高环境服务业在环保产业中的比重，增强环境服务业发展水平和竞争能力。

（4）实现生活绿色化

绿色环保观念强调，要解决环境问题，必须倡导人类文明的创新与变革，反思工业化技术化的传统思维，从生活方式和发展理念上来解决环境问题。因此，绿色生活方式作为一种与可持续发展的伦理价值相适应和相协调的生活方式应运而生，它的直接目标就是倡导绿色而低成本的生活，使人们既能凭自己的生活理性对生活方式进行自我选择，同时又能将这种选择保持在合理的限度之内，从而将自己置于持续地与当前社会保持良好适应的幸福生活之中。

为实现生活绿色化，需从以下几方面着手：第一，加强绿色文化宣传。以创建绿色学校、绿色社区、绿色企业、绿色医院、绿色商场、绿色宾馆等为载体，通过媒体、网络和展示场所等多种渠道，利用世界环境日、地球日、水日、保护母亲河日、科技周、植树节等时机，组织开展论坛、讲座和竞赛等活动，在全社会普及节约资源，保护生态环境的宣传教育，增强公众生态环境意识和责任感。第二，创建生态宜居小区。制定生态宜居小区标准，将生态理念贯穿于居住区“选址—设计—施工—居住—服务”全过程，积极推动节能、省地、环保型住宅小区建设，推广应用生态环保建材和节水、节能器具，推动垃圾分类回收，加强社区服务中心、健身、环保等基础设施建设。第三，培育产业生态文化。以新兴工业体系和特色产业为重点，在工业园区和企业培育产业生态文化，培养爱护自然、节约资源、循环再生的生态意识和生态行为，引导企业的活动方式和产品功能向产品绿色化、服务人性化和环境友好化方向转变。建立绿色技术创新的企业文化机制，鼓励企业开展生态文化形象设计，通过产品的生命周期管理和实施清洁生产，树立绿色企业的生态文化形象。第四，树立绿色消费观念。要面向全社会，从普及生态知识、培养生态感情、树立生态理念三方面入手培育生态道德，树立科学发展观、环境友好观、资源节约观、绿色消费观，将低碳生活的环保理念贯穿于消费全过程，实施绿色设计、绿色生产、绿色包装、绿色营销和绿色消费，尽量降低消费对环境造成的负面影响。

（5）实现环境生态化。

环境生态化是指生态城市建设要坚持生态建设和生态保护并举，坚持污染防治与生态保护并重，构建生态安全可靠、人与自然和谐共生的生态环境体系，让人民群众喝上干净的水、呼吸到清洁的空气、吃上放心的食物，在良好的环境中生产生活。

为实现环境生态化，需从以下几方面着手：第一，构建生态环境保护的网络格局。具体表现为：要因地制宜，重点保护和建设好各类生态功能区，建立自然和人工互补的生态屏障；要通过法治、技术、经济、行政等手段切实保护湿地资源，实施湿地生态修复工程；要以培育和保护森林资源为中心，增强林业生态屏障功能；要采取多种措施保护生物多样性，维护野生动植物栖息地的生态系统安全与稳定。第二，推进城市各类污染的防治工作。具体表现为：要严格环境准入制度，制定严于国家的城市污染物排放标准和总量控制标准，加强工业污染物的治理；要实施碧水工程，推进水污染防治；要实施蓝天工程，推进大气污染防治；要实施安静工程，推进噪声污染防治；要推进循环经济，建立垃圾分类和回收网络体系，推进固体废物污染防治及资源利用。第三，加强城市人文环境的营造。具体表现为：要以城市历史文化为脉络、以历史风貌建筑和遗迹为载体，深入挖掘历史文化资源；要注重保护和弘扬城市的历史特色、文化特色和民俗特色，提升城市文化品位。

关于环境生态化问题，十二五发展规划从建设富强民主文明和谐的社会主义现代化国家、确保中华民族永续发展出发，构建“两屏三带”为主体的生态安全战略格局，构建以青藏高原生态屏障、黄土高原—川滇生态屏障、东北森林带、北方防沙带和南方丘陵山地带以及大江大河重要水系为骨架，以其他国家重点生态功能区为重要支撑，以点状分布的国家禁止开发区域为重要组成的生态安全战略格局。青藏高原生态屏障，要重点保护好多样、独特的生态系统，发挥涵养大江大河水源和调节气候的作用；黄土高原—川滇生态屏障，要重点加强水土流失防治和天然植被保护，发挥保障长江、黄河中下游地区生态安全的作用；东北森林带，要重点保护好森林资源和生物多样性，发挥东北平原生态安全屏障的作用；北方防沙带，要重点加强防护林建设、草原保护和防风固沙，对暂不具备治理条件的沙化土地实行封禁保护，发挥"三北"地区生态安全屏障的作用；南方丘陵山地带，要重点加强植被修复和水土流失防治，发挥华南和西南地区生态安全屏障的作用。

（6）走城乡生态建设一体化道路

我国城镇建设的发展目标是城市现代化，农村城市化，城乡一体化。生态城市的建设必须把生态城市建设和新农村建设协调起来，促进城乡生态建设一体化。国外很多生态城市建设的案例提醒我们，生态城市概念中的"城市"，不仅指城市化地区，还包括城市所有的乡村。目前我国很多城市生态建设规划中片面强调城市周围地区的发展，忽视城市与周边区域的联系，尤其是忽视城市与乡村的生态建设联动。因此，生态城市建设规划必须由单纯的城市规划向城乡一体化规划转变，积极发挥城乡在生态建设上的互补促进效应，实现城乡生态建设一体化。

城乡生态一体化建设的思想渊源于霍华德的田园城市理论。1898 年，英国的霍华德在《明日：一条通向改革的和平道路》一文中提出了"田园城市"的理论。该理论的核心是城乡一体化："城市和乡村必须成婚，这种愉快的结合将迸发出新的希望，新的生活，新的文明。"霍氏认为，可供人们选择居住的三类人居磁场，一是城市，二是乡村，三是城乡结合的田园城市，即"三磁"理论。他提出的理想城市是兼具城乡优点的"城乡磁体"——"田园城市"。田园城市是为了安排健康的生活和工业而设计的城市，其规模要有可能满足各种社会生活，但不能太大，四周要有永久性农业地带围绕，城市的土地归公众所有或托人为社区代管。霍华德设想的田园城市包括城市与乡村两个部分。田园城市所蕴含的生态城市思想表现在以下方面：第一，城市和乡村是一个有机的整体，而不是简单的组合。通过城乡间的协调建立起健康的内在平衡机制，促进这一有机整体的良性发展。第二，城市存在发展极限，当城市达到一定的规模后，就应该限制其成长，新增长的部分由邻近的另一座城市来容纳，其间建立永久隔离的农业地带，对城市规模的限制有利于保证城市的生产、生活质量。霍华德设计的田园城市占地6000英亩，居住32000人。城区居中，占地1000英亩，居住30000人，四周为农业用地5000英亩，散居2000人。第三，城市的人民性。霍华德认为土地和社区是人民的，不是政治或宗教领袖的，社区内的设施在布局上应考虑居民使用的方便。

实现城乡生态建设一体化，必须从两方面入手：一是加强城市生态人居体系建设；二是围绕生态推进新农村建设。加强城市生态人居体系建设是指通过优化城市布局、完善城市基础设施和城乡社区建设，建立以人为本，人与自然、人与社会和谐、安全、便利、舒适的生态人居体系。具体的举措是：第一，加强河道、湖泊、湿地等水体的规划，开展对河流、水面周边人居小区的改造，形成城乡一体的临河、临湖的“亲水宜居生态社区”；第二，实施绿色家园计划，见缝插针、拆建增绿、退建还绿、以绿增靓、以绿优境，形成全面绿化、立体绿化的格局，形成城乡一体的临绿地、临公园的“亲绿宜居生态社区”；第三，围绕中心城市和外围乡镇村，充分利用这些地区环境良好、空间开阔、空气清新、优美宁静等有利条件，逐步将中心城区密集人口向城市周边疏散，形成“亲田园宜居生态社区”。围绕生态推进新农村建设是指以加快农村基础设施建设、保护农村饮用水源、改善农村能源结构、加强村镇环境综合整治为重点，着力解决农村“脏、乱、差”问题，切实改善农村生态环境，提高农民生活质量。具体举措有：第一，合理规划农村居住点，改变农村居民点过度分散造成的用地粗放、农村基础设施和服务设施相对薄弱的局面，积极构建由城市主副中心、新城、中心镇、一般建制镇、中心村、基层村六级城镇和村庄体系，提升城镇化水平；第二，推进城市基础设施向农村延伸，新建和改造农村公路，加快农村供水、供气、供热、污水处理和垃圾处理等设施建设，推进农村饮水安全工程，推动农业和农村信息化建设；第三，大力推广沼气、太阳能、风能、生物质能等清洁能源和可再生资源，促进农村生态环境保护，改善农村能源结构；第四，加强农村居住地景观环境建设，加快农村饮水、改厕，实现畜禽圈养与住区分离，整治村庄河道、沟渠，以秸秆转化、农村沼气、有机肥利用、生态养殖等集成为手段，构建以自然村为单元的资源循环利用体系，实现家居环境清洁化、资源利用高效化和农业生产无害化，建设生态型农村；第五，按照生产发展、生活宽裕、乡风文明、村容整洁、管理民主的要求，大力推动创建环境优美乡镇及文明生态村活动。

2.“两点支撑”

“两点支撑”是指生态城市要把生态工业园区和生态绿色社区两个点作为重要的建设载体，支撑起城市的生产和生活，从而实现城市生产的清洁化和生活的绿色化。

（1）积极发展生态工业园区，实现城市生产清洁化

在生态城市建设的浪潮中，循环经济理念已经被各国政府倡导并被社会各界接受。而生态工业园区建设已经成为国际社会贯彻实施循环经济的大势所趋。党的十六届四中、五中全会决议中明确提出要大力发展循环经济，把发展循环经济作为调整产业结构和布局，实现经济发展方式转变的重要举措。国家在大力推进循环经济建设的进程中，也开始了基于循环经济理念的生态工业园区建设的实践，先后创建了六批 389 个国家级生态工业示范园区，积极树立了循环经济典范，也成为我国生态城市建设的重要载体。

生态工业园区是依据清洁生产要求、循环经济理念和工业生态学原理而设计建立的一种新型工业园区，通过物流或能流传递等方式，把不同的工厂或企业连接起来，形成共享资源和互换副产品的产业共生组合，使一家工厂的废弃物或副产品成为另一家工厂的原材料或能源，模拟自然系统，在产业系统中建立“生产者—消费者—分解者”的循环途径，寻求物质闭环循环、能量多级利用和废物产生最小化。

生态工业园区将生态环境保护理念、可持续发展思想融入工业发展中，以实现园区的经济效益、生态效益和社会效益的统一。其重要意义在于：一是强调互相合作和整体利益。生态工业园区是制造业和服务业构成的社区，通过产业链企业的合作，可以取得环境效益、经济效益和社会效益的同时实现。二是系统理念的重要性。生态工业园区通过对物质流、能量流和信息流的系统集成来改善园区的运作效率，实现基础设施的共享。三是强调工业生产的生态化和环境友好性。它按照自然生态的机理来规划和设计整个工业生产过程，使得工业生产能有机地融入整个自然系统之中，与环境更加和谐。四是强调可持续性。生态工业园区通过资源的循环运作和能源的梯级流动实现资源使用的最小化和环境保护的最大化，因此是一种可持续发展的模式。

通过生态工业园区，一方面，企业实行清洁生产，从被动排污治理转变为源头控制污染与全过程控制污染相结合，使高能耗、高物耗、高污染、低效益的三高一低生产方式向着低能耗、低物耗、低污染、高效益的三低一高清洁生产方式转变；另一方面，通过生态产业链的系统构建，促进节能技术、环保技术、废物回收利用技术的开发和应用，可为生态城市建设提供有力的技术保障体系。当前，我国要进一步在城市发展中开辟新的生态工业园区，同时要进一步优化工业园区布局，整合工业园区的工业企业，积极推动循环经济发展。

（2）积极建立绿色生态社区，实现城市生活的绿色化

生态社区也被称为绿色社区或可持续社区，强调人群聚落（“社”）和自然环境（“区”）的生态关系整合，是居民家庭、建筑、基础设施、自然生态环境、社区社会服务的有机融合。1898 年英国社会学家霍华德提出“田园城市”理论，认为人类居住的理想城市应既有良好的社会经济环境又有美好的自然环境。这一理论被公认为生态社区思想的萌芽，标志着人类开始冷静地思考居住区的“人—自然”关系，社区生态意识开始启蒙。1977 年发表的《马丘比丘宪章》，把城市规划目的定为创造一个多功能的生活环境，强调生活环境和自然环境的和谐。进入 21 世纪后中国对居住区的环境规划设计越来越重视，国家相应出台了很多居住区建设方面的政策和指导性文件，如《国家康居工程建设要点》、《小康型城乡住宅科技产业工程城市示范小区规划设计导则》（2000）、《绿色生态住宅小区建设要点与技术导则》（2001）等，这些措施的推出标志着中国居住区环境规划已经跨上新的台阶，正向生态社区环境规划方向发展。目前，我国生态社区建设有了一定发展，具有代表性的包括广州科学城建设、杭州生态园建设、上海及西安老城区改造建设等大型项目。

绿色生态社区的建设，通过绿地系统的设计实现生态城市社区的绿色再生机制，通过环境生态系统设计创造宜人的生态空间，通过节约能源的设计实现节约用地、节约资源和对综合环境的保护，通过废物处理设计，对废弃物处理按照无害化、减量化和资源化原则分类处理。绿色生态社区是生态城市的细胞工程，它以促进人与自然的和谐为目的，以提高人的生态保护意识为目标，要求人们树立对自然资源必须积极保护与合理利用、科学管理的资源价值观，以及不破坏生态和不污染环境的生态观。生态社区的建设必须发挥规划设计者、房地产开发商、政府部门、社区居民、物业管理部门（社区居委会）等各利益相关主体的作用。

3. “三带镶嵌”

“三带镶嵌”是指城市建设要科学规划、合理布局，建立促进城市生态文明整体发展的自然生态带、农业生态带和人文生态带。城市内部做到“三带镶嵌”，城市带、群、圈之间做到“三带镶嵌”。

（1）镶嵌自然生态带，优化城市生态环境

在城市中心建立自然生态带，改善城市生态环境，主要要从以下几方面去做：第一，保护森林，发展林业，提高森林质量，强化森林生态功能，积极构建以森林为主体的绿色屏障。第二，维护和建立城市绿色廊道，保护野生生物栖息环境。应尽量保留自然特征的河流廊道、城市河岸的带状公园和城市道路两侧的立体绿化带等。第三，保护乡土植物，维护生物多样性。保护城市区域的生物多样性，包括对濒危珍稀野生动植物的抢救和保护、对原有生物生息环境的保护和新的生物生息环境的创造。在城市建设中应保护城市中具有地带性特征的植物群落。乡土树种是构成地方性自然景观的主角，也是反映地区性自然生态特征的基调树种，要保护乡土树种及区域性稳定植物群落的组成，有节制地引种。第四，要开展河流、湖泊和湿地生态环境保护，制定流域生态环境保护规划，积极开展流域综合治理，加强流域的生态环境保护。第五，要保护旅游资源，防止自然风景人工化，风景名胜区城市化，以及旅游资源的退化和破坏。

（2）镶嵌农业生态带，保证城市的可持续发展

十二五规划提出要在全国构建“七区二十三带”为主体的农业战略格局。构建以东北平原、黄淮海平原、长江流域、汾渭平原、河套灌区、华南和甘肃新疆等农产品主产区为主体，以基本农田为基础，以其他农业地区为重要组成的农业战略格局。东北平原农产品主产区，要建设优质水稻、专用玉米、大豆和畜产品产业带；黄淮海平原农产品主产区，要建设优质专用小麦、优质棉花、专用玉米、大豆和畜产品产业带；长江流域农产品主产区，要建设优质水稻、优质专用小麦、优质棉花、油菜、畜产品和水产品产业带；汾渭平原农产品主产区，要建设优质专用小麦和专用玉米产业带；河套灌区农产品主产区，要建设优质专用小麦产业带；华南农产品主产区，要建设优质水稻、甘蔗和水产品产业带；甘肃新疆农产品主产区，要建设优质专用小麦和优质棉花产业带。根据国家的这一战略规划，生态城市建设要在城市周边建立农业生态带。具体做法是：一是每个城市都要利用自己特有的生态资源优势，积极发展生态农业，建设一批绿色食品和有

机食品生产基地，建立农产品生产、加工绿色认证体系，扩大绿色农产品的生产；二是要积极推广以沼气为纽带的生态农业开发模式，以农田为重点的粮食与经济作物轮作模式，以减少面源污染为核心的农药、化肥、地膜科学使用模式。

（3）镶嵌人文生态带，推进城市生态建设

生态城市中的人文生态带指人的文化观念意识与思维方式及其生存状态，是制度、体制、机制及组织等构成的人的社会生活环境。城市人文生态带是一个复杂、多层次的系统，它主要包括三个方面：一是物质实体层面，即城市发展过程中创造的物质形态的实物，如各类城市建筑、公共设施、蕴含文化底蕴的名胜古迹、艺术品、发明创造等；二是文化精神层面，包括具有文化传承的非物质文化遗产以及内含于城市居民心中的价值观念、道德行为准则、宗教信仰、文化艺术底蕴等，当然还包括以观念文化为代表的城市人文精神、城市文化等；三是管理与体制层面，指对城市居民起制约、规范作用的规章制度、政策法规、管理机制、社会组织机构等。这三个方面相互影响，相互渗透，构成了城市人文生态带的主要内容。

人文生态带对于生态城市建设具有重大意义。城市作为与传统自然环境相区别的最重要的一个方面是，城市具有代表性的人文生态环境。没有人文生态的协调，生态城市的建设只能是表面性和暂时性的，不可能建成真正意义上的生态城市。人文生态建设是城市发展的内在动力，它对生态城市的和谐发展、城市生态文明程度的提高起主导作用。人是建设城市的主体，人的主观能动性的发挥，人文力量、人文精神的提升，都是推动城市发展的内在精神力量，是城市发展的文化的“根”。在保护城市自然生态资源的前提下，通过城市文化的进步，发挥人的创造精神、聪明才智，促进人文生态与自然生态的良性互动，必然能再造生态城市中秀美的自然生态与文化荟萃的人文生态的有机平衡。这对于生态城市的建设发展无疑具有巨大的推动作用。人文生态建设为生态城市的发展提供文化支撑，文化产业发展为城市发展提供精神动力，通过对城市历史文化的传承、人文精神的凝练发展城市的特色文化，促进城市文化产业有机发展。城市人文生态中的精神价值观念的提升、公众生态意识的增强以及蕴含着人文精神的城市建筑、非物质文化遗产等，都会对人们产生潜移默化的人文教化作用。对文化的继承、发展、创新将促进城市内涵的丰富，展现特色鲜明的城市魅力。良好的人文生态环境有利于真正促进城市自然生态环境的保护。城市人文生态内在包含的强大精神力量会引导、激发公众的自觉环保意识，在城市建设中凝聚人心。同时，加强管理社会、经济和自然生态关系的体制、制度、政策、法规、机构、组织的建设，最终都是为了从生态城市的软环境建设方面促进对自然生态的保护，建设以人为本、环境优美宜居的生态城市。

如何建立科学的人文生态系统，为生态城市发展提供引导和支持力量呢？我们认为，一是要充分发挥城市历史文化的作用。城市人文生态系统内在包含了城市在其历史演变过程中所积累的独特的文化因素，如生活方式、历史传统、风俗习惯等，而这些历史文化又通过各种外在形式表现出来，如以物质形态表现的名胜古迹、民族建筑、带有民族特色的文化活动等。因此，重视历史文化的积淀，一方面要使城市的历史风貌得到良好的保护和继承，加强对名胜古迹的保护；另一方面，保护城市的民族文化特色不能仅靠保留传统街区以及民族建筑，要宣传特色的历史文化，举办充实的文化活动，将民族传统文化和美德以形象生动的方式展示，发掘地域特色文化，展现生态城市的人文魅力，引导城市历史文化的有效保护和继承，从而充实现代城市文化发展的内涵。二是要加快城市人文精神的凝练。城市是人文精神的载体，人文精神是城市最基本的品格，是城市创业发展的精神支柱。在当前的生态城市建设中，凝练城市人文精神即是倡导以人为本的理念、和谐发展的思想价值观念，大力发展和繁荣社会主义和谐文化，丰富市民文化生活，提高城市整体的文化品位，使文明的社会风尚成为主流，时代精神、创新精神进一步弘扬，人文素质进一步提高，思想境界得到进一步升华，使城市发展具有雍容大度的气质，这是城市人文生态的发展所必不可少的重要方面。三是要加强非物质文化遗产的保护和利用。非物质文化遗产与传统的历史文化的内涵有很大不同，它是以非物质形态来体现人文生态的个性。对非物质文化遗产的保护是城市人文生态建设中必不可少的一环。对其保护和利用要坚持追求其存在的客观和可持续性，要摒弃只从追求经济利益的方面去对其保护利用，在掌握适度开发和合理利用的基础上制定符合非物质文化遗产存在和发展的法律、法规，从制度上给予保护，减少少数地方利益集团为一己私利盲目开发，还原其多样性及生命力。对非物质文化遗产的保护不能仅仅依靠政府，要鼓励群众与民间公益性投入，提高人们对非物质文化遗产重要性的认识，做到保护与开发相协调。四是要强化公众的生态意识。强化公众生态意识，增强生态保护观念，是城市人文生态长久发展的题中之义，也是社会主义生态文明发展的要求。城市人文生态建设要求指导人们正确认识自己在生态系统中的地位和作用、责任和义务，引导人们合理改造自身及自然界。树立全新的人与人、人与社会、人与自然和谐的价值观。要积极创造条件，鼓励公众参与生态环境的保护与建设，树立和谐的生态文明观，倡导生态伦理观，提倡文明健康的生活方式，提高公众自觉参与生态环境保护的意识。①

4. “四轮推动”

生态城市的开发机制是战略规划付诸实现的重要保证之一。目前我国的生态城市建设还是以政府主导型为主，但在国际上已经出现生态城市开发的许多机制，如国际合作开发、政企合作开发和社区驱动开发等。根据国外生态城市建设的成功经验，本报告认为，我国的生态城市建设必须发挥政府、企业、非政府组织和社会公众四个方面的积极作用。“四轮推动”是指生态城市的建设要集合政府、企业、非政府组织和社会公众四方面的力量，形成多方面、多部门共同协调的城市发展和管理机制。

（1）以政府为主导，引导生态城市建设

在建设生态文明的过程中，第一，政府要加强生态文明建设的规划和技术指导，发挥协调指导作用。生态型政府的建设要求遵循协同原则，社会系统要形成合力促使人类与自然的和谐共赢。而在这个社会系统中，政府要发挥协调作用，夯实中央政府与地方政府共同组成的行政体系，增强整体性，在政策的制定和实施中践行整体原则，保证系统的整体利益，尤其是涉及生态环境保护和生态补偿的领域，应该以生态利益为主，达成共识。政府要将生态、经济、发展三方面的共同发展协调一致，不能顾此失彼，以生态环境为优先，对发展所涉及的各项利益都应当均衡地加以考虑，以平衡与人类发展相关的经济、社会和生态三大利益的关系。此外，政府还要统筹规划全国生态文明建设行动，需要适应生态文明时代的新要求，对全国各地的生态文明建设行动加以总结，对原有的生态文明建设规划加以完善，通盘考虑全国各地的生态现实和生态需求，制订实施方案，为全国各地生态文明建设提供方向指引，确保生态文明建设能够上下联动、部门配合。第二，政府要为生态文明建设提供政策和制度支持。制度是法律的补充和完善，生态文明建设能否规范有序进行，制度与法律法规相配套的生态制度体系建

① 叶进等：《生态城市建设中的人文生态建设刍议》，《长白学刊》2009 年第 2 期。

设至关重要。影响生态文明建设的因素很多，我国尚未建立起有效的政府公共管理机制是一个重要因素。我国部分地区经济发展与环境保护存在脱节现象，片面强调国内生产总值增长而忽视对环境和资源的保护，有些地方政府政绩考核侧重经济增长，忽视全面发展，在一定程度上也影响了生态文明建设。建设生态文明需要通过体制完善和制度创新，着力克服长期制约环境保护发展的制度性障碍，建立与完善有利于促进生态文明建设的制度保障。第三，要完善政府引导功能，推进生态文明建设。一是开展各种群众环境保护活动，提高公众环境意识。鼓励改变消费方式、改变生活方式，节约资源、能源，爱护自然环境，勤俭节约，重视废物回收。二是引导环境信息朝公开化方向发展，最大可能地保障公众的知情权。三是引导生态决策向法治化和民主化方向发展。四是引导生态产业发展、生态营销体系建设、生态消费环境的形成，引导社会生态教育机制的建设。

（2）以企业为主体，推动生态城市建设

生态文明要求企业明确自己的生态责任，使生态责任成为企业自己经营的使命和指导思想，贯彻到企业管理中的各个方面，实现人—企业—生态—社会的可持续发展。以企业为主体，推动生态城市建设，企业要做好以下工作：第一，要建立企业责任体系。企业生态责任体系主要包括：一是企业生产及其产品对生态环境所承担的责任；二是企业对自然的生态责任，即打破传统价值观只强调人类对自然的权利而没有重视对自然的义务的缺陷，自觉地保护自然环境，变向自然索取和掠夺为对自然的补偿和保护；三是企业对于市场的生态责任，即是指企业要以绿色市场为导向，生产绿色产品，严格遵守环保措施和制度，提供满足市场需要的健康产品，走高效能、低污染、低能耗的产品生产之路；四是对公众的生态责任，主要是指企业要注意生态资源的共享性、环境利益的均等性、生态后果的共担性。因此维护“代际公平”，不要以牺牲后代发展机会来满足我们当代人的利益。第二，要建立企业环境管理制度。企业环境管理制度化是对企业生态文化建设的有力支持。一是正确制订企业的环境方针即企业在环境方面的认识和宗旨，它的主要内容是企业对污染防治和持续改进的承诺及对遵守法律、法规及其他要求的承诺，提供建立和评审环境目标和指标的框架。二是积极加入ISO14001 环境管理体系，并取得认证。一旦取得 ISO14001 认证，企业将会获得很大收益：可树立良好的企业形象，得到社会认可；有利于消除国际贸易中的绿色壁垒，自由进入国际市场；有利于节约原材料、能源，减少废弃物以降低成本；企业的“绿色产品”有利于增强竞争力等。三是树立企业生态价值观。加强企业文化建设中的企业生态体系建设，加强企业管理者的生态意识和商誉意识，注重生态、经济和社会可持续发展相统一的思想、制度建设。企业应通过培训、讲座、生态改进项目的实施、领导员工积极参与环境保护和有利于可持续发展的社会公益活动及文化活动等多种途径提高员工的生态意识。建立企业生态管理系统和企业的生态评价系统。第三，塑造企业生态精神。企业生态精神倡导阶段的任务是广泛宣传企业环保意识，使员工从思想上了解它、接受它，从行动上开始实践它、体现它。企业生态精神产生后，要利用多种形式大力宣传，要开展多种活动加以推广。第四，加强企业生态道德规范。企业生态道德建设的目的是正确处理企业利益与社会公众利益、自然生命利益和后代人利益的关系。企业要把生态文明价值观作为企业文化建设的核心内容，要本着对社会公众利益、自然界生命和后代人利益高度负责的精神，制定生态道德规范，遵循生态道德守则，形成生态道德的氛围，以取得社会公众的认同，这是创建一流企业的基础。第五，积极树立企业绿色形象，推进绿色生产，推进绿色营销，推进绿色管理。第六，积极推进我国工业生态化的发展，推动企业资源利用集约化，发展循环经济，大力推进清洁生产，构建资源节约型企业。

（3）发挥非政府组织作用，加强生态城市建设

目前，在中国的环境保护领域里，活跃着一大批形形色色的非政府组织。其中较为著名的包括：自然之友、北京地球村、绿色家园志愿者、中国小动物保护协会、中华环保基金会、北京环保基金会、中国野生动物保护协会、北京野生动物保护协会、中国绿化基金会、中国环保产业学会、北京环保产业协会、中国植物学会、中国自然资源学会、中国环境科学学会、大学生绿色营和绿色大学生论坛、清华大学绿色协会、北京大学绿色生命协会、北京林业大学山诺会、上海市青少年环境爱好者协会、污染受害者法律帮助中心等等。

由这些组织开展的环境保护活动，为改革开放以来的中国社会提供了政府和企业所难以提供的许多公共物品，推动了中国环境保护运动的发展。归纳起来包括以下八个方面：一是环境意识的普及、教育、宣传活动。许多非政府组织都在积极地开展这方面的活动，其内容包括开展各种形式的环保倡议活动和实践活动，举办包括电视讲座在内的各种讲座、培训、演讲等环境意识教育活动，举办各种形式的研讨会、经验交流会、座谈会等。二是推动和促进环境保护领域的公

众参与活动。在全国的许多城市，特别是北京，公众参与环境保护作为政府和非政府组织合作的一个重要机制正在得到积极的培育。三是对环境保护的资助活动。主要是一批热心自然资源和环境保护的国际或海外的 NGO 和资助机构，以及中国有关环境保护的基金会等非政府组织参与这方面的活动，包括为有关自然资源和环境保护的活动提供资金、设备、技术等方面的资助或援助。四是有关自然资源和环境保护的项目活动。很多非政府组织都在开展各种形式的项目，包括野生动物等生物多样性保护，自然生态的维持和保护，植树绿化，水质净化，大气污染的控制和处理，沙漠化防治，黄河上游水土流失问题的治理，社区环境保护，垃圾分类，资源再利用等等。五是有关环境保护科学和技术的研究、开发及其普及活动。主要是由一批与环境保护有关的学会、研究会等非政府组织在开展这方面的活动。它们集中了一大批国内相关学术领域的权威和精英，通过开展相关学科和技术的研究及其开发、应用，积极推动中国环境保护科学和技术的发展。六是有关环境保护产品的生产和推广以及业界联合等活动。主要是由一批活跃在环境保护领域的商会、行业组织等经济团体开展这方面的活动，包括促进环保产品的研制、生产、流通、消费等活动。七是对环境污染受害者的援助活动。随着环境污染日益普遍，污染受害者开始作为一个特殊的弱势群体受到社会的关注，有关的非政府组织可通过开展法律咨询等活动对污染受害者提供各种形式的援助。八是环境保护的国际交流活动。绝大多数环境保护非政府组织都在以各种形式开展国际交流活动，一方面积极争取从国际社会获得有关的信息、资金、设备、技术等支持，另一方面通过召开或参加有关国际会议或座谈会、派出人员参加有关培训、接待来访和互访等活动，加强环境保护方面的国际交流。我国生态城市建设，一定要重视和培育更多的非政府组织，积极发挥非政府组织的在生态环境保护方面的促进作用，加强非政府组织对生态文明理念的宣传，促进非政府组织在生态城市建设项目上的合作和交流。

（4）扩大公众的广泛参与，促进生态城市建设

公众是城市的生产者、建设者、消费者、保护者，因此，国外成功的生态城市建设都刻意鼓励尽可能广泛的公众参与。无论从规划方案的制定、实际的建设推进过程，还是后续的监督监控，都有具体的措施保证群众的广泛参与。这种做法在很多城市收到了良好的效果，可以说，广泛的群众参与是国外生态城市建设得以成功的一个重要保证。如韩国汉城 21 世纪议程中，在每一个目

标的背后都具体地提出公众参与的领域和途径，有效地保障了项目的实施。日本大阪市每年 9 月发动市民开展公共垃圾收集活动，并向 100 万户家庭发放介绍垃圾处理知识和再生利用的宣传小册子。加拿大蒙特利尔市更是利用广告衫、日历卡、笔记本、公交车等多种多样的载体，号召市民参与废弃物回收再利用活动。

生态城市的建设是一项巨大的系统工程，离不开公众的广泛参与。一个城市成为生态城市的前提是对其市民进行环境教育，培养良好的环保意识、积极参与环保的责任感、文明节俭的绿色消费方式、环保和环卫方面的法律意识、节约资源和能源以及物资回收利用方面的义务和责任感。目前我国公众参与的主要形式仍然属于政府倡导下的参与；从参与的内容来看，主要集中在参与宣传教育方面；从参与的过程来看，主要侧重于事后的监督，事前的参与不够；从参与的保障来看，政府组织的较多，制度性建设不够；从参与的效果来看，流于口头的多，见诸行动的少。所以，我国急需建立环境保护的公众参与制度。

社会公众参与环境保护建设的权利主要分为环境信息知情权、环境信息传播权、环境决策参与权和环境政策监督权。当前，生态城市建设要扩展公众的广泛参与，一是要通过环境新闻宣传和环境教育，让公众认识到自己的环境权利和公共事务参与权利，使建设生态文明的观念深入社会、深入家庭、深入人心。要多举办群众性环保参与活动，把社会公众广泛发动起来。二是要加强公众参与生态环境保护的路径设置。调查显示，公众并非不关心、不愿参与生态环境保护，而是公众遇到具体的环境问题时，不知道参与的途径。对此，需要制定系列的规章制度并加强宣传，如 2006 年发布的《环境影响评价公众参与暂行办法》，就有利于保证公众的环境决策参与权。三是要完善环境保护的群众监督工作。社会公众的生活质量与生态环境息息相关，他们最关心环境问题。群众的眼睛是雪亮的，要通过广泛宣传环境问题举报电话等方式完善环境保护群众监督工作。四是要推进和完善环境公益诉讼。所谓环境公益诉讼，是指任何公民、社会团体、国家机关为了社会公共利益，都可以自己的名义，向国家司法机关提起诉讼。要将公众日趋增长的环境权益要求，纳入规范有序的管理。

总之，生态文明是人类文明的一种崭新形态，是人类对传统文明形态特别是工业文明进行深刻反思的成果，是人类文明形态和文明发展理念、道路和模式的重大进步。① 生态文明强调人的自觉与自律，强调人与自然环境的相互依存、相互促进、共处共融。生态城市的建设作为生态文明建设的有机组成部分，以尊重自然为前提，以人与自然、人与人、人与社会和谐共生为宗旨，以建立可持续的生产方式和消费方式为内涵，以引导人们走上持续、和谐的发展道路为着眼点。它要求我们调动一切积极因素，协调人与自然、人与人、人与社会之间的关系，并按照生态学原理进行科学的规划、有效的管理，形成人与自然、人与人、人与社会之间和谐共处的良好秩序。

① 周生贤：《积极建设生态文明，生态文明的概念及建设生态文明的意义》，环境保护部自然生态保护司编《生态省建设理论与实践》，中国环境科学出版社，2008，第23页。

第二部分　理论构想

Section Two　Theoretical Conception

G.2

文明的范式转型

汪永臻　杨通进

摘　要： 人类社会经历了渔猎文明、农业文明和工业文明，现在已进入到一个向新文明形态转变的关键时期。基于对人类文明发展范式的含义、文明演进动因及演化进程的理论分析，我们认为生态文明是人类社会发展的新的文明形态，是人类走出生态危机、实现社会可持续发展、建设生态城市以及促进工业文明跨越式发展的必由之路。

关键词： 文明演进　文明构想　范式转型　生态文明

人类文明历史源远流长，当不同的文明形态发生联系、碰撞和交锋时，就会出现优劣之分。先进文明通过各种途径不断发展、扩张，乃至排挤原先较为落后的文明。就近代而言，一百多年以前的工业革命，使人类社会步入了现代文明，生产力得到较大发展，社会物质财富极大丰富。但与此同时，工业文明的弊端也逐步凸显。那么，如何克服工业文明的种种弊端，超越现有的发展模式和发展道路，拯救人类文明于困顿和危机？这就意味着在世界范围内必将面临一次新的文明转型。

一 文明的发展范式含义及文明演进的动因

（一）文明的含义

在人类不同的历史时期和不同的语境中，“文明”一词有着不同的含义。在我国古文献中，关于“文明”一词的记载，最早见于《周易·乾卦·文言》中“见龙在田，天下文明”。唐代著名的经学家孔颖达注疏《尚书》时，将“文明”进一步解释为：“经天纬地曰文，照临四方曰明。”所谓“经天纬地”，可以理解为改造自然，属于物质文明；所谓“照临四方”，则可以理解为驱逐愚昧，属于精神文明。[①] 在英文中，关于“文明”（Civilization）一词，最早源于拉丁文“城市的居民”（Civis），其本质含义为继野蛮时代之后社会发展的程度。《现代汉语规范词典》对“文明”的解释为：①同“文化①”：物质文明；②社会发展到较高文化阶段的：文明社会；③有教养、讲礼貌、言行不粗野的；④旧指带有现代色彩的：文明戏。《新编哲学大辞典》对“文明”的解释是“人类社会的进步和开化状态。它既是人类历史发展的产物，又是衡量和表现社会进步程度的标志”。“人类创造的文明，包括物质文明和精神文明。物质文明是人类改造自然界的物质成果的总和，它表现为生产力的状况、生产规模、社会物质财富积累的程度、人们物质生活的改善等等。精神文明是人类改造客观世界和主观世界的精神成果的总和。它表现为教育、科学、文化知识的发达和社会政治思想、道德风貌、社会风尚以及民主发展水平的提高。社会的改造和进步最终都以物质文明和精神文明的发展而体现出来。”[②]

而马克思、恩格斯等马克思主义经典作家则进一步丰富了这个概念。在其著作中经常使用“文明”、“现代文明”的概念。他们认为文明首先是一个历史范畴，与蒙昧、野蛮相对立，是人类社会发展到一定历史阶段的进步状态。文明同

① 潘岳：《社会主义生态文明》，《资源与人居环境》2006年第12X期。

② 黄楠森等：《新编哲学大辞典》，山西教育出版社，1993，第210~211页。

时也是一个社会范畴。文明时代是从阶级的产生、国家的建立、文字的形成和一夫一妻制家庭的出现而开始的。正是在这种意义上，人类进步史就是文明发展史。

从对文明的各种界定中可以看出社会文明应包括以下几个方面：生存方式、生产方式、社会结构和文化价值等。我们认为文明是与野蛮、愚昧相对立，文明是人类社会生活的进步状态，文明应该包括物质文明、精神文明等基本要素。即文明是反映物质生产成果和精神生产成果的总和，标志人类社会开化状态与进步状态的范畴，同时它也标志着人类社会生存方式的发展变化。这样，文明便有广义和狭义之分。从广义看，文明是人类在征服、改造自然与社会环境过程中所获得的精神、制度和物质的所有产物；从狭义看，文明偏重于文化含义，文明一词指国家或群体的风俗、信仰、艺术、生活方式及社会组织。

（二）范式的概念

“范式”（paradigm）概念是由美国著名科学家托马斯·库恩在其1962年的著作《科学革命的结构》中提出并做出系统阐述的。一般而言，范式是指一种观念、理论和规律。英国学者玛格丽特·玛斯特曼将“范式”概括为哲学、社会学和人工三种类型的范式。

“范式”这个范畴虽然系科学哲学家库恩提出，但任何概念都要随着科学的发展而不断明确。在库恩那里，“范式”这个范畴存在许多概念模糊之处。我国著名学者陈世清认为，范式是学说的坐标，是开展科学研究、建立科学体系、运用科学思想的坐标、参照系与基本方式，科学体系的基本模式、基本结构与基本功能。科学范式后面是哲学范式。哲学范式与科学范式关系紧密：前者制约后者，后者引领、展现前者。哲学范式决定科学范式，范式决定基础理论，基础理论决定具体理论，理论决定模型，模型决定模式。方法是理论的功能，和理论之间不是层次关系。虽然由于认识机制和利益机制的协整作用，在同一个范式基础上会产生学术观点基本相同、学术荣誉等既得利益和学术目标基本一致的“科学共同体”，对共同体外的学说和学者会产生“异体排斥”，但任何一门科学的真正进步，都最终要表现为范式的转换。不同的参照系之间的关系不是并列的，而是分属于不同的层次；以不同的参照系为背景建立起来的不同范式之间也不是并列的，而是不同层次、不同阶段之间的关系。能否做到主体性与科学性的统一，体现了科学范式的不同层次、发展的不同阶段。“范式”理论是我们把握不同学科，同一学科中不同学派的定位、相互关系、发展规律、发展趋向的钥匙。

我们认为，文明的发展范式主要是指在文明的理念下，社会经济发展的导向及应该遵循的规律及其路径。

（三）人类文明演进的动因

1. 文明优劣是人类文明演进的原因

关于文明形态之间是否有优劣之分的问题，学者们普遍认为，每一个文明都有自己的特点和独特的存在价值。因而，理论上文明之间不存在优劣之分。如果这种观点是正确的，那么当不同的文明形态各自独立、永不发生相互联系时，确实难以判断“文明”的优劣问题。但是，在社会实践中当不同的文明形态发生联系、碰撞和交锋时，它们的优劣之分立刻会凸显出来。

如果一个文明系统与另一个文明系统相比，其采用的解决自身成员吃、穿、用、住、行等方面的物质资料需要的生产方式所内含的对能源利用的多样性和效率性，所内含的物质资料生产的效率性和多样性，与这种生产方式相适应的社会管理体系和管理方式的效率性和公正性，其遵循的价值观念在本社会乃至在其他社会能获得更广泛的认同性，就可以认为，这一文明系统比另一文明系统更为先进。①

一种较为先进的文明因为能够掌握更多的能源、物质资料，更安全的社会生活秩序以及更公正的社会服务。所以，它能够不断地发展、扩张，以至排挤原先较为落后的文明。这种情况被称为文明转型。

文明转型或者以先进文明吸引落后文明向其方向发展来实现，或者以采取新文明形态人群的人口扩张、人口迁徙来实现，或者以武力征服的方式来实现，由于先进文明系统的成员能够更有效地利用能源、更多地生产和利用物资，所以，这种转型最终总是以先进文明战胜落后文明而告终。美国学者托马斯·哈定将这种现象定义为文化优势法则。文化优势法则可以这样来规定，“那些在既定环境中能够更有效地开发能源资源的文化系统，将对落后系统赖以生存的环境进行扩

---

① 张恒山：《论文明转型及其原因》，《人民论坛》2010 年第 311 期。

张。”或者说，“一个文化系统只能在这样的环境中被确立：在这个环境中人的劳动同自然的能量转换比例高于其他转换系统的有效率。”①

2. 社会矛盾是人类文明演进的动力

人类文明在本质上是人类生存方式的概括，也是人类社会基本秩序的抽象表述。换句话说，人类文明演进的本质就是人类生存方式的改变和社会基本秩序的改变。随着人类分工合作秩序越来越高效，对自然的作用力越来越强，所创造的物质财富也越来越多。同时，人类逐渐地把对更有保障、更健康生存的追求异化为对物质财富的追求，追求的手段变成了追求的目的。这样，推动人类文明演进的动力也异化为生产技术的提高与生产方式的转变。那么，人类从原始文明到农业文明，再到工业文明的演进其动力皆源于此。具体而言，进入工业文明以后，随着科学技术突飞猛进的发展，生产力水平大幅度提高，社会财富相应空前增加。但就整体而言，人类的生存并不能得到有力的保障。反之，社会财富分配不公导致的贫富分化矛盾和自然环境日益恶化而不能继续满足人类发展的矛盾逐渐显示出来，这两个基本矛盾成为推动人类社会秩序改变的动力。

当前，在全球范围内，出现自然资源枯竭，生态环境污染、破坏和恶化，贫富分化加剧等问题，诸如这些均构成了对人类健康生存和健康发展的威胁，从而迫使人类去反思，那就是人类必须从根本上摆脱工业文明的思想、理论和行为准则的束缚，否则，人类将与工业文明一同毁灭。当然，人类作为自然界的高级物种，不能坐以待毙，因此，必须主动去改变人类自己的生存方式和社会秩序。也就是说，工业文明必将被一种新的文明所取代，这种新文明就是我们所称呼的“生态文明”。

二　人类文明的演化进程与新文明的初步构想

人类社会经历了渔猎文明、农业文明和工业文明，现在已进入到一个向新文明形态转变的关键时期。工业文明在为人类创造了巨大物质财富的同时，也给人类赖以生存的环境带来了巨大的生态灾难。面对当前日益严峻的生态问题，人类应当深刻反思以往实践活动所产生的负面效果，重建人与自然的和谐关系，走与生态环境相协调的可持续发展之路。

---

① 〔美〕托马斯·哈定：《文化与进化》，浙江人民出版社，1987，第60页。

（一）人类文明演进阶段

到目前为止，人们公认人类文明已经经历了三种形态，即渔猎文明、农业文明和工业文明。人类文明还在继续，为了能够比较正确地预测未来的人类文明发展，我们很有必要重新审视和理解人类文明的演进历程。

1. 渔猎文明时代

渔猎文明大约经历了四百万年时间，在这漫长的发展历史中，人与环境的关系是人类对自然的依赖，自然对人类的主宰。原始人类一直是通过采集和渔猎相结合的方式来获取生存资料，他们的生活方式和习惯都是以自然环境所提供的物质条件为基础，而且他们的生产能力只是在“狭窄的范围内和孤立的地点上发展着”①。由于人口的密度比较小，人类需要经常迁移。这时人类对自然界的认识极其有限，对一切自然现象都深感神秘和恐惧。于是就对风、雷、水、电等自然物质和现象进行崇拜，从最初崇拜异己的自然力量，到后来又幻想到各种自然现象的背后都有神灵在支配，产生了万物有灵的观点。在原始社会的氏族和部落中还出现了“图腾崇拜”，每个氏族及部落以某个自然物作为本族的标志，称为“图腾”，而每个成员都承认自己和“图腾”有特殊的血缘关系，并对此加以崇拜。万物有灵、“图腾崇拜”反映了在人与自然关系中，自然是主宰，人是奴仆，人的生存状况是被动地依赖、适应自然。在这个时期，由于人类改变环境的创造力非常有限，即使造成对自然生态环境的破坏，自然环境从总体上也能较快地恢复平衡。

2. 农业文明时代

社会发展到一万年前左右，人类开始进入农业文明时代。这时人类与环境的关系产生了初步对抗，出现了相互竞争和相互制约的局面。随着对自然界认识的发展和“原始经验”的积累，人类逐渐以栽培作物和驯养动物取代采集和渔猎，于是农业和畜牧业产生和发展起来，人们开垦农田，开发水利，种植作物，养殖家禽家畜。这从根本上改变了人类完全依赖、顺从自然的状况。同时人类由动荡不定的生活方式转向定居生活，这样村落乃至城市也随着兴起。正是由于人类实

---

① 陈芬：《论“可持续发展”的伦理价值观转换》，《武汉大学学报（人文科学版）》2002 年第 2 期。

践的成功和改造环境能力的增强，创造了灿烂的古代文明，诸如古埃及文明、古巴比伦文明、古印度文明、古中国文明、古希腊文明和玛雅文明，这些都是农业文明时代人类进步的伟大业绩。但是农业文明同时也开始了对生态环境的破坏，草原被开垦，森林被砍伐，气候变坏，部分土地沙漠化、盐碱化。由于农业的发展，城镇逐渐增多，人口不断增长，生活废弃物也对环境造成一定的污染。但从总体来看，在以自然经济为基础的整个社会中，人类的生活方式主要以农牧为主，活动范围较小，而且该时期人口密度不大，所以人对自然界的破坏与冲击力较小，在大多数情况下尚未超出环境容量，生态系统仍可维持着大体上的平衡，人类仍能与自然界和谐相处。

3. 工业文明时代

工业文明以英国的第一次工业革命为起点，迄今为止已有三百多年的历史，历经了三次革命浪潮。

第一次工业革命从英国的纺织业开始，以蒸汽机的发明与应用为标志。“蒸汽机的广泛使用，使人类实现了有史以来的第一次能动地、大规模深刻地改造自然的活动。”① 在工业革命的推动下，英国的生产力有了惊人的发展，工业化程度迅速提高。第一次工业革命既改变了生产技术和劳动工具，也改变了产业结构。“第一次工业革命宣告了工业文明时代的到来。从此，西方从农业文明时代进入一个崭新的工业文明时代。”②

第二次工业革命以电力和内燃技术的发展为标志，革命的中心从英国转向美国和德国，工业重心由轻纺工业转为重工业。从此，电能取代了蒸汽动力，世界由“蒸汽时代”进入“电气时代”。由于发电机、电动机的相继发明，远距离输电技术的出现，电气工业迅速发展起来，电力在生产和生活中也得到了广泛的应用。在这一阶段，汽轮机和内燃机技术沿着第一次工业革命的热机技术发展，电气技术则得益于新兴的电磁理论科学。因此，它是第一次工业革命的延伸和继承发展。

20 世纪中叶以后，第三次工业革命席卷全球。这次工业革命起源于美国，以原子能、电子计算机和空间技术的发明与应用为主要标志，以信息技术为主

① 章海荣：《生态伦理与生态美学》，复旦大学版社，2005，第 59 页。

② 甄修钰：《西方文明进程》，内蒙古大学出版社，2003，第 179 页。

导，涉及新能源技术、新材料技术、生物技术、空间技术和海洋技术等诸多领域。在这次工业革命中，人们开始利用过去从来不曾利用过的天然乃至人造材料，如轻金属、新合金和塑料等合成品；利用了以前不可想象的新能源，如核能、太阳能等。随着电子计算机为代表的信息技术的发展，在机械化的基础上产生了全自动化生产，并推广至办公自动化和家庭自动化。因此，就其规模、深度和影响来说，这次工业革命远远超过了前两次工业革命。电子计算机的出现拓展了人的脑力，科学全面进入思维领域，自动控制进入新阶段。各种新材料科学技术、新能源科学技术的出现将工业文明推向了顶峰。它不仅极大地推动了人类社会经济、政治、文化领域的变革，而且也影响了人类的生活方式和思维方式，使人类社会生活和人的现代化向更高境界发展。

表1 人类文明的演进阶段

文明	年代	生产方式	生活方式	组织方式	其他特点
渔猎文明	一万年以前	狩猎	生食群居	氏族、部落主宰人群的分工合作	依靠集体的力量才能求得生存
农业文明	三百年以前	种植和养殖	以户和家族为单元结成社区	君王、僧侣、地主为主体的王朝主管人群的分工合作	依托部分人的聪明才智求得人群的温饱生存
工业文明	近三百年间	规模化的工业生产活动	以个人和机构为单元结成利益集团	政党、资本主导建立的社会秩序支配人群的分工合作	依托精英和资本，加速社会的贫困化，谋求财富的最大集中

（二）新文明的初步构想

人类对任何一个尚未出现的新文明的样式都是不可能预见的，正如农业文明末期的人，甚至工业文明初期的人都难以想象出今天工业文明的样式一样，我们今天同样无法预见未来的新文明将是一个什么样子，但我们可以大致把握住未来的新文明有什么特点。在现有的讨论中有一种共识，即既有的高投入、高能耗、高消费发展观有损人类的根本利益，必须予以改变。我们认为当前的文明转型，必须全面调整人与自然、人与社会以及人的自我认知的关系。

1. “和谐”是未来新文明的灵魂

在人与自然的关系上，必须从“天人对立”转向“天人合一”。这就要求在实际的社会生活中变革人们的思维方式、生产方式和生活方式，倡导节约型社会，从高消费转向适度消费，推行可持续发展观，以达成现在与未来、局部与整体、经济与社会、人与自然的和谐，促进协调发展。自然资源的高效与永续利用是保障社会经济可持续发展的基础，因此要重视资源利用与社会经济的统筹安排。一方面对自然资源开发加以节制；另一方面在生产生活中节能减排，减少对生态环境的污染破坏。与此同时，与自然的和解还要求转变发展观，逐渐扭转“以经济建设为中心”的观念，从不计代价地单纯追求经济高速发展，转向经济、社会、生态和谐发展。

2. “协同”是未来新文明的原则

在人与人、人与社会的关系上，促进自然人与社会人的统一。既在一定程度上允许“私人”、“私心”、“私利”的存在，又要充分意识到人的社会性、群体性，个人再强大，也无法离开社会独自生存。对依赖、支持、温暖、安全和归属感的需求是人的本质属性，也是高品质生活的保障，而只有在共同生活中，人们才能获得这些。在工业文明中，发展出两种相互对立的人与社会的关系——个人自由主义与社会集体主义。而当前的总体趋势，是这两种思想观念不断相互借鉴、吸收、融合，混合成一种既重视个人的独立和自由，又强调相互关爱、相互协作，倡导培养公共道德、公共责任和公共利益的“第三条道路”或“社群主义”。这就要求人们在一定程度上跳出自我中心主义，承认、尊重、包容他人和其他社会形态及文明的价值，从中观照和反省自身社会存在的问题。

3. “物质财富”不是未来新文明的最高追求

在人的自我认识问题上，从物化人向人性人复归。工业文明导致了人的异化，从经济角度衡量人的价值，使人被贬低至“劳动力”，成为与“商品”同等的“物”。同时，职业分工还使人丧失了多样发展的能力和可能性，成为马尔库塞所称的机械的“单向度的人”。被视为“物”的人，凸显的是其体质、力量、技能，至于人的情感、道德、思想则处于无足轻重的地位。资本主义伦理将人塑造为“理性人”，物质财富的追求被视为最重要的人生目标，自私自利和冷漠无情大肆蔓延，由此导致普遍性的精神空虚和孤独。如果要消除既有工业文明的弊端，就必须转变人的自我认识，促进人性回归，注重人的精神、思想、情感、德行，切实做到以人为本，实现人的全面发展。

作为一个发展中国家，中国已经进入工业社会中期。但工业文明所固有的思维方式和价值观念，对中国社会仍然存在着深刻的影响；而这一文明对人与自然、人与社会和人的自我认识所带来的负面作用，也正在逐渐显现。中国的发展，不能再重蹈西方工业文明覆辙，一味照搬模仿西方经验，而是应该结合中国的具体国情，探索人与自然、人与社会和人的自我认识协调发展的“中国道路”。中国传统文化的一些思想观念，如“天人合一”、“中和位育”都包含着独特、丰富的智慧，在现代社会依然具有强大的生命力。我们认为，向传统学习、向本土文化学习、向世界各地的非西方文明学习，对当前探索文明转型方向及道路具有重要意义。

三　建设生态文明和生态城市是走出生态危机的必由之路

当面对自然环境日益恶化和地球承载力日益萎缩时，人类开始重新思考天人关系和人类文明发展之路。因为在人与自然环境的关系中，人起着主导性的作用，环境问题看似一个单纯的自然生态问题，实际上却反映了人与自然之间的矛盾对抗关系，其实质是大自然对人类所实施的报复。

（一）生态文明含义的界定

对于生态文明的英文翻译，国内外专业研究对生态文明的英译有两种，一种是把它译为“ecological civilization”；另一种是译为“conservation culture”。按照学者刘仁胜的观点，把生态文明翻译成“conservation culture”尽管能够反映保护生态环境的内容，但是，译成“ecological civilization”不仅包括保护自然资源的内容，而且还包括调节社会生产关系的内容，并且，这种译法已得到了国内外一致的认可①。

关于生态文明的含义，许多学者从不同角度进行了界定。从生态文明的目的指向来划分，我们认为主要有三种观点：

第一种观点认为，“生态文明是指人类在改造客观世界的同时，又主动保护客观世界，积极改善和优化人与自然的关系，建设良好的生态环境所取得的物质

---

① 刘仁胜：《关于生态文明的英文翻译》，http：//sl. iciba. com/viewthread －25 －409784 －1. shtxnl。

与精神成果的总和。"① 这类概念表明了生态文明是在工业文明之后相对于物质文明、政治文明、精神文明的一种文明形态，是人类改造生态环境、实现生态良性发展成果的总和，强调良好的生态环境是人类生存和发展的基础，要求人类尊重自然、善待自然和保护自然。

第二种观点认为，生态文明是"把社会经济发展与资源环境协调起来，即建立人与自然相互协调发展的新文明"②。这类概念表明了人类在改造客观世界的各种实践中，要以人类与生态环境的共存为价值取向，实现自然生态平衡与实现人类自身经济目标相统一，强调生态文明是生产发展、生活富裕、生态良好的文明。

第三种观点认为，生态文明"是指人类能够自觉地把一切社会经济活动都纳入地球生物圈系统的良性循环运动。它的本质要求是实现人与自然和人与人双重和谐的目标，进而实现社会、经济与自然的可持续发展和人的自由全面发展"③。这类概念要求社会生态系统的良性运行、社会中各种关系的相互和谐，实现人类的一切活动既能满足人与自然的协调发展，又能满足人的物质需求、精神需求和生态需求，它所追求的是人与自然、人与人的和谐境界。

我们认为生态文明是以环境资源承载力为基础，以可持续的社会经济政策为手段，并以构造人与自然和谐发展的社会为目的，遵循自然规律的文明形态。

（二）生态文明与其他社会文明的关系

目前学术界在生态文明的历史方位这一重大问题上主要存在三种不同观点。一种观点认为，生态文明是继渔猎文明、农业文明、工业文明之后的一种更高级的文明形态，即生态文明形态说。④ 第二种观点则认为，生态文明是贯穿所有社会形态和文明形态始终的一种基本结构，即生态文明结构说。⑤ 第三种观点是对前两种观点的综合，即生态文明综合说。认为从广义上说，生态文明是人类社会

---

① 邱耕田：《三个文明协调发展：中国可持续发展的基础》，《福建论坛（经济社会版）》1997 年第 3 期，第 24～26 页。

② 李红卫：《生态文明——人类文明发展的必由之路》，《社会主义研究》2004 年第 6 期，第 114～116 页。

③ 廖才茂：《论生态文明的基本特征》，《当代财经》2004 年第 9 期，第 10～14 页。

④ 卢风：《生态文明与绿色消费》，《深圳大学学报（人文社会科学版）》2008 年第 5 期。

⑤ 张云飞：《试论生态文明的历史方位》，《教学与研究》2009 年第 8 期。

继原始文明、农业文明、工业文明之后的一种新的文明形态；从狭义上说，生态文明是社会文明的重要组成部分，与物质文明、政治文明和精神文明相对应，表现为人类在处理人与自然关系时所达到的文明程度。[①] 我们认为生态文明与物质文明、精神文明和政治文明共同构成了人类文明的整体框架。他们既紧密联系，相互促进，又相互制约。从某种意义上说，生态文明是其他几个文明的基础。这几种文明在人类历史发展的不同时期都有，只不过各种文明的内涵和形式有所变化。

1. 生态文明形态说和结构说

卢风教授认为，文明主要由器物、制度和理念构成，生态文明之所以是一种超越工业文明的全新的文明形态是因为在生态文明中这三个层次都将经历一次深刻的变革。简单来说，在价值观领域，工业文明转变为生态文明将表现为从物质主义、消费主义价值观转变为生态价值观；[②] 在制度领域，现代工业文明的基本制度受“资本逻辑”的制约，而未来生态文明的制度建设要以生态学和生态价值观为指导；[③] 在科技领域，这种转变表现为从征服性科技到调试性科技。[④]

王续琨教授则认为，自古及今的人类文明可以划分为渔猎文明、农业文明、工业文明等几个阶段，依据的是不同历史时期的主导或优势产业。而“生态”概念不能用于指称一种产业，因此不能简单地将生态文明视为渔猎文明、农业文明、工业文明的同序列概念。另外，党的十七大报告提出的“建设生态文明”并不涉及我国社会走向所谓“生态文明”阶段的时代性任务。[⑤]

张云飞教授认为，社会形态是划分人类文明形态的基本依据。我们可以从经济、技术、政治、文化等角度对社会形态予以划分，如果从技术层面来划分，人类社会依次经历了渔猎社会、农业社会和工业社会，与此相对应的文明形态即是渔猎文明、农业文明和工业文明。从此角度来看，取代工业文明的只能是智能文

---

① 周以侠：《建设生态文明的科学内涵及其重要意义》，《重庆工学院学报（社会科学版）》2009年第11期。

② 卢风：《生态文明与绿色消费》，《深圳大学学报（人文社会科学版）》2008年第5期。

③ 卢风：《生态价值观与制度中立——兼论生态文明的制度建设》，《上海师范大学学报（哲学社会科学版）》2009年第2期。

④ 卢风：《地方性知识、传统、科学与生态文明——兼评田松的〈神灵世界的余韵〉》，《思想战线》2010年第1期。

⑤ 王续琨：《从生态文明研究到生态文明学》，《河南大学学报（社会科学版）》2008年第6期。

明，而不是生态文明。生态文明不是取代工业文明的具体的文明形态主要有三个原因：其一，生态问题不是一个特殊的社会问题；其二，在整个文明形态的发展过程中都在一定程度上遭遇到了生态环境问题；其三，生态文明没有独立的标志技术基础和独立的物质变换层次。①

张云飞教授是从马克思的社会历史分期理论出发论证生态文明并非一种文明形态。赖章盛教授也指出马克思对社会形态有多种划分方法，而之所以如此是因为人类社会是一个复杂的大系统，其展开的样态是多样的，人们完全可以根据这些样态对社会历史进行不同类型的分期。但分期标准的选择，必须是社会生活和社会关系的重大因素或重要方面，因为它们的变化必然导致社会的变迁，使社会发展呈现不同的阶段或形态。而人与自然关系这一角度无疑符合要求，因为自然界是人类社会生存和发展的基础；社会是人文系统和自然系统的整合体；人与自然的关系是人类及其文明必须面对、不能摆脱的基本关系，正是人类与自然的矛盾推动文明形态的不断更新。从这一角度，可以将人类文明划分为渔猎文明、农业文明、工业文明、生态文明四个阶段或形态。在渔猎文明阶段，人与自然保持了一种原始的和谐关系。在农业文明时期，人与自然的关系基本保持相对和谐。工业文明时期人和自然的关系是一种对立的、不平等的关系。而生态文明时代将是人与自然的和谐相处。② 刘士文、曹晨辉两学者也是从人与自然关系来论证，不过与赖教授的说法不同。他们认为，可以根据马克思所说的实践活动是整个现存的感性世界的基础的思想以及实践活动的性质来划分社会形态或文明形态。而实践从根本上说是生产实践，即处理人与自然关系的实践。生产实践本质上可以分为三个形态：自然是人的主人的实践；人是自然的主人的实践；人与自然和谐共生的实践。由此，可以把人类文明形态区分为依次更替的三大类型，即前工业文明、工业文明和生态文明。③

生态文明结构论者也很重视人与自然的关系，但结论却相反。张云飞教授认为，人和自然的关系问题在整个人类社会存在和发展过程中处于基础性地位，而

---

① 张云飞：《试论生态文明的历史方位》，《教学与研究》2009 年第 8 期。

② 赖章盛：《关于生态文明社会形态的哲学思考》，《云南民族大学学报（哲学社会科学版）》2009 年第 5 期。

③ 刘士文、曹晨辉：《“生态文明”论析——一个马克思主义的视角》，《北京行政学院学报》2008 年第 2 期。

这决定了生态文明是一种基本的文明结构。首先，人与自然的协调发展是影响一切文明形态产生的自然物质条件。其次，人与自然的关系问题是影响人类生存发展的基本问题，只有自然是满足人类需要、保证人类正常生存和发展的基本条件。再次，人与自然的和谐状况是影响一切文明存亡的基本变量。人和自然的关系是典型的生态关系，这就要求任何一种社会形态和文明形态都必须将社会经济的发展保持在自然生态系统的可承载范围内。最后，每一种文明形态都有自己的生态文明结构。也就是说，人与自然的关系问题在每个文明形态中都居基础性地位，并且每一文明形态中都有人与自然协调的方面即生态文明，因而生态文明并非一种文明形态，而是文明形态正常发展的基本要求。①

张云飞教授还论证了生态文明何以是社会文明系统的基本结构或形式。他认为，社会的基本结构对应着社会文明的基本形式或结构。人类实践活动所创造的积极的进步成果在经济结构领域、政治结构领域和文化结构领域的积淀和表现就分别构成了社会的物质文明、政治文明和精神文明。生态结构也是社会结构的一种独立的结构层次。它是在人和自然的相互作用的过程中形成的社会系统的一个特定的层次结构，并且是为社会系统的正常运行、为人的正常生存和发展提供保障的层次。而生态文明就是人类实践的积极的进步的成就在社会的生态结构中的积淀和表现，从而与物质文明、政治文明、精神文明一起构成社会文明系统。②

2. 生态文明既是文明形态又是文明结构

生态文明形态说与结构说的重要分歧是将人类文明形态依次划分为渔猎文明、农业文明、工业文明、生态文明是否逻辑一致的问题。

结构说否定逻辑一致。他们认为划分前三种文明形态的标准是统一的，即按照主导技术或产业进行划分，而“生态”既非产业也非技术。因而在逻辑上不成立，不能构成一个序列。而形态说肯定其逻辑一致，他们提出四种文明形态的划分有统一的标准，即按照人与自然的关系进行划分，但是这一逻辑一致的表述应该与渔猎文明、农业文明、工业文明、生态文明的表述有区别，当然也不能因此判断形态说是错误的。渔猎文明、农业文明、工业文明主要反映的是人类改造自然以适应自身发展所取得的成就，在此过程中，基本上是以人类的需要为唯一

① 张云飞：《试论生态文明的历史方位》，《教学与研究》2009 年第 8 期。

② 张云飞：《试论生态文明在文明系统中的地位和作用》，《教学与研究》2006 年第 5 期。

维度，这些观念与工业文明提供的异常强大的技术相结合，导致全球范围的资源枯竭、环境污染、生态破坏乃至影响到人类的生存。因而需要增加一个维度即自然的维度，这意味着人类文明必须实现重大转型，即从注重人类需要的文明转向注重人与自然和谐的文明，生态文明便应运而生。所以，为了人类的生存和发展，人类社会务必从现代工业文明走向生态文明，这就是形态说被大多数学者所接受的主要原因。如果从技术的角度考察，智能文明应该代替工业文明，并非生态文明代替工业文明，但现在人类面临的最大问题不是如何发展技术的问题，而是如何改变人类对自然过分掠夺的态度和行为的问题，因为自然遭到了现代工业文明的极大破坏以致威胁到人类的生存。智能文明代替论未充分认识到现代文明的根本问题。

生态文明形态说和结构说均关注人与自然的关系，但最后结论却不同。双方都承认人类社会是复杂的，对其形态或阶段可以有多种划分方法；自然是人类社会生存发展的基础，人与自然的关系是人类及其文明必须面对的基本关系。但他们划分时的侧重点有所不同，因为，经济、技术和政治等层面是人类及其文明必须认真对待的基本方面，对人类社会的生存发展具有重要作用。从这一角度进行的人类历史分期也如从经济、技术、政治角度进行的文明划分一样，是对复杂历史进程的重要方面的揭示。那么从这一角度的划分比较科学的表述不应该是渔猎文明、农业文明、工业文明、生态文明。对此，结构说提出，任一文明形态中都有人与自然和谐即生态文明的方面。但这其中的倾向性是不同的，因从人与自然关系的角度也可以划分社会或文明形态。例如工业文明社会与前工业文明社会在这一层面的表现是根本不同的：前工业文明社会表现为人与自然基本和谐，而工业文明社会则是不和谐的。工业文明对自然的破坏程度远远超过前工业文明以致使得自然生态系统接近崩溃的边缘。前工业文明与未来的生态文明虽然在这一层面都主要表现为和谐，但两者依然有很大的不同。前工业文明是自然式的和谐，自然是人的主人状态下的和谐，所以还不是真正意义上的天人和谐。未来的生态文明才是真正意义上的人与自然的和谐。

生态文明也是一种文明结构或形态。持结构说的张云飞教授进行了充分、全面的论证，但未得出生态文明不是一种文明形态的结论，形态说对此也没有充足、明确的否定理由。因此我们认为生态文明既是一种文明形态又是一种文明结构或形式。生态文明指的是人类在处理与自然关系时所取得的成果或者说所达到的协调程度。任何社会或文明形态都离不开自然，都有与自然协调的要求，都有自己的生态文明，因而生态文明是一种基本的文明结构或形式。但在不同的社会或文明形态，这种协调程度是不同的，由此表明了其生态文明的水平。前工业文明社会的生态文明水平不高，是低层次的和谐；而工业文明社会的生态文明水平似乎更低，因为它连低层次的和谐也做不到，但它提供了走向高层次和谐的某些条件。未来的人类社会实现了全面的、真正意义上的人与自然的和谐，从人与自然关系的角度而言，可以将这一文明形态称为生态文明，而之前的文明形态虽然也曾在人与自然协调方面取得了或多或少的成果，但是没有实现真正意义上的人与自然的和谐，因而不能称之为生态文明社会。只有在生态文明社会，作为文明结构的生态文明与作为文明形态的生态文明才实现了历史与逻辑的统一。

（三）生态文明是走出生态危机的理性选择

当前，全球性的生态危机已成为摆在全世界人们面前的共同难题。而建立在掠夺式利用自然资源基础上的工业文明，已无法有效地协调人与自然的关系了。尽管在征服自然、控制自然的思维方式下，人们可以为了人类自身的利益而善待自然，可以采取某些措施在一定范围内防范和阻止对自然生态的破坏。但是，由于工业文明模式的内在局限性，它不可能从根本上解决全球性和整体性的生态危机。因此，人与自然关系的缓解是不可能在工业文明的思维定势中找到答案的。如果不改变工业革命以来人类所形成的征服自然、崇尚物质消费的伦理价值观念和生产、生活方式，人类日益增长的物质消费对环境的压力就不可能得到根本的缓解，我们将面临人类生态系统崩溃的巨大风险。

这样看来，解决生态危机的唯一途径就是建设生态文明。生态文明是人类对工业文明进行深刻反思的结果。作为一种全新的文明形态，它要求人们在改造自然界的同时，又要主动保护自然界，积极改善和优化人与自然的关系。建设生态文明，最重要的就是要建立起一种人与自然平等相处、相互依存的统一整体，维护生态系统的完整稳定，保持生物的多样性。生态文明反对通过掠夺自然的方式来促进人类自身的繁荣，强调人与自然的整体和谐，实现人与自然双赢式的协调发展，是解决生态危机的唯一有效途径。

（四）生态文明是实现可持续发展的必然要求

可持续发展的关键在于发展的可持续性。这就要求人类的生存行为和经济社会发展必须保持在生态容许的限度之内，使人类经济社会活动绝对不能超越资源与环境的承载能力，追求在维护生态平衡基础上的发展。只有这样才能保证发展的可持续性。这种发展只有在生态文明建设中才能实现。

1. 建设生态文明是实施可持续发展的基本前提

生态文明是一种追求人类与环境和谐统一、协调发展的新型文明。建设生态文明就是要保持自然界的生态平衡，使人、社会与自然在一个更高的层次中和谐统一。其实质就是实现人与自然的和谐。它要求人类限制对自然的过度开发，注重合理开发利用资源；在发展经济的同时建设良好的生态环境，强调现代经济社会的发展必须建立在生态系统良性循环的基础之上。而可持续发展就是要既满足人类不断增长的物质文化生活的需要，又不超出自然资源的再生能力和环境的自我净化能力，实现自然资源的永续利用，实现社会的永续发展，为子孙后代留下充足的发展条件和发展空间。这只有在人与自然协调发展的状态中才能实现。因此，可以说生态文明是实现可持续发展的前提和基础。不建设生态文明，实现可持续发展就会成为空中楼阁。

2. 建设生态文明为可持续发展提供精神动力

生态文明把人类看做自然之子，强调人对自然的尊重。这就纠正了工业文明时期把人看做自然的统治者的错误观点，深化了人对自然的认识，把人类的道德关怀拓展到了所有自然物，提升了人类的精神境界。

生态文明主张人类社会与自然界的共生共荣，人与自然万物的平等，将人与自然都看做生态系统中不可或缺的重要组成部分。这种整体发展、平等发展的观念给可持续发展提供了一种全新的思维方式。它将人的发展与自然的进化统一起来，有助于真正实现可持续发展。

由于把人看做自然之子，充分肯定自然界对人类生存与发展所起的重要作用，这就激发了人对自然的亲近感、热爱感，进而养成对自然资源的珍爱感，人们从内心深处认识到自然资源的有限性，使用资源的有价性，从而为可持续发展拓展了认识道路，提供了精神动力。

总之，建设生态文明是当前人类最迫切的要求。它已成为人们的自觉行动，极大地改变着人们的生活习惯和思维方式，把人类的生存与发展带进了一个新时期，从根本上改变了人与自然的对立关系，是解决生态危机的有效途径，也为人类的可持续发展创造了有利条件。

（五）生态城市是建设生态文明的具体体现

随着近现代科学技术的不断进步，以现代科技飞速发展为动力和支撑的工业文明创造了农业文明不可与之相比拟的伟大成就。在过去三百多年特别是最近五十多年的工业化过程中，人类社会在极大地发展社会生产力并创造空前规模物质财富和丰富多彩的精神财富的同时，也建造了一大批工业文明的主要空间载体和现代人类活动聚集地——城市和城镇网络体系。

城市是一个以人为主体、自然环境为依托、经济活动为基础的社会联系极为紧密和按其自身规律不断运转的有机整体。城市是人类主要聚居地之一，是人类经济、政治和精神活动的中心。城市随着工业文明的进一步深化而跨入了现代化阶段。城市化成为当代各国社会经济发展的一个主要趋势，而其水平的高低则是衡量一个国家社会经济进步状况的重要标志。城市化一方面孕育了现代文明，促进了经济文化和科技的发展，并改变了人们的传统观念，另一方面也产生了大量的城市垃圾，出现了环境污染、资源浪费、能源短缺等城市问题，使城市化进程受到前所未有的挑战。据美国城市地理学家诺瑟姆总结的世界各国城市化历程及其规律表明：一个国家城市化水平达到30%以后，将进入加速发展阶段。

我国城市化发展经历了一段时期的抑制，主要原因是：新中国成立以后的一段时间里，我国走的是一条“积极推进工业化，相对抑制城市化”的道路，城市化严重滞后于工业化。随着改革开放的推进，我国社会经济发生了诸多变化，生产力得到显著提高，许多城市化制约因素也不断得到改善，使我国的城市化进程不断加快，2010年我国城市化水平达到47.5%。由此可见，我国城市化水平已进入加速发展阶段，城市化浪潮势不可挡。

我国城市化进程的加快在带动我国整个社会经济快速发展的过程中起了极大的推动作用，但现阶段我国的城市化主要表现为城市的不断扩大和城市数量的增长，城市的内部结构和功能并没有得到相应的提升和完善，许多基础设施和环境保护措施不能配套进行、协调发展，于是导致一系列问题的产生，如环境污染与破坏，交通拥挤，住房困难，失业人口增多等等，从而影响整个国民经济和社会的发展，尤其是环境污染和生态破坏。

城市的可持续发展不仅对城市本身具有重要意义，而且对全人类的生存和发展也有重要影响。当今，全球城市化趋势越演越盛，已有一半人口生活在城市中，预计2025年将达到三分之二的比例。因此，城市生态环境将成为人类生态环境的重要组成部分。在联合国“人与生物圈”计划的指导下，世界上许多国家展开了可持续发展的生态城市研究。“生态城市”给城市发展指明了方向与更高目标，也对城市生态提出了更高要求。

当今世界发生的新一轮科技革命、产业革命与正在兴起的绿色革命之间的互动，以及在实施可持续发展战略条件下出现的工业文明与生态文明并行交叉的过程，是我国城市发展面临的大背景和大趋势。在这种大背景大趋势下，很自然地提出了生态文明与城市生态化这一重大研究课题。建立在工业文明基础上的城市现代化与生态文明基础上的生态城市两者的衔接与融合，则成为这一重大课题中的核心问题之一。

（六）生态文明是工业文明的跨越式发展

生态文明是建立在先进生产力基础上的文明形态，是人类对传统文明形态尤其是工业文明形态进行深刻反思的成果，是人类文明形态和文明发展理念、道路和模式的重大进步。中共十七大报告明确指出“建设生态文明，基本形成节约能源资源和保护生态环境的产业结构、发展方式、消费模式。循环经济形成较大规模，可再生能源比重显著上升。主要污染物排放得到有效控制，生态环境质量明显改善。生态文明观念在全社会牢固树立”。① 建设生态文明，是全面建设小康社会和基本现代化的新要求，是中国共产党重要文献中首次提出的新的重要战略任务，是中国特色社会主义理论体系的一大创新和执政兴国理念的新发展，为探索和实践生产发展、生活富裕、生态良好有机统一的文明发展道路进一步指明了方向。因此，加快建设生态文明城市，实现工业文明向生态文明的跨越刻不容缓。

目前，中国正处在全面实现工业化和建设小康社会的关键时期，但是由于中国在三十多年中走完了其他工业化国家二三百年才走完的工业化路程，并且采用了与工业文明国家类似的发展模式，导致工业文明发展普遍存在的生态环境危机在同一时期内集中凸显。这些危机问题已经成为中国发展经济、走向富裕的严重

---

① 胡锦涛：《高举中国特色社会主义伟大旗帜　为夺取全面建设小康社会新胜利而奋斗》，人民出版社，2007。

瓶颈，中国将面临着双重任务，即发展经济与保护生态环境。而生态文明建设成为中国在发展中保护环境的唯一途径。随着生态文明建设的逐步推进，将会面临众多的挑战，但是生态文明建设任务是历史赋予中国的一次跨越发展机遇，是中国正确把握时代脉搏的战略举措，全社会有责任积极履行、实践、推进生态文明建设，加快实现中国从工业文明到生态文明的历史性转变。

参考文献

［1］恩格斯：《自然辩证法》，人民出版社，1984。

［2］《马克思恩格斯全集》，人民出版社，2002。

［3］佩珀：《生态社会主义：从深生态学到社会正义》，山东大学出版社，2005。

［4］张敏：《论生态文明及其当代价值》，中国致公出版社，2011。

G.3

生态文明的理论与实践

曾 刚 滕堂伟

摘 要： 生态文明建设有赖于环境、生态、经济、社会、管理等五个系统的结构性协调与功能性耦合。生态文明理论分为人地关系论、复合生态系统论、生态区域论，生态文明分析方法包括压力—响应—状态模型、生态足迹法、生态文明评价指标体系等，而我国的生态文明建设行动则应包括可持续发展国家战略、发展循环经济、建设两型社会等内容。

关键词： 生态文明 生态系统 生态建设 指标体系

20 世纪中期以来人类历史上前所未有的、全球范围内的、大规模的工业化进程，实现了生产力和物质文明的大发展以及与之相适应的精神文明、政治文明的巨大进步。随着发达国家在 20 世纪后半叶先后进入后工业化时代，人们对生态环境质量的要求逐渐提高，自下而上的环境治理、生态保护蔚然成风。然而，部分发展中国家为了尽快摆脱贫穷落后局面，大力推动工业化，在一定程度上却加剧了全球生态环境危机。为了保护人类共同拥有的生态环境，实现可持续发展的目标，在联合国等机构的号召下，世界各国政府积极响应，通过限制高耗能、高污染、高排放产业发展，通过发展新能源，通过增加湿地等碳汇容量，通过鼓励低碳生活等低碳行动，来协调人与自然的关系，进而实现从传统工业文明到现代生态文明的跃进。

一 生态文明基本架构

从人类文明发展演化的历史进程来看，生态文明是在工业文明已经取得的成果基础上用更文明的态度对待自然，不野蛮开发，不粗暴对待大自然，努力改善和优化人与自然的关系①。生态文明是继渔猎文明、农业文明、工业文明之后人类社会发展的一个新的文明形态，意味着人类在处理人与自然的关系方面达到了一个更高的文明程度②。可以说，生态文明是对农耕文明、工业文明的深刻变革，是人类文明质的提升和飞跃，是人类文明史的一个新的里程碑。

从横向的结构性基本要素规定的角度来看，生态文明首先意味着生态环境文明，即人们在改造客观物质世界的同时，不断克服改造过程中的负面效应，积极改善人与自然、人与人的关系，建设有序的生态运行机制和良好的生态环境所取得的物质、精神、制度方面成果的总和③。按照唯物史观的社会结构理论，生态文明是一种与物质文明、政治文明和精神文明并列的文明形式，四者共同构成了社会的文明系统④。我们认为，生态文明是由社会和谐、经济发展、环境友好、生态健康、管理科学等五个方面的结构性基本要素所规定的，即以人为主体的社会、经济系统和自然生态系统在特定区域内通过协同作用而形成的“社会—经济—自然”全面发展型复合生态系统（SENCE），实现以上五个基本方面的结构性协调与功能性耦合（图1）。

（一）社会和谐

生态文明建设的价值取向是在全面提高公民素质的基础上，实现社会和谐进步和居民生活质量的提升，并维系其可持续性。要控制人口规模和提高人口素质，引导和改变人们的生活方式，实现资源节约型和环境友好型社会，就需要将其日常生产、生活对环境的干扰影响降低到最低限度，实现人与自然环境的和谐。自然生态的保护是为了保护人类共同发展的环境，是为了实现人类代际的公平，而不顾人类发展的需求，追求纯生态平衡或保护，难以得到大众的支持，最终也难以实现。

生态文明建设中不仅要关心自然生态，也要关注社会生态，不仅要实现人和

---

① 徐春：《生态文明与价值观转向》，《自然辩证法研究》2004年第4期，第101页。

② 卓越、赵蕾：《加强公民生态文明意识建设的思考》，《马克思主义与现实》2007年第3期，第106~111页。

③ 尹成勇：《浅析生态文明建设》，《生态经济》2006年第9期，第139~141页。

④ 张云飞：《试论生态文明在文明系统中的地位和作用》，《教学与研究》2006年第5期，第25~30页。

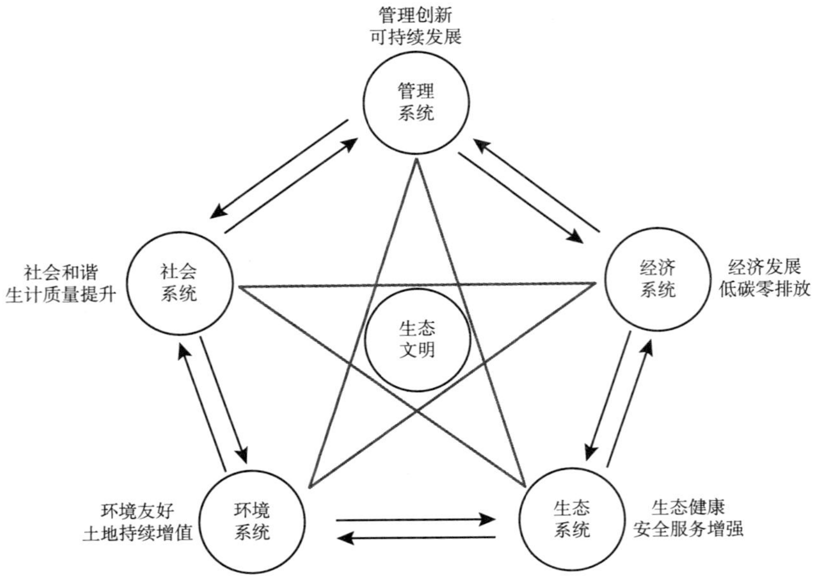

图 1　生态文明结构性要素系统与功能性耦合关系

资料来源：曾刚（2010a，2010b）。

自然的和谐，也要实现人与人的和谐。公平是社会公正和人权状况的体现。2005年，胡锦涛指出："我们所要建设的社会主义和谐社会，应是民主法治、公平正义、诚信友爱、充满活力、安定有序、人和自然和谐相处的社会。""公平正义是和谐社会的基本特征之一。公平正义的内涵：即社会各方面的利益关系得到妥善协调，人民内部矛盾和其他社会矛盾得到正确处理，社会公平和正义得到切实维护和实现。"人类发展与社会公平同为社会进步所追求的目标，其最高目标是全体社会成员的共同发展和每个人的全面发展。社会公平主要包括收入与财富的公平分配、基本的社会保障和个人的权利。在促进社会公平的过程中，应该优先考虑改善弱势群体的生存和发展条件，其中一个重要方面就是减少贫困。

（二）经济发展

经济发展是生态文明建设的物质基础，如何改变已有的不利于环境友好和资源节约的经济增长方式，调整产业向生态化方向转型，提高资源利用效率，是生态文明建设中迫切需要关注的问题。生态环境问题因经济增长而生，同时也可以通过经济发展来不断促进和谐。

基于生态文明的经济发展的核心是提高经济发展的生态效率，以经济发展中的生态化水平来引导、控制经济发展的生态阈值与空间格局，提高资源利用的整体效率。

生态环境从区域经济发展的“紧箍咒”变成“笼中鸟”，在生态不退化的前提下挖掘经济发展空间。生态文明视野下的生态环境保护既是经济发展的“紧箍咒”，更应该成为经济发展的“笼中鸟”。单纯依靠“紧箍咒”无法实现经济与生态的协调发展，一个可行的办法是“笼中鸟”策略，促使在生态不退化的前提下挖掘经济发展的空间。

推动自然资本的经济价值的实现。在生态环境不退化的前提下扩大经济产出，短期内可以通过淘汰落后产业、结构升级和区域调整实现，长期内则必须寻找自然资本的价值实现路径。也就是说，生态环境建设投入能够大幅度提升自然资源质量和数量，强化生态系统的服务功能，这部分收益应当尽可能市场化。

打造生态经济模式。生态文明建设的最终目标是实现经济发展水平高、生态环境质量高的有机统一。生态经济模式具体可以体现在生态产品与服务的品牌效应、生态环境技术输出与服务效益、低碳经济效益等方面。

（三）环境友好

环境所代表的“气、水、微量元素养分（肥）、能量、空间”所构成的无机自然界，是生态文明建设的物理基础，基于生态文明的环境友好包括环境约束、环境质量、环境保护三大主题。

环境约束体现在主要大气污染物排放量（SO_2/颗粒物/CO_2）、机动车污染物排放总量、水污染物排放量（以COD计）、固体废物排放量（生活垃圾、工业固体废物、危险废物）、农用化肥施用程度、土地开发强度、有机/绿色农产品比重等方面。环境质量体现在空气质量指数优良率、空气质量指数达到一级天数的比例、地表水功能区达标率、集中式饮用水水源地水质达标率、陆地水域面积占有率、噪声达标区覆盖率、土壤污染物含量、表层土中的重金属含量、城镇绿化率、森林覆盖率、物种多样性指数、居民环境满意度等方面。环境保护体现在清洁能源使用比重、城镇污水集中处理率、工业污水排放稳定达标率、规模化畜禽养殖场污水排放达标率、城镇生活垃圾无害化处理率、规模化畜禽养殖场粪便综合利用率、秸秆综合利用率、工业用水重复率、环保投入占 GDP 比重、ISO14001 认证企业比率等方面。

（四）生态健康

生态功能涉及自然生态系统类型、结构、生态服务功能大小及质量水平。自然生态是人类须臾不能离开的系统，提供着新鲜空气、洁净水源、安全食品、多样性生物景观以及废弃物的生物分解服务，是生态文明建设的着力基点。其基本的价值取向是实现生态结构的正向演替和优化，提高绿色产品的服务水平，维系生物多样性的可持续性，最大限度地规避外来物种侵害与灾变。

自然生态系统在接受人类呵护与保育、索取与干扰、正向诱导的前提下，遵从环境的自然变化规律，会朝着有利于环境结构正向变化的方向演变，提供绿色服务，改善环境的要素结构，参与环境的元素循环，规避生态结构演变与发展的不确定性。

生态功能涉及生态风险、生态健康、生态建设三大基本领域。生态风险是生态安全量度的重要方面，与生态安全互为反函数，而生态安全是可持续发展的基石。生态风险涉及系统内部及外部各种威胁生态系统安全的生态风险的水平和状况。生态系统健康是指生态系统随着时间的进程保持活力并且能维持其组织结构及自主性，在外界胁迫下容易恢复（Rapport，D. J. 等，1998；曾晓舵等，2004）。生态健康是生态文明建设和发展中，生态系统所能提供的生态服务功能和承载的压力的标准，它反映的是一种生态系统的状态。生态建设是一种系统外部输入的负熵改善和提高系统的结构和功能的行为和行动，从复合生态系统的主动性考虑，通过人为的技术、管理和资金的输入来进行生态系统功能和结构状况的改善和调整。

（五）管理科学

管理活动本身在生态文明建设中具有不可替代的主体性地位，其主体性地位主要表现在它与社会、经济、环境及自然人文生态的关系中，前者是生态文明建设的主体性活动，而其他四个方面则是受体性或客体性的活动。换言之，生态文明的社会建设活动、经济建设活动、环境建设活动以及自然人文的生态建设活动，都是生态文明管理的客体、对象和具体内容；而生态文明管理的主体则是城市政府、企业、居民、社团及社区等城市组织，这些城市组织从事对生态文明建设的管理活动，当然，它们也从事相应的社会经济及环境建设等活动。

生态文明建设管理不仅需要防止由于经济增长导向而导致的生态危机，而且也要防止由于生态主义导向而导致的社会经济停滞、滑坡或衰退以及持续贫困倾向；尤其是生态文明管理还需要在一般的生态化的社会建设、经济建设、环境建设以及自然人文的生态建设等单一局部的建设、管理或响应的基础上，实施综合的协调管理和宏观的战略性指导。

二　生态文明特征辨析

作为人类发展过程中一种新型的文明形态，生态文明究竟具有怎样的特征呢？中国社会科学院邓小平理论和“三个代表”重要思想研究中心（2004）认为，生态文明包含三个重要特征：较高的环保意识，可持续的经济发展模式，更加公正合理的社会制度①。也有学者把生态文明的特征概括为独立性、整体性、相对性、反思性和过程性，即生态文明是独立于物质文明、精神文明和政治文明的，人们要从自然的整体性出发把握人与自然、人与人的关系，生态文明是相对于物质文明、精神文明和政治文明的一种新型的文明形态，生态文明是人类面临生态危机后对人与自然关系进行反思而提出的，生态文明建设是一个持续不断的过程。生态文明作为一种全新的文明形态构想，其特征应该从伦理价值观、生产方式、生活方式以及社会结构四个方面来考虑：在伦理价值观上，树立人和自然的平等观，对自然的价值有明确的认识，不仅人有价值，自然也有价值，不仅人有主动性，自然也有主动性，不仅人依靠自然，所有生命都依靠自然，把人类与自然环境的共同发展放在首位，将生态价值与社会价值、经济价值统一起来；在生产方式上，树立可持续的经济发展模式，追求经济社会与环境的协调发展而不是单纯的经济增长，转变高生产、高消费、高污染的工业化生产方式，以生态技术为基础实现社会物质生产的生态化，使生态产业在产业结构中居于主导地位，成为经济增长的主要源泉；在生活方式上，树立健康、适度消费的生活观，要求

① 中国社会科学院邓小平理论和“三个代表”重要思想研究中心：《论生态文明》，《光明日报》2004年4月30日。

人们不再追求对物质财富的过度享受，而是追求一种既满足自身需要又不损害自然生态的生活，人类改造自然要以不损害自然生态的整体稳定和其他生物物种的生存为前提，要使绿色消费、文明消费成为人类生活的新目标，新时尚，从而使人过上真正全面符合人类本性及社会道德的生活；在社会结构上，建立更加公正合理的社会制度，实现更为高度的民主，强调社会正义，并保障多样性。表现为将生态化渗入到社会结构中，诸如在社会政策上考虑如何组织好经济，以便加强人类与自然之间的关系，在制定决策上，使科学家和经济学家、人文学者更加直接参与政治活动等①。

三　生态文明的理论体系

发达国家在1950～1970年代的经济高速增长以及发展中国家的兴起，标志着人类社会普遍进入大规模的工业化时代。一方面对资源、能源需求的急剧扩大与供给的有限性之间形成了日益尖锐的供求矛盾，不仅引起了全球范围内的能源危机，也激化了国际经济、政治矛盾；另一方面对资源掠夺式的破坏性开发造成了以全球气候变暖、土地沙漠化、森林退化、臭氧层破坏、资源枯竭、环境激素泛滥等为特征的生态环境危机凸显，促使众多学者探求新的发展模式，形成了以可持续发展理念为基础，包括循环经济、生态经济、清洁生产、产业生态学等内容的生态文明建设理论体系。

国内生态文明理论研究主要分为五个阶段，初期以引进为主。自20世纪90年代以来，国内学术界研究热点可以分为可持续发展（李锋，刘旭升，胡聃等，2007；李松志，董观，2006；罗勇，2005）、增长方式转变（傅允生，2007）、生态经济（陈亮，王如松，王志理，2007；曾刚等，2008）、循环经济（金涌，2007；毛如柏，冯之浚，2003；孙国强，2005；张坤，2003；杨浩，朱冬元，2008）、生态文明建设（宋林飞，2007；徐春，2001）等。生态文明的研究由“理念”到“建设”、由“单一性”向“综合性”转变的态势十分明显。金涌院士（2009）从文明、生态和生态文明等概念出发，深入分析了自然生态的规律，探讨了生态文明与循环经济的内涵和关系，指出生态文明的本质是文明与自然生

① 是丽娜、王国聘：《生态文明理论研究述评》，《社会主义研究》2008年第1期，第12～13页。

态相融合，学习和效法自然生态规律，并用于指导人类文明建设。金涌、冯之浚、陈定江（2009）等从循环经济的内涵、建设的层次、转型模式、工程与技术等角度对我国十余年循环经济发展的理论与实践进行了归纳总结。周生贤（2009）认为，在价值观念上，生态文明强调给自然以平等态度和人文关怀；在实践途径上，生态文明体现为自觉自律的生产生活方式；在社会关系上，生态文明推动社会走向和谐；在时间跨度上，生态文明是长期艰巨的建设过程。

综上所述，人地关系论、复合生态系统论、生态区域论构成了生态文明建设研究的三大理论基石。

（一）人地关系论

人地关系地域系统作为地理学的研究核心，是区域可持续发展的理论基础，是区域可持续发展由基础研究走向实践应用的理论基石。卡尔·李特尔（Carl Ritter）综合研究了人地关系，开创了近代地理学。经过一个多世纪的发展，人地关系论成为可持续发展最重要的理论基础之一。人地关系论发展到今天，其内涵可以概括为：在人地关系中人类利用自然界时要保持自然界的平衡与协调；要保持人类与自然环境之间的平衡与协调；要保持人类自身的平衡与协调（王恩涌，2000）。

1. 白兰士、白吕纳、罗士培等学者的人地相关论、人地协调论

人地相关论、人地协调论的主要内容是探讨可持续发展各个组成要素之间的相互关系，对人口与资源、环境变化、城市建设、经济发展、地区冲突与合作等协调发展提出了建设性的思路。

20世纪20年代法国白兰士、白吕纳认为人同地的关系是相互的，并且是有选择性的、或然性的，主张“天定足以胜人，人定亦足以胜天”，并认为“心理因素是人地关系的媒介，而人地关系的变化亦以心理因素为转移”。力图从地理环境中找出心理因素的根源，指出人对地的选择不能越出地对人的控制范围。美国学者亨丁顿还提出气候凉爽和旋风区是文明最高的地方，而气候少变的热带地区文化必然落后。人地相关论者以心理因素来说明人地关系，忽视生产方式在社会发展中的作用，否定人地关系中人的主导作用。英国学者罗士培（P. M. Roxby）在1930年发展了人地关系中人对环境的认识和适应的思想，认为人地关系应包含两方面的含义：一是人们对其周围自然环境的适应，另一个是一

定区域内人和环境之间的相互作用。他首先提出了“协调”的思想，即人类需主动地、不断地适应环境对人类的限制，而这种适应，实际上是一种不断的调整，是人类有意识的对人地关系的协调。

2. 吴传钧人地关系思想

人地系统是地球表层上人类活动与地理环境相互作用形成的开放的复杂巨系统（吴传钧，1998）。在这个复杂巨系统中，人始终占据主导地位，人与地关系矛盾的协调过程一直是地理学和其他相关科学重点研究的综合课题（毛汉英，1995），从古代的“天人合一”思想到近代的人地关系协调思想，升华到现代的“可持续发展”理论（方创琳，2004）。

我国著名人文地理学家吴传钧院士将人地关系的思想完整地引入到我国地理学的基础理论发展之中，创造性地提出“人地关系地域系统”这一科学术语，提出和论证了人地关系地域系统是地理学特别是人文地理学理论研究的核心。吴传钧院士关于人地关系的思想最早来源于法国人地学派代表人物 de la B lache V 和 Brunhes J 提出的人地关系“或然论”。吴传钧经过长期的实践和探索，认为人类社会通过生产有意识地改变着自己生存的物质条件，从而改变着周围的外在自然界。在此过程中，为他自己和新的自然环境之间带来了新的关系，因此动态的人地关系可以理解为一种具有社会和历史特性的辩证关系。早在 1979 年底，吴传钧院士在中国地理学会第四次全国代表大会上所作的学术报告中就明确提出，地理学研究的核心是人地关系的地域系统。后经不断充实完善，吴传钧于 20 世纪 90 年代初期进一步提出了人地关系地域系统优化的精辟论断。吴传钧院士提出，人地关系地域系统研究的中心目标是协调人地关系，从空间结构、时间过程、组织序变、整体效应、协同互补等方面去认识和寻求全球的、全国的或区域的人地关系系统的整体优化、综合平衡及有效调控的机理，为有效地进行区域开发和区域管理提供理论依据。具体的研究重点应该包括：人地关系地域系统形成过程、结构和发展；各子系统相互作用强度分析、潜力估算、后效评价和风险分析；人地系统相互作用和物质、能量传递与转换机理、功能结构和整体调控；地域人口承载力分析；动态仿真模型建造；地域分异和地域类型分析；不同层次、不同尺度的各种类型区人地关系协调发展的优化调控模型筛选等（陆大道，郭来喜，1998）。他在《论地理学的研究核心——人地关系地域系统》中强调“任何区域开发、区域规划和区域管理都必须以改善区域人地相互作用结构、开发人地相互作用潜力和加快人地相互作用在人地关系地域系统中的良性循环为目标，为有效进行区域开发与区域管理提供理论依据”。吴传钧院士强调指出，协调人地关系，其目的就是要达到可持续发展；人地关系地域系统研究可作为区域可持续发展的理论基础。

3. 新型人地关系理论

随着可持续发展理念和生态文明建设的推进，人地关系理论内容不断丰富，新型人地关系理论体系逐渐形成，它包括新型人地系统协调共生与耦合优化理论、人地系统危机冲突异化理论、人地关系分形辩证与系统构型理论等内容。

（1）新型人地系统协调共生与耦合优化理论

新型人地系统协调共生与耦合优化理论包括人地系统优化论、人地关系协同论、人地协调共生论、人地差异协同论、人地协调阶段论等理论主张（方创琳，2004）。

蔡运龙（1995）认为实现持续发展是人地系统优化的新思路，即将人类需求控制在系统承载力之内，使自然资源的再生产社会化，以市场机制协调资源供需矛盾。方创琳（2003）把人地系统优化的对象结构确定为由人口、资源、生态、环境、经济、社会六大要素互动协调组成的PREEES系统和六大要素共同发展而形成的发展系统之间的高度耦合，由此将以人为本作为人地系统优化调控的切入点，将人的意识建设作为人地系统优化调控的重中之重，把和谐发展至上确定为人地系统优化调控的目标点，把模拟人地“最佳距离”视为区域人地系统优化调控的动态机理，把区域定位与空间共生作为人地系统空间结构优化调控的重点。李后强等人（1995）基于哈肯的协同学说提出了“人地协同论”，将人地关系模型化，以便进行定量分析研究和作出预测预报，强调人地协同论是研究人类与自然之间和谐共存、反馈与制约、利用与合作、发展与协调等系列关系及规律的科学，是涉及众多学科领域的综合性横断学科。方创琳（2000）认为人地关系地域系统作为远离平衡态的开放系统，形成耗散结构的过程靠因开放而不断向其内输入低熵能量物质和信息，产生负熵流而得以维持。根据热力学第二定律，将人地系统的熵变类型分为协调共生型、人地冲突型、警戒协调型和不确定混沌型。潘玉君、李天瑞（1995）认为社会经济发展同人口增长、资源消耗、环境退化之间矛盾的根源在于人地冲突，而解决的基本出路是人地关系地域系统的协调共生。李后强、艾南山（1996）基于数学中的动力系统理论，从生态学角度将人与地的关系总结为差异协同的关系。人地关系协同是指某特定区域内人类的综合作用与环境的总体承受能力之间应满足周期解，大多数情况下表现为极限环。人地系统中的稳定、不稳定、半稳定和复合等不同的极限环，分别对应着特定的协同模式。郭跃、王佐成（2002）阐述了文明史前、农业文明、工业革命、信息革命各阶段的人地关系表现形式及其社会技术背景，提出当前信息革命时期的人地关系应当是以知识经济为前提、以可持续发展理论为基础的人地协调发展阶段。王长征、刘毅（2004）将人地关系演化阶段分为混沌、原始共生、人类对环境的顺应、大规模改造和人地协调共生五个阶段。

（2）人地系统危机冲突异化理论

人地系统危机冲突异化理论包括人地危机冲突论、人地关系异化论等主张。人地关系的危机是指人与自然及地理环境之间，在“双向异化”过程中所表现出来的一种不相容的对立与冲突。人类活动与地球环境是构成人地复合系统的对立因子，其相互依存性和制约性决定着系统的运行过程和演进方向，任何一方的不正常“扰动”和非弹性“越轨”都会影响人地复合结构的进化和功能的良好发挥，最终影响系统组织和自身发展，甚至导致衰退，这是人地关系危机的根本原因（李铁锋，1996）。长期以来，人类活动的方式、速率、规模与强度和自然系统的运行规律及演化趋势严重背离，超越了地球环境的“生态闭值”，使人类的社会意识、文化价值观念、发展战略和经济活动与地球环境的可利用方向、承载能力之间出现巨大差异和全面失衡（王长征，刘毅，2004）。当代人地关系问题实际上是历史积淀的现实转嫁、惯性推动和现阶段进一步扩展、加剧的结果，各种人地冲突产生的人类生存危机呈现出危机综合化、危机全球化和危机深层化（王爱民，缪磊磊，2000）。

方修琦、张兰生（1996）认为，人类历史上发生的重大变革如工具与火的使用、农业革命、工业革命等导致了多次人地关系异化过程，改变着人地系统的本质，资源环境问题随之而来，并从小到大、从局部到全局、从区域性到全球性发生变化，人地关系的异化最终导致可持续发展的危机。

（3）人地关系分形辩证与系统构型理论

人地关系分形辩证与系统构型理论从自组织系统思想出发，通过逻辑斯蒂方程的数学变换，分析了人地非线性相关作用的混沌特征，讨论了人地关系的分形性质，认为地球表层系统中的人文分形景观是由人地非线性关系的混沌作用所导致的，其非线性特征反映在人地相关作用模式与过程上，这种过程具有多分维性质，其间隐藏着一些简单的自然法则，根据这些法则设计优化的分形结构，可有效地调控人地关系（刘继生、陈涛，1997）。

傅祖德（1999）用辩证法观点将人地关系解释为以辩证唯物主义和历史唯物主义的理论为指导探索人类社会与地理环境的辩证统一关系，认为人类社会在不同发展阶段所出现的质的差异，体现为人际关系的差异和人地关系的差异。王黎明（1997）在总结各种人地关系系统构型理论的基础上，提出了面向区域PRED问题的人地关系系统构型理论，认为PRED构型具有针对性、综合性、地域性、动态性和可调控性等特征，分析了PRED构型的基本方法与工作步骤，提出了集成化、变结构、多层次、多区域化的PRED模型系统设计思想。

4. 人地系统研究方法

人地系统研究方法包括系统综合集成方法、人地系统的动力学模拟方法、非线性人地系统动力学分析方法、物质能量守恒分析和统计分析相结合方法、人地系统指标体系评价分析方法、制度创新方法等六种方法。

（1）系统综合集成方法

陆大道院士（2002）认为研究人地系统的方法要树立综合和系统的观念、地域和层次的观念，研究主题要突出人地系统要素相互作用机制与演化趋势，研究的基本途径包括建立模型与模拟，进行参数研究，加强综合集成研究，开展人类影响、干预“人地关系地域系统”的政策及其效应分析。

（2）人地系统的动力学模拟方法

王建华、顾元勋、孙林岩（2003）采用系统动力学方法建立了人地关系的系统动力学模型，包括冲突模型、掠夺模型及和谐模型，研究了人类与自然长久共存的条件以及人口容量最大时的条件等，强调无论人类对大自然是否抱有冲突、掠夺或和谐的理念，只要掌握好对大自然所需之度，人类就能持久生存。

（3）非线性人地系统动力学分析方法

史培军（1997）将线性和非线性动力学分析方法应用于人地系统的动力学研究中，建立了人地系统动力模型——地球表层动力模型，并将地球表层动力模型划分为两种表达方式：一种是基于对单一过程有明确结果的动力学基础所建立的地球表层非线性动力模型；另一种是基于对人地相互作用结果有连续观测记录所建立的地球表层动力模型，称这两种模型分别为地球表层动力模型的“唯理”

与“唯象”模式，前者强调地球表层系统的各个因素之间的动力关系，后者强调其相互作用结果的动力学关系（仪垂祥，1994）。

（4）物质能量守恒分析和统计分析相结合方法

吴殿廷（1997）认为人地系统动力学是当前地理学研究的最主要领域，应从人的生存和发展需要出发，围绕人类活动的环境效应和人地协调发展主线选择研究对象，界定研究内容，采用物质能量守恒和统计分析方法，加强对人地相互作用机制的研究。

（5）人地系统指标体系评价分析方法

梁留科、吴次芳、曹新向（2001）从区域人地关系系统的组成因素出发，分析了因素之间的相互作用关系，构建了区域人地关系系统可持续发展能力的评价指标体系，包括基础生存支撑能力、经济支持能力、社会支持能力、环境支持能力和智力支持能力，据此对实施区域人地系统可持续发展的战略措施进行了研究。温淡茂、柯雄侃、王峰（1999）提出了人地系统可持续发展的评价体系和评价方法，认为人地系统的可持续性由社会经济的发展水平，资源环境的数量、质量状态及它们的协调度所决定。

（6）制度创新方法

吕拉昌（1999）提出中国人地关系协调与可持续发展的方法选择要重视制度创新、技术创新、文化转型及其相互关系。

（二）复合生态系统论

马世骏、王如松（1984）在总结了整体、协调、循环、自生为核心的生态控制论原理的基础上，提出了社会—经济—自然复合生态系统理论（SENCE）和时（届际、代际、世际）、空（地域、流域、区域）、量（各种物质、能量代谢过程）、构（产业、体制、景观）及序（竞争、共生与自生序）的生态关联和调控方法，指出可持续发展问题的实质是以人为主体的生命与其栖息劳作环境、物质生产环境和社会文化环境间的协调发展，它们在一起构成社会—经济—自然复合生态系统。

1. 复合生态系统概念

“社会—经济—自然复合生态系统”（SENCE）是指以人为主体的社会、经济系统和自然生态系统在特定区域内通过协同作用而形成的复合系统，即以人的行为为主导、自然环境为依托、资源流动为命脉、社会体制为经络，人与自然相互依存、共生的复合体系。它由自然子系统、社会子系统和经济子系统耦合所构成（图2）。

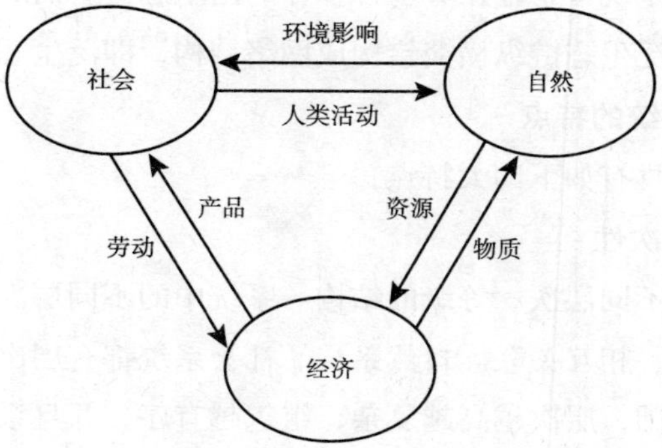

图2　社会—经济—自然复合生态系统结构示意图

在图2中，自然子系统是指人类周围的自然界，是人类生存和发展的物质基础和空间条件，由环境要素和资源要素组成。其中，环境是指环绕着人群的周围空间中可以直接间接影响到人类生活、生产和发展的一切自然因素的总体。环境包括地理空间、地质地貌、气候、水文、土壤等因子。资源是指能够作为人类生产资料或生活资料来源的环境要素，资源包括土地资源（又可分为耕地、林地、草地等资源）、气候资源、水资源、生物资源、矿产资源和旅游资源（景观）等。自然子系统为生物地球化学循环过程和以太阳能为基础的能量转换过程所主导。

社会子系统由科技、政治、文化等要素耦合构成，由政治体制和信息流所主导。

经济子系统由生产者、流通者、消费者、还原者和调控者耦合而成，由商品流和价值流所主导。

人类是社会—经济—自然复合生态系统的核心，是社会—经济—自然复合生态系统的调控者，对社会—经济—自然复合生态系统的形成、演变和发展，具有决定性影响。由于复合生态系统不是单纯的生态系统，而是广泛意义上的生态系统，也可以称为泛生态系统（pan-ecosystem），其组成要素可称为泛生态元（pan-Eco-element）。在泛生态系统中，各泛生态元之间并不是孤立存在的，而是存在着相互影响、相互关联、相互依存、相互制约的关系。具体来说，这些泛生态元之间的关系可大致分为三类：一是人与自然之间的促进、抑制、适应、修复关系；二是人对资源的开发、利用、储存、扬弃关系；三是人类生产、生活活动中的竞争、共生、隶属、乘补关系。那些具有相互关联、相互制约关系的泛生态元，依据生态学、系统学、经济学以及其他科学原理所构成的链状序列，称为泛生态链。在泛生态系统中，存在着多种多样的泛生态链，而那些相互关联、相互影响、相互制约的泛生态链纵横交错构成网络结构，即泛生态网。

2. 复合生态系统的特点

复合生态系统具有如下四大特点：

（1）系统的层次性

系统内部存在不同层次、等级的结构。系统中的不同层次及不同层次等级的系统之间相互制约、相互关联。自然系统、社会系统都有层次结构。第一级层次是高一级层次的基础，层次越高越复杂，组织越有序，并且系统本身也是另一系统的一个组成要素。

（2）系统的整体性

整体性是系统最本质的属性之一。系统整体性体现在：①要素和系统不可分割。凡系统的组成要素都不是杂乱无章的偶然堆积，而是具有一定秩序和结构的有机整体。系统与要素、整体与部分具备“和则两存”、“分则两亡”的有机性。②系统整体的功能不等于各组成部分的功能之和，即“非加和定律”。在某些情况下，“整体大于部分之和”，系统整体功能放大效应明显；在另一种情况下，“整体小于部分之和”，系统整体功能以缩小效应为主。③系统整体具有不同于各组成部分的新功能，系统整体的质不同于部分的质，单个子系统指标不能反映或代表整体功能。

（3）动态性相关性

所有系统都处在不断发展变化之中，系统状态是时间的函数，具有动态性特征。系统的动态性，取决于系统的相关性。而系统的相关性是指系统的要素与系统整体之间、系统与环境之间的有机关联性。

从本质上讲，自然、环境、资源、人口、经济与社会等要素之间存在着普遍的共生关系，构成了社会—经济—自然复合生态系统。复合共生体系的各个子系统之间相互作用、相互制约、相互依赖，构成一个复杂的网络系统。复合生态系统是一种特殊的人工生态系统，兼有自然和社会两方面的复杂属性。一方面，人类以其特有的智慧和强大的科学手段，改造和利用自然，促使人类文明和生活持续发展。另一方面，人类来自自然界，是自然进化的产物。其一切改造和管理自然的活动，都要受到自然界的反馈约束和调节，不能违背自然生态系统的基本规律。这种矛盾冲突是复合生态系统的最基本特征之一。

（4）系统的开放性

生态系统本质上是开放系统，不同于封闭的物理系统。系统与环境不断进行着物质、能量和信息的交换，保证了系统在环境中保持自身有序的、有组织的稳定状态。因而在分析系统的影响因素时，必须综合考虑系统内外各种因素。

3. 复合生态系统理论核心内容

（1）复合生态系统理论的核心

复合生态系统理论的核心是生态结构的合理组合，具体涉及生态物质和社会学诸多因素的变异性、层次性、和谐性和选择性。

（2）复合生态系统理论的宗旨

复合生态系统理论的宗旨在于生态整合。而生态整合包括结构整合、过程整合和功能整合。结构整合包括生物链的能量流动以及物质循环过程，环境物理与环境化学因素、城市自然生态因素、科技含量与人力资源、社会文化因素组合体的比例、变异和多样性；过程整合包括生物物种的能量传递、信息沟通、平衡反馈过程，生态演替和社会经济过程的运作模式畅达、稳定程度；功能整合包括城市的生产、流通、消费、还原和调控功能的效率及和谐程度。

（3）复合生态系统理论的特点

复合生态系统理论的特点、优势体现在：第一，该研究将整体论同还原论、定量分析同定性分析、客观评价与主观认知、宏观调控与中观及微观的需求协调、区域竞争潜能与整体系统的相互依托、资源与能源信息等有机结合了起来；第二，关注共生和再生能力的循环，生产、流通、消费与还原功能的运作，社会、技术、经济与环境目标的结合，结构与次序、空间与时间、能量与物质的统筹，科学、人文、经济与工程技术方法的统一等方面的研究；第三，复合生态系统理论为生态岛指标体系构建奠定了坚实的理论基础。

（4）复合生态系统演替的动力学机制

复合生态系统演替的动力来源于自然和社会两种作用力。自然力的源泉是各种形式的太阳能，它们流经系统的结果导致各种物理、化学、生物过程和自然变迁，特别是从个体、种群、群落到生态系统等不同层次生物组织的系统变化。社会力的源泉包括经济杠杆（资金）、社会杠杆（权力）和文化杠杆（精神）。资金刺激竞争，权力推动共生，而精神孕育自生，资金、权力、精神三者相辅相成，共同推动社会系统演变。自然力和社会力的耦合不同，复合生态系统的运动规律也不同。

（5）复合生态系统的行为

复合生态系统的行为遵循生态控制论规律。马世骏等从我国几千年人类生态哲学中总结出八条生态控制论原理：开拓适应原理、竞争共生原理、连锁反馈原理、乘补协同原理、循环再生原理、多样性主导性原理、生态发育原理、最小风险原理。这八条原理受下列三条原则支配：

第一，对有效资源及可利用的生态位的竞争或效率原则。竞争是促进生态系统演化的一种正反馈机制。在市场经济条件下，强调发展的效率、力度和速度，强调资源的合理利用、潜力的充分发挥，倡导优胜劣汰，鼓励开拓进取。竞争是社会进化过程中的一种驱动力和催化剂。

第二，人与自然之间、不同人类活动间以及个体与整体间的共生或公平性原则。共生是维持生态系统稳定的一种负反馈机制，它强调发展的整体性、平稳性与和谐性，注意协调局部利益和整体利益、眼前利益和长远利益、经济建设与环境保护、物质文明和精神文明间的相互关系，强调体制、法规和规划的权威性，倡导合作共生，鼓励协同进化。共生是社会冲突的一种缓冲力和磨合剂。

第三，通过循环再生与自组织行为，维持系统结构、功能和过程稳定性的自生或生命力原则。自生是生物的生存本能，是生态系统应付环境变化的一种自我调节能力。早在3000多年前，中华民族就形成了一套广为人知的“观乎天文以察时变，观乎人文以化成天下”的人类生态理论体系。我国社会正是靠着阴阳消长、五行相通、风水谐和、中庸辩证以及修身养性自我调节的生态观，维持着其3000多年相对稳定的生态关系和社会结构，养活了近1/4的世界人口，使中华民族能够在自然灾害频繁、生态环境脆弱的严酷条件下，得以自我维持、延绵至今。自生的基础是生态系统的承载能力、服务功能和可持续程度，而其动力则是天人合一的生态文化。

4. 复合生态系统的分析方法（AHP—ANP）

复合生态系统理论适用于对区域可持续发展的现状进行系统分析和评价，从社会、经济和环境三个子系统的角度分别进行衡量，从而对复合生态系统的综合发展水平进行评价。根据评价结果的表现形式，又可以分为综合指数法和单一要素法。综合指数法指用一个无量纲数值表示可持续发展程度，例如海南岛生态指数。单要素表示法指将所有要素用同样的单位进行汇总，例如绿色 GDP 核算法，将所有的要素转化为货币来表示；再如生态足迹法，将所有的要素转化为生产性土地面积。

从分析方法上看，系统的层次分析方法（AHP）、网络分析法（ANP）是较为常用的分析复合生态系统的方法。层次分析法的基本假设是可以将复杂决策问题分为若干层次，任一元素隶属于一个层次；同一层次任意两个元素之间不存在支配和从属关系，且层次的内部独立；不相邻的两个层次的任意两个元素不存在支配关系。虽然这种结构比较简单且易于处理，但也存在一些缺憾，例如，它未能考虑到不同决策层或同一层次之间的相互影响，只强调各层之间的单向关系，即下一层对上一层的影响。但实际上，在对总目标层进行逐层分解时，各层次内部元素往往是依存的，低层元素有时对高层元素有支配作用。这时，AHP 模型就显得无能为力。为适应这种需要，Saaty（1996）在 AHP 基础上提出了网络分析法（ANP）。

相对于 AHP 递阶层次结构来讲，ANP 的网络层次结构比较复杂。既存在递阶层次结构，又存在内部循环相互支配的层次结构，而且层次结构内部还存在依赖性和反馈性（图 3）。这些特点使得 ANP 成为分析复合生态系统的有效工具。

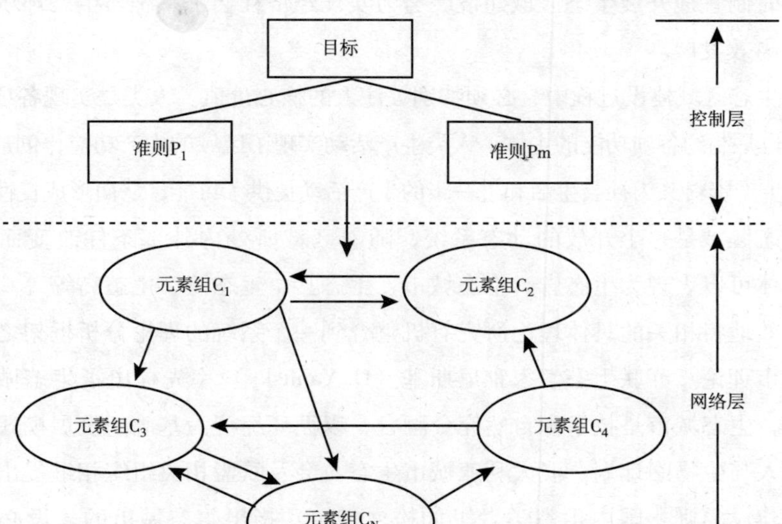

图 3　网络分析法（ANP）示意图

（三）生态区域论

人类生存和发展的地域空间都是以社会、经济、环境为要素的复合生态系统，大到整个世界，小到一个村落，都是具有生产、生活和生态还原功能的综合系统。曾刚指出，所谓“生态区域”，就是指一定地域范围内由社会、经济、环境要素构成的复合生态系统。它以人为主体，具有生产、生活和生态还原功能；并可以通过协调社会、经济和环境的发展和区域布局进行一定程度的人为控制（曾刚 2010a，2010b）。

目前，一些发达国家以保持原生态为目标取向开展了生态区域建设工作，取得了一批成果。但是，由于保持原生态的行动限制了生态承载力和经济活动效率的提升，为保障区域内社会生活的正常运行，政府提供了大量的经济支持。这种发展模式仅仅适用于经济发展水平较高、经济实力雄厚、人口密度小的发达区域。但对大多数发展中国家而言，由于公共财力有限，经济增长、脱贫致富仍是区域发展的优先目标之一。这些地区生态环境的潜在压力巨大，既不可能不顾经济发展总体水平不高、人口较多的现实，着力追求原生态的发展方向；也不应该以牺牲生态环境换取经济的快速增长，而应该在科学发展观的指引下，因地制宜、因时制宜地开展生态区域建设，努力实现经济社会子系统与生态环境子系统的和谐高效发展。

在生态区域建设过程中，必须特别关注人的核心价值。人类是实现各项功能的主体，也是制约各项功能的主体。人类生产活动实现了区域的生产功能，创造的生活资料和生产资料又为社会生活和进一步的生产活动提供了可能，从而形成良性循环。

生态区域是一个开放的动态系统，随着区域所处内外部条件改变而不断变化，具体可以表现为生态省、生态城市、生态县、生态镇、生态岛等等。生态区域论有效地将相关的具体理论研究有机整合到一个系统的理论分析框架之下，如生态城市理论。苏联生态学家雅尼斯基（O. Yanitsky）率先提出了生态城市概念并指出，生态城市是技术和自然充分融合、以循环经济为基础的发展模式。之后联合国人与生物圈计划、澳大利亚城市生态协会及欧盟相关组织相继提出了生态城市的建设原则。国内生态学者王如松（1994）指出生态城市的建设必须满足人类生态学的满意原则、经济生态学的高效原则、自然生态学的和谐原则等。如今，国外研究注重生态城市的设计特征和技术特征，重视解决现实具体问题，重视理论与实践的结合，应用价值突出，但系统性较差。而国内学者则注重生态城市与中国传统文化的结合，注重整体性，系统性强，但应用性稍弱，而生态文明与区域发展指标体系的建立与实施可弥补其不足。

四　生态文明分析方法

从国内外学术界研究现状来看，当前在生态文明建设状态、进程的定量分析领域，主要有以下三种分析方法较为流行，即“压力—状态—响应”模型、生态足迹法，以及在此基础上构建的各种评价分析指标体系，用以规范、引领、调控区域生态文明的建设。

（一）压力—响应—状态模型

自 1992 年联合国环境与发展大会后，可持续发展意识日益深入人心，各国际组织、各国政府和学术团体对如何度量可持续发展日益关注。人类从自然中获取其生存繁衍和发展所必需的物质和能量，通过生产、消费等环节又向自然排放废弃物，改变资源存量与环境质量；而资源及环境状态的变化又反过来作用于人类系统，影响人类的生存繁衍。如此循环往复，构成了人类社会经济系统与环境之间的“压力—状态—响应”关系。人类活动会对环境产生压力，从而影响环境的质量以及自然资源的数量（状态）。反过来，可以通过改变行为、制定环境政策、经济政策以及部门政策（响应）对压力所导致的变化（状态）做出响应。基于此，经合组织（OECD）于 1994 年提出支撑可持续发展指标体系的“压力—状态—响应”（Pressure-State-Response，PSR）概念框架（图 4）。“压力”（Pressure）是指来自自然灾害及人类活动对岛屿生态系统产生的压力，具体由经济、社会和自然多方面的压力构成；“状态”（State）是反映整个岛屿生态系统的结构、功能状况与动态特征的指标，同时也是反映自然生态系统对人类服务功能和资源供给能力的指标；“响应”（Response）是反映处理岛屿生态环境问题和维护改善生态系统状态的保障及管理能力的指标。

与“压力—状态—响应”模型类似的模型还有经合组织（OECD）1996 提出的“驱动力—状态—响应”模型（Driving force-State-Response，DSR，见图 5）、Corválan 等（1996）提出的“驱动力—压力—状态—暴露—响应”模型（Driving

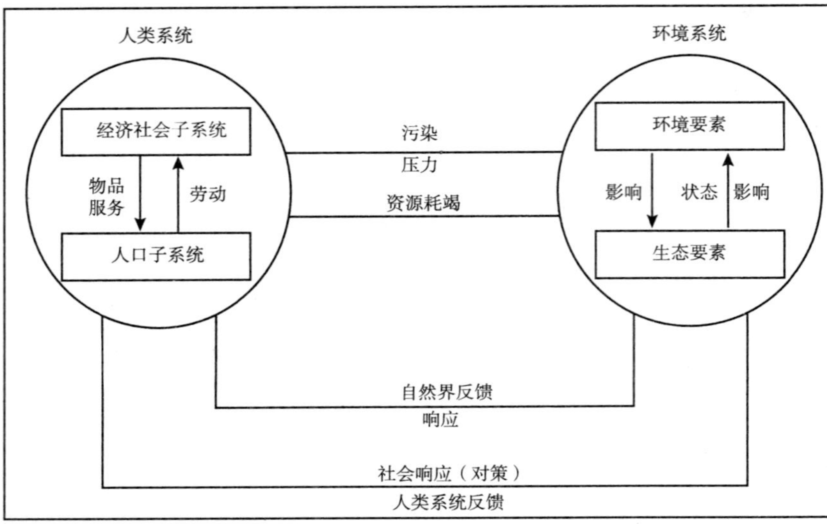

图 4 “压力—状态—响应”模型示意图

force-Pressure-State-Exposure- Effect-Action，DPSEEA）、欧洲环境署（European Environment Agency，EEA，1998）提出的“驱动力—压力—状态—影响—响应”模型（Driving force-Pressure-State-Impact-Response，DPSIR）。这些模型均不同程度地考虑了人类活动对环境的压力，自然资源的质和量的变化，以及人们对这些变化的响应，即采取的减少、预防和缓解自然环境不利变化的措施。

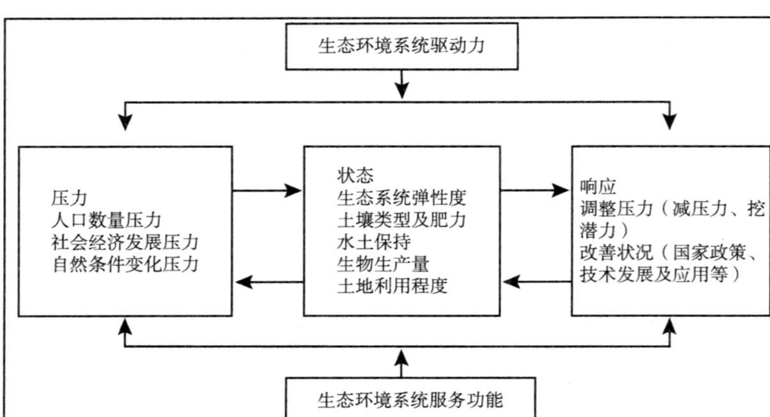

图 5 “驱动力—状态—响应”模型示意图

在现阶段的生态评价方法中，“压力—状态—响应”模型应用最为广泛，随着人们对生态文明认识的不断深化，“压力—状态—响应”模型开始注重生态过程评价，与生态预测及预警研究相结合，并将生态保障、维护与管理研究纳入其范畴。

“压力—状态—响应”模型重视问题发生的原因—结果—对策的逻辑关系分析，适合对可持续发展的脉络、演化过程进行综合评价，许多学者将“压力—状态—响应”模型应用于生态区域评价，取得了较好的效果。

1. “压力—状态—响应”模型的特点

“压力—状态—响应”（PSR）模型具有如下几个特点：

（1）突出了系统各要素间的密切联系

PSR 模型论者强调人类活动对环境施加压力，并影响着自然资源的质量和数量。社会通过制定环境政策、经济政策，改变观念和行为，对自然资源的变化做出反应。它突出了经济的过快增长导致环境污染和环境破坏以及环境保护措施和产业结构调整对环境改善的作用，与可持续的环境目标之间的联系较密切。

（2）凸显了系统发展变化的机理

PSR 模型使用“原因—效益—响应”这一思维逻辑来构造指标，主要目的是回答“发生了什么”、“为什么发生”、“我们将如何做”这三个问题。那些表征自然界的物理变化（生物变化）或趋势以及相应社会经济发展趋势的状态指标能够回答上述所提出的“发生了什么样的变化”的问题。这些状态指标用来衡量环境质量或环境状态，特别是由于人类活动所引起的变化以及因此对人类的影响。引起环境变化的人类活动的压力指标要回答的是“为什么会发生如此的变化”，如由于人类对资源的开采或过度利用、向环境排放污染物或废弃物以及人类对环境的干预活动等而导致的资源耗竭、环境质量恶化等，用来衡量对环境造成的压力。而人类对环境问题所采取的对策方面的响应指标，则要回答“做了什么以及应该做什么”的问题，用来表示社会为解决环境问题所进行的努力，它衡量的是环境政策的实施状况。

（3）提供了区域可持续发展分析工具

可持续发展包括社会、经济和环境三大要素，可持续发展的指标体系就是要为人们提供环境和自然资源的变化状况以及环境与社会经济系统之间的相互作用结果方面的信息。可持续发展问题的实质是以人为主体的生命与其环境间相互关系的协调发展，包括物质代谢关系、能量转换关系及信息反馈关系，以及结构、功能和过程的关系。这里的环境包括人的栖息劳作环境（如地理环境、生物环境、构筑设施环境）、区域生态环境（包括原材料供给的源产品和废弃物消纳的汇集缓冲调节库）及文化环境（包括体制、组织、文化、技术等）。它们与作为主体的人一起称为社会—经济—自然复合生态系统，具有生产、生活、供给、接纳、控制和缓冲功能，构成错综复杂的人类生态关系，包括人与自然之间的促进、抑制、适应、改造关系；人对资源的开发、利用、储存、扬弃关系，以及人类生产和生活活动中的竞争、共生、隶属、乘补关系。

2. 具体计算方法

现有的生态评价方法主要有灰色关联法、综合指数法、层次分析法、物元评判法、主成分投影法和熵权法等。已经有许多学者对生态安全评价方法进行了研究，主要的方法有综合指数法、景观分析法、模型模拟法（如 BACHMAP 模型、ECOLECON 模型以及基于 GIS 的 DISPATCH 模型）等。其中综合指数法是应用最多的方法，其计算方法有加权法、几何平均法等。

不少学者在进行区域生态综合评价过程中，为克服单一数学模型存在的缺陷，在综合各方法优点基础上，相继开发了多种方法相结合的复合评价模型，如模糊综合评价—层次分析—主成分分析模型、多级模糊综合评价—灰色关联优势分析模型、模糊—变权模型、层次分析—变权—模糊—灰色关联复合模型等。此外，在生态系统评价尤其是在系统健康诊断与风险评估方面发展也十分迅速，形成各种较为成熟的模型，如生境及区域尺度上用于生境评价的生境稳定指数模型（HSI）、生态系统尺度上用于生态系统风险的 LERAM 模型、个体及种群尺度上用于模拟分析污染物在有机体内的分布与累积速率及其毒害作用的药物模型（PBPK）、体现还原论思想的个体生态模型（Individual-based model）、表征有机体对环境适应性的行为动态模型等。最近几年又发展了一种描述种群时空动态的空间直观性种群模型（Spatially explicit population model），该模型把对种群的模拟和具有景观特点的空间分布图结合起来。

综上所述，由于“压力—状态—响应”（PSR）模型强调对问题发生的原因—结果—对策的逻辑关系的分析，在对可持续发展的脉络、转变演化过程进行复合评价时具有较好的效果，同时，它能很好地抓住复合生态系统中“社会—

经济—环境”相互关系的特点，因此，“压力—状态—响应”模型是评价人类活动与资源环境可持续发展方面比较完善的、权威的体系。

（二）生态足迹法

1996年加拿大生态经济学家威廉（William）及其博士生瓦克纳戈尔（Wackernagel）提出生态足迹（Ecological Footprint，EF）的概念和模型，以此判定地球生态系统对人类的承载能力。生态足迹模型主要用来计算要承载一定生活质量的人口，需要多大的可供人类使用的可再生资源或者能够消纳废物的生态系统，又称之为“适当的承载力”（appropriated carrying capacity）。

“生态足迹”为核算区域、国家和全球自然资本的利用状况提供了简明框架，可以在地区、国家和全球尺度上比较人类对自然的消费量与自然资本的承载量。它将每个人消耗的资源折合成为全球统一的、具有生产力的地域面积，通过计算区域生态足迹总供给与总需求之间的差值——生态赤字或生态盈余，准确地反映了不同区域对于全球生态环境现状的贡献。生态足迹既能够反映出个人或地区的资源消耗强度，又能够反映出区域的资源供给能力和资源消耗总量，也揭示了人类持续生存的生态阈值。它通过相同的单位比较人类的需求和自然界的供给，使可持续发展的衡量真正具有区域可比性，评估的结果清楚地表明在所分析的每一个时空尺度上，人类对生物圈所施加的压力及其量级，因为生态足迹取决于人口规模、物质生活水平、技术条件和生态生产力。

生态足迹法对生物生产面积类型进行均衡化处理，汇总计算得出生态足迹和生态承载力，区域生态足迹如果超过了区域所能提供的生态承载力，就出现生态赤字；如果小于区域的生态承载力，则表现为生态盈余。区域的生态赤字或生态盈余，反映了区域人口对自然资源的利用状况。

生态足迹分析方法通过引入生态生产性土地概念实现了对各种自然资源的统一描述，通过引入等价因子和生产力系数进一步实现了各国各地区各类生态生产性土地的可加性和可比性。这使得生态足迹分析具有广泛的应用范围，即可以计算个人、家庭、城市、地区、国家乃至整个世界的生态足迹，对它们的足迹进行纵向的、横向的比较分析。由此，生态足迹法为度量可持续性提供了一杆“公平秤”，能够对时间、空间二维的可持续性程度做出客观量度和比较，有助于监测可持续方案实施的效果。

但是，生态足迹的计算结果只能反映经济决策对环境的影响，只注意了经济产品和社会服务能的耗费，而忽略了生态产品和生态服务能的耗费；只注意了资源的直接消费而未考虑间接消费，同时也忽略了资源开发利用中其他重要影响因素，如耕地占用、土地退化等情况。此外，生态足迹方法是一种基于现状静态数据的分析方法，计算结果具有瞬时性而不能反映未来的发展趋势。6 种生物生产面积类型之间转化因子的设定不仅具有主观性，也忽略了它们在环境影响上的相互不可替代性。

（三）生态文明评价指标体系

对生态文明程度进行定量化分析评价是近些年来一些国际机构、学术团体和学者持续不懈的追求，并取得了很大的研究进展。但是，被全社会所普遍承认的生态文明评价指标体系尚不存在。

1. 现有的代表性评价指标体系

（1）联合国可持续发展委员会（UNCSD）的“驱动力—状态—响应”（DSR）指标体系

目前影响最大的是联合国可持续发展委员会（UNCSD）的“驱动力—状态—响应”（DSR）指标体系。该体系于1996 年创建，由“社会、经济、环境、制度四大系统”按“驱动力—状态—响应”（DSR）概念模型设计，共 134 个指标。该体系指标间的逻辑性强，尤其突出了环境受到胁迫与环境退化和破坏之间的因果关系，值得借鉴。其中，驱动力指标用来监测那些影响可持续发展的人类活动、进程和模式，状态指标用来监测可持续发展过程中各系统的状态，响应指标用来监测政策的选择。但其不足之处在于：对于社会经济指标，这种模型的应用似乎难以显示其内在的逻辑性，而且指标的归属存在很大的模糊性，指标体系的分解粗细不均，从整体上来看，指标体系结构失衡，在反映可持续发展的行为本质中失之清晰的脉络。

（2）经济合作与发展组织（OECD）的指标体系

OECD 有 3 类指标体系：OECD 核心环境指标体系：约 50 个指标，涵盖了 OECD 成员国反映出来的主要环境问题，以加拿大学者安史尼 · 弗雷德提出的“压力一状态一响应”（PSR）概念模型为框架，分为环境压力指标、环境状态指标和社会响应指标等 3 类，主要用于跟踪、监测环境变化的趋势。其优势在于：

该框架揭示出了人类活动和环境之间的线性关系。OECD 部门指标体系：着眼于专门部门，包括反映部门环境变化趋势、部门与环境相互作用、经济与政策等 3 个方面的指标，其框架类似于 PSR 模型。环境核算类指标：与自然资源可持续管理有关的自然资源核算指标，以及环境费用支出指标，如自然资源利用强度、污染减轻的程度与结构等。为便于社会了解以及更广泛地参与公众交流，在环境核心指标的基础上，OECD 又遴选出“关键环境指标”，旨在提高公众环境意识，引导公众和决策部门聚焦关键环境问题。

（3）联合国统计局（UNSD）可持续发展指标体系

该指标体系由联合国统计局（UNSD）1994 年创建，是在对联合国“建立环境统计的框架”（FDES）修改的基础上，提出的一个与 UNCSD 提出的 PSR 指标体系框架结构相类似的 FISD 模式，共 31 个指标。该指标体系的优势在于：指标按《21 世纪议程》中的问题——经济问题、社会/统计问题、空气/气候、土地/土壤、水资源、其他资源、废弃物、人类居住区、自然灾害等 9 个方面设计了 4 个方面的组织指标：“社会经济活动，事件”对应于压力指标，“影响与结果”以及“存量、背景条件”对应于状态指标，“对影响的响应”对应于响应指标。而其不足之处是：指标数目达 88 个，与 UNCSD 提出的指标体系一样，FISD 所给出的指标也显得过多；而且对环境方面反映较多，社会经济方面反映较少，制度方面没有涉及，应用上的方便性考虑不周。

（4）联合国统计局综合环境经济核算体系（SEER）

联合国统计局注意到 1986 年颁发的国民经济核算体系（SNA）存在未考虑自然资源稀缺和环境质量下降两大缺陷，因此于 1993 年开始开发新型国民经济核算体系——综合环境经济核算体系（SEER）。SEER 意在从可持续发展的角度出发对 GNP/GDP 加以改进，即“绿化”（绿色 GNP/GDP），是一个旨在研究经济与环境之间关系的巨数据系统，但在实施中存在着数据的可获得性等一些实际情况的限制，而且目前该体系仍不完善。尽管如此，SEER 对当前各国的生态、环境核算体系的设计仍具有决定性的影响。

（5）环境问题科学委员会（SCOPE）的可持续发展指标体系

该指标体系由环境问题科学委员会（the Scientific Committee on Problems of Environment，SCOPE）于 1995 年创建，SCOPE 所用的方法实质上就是将荷兰住房、城市规划与环境部的艾伯特·阿德里安斯在 1993 年出版的著作《关于环境政策执行情况的指标》中所用到的指标合并的方法。指标体系综合程度高，包括环境、自然资源、自然系统、空气和水污染四个层面，共25个指标，是一个高度合并的可持续发展指标体系框架。其优势在于：克服了可持续发展指标体系框架中指标数目过多的问题，是一套高度合并的可持续发展指标体系。但是与UNCSD和OECD的指标体系面临同样的问题。

（6）世界银行的可持续发展指标体系——真实储蓄率

世界银行1995年在《监测环境进程》研究报告中提出了真实储蓄的概念，即考虑一国在自然资源损耗和环境污染损害之后的真实储蓄，并以此作为衡量国民经济发展状况及潜力的一个新指标。真实储蓄研究的出发点仍是传统的宏观经济指标GNP，从GNP中减去社会消费和私人消费，可以得到一国在统计期内的总储蓄；从总储蓄中扣除产品资本的折旧，可以得到净储蓄；然而，净储蓄所关注的问题局限于产品资本，不能真正代表发展的可持续性。因此，以净储蓄为基础，从中扣除自然资本开发所产生的折旧，以及污染对国民经所造成的损害，从而可以得到一个国家真实的储蓄率，即真实储蓄，它代表了一个国家真正有能力对外借出和对生产性资本进行投资的产品的总量。真实储蓄率的政策含义在于，持续负的真实储蓄率最终将导致社会福利的下降，体现了现行政策的不可持续。

真实储蓄率强调了人类发展主要方面之间的相互联系及其当前的主要特征，提供了一种全面的、动态的评价人类发展的框架。与GDP相比，该指标体系从理论上能够更加准确地测量国家的真实财富和发展能力。真实储蓄使用货币化方法与加和方法对数据进行处理，可以监测和比较不同国家的可持续发展进程。但是，该方法中使用的一些概念如社会资本等，需要进一步细化并研究其定量化方法，指标详细计算的技术要求高，操作较困难。而且相对而言忽视了可持续发展的空间差异性以及不同地域的基础条件。

（7）欧洲统计局可持续发展指标体系

欧洲统计局出版的“向更可持续的欧洲前进的进展测评”报告围绕着可持续发展战略的4个支柱——经济、社会、环境和机制，设计了包括63个指标的评价指标体系。其中，社会指标22个，经济指标21个，环境指标16个，机制方面的指标6个。该指标体系的优势在于：这套指标遵循CSD列表中更加面向政策的分类，并提供了欧盟战略所强调的主要问题的初步说明。但是对于多数环境变量，数据的可获得性不足，并且，社会指标通常没有达到经济指标的质量标准。

(8) 世界保护同盟(IUCN)可持续性晴雨表指标体系

世界保护同盟(IUCN)用于评估人类与环境的状况以及向可持续发展迈进进程的“可持续性晴雨表”评估指标和方法将人类福利和生态系统福利同等对待。人类福利子系统包括:健康与人口、财富、知识与文化、社区、公平等5个要素方面计36个指标。生态系统福利子系统包括:土地、水资源、空气、物种与基因、资源利用等5个要素方面共51个指标。这10个要素方面的87个指标被按同等权重平均而分别集成为人类福利指数、生态系统福利指数、福利指数和福利/压力指数。

可持续性晴雨表是一个评估可持续发展的结构化分析程序,该方法提供了测量可持续发展状况的综合方法,可以在国际、国家、区域、地方尺度上应用。但这种方法指标的权重化处理取决于研究人员的主观判断,缺乏科学上共享的标准,计算过程复杂,计算中的不确定性明显。

(9) 可持续经济福利指数(ISEW)

为了更全面地衡量国家的社会福利,Daly 和 Cobb 于 1989 年提出的可持续经济福利指数(ISEW),将收入分配、环境破坏、家务劳动以及资源的损耗进行调整并纳入核算之中。该指数试图抓住被国家核算体系(SNA)所忽略的一些经济福利方面的问题,将消费作为起点,在指标的计算中考虑了一些环境和分配问题。虽然 ISEW 还远不是测量经济福利的一个理想工具,但在福利测量方面优于 GDP 指标。但该指标体系考虑资源与环境的因素较少。

(10) 真实进步指数(GPI)

由 Cobb 等人提出的真实进步指数是对 ISEW 的发展,GPI 和 ISEW 指标一样,都是建立一种测量经济福利的适当方法。它所涉及的内容主要是对 GDP 所忽略的经济生活的 20 多个方面进行经济发展影响评估,以确定这些经济活动的效益和代价。相对于 GDP,它更精确地衡量国家的福利和真实进步。GPI 账户是沿着传统核算的轨迹发展起来的,代表了现有许多测量系统的综合。GPI 指数已成为衡量经济发展的一种新的方法,并将可能是 GDP 的一种替代指标。但是对数据的获取、处理和集成成为 GPI 的最大限制。

(11) 生态服务系统价值评估指标体系(Ecosystem Services)

Constanza(1997)提出的生态服务系统价值评估指标体系,在将全球生物圈分为 16 个生态系统的基础上,把生态系统服务分为 17 种指标类型,开展了对全球生态服务系统价值的定量评估。该研究首次全面揭示了全球生态系统的市场和非市场价值，开创了全面分析地球生态系统对人类的服务价值的先河，掀起了国际经济学界对生态系统服务价值研究的热潮。该指标体系的优势在于：把生态服务功能进行了货币化，充分考虑和计算了生态系统对人类社会经济系统的贡献。但是，对于许多局部区域，使用全球生物圈不同生态系统服务功能的转换系数不准确。

（12）能值分析指标（energy analysis）

H. T. Odum（1996）基于生态系统和经济系统的特征以及热力学定律，提出以能量为核心的系统分析法——能值分析。能值分析把生态系统中不同种类、不可比较的能量转化成统一标准的能值（通常是太阳能），来衡量和分析生态系统或生态经济系统的运行特征和发展的可持续性。

能值分析可以同时衡量人和环境对经济发展的贡献，弥补了传统的货币标准不能衡量自然界对于经济发展贡献的缺陷。但是，对于许多资源或产品使用单一的转换概率是否准确尚需进一步确定，同时这种方法缺乏对其他经济可持续性的限制因子进行分析。

（13）中国科学院可持续发展研究组可持续发展指标体系

依据中国可持续发展战略的理论内涵、结构内涵和统计内涵，1999 年中国科学院建立了由五大体系组成的指标体系，分为总体层、系统层、状态层、变量层和要素层 5 个等级，由 208 个指标组成。其中，总体层表达可持续发展的总体能力，代表着战略实施的总体态势和总体效果；系统层由生产支持系统、发展支持系统、环境支持系统、社会支持系统、智力支持系统等五大系统组成；状态层是在每一个系统内能够代表系统行为的关系结构，其表现形式可以是静态的，也可以是动态的；变量层共采用 48 个指数，从本质上反映状态的行为、关系、变化等的原因和动力；要素层采用可测的、可比的、可以获得的指标及指标群，对变量层的数量表现、强度表现、速率表现给予直接度量。

（14）国家科技部发布的中国可持续发展指标体系

根据国务院发布的《中国 21 世纪议程》，国家科技部构建了中国可持续发展指标体系（中国 21 世纪议程管理中心，2004）。该体系包括目标层、基准层 1、基准层 2 和指标层。在指标层上分别设置了描述性指标体系和评价性指标体系，其中描述性指标 196 个，评价性指标 100 个。这一指标体系突出了可持续整体化的发展思想和指标之间存在着的相互影响、互为条件和互通因果的关系。指标的覆盖面广，在系统分析与专家打分的基础上可以对国家可持续发展的总体态势进行科学的评价。但是，在具体的操作过程中存在指标庞杂，不同区域难以用同一指标进行衡量、对比，使用的数据受到限制，有些数据只能反映局部的情况，得出的结论存在一定的片面性等问题。

以上这些研究，为生态文明评价指标体系的深化研究提供了较为扎实的依据（表1）。

表1　主要可持续发展指标体系/生态文明水平评价指标体系概要

类　型	指标体系	具体内容
系统型	驱动力—状态—响应指标体系(DSR)	联合国可持续发展委员会(UNCSD)提出,分社会、经济、环境、制度四个系统
	可持续能力指标体系(SC)	中国科学院可持续发展研究组把可持续发展的指标体系分为总体层、系统层、状态层、变量层和要素层5个等级,208个要素指标
	中国可持续发展指标体系	根据国务院发布的《中国21世纪议程》,国家科技部中国21世纪议程管理中心于2004年构建了中国可持续发展指标体系。该体系包括目标层、基准层1、基准层2和指标层。在指标层上分别设置了描述性指标体系和评价性指标体系。描述性指标196个,评价性指标100个
社会型	人文发展指标(HDI)	联合国开发计划署(UNDP)于1990年首次把教育水平、预期寿命和收入状况三个指标综合成一个单一的国家人类发展尺度,提出人类发展指数HDI
经济型	国家财富评价指标体系(NW)	世界银行于1995年提出以自然资本、生产资本、人力资本和社会资本四大要素来评价各国或地区的实际财富以及可持续发展能力随时间的动态变化
	可持续经济福利指标(SEW)	西方著名经济学家赫曼戴利和神学家约翰科布(Daly &Cobb)于1989年提出SEW。该指标不仅考虑了平均消费,也考虑了收入的分配和环境的退化,还考虑了全球变暖和臭氧层破坏带来的后果等因素
	绿色GNP	由Pearce等人于1993年对传统国民经济核算方法进行修正的核算体系,即用传统的国民生产总值减去自然资本消耗和退化得到绿色GNP
环境型	环境可持续发展指标体系	由环境问题科学委员会(SCOPE)于1995年创建,该指标体系综合程度高,包括环境、自然资源、自然系统、空气和水污染四个层面,由25个指标组成
生态型	生态服务指标体系(ES)	Constanza和Lubcheno等人于1997年在*Nature*上提出,首次系统地测算了全球自然环境为人类所提供服务的价值
	生态足迹(EF)	加拿大生态经济学家William Rees和Wackernagel提出并完善的一种衡量人类对自然资源利用程度以及自然界为人类提供的生命支持服务功能的方法

资料来源：曾刚（2010b）。

此外，国内还有许多学者对生态文明/可持续发展的定量评价分析问题展开了一系列研究。张志强（1994）提出“PRED（人口、资源、环境和发展）指标体系结构”，按照人口发展状况、资源数量与利用状况、生态与环境状况、经济发展状况分类，共包含55项指标，从人口、资源、环境、发展等方面来评价中国可持续发展状况。张泉林（1997）提出“社会发展综合试验区可持续发展指标体系”，其不同之处在于评估前要先用“经济发展条件”和“社会稳定条件”来判别试验区是否具备评价的前提条件，将可持续发展指标分为可持续发展水平指标、可持续发展能力指标、发展协调度指标三大类。廖福霖（2001）提出了一套基于生态城市结构、功能和协调的生态城市综合评价指标，虽然该指标体系过于简单，但从城市生态系统结构、功能和协调角度构建生态城市指标体系应该是一个努力的方向。香港大学城市规划与环境管理研究中心于1996年5月开展了香港地区可持续发展指标体系的研究工作。很多研究机构、研究部门，也从不同的角度，在不同的层次、领域和区域对可持续发展指标体系、评价模型和方法等问题展开了积极的研究，并取得了很多成果。杨开忠等（2009）以生态绩效定义经济发展的生态文明水平，以GDP、人口规模、人均GDP、劳动生产率、产业结构、城市化水平、经济能耗、人均生态足迹等作为核心指标建立了指标体系，并以此为依据，评价全国各省市的区域生态文明发展水平，将全国划分为6个层次，其评价体系揭示了经济发展水平与生态文明水平之间的非对等关系。樊杰等（2007）构建了一套系统的我国主体功能区评价指标体系，将我国分为优化开发区、重点开发区、限制开发区、禁止开发区四种类型，较好地体现了对区域经济发展、生态保护、民生福利改善等多重目标的追求。对应于主体功能区，胡忠俊等（2008）设立了全面发展、协调发展和可持续发展3大指数，51个基本指标构建了区域经济社会发展综合评价指标体系。严耕等（2009）发表了中国省级生态文明建设评价报告，从生态活力、环境质量、社会发展、协调程度4个核心领域，以22项具体指标对各省（市、自治区）2005～2007年的生态文明建设情况进行了综合评价。

总体而言，基于生态文明评价指标体系的研究虽日益趋向成熟和完善，但存在通用性不强（应用范围小，受到区域大小或制度的限制）、动态性不够（缺乏时空的有效结合，难以实现动态评价）、忽略预警与调控（忽视指标的变动趋势研究）、缺少主观指标（忽视一些难以量化的主观指标）等突出问题（刘峰，

2008），涉及内容丰富、结构复杂、生物多样性低、人口密度高和物质流动强度大的区域，更加难以客观和准确地评价（傅晓华、赵运林，2008）。

2. 曾刚 ESEEG 生态文明综合评价指标体系

曾刚（2010a，2010b）基于地域复合生态系统理论，建立了生态文明建设综合评价指标体系（ESEEG），包含经济、社会、生态、环境、管理等 5 个专题领域，15 个评价主题，24 个核心指标。该研究采用分层结构，构建“五、三、X”指标体系。

第一层次（A 层）为专题领域，根据复合生态系统理论，将指标体系分为社会和谐、经济发展、环境友好、生态健康、管理科学 5 个方面，以专项指数的形式体现，反映建设总体进程，满足政府高层决策、宏观调控的需求。

第二层次（B 层）为评价主题，依据“压力—状态—响应”（PSR）模型理论，为每个领域设计 3 个评价主题，彼此间相互促进形成互动关系，构建起复合互动的三角形架构，实现建设行动的相对稳定性，维系其可持续性。评价主题以评价指数的形式体现，满足政府相关职能部门监督管理、引导方向的需求（表 2）。

表 2　生态文明建设指标体系评价主题设计

专题领域 A	评价主题 B	设计依据
社会和谐 A1	社会安全 B1	是人类社会发展的共性要求，关注社会生态，保障社会成员共同发展和全面发展的权利
	生计质量 B2	关注民生，不断提高居民物质文化生活水平是社会和谐发展的本质要求和根本目的
	社会进步 B3	人文素质、教育科技是推动社会经济发展的原动力，为生态文明建设提供强有力支持
经济发展 A2	产业模式 B4	引导生态化的产业发展模式，调控经济发展的生态阈值与空间格局
	经济绩效 B5	衡量经济发展水平，实现“生态经济”又好又快发展
	资源效率 B6	体现经济发展效率，引导经济发展过程中资源利用效率向国际领先水平靠近
环境友好 A3	环境压力 B7	反映区域发展的环境约束条件，以环境污染物排放水平或强度等指标来衡量
	环境质量 B8	表征区域环境状态，围绕舒适健康的人居环境要求，衡量评估生态
	环境保护 B9	从污染防治角度，引导、规范污染治理行为，体现生态文明建设的环境保护

续表

专题领域 A	评价主题 B	设计依据
生态健康 A4	生态风险 B10	反映区域面临的生态压力，是生态文明建设首要考虑的前提与基础
	生态安全 B11	表征区域生态系统所处“状态”，生态系统健康状态是提供生态服务功能的基础
	生态保障 B12	从主动性考虑，通过人为的干预、修复与重建，用以改善和提高生态系统的结构和功能
管理科学 A5	管理能力 B13	是可持续发展的基本能力，涵盖了科学决策、创新示范、法治保障等方面的能力
	管理机制 B14	是可持续发展的运行机理和实现方式，是基于提高管理能力的运行机制保障
	公众参与 B15	是可持续发展管理能力外延式的管理机制，本质上是一种民主机制

资料来源：曾刚（2010b）。

第三层次（C 层）为具体指标，筛选反映评价主题核心内容的若干具体指标。该层依据世界先进标准，参照现有国内外研究和区域特色，根据简洁明了的原则，精练了由 24 个核心指标组成的指标集。其中，每个主题对应指标集里的 X 个指标（表 3）。最终，具体指标以数值的形式体现，满足生态文明衡量标准量化、建设行为规范化的需要。

表 3　指标体系核心指标及贡献率

领域 A 及编码	主题 B 及编码	核心指标 C 及编码		贡献率
社会和谐 A1（12%）	社会安全 B1	城市生命线完好率（%）	C1	4%
	生计质量 B2	调查失业率（%）	C2	4%
	社会进步 B3	人均社会事业发展财政支出（万元）	C3	4%
经济发展 A2（15%）	产业模式 B4	主要农产品中有机、绿色和无公害农产品种植面积的比重（%）	C4	3%
		现代服务业增加值占 GDP 比重（%）	C5	2%
	经济绩效 B5	园区单位面积产出率（万元/亩）	C6	5%
	资源效率 B6	单位 GDP 能耗（吨标准煤/万元）	C7	5%

续表

领域 A 及编码	主题 B 及编码	核心指标 C 及编码		贡献率
环境友好 A3（30%）	环境压力 B7	COD 排放量（万吨）	C8	5%
		土地开发强度（%）	C9	5%
	环境质量 B8	空气 API 指数达到一级天数比例（%）	C10	3%
		骨干河道功能区达标率（%）	C11	4%
		土壤内梅罗指数（%）	C12	3%
	环境保护 B9	园区外污染行业工业企业所占比例（%）	C13	3%
		城镇污水处理率（%）	C14	4%
		太阳能/风能占能源使用比例（%）	C15	3%
生态健康 A4（30%）	生态风险 B10	自然灾害损失率（%）	C16	6%
		占全球种群数量 1% 以上的水鸟物种数	C17	4%
	生态安全 B11	自然湿地保有率（%）	C18	6%
		饮用水水源地达标率（%）	C19	4%
	生态保障 B12	森林覆盖率（%）	C20	6%
		城镇人均公共绿地面积（平方米）	C21	4%
管理科学 A5（13%）	管理能力 B13	环境优美乡镇占比（%）	C22	5%
	管理机制 B14	实绩考核环保绩效权重（%）	C23	4%
	公众参与 B15	公众对环境满意率（%）	C24	4%

资料来源：曾刚（2010b）。

五　生态文明建设行动

国内外生态文明建设的探索，主要集中在生态区域的经济、社会、资源、环境、管理的协调发展上。在结合本国国情的基础上，许多区域都从立法、产业结构调整和鼓励公众参与等方面进行了不懈的努力，寻找合适的生态文明建设模式。

（一）国际组织生态文明建设行动

联合国等国际组织在全球生态文明建设进程中发挥着不可替代的倡议、组织、协调、推动等重大作用，推动着人类社会形成可持续发展的共识，开启了全球生态文明建设的新时代。

1. 联合国可持续发展战略倡议

20 世纪 70 年代联合国斯德哥尔摩“人类与环境会议”发表了著名的《人类

环境宣言》，系统检讨了工业文明时代的生态环境危机。1983 年 12 月，联合国成立了由挪威首相布伦特兰夫人为主席的“世界环境与发展委员会”，1987 年发表了《我们共同的未来》的报告，提出了“可持续发展”的思想，把原先单纯的环境保护与人类发展切实结合起来，实现了人类有关环境与发展思想的重要飞跃。1992 年联合国环境与发展大会通过的《21 世纪议程》更是强调和深化了人们对可持续发展理论的认识，同年，在巴西里约热内卢召开的联合国环境与发展大会提出了全球性的可持续发展战略，拉开了生态文明时代的序幕；2002 年，联合国在约翰内斯堡举行可持续发展世界首脑会议，要求各国更好地执行《21 世纪议程》的量化指标。可以说，《21 世纪议程》成为人类建设生态文明的全球性法律框架，促进了人们对于生态文明的理论研究与实践探索。

2. 应对全球气候变化，推动人类进入低碳发展时代

1992 年 5 月 22 日，联合国政府间谈判委员会就气候变化问题达成了《联合国气候变化框架公约》（UNFCCC），于 1992 年 6 月 4 日在巴西里约热内卢举行的联合国环发大会（地球首脑会议）上通过。《联合国气候变化框架公约》是世界上第一个为全面控制二氧化碳等温室气体排放，以应对全球气候变暖给人类经济和社会带来不利影响的国际公约，也是国际社会在对付全球气候变化问题上进行国际合作的一个基本框架。公约于 1994 年 3 月 21 日正式生效，缔约方大会每年召开一次。《联合国气候变化框架公约》奠定了应对气候变化国际合作的法律基础，是具有权威性、普遍性、全面性的国际框架。目前，公约已拥有 192 个缔约方。

《联合国气候变化框架公约》旨在控制大气中二氧化碳、甲烷和其他造成“温室效应”的气体的排放，将温室气体的浓度稳定在使气候系统免遭破坏的水平上。公约对发达国家和发展中国家规定的义务以及履行义务的程序有所区别。公约要求发达国家作为温室气体的排放大户，采取具体措施限制温室气体的排放，并向发展中国家提供资金以支付他们履行公约义务所需的费用。而发展中国家只承担提供温室气体源与温室气体汇的国家清单的义务，制订并执行含有关于温室气体源与汇方面措施的方案，不承担有法律约束力的限控义务。公约建立了一个向发展中国家提供资金和技术，使其能够履行公约义务的资金机制。

1997 年 12 月，在《联合国气候变化框架公约》第三次大会上，参加国通过了《京都议定书》作为《联合国气候变化框架公约》的补充条款。在《京都议定书》中，明确提出了有关温室气体排放的目标、各国责任的承担以及实现机制。2007 年 12 月 3 日，联合国气候变化大会在泰国巴厘岛举行，12 月 15 日正式通过一项决议，决定在 2009 年前就应对气候变化问题的新安排举行谈判，制订了世人关注的应对气候变化的“巴厘岛路线图”。该“路线图”为 2009 年前应对气候变化谈判的关键议题确立了明确议程，要求发达国家在 2020 年前将温室气体减排 25% 至 40%。“巴厘岛路线图”为全球进一步迈向低碳经济起到了积极的作用，具有里程碑意义。2008 年 6 月 5 日，联合国环境规划署确定“世界环境日”的主题为“转变传统观念，推行低碳经济”。2008 年 7 月，G8 峰会上八国表示将寻求与《联合国气候变化框架公约》的其他签约方一道共同达成到 2050 年把全球温室气体排放减少 50% 的长期目标。以哥本哈根气候变化大会为标志，发展低碳经济已经成为国际社会的共识。

（二）代表性国家生态文明建设行动

生态文明建设是一个系统工程，涉及人类生产生活方式的系统性转变，在各国的实践中表现为不同的具体模式和实践探索，但低碳发展正在成为全球当前和今后相当长的一段时期内生态文明建设的一个普遍实践模式。各国的低碳发展道路，又因为初始条件、特殊矛盾以及特定的战略取向而有所区别。

1. 重塑国家竞争力的英国低碳经济实践

2003 年英国政府发表《能源白皮书》，题为《我们未来的能源：创建低碳经济》（DTI，2003），首次提出“低碳经济”（Low Carbon Economy）的概念，强调通过更少的自然资源消耗和环境污染获得更多的经济产出，创造实现更高的生活标准和更好的生活质量的途径和机会，并为发展、应用和输出先进技术创造新的商机和更多的就业机会。英国政府为低碳经济发展设立了一个清晰的目标：2010 年二氧化碳排放量在 1990 年水平上减少 20%，到 2050 年减少 60%，从根本上把英国变成一个低碳经济的国家。同时，英国着力于发展、应用和输出先进技术，引领世界各国经济朝着有益环境的、可持续的、可靠的和有竞争性的方向发展。为此，英国建立了完善的减排政策措施体系，包括：推动立法，通过《气候变化方案》；制定气候变化税等经济政策，推动建立全球碳交易市场；在技术上，加大对可再生能源和低碳技术的投入；同时强调建筑和交通等重点部门的减排。在 2009 年度的财政预算中，英国政府在低碳经济相关产业中额外追加了104亿英镑以促进其发展，而其重点又集中在以下三个方面：

（1）发展新能源

2009年4月，英国成为世界上第一个公布碳预算的国家。根据计划，到2020年可再生能源在能源供应中要占15%，其中30%的电力来自可再生能源，相应温室气体排放要降低20%，石油需求降低7%。未来10年英国计划再增加250亿瓦的海上风能发电设备，到2020年，英国风力发电总量预计将达330亿瓦。

（2）向世界推广新模式

英国正在着力将“低碳经济模式”向全世界推广。英国认为，对发展中国家来说向低碳经济转型是现实需要，发展中国家对实施低碳经济以抑制气候变化有着更紧迫的需求。

（3）转变生活方式

英国政府正运用多种手段引导人们向低碳节能的生活方式转变，如要求所有新盖房屋在2016年达到零碳排放。2009年7月，英国国家战略方案——《英国低碳转型计划》出台，与该计划配套的还有《英国可再生能源战略》、《英国低碳工业战略》和《低碳交通战略》等文件。这些文件指出，为实现2020年的二氧化碳减排目标，届时英国40%的电力供应必须源自风能、核能和其他低碳能源，这些带来的产业调整有望为超过120万人提供“绿色工作”。

2. 致力于全球主宰力的美国“绿色新政”

奥巴马上任之后不仅在美国国内积极推动气候立法，众议院通过了《美国清洁能源安全法案》（ACES），更热衷于绿色外交、主打清洁能源合作牌。

（1）绿色经济复兴计划

美国奥巴马政府提出要尽快确立美国在新能源竞赛中的领先地位，成为清洁能源出口大国。在其推动下，通过了美国历史上首个限制温室气体排放的法案——《美国清洁能源安全法案》。

（2）绿色外交

奥巴马政府在全球推行绿色外交，四处打清洁能源合作牌，而其主要目的在于发掘发展中国家巨大的清洁能源市场。

（3）汽车减排

奥巴马政府推出史上最严格的汽车燃油效率标准，令汽车制造业向新能源动力系统转型，制定了新的全国统一汽车燃油效率标准——要求从2012年开始，美国汽车制造商必须逐年改善汽车的燃油效率，到2016年，美国小型汽车和轻型卡车每100公里所耗费的汽油量不得超过6.6升，比当前汽车每100公里耗油量减少40%。这意味着美国汽车业将转向开发新能源动力系统，并减少温室气体的排放，美国汽车业将受此推动加速变革。

（4）绿色溢出效应

推动低碳汽车的生产，还会带动相关产业发展，溢出效应涉及广泛。压缩动力涡轮和锂电池的生产企业，以及塑料和轻型铝制品等汽车制造材料生产企业将被带动成长。清洁能源的正面溢出效应有望从汽车行业开始，逐步渗透到从制造业到服务业的产业经营各个层面。

3. 技术与政策护航德国低碳经济

德国作为发达的工业国家，能源开发和环境保护技术处于世界前列。德国政府实施气候保护高技术战略，将气候保护、减少温室气体排放等列入其可持续发展战略中，并通过立法和约束性较强的执行机制制定气候保护与节能减排的具体目标。

（1）实施气候保护高技术战略

为实现气候保护目标，自1977年起，德国联邦政府不断出台能源研究计划，以能源效率和可再生能源为重点，通过德国“高技术战略”提供资金支持。2007年，德国联邦教育与研究部又在“高技术战略”框架下制定了气候保护高技术战略。

（2）提高能源使用效率，促进节约

具体举措包括：征收生态税；鼓励企业实行现代化能源管理；推广“热电联产”技术；实行建筑节能改造。

（3）大力发展可再生能源

政府通过《可再生能源法》保证可再生能源的地位，对可再生能源发电进行补贴，平衡了可再生能源生产成本高的劣势，使可再生能源得到了快速发展。在广泛发展各种可再生能源的同时，德国也确定了以下重点领域：促进现有风力设备更新换代，发展海上风力园；促进可再生能源的使用。

（4）减少二氧化碳排放

减少二氧化碳排放代表性的举措包括：发展低碳发电站技术；降低各种交通工具的二氧化碳排放；排放权交易。

（5）开展国际合作

德国同许多国家，尤其是发展中国家都开展了气候保护领域的合作。近年来，德国积极主张将美国这个二氧化碳排量大国纳入应对气候变化的行动中，并将此作为跨大西洋对话的重点之一。

4. 日本在向低碳社会努力

日本是最早推行太阳能政策的国家。自 2002 年以来，日本的太阳能发电、太阳能电池产量多年位居世界首位，占据了世界总产量的半壁江山。

日本也是《京都议定书》的发起和倡导国。日本投入巨资开发利用太阳能、风能、光能、氢能、燃料电池等替代能源和可再生能源，并积极开展潮汐能、水能、地热能等方面的研究，谋求着从“耗能大国”到“新能源大国”的转变。

2008 年，福田康夫以政府的名义提出日本新的防止全球气候变暖的对策，即著名的“福田蓝图”，这是日本低碳战略形成的正式标志，它包括应对低碳发展的技术创新、制度变革及生活方式的转变。未来，日本将充分利用能源和环境方面的高新技术，把日本打造成为世界上第一个“低碳社会”。日本环境大臣咨询机构——中央环境审议会提出低碳社会的基本理念是争取将温室气体排放量控制在能被自然吸收的范围之内，为此需要摆脱以往大量生产、消费和废弃的社会经济运行模式。

2008 年，日本政府通过了“低碳社会行动计划”，将低碳社会作为未来的发展方向和政府的长远目标。“低碳社会行动计划”提出，在未来三至五年内将家用太阳能发电系统的成本减少一半，到 2030 年，风力、太阳能、水力、生物质能和地热等的发电量将占日本总用电量的 20%。从 2009 年起将就碳捕获与埋存技术开展大规模验证实验，争取 2020 年前使这些技术实用化。为了推动能源和环境技术发展，日本政府还制定了以下两个方面的具体措施：一是限制措施，日本《建筑循环利用法》规定，改建房屋时有义务循环利用所有建筑材料，使得日本由此发明了世界先进的混凝土再利用技术。二是提供补助金，日本政府正在探讨恢复对家庭购买太阳能发电设备提供补助的制度，降低对中小企业购买太阳能发电设备提供补助的门槛。从 2009 年开始，日本政府向购买清洁柴油车的企业和个人支付补助金，以推动环保车辆的普及。日本低碳社会遵循三个基本原则，即：在所有部门减少碳排放；提倡节俭精神，通过更简单的生活方式达到高质量的生活，从高消费社会向高质量社会转变；与大自然和谐生存，保持和维护自然环境成为人类社会的本质追求。

在政府的倡导下，日本建设低碳社会深入人心。一项调查显示，有 90.1% 的日本人认为应该实现低碳社会。日本期望通过“低碳革命”和“引领世界二氧化碳低排放革命”来“建设健康长寿社会”并“发挥日本魅力”。

5. 作为韩国国家战略的“低碳绿色增长”

2009 年韩国第一次国务会议通过了政府提出的“绿色工程”计划。该计划将在未来 4 年内投资 50 万亿韩元（约 380 亿美元）开发 36 个生态工程，并因此创造大约 96 万个工作岗位，用以拉动国内经济，并为韩国未来的发展提供新的增长动力。这一庞大计划被称为“绿色新政”。

“绿色新政”的主要内容包括基础设施建设、低碳技术开发和创建绿色生活工作环境三个基本方面。“绿色新政”的政策目标包括：第一，使用最少能源，完成低碳能源；第二，将绿色能源产业作为发展动力；第三，创造新增长动力，将减排温室气体的危机转化为创造收益的机会。

（三）中国生态文明建设行动总体方案

作为世界上最大的发展中国家，中国的发展具有吸取借鉴发达国家“先污染后治理”的工业化历史经验教训的后发优势，但受制于传统的增长方式以及观念的、技术的、制度的等多种现实主客观因素，中国在经济社会发展过程中也面临着人口、资源、环境、生态之间的严重冲突，资源枯竭、环境恶化、生态破坏现象也日益突出。从“九五”计划开始的转变经济增长方式，到可持续发展战略，到建设生态文明，从清洁生产到循环经济，从社会主义新农村建设到生态城市建设，从发展方式转型到创新型国家建设，从经济增长到资源节约型社会、环境友好型社会，不一而足，对这些战略目标的追求及其有效实施，充分反映了中国在生态文明建设道路上坚持不懈的探索和努力。

1. 可持续发展确立为国家战略

1994 年 3 月 25 日，国务院第 16 次常务会议讨论通过并发表了《中国 21 世纪议程——中国 21 世纪人口、环境与发展白皮书》，成为世界上第一个编制国家级《21 世纪议程》的国家①。1995 年和 1996 年中国共产党十四届五中全会和全

① 秦大河、张坤民、牛文元：《中国人口资源环境与可持续发展》，新华出版社，2002，第 1 ~ 9 页。

国人大八届四次会议郑重地将“可持续发展战略”纳入国民经济和社会发展九五计划和2010年远景目标纲要，作为中国21世纪现代化发展的重大战略。1997年6月中国向联合国可持续发展特别会议提交了《中国可持续发展国家报告》；2000年国家发展计划委员会编制了《中国可持续发展行动纲要》，确定了21世纪中国可持续发展的重要领域和行动计划。

2. 践行科学发展观，建设生态文明

2002年党的十六大报告明确提出，全面建设小康社会的一项重要目标就是要走“可持续发展能力不断增强，生态环境得到改善，资源利用效率显著提高，促进人与自然的和谐，推动整个社会走上生产发展、生活富裕、生态良好的文明发展道路”。党的十六届三中全会要求“树立全面、协调、可持续的科学发展观，促进经济社会和人的全面发展”，明确了生态文明建设在整个社会文明发展中的基础性地位和作用。

2007年10月，十七大报告进一步全面系统地阐释了科学发展观，强调“建设生态文明，基本形成节约能源资源和保护环境的产业结构、增长方式、消费模式”①，开启了中国建设生态文明的新时代。

2010年10月18日十七届五中全会通过的《中共中央关于制定国民经济和社会发展第十二个五年规划的建议》进一步要求“加快建设资源节约型、环境友好型社会，提高生态文明水平”。强调“面对日趋强化的资源环境约束，必须增强危机意识，树立绿色、低碳发展理念，以节能减排为重点，健全激励和约束机制，加快构建资源节约、环境友好的生产方式和消费模式，增强可持续发展能力”。②

3. 发展循环经济

发展循环经济是我国建设生态文明社会的重要举措，也是我国生态文明建设行动工作的“助推器”。早在1993年10月，国家环境保护局、国家经济贸易委员会在上海召开了第二次全国工业污染防治会议，主题是进一步贯彻“预防为主、防治结合”的方针，积极推行清洁生产。1999年《中华人民共和国清洁生产促进法》（草案）出台，2003年1月1日，《中华人民共和国清洁生产促进法》

---

① 胡锦涛：《高举中国特色社会主义伟大旗帜，为夺取全面建设小康社会新胜利而奋斗》，《中国共产党第十七次全国代表大会文件汇编》，第13、14、18~20页。

② 中国共产党第十七届中央委员会：《中共中央关于制定十二五规划的建议》，http://news.xinhuanet.com/politics/2010-10/27/c_12708501.htm。

正式施行[1]。2002年以来，循环型经济理念开始为人们广泛接受，国家环境保护总局在有关地方开展了发展循环经济的试点工作。2002年5月国家环保总局正式批准贵阳市为建设循环经济生态城市的试点，确定辽宁省为中国发展循环经济的试点省。2003年我国政府提出了发展循环经济是落实科学发展观、实现可持续发展的必由之路；2004年国家提出了从企业、工业园区、城市等不同的层面、领域、区域，在全社会大力发展循环经济[2]。

近年来，循环经济成为国家发展战略，国务院先后出台《关于加快发展循环经济的若干意见》、《关于印发节能减排综合性工作方案的通知》等文件。国家发改委会同国家环境保护部组织实施了国家循环经济试点、开展清洁生产审核等项工作，组织实施节能中长期专项规划、节水型社会建设规划、矿井水利用和海水利用专项规划，编制全国发展循环经济的总体规划，制定包括钢铁、有色金属、煤炭、电力、化工、建材、制糖等重点行业和再生资源集散市场建设，再生金属利用等重点领域的专项规划。2005年10月，经国务院批准同意，国家发展改革委员会、国家环保总局等6部门联合下发《关于组织开展循环经济试点工作的通知》（发改环资［2005］2199号），在重点行业、重点领域、重点产业园区和重点省市开展第一批国家循环经济试点。2007年12月，经国务院批准，国家发展改革委等6部门启动第二批循环经济试点工作，围绕节能减排目标，从重点企业、资源综合利用、产业园区和省市等方面加以推进[3]。地方各级政府也在加快循环经济法规和标准体系的制定与实施，北京、上海、山东、重庆、深圳等17个省市制定了发展循环经济的地方性法规或政府决定。2008年8月29日，十一届全国人大常委会第四次会议表决通过了《中华人民共和国循环经济促进法》，于2009年1月1日起施行。

2009年12月24日，国务院正式批准实施《甘肃省循环经济总体规划》，标志着我国第一个国家级循环经济示范区正式在甘肃开建。按照规划，甘肃循环经济示范区将在2015年建成，届时将形成覆盖甘肃全省的七大循环经济专业基地。2010年3月15日，国务院批复了国家发展改革委、青海省人民政府编制的《青

---

① 黄贤金：《循环经济：产业模式与政策体系》，南京大学出版社，2004，第18页。

② 马世忠：《循环经济指标体系与支撑体系研究》，中国经济出版社，2007，第69～103页。

③ 周宏春：《我国发展循环经济的最新进展》，《再生资源与循环经济》2008年第8期，第4～7、10页。

海省柴达木循环经济试验区总体规划》，力争到2020年，把试验区建设成为国家级循环经济示范区。这是继《甘肃省循环经济总体规划》之后，国务院批复的第二个区域循环经济发展规划，充分体现了国家通过发展循环经济推动经济结构调整，转变经济发展方式的战略部署。试验区规划了四个特色鲜明的循环经济园区，六大关联度高、互补性强的产业链，有利于处理好发展速度、开发强度与生态建设之间的关系。在该试验区内，将积极探索建立区内商业性矿产勘查市场体系和科技创新、产业化信息服务平台，并开展生产者责任延伸、排污权交易、清洁生产强制审核以及循环经济统计考核等制度建设创新探索。

2010年12月13日，经国务院同意，国家发改委正式批复设立“山西省国家资源型经济综合配套改革试验区”，力求通过深化改革，加快产业结构的优化升级和经济结构的战略性调整，加快科技进步和创新的步伐，建设资源节约型和环境友好型社会，统筹城乡发展，保障和改善民生。

《我国国民经济和社会发展十二五规划纲要》在“第二十三章　大力发展循环经济”中对发展循环经济进行了专项规划，“按照减量化、再利用、资源化的原则，减量化优先，以提高资源产出效率为目标，推进生产、流通、消费各环节循环经济发展，加快构建覆盖全社会的资源循环利用体系。”全面推行循环型生产方式，健全资源循环利用回收体系，推广绿色消费模式。在“十二五”规划时期，强化政策和技术支撑，加强规划指导、财税金融等政策支持，完善法律法规和标准，实行生产者责任延伸制度，制订循环经济技术和产品名录，建立再生产品标识制度，建立完善循环经济统计评价制度。开发应用源头减量、循环利用、再制造、零排放和产业链接技术，推广循环经济典型模式。深入推进国家循环经济示范，组织实施循环经济“十百千示范”行动。推进甘肃省和青海柴达木循环经济示范区等循环经济示范试点、山西资源型经济转型综合配套改革试验区建设。

4. 建设两型社会

党的十六届五中全会做出了加快建设资源节约型、环境友好型社会的重大决策。资源节约型包含了探索集约用地方式、建设循环经济示范区、深化资源价格改革；环境友好型则囊括了建立主体功能区，制定评价指标、生态补偿和环境约束政策以及完善排污权、有偿转让交易制度等。十七大报告强调“坚持节约资源和保护环境的基本国策，关系人民群众切身利益和中华民族生存发展。必须把建设资源节约型、环境友好型社会放在工业化、现代化发展战略的突出位置，落实到每个单位、每个家庭。要完善有利于节约能源资源和保护生态环境的法律和政策，加快形成可持续发展体制机制。落实节能减排工作责任制。开发和推广节约、替代、循环利用和治理污染的先进适用技术，发展清洁能源和可再生能源，保护土地和水资源，建设科学合理的能源资源利用体系，提高能源资源利用效率”。为推进两型社会建设，2007 年 12 月国家发改委批准武汉城市圈和长沙、株洲、湘潭（长株潭）城市群为全国资源节约型和环境友好型社会建设综合配套改革试验区，并被赋予先行先试的政策创新权。

在试点的过程中，长株潭摒弃了传统的摊大饼模式，按照紧凑布局、生态隔离的组团式、友好型、集约化发展的新理念，将核心区规划为以长沙为主，株洲、湘潭为副，相关地区保留大片绿地的“一主两副环绿心”结构，构成组团特色鲜明、内在联系紧密的大都市区。按照城乡统筹、人地协调的和谐理念，突出了城市生态和城市环保，提出了一套高品质人居环境建设的指标体系。武汉城市圈则围绕着“九大体制机制创新”着力推动“两型社会”建设试验。两型社会建设试点，有效地推进了我国中部地区重点开发的城市群（圈）生态文明建设路径与模式的探索。

5. 生态示范县市建设

随着循环经济发展模式的推进，国家环保部等有关部门发布了火电、磷肥、铅、锌等 24 个行业清洁生产评价指标体系和 25 项行业清洁生产标准，发布了《生态工业示范园区规划指南（试行）》、《综合类生态工业园区标准（试行）》、《行业类生态工业园区标准（试行）》等 3 项生态工业园区标准和 7 项再生利用企业污染控制标准。全面推进循环经济配套法规建设以及资源回收利用相关标准体系，完善节能、节水和再生产品标准和标识等。

在推进行业生态示范区建设同时，国家大力推进园林城市、环保模范城市、生态省（市、县）示范建设的区域化进程。2000 年 5 月建设部颁布了《创建国家园林城市实施方案》及《国家园林城市标准》，包括城市绿化组织管理、规划设计与建设、景观保护、生态建设与市政建设等基本方面，其考核指标针对不同地区和城市规模给出了不同的标准①。

---

① 张坤民等：《生态城市评估与指标体系》，化学工业出版社，2003，第 6 ~ 15 页。

为推进中国城市的环境保护与可持续发展，《国家环境保护“九五”计划2010年远景目标》提出，要建成若干个经济快速发展、环境清洁优美、生态良性循环的示范城市。由此，国家环境保护局于1997年制定了《国家环保模范城市考核指标（试行）》，2002年7月，国家环保总局发布了《全国环境优美乡镇考核验收规定（试行）》。

在推进生态城市建设的进程中，国家环保局于1996年开始实施生态示范创建活动，编制了《全国生态示范区建设规划纲要（1996~2050年）》；1999年提出了生态县、生态市和生态省的创建活动；2003年制定了《生态县、生态市、生态省建设指标（试行）》，在不断修改完善的基础上，于2007年12月26日发布了最新修订的生态省、市、县建设指标体系——《生态县、生态市、生态省建设指标（修订稿）》。在此期间，国家环保总局先后发布了《国家生态县、生态市创建工作考核方案》和《国家环保总局关于加强生态示范创建工作的指导意见》。

在推进生态示范区建设的进程中，绿色GDP的实践受到关注。2004年国家统计局、国家环保总局、国家发改委、国家林业局等联合课题组启动“绿色GDP核算体系研究”，对绿色国民经济核算的基本框架、核算方法与理论依据等进行深入研究。2005年初，国家环保总局和国家统计局在北京、天津、河北、辽宁、浙江、安徽、广东、海南、重庆、四川等10个省市启动了以环境核算和污染经济损失调查为内容的绿色GDP试点工作，2006年发布了《中国绿色国民经济核算研究报告2004》，这是中国第一份经环境污染调整的GDP核算研究报告，标志着我国绿色GDP核算工作取得阶段性成果①。同年11月，北京市的绿色GDP核算报告顺利通过了国家环保总局和国家统计局组织的评审验收，成为全国最早完成试点工作的地区。

参考文献

[1] 陈亮、王如松、王志理：《2003年中国省域社会—经济—自然复合生态系统生态

① 周阳品、黄光庆：《绿色GDP的发展及其在中国的应用》，《环境科学导刊》2009年第28（2）期，第11~24页。

位评价》，《应用生态学报》2007 年第 18（8）期，第 1794 ~ 1800 页。
[2] 方创琳：《区域人地系统的优化调控与可持续发展》，《地学前缘》2003 年第 10（4）期，第 256 ~ 259 页。
[3] 方创琳：《中国人地关系研究的新进展与展望》，《地理学报》2004 年第 59（s）期，第 21 ~ 32 页。
[4] 何福平：《我国建设生态文明的理论依据与路径选择》，《中共福建省委党校学报》2010 年第 1 期，第 62 页。
[5] 胡忠俊等：《区域经济社会发展综合评价指标体系的构建》，《统计与决策》2008 年第 20 期，第 17 ~ 19 页。
[6] 金涌：《生态文明与可持续发展》，《中国特色社会主义研究》2009 年第 3 期，第 61 ~ 63 页。
[7] 陆大道：《关于地理学的“人—地系统”理论研究》，《地理研究》2002 年第 22（2）期，第 135 ~ 139 页。
[8] 陆大道、郭来喜：《地理学的研究核心——人地关系地域系统——论吴传钧院士的地理学思想与学术贡献》，《地理学报》1998 年第 53（2）期，第 97 ~ 105 页。
[9] 李锋、刘旭升、胡聃、王如松：《城市可持续发展评价方法及其应用》，《生态学报》2007 年第 27（11）期，第 4793 ~ 4802 页。
[10] 李后强、艾南山：《人地协同论》，《地球科学进展》1996 年第 11（2）期，第 178 ~ 182 页。
[11] 廖福霖：《生态文明建设理论与实践》，中国林业出版社，2001。
[12] 马世骏、王如松：《社会—经济—自然复合生态系统》，《生态学报》1984 年第 4（1）期，第 1 ~ 9 页。
[13] 毛汉英：《人地系统与区域持续发展研究》，中国科学技术出版社，1995，第 48 ~ 60 页。
[14] 毛如柏、冯之浚：《论循环经济》，经济科学出版社，2003。
[15] 孙国强：《循环经济的新范式》，清华大学出版社，2005。
[16] 史培军：《人地系统动力学研究的现状与展望》，《地学前缘》1997 年第 4（1 - 2）期，第 201 ~ 204 页。
[17] 宋林飞：《生态文明理论与实践》，《南京社会科学》2007 年第 12 期，第3 ~ 9 页。
[18] 蔡运龙：《持续发展——人地系统优化的新思路》，《应用生态学报》1998 年第 6（3）期，第 329 ~ 333 页。
[19] 吴传钧：《人地关系与经济布局》，学苑出版社，1998，第 28 ~ 33 页。
[20] 徐春：《可持续发展与生态文明》，北京出版社，2001。
[21] 杨开忠等：《谁的生态最文明——中国各省区市生态文明大排名》，《中国经济周刊》，2009，第 32 页。
[22] 严耕等：《中国省级生态文明建设评价报告》，《中国行政管理》2009 年第 11

期，第 13 ~ 18 页。

[23] 曾刚等：《生态经济的理论与实践——以上海崇明生态经济规划为例》，科学出版社，2008。

[24] 曾刚：《崇明生态岛建设指标体系研究》，2010。

[25] 曾刚：《基于生态文明的区域发展新模式与新路径》，《云南师范大学学报（哲学社会科学版）》2010 年第 b. 41（5）期，第 33 ~ 43 页。

[26]〔美〕莱斯特 · R. 布朗：《生态经济》，东方出版社，2002。

[27] Odum, Howard T., Odum B., Concepts and Methods of Ecological Engineering, *Ecological Engineering*, 20, 2003, pp. 339 – 361.

[28] Button K., City Management and Urban Environmental Indicators, *Ecological Economics*, 40, 2002, pp. 217 – 233.

[29] Azbar, Nuri, Upgrading an Existing Treatment System to Adopt Cleaner Production Principals, *Journal of Cleaner Production*, 7, 2004, pp. 789 – 795.

[30] Fichtner, Wolf, Frankv M.; Rent. Inter-firm Energy Supply Concepts: an Option for Cleaner Energy Production, *Journal of Cleaner Production*, 12, 2004, pp. 8 – 10.

G.4

国外城市生态文明建设的趋势和启示

曾刚 孔翔

摘 要： 美国伯克利、巴西库里蒂巴、德国埃尔兰根、丹麦哥本哈根、瑞典马尔默、澳大利亚怀阿拉等国外城市建设实践表明，科学规划和科学立法是生态城市建设的基本保障，而资源利用效率提升是生态城市建设的关键环节，以具体项目推动、尊重科技进步和民众的创造精神则是生态城市建设的环境基础。

关键词： 国外经验 资源利用 生态规划 生态立法 生态技术

虽然学术界对生态文明的确切内涵仍有不同认识，但无论是基于人类社会发展阶段视角将其视为人类文明新形态，还是从生态文明的调节对象或构成要素出发来定义生态文明，抑或从文明发展阶段和文明构成要素两者兼顾的角度来审视生态文明（毛明芳，2010），学者们普遍认为生态文明是远比保护或改善生态环境要复杂得多的概念。因此，城市生态文明建设应该也比生态城市建设有着更加丰富的内涵。不过，生态城市从最初联合国教科文组织在“人与生物圈计划”中设定的建设目标看，就已经强调，“要从自然生态和社会心理两方面去创造一种能充分融合技术和自然的人类活动的最优环境”，以“诱发人的创造性和生产力，提供高水平的物质和生活方式”（OECD，2001a；OECD，2001b），而在苏联城市生态学家 Yanistky O. 的经典定义中，生态城市也被描述为，“自然、技术、人文充分融合，物质、能量、信息高效利用，人的创造力和生产力得到最大限度的发挥，居民的身心健康和环境质量得到维护”的“一种生态、高效、和谐的人类聚居新环境”（Yanitsky，1987）。这些都说明，生态城市也并不单单关注城市生态环境，而是强调以生产力发展和人类文明进步为目标的人与自然的和谐。因此，它以“生态性”为核心，同时还具有“高效性、可持续性、综合性与整体性、区域性等特征”（朱坦，吕建华，丁玉洁，2010），体现了人类文明进步的内在要求，是与城市生态文明建设密切相关的概念。本章主要是基于国外典型案例的研究，探索国外城市生态文明建设经验对我国的借鉴价值。考虑到生态文明主要是本土概念，而城市生态文明建设与生态城市建设的相关性又很大，本章拟重点开展对国外生态城市建设的典型案例研究，然后基于生态文明建设对城市发展的新要求，初步总结国外城市生态文明建设的共同经验与基本趋势，并由此进一步分析国外经验对我国的启示价值。

一　国外生态城市建设典型案例

20 世纪 60 年代，环境公害的频发促成了工业化国家环境意识的形成和环境立法的加强，这是国外确立生态城市理念的重要时代背景。1972 年，联合国教科文组织制定的“人与生物圈计划”（MAB）最早提出了生态城市这一概念，由此，以解决城市生态问题为目标的各类城市改造运动在西方兴起。1984 年，苏联城市生态学家 Yanistky O. 率先提出了生态城市的经典定义；1987 年，美国生态学家 Register R. 系统阐释了生态城市建设的目标和原则（Register，1987）；以后，在美国长期生态研究（LTER）网络中进行的巴尔的摩和凤凰城的城市生态系统研究，通过将自然因素与人类活动因素整合到城市生态系统的研究中，建立了以城市生态系统为核心的完整的城市生态学理论体系（刘力，2001），从而为生态城市建设确立了比较坚实的理论基础。

基于对生态城市认识理念和理论体系的发展，更因为工业化国家从 20 世纪初到 1960 年代末频繁遭遇环境公害，生态城市建设的实践进程从 1970 年代概念提出开始，即很快在发达国家展开。早期，生态城市建设主要表现为美国、日本、西欧等公害严重的工业化国家，开始通过严格的环境立法和普遍的环境教育，宣传普及生态城市建设理念，塑造生态城市建设的法律文化氛围；很快，随着各国城市化进程的加速，城市化过程中人与生态环境的矛盾不断加剧，环境危机不仅表现为大规模的环境公害，更表现为新兴小城市或发展中国家城市化与工业化过程中普遍的生态环境恶化和生活质量下降，这时有更多的国家开始对环境实施更全面、严格的管理，而不少小城市也开始寻求通过土地利用规划、园林绿地系统规划以及道路和公共交通规划等的完善，优化城市生态环境建设；以

1992 年联合国里约热内卢环境与发展大会为新的起点，“可持续发展”的理念成为各国环境政策和环境立法的重要指导思想，不少国家和城市制定了旨在贯彻可持续发展原则和预防为主方针的各种法律制度，从而把环境保护从污染防治扩大到对整个自然环境的保护（张庆彩、计秋枫，2008），一些国家还制订了以城市为对象的“地方 21 世纪议程”行动计划，典型的，如德国埃尔兰根（Erlangen）市率先执行《21 世纪议程》有关决议，采取多种节地、节能、节水措施，修复生态系统，进行综合生态规划，成为德国生态城市建设中的先锋；进入新世纪以来，随着更多大城市的出现，生态城市建设正从传统上的小城市（或小城镇）进一步延伸到新加坡、香港、东京、纽约、伦敦等开发时间较长、城市面积较大、产业形态较为复杂的国际大都市，不过其建设难度更大、建设经验也需要更长时间的观察和总结。

综观过去近 40 年各国的生态城市建设实践，可以依不同标准划分为不同的类型。例如，依生态城市建设的动因来划分，虽然不少生态城市的建设实践起因于城市发展面临比较严重的生态问题或者希冀通过生态城市建设遏制城市衰退的势头，典型的如日本的北九州、瑞典的马尔默等；但也有的是为了通过改善城市生态环境达到优化城市形象的目标，典型的如新加坡等；还有的则是在生态城市建设理念指引下，延续绿色传统，以更好地优化城市生态系统的结构与功能，例如德国的弗莱堡等。依生态城市建设的本底条件和关键性问题来划分，有的是以北九州为代表的重化工业城市，面临的是工业化背景下的生态危机；有的则是自然条件不够好，需要通过技术系统的支撑来优化城市生态系统的功能，例如地处南澳大利亚州沙漠附近的怀阿拉，急需解决的难题就是如何在贫瘠地区创造美好的人类生活环境；当然还有不少城市需要在生态城市建设中同时克服自然生态系统和工业化带来的问题，例如地处高纬度的马尔默，不仅要克服工业和港口衰退导致的问题，还需要优先探索优化能源供给系统的路径。从城市规模看，虽然目前大多数比较成功的生态城市案例，都是人口比较少的小城市，甚至像哥本哈根那样是城市的部分地区，但也有像新加坡那样的规模比较大的城市；从生态城市建设的经济基础看，虽然大多数比较成功的案例都位于发达国家，但也有像巴西库里蒂巴这样的典型的发展中国家城市。因此，总的看来，生态城市建设并不受限于某一特定类型的城市，也就是说，所有城市都应该可以在生态城市建设中获得成功，但的确不同类型的城市面临的主要生态问题及其表现形式是不同的，因此，各个城市都有必要结合特定的发展条件和困难问题，因地制宜地探索生态城市发展的特色路径。而本章所撷取的这些案例，分别来自美国、巴西、德国、丹麦、瑞典、澳大利亚、日本、新加坡等国，遍布全球五个大洲，地理位置和自然条件各不相同，经济和社会发展的状况也有差异，因而能反映出不同类型生态城市构建的不同方案，希冀能对国内更多城市立足特殊市情、探索特色发展路径提供有益的借鉴。本章所介绍的代表性城市都已成为全球生态城市发展的重要样板，但从严格意义上，这些城市距离真正意义上的生态城市尚有距离，在建设城市生态文明方面也只是处于领先地位，因此，学习而不盲从其成功经验和特色做法，才是中国生态城市建设取得更大成就的基础。

（一）美国的伯克利和克利夫兰

国际生态城市运动的创始人，美国生态学家于 1975 年创建了“城市生态学

图 1　美国最先建设的生态城市伯克利

资料来源：鞠美庭：《国外生态城市建设经典案例》，《科技潮》2007 年第 10 期，第 24～25 页。

研究会”，随后领导该组织在美国西海岸的伯克利开展了一系列的生态城市建设活动。在其影响下，生态农业和生态工业园建设得到了政府的更多关注，而伯克利也因此成为全球“生态城市”建设的样板。根据 Rigister R. 的思想，生态城市应该是三维的、一体化的复合模式，而不是平面的、随意的；城市建设不仅应该是紧凑的，而且应该是为人类而设计的；建设生态城市，应该大幅减少对自然的“边缘破坏”，防止城市蔓延，从而使城市回归自然（鞠美庭，2007）。Rigister R. 的这些思想指导伯克利发展成为一座典型的亦城亦乡的生态城市。具体地说，在其住宅区内，每隔一栋独立住宅，就有一块占地数倍于住宅面积的农田，以种植蔬菜和水果等“绿色食品”，供当地及附近城区居民享用。像伯克利这种都市型农业，自 20 世纪 60 年代起，就已在发达国家逐渐兴起，但就中国而言，由于人多地少，这种模式仅对大城市郊区或小城镇才有借鉴价值（董宪军，2000）。

在最早开始探索生态城市实践路径的过程中，伯克利特别关注以具体的行动项目促进生态城市建设，诸如建设慢行车道、恢复废弃河道、沿街种植果树、建造利用太阳能的绿色居所、通过能源利用条例改善能源利用结构、优化配置公交线路、提倡“以步代车”、推迟并尽力阻止快车道的建设、召开有关各方参加的城市建设会议等等，尽管并无亮点，但目标清晰、明确，不仅有助于公众的理解和积极参与，也便于政府部门的组织实施，从而保障了生态城市建设稳步取得实质性的成果（尹洪妍，2008；侯爱敏，2006）。伯克利的这一经验告诉我们，生态城市建设不仅是运动，更是脚踏实地地身体力行，关键要持之以恒地落实和逐步深化。

为将美国的克利夫兰建设成为一个大湖沿岸的绿色城市，市政府制定了 12 项明确的生态城市议题，具体包括空气质量、气候变化、能源、绿色建筑、绿色空间、基础设施、政府领导、邻里社区、公共健康、精明增长、区域主义、交通选择、水质量及滨水地区等（马交国，杨永春，刘峰，2005）。其中“精明增长”蕴含着紧凑型城市建设的思想，其核心内容是：用足城市存量空间，减少盲目扩张；加强对现有社区的重建，保护空地以及土地混合使用；城市建设相对集中，密集组团，生活和就业单元尽量混合，拉近距离，少用汽车，步行上班、上学等。这些措施对于优化城市用地格局具有积极作用，克利夫兰市内公园面积占市区面积达到 1/3 以上，成为真正的“森林城市”（王青，2009）。

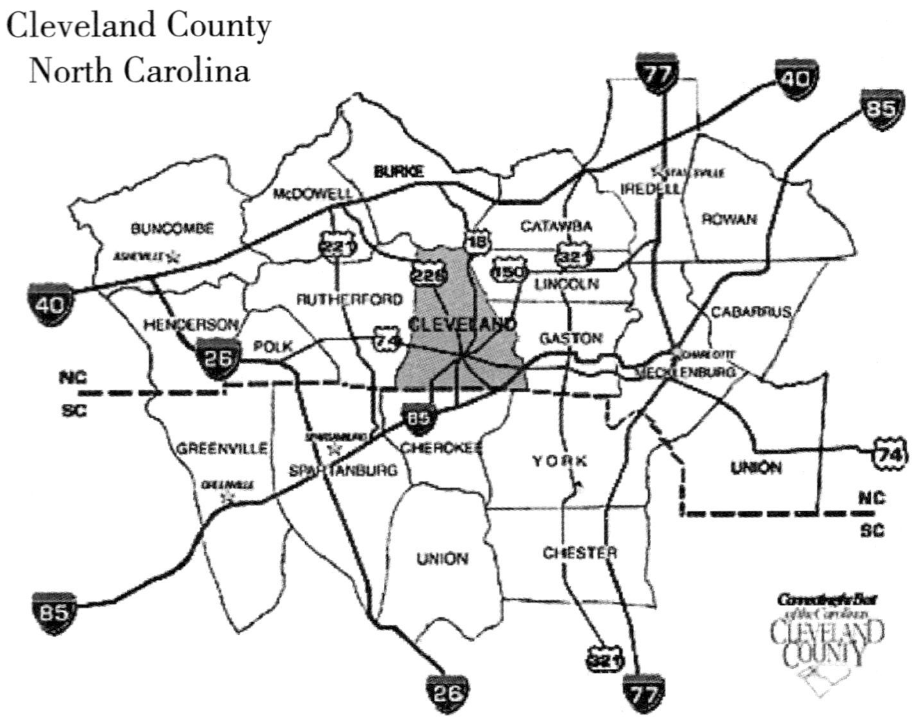

图 2 克利夫兰生态城市规划

资料来源：http：//www. cleveland county. com/。

除了精明增长，克利夫兰生态城市议程中有关区域主义（Regionalism）的思想也具有普遍价值。区域主义认为，城市面临的重大难题大多必须在区域层面，通过与其他区域的参与者协调方能有效解决，因而主张市长必须同俄亥俄的其他市长一起在州和联邦的层面上推进生态城市发展的系列政策（马交国，杨永春，2006）。在城市内部，克利夫兰也制定了详细的可持续计划，包括目的、组织的选择、可能的活动、时间安排等，并推行了许多具体的政策措施，例如，鼓励在新的城市建设和修复中进行生态化设计、强化循环经济项目和资源再生回收、规划自行车路线和设施等。这些对于克利夫兰生态城市建设取得实质进展都发挥了积极作用（马交国，杨永春，刘峰，2005）。

美国作为最早开展生态城市实践探索的国家，在伯克利、克利夫兰、波特兰大都市区等都启动了生态城市建设计划。伯克利和克利夫兰的案例介绍也表明，美国生态城市的建设理念和务实行动的确对各国的生态城市发展都有启示意义。

（二）巴西的库里蒂巴

巴西巴拉那州的州府库里蒂巴市地处巴拉那高原，被认为是世界上最接近生态城市的城市。1990 年，该市被联合国命名为“巴西生态之都”、“城市生态规划样板”，1995 年，它和巴黎、悉尼等城市一起被联合国首批命名为“最适宜人类居住的城市”，有“世界生态之都”的美誉。然而，1970 年的库里蒂巴，同样面临着人口、交通、环境等一系列问题，拥挤的街道、随处可见的垃圾以及频繁的洪涝灾害……呈现出一幅衰败的景象。1971 年，33 岁的建筑师、城市规划者、人文学者 Jaime Lerner 出任市长，大刀阔斧地推动城市改造，从此，库里蒂巴逐渐从严重的社会问题和环境问题中解脱出来，并成长为世界著名的自然化、人性化的城市。在生态城市建设中，库里蒂巴尤其注重可持续发展的城市规划，特别是其公共交通优先发展的系列举措受到国际公共交通联合会的推崇，世界银行和世界卫生组织也都给予了极高的评价（Rabinovitch & Leitman，1996；Michael，1997；Curitiba，1996；李忠东，2008）。该市废物回收和循环使用措施以及能源节约措施分别得到联合国环境署和国际节约能源机构的嘉奖，而其在社会公益项目、文化遗产保护和公众环境教育等方面的突出表现更生动诠释了城市生态文明的丰富内涵。

1. 公交优先的城市规划

同世界许多大城市一样，库里蒂巴也曾面临交通拥堵、垃圾围城、洪水泛滥、城市衰败等一系列问题。但以科学规划和长期、坚定的落实规划为基础，库里蒂巴逐渐从严重的社会问题和环境问题中解脱出来，一跃成为高度自然化、人性化的世界生态之都（李忠东，2009）。正如库里蒂巴市长 Jaime Lerner 所言，“我们不能为了解决一个问题，而引发更多的问题，要努力把所有问题联结成一个问题，用系统的眼光去对待，用综合规划的办法去解决”；“城市不是难题，城市是解决方案”（city is not a problem，city is solution）（简海云，2010）。

1934 年，法国建筑师 Alfred Agache 曾为库里蒂巴制定总体规划，将城市确定为环形 + 放射状发展的空间结构，并确定了功能分区。但面对该规划面临的新问题，1966 年市政府通过设计竞赛的方式，征集并最终确定了巴西建筑师 Jorge Wilhelm 的城市总体规划方案，致力于将城市公共交通系统、道路系统和土地利用进行一体化的统筹布局，以形成城市社会和商业设施沿轴线发展的空间结构（简海云，2010）。

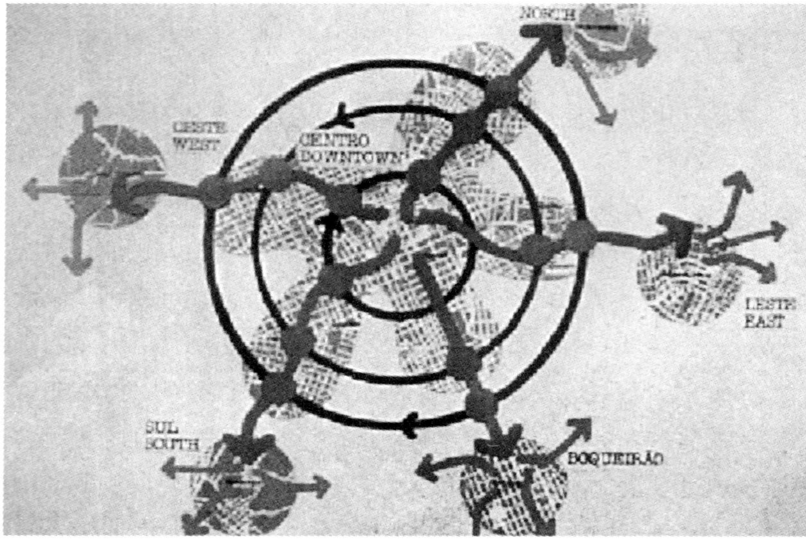

图 3　库里蒂巴围绕交通轴形成的城市规划

资料来源：黄肇义、杨东援：《巴西生态之都库里蒂巴》，《生态经济》2003 年第 4 期，第 54～55 页。

图 4　库里蒂巴独特的公交系统和管状站台

资料来源：简海云：《巴西库里蒂巴城市可持续发展经验浅析》，《现代城市研究》2010 年第 11 期，第 62～68 页。

库里蒂巴城市总体规划的最大亮点是基于公交优先原则的城市开发。规划确定库里蒂巴市沿着五条交通轴线进行高密度线状开发。五条轴向道路中的四条所在地块的容积率为6，其他公交线路服务区的容积率为4，离公交线路越远的地方容积率越低。城市仅鼓励公交线路附近2个街区的高密度开发，并严格抑制距公交线路2个街区外的土地开发。在道路系统方面，每条轴线都含有一个由三条平行大道组成的三元结构。其中一条通向城市中心，一条背离城市中心，而第三条则是处于以上两者之间的中央大道。大道之间以标准的城市街块（block）隔开。中央大道本身又由3条道路组成，中间的1条是公共交通专用道，两侧的道路供私人小汽车和其他车辆使用。由此看来，该规划从一开始就赋予了公共交通以优先发展的地位（简海云，2010；刘岩，2006；Curitiba，1996）。在规划实施中，交通部门对各条线路上行驶的巴士在颜色、速度和载客人数等方面都有严格要求，以便于车辆辨认和交通管理；快速公交车道上的红绿灯由巴士司机自行控制，以便提高车速；管道式车站上下客体系和专门供残疾人使用的升降梯方便了乘客，也减少了巴士停靠站的时间；巴士平均使用年限不得超过5年，司机工作时间每班为6个小时，以确保行车安全，等等（李忠东，2008）。这些细节处的人本思想，从系统到细节将公交优先意图落到了实处，也大大提高了市民对公交系统的认同度。目前，库里蒂巴市尽管有50万辆小汽车，但有2/3的市民每天都使用公共汽车，该市80%的出行依赖公共汽车，并且做到公共汽车服务无需财政补贴。由此，其使用的燃油消耗仅是同等规模城市的25%，不仅污染少，交通也很少拥挤（刘岩，2006）。

1966年以来，库里蒂巴总体规划的框架一直未发生大的变化，历届政府均致力于严格实施，仅结合实际情况作局部的调整与完善。为保证规划的持续实施，市政府于1966年成立了库里蒂巴规划研究院，一直负责城市总规划以下各层次规划的深入编制、技术维护与实施协调，使得政府各部门的分目标能够符合城市总体规划的统一要求（简海云，2010）。

2. 和谐的绿化建设

在库里蒂巴，有9个森林区、26座公园、282个花园广场、259块公共绿地和无数的私人花园和绿地，全城绿地面积8100万平方米，平均每个市民占有绿地51.5平方米，是世界上绿化得最好的城市之一。该城所有公园和绿地全部免费开放，在绿化设计上采取自然与人工有机结合的方法，更多地考虑到生态功能，注重本地化和多样化，不但注重美化城市，还考虑便利野生动物的栖身和取食。该市草地由天然和人工种植两大类组成，天然草地可以放牧，不怕人畜踩踏，人工草地使用的是乡土草种，生命力与适应力也极强，因而可以全都直接与公路和步行道互相连接。库里蒂巴在实施绿化工程时，还巧妙地与环境再利用以及垃圾回收等项目有机结合起来，不少公园是在废弃的采石场上修建起来的（李忠东，2009）。

3. 多赢的“垃圾购买”项目

“垃圾购买”项目是库里蒂巴生态建设的重要特色举措，它鼓励市民用垃圾换食品，体现了“垃圾不是废物”（garbage is not garbage）的理念。在全市的各个居民社区，垃圾回收车每周来两次，而且都是两辆车同行。其中前一辆车回收垃圾，后一辆车分发食品。只要用两公斤的回收物质，便能够换到1公斤的食品，另外也可以兑换公共汽车票、练习簿、圣诞节玩具等。“垃圾购买”项目的实施可以说是“一举三得”：一是保护了环境；二是满足了市民们的日常生活需求；三是所提供的食品主要从当地农民手中购买，因此又增加了农民的收入。该项目的实施使垃圾的循环回收在城市中达到95%，每月有750吨的回收材料售给当地工业部门。而市政府的投入并不是很高，回收一吨垃圾仅花费59美元，但一般大城市平均需要150美元（李忠东，2008；李忠东，2009；简海云，2010）。

4. 以人为本的环境教育和社会公益行动

库里蒂巴市民良好的环境意识，与政府对文化教育的高度重视分不开。市政府为加强环境教育，特设了一座“爱护环境免费大学”，经常举办短期环保学习班，市民们都踊跃参加。儿童是市政府环保宣传的重点，由儿童扩展到家庭，使儿童和家长都养成保护环境和废物再生利用的习惯。为使生态城市的内涵真正体现在社会可持续发展方面，库里蒂巴还开展了几百个社会公益项目，从建设新的图书馆系统，到帮助无家可归的人，在最贫穷的邻里小区，城市开始了“Line to Work”项目，以进行各种实用技能的培训。此外，库里蒂巴还开始了救助街道儿童的项目，把露天市场组织起来，以满足街道小贩们的非正式经济要求；把淘汰的公共汽车漆成绿色，提供周末从市中心至公园的免费交通或流动教室等，为低收入人员提供成人教育服务（李忠东，2008；李忠东，2009；简海云，2010）。所有这些社会公益和环境教育项目都可以使人变得高尚、博爱和善良，从而增进了城市生态文明建设的实效。

（三）德国的埃尔兰根和弗莱堡

埃尔兰根（Erlangen）位于德国南部巴伐利亚州，是著名的大学城、“西门子城”和生态城市，也是现代科学研究和工业的中心，特别是在医学、医疗技术和健康研究方面实力雄厚。埃尔兰根发展的实践表明，只要能在地方决策的过程中，真正平等地对待生态、经济和社会等方面的发展，生态城市建设与成为有活力的现代科学之城、研究之城和工业之城并不矛盾，而且可以在可持续发展的前提下互相强化。因此，该城虽小，却也可能对大型或特大型城市的生态文明建设提供借鉴，特别是在景观规划以及交通模式优化等方面。

第二次世界大战后的埃尔兰根，就业机会成倍增长，1945～1972 年，随着西门子公司的壮大，共创造了 5 万个就业机会，人口也迅速增长到 10 万人。但与此同时，市民的不舒适感和批评也在增长，主要是针对相当多的城市绿地、森林和闲置乡村土地的流失以及汽车的增长带来的噪音、空气污染和街道的拥挤。为此，有识之士开始单独或者与新的市民代表、非政府组织联合起来抗议，这些团体与来自大学和西门子公司的专家一起反对某些不利于环境保护的项目，同时，他们还编制了详细的建议书，号召政府制定更多与环境有关的地方政策。在民众的努力下，埃尔兰根自 20 世纪 70 年代早期，就开始了一项综合的整体规划，这与后来的“地方 21 世纪议程”非常相似。依据可持续发展的思想，埃尔兰根加强了景观规划，明确了进一步发展的自然边界，从而保全了森林、河谷和其他重要的生态地区（占总面积的 40%），并建议城市中拥有更多贯穿和环绕城市的绿色地带。在分区规划中，埃尔兰根尽可能地基于生态方面的必要限制，更好地规划经济和社会发展，在新城区可接受的密度上尽可能地节约使用自然地带。在景观规划的指导下，虽然埃尔兰根的人均居住面积从 1973 年的 26 平方米迅速增长到了 2001 年的 40 平方米，但埃尔兰根仍是一座被大面积森林和农场环绕的绿色城市，森林覆盖率达到 40%。同时，由于市内和城市周边的绿地被绿色通道连接起来，城市中任何一个住处通往绿地只需五至七分钟，为居民锻炼身体创造了最好的条件，埃尔兰根也因此成为健康之城。此外，埃尔兰根在家庭废物管理和河流治理等方面也取得了极大的成功（沈超，2010；Dietmar Hahlweg，2003）。

在埃尔兰根的生态城市建设中，最重要但也最富于争议的是新的交通规划。

多年以来城市普遍实施的以车为主的交通规划被抛弃，行车交通不再享有特权，在居住区和市区使用汽车受到限制，而步行、骑车和公共交通等以环保方式为主的城市内活动受到鼓励。该城的口号是：城市中的每一个人享有同样活动性。这一政策使得各种交通形式平等地享有在城市通行的便利，十万人的埃尔兰根，不仅拥有5.4万辆小汽车，也拥有八万辆自行车；当地人的自行车使用率是30%；通过所有居住区和城区的交通都受到30公里/小时的限速，从而减少了交通危险、噪音和空气污染；在城区，还有一个灵活的混合型步行区域，没有汽车通行，但对步行者、自行车、公共汽车和出租车开放，也有些区域在其中开车是可以的，但要保持步行速度，停车场则被搬离到距城区有一定步行距离的地方。新的交通政策尽管曾在市议会和公众中引起争议，但今天都被广泛接受了。各种城市空间因此为人们相识提供了场所，人们在此停歇，各种活动（如社区的庆祝仪式）都可以在这里进行，城市也因此更有活力（Dietmar Hahlweg，2003）。

弗莱堡（Freiburg）位于德国南部黑森林北麓，是巴登符腾堡州的一个中等城市，建于1457年的弗莱堡大学以及古城和哥特式教堂是其城市历史最光辉灿烂的标志。近年来，弗莱堡高度重视自然环境的保护，被视为世界“最绿色的城市”之一，1992年获得了德国自然和环境保护城市的荣誉。在弗莱堡，民众强烈的环保意识、广泛使用的节能环保技术，以及当地政府和第三方机构的有效参与，都构成使弗莱堡成为德国“环保首都”的重要特色优势（思前，2008）。

表1　巴士快速交通（BRT）、轻轨交通（有轨）和地铁交通（有轨）技术指标比较

指　　标	巴士快速交通(BRT)	轻轨交通(有轨)	地铁交通(有轨)
投资额(亿元/公里)	0.2～1	2～3	6～8
建设周期(年)	1～2	4～6	8～10
最低城市人口	75万	100万	200万
噪声	较小	很小	几乎没用
污染	较小	很小	很小
车厢座位容量	40～120	110～250	140～280
正常行驶速度	20～40公里/小时	20～45公里/小时	25～60公里/小时
安全性能	高	高	极高
站距	350～800米	350～800米	500～2000米
路面特征	专用车道或混合流车道	专用车道或混合流车道	专用车道

资料来源：王青：《国外生态城市建设的模式、经验及启示》，《青岛科技大学学报》2009年第1期。

作为德国环境保护运动的先锋城市，弗莱堡的生态城市建设起步于20世纪70年代的群众性反核运动。由于该市较早执行了保护自然景观和改善城市生活质量的政策，及时利用了在交通更新、能源利用、垃圾处理等方面的新观念和新方法，同时依托社会各界较强的环保意识，积极开发利用环保技术及环保产品，将生态环境保护的实践和研究领域扩大到交通、能源、基因技术和化学应用等方面，从而对德国其他城市的环境保护产生了巨大影响（吴唯佳，1999）。

民众的环保意识是节能环保技术推广使用和政府及第三方机构积极参与的保障条件，而弗莱堡交通体系的优化同样显现出市民参与的价值。经过长期建设，弗莱堡不仅形成了高效的公交换乘网络，更重要的，还积极发展了与郊区相连的自行车道路网络，修建了总长达135公里的自行车道路，加上可以通行自行车的林间和乡村道路115公里，原有的自行车道路125公里，使得自行车道路交通网总长达375公里。此外，市区还建有自行车停车场60个，有2200个停车位。自行车日流量已达12万人次，自行车交通已占整个交通量的27%。在里泽费尔德（Rieselfeld）小区的第三期建设中，当地居民和政府决定执行无汽车住宅区的建设计划，动员居住在该区的居民自愿在日常生活中放弃使用私人小汽车，而由小区向居民提供便捷的城市公共交通，保证所有居住单元距离公共汽车站和住宅区商业中心最远不超过300米。为便于居民在确有必要时有车可用，该小区推广了汽车共用协会，由协会提供由指定地点到达另一地点的专车。为了便于来访者，在住宅区边缘还设有停车场。在实行无汽车住宅区之后，住宅区内部道路将被改造成儿童游戏场或居民日常交际的活动场地，以免受汽车交通的干扰（吴唯佳，1999）。

在节能环保技术推广方面，弗莱堡市推广节能灯的活动很有借鉴价值。它主要通过提高能源价格以及分发节能灯等方式减少居民的能源消耗，引导公众的能源使用行为，降低能源消耗费用。在开发新能源方面，该市利用对太阳能研究、开发和生产项目的资助以及建设“太阳能城市”等措施来推广新能源的利用。1996年弗莱堡共安装了75个太阳能电池板装置，总容量366千瓦，成为德国人均拥有太阳能电池板装置最多的城市。由于太阳能电池板在市场销售中受到价格局限，弗莱堡还发展热电联合作为向区域太阳能系统转换的中间环节，以期形成既具有较高的能源转换效率，又造成污染较少，并且能源消费市场能够承受的供电供热系统，为远期建设新型能源利用系统打下基础（吴唯佳，1999）。

图5　森林城市弗莱堡

资料来源：http：//translate. google. com. hk/translate? hl = zh - CN&langpair = de | zh - CN&u = http：//www. freiburg. de。

在垃圾处理方面，弗莱堡的特色做法也成效显著。在弗莱堡，所有宾馆、饭店和饮料商店都限制使用一次性包装材料，在菜市场也主要使用麦草而不是塑料包装；全市家庭则实行了可回收垃圾的分离回收系统和生物垃圾筒，分别设立了绿筒（废纸）、黄袋（塑料、金属制品）、玻璃回收箱以及废弃物箱，生物垃圾集中进行堆肥处理，不可回收的垃圾则实行限量制度，超出限额须支付额外费用。此外，该市还在所有工业企业推行减少垃圾生产量和垃圾回收制度。这些制度实施十年后，全市垃圾产量减少了1/3（吴唯佳，1999）。

弗莱堡生态城市建设的成就与政府和第三方机构的参与密切相关，而这又突出表现为由环保科研机构、组织和社会团体形成的“文化”特色。该市现有生态研究所、太阳能系统研究所、国际太阳能协会、地方环境保护组织国际理事会欧洲秘书处、环境咨询和分析研究所等科研机构，“联盟”、自然保护组织、地方政府国际环境协会、弗莱堡能源和太阳能促进会等政府和群众组织，以及弗莱堡能源和自来水供应公司、交通管理公司和太阳能建筑公司等生产管理企业，形成了由科研机构、政府与群众组织和环保企业等三方组成的环境保护组织机制。

图 6　弗莱堡菜市场的麦草包装

资料来源：李皓：《生态城市弗莱堡》，《生态经济》2004 年第 2 期，第 76 ~ 77 页。

其中，成立于 1963 年的弗莱堡环境保护组织“联盟”，拥有成员 3 万多人，主要通过形式多样的活动普及生态环境保护思想，以优化生态城市建设的群众基础；而政府资助的一系列建设和科研项目也为生态城市发展创造了良好条件（吴唯佳，1999）。

埃尔兰根和弗莱堡的成功经验，不仅表明景观规划和交通体系建设对于生态城市发展具有重要价值，更说明文化环境和技术环境优化在德国生态城市建设中的基础性价值。生态城市应该是社会文化和技术水平都高度发达的城市，文化资本和技术进步应该成为生态城市建设中最重要的支持要素。只有居民、企业、第三方机构和政府都有了很强的社会责任和生态意识，生态城市规划和节能环保技术才能真正发挥潜在的价值，城市生态文明也才有了实现的基础和保障。

（四）丹麦的哥本哈根

丹麦生态城市 1997 ~ 1999 项目的主要资金来源是欧盟的 LIFE 项目拨款（约合 136 万美元）以及区议会、地方生态组织、绿色组织和瑞典哥德堡市 Lundby 城区的资金支持。项目自 1997 年 2 月 1 日启动，是丹麦第一个生态城市建设项目，旨在建立一个生态城市的示范城区，从而为丹麦和欧盟的生态城市建设取得经验。

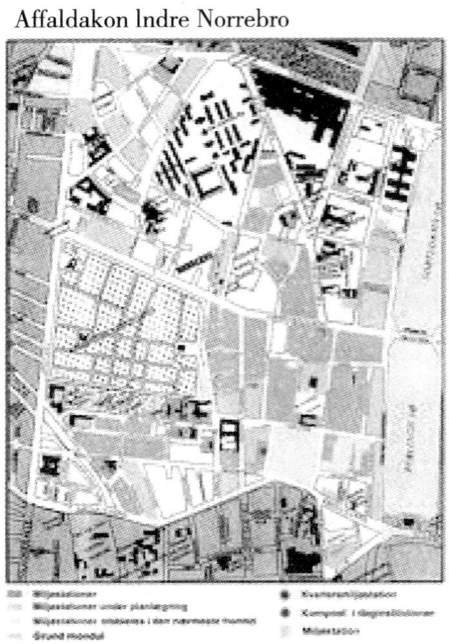

图 7　哥本哈根生态城市项目试点区域

资料来源：http：//www. rentskrald. dk/bibliotek/manual/indledning. htm。

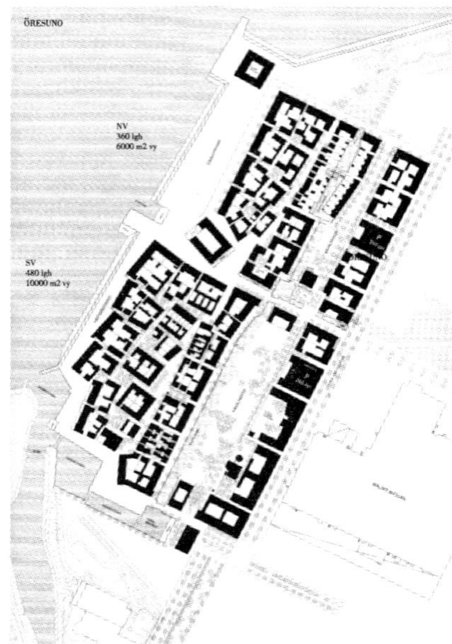

图 8　马尔默西部港区零碳社区规划

资料来源：http：//translate. googleusercontent. com//translate_ c？ anno = 2&hl = zh – CN&rurl = translate. google. com. hk&sl = en&tl = zh – CN&u = http：//www. malmo. se/English/Western – Harbour/Plans – and – on – going – projects/Bo01 – expo – area/Detailed – development – plans – Bo01. html&usg = ALkJrhgwpuqHM8FTrpbqG 5KzEurBdzQJqA。

该项目选择在丹麦哥本哈根人口密集的 Indre Norrebro 城区进行，主要拟在城市密集区内建立可持续发展的生态城区方面发挥示范作用。项目内容十分丰富，希冀通过系列行动，达到试验区内水和电的消费量分别减少 10%、回收 10% 的有机垃圾制作堆肥、回收 40% 的建筑材料等环保目标。诚然，如果只是确定了少数几个明确的环保指标，会与城市生态文明建设的丰富内涵相去甚远。但为达此目标，该项目特别强调在地方规划和管理《21 世纪议程》中把环境因素整合为一体，提高市民对地方环境和全球环境的责任感，减少资源消费量，并推动有利于环境的地方生产和其他活动，从而取得了比较明显的综合成效，而其重点推行的绿色账户、生态市场交易日等特色举措也对其他城市的生态文明建设具有参考价值。

所谓绿色账户，主要记录城市、学校或者家庭日常活动的资源消费，以提供环境保护的背景知识和增强人们的环境意识，同时还能比较不同城区的资源消费结构，并为有效削减资源消费和资源循环利用提供依据；所谓生态市场交易日，是指从 1997 年 8 月和 9 月开始，每个星期六，商贩们携带生态产品（包括生态食品）在城区的中心广场进行交易，以鼓励生态食品的生产和销售，同时也有助于扩大公众对生态城市项目其他内容的知晓度。吸引学生参与是传播生态意识、扩大群众基础的重要途径，丹麦生态城市项目十分注重吸引学生参与，其绿色账户和分配资源的生态参数和环境参数试验对象都选择了学校，同时，还在学生课程中加入生态课，甚至一些学校的所有课程设计都围绕生态城市主题展开，并对学生和学生家长进行与项目实施有关的培训，这些和库里蒂巴以儿童为重点的环境教育思路有相似之处。根据项目实施的中期报告，总体进展良好。尤其在垃圾分拣和堆肥制作项目上，取得了相当大的环境收益。初步的结果表明，垃圾量减少了 50%，垃圾回收也由原先的 13% 提高到 45%。总的看来，丹麦生态城市的创意性做法和定量指标对于我国城市生态文明建设还是很有启示意义的（佚名，2003；黄肇义，2001）。

（五）瑞典的马尔默

马尔默是瑞典的第三大城市，也曾经是“黑铁时代”典型的重工业城市，在欧洲造船业全面衰退的过程中，经济逐渐衰退，废弃的码头杂草丛生。1995 年，为竞争 2001 年“欧洲城市住宅博览会”的举办权，马尔默提出要将废弃老码头改造成节约能源的生态友好型住宅新区。西港区，曾经是马尔默老船厂 12.5 公顷的区域，成为绿色环保城市建设的“大实验室”。在这里，瑞典第一个“零碳社区”拔地而起，它被称为“Bo01”（瑞典语中意为生活在 2001 年）（佚名，2011），也被称为“明日之城”。经过多年改造，马尔默西部滨海地区已经成为世界领先的可持续发展地区，朝着“生态可持续发展和未来福利社会”迈进了一大步（沈超，2010），并于 2001 年荣获欧盟“推广可再生能源奖”。

马尔默的能源体系优化主要包括新能源开发利用和节能型建筑技术与科学运营体系的推广。这其中既有瑞典能源战略立法先行的积极作用，也离不开财政、税收导向和政府与企业的合作机制构建。正是一套科学严密的能源政策，为马尔默的“生态城市”发展奠定了坚实的基础。

图 9　BoO1 住宅示范区的绿色屋顶

资料来源：于萍：《马尔默打造深绿型生态城市》，《城市住宅》2009 年第 8 期，第 88 ~ 89 页。

在新能源建设方面，从 10 年前开始，约 2 万名居住在西港区的居民就完全使用新能源生活。西港区的新能源主要来自风能、太阳能和地热能。现在马尔默 Bo01 小区实现了 100% 利用当地的可再生能源。使用可再生能源的重要瓶颈就是能源来源不稳定，为此，马尔默打造了一套复杂的能源系统，在距离小区以北 3 公里处建设了一个 2 兆瓦风力发电站，以满足 Bo01 小区所有住户的家庭用电以及热泵和小区电力机车的用电；而 1400 平方米的太阳能板，年产热能约 525 兆瓦·小时，可满足小区 15% 的供热需求；其余则采用地源热泵技术等提供室内暖气或生活热水等，可以满足住宅示范区 85% 的供热需求。在风能和太阳能不足时，社区仍可使用电网中的能源，当清洁能源过剩时，多余的能源也将反馈回电网。该系统的核心是一个热泵系统，它提供了社区供暖与热水，这在寒冷的北欧尤为重要。热泵的能量来源，除了风能、太阳能，还有地热能，这也是马尔默利用独特地热资源的优势所在（佚名，2011）。

与中国的许多城市一样，马尔默也正处于城市化高速发展的过程中，但归功于建筑法规建设和节能型建筑技术与科学运营体系的推广，马尔默建筑能源的消耗量在过去 20 年几乎没有增长。在马尔默，建筑节能和环境影响是当地政府在审批建筑项目中优先考虑的因素。建筑规划要对建筑的总平面布置，建筑平、立、剖面形式，太阳辐射、自然通风等气候参数对建筑能耗的影响进行分析，以

图 10　马尔默的太阳能利用

资料来源：于萍：《马尔默打造深绿型生态城市》，《城市住宅》2009 年第 8 期，第 88 ~ 89 页。

使得建筑物在冬季能最大限度地利用太阳辐射，降低采暖负荷；夏季最大限度地减少太阳辐射并利用自然通风降温冷却。为减少能源浪费，政府还积极推广建筑热量回收系统，通过对通风量的控制，形成室内外正负压差，让新鲜空气先进入主要居室，然后经过卫生间和厨房，将污浊空气排出室外。这种“房屋呼吸”的概念，不仅节能，还优化了空气质量。此外，政府还对住宅墙体的保温隔热和门窗的节能都提出了明确的要求，建筑师必须按规定选用材料，卫生器具大多采用节水排水装置，室内新风系统、热量回收系统、中央吸尘系统、防火门电磁阀控制系统和户内消防软管系统的配置都需要通过瑞典国家环境、节能使用标准（佚名，2011）。复杂细致的节能要求不仅有助于降低对生态环境的压力，更有利于培养生态保护的意识和习惯，对于生态文明建设具有积极价值。

马尔默案例的另一独特亮点就是在生态城市建设中因地制宜地选择技术解决方案。例如，马尔默市有丰富的太阳能、风能和地热能，但是没有全面发展，而是根据当地实际情况，优先发展了其中的风能和地热能；在节水方面，由于瑞典淡水资源非常丰富，所以马尔默更注重环保，少量进行了雨水处理；瑞典是北欧乃至世界最发达的国家之一，但马尔默并没有模仿欧美的低容积率，而是选择了以 3～6 层的多层建筑为主的发展方式，在非常有限的土地上，创造了一个低密度、紧凑、私密、高效的用地空间（于萍，2009）。

总之，马尔默书写了一个经济衰退地区在生态城市建设中重新繁荣发展的奇迹，它既是应对低碳经济时代能源体系优化发展要求的成功范例，也是因地制宜开展特色生态城市建设的样板，学习马尔默的成功经验对于高速发展中的中国城市会有很多启示，这在上海世博会期间马尔默案例的受欢迎程度也可以得到证明。

（六）澳大利亚的怀阿拉

怀阿拉（Whyalla）位于澳大利亚的南澳大利亚州沙漠附近。1996 年 6 月，怀阿拉生态城市开发咨询项目由澳大利亚 Ecopolis Pty Ltd 公司、澳大利亚城市生态协会和南澳大利亚大学中标，中标方在各种场合宣传怀阿拉市的生态城市项目，频繁在怀阿拉中、小学宣传怀阿拉生态城市项目的内容和意义。1997 年 4 月 1 日，怀阿拉市政府通过决议，批准并把目前的所有环境计划融合到一起实施。怀阿拉市政府承诺，通过生态城市建设为市民创造一个更好的居住环境，长久地实现更加可持续的发展，降低社区的真正费用，为实现州和澳大利亚的环境目标进行最好的实践。怀阿拉的生态城市发展战略力图证明，即使在贫瘠地区，城市发展所需的能源和资源也是可以满足的（黄肇义，2001）。

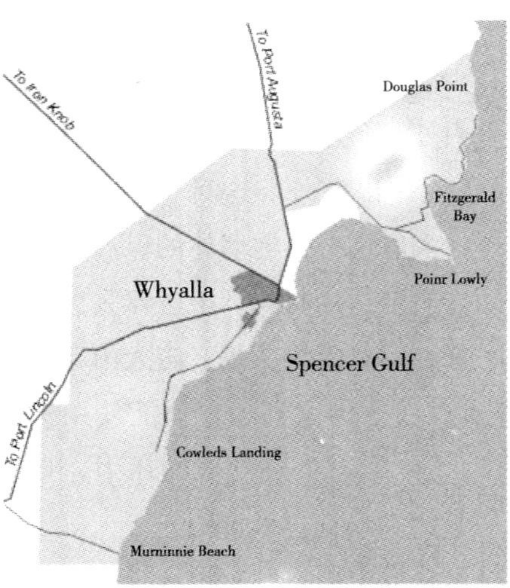

图 11　澳大利亚怀阿拉生态城市建设

资料来源：http：//www. whyalla. sa. gov. au/site。

怀阿拉生态城市战略旨在把该市发展成为在公众服务和城市环境运行的各个方面都能够有效利用可持续技术的领先城市，包括充分利用怀阿拉气候区位优势、地方社区创造力、凝聚力以及市政府实现未来目标的愿望，同时拓展其经济基础、增加年轻人和居民的总体就业机会等（黄肇义，2001）。

生态城市的概念整体上是可以适用

于怀阿拉的，怀阿拉的生态城市项目充分融合了可持续发展的各种技术，包括城市设计原则、建筑技术、审计要素和材料、传统的能源保护和能源替代、可持续的水资源使用和污水的再使用等。该战略提出了7条生态城市建设的战略要点，即设计并实施全面的水资源循环利用计划；在城市开发政策上实行强制性控制，对于新建住宅和重大城市更新项目要求安装太阳能热水器，并在设计上尽量改进能源效率；对安装太阳能热水器给予财政刺激；推进21世纪议程的环境规划过程；开展提倡优良的、可持续的建筑技术的大众运动；形成一体化的循环网络，以及建立替代能源研究中心等。遵循生态可持续发展的原则，怀阿拉还制定了具体的生态城市工程，例如大量增加绿地面积、推广可更新资源和能源、可持续水利用、可持续建筑技术等（马交国、杨永春，2006）。怀阿拉的生态城市发展战略构想对于中国大量半干旱地区的生态城市建设更具有直接的借鉴意义。

（七）日本的北九州

图12　日本北九州市的生态转型

资料来源：http：//china. nikkeibp. com. cn/eco/kyusyu/529 - 20110523. html。

北九州因位于九州岛最北端而得名，它地处东京至上海航线的中间位置，自古被誉为“通向亚洲的门户”。自1901年国营八幡制铁所（新日铁公司的前身）正式投产开始，北九州进入工业化时期，并在20世纪50年代成为日本四大工业区之一，后因大气和水质污染等环境问题，成为“七色烟城”和环境公害频发之地，这促使北九州政府、市民、企业、研究机构开始共同克服环境公害，积极实施“产业环境化、环境产业化”战略，主要依靠法律体系和科技进步的支持，大力发展生态工业园和循环经济，取得了经济与环境的“双赢”。1987年，北九州被日本环境厅评为“星空之城”，1990年又成为日本第一个“全球500佳”获奖城市，并在2002年召开的“有关可持续发展世界首脑会议”上受到表彰（肖鹏程，2010）。由于北九州曾经是一个典型的重化工业污染城市，其环境治理的经验，尤其是相关立法经验和生态工业区发展经验，对于中国的城市生态文明建设很有借鉴价值。

城市环境问题在日本比较突出，通过立法保障生态城市建设也是日本克服城市环境问题的重要经验，环境法律体系对于北九州的生态城市建设发挥了显著作用。日本环境保护的基本法，从1967年的《公害对策基本法》起步，到1972年通过《自然环境保全法》，再到1993年确立《环境基本法》，立法目标从公害控制转向对环境的整体保护，体现了对生态环境认识水平的提高。《环境基本法》主要针对城市型污染，倡导形成对环境负荷小的清洁型社会经济运行机制，提倡全程的环境保护，确认国家、政府、企业、民众等社会主体在环境保护方面的责任和义务，引导和规范全社会的环境保护行动，积极支持环境教育和民间环保活动，同时也强调要提供环境信息服务以及发展环境保护的科学技术。1993年以来，日本先后颁行了《容器包装回收法》、《环境影响评价法》、《家电产品回收法》、《循环型社会形成推进基本法》、《促进资源有效利用法》、《绿色购买法》、《建筑废物回收法》、《容器再利用法》、《食品回收法》、《汽车回收法》、《化学物质综合管理法》、《家用电器再利用法》等一系列法律法规，从多个方面保障了生态城市建设进程。在日本，与土地、住宅、城市建设相关的法律还有200多个（张庆彩、计秋枫，2008），这对于保障城市规划的科学编制和有效实施也起到了积极作用。

以循环型生态工业区建设推进生态城市发展是北九州的重要特色经验。北九州市生态工业园建立于1997年7月，总面积为4平方公里，由综合环保产业园区和再循环利用产业园区、环保技术实验区、北九州学术科研城等三大部分构成，是集环保研究、技术开发、实验和产业化生产为一体的生态工业区。其中，综合环保产业园和再循环利用产业园主要引进成熟的环保技术和企业，进行大规模的再循环利用生产，目前已有废旧泡沫塑料再循环利用加工、废旧家电再循环利用加工、办公用传真机和复印机等再循环利用加工、废旧汽车再循环利用加工、荧光灯再循环利用加工、医疗器具再循环利用加工等多家加工厂；环保技术实验区主要引进环保和再循环利用的新技术，在政府支持下建立实验工厂，以尽快将新技术转化为成熟技术，再移植到综合环保产业园和再循环利用产业园进行产业化生产；北九州学术科研城聚集了日本北九州市立大学、日本九州产业大学、日本九州工业大学、日本福冈大学等九州地区的主要大学，还吸引了日本早稻田大学、德国国立信息处理研究所（GMD）、英国 Granfield 大学等著名大学和研究所，主要从事环保人才教育、环保技术和材料开发、信息以及生物工程等的研究。此外，学术科研城内还设有产学共同研究所，吸引一些企业共同参与研发，并通过环保技术实验区的产业化生产实验，最后再到综合环保产业园区和再循环利用产业园区进行产业化生产（李海峰、李江华，2003）。北九州生态园从技术研发、中试到产业化的全过程开发模式对于其他地区很有借鉴意义。

注重改变城市居民的生活方式也是日本生态城市建设的亮点之一。为推广低碳生活理念，日本注重普及低碳技术并引导人们选择低碳物品，这在住宅和家电方面表现比较明显。在住宅方面，日本环境省委托东京工业大学测算了单栋住宅墙壁断热性改造、屋顶及墙面绿化后的效果，同时测算了住宅街区外部空间集约设计绿地、避免使用蓄热性高的混凝土、减少街区的空调使用后的效果，鼓励房地产开发商展开低碳化住宅开发，鼓励住宅购买者选择低碳化住宅，建立了确保住宅低碳性能的强制性基准。在家电方面，为鼓励民众购买节能型产品，政府出台了“绿色点数”政策，即消费者在购买节能型家电时可以获得一定份额的绿色点数，可用来购买其他节能型家电。日本还实施了绿色支援政策，即对于注重生态环境营造的设计开发项目给予一定的植物资源援助（沈瑶，2010）。在北九州，政府组织开展了汽车“无空转活动”，以控制汽车尾气排放，家庭则自发开展了“家庭记账本”活动，将家庭生活费用与二氧化硫的削减联系起来；全社会还组织了以美化环境为主题的“清洁城市活动”等（沈超，2010）。所有这些，都有助于培养民众对生活环境的热爱和主动维护的意识，也能节省大量公共维护管理的费用。

（八）新加坡

1965年8月独立时，新加坡是一个拥挤不堪、污染严重、人居环境很差的地方。为迅速改变城市的落后面貌，新加坡实施了“总体规划、合理布局、统筹兼顾、节约能源”的环境经济政策，努力使新加坡成为“清洁葱翠城市”和东南亚的绿洲，今天的新加坡早已是世界知名的“花园城市”。而它在“花园城市”建设过程中的政府行为，尤其是在生态环保标准的制定和严格执行方面的经验受到各国的广泛关注。

图13　花园城市新加坡

资料来源：鞠美庭：《国外生态城市建设经典案例》，《科技潮》2007年第10期，第24~25页。

新加坡早在1960年代就由政府推动，开展了全民植树运动，具体做法包括：在城市规划中专设一章“绿色和蓝色规划”，相当于我国的城市绿地系统规划，以确保在城市化飞速发展的条件下，新加坡仍拥有绿色和清洁的环境，充分利用水体和绿地提高新加坡人的生活质量（鞠美庭，2007）；尽可能多地规划公园、花园等绿化用地，在高楼大厦之间也要求设置绿化带；国家规定所有建筑必须进行园林绿化设计，并须经园林部门审批同意，否则不准开工；建房之前要先交绿化订金，若不能完成绿化任务，由园林部门用绿化订金去种植完成；全国每年都有绿化植树节，国家领导人同群众一起植树，园林绿化由国家发展部下属的国家公园局专门负责；树木花草一经种下，不可随意砍伐和损坏等（王库，2008）。为巩固绿化美化建设的成果，新加坡将向群众灌输环境意识和社会责任视为解决问题长期方案。1968 年 10 月，政府展开了为期一个月的“保持新加坡清洁”运动，以改善居民生活条件；1990 年以来，新加坡每年都展开“清洁绿化周”，鼓励个人对环境负责和推动环保团体、学校与公司参与环保活动。环境教育还被列入学校课程，并鼓励每所学校至少成立一个环保俱乐部，在大专学府培养“环保大使”（张雅丽，黄建昌，2008）。

图 14　新加坡公共住房屋顶花园

资料来源：http：//app. mewr. gov. sg/web/Contents/Contents. aspx？ContId = 1342。

新加坡雷厉风行、行之有效的“FINE”（罚款），在世界上非常有名，而在生态城市建设中，这就表现为标准的制定和严格执行。在土地利用方面，新加坡规定，住宅区附近只准设立轻工业（如纺织业、电子业等），而重工业必须在离开住宅区一定距离的指定工业区设立，可能意外放出有毒化学药品的工业还不准设在集水区范围以内；在污水处理方面，新加坡把源自家庭和工业的废水导入公共污水处理系统，经处理符合国际标准后才能流入海中；从 1980 年开始，发电厂、炼油厂等主要空气污染源只准使用硫磺含量不超过 2% 的液态油发电；为保护空气质量，企业必须安装特别设备以确保散发出来的气体符合国家标准；为提升街边小贩和食物供应商的卫生标准，从 1966 年开始实施的新小贩准则规定，所有小贩必须领取执照，随后，又逐步被责令迁至有适当污水处理和排水系统装置的小贩中心营业；与此同时，政府还设立了一个虫害控制单位，专门负责监察和研究蚊子等害虫的滋生和控制（张雅丽，黄建昌，2008）。正是由于城市管理细节处的严格标准和严格执行，新加坡的环境保护才取得了显著的成功。

新加坡解决交通拥堵问题的对策，近年来在中国很有影响。其主要内容包括四个方面：一是实行交通限制制度。繁华地段设置单行线，限制车辆在路口转弯，限制货车时速和行驶车道，不断调整交叉路口红绿灯时间，提高道路有效利用率；二是实行道路使用收费制度，在限制区域和限制时段对机动车辆收费，以调节流量，资料表明，该措施使得限制区域内的交通总量下降了 44%；三是通过拥车证的限量拍卖，提高用车成本，同时还通过提高车辆进口税和其他相关税费，加快老、旧车辆淘汰速度，对使用期超过 10 年的老旧车辆增收额外路税等，有效防止私人车辆的过快增长；四是积极发展违章车辆监测系统、电子收费系统、高速公路自动监测和信息发布系统等智能交通系统，用现代化的科学手段管理交通（王库，2008）。在新加坡交通政策中，市场化运作方案最受人关注，体现了经济手段在生态城市建设中的积极价值。

二　国外生态城市建设经验与发展趋势

本章第一部分选择了八个国家的十个代表性城市就生态城市的国外发展实践进行了简要的介绍。这十个城市分布在除非洲和南极洲以外的五个大洲，既有美国、德国、日本等发达国家的成熟案例，也有巴西、新加坡等发展中经济体的典型示范。它们的地理位置有的在沿海，有的在内陆，有的甚至在沙漠边缘；它们的空间尺度和人口规模也存在很大差异，但它们都在生态城市建设中因地制宜地探索出许多成功的做法，这对于国土面积辽阔、城市类型多样的中国各具借鉴价值。本章在案例介绍中，特别关注各城市的特色思路和特色做法，有的介绍得比较系统（例如巴西的库里蒂巴），有的却只是对特色项目作了介绍（例如丹麦的哥本哈根），关键是要能对中国的城市生态文明建设具有借鉴意义。例如，库里蒂巴与中国的发展阶段相似、新加坡与中国的文化环境有较多的共同基础、马尔默和北九州案例对于面临衰退或严重污染的工业城市具有直接的示范价值，这些本章就做了更为具体的介绍，而丹麦哥本哈根和澳大利亚怀阿拉等对于中国城市的借鉴价值更多地体现于某些特色理念和创意做法，因此，介绍得较为简洁。

有学者将生态城市建设划分为三个阶段：第一阶段称为浅绿型生态城市，主要关注于城市绿化，第二阶段叫中绿型生态城市，在注重绿化的同时，还关注城市的能源系统、垃圾系统、污水处理系统等的建设；第三阶段是深绿型生态城市，这是一项系统性的工程，包括规划设计、生态城市技术支撑体系引进以及运营管理经验的学习探索等，并在这个基础上进行综合集成（于萍，2009）。从上述案例看，它们都不局限于绿化这个浅绿型生态城市的建设要求，而在能源、交通、循环经济体系构建等中绿型生态城市研究命题上做出了许多有益的探索，但距离真正的深绿型生态城市又或多或少还有差距。因此，本部分拟在案例研究的基础上，归纳总结国外生态城市建设的共同经验，并以城市生态文明建设为目标，探索其未来优化发展的趋势。

（一）国外生态城市实践的共同经验

国外生态城市建设的实践虽各有特点，但也存在一些共性的经验，具体地说，科学规划和科学立法是实现生态城市建设目标的基本保障，而资源利用效率的提升乃是生态城市建设的关键环节，以具体项目推动、尊重科技进步和民众的创造精神则是生态城市建设逐步扎实推进的环境基础。

1. 以科学规划引领城市生态系统的结构优化

研究表明，城市生态系统的结构和功能优化乃是生态城市建设取得成功的基础条件，而以城市生态系统的运行规律和生态城市构建理念为指导，科学规划生态城市建设方案，则成为引领城市生态系统结构优化的前提和保障。各国在生态城市建设实践中都高度关注城市规划，特别是城市生态规划，注重维护城市规划的法律地位，充分尊重城市规划法在城市建设相关法律中的核心作用，保障城市规划的长期、持续、有效实施。这一点在巴西库里蒂巴的案例介绍中已经得到充分显现，其他城市也都不约而同地反映出规划的作用。例如，新加坡政府在建国之初就曾聘请联合国专家历时 4 年高起点编制了全国总体规划，为未来 30～50 年城市的空间布局、交通网络、产业发展等提供战略指导；澳大利亚阿德莱德的“影子规划”，从 1836 年早期欧洲移民进入至 2136 年生态城市建成，时间跨度长达 300 年，由六幅以时间先后为序的规划图描绘了该市生态城市建设的阶段性目标，对于生态城市发展进程极具引领和规范价值（张庆彩，计秋枫，2008）；而日本的千叶新城规划，在城市地区对湖泊、河流、山地森林等加以精心规划，并辅以相应的景观设计，与多处市民交流活动设施紧密结合，形成十几个大小不一、景观各异的开放式公园（沈超，2010），体现出较短时段和微观尺度上规划的价值。总之，科学规划不仅能更好地诠释生态城市建设的共同理念和特色目标，也能引领和规范生态城市的发展进程，对于城市生态系统结构和功能的优化具有重要价值。

2. 以法律体系保障生态城市的建设进程

在法治国家，法律是调整人们行为和利益关系的重要准则，通过法律体系的构建保障生态城市建设有序推进，是大多数生态城市重要的成功经验。从 20 世纪 60 年代末起，一些工业发达国家开始通过严格的立法来推进城市生态化建设并取得明显成效，相关法律涉及绿色生产、绿色生活、绿色消费、绿色贸易、绿色税收、绿色审计、绿色教育、公众参与等一系列生态建设相关领域，并构成相对完善的生态城市建设的法律保障体系（张庆彩，2008）。日本北九州案例已经展示了其立法方面的部分成果，而随着国际交流、合作的深入，在环境领域，国际法和国内法已相互渗透，各国政策和法律的生态化趋势日益明显。一些产生于个别国家的环境影响评价规则、公民诉讼制度被各国、欧盟和国际法所认同；同时，产生于国际法的预防原则、可持续发展原则等也为各国和欧盟所采纳（亚历山大·基斯，2000）。总的看来，各国在生态城市建设中，都注重塑造崇尚法治的社会氛围，注重通过严格的立法来保障城市社会经济发展与生态环境保护之间关系的协调，充分发挥立法的规范、强制和保障作用，通过构建符合城市生态化发展要求的法律体系，使法律成为推进生态城市建设进程的根本制度保障（张庆彩，计秋枫，2008）。

3. 以资源的集约循环使用提升城市生态系统效率

城市生态系统的效率提升是生态城市建设的关键性问题，而各国生态城市建设中的特色做法，大多以资源的集约和循环使用来实现提升生态系统效率的目标。具体地说，紧凑的城市发展形态首先体现了对土地资源的集约利用，当然，它也会有助于城市活力恢复以及公共交通政策的推行（白磊，2006）。一般认为，紧凑型城市强调混合使用和密集开发的策略，使人们居住在更靠近工作地点和日常生活所必需的服务设施周围，主要包括高密度居住、对汽车的低依赖、城乡边界和景观明显、混合土地利用、生活多样化、身份明晰、社会公正、日常生活的自我丰富等 8 个方面的内容，美国的克利夫兰案例就是紧凑型城市的一个典型。公共交通导向是大多数生态城市的重要成功经验，但它也体现了对能源资源的集约利用；马尔默等案例中谈及的建筑节能和新能源利用的成果，也主要体现了资源和能源集约利用的要求；至于多个城市为垃圾回收和分类处理所提出的创意做法无疑显现了资源循环使用对于生态城市建设的极端重要性；日本北九州循环经济生态工业园的最大成功正是在制造业发展过程中（而不仅仅是在日常生活中）实现了资源的集约、循环使用，并直接表现为产业发展的经济利润。总的来说，目前各国生态城市建设的重点趋向，还是城市生态系统的效率提升，尤其表现为低耗高效模式的设计应用，因此，资源能源的集约循环使用的确不容小觑。

4. 以具体项目推动阶段性目标的实质发展

国外生态城市建设虽然不乏超前的理念和精美的规划，但明确具体、切实可行的阶段性目标却更具借鉴价值，正是这些具体目标和具体项目推动着生态城市建设扎实取得实质性进展。事实上，面对纷繁复杂的城市生态问题，很难一蹴而就，在短期内改变一切的目标并不可行，关键要系统思考、抓住特定地域、特定时期的生态发展瓶颈问题，从居民、企业和社会可以理解和接受的具体行动着手，逐步取得新的进展和新的成功。从小处着手，基于具体、务实的目标，反而能更好地指导生态城市的建设实践。例如，美国加州伯克利的生态城市建设就是从建设慢行车道、恢复废弃河道、沿街种植果树等具体项目开始的；而丹麦哥本哈根生态城区建设项目的阶段性环境目标，不过是试验区内水和电的消费量减少 10%、回收家庭垃圾、回收 10% 的有机垃圾制作堆肥、回收 40% 的建筑材料等，这些目标看似不难，却实实在在地能够减少生态足迹；德国弗莱堡改善大气环境的努力，也不过是从优化公交换乘网络、减少私人汽车出行、增建自行车停车场和停车位等具体项目着手。由此看来，生态城市建设的关键并不在于描绘宏伟蓝图，而是要基于特定城市生态系统的特色需求，设计具体明确、系统性推进的项目工程，以保证生态城市建设按科学的轨道稳步推进。

5. 以绿色技术保障城市微观结构的功能提升

生态城市本质上是以技术进步和管理经验为支撑的城市发展模式，因此，绿色技术的推广应用在生态城市建设中作用很大，尤其是在居民小区、独立建筑等微观尺度的结构改进和功能优化上更有价值。例如，案例中提到的德国弗莱堡就开发建设了由154户住宅单元组成的二、三层南北向行列式太阳能住宅小区，其建筑采用了热能防护墙、屋顶太阳能光电池板、大面积的南向太阳能—热能防护玻璃等设施，以充分利用太阳能能源；在造价上采用装配式技术来降低成本，利用木制材料来改善居住空间的卫生质量等；为减少水源消耗，该小区住宅还推广了真空卫生厕具和雨水回收系统；在利用生物能源方面，该小区试图通过封闭的热能站，结合太阳能和生物垃圾能源生产该区所需要的热能和电力（思前，2008）。在马尔默案例中，其小区环保也体现了绿色技术的价值。马尔默的小区建设有三个亮点：一是保护生物多样性；二是绿色屋顶；三是垃圾处理。在保护生物多样性方面，专家在项目伊始，首先对该住宅小区原有物种进行地毯式搜索和妥善移植，然后在施工结束后，作为景观设计配套，再重新移植回来；在绿色屋顶方面，除重视景观装饰功能外，还适应瑞典南部多雨的气候特点，着重于其调节水循环的功能，通过绿色植被屋顶将60%的年降水量通过蒸发重新参与大气的水循环，同时，不同厚度的绿色屋顶还有保温与隔热的功效；在垃圾处理上，小区所有垃圾都投向一个类似于油桶的垃圾投放口，垃圾投放口连接到小区之外一个由计算机控制的垃圾定期收集中央控制器，定时收集和处理不同种类的垃圾。对所有干燥类垃圾进行焚烧以产生热能和电能并回用到小区；对所有食物类垃圾，则通过厌氧消化产生沼气和有机肥，沼气可以用来发电或提纯为车载能源，而有机肥则可服务于小区的绿化（于萍，2009）。该小区在生态系统功能优化中同样依靠了大量的绿色技术。正因为节能环保方面的绿色技术对于生态城市发展具有重要的支撑作用，诸如弗莱堡、北九州等不少案例城市都非常重视技术研发与应用工作，这对于中国的生态城市发展也很有启示价值。

6. 以环境教育和制度建设保障居民的参与和监督

所有的生态城市成功案例都谈到了公众参与的价值，而通过环境教育提高居民素质以及通过制度建设优化公众参与渠道则是基本的经验。在巴西库里蒂巴、澳大利亚的怀阿拉以及新加坡等的案例介绍中，都涉及较多环境教育的做法，尤其是以学生或儿童为重点的生态环保宣传途径也被证明是积极有效的；在德国的埃尔兰根生态城市建设中，政府努力与市民一起进行规划，有意与一些行动小组（特别是与环境有关的小组）合作，并使其在一些具体项目中成为合作伙伴，同时又保持其自由度，可以抨击当局的某些决策（侯爱敏，2006），这一鼓励公众参与又不影响其监督能力的举措的确很值得借鉴。不少学者认为，国外还存在所谓社区驱动的生态城市开发模式，即强调生态城市建设由社区控制，社区的规划、设计、建设、管理和维护全过程都有社区居民参与，是一种社区自助性开发方式。该方式下，每一个居民都可成为生态城市的“赤脚建筑师”，都可参与计划最后的详细设计，并学到相关知识。建筑师和城市生态学家主要发挥咨询、教育的作用。社区还设有城市生态中心作为公共教育场所，这种公众的广泛和深度参与是生态城市成功的重要保障。澳大利亚的哈利法克斯以及新西兰的维塔克被认为是社区驱动型生态城建设模式的典范（侯爱敏，2006）。

（二）国外城市生态文明建设的发展趋势

国外生态城市建设虽然取得了巨大进展，但相较于建设城市生态文明的目标还有很大差距。生态文明是一个复杂的、系统性概念，是人类文明进步的新形态，也是人类以新的文明创造方式生产的物质和精神成果的总和。从这个意义上说，生态城市建设的重点还仅止于城市的生态建设，远谈不上城市文明发展方式的根本性转折，但这也的确是城市生态文明发展的必要前提和基础。城市生态文明建设既要着眼于城市生态系统的特征，因地制宜地探索城市生态系统结构和功能优化的路径；更要着眼于文明发展进步的内在要求，努力实现发展理念、发展目标和支撑体系的优化。从城市生态系统的特征看，它具有不完整、以人为本、对非生物部分利用不平衡（物种单调、结构简单、系统的调节力较差、处于极为脆弱状态）、被动依赖性明显等方面的弱点（李芸，2008），这就使得从发展的理念、目标和支撑要素层面，系统性思考城市生态文明进步的路径与方向变得更为紧迫。

1. 服务人和自然和谐共处的城市建设价值理念

只有实现人类价值理念的根本变化，人类的生产、生活方式才能实现根本性转变，生态系统的结构和功能才能真正得到保护和改善。作为全球大多数人口集聚的空间载体，城市承受着更多的人类活动压力，留下了更深的生态足迹。如果不真正实现城市建设的价值理念转变，单靠城市物质环境的生态保护和重构，从长期看，城市生态系统仍然面临崩溃的挑战，城市生态文明也将遥遥无期。因此，不少国家都在城市建设中开展了人地关系的深入探讨，希冀从价值观深处寻求到城市生态文明建设的路径。现阶段，那种以个人为中心、把生态破坏的后果转嫁于大多数人的做法正受到严厉的抨击，越来越多的人认同那种人与自然和谐共处的价值观。“善待万物，启迪天下”正逐步成为共识；实现经济与人文价值的统一、人与自然价值的统一、局部价值与整体价值的统一、当代价值与后代价值的统一，正成为城市发展的基本理念（肖洪，2004）。这种以服务于人和自然的和谐共处为本的城市发展理念，必将极大地推动城市文明进步的历程，它不仅将改变城市的自然环境面貌，也将改变城市中的人际关系。它将推动人类以新的生态审美意识去创造出融自然美、精神美和技术美为一体的生态环境，并达到生态秩序和心态秩序的和谐。

2. 关注可持续性发展的城市建设目标

在人类中心主义的价值理念下，城市建设的目标主要服务于人类的利益诉求，因此，物质财富的快速增长、城市面貌的日新月异等就被视为衡量城市活力与进步程度的主要指标；但这不过是满足了人类短期的贪欲，却对城市生态系统造成了巨大压力，最终威胁到城市的稳定和人类的繁衍。以人地和谐共处为本的价值理念，客观上要求把可持续性作为城市建设的首要目标。虽然关于可持续性有不同的理解，但都认为首先要保护和改进城市生态系统、提高城市的环境承载能力，同时也要求综合运用经济、行政和法律手段，抑制需求的过度增长。城市的可持续性应该是“人类在城市中可以更好地结合自然、社会与文化的要素，而形成一种更容易较长时间传承与发展的文明形式”，研究表明，英国巴斯、约克、卡迪夫等欧洲城市，虽然给人以经济和社会普遍性“静滞”与缺乏生机的印象，但仔细思考会领悟到，这是“经过数世纪之久的现代化进程后，城市内部自然的、社会的、经济的和文化的诸因素以一种更加合乎生态原则的或更加可持续的方式的结合及其特定的构型”，这种灰色的城市形象，“也许体现着历史发展客观逻辑的肯定性一面”，“从这种略显暗淡的城市灰色基调中”正透出“一些未来意义上的生命绿色”（郇庆治，2008）。的确，城市的可持续性，并不能简单归结为生态可持续性，而应“首先是作为现代人（准确地说是后现代人）

在经历了现代化进程历练后获得提升的一种生存或生活心态”，那依然被不少人深度迷恋着的黑色 GDP 或绿色 GDP 增长，只有被“转换为或沉淀为人类的文化及其表征”，才能显现出人与自然和谐共处基础上的繁荣。不过，“经济活动萎缩可能引起的巨大社会痛苦与政治震荡、来自发展中国家日益激烈的竞争所造成的压力或反向诱惑力，以及在那些情况下公众生态意识可能发生的变化”，仍会制约欧美城市向生态文明转型的进程（郇庆治，2008），这对于中国的城市生态文明建设同样具有警示意义。

3. 制度创新和技术创新助推生态文明建设

生态文明作为一种新的文明进步方式，必须主要依赖于新的支撑要素。在大规模使用自然资源等有形要素造成巨大生态危机的背景下，转向主要依靠技术进步、人力资本、制度文化等无形要素就是文明发展转型的内在要求。无论是科学规划、科学立法、科学管理、民主参与还是依托节能环保技术以集约和循环使用能源资源，无不体现出无形要素在生态文明建设中的关键性支撑作用。西方人文社会科学研究向文化和制度的转向，以及经济学科更加关注技术进步、人力资本、制度建设等在经济发展中的内在作用，都体现出了文明建设中制度创新和技术创新的巨大潜力。在国外生态城市发展的已有经验中，大多都体现出制度创新和技术创新的魅力，跟踪国外生态城市的最新发展，最关键的也是要学习其如何更好地、系统性地、因地制宜地解决城市生态系统长期、持续、健康发展面临的难题。

4. 低碳生态城市发展响应全球低碳行动

面对全球气候变化的严重威胁，低碳发展正成为各国经济转型的共同方向。特别是英国政府 2003 年能源白皮书《我们能源之未来：创建低碳经济》发布以来，低碳经济逐渐成为“后金融危机”时代全球的广泛共识。“低碳经济”是指通过提高资源的生产率，即以更少的自然资源消耗和环境污染获得更多的产出，来创造高水平、高质量的生活（金乐琴，2009）。主要发达国家正通过引入低碳经济政策和发展低碳技术，逐步向低碳经济转型，它们不仅要由此摆脱对化石能源的严重依赖、降低气候变化的风险，更要确立新的国际竞争准则、保持和强化引领世界经济的话语权。虽然不少发展中国家深刻担忧全球低碳行动对其平等发展权的损害，但低碳发展也的确能警醒其避免重复发达国家“先污染、后治理”的老路，还有更多发展中国家则希望以此获得经济和技术补贴的机会。在此背景下，“低碳”也成为城市发展的重要目标，它不仅应融入城市规划的理念，更应融入城市规划的目标、指标体系和行动计划的方方面面（邹德慈，2010），发展低碳生态城市也被认为是未来城市发展模式转型的重要趋势，对中国而言，则更具有特殊优势和必然性（仇保兴，2010）。值得指出的是，发展低碳生态城市，一定要有城市系统的观点，要有宏观战略控制的思想，避免拘泥于单个建筑或社区的节能减排（黄正骊，2010），而要积极促进城市规划和管理体系的整体优化。

三 国外城市生态文明建设对我国的启示

学习研究国外城市生态文明建设的共同经验和特色做法，关键就是要更好地服务于我国城市的生态文明建设。笔者认为，城市建设理念的更新是生态文明建设取得积极进展的重要前提；而法律、规划、技术、管理等保障体系的构建以及公众的自觉参与等，则是城市发展向生态文明转型的关键性支撑。

（一）准确把握生态文明的深刻内涵，优化城市生态文明建设理念

生态文明是个内涵十分丰富的概念，对于引领经济、社会发展，优化城市功能和效率，实现人的全面发展都具有积极价值。我国城市在生态文明建设中，首先要准确把握生态文明的深刻内涵，将价值理念的调整和优化放在突出重要的位置上，全面、系统、深刻地理解城市生态文明建设的内在要求，切实将实现人与自然的和谐共处作为调控城市建设行为以及优化生产、生活方式的指针。当前，我国虽有不少城市提出了建设生态文明或生态城市的目标，但总的来看，对GDP增长和项目投资的热情依然不减，甚至把生态城市建设当成扩大投资的新噱头，这显然有违城市生态文明建设的内在要求；而在城市经济增长与生态环境保护和生态文明建设存在矛盾时，许多地方也自觉不自觉地把增长放在优先地位，这无疑对于生态文明发展具有负面影响。就市民个人而言，由于城市生态文明建设理念的缺失，在生产、生活过程中，也习惯于自己方便的传统意识，不注重对生态环境的保护和对资源的节约集约使用，这也极大制约了生态文明建设取得实效。由此看来，理念转变的确是发展模式转变的前提，科学把握城市生态文明的丰富内涵则是价值理念优化的基础。

（二）科学构建城市规划体系和法律体系，优化城市生态文明建设的保障环境

规划先行、法治保驾，是各国生态城市建设的共同经验。在我国城市生态文明发展的过程中，同样应该着力提高城市规划水平和构建法律保障体系，这对于生态文明发展将具有引领、规范和调控的重要价值。我国近年来在城市规划方面取得了许多新的进步，但如何切实将生态文明理念融入规划体系之中，并使之真正长期指导城市的发展，还有很多工作要做。目前，我国的许多城市规划更注重直接借鉴国外已有城市的经验，注重微观尺度的形态规划和技术规程的落实，但却忽视了因地制宜、从城市整体发展的视角进行系统性的综合规划，对先进规划理念的解读和应用也相对缺乏，同时，在规划过程中较少注意广泛开展调研和听取民众意见，这就使得规划虽然好看，但却难以真正指导城市的科学发展，社会各界对规划的认同度不高，也便利了规划常常改、时时新。在法律体系构建方面，我国虽也颁布了许多与生态文明相关的法律法规，但环境标准的制定和严格实施却仍缺乏保障，这既与国家的整体发展水平和技术进步能力有关，也体现出我国法治环境建设的滞后。总的看来，吸收国外成功经验，加强规划体系和法律体系建设，对于我国的城市生态文明建设仍是基础的保障性工程。

（三）着力推进技术创新和城市管理创新，优化城市生态文明建设的技术手段

生态文明是主要依靠无形要素支撑的文明进步模式，技术、制度等高级要素因而具有更重要的价值。在国外典型案例中，最具有借鉴意义的，大多是城市管理制度的优化和绿色技术的推广应用，因此，适合中国国情着力推进技术创新和城市管理创新也应该成为我国城市生态文明建设的重要努力方向。当前，我国正在建设创新型国家，并提出了以创新驱动发展的基本思路，这为技术创新和管理创新创造了很好的外部环境。在技术创新方面，我国也已经开始重视生态环境保护方面的技术成果研发，2010 年上海世博会就展示了许多这方面的最新成果。但是，目前这些成果许多还躺在实验室，难以发挥更大的应用价值，这固然与我国居民的收入水平整体不高有密切关系，但忽视创新成果的市场化过程一直是我国在技术创新方面的突出问题，而对环保产品推广的政策支持力度不够，则体现

出我国在技术和管理创新方面都有改进的空间。我国的许多大城市也正遭遇交通拥堵、垃圾“围城”、水环境恶化、土地资源浪费等的挑战，解决这些问题，城市管理创新往往比技术创新更为有效，这就对提高城市管理水平提出了更高要求。我国城市有必要结合自身条件，充分学习借鉴国外城市的先进经验，力争尽快改善城市管理机制，优化城市管理效率，使城市生态文明建设在技术进步和制度创新的共同推动下，取得显著进展。

（四）提升城市居民的生态文明素质，优化城市生态文明建设的文化氛围

城市生态文明建设离不开公众参与，这是各国的共同经验。而普遍提升城市居民的生态文明意识，优化生态城市建设的文化氛围，对于鼓励市民更好地参与生态文明建设，从细节处多提宝贵意见、从自身和身边事开始加强自律和他律，都具有重要的现实意义。也就是说，为使城市生态文明建设理念真正内化为每个市民的自觉行动，有必要积极开展生态文化建设，主要通过每个市民城市生态价值观和文化观的重塑，促成城市建设的革命。国外不少案例都提供了这方面的有效做法，我国城市可以充分吸收借鉴，但关键要重在落实，切不可满足于走形式，而是要以市民喜闻乐见的形式，生动活泼地诠释生态文明内涵，从而赢得市民内心深处的高度认同。此外，我国目前市民参与城市建设的渠道还比较有限，借鉴国外经验，优化渠道建设对于生态文明建设取得重要进展也将十分必要。总之，城市生态文明建设是个复杂的系统性工程，不仅要充分借鉴吸收国外成功经验，更要结合城市发展的特殊条件，探索特色道路，这是生态文明建设的内在要求，也是真正取得生态文明建设丰硕成果的基本道路。

参考文献

[1] Dietmar Hahlweg，《德国生态城市 Erlangen》，《规划师》，（1），2003，pp. 29－30.

[2] Jonas Rabinovitch & Josef Leitman. Urban Planning in Curitiba，*Scientific Americans*，1996（3）.

[3] Michael J.，Major. Brazil's Busway：A “Subway” that Runs above the Ground，*Transit Planning*，1997，（5/6）.

[4] Register R. , *Eco-city Berkeley*: *Building Cities for A Healthy Future*. CA: North Atlantic Books, 1987.

[5] 仇保兴:《中国城市发展模式转型趋势——低碳生态城市》,《城市中国》2010 年第 41 期, 第 28 ~ 31 页。

[6] 侯爱敏、袁中金:《国外生态城市建设成功经验》,《城市发展研究》2006 年第 3 期, 第 1 ~ 5 页。

[7] 郇庆治:《城市可持续性与生态文明: 以英国为例》,《马克思主义与现实(双月刊)》2008 年第 2 期, 第 67 ~ 75 页。

[8] 黄肇义、杨东援:《国外生态城市建设实例》,《国外城市规划》2001 年第 3 期, 第 35 ~ 39 页。

[9] 简海云:《巴西库里蒂巴城市可持续发展经验浅析》,《现代城市研究》2010 年第 11 期, 第 62 ~ 68 页。

[10] 鞠美庭:《国外生态城市建设经典案例》,《科技潮》2007 年第 10 期, 第24 ~ 25 页。

[11] 李海峰、李江华:《日本在循环社会和生态城市建设上的实践》,《自然资源学报》2003 年第 2 期, 第 252 ~ 256 页。

[12] 李忠东:《"最适宜人类居住的城市" ——库里蒂巴》,《环境教育》2009 年第 4 期, 第 25 ~ 26 页。

[13] 刘力:《国外城市生态研究的主要方向与研究进展》,《世界地理研究》2001 年第 3 期, 第 86 ~ 90 页。

[14] 刘岩:《巴西生态城市建设的启示》,《生产力研究》2006 年第 12 期, 第 168 ~ 169 页。

[15] 马交国、杨永春:《国外生态城市建设实践及其对中国的启示》,《国外城市规划》2006 年第 2 期, 第 71 ~ 74 页。

[16] 沈超:《国外发展生态城市的经验及启示》,《广东科技》2010 年第 11 期, 第 43 ~ 47 页。

[17] 沈瑶:《日本怎样建设生态城市》,《今日国土》2010 年第 10 期, 第 34 ~ 36 页。

[18] 思前:《德国"最绿色的城市"弗赖堡》,《质量探索》2008 年第 6 期, 第 56 ~ 57 页。

[19] 王库:《试论生态治理视域下的新加坡城市管理》,《吉林省社会主义学院学报》2008 年第 3 期, 第 40 ~ 42 页。

[20] 王青:《国外生态城市建设的模式、经验及启示》,《青岛科技大学学报(社会科学版)》2009 年第 1 期, 第 21 ~ 24 页。

[21] 吴唯佳:《德国弗赖堡的城市生态环境保护》,《国外城市规划》1999 年第 2 期, 第 31 ~ 33 页。

[22] 肖洪:《城市生态建设与城市生态文明》,《生态经济》2004 年第 7 期, 第 29 ~ 30 页。

[23] 佚名、马尔默：《生态城市进行时》，《城市住宅》2011 年第 Z1 期，第 72 ~ 76 页。

[24] 尹洪妍：《国外生态城市的开发模式》，《城市问题》2008 年第 12 期，第90 ~ 92 页。

[25] 于萍：《马尔默打造深绿型生态城市》，《城市住宅》2009 年第 8 期，第88 ~ 89 页。

[26] 张庆彩、计秋枫：《国外生态城市建设的历程、特色和经验》，《未来与发展》2008 年第 8 期，第 80 ~ 84 页。

[27] 张雅丽、黄建昌：《日本、新加坡生态环境政策对我国的启示》，《兰州学刊》2008 年第 2 期，第 42 ~ 44 页。

[28] 朱坦、吕建华、丁玉洁：《生态城市：内涵·特点·挑战》，《建设科技》2010 年第 13 期，第 24 ~ 27 页。

G.5

中国生态城市形态结构设计与规划

包晓雯　倪 外

摘　要： 中国生态城市形态具有独特的结构特征，生态城市规划应该关注生态斑块、生态廊道、生态基质等基本构件和生态城市指标体系构建、城市生态承载力评价、城市生态功能区划、城市生态安全格局设计等关键技术。而上海临港新城、四川乐山、天津中新生态城、唐山曹妃甸则为我国生态城市形态结构设计与规划提供了可资借鉴的经验。

关键词： 城市形态结构　城市设计　城市规划　规划案例

一　中国生态城市形态结构设计与规划特征

（一）城市形态结构和生态城市建设之关联

人类社会经济结构决定着人类的聚居模式，而社会价值观在更深的层面影响着人类住区的发展方向。生态价值观的确立是对建立在工业文明基础上的资源经济、机械价值观辩证否定的结果，标志着人类社会从工业文明向生态文明的转变，是人类文明一次质的飞跃，是继农业革命、工业革命之后的又一场社会革命——生态革命。这场革命是全方位的，全球性的，不仅深刻改变人类社会的政治、经济格局，也将改变人类生存的空间组织形式，直接导向新的人类聚居模式——生态城市的形成和发展。

1971 年联合国"人与生物圈计划"（MAB）中指出应将城市作为一个生态系统，从生态学角度、运用综合生态方法研究城市问题和城市生态系统，并在世界范围内推动生态学理论的广泛应用，以及生态城市、生态社区、生态村落的规划建设与研究。1984 年苏联生态学家雅尼斯基（Yanitsky）正式提出了生态城市的概念，认为生态城市是一种理想城市模式，其中技术与自然充分融合，人的创造力和生产力得到最大限度的发挥，而居民的身心健康和环境质量得到最大限度的保护，物质、能量、信息高效利用，生态良性循环。1992 年联合国环境与发展大会召开以后，生态城市理念获得全世界的普遍关注和认同。

生态城市的发展理念和建设目标需要通过与规划相结合落实到空间层面，从而实现生态城市从理论到实践的过程。生态城市的建设不仅是自然生态上的协调，更是社会、经济、自然复合系统上的生态协调，尤其需要以现代生态学理论与技术为基础，综合社会学、经济学等理论，将“生态化”的思想贯穿到城市建设管理的各个层次。城市成为复合生态系统的载体，这里的载体包含着两层意义：一是载体表现为一种场所，城市空间成为人类社会与自然环境内部运动与相互协调的场所，活动的集中与分散演绎着城市的结构，体现于外表就是城市形态；二是载体还表现为一种参与，城市空间结构和形态是城市生态系统的物质外壳，生态城市的空间结构和形态具有自身的特征和模式（周春山，2007）。因此，城市空间结构和形态的“生态化”是生态城市建设的重要任务之一，如便利的交通网络，低能耗、低污染或无污染的生产格局等；而生态城市的建设也必然要求新的具有生态属性、体现生态思想的空间结构和形态的营造。

迄今为止，我国现行的规划设计方法中未能有效融合生态的理念和技术，存在着偏向主观经验判断、城乡规划与生态规划脱节、生态城市的规划设计方法缺失等一系列问题。“什么是生态城市的形态结构”这个问题依然含混，一些研究要么偏向其他学科，如生态技术，忘记了“物质形式”这个出发点，要么依然停留在“理论”层面上，不能用于具体的设计实践。因此，加强生态城市形态结构的研究不仅能提高我国生态城市规划设计的技术水平，更能有效保证生态城市建设的健康发展。

（二）生态城市形态的结构特征

城市空间结构形态一直都是城市理论与实践的重要部分。随着历史的发展，城市空间结构形态研究与实践的范畴逐步被扩展：古典的城市形态更多地与美学、几何及社会象征意义相关，如图底关系、几何形状所体现的“乌托邦”或者“宇宙秩序”等；随后，西方城市形态与经济社会联系起来，如欧洲的许多学派对街坊、绿地、公共空间、建筑高度等方面的研究，美国芝加哥学派根据用地、人种、经济状况等绘制的城市同心圆模式，以及不同研究与实践总结的带形城市、网格城市、单中心或者多中心模式；进而，城市形态学与心理学、环境行为、交通、环保、节能、城市管理等各个相关领域密切交流（杨滔，2008）。

审视西方城市发展演变史，我们也可以看出城市结构形态演变的大致脉络（表1）：农业经济时期的城市往往尊重自然、自发演变、有机生长，总体上呈现一种与自然结合，简单、封闭、紧凑的特征，如中世纪的威尼斯，城市建设上体现了尊重自然并与之协调的自发生态思想；工业化时期，伴随着大机器生产方式的出现，城市人口快速集中，城市规模迅速扩大，各种商业金融机构向市中心集聚，使得城市呈现高密度集中式外延发展，城市多为单中心结构，城市内部实行严格的功能分区；工业化后期，针对单中心发展带来的日益严重的城市问题，发达国家的大城市中心周围建立了各种形式的副中心，城市开始向多中心结构

表1　西方城市发展演变的主要特征

<table>
<tr><th colspan="2">阶　段</th><th>城市空间结构与形态的特点</th><th>表现形式</th><th>主导经济</th><th>建城思想及运动</th></tr>
<tr><td rowspan="4">农业时代</td><td>初期</td><td>住宅密集、城镇规模不大</td><td rowspan="4">缓慢城市化</td><td rowspan="4">农业经济</td><td rowspan="2">体现数与形的美、炫耀式的城市</td></tr>
<tr><td>古典时期</td><td>城市大多较为宏伟，并且充满了征服和侵略</td></tr>
<tr><td>中世纪</td><td>城市的地位和规模都得到大大的降低和减少</td><td>宗教思想</td></tr>
<tr><td>新古典时期</td><td>巴洛克式城市、放射状的规划模式和网格式规划模式</td><td>君权思想</td></tr>
<tr><td rowspan="2">工业时代</td><td>前期</td><td>城市规模快速扩大，空间扩展方式以外延为主；功能强化；城市呈高密度集中式发展，多为单中心结构；新兴专业城镇不断涌现，城市数量增多</td><td>城市化</td><td rowspan="2">工业经济</td><td>空想社会主义、田园城市、工业城市、带形城市、广亩城市、光辉城市、有机疏散</td></tr>
<tr><td>后期</td><td>城市功能分区与分级；综合性副中心、功能性新区、郊外式亚中心出现；多中心结构；城市集聚区产生</td><td>郊区化</td><td>新城运动</td></tr>
<tr><td colspan="2">后工业时代</td><td>内城衰退；市中心作用下降；城市蔓延；外围城市与边缘城市出现；大都市与连绵都市带出现</td><td>逆城市化、再城市化</td><td>服务经济</td><td>城市更新、绅士化运动、新城市主义</td></tr>
<tr><td colspan="2">未来</td><td>紧凑的多中心城市；空间发展受控城市；多样化城市；公共交通导向城市</td><td>新的集聚与扩散</td><td>知识经济、生态经济</td><td>可持续发展思想、生态文明思想</td></tr>
</table>

资料来源：周春山：《城市空间结构与形态》，科学出版社，2007，第262页（略有修改）。

演化，封闭式的单中心的城市布局逐渐为开敞式多中心城市布局所替代，与此同时，城市功能分区思想获得修正和发展，功能型的混合用地形态开始出现；后工业化时期，随着西方经济结构向服务经济的转型，城市空间结构形态出现一些新的变化，一方面市区重建导致内城空间形态发生变化，另一方面，郊区化在更广阔的地域不断蔓延，城市边界日益模糊，大都市区的蔓延发展导致都市连绵带的出现，城市结构变得更加复杂化、网络化，城市形态也显得更加宏大、松散。

城市空间结构形态的演变是一个否定之否定的螺旋上升发展过程，不仅反映了社会经济、科学技术的发展，更深刻地彰显了人类生态观由“生态自发”到“生态失落”到“生态觉醒”到“生态自觉”的转向。未来的城市空间结构形态必将向具有更高生态水平的形态转变，生态城市作为一种未来的理想栖境，其空间结构形态必然不同于农业和工业时代，具有“生态化”的特征。

1. 由无序蔓延到生态边界

在人本世界观的支配下，传统的城市建设发展中过多地考虑了人类自身的需求，城市周边重要的自然生态空间、湖泊、湿地、基本农田等一步步被蚕食，摊大饼的城市形态不断涌现。

在控制城市空间边界方面，美国的“精明增长”思想值得借鉴。由于美国城市向郊区蔓延态势严重，学术界提出将“城市增长边界”（Urban Growth Boundary）的设定作为一种严格控制蔓延并引导合理增长的规划途径。通过划定允许城市发展的界限，划出若干“拟发展区”供开发公司发展，各新开发区之间用永久性的绿带隔离，并以公共交通将它们连接，然后根据需要选择不同的开发密度，并赋予边界一定的灵活性（张庭伟，1999）。借鉴这一思想，生态城市建设中首先划出限制发展区，将那些对于自然资源保护极为重要的区域鉴别并分类出来，如湿地、林地、海岸、农地和矿地等，在划出这些限制发展区的基础上，进一步将增长引向最合适开发的地区。因此，生态城市在空间结构形态上具有了“生态边界”。

2. 由同心圆模式到组团发展模式

组团发展模式是在充分分析区域内生态要素的基础上，以现有水体和山体等为界，结合现状用地和道路，将整个生态城市划分为功能各异的组团。组团之间是为自然生命提供的大面积与城市共生的自然栖息地，这些栖息地并不是以郊区的形式而是以绿色廊道的形式存在的。这种本土的自然环境要比人工的绿化对城市的生态健康贡献程度更大。组团式发展模式在宏观层面上构筑了整个城市的生态发展格局，使得城市拥有了生态基质、生态斑块和生态廊道，体现了生态城市最基本的建设原则。

3. 由功能分区到空间融合

生态城市空间结构形态具有融合化的趋势，即从过去功能空间相互隔绝的、内部同质而区域异质的特征，向各种功能空间相互融合、紧密联系、有机多样化方向转变（邓清华，2002），具体表现在：

（1）自然空间与人工空间的融合

生态城市拥有广阔的自然空间，它们与城市的人工空间相互交织，融为一体。丰富的自然空间为人工空间提供优美而和谐的大背景，而人工空间也在自然空间的衬托下更富有生气。自然空间不再是人工空间的障碍，而是维系人地关系的载体，也是居民亲近自然的重要场所。同时，人工空间更加尊重自然空间，更富有生态特色。在微观层面上，生态城市注重生态廊道对城市中大小绿地的联结作用，形成绿色的网络结构；在宏观层面上，城市将是"绿环"、"绿楔"、"绿带"、"绿心"等空间布局方式的综合。

（2）各种功能空间的整合

由于生态技术的进步，城市中将出现生态功能体。与工业社会相互隔离的城市功能区不同，生态功能体以技术为基础，强调清洁生产，节约生产，循环利用。工业区布局也将发生改变，原来在产业链上没有直接联系的工业企业可能由于生态链而相互结合，集聚在一起，综合利用资源，统一处理废物。此外，迅猛发展的信息化浪潮将有利于生态城市的建设，信息化家庭和信息化办公使得一些人在家中可以进行生产，从而出现了居住和工作场所的叠合，严格功能分区的城市空间结构形态将逐步解体。

4. 由小汽车交通主导到公共交通导向土地利用模式

城市是全球耗能的中心，而城市中70%的能耗与交通方式有关。小汽车的使用和城市无限蔓延使得城市能耗节节攀升，为了达到降低城市能耗的目的，生态城市的发展需要发达的公共交通来支撑。美国提出的交通导向开发的观念在许多城市推动了土地利用规划的发展，因此，试图通过城市交通模式的改变来重组城市地域的土地使用模式，成为发展生态规划及政策工具的方向之一。其基本概念是在以轻轨或其他公共运输系统的车站为中心的步行半径范围内，让城市紧密发展并强化地方中心的形成，促进城市土地混合使用空间模式的形成，进而改变原有汽车道路系统为主要骨干的城市空间结构。由此，从城市形态上引导人们对出行方式的选择，降低了城市能耗和二氧化碳的排放，使得城市和生物区域更加健康。

5. 由“扁平式”向“立体化”发展

未来的生态城市将从“扁平式”向“立体化”发展，开拓人类新的、更大的生存生活空间，表现为基础设施和各类建筑向空中、向地下垂直发展。生态城市的立体化思想和勒·柯布西耶的“光辉城市”思想相类似，强调从第三维度发展城市，同时，立体化也重视地下空间的开发。

（三）中外生态城市规划

1. 国外生态城市规划

国外生态城市规划源自生态规划，至今已有不算太短的发展历史。玛什（George Marsh，1864）、鲍威尔（John Powell，1897）和盖迪斯（Patrick Geddes，1915）关于生态评价、生态勘察和综合规划的理论和实践被视为奠定了20世纪生态规划的基础。而霍华德的“田园城市”、沙里宁的“有机疏散论”和芝加哥“人类生态学派”关于城市景观、功能、绿地系统方面的生态规划掀起了生态城市规划的第一个高潮。

1923年美国区域规划协会的成立明确了规划与生态学的密切联系。20世纪20～30年代，美国的欧姆斯特德（Olmsted）倡导的“城市公园”和始于1893年芝加哥的“城市美化运动”尝试通过建设城市公园绿地系统来改善日益恶化的城市环境。20世纪40年代，美国区域规划协会发起了“公园建设和自然保护运动”。在此期间，尽管生态规划的理论尚未成形，但生态思想已经开始渗入城市规划领域，为城市规划注入了新的活力。

20世纪60年代持续高涨的环境保护运动，使人类重新思考人与自然的关系，重新探讨协调人类活动与自然过程的途径，寻求社会经济持续发展与自然共同进化的道路，为生态规划的复苏与蓬勃发展奠定了坚实的理论基础和应用基础。1969年，克罗（D. S. Crowe）率先提出景观规划、设计应注重“创造性保护”，既要最佳组织、调配地域内的有限资源，又要保护该地域内的美景和自然生态，这标志着“景观生态学”理论的诞生；奥德姆（H. T. Odum）进一步提出生态系统模式，把生态功能与相应的用地模式联系起来，并实践于区域规划。同年，美国宾夕法尼亚大学教授麦克哈格（Lan McHarg）发表了著名的《设计结合自然》一书，完整地提出了规划结合生态思想的概念和方法。1971 年联合国“人与生物圈计划”（MAB）中指出应将城市作为一个生态系统。该计划从生态学角度，运用综合生态方法，研究了城市问题和城市生态系统，推动了生态学理论在世界范围内的广泛应用。由此，生态城市、生态社区、生态村落的规划建设与研究提升到了一个新的高度。

进入 21 世纪，随着“可持续发展”、“生态城市”的概念深入人心，生态城市规划成为世界城市规划建设的热点。目前，全球有许多城市正在按照生态城市的目标进行规划和建设，例如美国的克利夫兰和伯克利市、德国的埃尔兰根（Erlangen）和弗莱堡（Freiburg）、印度的班加罗尔、巴西的库里蒂巴、澳大利亚的怀阿拉和阿德莱德、新西兰的威塔克（Waitakere）、丹麦的哥本哈根、日本的大阪和千叶新城等，这些案例代表了当今世界生态城市的发展趋势（马交国，杨永春，2006）。

2. 我国生态城市规划

1972 年，我国参加了“人与生物圈计划”（MAB）国际协调理事会，并被选为理事国，1978 年建立了中国 MAB 研究委员会。1982 年，吴良镛教授提出要“重视城市问题，发展城市科学”；1985 年，钱学森教授倡导建立城市学，并于 1990 年创造性地提出了“山水城市”概念，指出“人离开自然又要返回自然，社会主义的中国，能建造山水城市式的居住区”。两位教授的倡导高屋建瓴，从哲学与战略的高度为城市科学研究指明了方向（黄光宇，2001），国内生态城市的讨论和建设实践的呼声也随之高涨。

20 世纪 80 年代以来，我国不少城市开始进行以生态学原理为指导的生态城市规划和建设工作：1984 年马世骏、王如松发表了《社会—经济—自然复合生态系统》的论文，提出了复合生态系统的基本特征和衡量指标；1986 年王如松等与宜春市人民政府合作开展了宜春生态城市整体规划研究与建设工作，受到了多方面的好评；1987 ~ 1989 年黄光宇在四川乐山等地开展了富有成效的生态城市规划研究活动；王祥荣提出了上海市生态城市建设的途径（王祥荣，2001）。

在《全国生态示范区建设规划纲要（1996 ~ 2050 年）》指导下，我国出现了一批生态城市试点，如长春、北京、上海、天津等先后提出建设生态城市发展目标。扬州、常州于2001年开展中德合作研究项目——“扬州生态城市规划与管理”。2003年5月国家环保总局颁布《生态县、生态市、生态省建设指标》标准，标志着生态城市规划在中国进入全面发展和逐步推广的阶段。

2000年以来，中国生态城市建设驶入了国际合作的快车道。2008年1月19日，上海市市长韩正和英国首相布朗共同见证了《中国可持续发展生态城项目设计、实施和融资谅解备忘录》的签署，中英两国计划将上海崇明东滩打造为全球首个可持续发展生态城（孙丽萍，周解蓉，2008），生态城市建设很快上升到国际政府合作关系的层次。2007年，中国和新加坡政府签署框架协议（新华社，2007），在天津滨海新区建设生态城，“中新生态城”的目标是运用生态概念规划一个可持续发展的示范城市。河北省唐山市于2008年进行了国际方案征集，在唐山市曹妃甸海滨新城发展国际生态城。2008年1月，世界自然基金会（WWF）启动“中国低碳城市发展项目”，上海、保定入选首批试点城市。2009年，中国城市科学研究会编写并发表了《中国低碳生态城市发展战略报告》。然而，如何在前期试验、示范项目建设的基础上，遵循因地制宜、与时俱进的原则，科学合理、渐进有序地推动我国生态城市建设，仍是学术界和社会各界需要进一步探索的问题。

3. 国内外生态城市规划的比较

（1）规划理论和方法上，国外理论研究起步早，已进入多元化成熟时期，而国内尚缺乏系统的理论和方法。主要体现在：①来源于生态学、环境科学的理论在与空间整合的方面存在差距，尚未引起规划学科的重视；②空间和土地的改造本身就是人类干预自然生态系统的一种方式，源于西方的规划理论不能适应中国人地矛盾突出的状况，兼之规划师认知能力有限，城市规划工作极难切实推进人和自然和谐，甚至可能成为破坏自然生态系统的工具；③即使在可持续发展或者生态城市目标十分明确的前提下，仍然缺乏真正有针对性、能落实到空间规划建设上的强有力的手段。

（2）规划目标和内容上，国外注重实用性和可操作性，而国内多全面而综合。从上一章的国外生态城市建设的案例可以看出，国外规划设计的理念和思路比较具体，结合城市社会中的现实问题，强调因地制宜，注重理论联系实际，制定出长期和短期的发展目标，和围绕这些目标的具体措施，因此能够较好地解决生态城市规划和建设中的许多问题。而我国的生态城市规划目标一般全面而综合，即使在分期实施中，提出的目标也不是很具体，这种复杂综合的目标在规划期内往往难以实现。

（3）规划年限上，国外生态城市规划的年限一般较长，如澳大利亚阿德莱德的“影子规划”，它的时间跨度为300年，从1836年早期的欧洲移民来到澳大利亚，到2136年的生态城市建成，描绘了历时300年的阿德莱德地区的变化过程。而我国目前规划设计年限一般是20~30年，近期目标以5年居多，这样就会造成急功近利的现象，出现摊子铺得过大、效果很差的现象，最后成了一纸空文，随着规划年限的到期，又需要制定新一轮的城市建设规划，规划的延续性较差。

二　中国生态城市规划原则、程序和内容

随着建设生态城市成为未来发展的大势所趋，许多学科诸如生态学、环境科学、城市规划学等都从各自的专业背景出发，开展生态城市研究和生态城市规划。一方面，因学科的融合生态城市规划理论和方法获得了长足的发展；但另一方面也带来了各自为政、缺乏统一标准、无法形成合力的隐患，至今，生态城市规划的一些基本问题尚未达成共识。

由于生态城市规划的重要性，不仅仅在于学术研究的目的，更在于约束城市建设和发展的实施行为，将其对于环境及生态的负面影响降至最低，并力求实现良性循环，因此，生态城市规划必须具有法定性，必须是经由法定程序批准的、能够约束建设发展行为的公共政策，可实施、可操作（周岚，张京祥，2010）。

对照我国现有的法定城乡规划编制体系，生态城市规划可以有三种实现途径：“一是现行城乡规划编制体制外的低碳生态规划，作为一种新型的规划；二是作为现行城市规划的组成部分进行编制，以专项规划或独立篇章的形式纳入现有城乡规划体系；三是低碳生态理念融入现有法定城乡规划编制体系中，在城市各项规划内容中实现低碳生态目标，落实到用地布局、交通模式、产业发展和设施建设中”（张泉，叶兴平，2010）。因为生态城市不是“城市”和“生态”的简单叠加，而是一种城市发展理念、发展导向和规划目标，因此，第三种类型应该是生态城市规划实现的主要方向。基于这一认识，以下确立了我国生态城市规划的基本原则、程序及主要内容。

（一）生态城市规划基本原则

生态城市是联合国在“人与生物圈计划”中提出的概念，旨在促进城市的可持续发展。在该计划中，联合国还提出了生态城市规划的五项总体原则：生态保护战略，包括自然保护、动植物及资源保护和污染防治；生态基础设施，即自然景观和腹地对城市的持久支持能力；居民的生活标准；文化历史的保护；将自然融入城市。具体来说，我国生态城市规划应该遵循以下四条原则（黄光宇，陈勇，2002）。

1. 复合生态原则

城市是社会、经济、自然三者复合的巨系统。三者交织在一起，相辅相成、相生相克、相互关联而不可分割。城市的自然及物理组分是城市赖以生存的基础；城市各部门的经济活动和代谢过程是城市生存发展的活力和命脉；而城市内人的社会行为、文化观念则是城市演替与进化的动力泵（马世骏，王如松，1984）。生态城市规划必须将三者有机结合起来，综合考量，不可偏废，使整体效益最高。

在生态城市规划中，应该重点关注社会、经济、自然三方面的互补性，协调相互之间的冲突和矛盾，努力在三者间寻求平衡。规划既要利于自然，又要造福于人类，不能只考虑短期的经济效益而忽视人类行为对生存环境造成的影响和可能的威胁。社会、经济、生态目标需要提到同等重要的地位，但在某些规划问题上，生态环境问题比短期的经济利益要获得优先考虑，因为经济决策可以进行修改调整，但对社会、环境造成的后果却不易改变，甚至会持续很长的时间。

2. 社会生态原则

社会生态原则要求生态城市规划重视社会发展的利益，体现尊重、包容和公正，公平是这一原则的核心价值。生态城市规划不仅仅是物质发展规划，也是社会发展规划。规划中要重视：改善和提高人们生活质量、健康水平，公平地提供就业、住房、教育、医疗及社会服务等，满足人的物质和精神两方面的需求；为社会成员创造平等的权利与机会，增进不同文化、种族、性别、信仰、职业和收入的人群的和谐；把规划建设提高到文化创造的高度，重视对人的关怀，促进人性的发展，同时注重传统文化和历史文脉的继承与发展。

3. 经济生态原则

经济活动是城市最主要、最基本的活动之一，经济的发展决定着城市的发展。生态城市规划应促进经济发展，同时更注重经济发展的质量和可持续性。这一原则要求规划要贯彻节约能源、提高资源利用效率、减少废物的思想；优化、调整经济结构，促进生态产业的形成，采用可持续的生产、消费、交通和住区发展模式。效率是这一原则的核心价值。

4. 自然生态原则

城乡是在自然环境基础上发展而来的，自然生态原则要求城市化过程必须遵循自然演进的基本过程和规律，维护自然环境基本要素的再生能力、自净能力和结构稳定性、功能持续性。规划设计要结合自然，最大限度地保护自然。一方面，开发建设活动需保持在自然环境所允许的承载能力之内；另一方面，通过生态恢复和补偿机制减缓开发建设活动对自然的压力，减少对自然环境的消极影响。平衡是这一原则的核心价值。

必须说明的是，由于各地情况千差万别，生态城市建设受到当地自然地理、社会经济等方面的共同影响，因而在生态城市规划过程中，应该因地制宜，注意与规划城市的空间、时间和人（社会）的结合，结合上述基本原则加以灵活应用。

（二）生态城市规划程序

近期，国际气候组织完成了一份名为“国际视角的城市低碳发展——国际城市气候变化行动计划综述”的报告，总结了国际上9个城市制定低碳发展规划和方案带有共性的5个步骤，即：

第一步，确立城市远景和减排目标；

第二步，确定实现这一目标的关键问题和可选择的方法；

第三步，整合协调现有的相关政策，使其为完成目标形成合力；

第四步，制定具体的工作方案和实施措施；

第五步，建立机制实时科学监测和评估计划执行情况。

在我国中新天津生态城的实践中，总结了“指标体系建立→定位与产业选择→规模确定→空间布局理念与模式确立→配套政策制定”的生态城市规划步骤，这些对于我们编制生态城市规划方案具有借鉴意义。

（三）生态城市规划内容

吴人坚先生对生态城市规划进行了深入研究。吴先生认为，生态城市规划包括如下内容（吴人坚，2000）。

1. 生态要素的调查

调查规划区域内的自然、社会、人口、经济与环境的资料和数据，包括历史资料的搜集、实地取证、测试、社会调查与遥感技术应用等，为分析规划区域的生态特征、生态过程、生态潜力与制约条件提供基础。近年来，公众参与、现场监测、遥感技术与地理信息系统（GIS）技术发挥着越来越重要的作用。生态调查中多采用网格法，即在筛选生态因子的基础上，按网格逐个地进行生态状况的调查与登记。

2. 生态分析与评价

运用复合生态系统的观点及生态学、环境科学的理论与技术方法，对区域的资源与环境的性能、生态过程特征、生态环境敏感性与稳定性进行综合评价，认识和了解区域内环境资源的生态潜力和制约条件。生态分析与评价主要包括以下几个方面：（1）生态过程分析；（2）生态潜力分析；（3）土地质量及区位评价；（4）生态敏感性分析；（5）生态适宜度评价。

3. 评价指标体系的建立及规划目标的研究

建立评价指标体系及规划目标是生态城市规划一项非常重要的工作，指标体系一般包括社会、经济和环境三个方面的内容。

（1）评价指标体系

评价指标体系是描述和评价某事物的可量度参数的集合，应根据复合生态系统的特点，采用系统工程中的德尔斐专家咨询法和多目标决策法，在参考和吸收传统指标的同时，结合城市生态系统外向型经济发展的特点，从协调社会经济发展与环境保护的关系着手，充分发挥人对复杂系统的辨识能力，建立一套科学、综合、简洁、完备的评价指标体系。

（2）规划目标和年限

确定生态城市规划的总目标、近远期目标和年限，一般和城市总体规划相应的年限一致，以利于同步、协调、可比和互为应用。

4. 生态功能区划与土地利用布局

（1）生态功能区划

在资源、环境要素分析的基础上，根据城市生态系统空间结构及其功能，划分为不同类型的单元，研究各分区的特点、结构、环境污染、环境负荷以及承载力等问题，并提供管理对策。区划的方法可采用数值聚类法等。具体操作上，可将土地利用评价图、工业和居住用地适宜度等图纸进行叠加，并结合城市建设总体规划综合分析，进行城市功能分区。

（2）土地利用布局

城市土地利用的空间配置直接影响到城市生态环境质量的优劣。城市在土地利用时应结合区域的生态位合理布局，按照城市的性质和规模、产业结构以及环境保护等要求，提出调整用地布局的建议和科学依据，促使土地利用布局趋于合理。

5. 环境污染综合防治规划

环境污染综合防治规划是生态城市规划的重要组成部分，应从整体出发制定好污染综合防治规划，实行主要污染物排放总量控制，并建立数学模型对城市环境要素的发展趋势、影响程度进行预测，分析不同发展时期环境污染对城市生态状况的影响，根据各功能区不同的环境目标，按功能区实行分区生态环境质量管理，逐步达到生态规划目标的要求。

6. 人口适宜容量规划

人类的生产和生活对城市生态系统的发展起着决定性的作用。生态城市规划必须通过研究人口分布、规模、自然增长率、机械增长率、男女性比、人口密度、人口构成、人口流动等基本情况，从而确定近远期的人口规模，提出城区人口密度调整建议、提高人口素质对策以及实施人口规划对策。

7. 产业结构与布局调整规划

产业结构影响着城市生态系统的结构和功能。城市产业结构不仅表现为三次产业的比例关系，还有生产工艺合理设计的问题，即在功能区（工业区）中要设计合理的“生态工业链”，推行清洁生产工艺，促进城市生态系统的良性循环。调整、改善老城区的产业布局，合理布局新建城市产业，是改善城市生态结构、防治污染的重要措施。

8. 生态绿地系统规划

生态城市规划将治污与绿化、美化结合起来，根据城市的地形地貌、河湖水系、气候、环境等特征，制定出城市各类绿地的用地指标；合理安排城市园林绿地系统的结构和布局形式；保证城市绿地率和绿化覆盖率，注重绿地生态效应，考虑碳氧平衡；合理设计群落结构、选配植物，形成点线面结合，绿地、水面自然相融的城市生态绿地系统。

9. 资源利用与保护规划

我国城市建设和经济发展过程中，普遍存在对自然资源的不合理使用和浪费现象，掠夺式开发导致了人类面对资源枯竭的危险。因此，生态城市规划工作应根据国土规划等上一层次的规划要求，根据城市社会发展趋势和环境保护目标，制定对水、土地资源、大气、动植物物种资源、矿产资源等的合理开发利用与保护的规划。

10. 生态城市规划管理对策研究

从城市环境管理的角度看，我国已有许多相关规定，如“环境影响评价制度”、“三同时制度”、“超标排污收费制度”、“环境综合整治定量考核制度”、“目标责任制”、“排污许可证制度”、“污染集中控制制度”、“限期治理制度”和“企业环保达标制度”等，国家有关部门自1995年开始又陆续颁布了有关生态城市建设的文件，如《全国生态示范区建设规划纲要（1996~2050年）》、《全国生态环境建设规划》（1998）、《生态县、生态市、生态省建设指标（试行）》等，这些法规是城市环境管理的重要保证，同时也是实施生态城市规划管理的重要基础，但各地在规划建设与管理工作中，仅有这些国家的有关法规条例是不够的，还应根据当地的具体情况制定一些补充规定，并建立健全执法机构。生态城市规划的方案经多方论证、比较后，提交政府部门作为决策的科学依据，并运用政治、经济、立法、计划、管理等综合手段提出实施对策，确保规划方案的实施，促进生态城市的建设。

鉴于我国生态城市规划存在与城市规划融合的可能性，一些规划学者尝试将生态规划的理念整合到城市规划决策和实施的流程中，如将生态城市规划内容整合到城市战略规划、总体规划、详细规划各个层面，通过“规划—建造—管理”的基本建设管理程序影响并改变正在大量发生的建设项目（表2）（田野，2010）。只有这样，生态城市的规划思想、研究成果才不会滞留于书本，中国生态共生的城市化模式才能通过大量实践，不断发展丰富并日趋完善。

表2　基于城市总体规划的生态城市规划主要内容

	主　要　内　容
生态分区和土地适宜性分析	在资源、环境要素分析的基础上，从不同空间尺度，对城市生态空间结构分区特征进行深化研究，认识生态空间结构的特征，进而进行生态功能分区
	对于城市空间在不同用地功能上的适宜性进行评价，两图（生态分区图和土地适宜性分析图）叠加后所获得的成果作为建设用地选址和不同功能用地布局的依据
	城市需结合区域的生态位合理布局，同时，布局应注重多功能和综合化，避免单一功能的用地形式
	明确界定城市增长边界，并加强绿线、蓝线控制
	提高"棕地"的再利用率，严禁侵占耕地和其他具有重要生态意义的用地
	倡导土地立体利用，充分利用地下空间
产业用地布局	引导发展循环经济，实现区域内物质与能量的综合平衡
	提倡循环、自然、共生的规划概念，结合生态工程、产业协调和生态空间进行规划
	针对工业园区普遍存在的土地浪费问题，提高建设项目进入门槛和限定单位面积土地的最小投资强度
	城市的产业结构决定了城市基本活动方向、内容、形式和空间分布，产业用地及其周边的布局应具有弹性和灵活性，保证足够的生态空间，并不得超过区域生态承载力
居住用地布局	考虑与其他用地的结合
	尽量与就业结合布局，并具有良好的出行条件
	考虑与城市环境、生态系统的衔接，引导人口合理分布
	提高建筑容积率，促进公共交通发展
公共服务设施布局	根据城市空间结构，建成覆盖城乡、功能完善的综合公共服务体系
	分散和集中相结合，方便使用
	严格限制现有公共服务设施用途变更和用途流转，新建设施适度超前，留有余地
	注重与居民日常生活相关的公共服务设施多级配置
	大型公共服务设施与城市发展水平相适应，防止重复建设

资料来源：田野：《生态城市规划编制初探——大连与天津的实践》，中国建筑工业出版社，2010，第7页。

三　中国生态城市规划基本构件与关键技术

（一）基本构件

生态城市的理想激发了人们重新思考城市空间结构形态，使得人们猜想某些城市形态更能支持生态城市的发展，就如同现代主义时期，人们猜想某些城市形态对应某些城市功能。在众多的理论与方法中，20 世纪 80 年代迅速崛起的景观生态学为我们提供了一种理解生态城市结构形态的新生态学范式。

景观生态学继承了传统生态学的基本思想，在强调整体性和系统要素之间相关性的基础上，融合了地理学的有关概念，如尺度、等级分类系统等，成为极富生命力的交叉学科。景观生态学主要研究景观空间结构与形态对生物活动与人类活动的影响。景观的空间结构包括类型与格局，而景观的空间形态则指人类感知的视觉景观，两者共同组成了景观的特征——空间构型。具有良好构型的景观是一种环境资源，有利于发挥最大的生态效益。景观构型对于生物活动的影响或反映在植物分布的空间格局，或反映在野生动物栖息地的生境特征，有机体在异质性景观中表现出不同的迁移、扩散和传播特征。景观对于人类活动的影响不仅反映在经济活动中，如不同的土地利用方式，而且反映在文化活动中，如旅游和建筑；同时，人类活动也是景观变化的重要驱动力（肖笃宁等，2010）。可见，不同于以往学科对空间构型的研究，景观生态学立足于人地相互作用的过程，人地关系中区域关系的优化正是生态城市的本质。

从景观生态学的角度出发，组成景观的结构单元有 3 种：斑块（patch）、廊道（corridor）、基质（matrix），而“斑块—廊道—基质”模式是基于生物地理学和群落斑块动态研究形成和发展起来的。它为具体形象地描述景观结构、功能和动态提供了一种“空间语言”（邬建国，2007）。因此，借助于这种“空间语言”和模式，将有利于我们理解生态城市结构形态与功能之间的相互关系及其在时间上的变化过程，在此基础上的城市规划设计将更具有“生态化”的特征。

1. 生态斑块

生态斑块是在外观上与周围环境不同的非线性区域（Forman and Godron，1986）。由于成因不同，斑块的形状、大小与外部特征不尽相同，可以是生命的，如动植物群落；也可以是无生命的，如城市中的建筑物、裸岩和土壤等。斑块的主要成因机制包括干扰、环境异质性和人类垦殖，形成以下 4 种斑块类型：（1）残留斑块（remnant patch）：由大面积干扰（如森林或草原大火、大范围的森林砍伐、农业活动和城市化等）所造成的、局部范围内幸存的自然或半自然生态系统或其片断；（2）干扰斑块（disturbance patch）：由于局部性干扰（如树木死亡、小范围火灾等）造成的小面积斑块；（3）环境资源斑块（environmental resource patch）：由于环境资源条件（土壤类型、水分、养分以及与地形有关的各种因素）在空间分布的不均匀性造成的斑块；（4）引进斑块（introduced patch）：由于人们有意或无意地将动植物引入某些地区而形成的局部性生态系统（如种植园、高尔夫球场、居民地等）（邬建国，2007）。

分析斑块特征可以从以下几个方面入手：（1）斑块大小：即斑块面积，一般而言，斑块内的物质、能量与斑块面积大小呈非线性的正相关关系；（2）斑块形状：即斑块形状指数（S），它是指斑块边界实际长度（L）与同面积（A）圆周的比值，通过分析斑块的形状可以了解物种动态，包括物种分布的稳定性，以及扩展、收缩、迁移的趋势等；（3）内缘比：是指斑块内部和外侧边缘带的面积之比，内缘比的不同会造成物种组成的差异，和不同的生态过程；（4）斑块数量和构型：景观是由许多斑块共同构成的镶嵌体（mosaic），其中同类斑块的数量和面积往往决定着景观中的物种动态和分布。景观中同类斑块集中与分散分布，即斑块构型所带来的影响是不相同的，例如，聚居斑块，居民点密度较大的区域（城市或近郊区）与居民点分散分布的区域（偏远地区）在人口流、物流、能流和信息流等方面的通量必然存在很大的差异。此外，斑块的空间构型对干扰的扩散也具有重要影响（肖笃宁等，2010）。

城市的功能区是城市景观中的斑块。工业区、居住区、商业区、文化区等传统功能区域经过改造后，形成优良、高效的生态单元，它们经过不同的空间组合，形成一种共生体。这种生态斑块在一定尺度下，形成独立的内部循环系统，并且各单元之间存在着物质、能量上的相互作用，类似于自然生态系统内的循环，因而构成一种强多样性、高适应性、互利共生的功能体。

生态城市的重要特征就是整体运作的循环性，斑块内部与斑块之间存在紧密联系。以生态工业园区为例，它是仿照生态系统中的生产、消费和“废物”处理过程的机制，将现行的“资源—产品—废物排放”的开放式经济流程转化为“资源—产品—再资源化”的闭环式循环过程，实现资源减量化和废物资源化，是循环经济的发展模式。

2. 生态廊道

生态廊道是指不同于两侧基质的狭长地带。根据形成原因，廊道可分为5种：干扰型、残留型、环境资源型、引进型和再生型等。而根据其组成内容或生态系统类型，廊道可分为森林廊道、河流廊道、道路廊道等。廊道类型的多样性反映了其结构和功能的多样性。廊道的重要结构特征包括：宽度、组成内容、内部环境、形状、连续性及其与周围斑块或基质的相互关系。廊道的主要功能可以归纳为以下 4 个方面：（1）生境：如河边生态系统、植被条带；（2）传输通道：如植物传播体、动物以及其他物质随植被或河流廊道在景观中运动；（3）过滤和阻抑作用：如道路、防风林道及其他植被廊道对能量、物质和生物（个体）流再穿越时的阻截作用；（4）作为能量、物质和生物的源（source）或汇（sink）：如农田中的森林廊道，一方面具有较高的生物量和若干野生动植物种群，为景观中其他组分起到源的作用，而另一方面也可阻截和吸收来自周围农田水土流失的养分与其他物质，从而起到汇的作用（邬建国，2007）。

生态廊道还可以分为自然廊道和人工廊道两类。自然廊道包括河流、环城林带、行道树等，可以限制城市无序蔓延，吸收、降低和缓解城市污染。人工廊道包括道路、沟渠、管网等线性廊道，它是人、物、信息的通道。两类廊道共同发生作用，使生态斑块与生态基质之间得到连通或者隔离保护，这对维持区域的异质性、稳定性、生态整体性及保证功能可持续性具有重大作用。

生态学家与环境学家普遍认为，自然廊道有利于物种的空间运动以及原本孤立的斑块物种的生存和延续。不同规模、不同形状的绿色廊道相互连通，构成统一的有机体，形成生态、休闲、文化、社交等功能。研究表明，河流植被宽度在 30 米以上时，能有效降低气温、提高生物多样性、增加河流中生物的食物供应，具有控制水土流失、河流沉积与过滤污染物等功能；道路林道 60 米宽时，可满足动植物迁移和保护生物多样性；绿色廊道宽达 600 ~ 1200 米时，能创造自然化的、物种丰富的景观结构（车生泉，2001）。

人工廊道中交通廊道主要有两种形式，一种是与自然相结合的，以步行、运动、自行车出行、休闲、游憩为主的非机动车道；一种是专供机动车、轨道交通车使用的机动车道。它们相互间构成巨大的网络体系。交通廊道不仅有平面的，还有立体的。

生态城市注重人与自然亲近的需要，规划中需要提供更多生态的、亲近自然的、和谐的、安全而快捷的出行模式，实现从小汽车主导的交通模式向公共交通主导模式的转变。同时，充分重视对自然廊道的保护和建设，为城市中的生物群落营造良好的生存和发展的环境。

3. 生态基质

生态基质是景观中面积最大、连接性最好的景观要素类型，如广阔的草原、沙漠、连片分布的森林等。基质的判定标准有 3 个：（1）相对面积：当景观的某一要素所占的面积比其他要素大得多时，这种要素就可能是基质，它控制着景观中主要的流；（2）连接度：如果景观中的某一要素（通常为线状或带状要素）连接得较为完好，并环绕所有其他现存景观要素时，可以认为是基质，如具有一定规模的农田林网、树篱等。这类基质具有三方面的作用：①该要素可起到分隔其他景观要素的物理屏障的作用。②当以细长条带相交形式连接时，景观要素可起到一组廊道的作用，便于物种迁移和基因交换。③该要素可环绕其他景观要素形成孤立的“生物岛屿”；（3）动态控制：如果景观中的某一要素对景观动态的控制程度较其他类型大，也可以认为是基质（邬建国，2007）。在实际判定基质时，通常将三个标准结合起来使用。

生态城市具有相当的自然化程度，就必须有相当比例的“自然空间”，它是城市生态系统中最活跃、最有生命力的部分，能有效调节城市的生态环境，增强城市的环境容量，其生态功能包括保持水土、固碳制氧、维持大气成分稳定、调节气温、增加空间湿度、改善小气候等。

在传统城市中，绿地只是人工建筑和构筑物所组成的生态基质中的斑块，这样的生态斑块效应较低，生物多样性低；而在生态城市中，景观元素的图底关系发生改变，原来作为斑块的绿地转化为景观基质要素，从而形成一个生态环境效益高、整体性强、优美宜人的背景区域，保护着其中作为斑块的人工系统（周春山，2007）。

综上所述，在城市结构形态设计和规划中，引进景观生态学的思想和方法，运用“斑块—廊道—基质”模型来分析城市空间结构和形态，将有利于建立一个结构合理、功能完善、可持续发展的生态城市。

（二）关键技术

尽管国内提出生态城市理念已经有段时间了，但在以追求经济发展为背景的工业化和城镇化过程中，资源开发与生态建设之间固有的矛盾使得生态城市规划在实践中的发展并不迅速，至今尚未有成熟的生态城市规划技术。此外，由于世界各地城市发展的自然本底、经济基础、发展阶段、文化传统各异，直接引用或照搬照抄国外生态城市规划的技术手段也不现实。因此，研究适用于中国生态城市规划的关键技术、制定相关的技术规范是当务之急。

1. 生态城市指标体系的构建

生态指标体系的构建及评价方法是当前研究的热点之一。指标体系主要有压力—响应模型、投入—产出模型、社会—经济—环境三分量模型、人类—生态系统福利模型和多资本投入模型等。评价方法有单因子评价法、单因子复合法、功能评价法、界面过程法、关键生态过程法和综合指数法等。其中压力—响应模型（C－V－O－R 模型），综合了上述模型的优点，辅以多因子指数方法，是较为科学和有效的方法。生态城市指标体系建构以科学性、可行性、主导性、完备性、独立性、服务于规划为原则（田野，2010）。鉴于城市发展和建设的复杂性与多样性，宜在遵循基本原则的前提下依据不同类型地区构建不同的生态城市规划指标体系。

2. 城市生态承载力评价

城市生态承载力是区域和城市发展的阈值，科学准确地识别区域和城市生态承载能力是分析不同情境下城市发展对生态系统影响的前提和基础。

目前，生态承载力分析主要集中在水资源承载能力评价以及综合的生态足迹评价等方面，由于生态限制条件的复杂性、关联性和偶然性，各项承载力指标很难定量研究。生态足迹模型通过对比自然系统所提供的生态足迹和人类对于生态足迹的需求，来判断区域中人类对于自然生态系统是盈余还是赤字。这种技术有助于对一个城市或地区进行可持续发展的定量评价。除了生态足迹分析之外，国内计算承载力的方法还有经验模型法、遥感法、系统动力学法、资源供需平衡法、种群数量的 Logistic 法、指标体系法和系统模型法等。

3. 城市生态功能区划

生态功能区划是指根据生态环境要素、生态环境敏感性与生态服务功能空间分异规律，将区域划分成不同生态功能区的过程。其目的是为区域总体规划、生态环境保护与建设规划的制定，区域生态安全维护，以及资源合理利用、工农业生产布局、区域生态环境保育等提供科学依据。

生态功能区划目标包括以下几个方面：（1）明确区域生态系统类型的结构与过程及其空间分布特征；（2）明确区域主要生态问题、成因及其空间分布特征；（3）评价不同生态系统类型的生态服务功能及其对区域社会经济发展的作用；（4）明确区域生态环境敏感性的分布特点与生态环境高敏感区；（5）提出生态功能区划，明确各功能区的生态环境与社会经济功能。

生态功能区划一般包括生态环境现状评价、生态环境敏感性评价、生态服务功能重要性评价、生态功能分区方案与规划政策。它是生态城市规划的基础，区划结果在一定程度上决定了城市发展布局和生态保护的空间特征。

4. 城市生态安全格局设计

生态安全格局也称为生态安全框架，指景观中存在的某种潜在的生态系统空间格局，它由景观中某些关键的局部所处方位和空间联系共同构成。生态安全格局是生态城市规划的重要落脚点，对维护或控制特定地段的某种生态过程有着重要的意义。不同区域具有不同特征的生态安全格局，生态安全格局的设计依赖于对其空间结构的分析结果，以及研究者对其生态过程的了解程度。

生态安全格局的研究主要依托景观生态学的学术成果。传统的生态学缺乏把空间格局、生态学过程和尺度结合起来进行研究的思路和内容，而这些正是景观生态学所擅长的。生态城市安全格局包括生态城市结构形态、空间结构效率、空间关系和空间结构发展等几个方面的内容，目前这方面技术处于起步阶段，基本理论和技术流程仍不完善。

四　中国生态城市规划典型案例

我国生态文明建设逐渐深入人心，生态城市规划也逐渐步入正轨。为了更好地总结、推广我国生态城市规划经验，下面将对上海临港低碳新城、四川乐山市、天津滨海新区中新生态城、唐山曹妃甸国际生态城进行重点介绍。

（一）上海临港低碳新城实践示范区

上海临港新城是我国第一个正式提出建设的“低碳城市”。2008 年 1 月，国家发改委与世界自然基金会（WWF）共同选定上海临港新城和河北保定市作为低碳城市发展项目试点，旨在在建筑节能、可再生能源和节能产品制造与应用等领域，寻求低碳发展的解决方案，在取得成功经验的基础上，逐步向全国推广。

上海临港新城位于中国东海之滨、上海东南长江口和杭州湾交汇处，南接洋山深水港，北临航空枢纽港，是目前世界上少有的集航空、海运、铁路、高速公路、内河运输等五种交通功能于一体的区域，具备得天独厚的地理条件和突出的区位优势。临港新城距上海市区 50 公里，规划面积 311 平方公里，人口约 80 万，是洋山深水港的配套工程之一，在上海国际航运中心建设中具有举足轻重的地位与作用（郭思，曾刚，李刚，2011）。

1. 城市功能定位

临港新城主要分为主城区和产业区两大功能区块。其中主城区规划面积约 70 平方公里，规划居住人口 45 万，以 5.6 平方公里滴水湖为中心，似“水中涟漪”，逐波环状扩散，呈现“一湖三环”格局，依次为城市生活中心带、城市公园带和居住功能带。

根据上海市政府公布的规划，上海临港新城将深入贯彻落实科学发展观，围绕临港地区“十二五”建设目标，以“低碳产业发展为核心，城市建设为产业配套服务”为思路，以低碳园区、低碳城区、低碳校区为重点区域，以示范和管理为抓手，加强低碳技术示范应用，提高能源效率和管理水平，优化产业结构和能源结构，创新有利于低碳发展的机制体制，探索生产、生活、生态协调发展的新型工业化和新型城市化道路，逐步建立“产业高端自主、生活宜居便捷、环境低碳生态、体制清晰高效”的临港低碳实践模式。

在低碳城区建设方面，计划围绕临港主城区滴水湖一带的开发建设，依托万祥镇、泥城镇、书院镇、芦潮港镇的社区建设，借鉴国外生态社区建设经验，通过开发应用低碳建筑在设计建造和能源利用方面的关键技术，选育培植高碳汇、低维护景观植物，研究制定低碳建筑技术标准和低碳交通系统规划，倡导低碳生活方式，建成若干低碳社区，为上海乃至全国的低碳发展提供借鉴（上海市城市规划设计研究院，2004）。

2. 城市空间规划

（1）多中心城市空间布局

按照低碳城市规划的核心思想，以城市结构控制空间扩展。在空间布局上，临港新城规划了多中心的城市梯级空间结构，规划了分散组团式空间开发，形成了若干城市次级中心，不同层级城市中心之间以轨道或公共交通导向的道路系统连通。

在临港新城城市功能区规划中，规划主城区和芦潮港、泥城、书院、万祥四个分城区呈扇形分布，将城市人口、基础服务功能分别集聚于中心城区及次级中心地区（图 1）。主产业区、重装备区、物流园区、综合园区、奉贤园区等五大产业功能区在主城区及分城区空间内混合布局，实现区域生活服务功能与生产功能的混合。

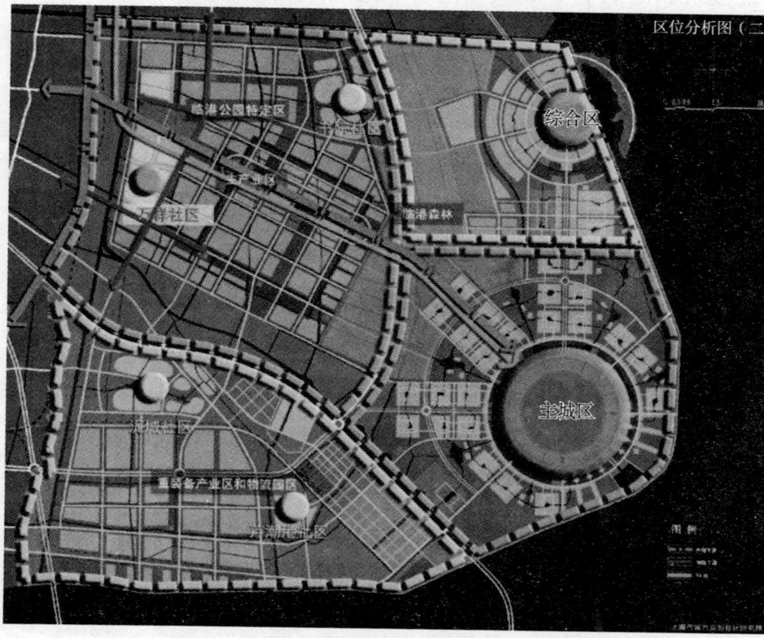

图 1　上海临港新城城市功能布局示意图

（2）“楔形”绿环结构控制与主轴布局发展

低碳城市以空间规划控制城市规模，制约城市蔓延式扩展，紧凑型城市的空间结构减少城市居民必要的出行距离，降低碳排放水平。在这些组团和次级中心的空间分布上，临港新城以“楔形”模式规划布局，通过绿楔间隔的公共交通走廊型的城市空间扩张方式，将城市空间开发集中于公共交通枢纽，实现有控制的紧凑型疏解。

万祥分城区功能规划中，以分城区外围环线绿地，及城区公共绿地和结构绿地为基本线条框架，划分出非规则的楔形功能区域，构成分城区的基本格局。在分城区主要生活区域内，以外围万泐港—马万港—石皮泐港—大芦线内侧结构绿地组成的绿环与内部新万港—三灶港—Y9 沿线绿地规划空间结构，以绿楔结构控制城区发展范围（图 2），进而达成紧凑型城市空间结构的发展目标。分城区以 Y9 路和临港大道、三灶港轴线交通主干线为发展主轴布局城市功能区，产业组团、科研组团、住宅组团、公共服务组团等功能区域空间开发集中于交通枢纽沿线，使主要经济、社会、居民活动在交通干线周围发生，减少距离因素产生的碳排放。

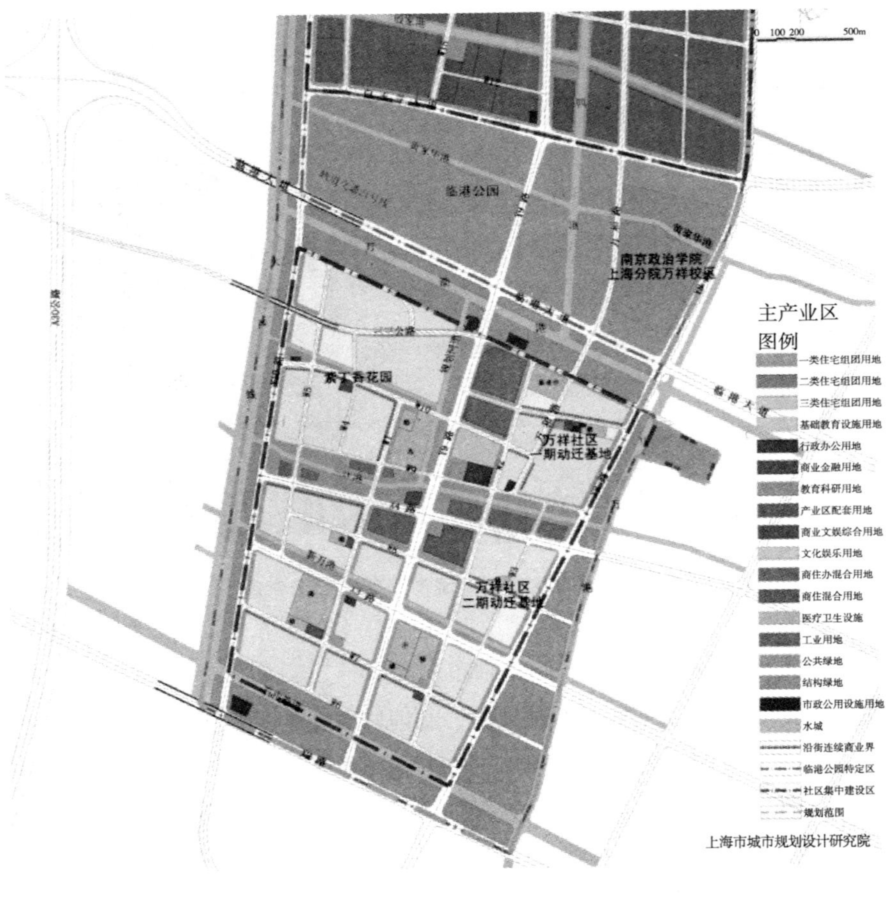

图 2　临港新城万祥分城区土地使用规划图

（3）区域功能叠加与土地混合开发

局部规划中，将区域地域空间划分为不同组团，组团空间内部布局上强调功能的混合。主要居住空间范围内，在 X3—W7 线路之间规划了幼儿园、小学、中学等教育机构功能区，万祥分城区的中心区域，主要在 W10—W2—

W8—W1 规划路线区域范围内以及沿三灶港轴线两侧范围，规划行政、商业、金融、娱乐、文化综合功能区，使综合服务功能能够以区域中心为基点，近似等距地辐射周边人口集聚住宅区域，在局部地段规划发展商住混合功能区域和商住办功能区域，体现区域功能叠加、土地混合使用的低碳空间规划和土地使用思想（图2，图3）。

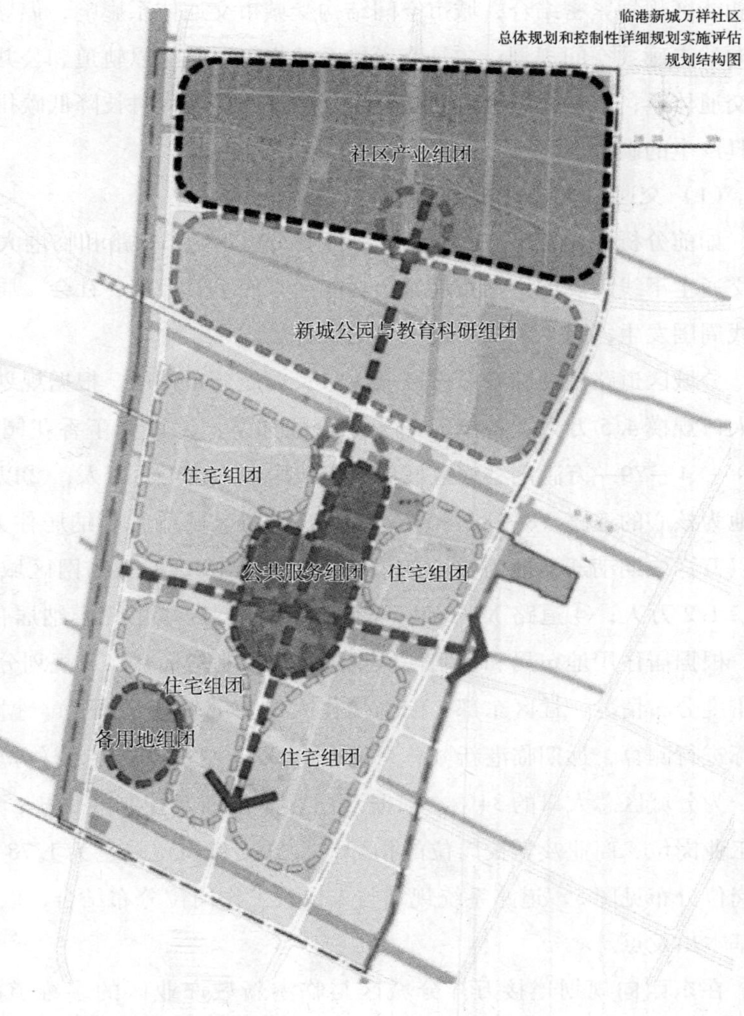

图3　临港新城万祥分城区规划结构图

万祥分城区通过土地混合使用将居住空间与公共交通体系连通，减少居民不必要的出行需求，创造多功能集合的空间格局，在减少交通碳排放的同时增加税收和经济收益，同时促进不同层次居住需求的居民共享城市基础服务设施。

3. 城市交通体系规划

低碳城市交通规划的核心思想主要有：一是交通规划与城市居住、就业、休闲功能区规划紧密结合，城市空间结构受城市交通体系影响，倡导区域公共交通导向的走廊式空间规划；二是交通体系的规划，坚持以轨道和公共交通优先的城市交通体系；三是在城市道路建设中，充分利用现代科技降低碳排放，吸收交通工具产生的碳排放。

（1）交通轴线导向的功能集聚与连接

如前分析，在城市空间规划中，万祥分城区以 Y9 路和临港大道、三灶港轴线交通主干线为发展主轴布局城市功能区，使主要经济、社会、居民活动在交通干线周围发生，减少距离因素产生的碳排放。

分城区道路规划综合考虑区域人口及功能分布特征，根据规划，分城区规划总人口规模 4.5 万人。各单元的人口分配如下：①以紫丁香花园为核心的道路 Y10—X4—Y9—万泐港结网区域单元容纳居住人口 1.5 万人；②以万祥一期动迁基地为核心的道路 Y8—X4—Y9—万泐港结网区域单元容纳居住人口 0.8 万人；③以万祥二期动迁基地为核心的道路 X4—Y8—W6—Y9 结网区域单元容纳居住人口 1.2 万人；④道路 X4—Y9—W6—Y10 结网区域单元容纳居住人口 0.95 万人。根据居住用地布局和控制性详规的地块控制指标，以及规划分城区的人口数和密度分布情况，社区东部、南部居住人口密度较高（图 4）。据临港新城平均指标进行测算，远期临港新城总岗位在 48 万个左右，其中万祥分城区约 1.61 万个，为分城区总人口的 34%。根据万祥总体规划及控制性详规，调整部分地块的工业岗位、商业及学校岗位的指标，得到工作岗位总量为 1.78 万个，主要工作岗位分布见图 5。道路系统规划与人口、工作岗位分布结合，以整体最优通勤为基本出发点。

在东西向规划连接万祥分城区与临港新城产业区的多维道路网络，依托三三公路、远东大道（A30 公路）、临港大道和白玉兰大道构建快捷的通勤道路系统，南北向在干线 Y9 路两侧布置 W1、W2 两条平行道路，串联起社

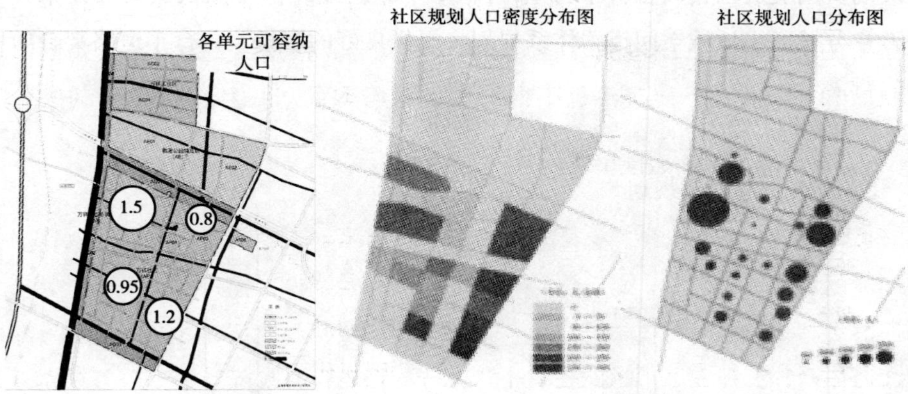

图4　临港新城万祥分城区人口分布规划示意图

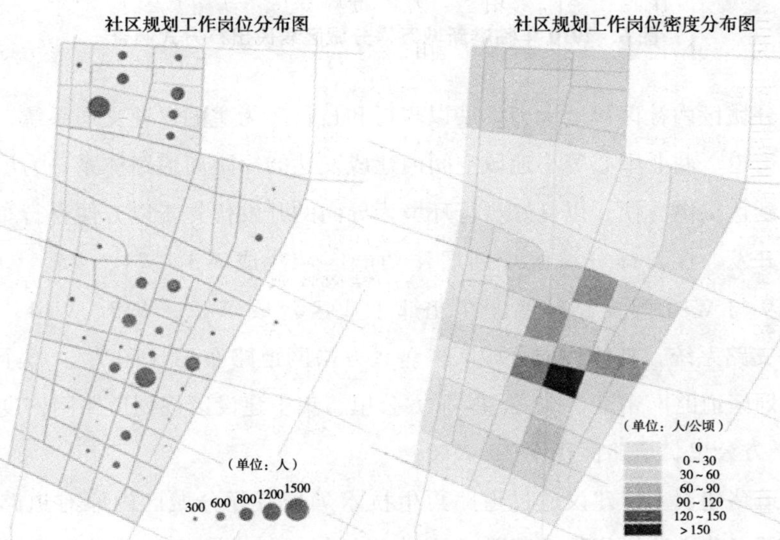

图5　临港新城万祥分城区社区规划人口、工作岗位分布图

区内各居住生活与商业活动地块，片区横向城市干道中间布置平行支路系统。

对万祥分城区现有居民的抽样调查和访谈结果显示，居民出行目的以本地工作、购物为主，占比约80%左右的被调查居民选择在万祥本地就业与购物。相对应的常用交通工具以自行车为主，占51.8%（图6）。按照低碳发展要求，未来万祥分城区小地域空间道路体系规划将提供良好的步行、自行车道路契合居民的出行需求。

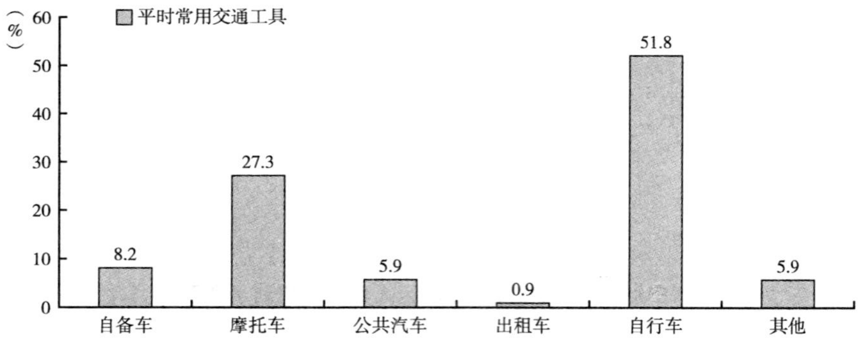

图6　2010年临港新城万祥分城区居民出行方式调查

在分城区内社区尺度大力发展以步行和自行车为主的慢速交通系统，在城市社区、街道、商业中心等小地域空间内建成发达的短距离道路体系，为居民便捷出行、到达提供方便，以良好步行环境为导向的开发优先于以方便自行车使用为导向的开发。在万祥分城区规划居住功能区域建成W3、W4、W5、W6、W7、W8、W9与W10等支路体系，在北部工业区建成W12、W13、W14、W15与W16等支路系统，整体构成分城区棋盘式方格网道路布局（图7）。整个万祥分城区规划区道路网密度5.53公里/平方公里，集中建设区规划道路网密度为7.62公里/平方公里，道路面积率21.05%。

在道路建设上，建议通过道路再生技术延长万祥分城区内原有道路使用寿命，降低新建道路增加的碳排放；在筑路材料选择上，应用特殊沥青等新型铺路材料吸收、捕捉空气中的碳排放，如在城市中心城区路面以生物产品生产沥青混合料降低碳排放；应用先进施工技术，如采用温拌技术，降低沥青凝固点，减少铺设过程中的碳排放；优化道路的视觉效果，将彩色路面应用于人行道、自行车道等专用短距离道路系统；保障交通安全，在主要道路交叉口应用浅色沥青降低事故发生率；多功能开发，通过沥青路面吸收的太阳能、热能生产新能源等。

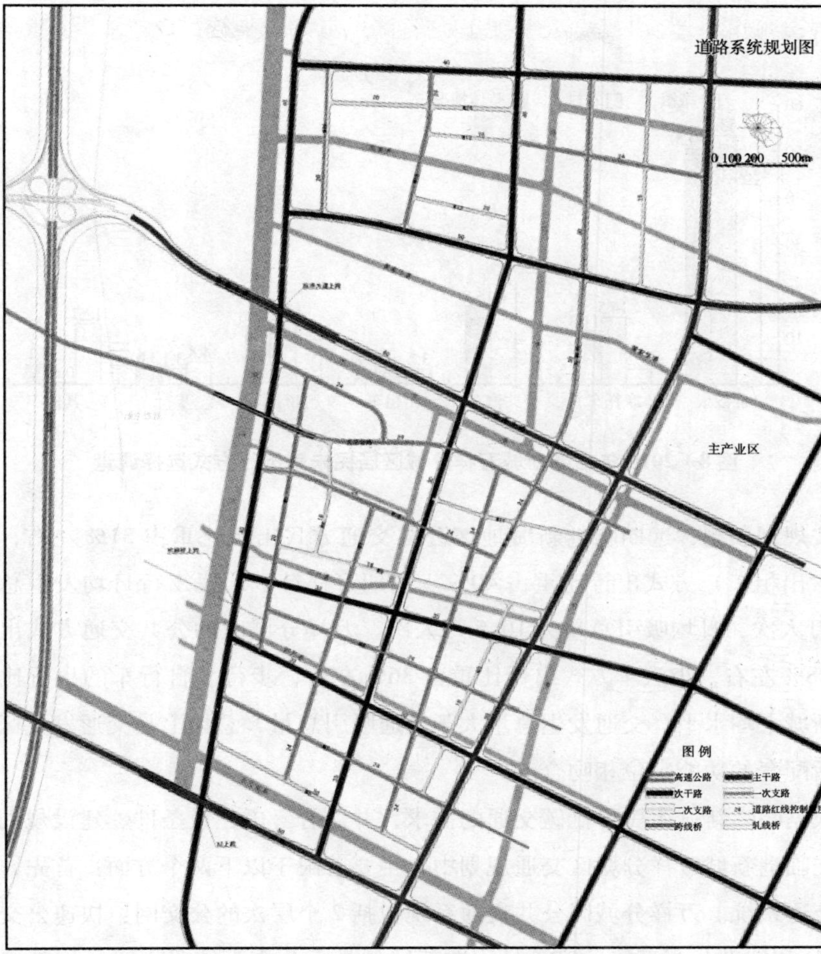

图 7 临港新城万祥分城区道路系统规划图

（2）公共交通体系发展

低碳城市交通体系鼓励发展城市公共交通系统和快速轨道交通系统，如轻轨和地铁系统等，倡导以公共交通为导向的开发。实地调查结果表明，在对未来出行的交通工具上，受访者选择自备车的最多，占比为 50.5%；公共汽车、摩托车和自行车排在后面三位，未来城镇和农村居民出行选择自备车意愿明显高于公共交通（图 8）。但在调查中同时发现，大部分受访者都希望能在社区里增加环城公交出行。未来交通规划应该创建便捷的公共交通体系，引导居民选择公共交通出行。

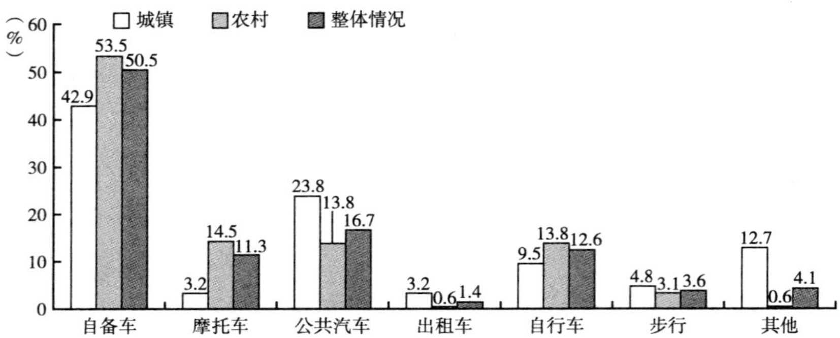

图 8　2010 年临港新城万祥分城区居民未来出行方式选择调查

按规划预测，远期临港新城地区公共交通方式出行比重占 31% 左右，小汽车（含出租车）方式出行比重占 40%。远期万祥社区居民出行日均发生总量为 11.3 万人次，日均吸引总量为 10.5 万人次。万祥分城区的公共交通方式出行比重占 28% 左右，小汽车方式出行比重占 36% 左右，步行和自行车的出行比例略高于新城平均水平。交通发生总量大于交通吸引总量，总体上是交通发生区，与其生活配套的功能定位相吻合。

根据临港新城市民对低碳交通的需求，并综合考虑建设条件、建设规划等因素，在临港新城万祥分城区交通规划中，主要着眼于以下两个方面：首先，构建公共交通系统。万祥分城区公共交通系统包括 2 个层次的公交网：快速公交系统（BRT）和辅助公交系统。BRT 是临港新城的骨干公交系统，主要承担新城内各主要功能组团间的快速客运联系。分城区与新城其他功能组团联系较少，现有 BRT 通道偏离社区所在分区的核心区域，不利于社区与航空产业基地联动发展效应的发挥。应该优化调整 BRT 在分城区内的部分走向，结合主产业区的规划调整，调整 BRT 在社区内的部分线路走向，改由 Y9 - X4 - Y10 - X3 路进入航空产业基地。规划 1 条 BRT 线路沿 X3 - Y9 进入分城区，区内共设 2 个过境站和 1 个始发站。辅助公交系统是 BRT 的补充，以提高公共交通的服务范围和可达性，规划三三路南侧、Y9 路西侧，结合 BRT 始发站设置 1 个公交枢纽站，构成 BRT 与万祥社区辅助公交系统的换乘枢纽（图 9）。

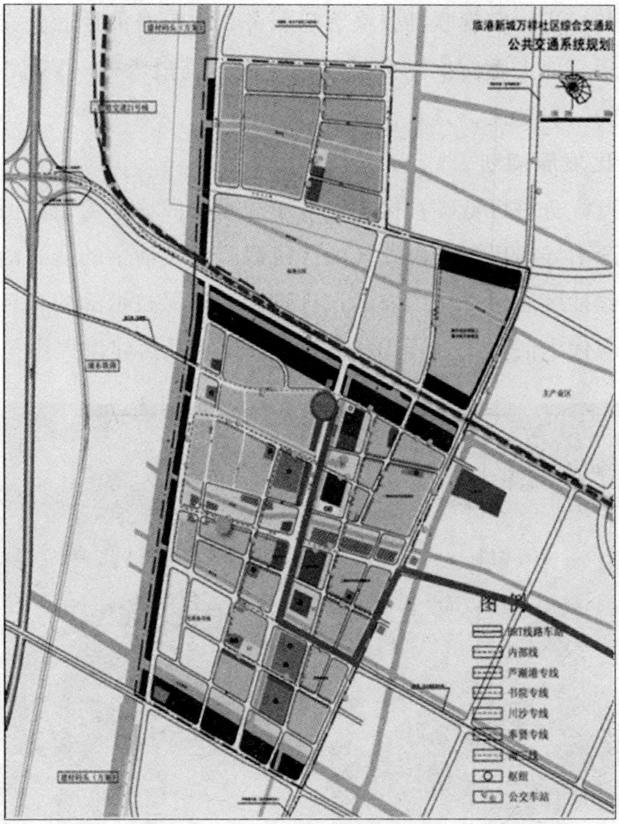

图9　临港新城万祥分城区 BRT 通道优化示意图

其次，优先发展轨道交通。轨道交通 21 号线现规划在主产业区核心区设临港一站，为新城“P＋R”换乘枢纽，但该站周边尚未启动土地开发和道路建设，且根据该站的服务对象，近期难以实现与重装备产业区便捷的公交客运联系。建议在万祥分城区增设站点，服务于临港新城以及线路沿线的长距离对外交通出行。在轨道交通 21 号线新增万祥站，一则作为服务于临港新城的轨道交通，支撑新城早期开发的大容量公交系统，选择具备快速集聚人气的区域设置站点，能够为更大区域提供公交客运服务，有利于提高轨道交通和区域开发的整体效益。二则在万祥分城区增设轨道交通站点，将有利于联动新老城区，借助交通优势，实现人流的快速进出，拉近社区与重装备产业区的互动联系，更好地实现产业与生活配套区的双重构建。考虑在增设轨道交通万祥站的同时，加快配套道路、接驳公交的实施和推进，实现联动公交客运服务，以完备的地面公交系统无缝衔接大容量对外客运交通走廊，推动分城区的发展。临港大道—Y9 路交叉口作为万祥社区最重要的门户地区，具有设站的空间。

4. 低碳社区发展规划

临港新城万祥分城区低碳社区建设处于起步阶段，学习借鉴低碳城市发展经验，以低碳概念引导居民行为模式转变，可以降低生活中的能源消耗，减少碳排放。英国贝丁顿社区通过可持续发展设计理念和环保技术的综合利用为居民提供低碳、舒适的现代生活方式（图 10），为万祥低碳社区建设提供了榜样。

图 10　英国贝丁顿碳平衡生态社区

（1）低碳社区的设计原则

社区的设计原则包括：高品质——提供高品质的公寓；零能源消耗——只使用基地生产的可再生能源及树木废弃物的再生能源；建筑节能——建筑面南，使用三层玻璃及热绝缘装置；节水——回收再利用雨水，并尽可能使用回收水；低冲击材料——材料来自 35 英里范围内的可再生及回收资源；物质循环利用——废弃物收集设施；共乘制及鼓励低碳的出行方式——鼓励居民以共乘方式取代自行开车，电动及 LPG 油气双燃料车比汽柴油车享有优先路权，停车场提供电力充电设备等。

（2）低碳建筑技术与设计

第一，零采暖设计

在小区设计中，设计者探索了一种零采暖（Zero-heating）的住宅模式。建筑师通过零采暖技术及设计减少建筑热损失并充分利用太阳热能，房屋外墙采用 30 公分的空心墙，窗子采用内充氩气的两层或三层中空玻璃，通过建筑门窗的气密性设计和混凝土结构保证建筑的保温性能。以实现不用传统采暖系统的目标。

第二，风帽设计

采用了自然通风系统来最小化通风能耗。经特殊设计的“风帽”（Wind-Cowl）可随风向的改变而转动，利用风压给建筑内部提供新鲜空气，同时排出室内的污浊空气，同时通过“风帽”中的热交换模块利用废气中的热量来预热室外寒冷的新鲜空气（图 11）。

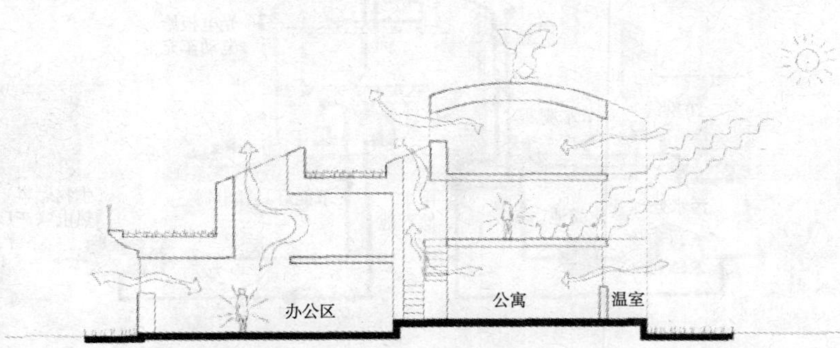

图 11　建筑自然通风散热示意图

第三，水资源利用

节约用水、利用雨水、回收污水。社区采用多种节水器具，建立独立完善的污水处理系统和雨水收集系统。生活废水被送到生物污水处理系统净化处理，部分处理过的中水和收集的雨水一起被储存用于冲厕所。而多余的中水则通过水坑渗入场地下部的砂砾层中，重新被土壤所吸收。

第四，清洁能源利用

利用生物能和太阳能。首先，整个小区的生活用电和热水的供应由一台 130 千瓦的高效燃木锅炉来提供，原料来自与其邻近的生态公园中良好的速生林。树木成长过程中吸收了二氧化碳，在燃烧过程中等量释放出来，是一种零温室气体排放的清洁能源。其次，交通工具的能源需求由太阳能电力来满足，发展私车“合营”模式，允许几户居民共同使用一辆汽车。同时，小型热电联产、太阳能、风能装置具有分散式能源的特点，综合供暖、供电，更具能源效率，且无污染性。最后，进行能量回收和再利用，CHP 热电联产工厂，燃料为附近树木修剪废料，木屑在全封闭的系统中碳化，发出热并产生电能，燃烧过程不产生二氧化碳，净碳释放为零。光电板将太阳能转化为电能的同时也起着遮阳作用。被动式热压通风扇，完全由风力驱动，内部设有热交换器，通风的同时可回收排出废气中 50% ~70% 的热量（图 12）。

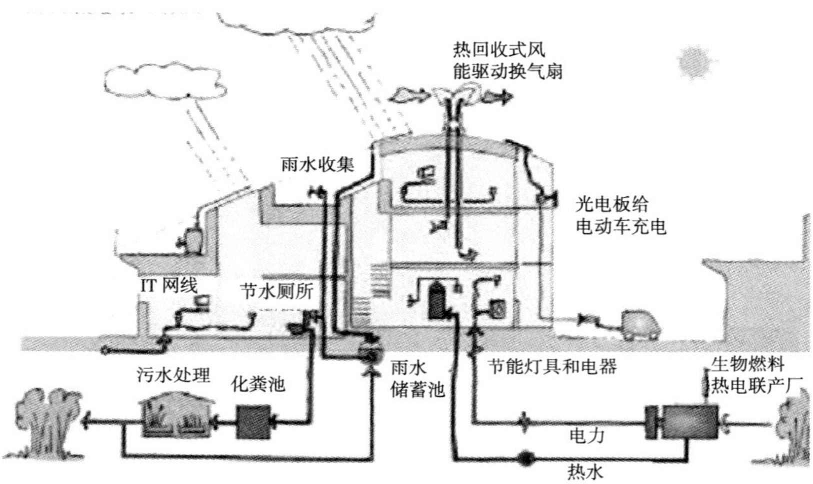

图 12　贝丁顿低碳建筑工作原理

第五，建筑材料

社区为了减少对环境的破坏，通过“本地获取”的政策，减少交通运输，并选用环保建筑材料，使用回收或是再生的建筑材料。项目完成时，52% 的建筑材料在场地 56.3 平方公里范围内获得，15% 的建筑材料为回收或再生的。例如项目中 95% 的结构用钢材都是再生钢材，是从其 56.3 平方公里范围内的拆毁建筑场地回收的。选用木窗框而不是 UPVC 窗框则减少了大约 800 吨 UPVC 在制造过程中的二氧化碳排放量。相当于整个项目排放量的 12.5%。

贝丁顿社区多年的实际经验与运行模式验证了低碳模式社区的高可行性，成为碳平衡值趋近于零的社区。贝丁顿证实了可持续生活可以是简单的、负担得起的、具吸引力的。因为技术层面与可持续观念的成熟，使得低碳生活方式在技术和理念中均可以实现。

（3）低碳社区的公众参与治理

低碳社区建设由政府职能部门推动，而居民参与设计与建设过程是保障低碳社区建设成功的重要环节。居民通过沟通、协调、设计过程可感受到社区发展，社区居民彼此可相互教育、约束和鼓励。全面自主性的决策过程可以彻底分摊决策风险，使居民们主动承担社区责任，体验“归属感”与“亲切感”。社区居民在规划之初就参与整个社区运作，充分拥有决定建筑物形式、开放空间比例与细部设计的权利。所有人也因此熟识，继而是沟通讨论的过程，一个稳定的社区架构在规划过程中便逐步建立了。参与社区规划与治理奠定了社区成功发展的基础，倡导民众参与和共同治理的精神，让社区规划能够有最大的弹性。同时居民能够进入决策过程，推动了社区以合作参与方式实践低碳社区发展理念。

（二）四川乐山生态城市规划

乐山市位于四川盆地西南边缘，不仅自然风光得天独厚，而且有着灿烂的古老文化，文物古迹丰富，是“大佛”（唐代）的故乡，融山、水、城为一体，是著名的历史文化名城和风景旅游城市。随着工业化的发展、人口的增加和耕地的减少，环境污染逐渐加剧，城市社会经济发展与自然环境景观和名城保护之间的矛盾日益突出。如何创造一个自然环境与人工环境和谐统一、有利于居民生活和工作的新乐山，是乐山城市规划着力解决的关键问题。

1987～1989 年黄光宇主持了乐山总体规划，以天人合一、人与自然和谐统一的东方哲学思想、生态学原理和可持续发展思想为理论基础，以系统、整体、协调和动态的规划理论为指导，规划中突出生态学思想，把改善城市生态环境、保护历史文化遗产、提高人居环境质量与改造城市的布局结构结合起来，提出了建设生态城市的新构想，在生态城市总体规划方法和生态城市发展形态等方面进行了一次成功的探索。

1. 绿心环形生态城市结构新模式

乐山总体规划以生态学理论为指导，结合乐山的自然、生态环境条件，中心城区采取“绿心环形生态城市”布局结构，形成了“城市在山水里，绿地在城市中”的生态城市模式（黄光宇，陈勇，2002）。采取这种新的城市结构形态，充分发挥了乐山的自然生态优势，不仅弥补了乐山当前布局上的缺陷，突出体现了乐山独特山光水色的自然特征与历史文化名城的性质，而且能够保证良好的自然环境与人造环境之间的协调平衡。

规划在城市发展范围的中心地带（现状为丘陵林地）开辟出 8.7 平方公里的城市绿心，保持着自然状态，建设森林公园，作为永久性绿地，城市围绕它呈环状发展，使得山林置于城市之内，城市处于多重生态圈之中，即绿心—城市环—江河环—山林环（图 13）。绿心既是城市结构的重要组成部分，又是旧城与新区发展的过渡与分隔地带，各城市片区之间以绿地、农田、水系溪流相隔，并使绿心得以延伸，便于绿心的充分展露和城市居民更加接近绿心，为城市创造高质量的生活环境。

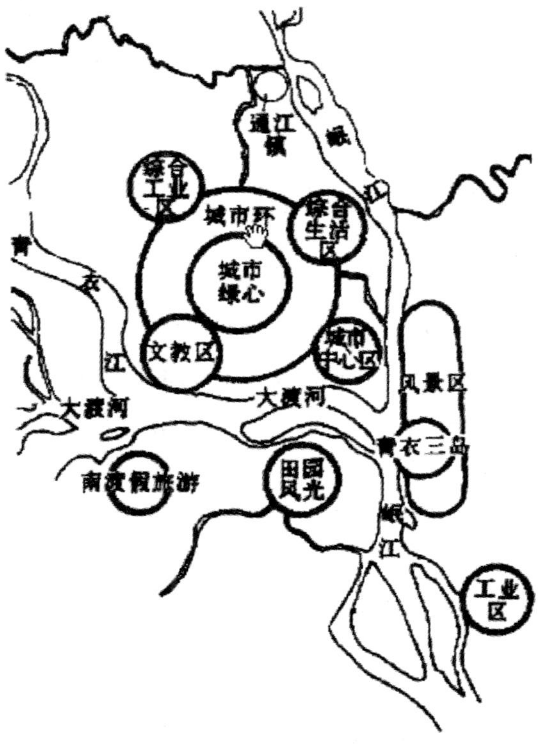

图 13　四川乐山绿心城市结构示意图

资料来源：黄光宇：《乐山绿心环形生态城市模式》，《城市发展研究》1998 年第 1 期，第 8 页。

这一城市结构模式不仅体现了“天人合一”、人与自然和谐统一的东方哲学思想，而且吸取了霍华德“田园城市”理论的精华。这一模式不同于传统工业化时代的城市发展形态——同心圆结构模式，由大片绿心取代那种拥挤、密集、喧闹的城市中心地区，既改造了城市原有的布局结构，又改善了城市生态环境，提高了城市生活质量，是乐山地区自然、地理、历史、文化与社会经济的有机结合，是传统继承和创造发展的辩证统一。

2. 乐山城市总体规划方法

在规划理论、方法和内容上都有新的突破，体现了生态整体规划设计方法的思想：

（1）以整体、协调的观点，从区域出发，进行多层次的城镇空间结构体系规划。根据乐山市在四川省的功能定位以及乐山市未来发展目标，设计了不同等级、功能各异但又互补的城镇体系。

（2）提出“复合城市”总体设想。规划中采用集中与分散相结合的组团式布局，形成多功能、多层次、开放型、城乡交融的复合城市，即城乡网络结构。

（3）中心城区依据其自然生态环境条件，采取绿心环形城市结构新布局，在“保护、疏导旧城，积极发展新区”的原则指导下，使旧城得以疏导和保护，新区获得很快发展，解决了新旧区发展的矛盾。

（4）以弹性规划理论指导“动态规划”，把规划的制定视为一个连续不断的反馈过程。正确处理了总体规划中的一些重大关系，如保护风景旅游资源和发展经济的关系，保护、疏导老城与开发建设新区的关系，近期建设与远期发展的关系等，全面协调各项建设在用地、布局上的矛盾，并使规划留有发展余地。

（5）滚动的规划目标体系。乐山市中心城区总体规划明确制定了规划的目标体系，分近期、中期、远期三个时期，分别制定了规划建设发展的目标。

（6）多工种、多学科的协作配合。在规划过程中，充分利用城市规划学、建筑学、生态经济学、地理学、社会学等学科优势和特点，设计了体现现代生态城市发展要求的总体方案。

（7）贯彻群众参与原则。生态文明、生态城市建设离不开市民的广泛参与，除了在规划过程中邀请社会各界参与城市规划方案的讨论交流之外，还十分注意在城市规划方案实施过程中广大市民的参与诉求。

（三）中新天津生态城规划

中新天津生态城是在中央提出“建设生态文明”的宏观政策背景下，由中国和新加坡两国政府共同规划建设的生态城，是我国目前规模较大、启动较快、影响较广的生态城之一。《中新天津生态城总体规划（2008～2020年）》的编制严格贯彻生态城市规划的理念，取得了显著的成效，为我国生态城市建设提供了重要的借鉴（杨保军，董珂，2008）。

1. 规划方法

（1）“先底后图”的规划方法

所谓“先底后图”的规划方法，即首先根据生态结构完整性和用地适宜性标准划定禁建、限建、可建和已建的区域，在此基础上再进行建设用地布局（图14）。以环境和土地承载力分析为基础，在紧凑城市理念、宜居城市理念指导下，规划最终确认生态城的合理人口规模为35万人左右，人均城市建设用地约60平方米，大大低于一般城市的建设用地标准。

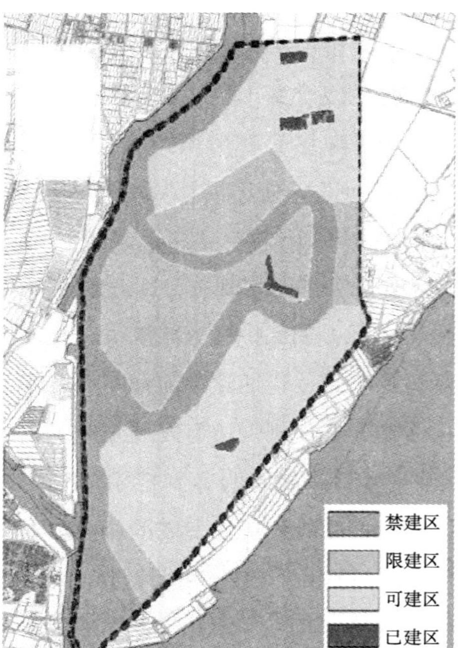

图14　天津滨海新区中新生态城生态适宜性分析

资料来源：http：//www.china-up.com/Eco-city.pdf。

（2）生态主导型规划方法

中新天津生态城的最终目标是创建一个人与自然和谐共处的城市。为了实现社会、经济、环境协调发展的目标，中新生态城在用地空间布局的基础上，建立了一套符合生态城建设目标的指标体系和配套政策。

规划以“经济蓬勃”、“环境友好”、“资源节约”和“社会和谐”作为4个分目标，提出了26项指标，其中控制性指标22项，引导性指标4项，突出了生态保护与修复、资源节约与重复利用、社会和谐、绿色消费和低碳排放等理念。

配套政策包括产业政策、公共财税政策、住房政策、社会保障政策、公共事业政策、教育政策、文化政策、交通政策、环保政策、公众参与政策以及区域协调政策等。

2. 创新之处

（1）与区域相连通的自然生态格局

区域的整体生态格局与生态网络是城市生态发展的基础和保障，也是建设一个稳定健康的城市生态系统的前提。该规划保留了从七里海湿地连绵区通向渤海湾的区域生态廊道，同时强调了内部生态结构与区域生态格局网络的衔接，主要体现在湿地空间与区域湿地空间的连通、水域特征的保存与延续、生态廊道的构建，以及城市防洪防暴和大气流动的生态流控制等方面。依据景观生态学原理，形成了以中心水域为核心的放射型、网络式生态格局（图 15）。

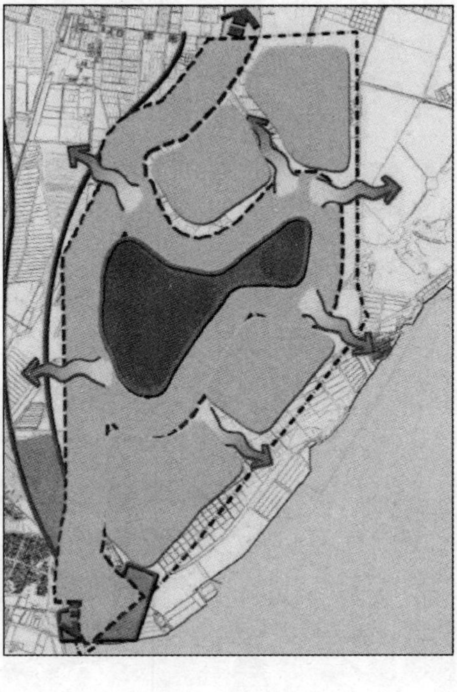

图 15　天津滨海新区中新生态城区域生态格局优化

资料来源：http：//www. china-up. com/Eco-city. pdf。

规划中的核心斑块被称为“生态核”，以清净湖、问津洲组成生态城的开敞绿色核心，发挥“绿肺”功能，为生态城提供优美宜居的生态环境。核心斑块的边缘被称为“生态链”，是环绕“生态核”的蓟运河故道和两侧缓冲带，以及点缀其间的若干游憩娱乐、文化博览、会议展示功能点，结合健身休闲的自行车专用道形成“绿链”。规划中的“廊道”一共有 6 条，从“生态链”向江海基质连通，将建设用地划分成适宜尺度的片区。

（2）集约高效的用地布局模式

用地布局模式坚持 4 项准则：①组团布局准则：依据步行和非机动车的出行距离，采用组团式布局，通过生态廊道界定组团边界；②公交引导准则：依托大运量公交系统引导土地开发，沿交通站点周围适当提高开发强度；③混合使用准则：充分利用现有地形，综合考虑土地使用和交通组织，通过平面和竖向的合理设计，减少土方挖填，实现高效的土地利用，创造丰富的城市景观；④公共利益优先准则：保障生态城中心区、滨水区等高价值区域的公共性和开放性。通过这些原则保证环境品质，集约、高效地使用土地资源，进行适度有序的高强度开发，形成紧凑的城市布局。

（3）以人为本的绿色交通理念

绿色交通理念的核心是从“以车为本”到“以人为本”，创建以绿色交通系统为主导的交通发展模式；实现绿色交通系统与土地使用的紧密结合；提高公共交通和慢行交通的出行比例，减少对小汽车的依赖；创建低能耗、低污染、低占地、高效率、高服务品质、有利于社会公平的城市绿色交通典范。

规划认为，减少机动化出行需求是实现生态城市节能减排的重要方式，而尽可能地实现职住平衡是减少出行需求的首要途径。在空间布局上，规划要求步行300米内可到达基层社区中心，步行500米内可到达居住社区中心，80%的各类出行可在3公里范围内完成。

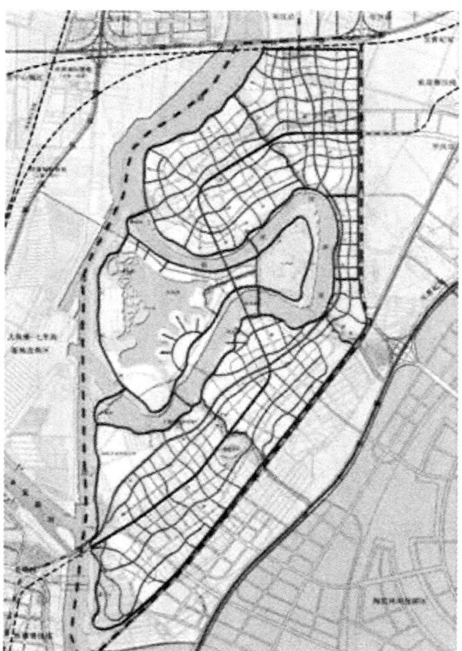

图16　天津滨海新区中新生态城慢行交通图（绿色道路为慢行交通网）

资料来源：http：//www.chinasus.org/magazine/no2/qnxshj/20101015/70954-5.shtml。

为了贯彻健康环保理念，实现“以人为本”，规划将非机动车作为最主要的交通出行方式，并将非机动车出行的外部公共空间环境作为规划的重点内容，为此建立了一套非机动车专用系统（图16），包括休闲健身道路和通勤道路。

（4）分级配置的生态社区模式

规划借鉴了新加坡新城建设中的社区规划理念，并与生态型规划和我国社区管理要求相结合，确定了符合要求的生态社区模式。

规划采用社区和服务设施的分级配

置体系，建立了基层社区（即“细胞”）—居住社区（即“邻里”）—综合片区3级居住社区体系。其中，基层社区由400米×400米的街廓组成，基层社区中心服务半径200～300米，服务人口约8000人；居住社区由4个基层社区、约800米×800米的街廓组成，居住社区中心服务半径约500米，服务人口约3万人；综合片区由4～5个居住社区组成，结合场地灵活布置（图17）。这种结构符合当前最科学的“生成整体论”的哲学思想，即每一个构成系统整体的局部，都包含了整体的特性，局部是整体的表现。

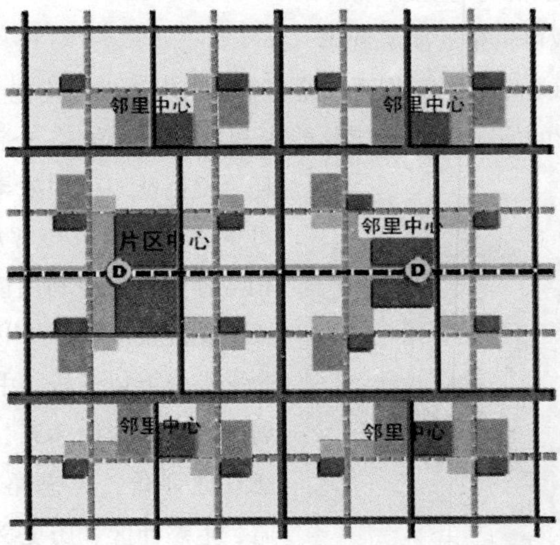

图17　天津滨海新区中新生态城生态社区模式

资料来源：http：//www. china-up. com/Eco-city. pdf。

生态社区模式的另一个理念就是上述的绿色交通理念，包括机非分离、P&R模式、TOD模式、机动车车速渐变体系等概念，正是绿色交通理念的植入，使其从新加坡的新城社区模式演化为生态城的生态社区模式。

（5）多样化的历史文化传承

规划强调了对既有历史文化的保护与弘扬，突出体现在运河文化和原有村庄的保护与更新上。以保护和更新原有村庄为例，规划对青坨子村机理和空间格局进行积极的保护性利用，通过修缮、整治和更新，改造成为集特色旅游、民俗活动等为一体的综合文化功能区；对五七村进行适度改造，结合景观设计对原有工业建筑物等设施加以利用，保留历史记忆。

（6）节约优化循环的水资源利用

以节水为核心目标，推进水资源的优化配置和循环利用，构建安全、高效、和谐、健康的水系统，利用人工湿地等生态工程设施进行水环境的修复，并纳入复合生态系统格局。水资源利用主要策略包括：①节约用水；②采用非常规水资源，多渠道开发利用再生水；③优化用水结构，合理配置水资源，实行分质供水，提高水资源利用率；④建立水体循环系统，加强水生态修复与重建，加强地表水涵养，建设良好的水生态环境。

（7）低耗高效可再生的能源利用

能源利用目标是促进能源节约，提高能源利用效率，优化能源结构，构建安全、高效、可持续的能源供应系统。能源利用的主要策略包括：①降低能源消耗，提高能源使用效率；②优先发展可再生能源，形成与常规能源相互衔接、相互补充的能源利用模式；③促进高品质能源的使用。

综合上述分析，中新天津生态城规划的选址、指标体系、产业选择、生态适宜性评价、生态格局优化、绿色交通、生态社区、历史文化保护、水资源和能源节约高效利用等都体现着生态城市建设的基本原则，最终的土地利用规划如图18所示。

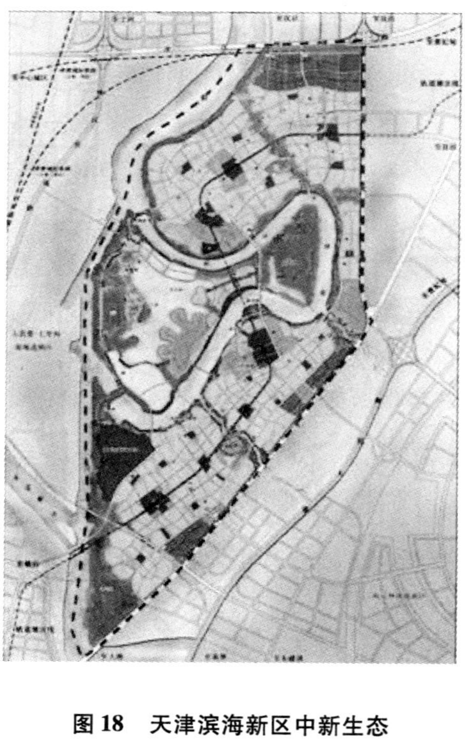

图18　天津滨海新区中新生态城土地利用规划

资料来源：http：//www.chinasus.org/magazine/no2/qnxshj/20101015/70954－7.shtml。

（四）唐山曹妃甸国际生态城

曹妃甸国际生态城位于唐山南部，它西邻天津，东接秦皇岛，是具有巨大潜力的经济发展区。唐山南部的发展以一个新型国际深水港口和大型综合循环经济工业区的开发为基础，该工业区的主要产业是装备制造、石油化工、精品钢材和现代物流。曹妃甸国际生态城是与工业区和港口配套发展的新城（图19）。

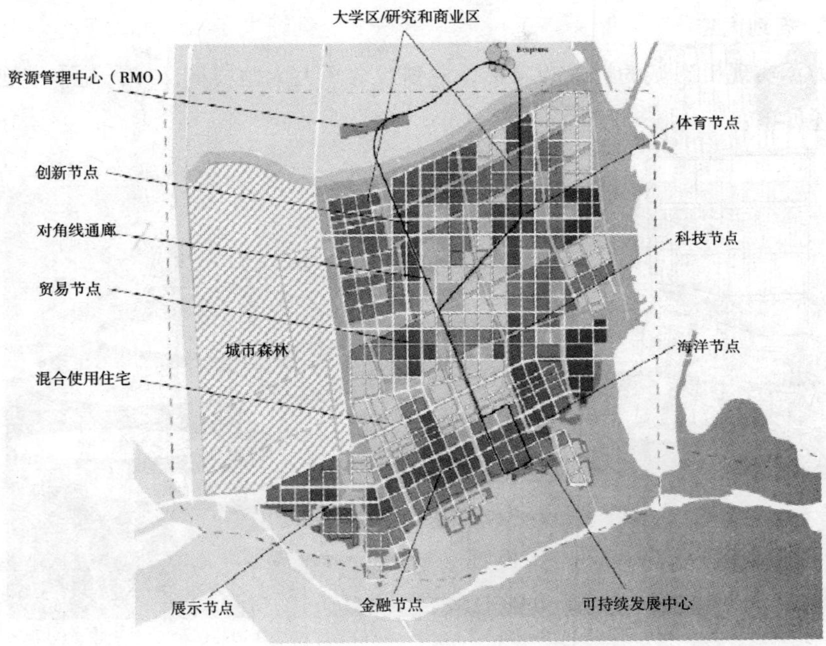

图19　河北唐山曹妃甸国际生态城一期规划结构图

资料来源：乌尔夫·兰哈根（Ulf Ranhagen）：《曹妃甸国际生态城规划综述》，谭英译，《世界建筑》2009年第6期，第17页。

曹妃甸生态城是中瑞两国环境技术合作的重点。中华人民共和国住房与城乡建设部与瑞典王国环境部之间签订的可持续城市发展合作协议为此奠定了基础。通过瑞典政府推荐，经唐山市政府选定，由曹妃甸国际生态城管理委员会委托瑞典SWECO公司完成。

1. 规划目标

·支持曹妃甸实现其发展目标——成为一个世界领先的可持续发展城市。

·按照共生城市的概念，支持引进瑞典城市不同层次可持续发展概念和解决措施。

·采用综合性方法实现可持续城市发展，将服务和产品很好地联系在一起，相互协调。

· 为城市和市民提供一个无论从长期、中期和短期来看都具有生态性、社会性和经济性效益的环境。

2. 规划内容

为了实现生态城的远景和目标，规划包含 9 大主题（图 20），几个主要的方面概述如下：

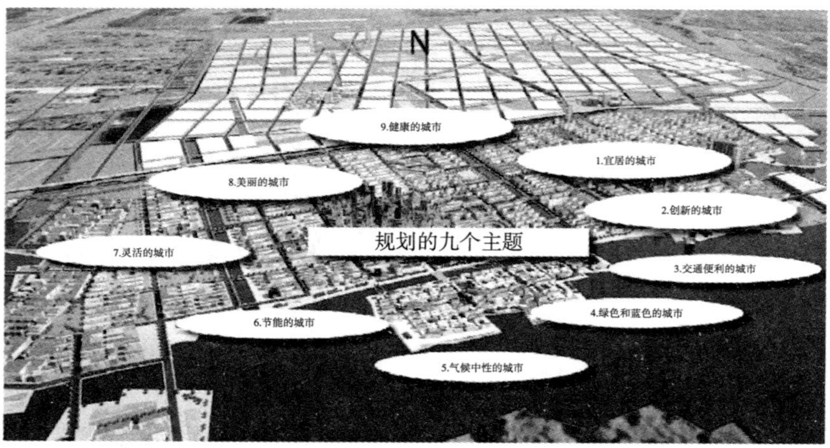

图 20 河北唐山曹妃甸国际生态城鸟瞰图——起步区域以及 9 大规划主题

资料来源：乌尔夫·兰哈根（Ulf Ranhagen）：《曹妃甸国际生态城规划综述》，谭英译，《世界建筑》2009 年第 6 期，第 19 页。

（1）生态城拥有一个紧凑的混合功能结构，各种元素相互交织构成整体。城市节点是各城区的中心，并各具特色，如创新科技、商贸、科研和运动等。城市在功能上的混合有利于创造一个对商业和文化都有积极影响的环境。

（2）可持续的基础设施和交通模式是生态城建设的基础，应优先考虑行人、自行车和公共交通网络。公共空间的一个重要组成部分，是一个贯穿整个规划范围的绿色（公园、绿地、游乐区）和蓝色（水渠、池塘、河流）网络（图 21）。

（3）气候中性（即不影响气候）的能源计划以节能建筑和系统达到最低能源消耗为基础。当地的可再生能源生产主要来自风力发电和垃圾焚烧，并可能发展太阳能发电和潮汐能（图 22）。

（4）曹妃甸生态循环模式包括一个对能源、垃圾和水资源的综合处理方案

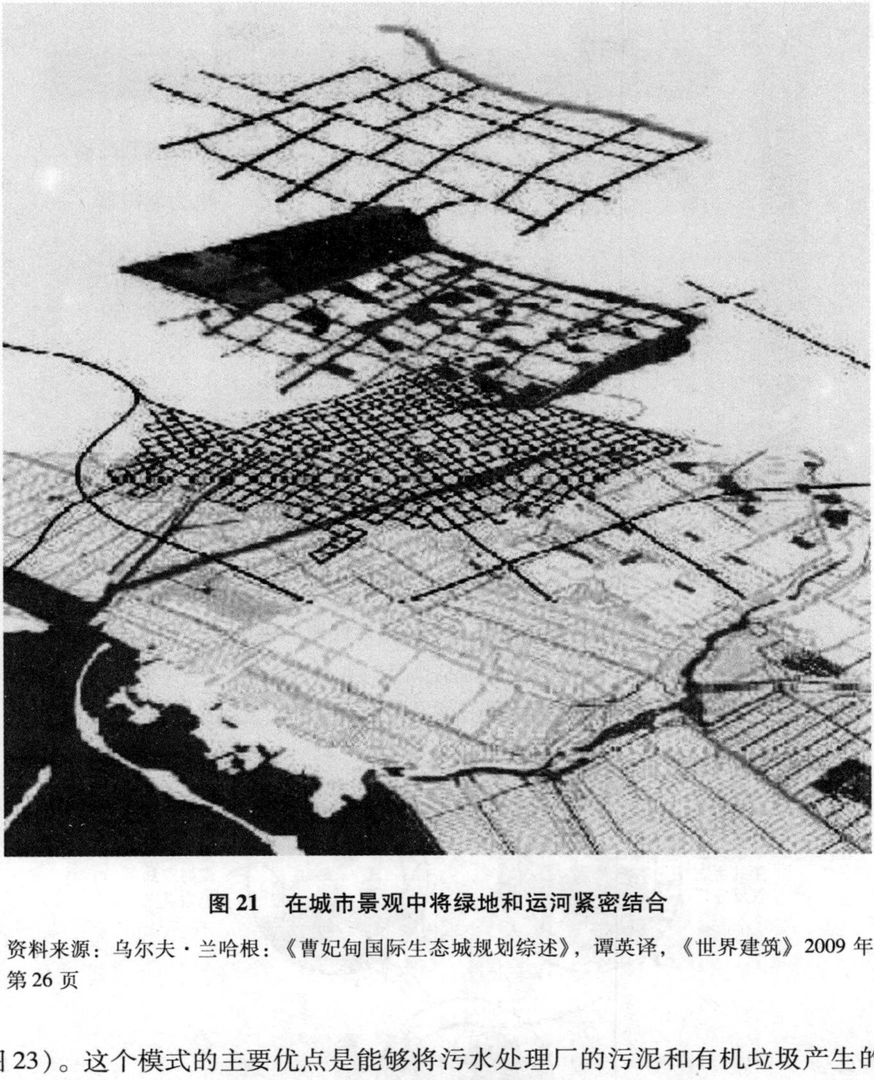

图 21　在城市景观中将绿地和运河紧密结合

资料来源：乌尔夫·兰哈根：《曹妃甸国际生态城规划综述》，谭英译，《世界建筑》2009 年第 6 期，第 26 页

（图 23）。这个模式的主要优点是能够将污水处理厂的污泥和有机垃圾产生的沼气提纯为车用燃料，废水、雨水资源得到最充分的利用，垃圾焚烧进行热电联供等。

（5）规划能够适应城市不同的扩张速度和方式，因为灵活的街区结构为各个街坊的开发提供了多种可能性。基于生态城的整体网格状结构所形成的秩序，在城市设计和建筑设计方面更具有丰富的可能性。这种紧密融合的城市结构有利于提高生活品质，适宜居住，有利于社会安全、文化包容和居民的健康。

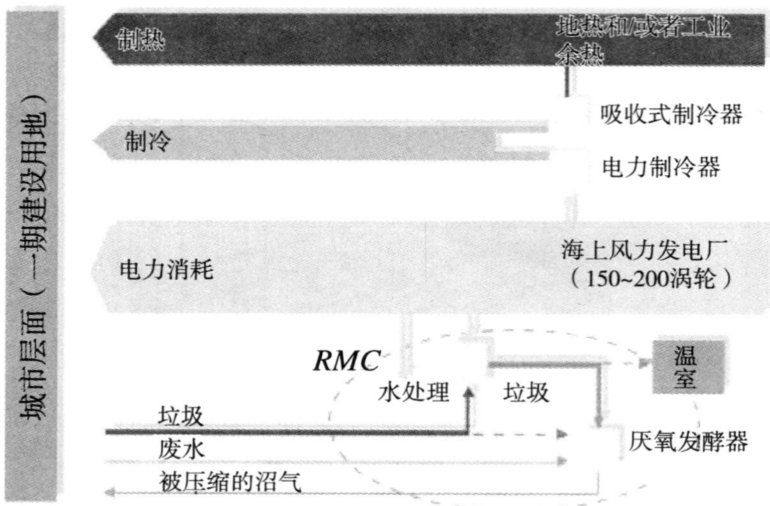

图 22　能源平衡——可再生能源的供应

资料来源：乌尔夫·兰哈根（Ulf Ranhagen）：《曹妃甸国际生态城规划综述》，谭英译，《世界建筑》2009 年第 6 期，第 21 页。

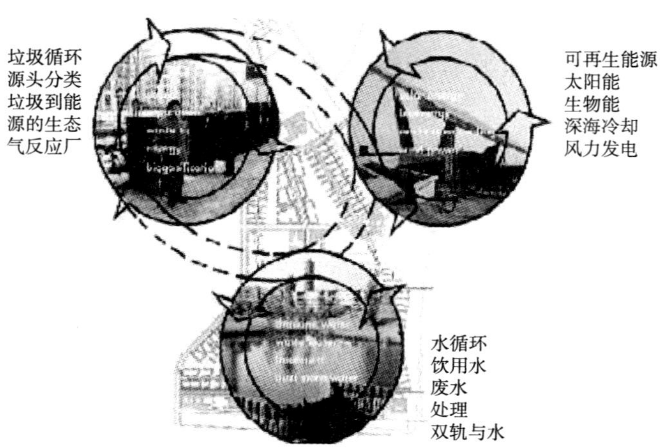

图 23　生态循环模式概念图

资料来源：乌尔夫·兰哈根（Ulf Ranhagen）：《曹妃甸国际生态城规划综述》，谭英译，《世界建筑》2009 年第 6 期，第 21 页。

（6）规划基于共生城市的理念和多学科的综合方法建立了包含141项指标的指标体系。这些指标全面综合地考虑了该地区的可持续发展，包括环境和生态、社会经济、文化和空间等方面。这意味着，每一个指标都可作为一种有效的工具，积极地整合到不同层面的规划方案中，并且也为跟踪和管理目标的实现情况服务。

3. 城市形态设计

唐山市曹妃甸城市形态设计的主要形式有多层叠加结构、网格状街坊结构等（尤纳斯·颜伯格，丁利，2009）。

（1）多层叠加结构

空间格局包括三层内容：

对现有的鱼塘和盐池肌理进行了分析，将其作为城市布局和特色的基础。新建水渠及用地内部分街区的规划布局都基于用地现状特有的形态和方向。

南北及东西向的正交系统是交通和运输系统的基础，它决定了公共交通网和位于用地中心地带以及主要交通节点附近的大尺度密集街区的基本布局形态。

绿色走廊及城市公园组成渗透城市街区的有机系统。不同规模和特色的绿色走廊网络内贯穿自行车道、步行道，并包含主要采油设施（油井和管道等）用地，形成了城市的绿色结构，将生态环境、休闲和交通有机地整合在一起。

多层叠加的结构使得城市整体统一，有利于辨认方向和城市的合理发展。同时，不同形式的交叉和“碰撞”引起令人鼓舞的城市复杂性。

（2）网格状街坊结构：高度的融合与灵活性

在城市、城区和街区的不同层次上，生态城以整合式城市格局替代了分割式模式。网格状结构既是中国传统，也是基于当地平坦地形的理性选择。街坊尺寸选择边长220米，考虑了交通和用地开发两方面的需要。

- 网格结构（图24）

与“现代主义”所推广的树杈状布局不同，网格状街坊为城市带来了高融合度，有利于公共交通而非私家车的发展，而且因其提供了到达目的地的多种路径选择，也减轻了汽车交通的拥堵。

在功能上，生态城市规划的意图是反映出从简单、功能单一的城市形式向复杂、多职能的城市形式的演变。树杈状布局将不同功能安排在相互独立的不同功能区内，再用少量交通干道串联起来。而在网格状系统内，因各城区之间的联系和交

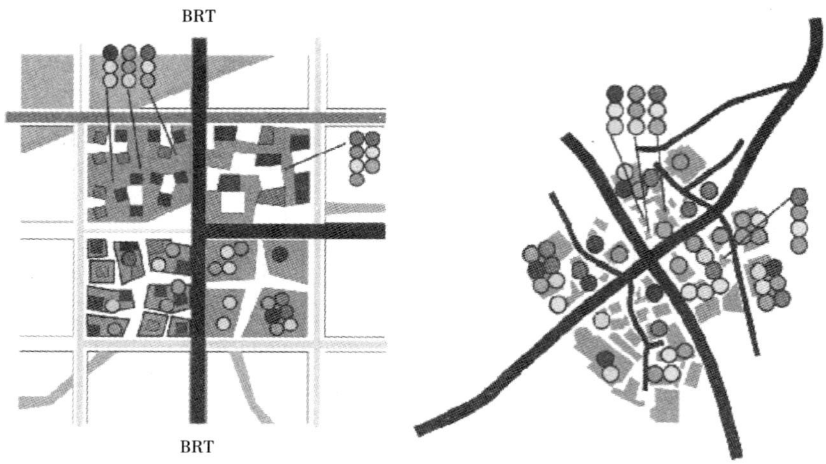

图 24 网格状街坊结构与树形结构的对比

资料来源：尤纳斯·颜伯格，丁利：《曹妃甸生态城城市形态和城市意象分析》，《世界建筑》2009 年第 6 期，第 35 页。

通更加灵活，大多数地块可容纳各种不同功能，也便于在将来根据发展改变功能。

- 220 米 ×220 米的街坊

与曾在 1960 年代流行于欧美，并在当代中国盛行的“绿地中的建筑”（图 25）相比，街坊结构有连续的街道环境，为市民提供了宜于使用的公共和社交空间。街坊的尺寸是根据 SWECO 的可持续原则和项目实际情况相结合来确定的。

街坊尺寸与路网密度之间必须保持平衡。目前中国常见的边长达 500 ~ 700 米的用地划分容易造成封闭的大院，路网太疏，道路过宽，造成城市不宜于步行，公交网络也不够密，进而增加了私家车的使用量及道路拥堵。生态城的路网应更密而道路断面较窄，以增强融合度并使尺度宜人。另一方面，根据 SWECO 在中国的经验，街坊地块如果过小则很难进行开发，其尺寸必须够大以允许多种功能的开发和进一步的细分。在反复试验对比后，SWECO 选择了 220 米边长作为街坊尺寸。220 米是大约 2 分钟的步行距离，这样的街坊氛围很人性化，而且交叉口间距也适合开车和行人过街需要。

- 融合度与灵活性

图 26 的城市整合模式说明如何通过不同层面的整合，实现城市功能互动的最大化。这种模式应用于整个一期建设范围，尤其是大学区。

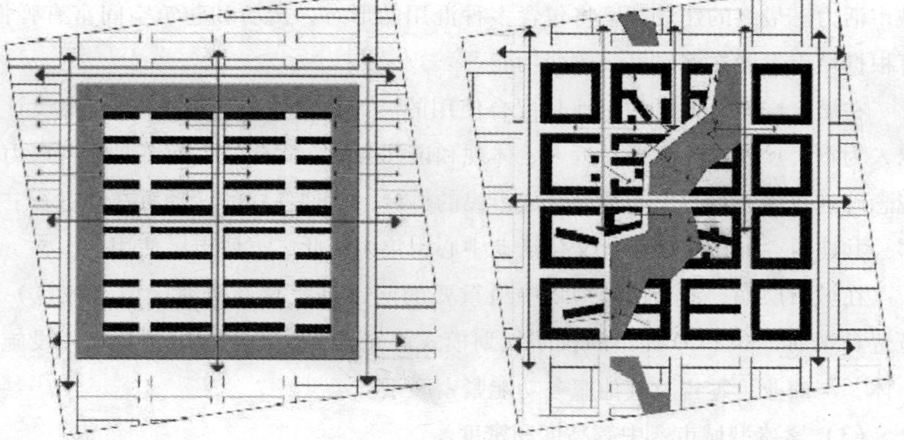

图 25　绿地中的建筑转化为与城市街坊结合的绿化环境

资料来源：尤纳斯·颜伯格，丁利：《曹妃甸生态城城市形态和城市意象分析》，《世界建筑》2009 年第 6 期，第 35 页。

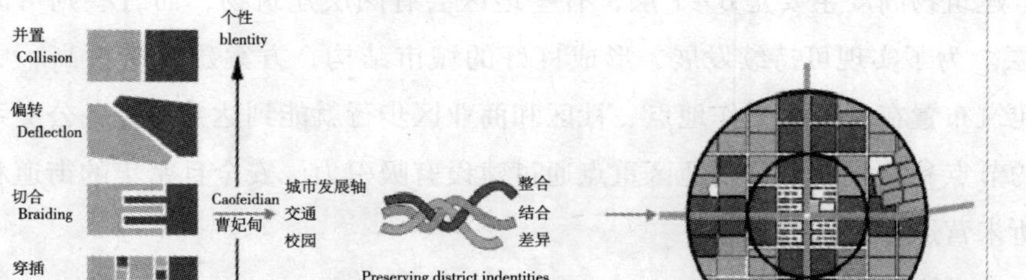

图 26　城市整合模式

资料来源：尤纳斯·颜伯格，丁利：《曹妃甸生态城城市形态和城市意象分析》，《世界建筑》2009 年第 6 期，第 35 页。

在街坊层面，在 220 米 × 220 米的框架内可以开发出各种各样的街坊类型。可以使用分期开发的模式，先建设路网和绿化，然后建设沿街的小街坊，继而建设大街坊中的核心部分，与先建的小街坊形成整体。大地块可以被划分成较小的地块由不同的开发商来建设，以实现社会、经济、空间和建筑上的多样化，增强城市活力。最终的建成环境将包含多种混用的形态，街坊和建筑空间富有弹性，可根据城市发展在将来灵活改变功能。

在城区层面，大量的用地是混合使用的。如行政中心，SWECO 方案设计了以人为本、尺度宜人、平易近人、体现和谐社会的新式建筑，而不是炫耀权力的纪念碑式建筑。行政中心被设计成市民的舞台，各种各样的活动可在此进行。许多公共建筑，如市民中心、文化活动中心也集中于此，方便市民使用。

在城市层面，混合用地规划中最重要的问题是教育及研究区域（校区）的位置和规划。SWECO 提出的校园规划模式，集教育、研究、居住及服务设施于一体，与商业、零售及其他服务功能紧密联系。

（3）紧凑型城市：中等高度和密度

曹妃甸计划建成中等高度和密度的城市，根据需要，城内各区密度有所不同，一定程度上的紧凑性是其整体特色，并强化一些特殊地点的密度，如：城市节点附近建筑较高，密度较大；公共街道沿线建筑较高，密度较大。

- 高度

建筑物高度主要是6～7 层，有些地区会有两层建筑物，而有些则可能高达12 层。为了实现可持续发展，形成良好的城市结构，方案建议将更高、更密集的建筑布置在一些从工作地点、社区和商业区步行就能到达并有完备公交系统支持的节点和路线上。这些地区重点通过建设有吸引力、安全且密集的街道和公共场所来营造好的城市形态。

- 密度

规划中将整个 30 平方公里分为 28 个街区，统计了用地面积。我们建议这些街区的城市密度可有以下 3 个平均水平：高密度（约 2.5）；中等密度（约 1.5）；低密度（约 0.5）。

（4）连续的街道环境，清晰的领域划分

城市街道空间规划的基本理念是创造一个街道氛围活跃并以人为本的紧凑型城市街道空间。

如图 27 所示，现代主义的手法是把建筑入口和步行道朝向街坊内部布置（内向型城市），但却造成了毫无生气的街景。因为这种布局不能让街坊和城市街景形成良好联系。而在曹妃甸生态城中，街坊是朝外的（外向型城市），从而形成了生动、开放的街道环境。该布局创造了建筑街坊和城市间良好的联系，二者形成清晰的关系。

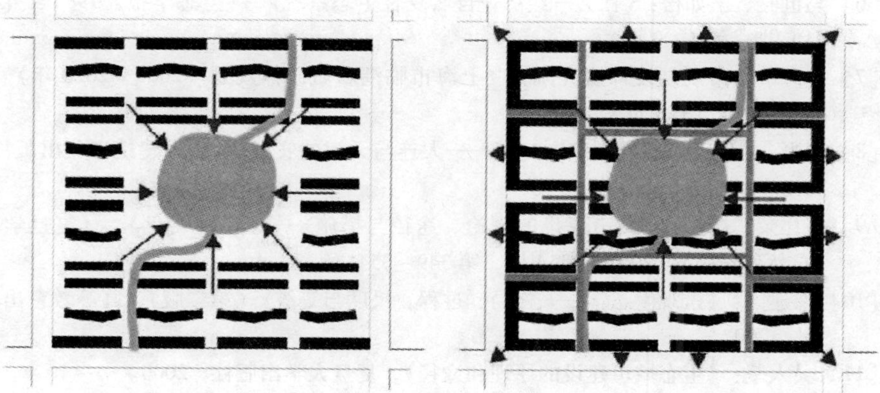

图 27　内向型与外向型街坊规划方式的对比

资料来源：尤纳斯·颜伯格，丁利：《曹妃甸生态城城市形态和城市意象分析》，《世界建筑》2009 年第 6 期，第 37 页。

对较高密度的城市地区，规划中不设用地和建筑退红线要求，例如快速公交（BRT）及轻轨沿线地带、干道、支路、公园、水渠沿岸和海滨。沿街不设置大面积的停车场，将建筑底层与人行道直接相连，为各种商业活动提供机会。

城市的所有场所分为从公共到私密的不同层次。公众性最强的场所是街道、广场、公园、滨水区。最为私密的地方是居住空间和公寓。介于两者之间的地方被视为半公共场所和半私密场所，它们是一个有趣而又统一的系统，在城市具体设计中应加以妥善处理，以营造社区的归属感和个性，并增强安全性。

参考文献

［1］车生泉：《城市绿色廊道研究》，《城市规划》2011 年第 5（11）期，第 44 ~ 48 页。

［2］郭思、曾刚、李刚：《基于企业网络组织的上海临港装备制造业集聚效应研究》，《经济地理》2011 年第 2 期，第 277 ~ 283 页。

［3］黄光宇、陈勇：《生态城市理论与规划设计方法》，科学出版社，2002。

［4］黄光宇：《中国生态城市规划与建设进展》，《城市环境与城市生态》2011 年第 11

(3) 期，第6~8页。
[5] 马交国、杨永春：《国外生态城市建设实践及其对中国的启示》，《国外城市规划》2006年第21(2)期，第71~74页。
[6] 马世骏、王如松：《社会—经济—自然复合生态系统》，《生态学报》1984年第4(1)期，第1~9页。
[7] 上海市城市规划设计研究院：《上海市临港新城总体规划（2003~2020年）说明》，2004，第8页。
[8] 田野：《生态城市规划编制初探——大连与天津的实践》，中国建筑工业出版社，2010。
[9] 王祥荣：《论生态城市建设的理论、途径与措施——以上海为例》，《复旦学报(自然科学版)》2001年第4期，第349~3541页。
[10] 邬建国：《景观生态学——格局、过程、尺度与等级》（第二版），高等教育出版社，2007。
[11] 吴人坚：《生态城市建设的原理和途径》，复旦大学出版社，2000。
[12] 肖笃宁等：《景观生态学》，科学出版社，2010，第4~5页。
[13] 杨保军、董珂：《生态城市规划实践——以中新天津生态城规划为例》，《2008城市发展与规划国际论坛论文集》，第246~250页。
[14] 杨滔：《从空间句法角度看可持续发展的城市形态》，《北京规划建设》2008年第2期，第93页。
[15] 尤纳斯·颜伯格、丁利：《曹妃甸生态城城市形态和城市意象分析》，《世界建筑》2009年第6期，第34~43页。
[16] 张泉、叶兴平等：《低碳城市规划——一个新视野》，《城市规划》2010年第2期，第13~18页。
[17] 张庭伟：《控制城市用地蔓延：一个全球的问题》，《城市规划》1999年第8期，第44~48页。
[18] 周春山：《城市空间结构与形态》，科学出版社，2007，第242页。
[19] 周岚、张京祥等：《低碳时代的生态城市规划与建设》，中国建筑工业出版社，2010。
[20] 邓清华：《生态城市空间结构研究》，华南师范大学硕士学位论文，2002。

G.6

中国生态城市建设标准与评价模型

崔剑波　赵廷刚

摘　要： 生态城市建设标准是一个动态概念，生态城市建设需要有一套体现生态城市特点的建设标准和指标体系，我们利用空间上的锥与半序试图从一个新角度构建中国生态城市建设标准与评价方法。首先利用硬性指标体系，确立不同时刻中国生态城市建设的最低发展现状和最高发展现状，再由最低发展现状和最高发展现状，利用数学模型来确立不同时期的建设标准，然后依据硬性指标体系和建设标准把生态城市分为三类，并提出中国生态城市建设三个发展阶段的概念。

关键词： 稳定发展　可持续发展　锥　半序

建设生态文明城市，必然要涉及什么样的社会发展结果有利于人类的生存与发展，如何根据这些量化的动态指标反过来去规范指导人类的活动，使社会发展结果令越来越多的人感到满意等三个问题。生态文明城市的形态是通过能够反映人类活动有利于人类的生存与发展的社会发展结果量化指标体系来描述的。如果指标体系中的每个指标值越来越大，表明在该方面人类行为越来越有利于人类的生存与发展。我们可以简单地将生态文明城市的形态演化分为初、中、高三个阶段。这三个阶段是这样划分的：如果一个城市的某一指标值是振荡的、不稳定的，那么这个城市的生态文明还处于初级阶段；如果一个城市的任何指标值是随时间变化而严格单调递增的，但还未能达到建设标准，那么这个城市的生态文明处于中级阶段；如果一个城市的任何指标值是随时间变化而单调递增的，并且达到建设标准，那么这个城市的生态文明处于高级阶段。对于一个地区，譬如中国，我们也按初、中、高三个阶段来划分其生态文明的形态，其含义如下：如果中国某一城市的生态文明还处于初级阶段，那么就称中国的城市生态文明建设还处于初级阶段；如果中国的任何城市的生态文明都处于中级阶段，而某些城市还没达到高级阶段，那么就称中国的城市生态文明建设处于中级阶段；如果中国的任何城市的生态文明都处于高级阶段，那么就称中国的城市生态文明建设处于高级阶段。

当某一城市的生态文明建设处于初级阶段时，其任务是很艰巨的。首先要解决的是如何把没有建设好的各个方面建设好。对于这些方面的建设是遍地开花式的还是选择优先次序有重点地分步建设，并且建设的进度、建设的规模和投入如何把握等又是十分复杂的。同时采取什么样的运行机制、监控机制以及管理模式，确定什么时候使其能发展到中级阶段和高级阶段，显然也是非常重要和复杂的。

即使中国城市生态文明建设处于高级阶段，也还是一个随时间动态变化的发展过程。因为虽然所有城市的发展都处于高级阶段了，但城市的自然条件和地理位置等因素造成城市的发展结果是有差异的，如何缩小这样的差异也是十分复杂的问题。在城市生态文明建设过程中，始终存在某些方面建设最好的城市，把这些城市遴选出来，其建设的成功经验可供其他城市借鉴和学习。

基于生态学原理等科学方法建立的指标体系，确立不同时期不同城市的生态文明建设评价标准，依据指标体系和评价标准对不同城市进行分类，并找出在一些方面建设最好的城市，是一项完全创新的工作。

一　生态城市指标体系

（一）生态城市指标体系的主要构建原理

到目前为止，国内对生态城市指标体系的研究可大致分为两大类（褚祝杰，陈伟，2008）：一类是从城市作为一个复合生态系统的角度出发，通过对城市所涵盖的各个子系统的分析，将生态城市综合评价进行指标分解。最基础的分解方式是将指标体系分为经济生态指标、社会生态指标和自然生态指标等三大指标。但多数研究者会在自己对生态城市复合系统的理解基础上，进行进一步划分。另一类是以宋永昌、王祥荣等为代表，基于对城市生态系统的分析，从城市生态系统的结构、功能和协调度等三方面建立的生态城市指标体系（刘世栋、高峻，2007）。

这两类体系各自的特点在于：前者可以通过比较生态城市经济、社会、自然等子系统的发展状况，找出城市发展的优势劣势，以便今后工作中有所侧重。后者则将城市生态系统看作一个整体，通过分析其结构、功能、协调度而建立，依据它可以很快诊断出整个城市生态系统发展中存在的障碍，并从生态学角度找出促使其良性循环发展的对策。

（二）生态城市评价指标体系的设计原则

在生态城市评价指标体系研究中，最常被提到的设计原则包括以下五条（郭珉媛，2010；褚祝杰，陈伟，2008）：

1. 科学性和可操作性原则

所谓科学性，即生态城市评价指标体系在设计时应注意理论上的完备、科学和正确；指标概念应明确，权重系数的确定、数据的选取、计算等要以科学理论为依托；指标体系的建立要在科学分析的基础上，能够客观反映生态城市的本质特征，能较好地量度生态城市建设主要目标的实现程度。可操作性原则也称为实用性原则，即考虑资料或数据的可获得性、可比性，指标的含义尽量简单明了并易于被公众理解和接受，尽量不采用深奥的专业术语。

2. 定量与定性相结合原则

生态城市是一个复合的生态系统，对它的评价要尽可能的量化，但是对于目前认识水平下难以量化且意义重大的指标，可以用定性指标来描述。

3. 主成分性原则

即鉴于生态城市内涵之丰富，从众多变量中依据其重要性和对生态城市系统行为贡献率的大小，筛选出数目足够少却能表征生态城市系统本质的最主要成分变量。这一原则的意义在于对整个指标体系的规模进行控制。

4. 动态性和静态性相结合原则

也称为时空耦合原则，是指评价指标体系不但要反映生态城市某一时点上的水平，还应包含反应生态城市发展演变趋势的指标；指标体系既要从时间序列又要从空间序列来评价和判断生态城市的建设水平；指标体系应随着城市建设水平和实际的变化而变化。

5. 可比性与针对性原则

可比性原则指所建立的指标体系要能用于对不同城市之间的横向比较和同一城市不同时段的纵向比较；针对性原则也称因地制宜原则，即针对特定城市，应根据其具体条件和发展前景来制定适应其自身特点的指标体系。

另一种设计原则包含 8 条（刘世栋、高峻，2007）：

1. 综合性与代表性相结合原则

生态城市涉及社会、经济、自然等多领域的科学知识，是一个庞大的系统，涉及的因素众多，对它进行评价不可能包罗无遗，必须选择其中若干因子作为评价指标，要把一些范围较广的相关信息集合成为一个或若干个指标，这样可以减少指标的数量，但是要防止有些信息没有被反映出来。同时又要避免指标间的重叠，把评价目标与指标连成一个整体，做到指标体系既能综合生态城市的全貌又有代表性。

2. 可操作性与可比性

考虑数据的可获得性，建立的指标体系应简明清晰，容易操作并易于理解。指标尽可能采用国际上通用的名称、概念与计算方法，有利于和国内外相似城市或地区的比较。目前国内外学者对于生态城市、可持续发展城市的评价指标体系已经做出了十分深入的研究，但至今仍然存在的问题就是可操作性差。多数指标体系尽可能详细地罗列了大量指标，在理论层面上体现出丰富的内涵，但很多指标不可获得或者难以量化，因此不能进行实际操作。在进行指标的选取研究时，要特别注重每项指标的可观性、可测性及简洁可比性，对其名称、含义、计算范围及统计方法等都规定统一标准，以满足对指标的实际可操作性和可对比性要求。

3. 主成分性与独立性原则

对于一个复杂的系统，必须从众多的变量中依其重要性和对系统贡献率的大小顺序，筛选出数量较少，但却能反映系统本质行为的最主要成分变量，即主成分原则。但如指标选择过少，就有可能不足以表征系统的真实行为，如果选取指标过多，资料难以获取，综合分析过程也很困难，所以必须坚持独立性原则，避免相同含义或相近的变量重复出现，尽量选择具有相对独立性的变量作为指标。

4. 整体性和层次性原则

指标体系作为一个整体，要比较全面地反映生态城市特征，反映出各子系统相互之间的动态变化和发展趋势。同时，系统具有层次性，所以选择指标也应具有层次性，高层次指标是低一层次指标的综合，并指导低一层次指标的建设，低层次指标是高一层次指标的分解，是高一层次指标建立的基础。

5. 针对性与特色性原则

事物之间的差别在于每一事物都有不同于其他事物的本质规定性，不同的自然条件就会产生不同的环境资源特点，形成自己的特色。在生态城市指标设计时要立足当地的区域特色，充分挖掘地方环境资源优势，将其转化为经济优势，提高经济效益。通过调整环境资源结构，合理开发利用资源，加强生态环境建设，提高生态效率，促进生态良性循环，更好地为经济建设发展服务。指标的选取应是针对目前存在的突出环境问题，制定出具有地方特色的指标体系，保障生态城市建设的贯彻实施。

6. 简洁与聚合原则

简洁与聚合常常被作为指标体系设计的主要原则。简洁使指标容易使用，聚合有助于全面反映问题，但它们往往又是相悖的。其中难度最大、争议最多的是指标的聚合或合成问题。指标的合成是生态城市指标体系研究的关键技术，尤其是部分综合指标的价值如何以货币来衡量更需要精确科学的方法。为便于高层次的管理人员和公众了解运用，各指标变量经系统处理后，需进行科学处理以形成数量不多的高聚合度指标。

7. 导向性与创造性相结合原则

生态城市建设是一项全局性、前瞻性、导向性很强的系统工程，它既是目标又是过程。因此，对于指标体系的设计要有开拓精神，勇于创新，还应充分考虑系统的动态变化，应能综合反映建设的现状及发展趋势，便于进行预测与管理，起到导向作用。

8. 时空耦合原则

生态城市指标体系的研究总是在一定空间范围内进行。生态城市的建设与发展是一个动态的时空耦合过程，指标体系中除了有反映城市发展的静态指标，更要有动态指标；既要从时间序列又要从空间序列来评价和判定。

以上这两种原则有些部分是互相重叠的，也有不同之处。尽管如此，但都有一定的合理性。依据上述生态城市评价指标体系的主要构建原理和设计原则，构建的指标体系如表 1 所示。

（三）生态城市评价指标体系的数据处理（郭珉媛，2010）

1. 数据的标准化

生态城市评价体系的各指标单位不同，为了使指标之间能够应用数学方法进行综合分析，就需要对数据进行处理，使其在仍然能够反映真实情况的条件下完成各数据之间单位的统一，即将数据进行标准化或者无量纲化处理。目前对数据

表 1　生态城市综合评价指标体系

一级指标	二级指标	序号	三级指标	国际标准	国内现状	发展目标			指标类型
						初(浅绿型)	中(中绿型)	高(深绿型)	
生态城市建设综合评价指数	生态系统	1	森林覆盖率	31.4%	13.94%	≥10%	≥15%	≥20%	正
		2	生物多样性			20≤BI<30	30≤BI<60	BI≥60	正
		3	自然保护区面积比	20%	≥17%	5%	12%	≥17%	正
		4	水土流失率						
		5	自然灾害发生率						
	人居环境	6	空气质量指数	>300 天	300 天	240~269 天	270~300 天	>300 天	
		7	人均公共绿地面积	7.64 平方米	7.73 平方米	11	14 平方米	20 平方米	正
		8	河湖水质	100%	100%	100%	100%	100%	正
		9	人均二氧化碳排放量	5.2 吨/人	4.6 吨/人	4 吨/人			负
		10	饮用水水质达标率		>96%	100%	100%	100%	正
		11	环境噪声达标率	≥95%	>60%	>60%	≥95%	≥98%	正
		12	生活垃圾无害化处理率	国家卫生城市标准:省会城市和东部地区城市生活垃圾及粪便无害化处理率≥90%,其他城市生活垃圾及粪便无害化处理率≥80%。	“十一五”国家环境保护≥85%;国家生态园林城市标准≥90%;生态县、生态市、生态省建设指标(修订稿)≥90%;《佛山市生态城市建设指标体系与评价研究》标准70%	≥70%	≥85%	≥90%	正
		13	工业废水排放达标率	100%	100%	100%	100%	100	正
		14	城市生活污水集中处理率	“十一五”国家环境保护模范城市考核指标:36个大城市污水集中处理率≥95%,其他城市生活污水集中处理率≥80%	生态县、生态市、生态省建设指标≥85%;国家生态园林城市标准70%;“十一五”城市环境综合整治定量考核指标实施细则≥80%;	≥70%	≥85%	≥95%	正

续表

一级指标	二级指标	序号	三级指标	国际标准	国内现状	发展目标			指标类型
						初(浅绿型)	中(中绿型)	高(深绿型)	
生态城市建设综合评价指数	人居环境	15	城市规划优美度	无	无	无	无	无	
		16	市民满意率	“十一五”国家环境保护模范城市考核指标：公众对城市环境保护的满意率≥85%；生态县、生态市、生态省建设指标>90%；	国家环境保护模范城市考核指标及其实施细则标准：公众对城市环境保护的满意率≥80%	≥80%	≥85%	>90%	正
	资源节约	17	资源能源依存度						
		18	粮食自给率%	329%	95%	100%	150%	200%	正
		19	人均水资源总量	9600 立方米/年	2400 立方米/年	3000 立方米/年	3500 立方米/年	4000 立方米/年	正
		20	清洁能源使用率		7. 8	50	70	90	正
		21	新能源(可再生)规模、比重	10	10	15	20	25	正
	经济发展	22	R&D 占 GDP 比重						
		23	技术研发能力、专利数	—	39 万 1177 件	45 万件	50 万件	55 万件	正
		24	服务业占 GDP 比重	—	43. 1%	50%	55%	65%	正
		25	高新技术产业增长率	比其他产业高出 8% ~ 10%	20%	25%	30%	35%	正
		26	文化产业增长率	14%	8%	15%	18%	21%	正
		27	教育经费占 GDP 比重	4. 9%	2. 82%	3. 3%	3. 9%	4. 9%	正
		28	环保投入占 GDP 比重	3%	1. 5%	2%	2. 3%	2. 8%	正
		29	生态农业占农业比重	5%	0. 3%	1%	2%	3%	正
		30	循环经济规模、比重						正

续表

一级指标	二级指标	序号	三级指标	国际标准	国内现状	发展目标			指标类型
						初(浅绿型)	中(中绿型)	高(深绿型)	
生态城市建设综合评价指数	经济发展	31	单位 GDP 综合能耗	0.5(吨标准煤/万元)	0.98(吨标准煤/万元)	0.9(吨标准煤/万元)	0.80(吨标准煤/万元)	0.7(吨标准煤/万元)	负
		32	单位 GDP 水耗	50(立方米/万元)	175.2(立方米/万元)	130(立方米/万元)	100(立方米/万元)	70(立方米/万元)	负
		33	单位 GDP 二氧化碳排放量	0.4(吨/万元)	2.18(吨/万元)	1.6(吨/万元)	1.3(吨/万元)	1.0(吨/万元)	负
		34	单位 GDP 二氧化硫排放量		6.5(千克/万元)	6.0(千克/万元)	5(千克/万元)	4.5(千克/万元)	负
		35	工业固体废物综合利用率	100%	65%	75%	83%	90%	正
		36	工业用水重复利用率	100%	60%	70%	80%	90%	正
	生活方式	37	市民观念						
		38	市民绿色消费	60%　70%	50%　37.9%	≥60%　60%	≥85%　70%	≥95%　80%	
		39	人均能源消费率	2.1 吨标准煤	1.0 吨标准煤	1.2 吨标准煤	1.5 吨标准煤	2.0 吨标准煤	
		40	人均生活用水量	400 升/天	300 升/天	≤300 升/天	≤250 升/天	≤200 升/天	
		41	绿色建筑所占比重	—	<5%	10%	20%	30%	正
		42	人均道路面积						
		43	绿色运营车辆占有率	—	—	—	—	—	正
		44	绿色出行所占比例						
		45	市民环境投诉率	无	无	0.5~0.3‰	0.3~0.1‰	<0.1‰	
		46	市民中环保志愿者比例						
	人文政策环境	47	城市文化	没有查到	占 GDP 比重 7%	占 GDP 比重 ≥7%	占 GDP 比重 ≥9%	占 GDP 比重 ≥10%	
		48	政府、政策、法规及执行力	85%	80%				
		49	政府绿色采购率						
		50	社会安全指数(刑事案件发案率)						

续表

一级指标	二级指标	序号	三级指标	国际标准	国内现状	发展目标			指标类型
						初(浅绿型)	中(中绿型)	高(深绿型)	
生态城市建设综合评价指数	人文政策环境	51	生态环保知识、法规普及率	≥90%	≥85%	≥85%	≥90%	≥95%	
		52	企业社会责任(包括环保公益捐赠)						
		53	区域、国际合作状况(专家评价)						
	社会发展程度	54	人均 GDP	108832	4382	6000	8000	10000	正
		55	人均受教育年限						
		56	人均预期寿命		72.5				正
			婴幼儿死亡率	≤1.5%	13‰				负
			万人拥有医生数	≥13	24				正
			万人拥有病床数		30.8				正
		57	基尼系数	0.38	0.49	0.4	0.35	0.30	双向
		58	恩格尔系数	30	35.7	30	25	<20	负
		59	就业率	90	95.7	97	98	99	正
		60	城乡一体化程度(城乡收入比)	3.3		2.0	1.5	1.0	双向
		61	社会保险覆盖率养老保险覆盖率	100	30	70	90	100	正
		62	医疗保险覆盖率	100	90	94	97	100	正
		63	社会和谐度						
		64	市民幸福感						
	协调程度	65	生态、环境、资源、经济、社会与人的协调发展程度		无				正

的标准化处理方法有多种。绝大多数研究所使用的无量纲化处理方法是，将原始数值与某一固定指标进行对比，从而获得一个与该固定指标对应的无量纲值。这种方法需要找到某项指标对应的最大值和最小值，并依据一定的计算公式进行运算。该方法存在的不足主要表现在：某项指标的最大值和最小值难以寻找和界定，多是相关学者的主观判断或是研究对象的最大和最小值，而研究对象的最大、最小值又是不断变化的，因此通过该方法获得的标准化结果准确性有待探讨。此外，宋永昌等人采用了标准指数加权综合模型评价方法对数据进行无量纲化处理，秦伟伟等人采用了一种被称为功效系数法的方法对原始变量进行无量纲化处理，均取得了良好效果。

2. 指标权重的确定

由于各个指标对生态城市评价所体现的方面不是完全平均的，这就需要对指标进行分级，从而引入权重的概念，使评价体系更为客观合理。指标权重的准确与否在很大程度上影响综合评价的准确性和科学性。已有文献的数学模型中对权重的确定提出了多种方法。

（1）采用变异系数法确定权重。该方法需要计算出多个年份各指标的综合值，因此依赖于历史数据的获得，若某一指标的历史数据不完整，则通过该方法计算的权重准确性较差。

（2）采用层次分析法确定各指标的权重。该方法通过对各指标的相对重要性通过专家咨询、判断矩阵的构建以及相关计算得到二级指标的权重，而对一级指标的权重则采用平均分配的方法。

（3）运用信息论中的熵技术对运用层次分析法确定的权重系数进行修正，再采用专家群民主决策的赋权方法确定指标的权重系数。该方法减少了因反复的判断和复杂的计算所带来的麻烦。

（4）采用相对可变权重法。其方法是将一级指标的权重之和定为一恒定值，其权重可在一定范围内调整，将二级指标的固定权重和与其对应的一级指标的可变权重相乘获得二级指标的实际权重。

（四）生态城市评价指标体系研究中存在的问题（郭珉媛，2010）

第一，目前的研究强调指标的普适性和城市间的可比较性，其筛选的指标大都基于统计部门和地方政府部门的统计数据，无法反映城市间相异的特征性要素的状态水平。指标的选取和定值缺乏地域特色，刚性有余柔性不足，未能设计不同的指标体系用于评估和指导不同地区生态城市的实践，体现生态城市的地域性和多样性。这对于我国这样一个不同区域间社会经济与自然环境差异均十分巨大的国家来说，显然是急需改进的。

第二，评价指标体系缺乏动态性。尽管研究者认识到了生态城市建设的动态性要求，但是基于生态城市建设实践的不断反馈而变动的评价指标体系的系列研究还未见到。对这一不足，如果在未来研究中不加以弥补，评价指标体系研究对生态城市的指导作用将大打折扣。

第三，当前指标体系未能很好地反映出环境、经济和社会三者之间的有机联系，比如生态系统结构和功能特征与人类社会经济活动之间的联系，指标体系中对不确定性的考虑较为粗略，即未能体现出指标种类、阈值以及确定权重等过程中的“弹性范围”和“时空性”。

二　生态城市评价方法

生态系统是一个复杂系统，因此，要评价生态系统首先要分别对动植物物种、生态环境进行评价，然后对生态系统进行整体性评价，这样才能对人类开发建设活动可能导致的生态环境影响进行分析和预测，并提出减少影响或改善生态环境的策略和措施。

中国生态城市评价以生态学原理为基础，其基本过程是影响识别、现状调查与评价、影响预测与评价、减缓措施和替代方案。中国生态城市评价的方法很多，有描述性的、非定量的，也有复杂的、定量的，但尚不成熟，应依据评价对象、内容、目的和要求来选择。中国、香港以及美国的生态评价基本步骤是一致的，但评价对象、方法以及有关的法规却有各自的特点。评价基本步骤是：

1. 识别拟议项目或活动的影响；
2. 描述现有状况，识别重要生境；
3. 获取与资源、保护物种和生境相关的法律、规定或标准；
4. 影响预测；
5. 影响显著性评价；
6. 识别和采取减缓措施。

主要的评价方法有：

1. 生境的评价方法（HES）

2. 生境评价程序（HEP）

3. 图形叠置法

4. 生态机理分析法

5. 类比法

6. 列表清单法

7. 质量指标法

8. 景观生态学方法

9. 系统分析法

10. 生产力评价法

11. 生物多样性定量评价

这些评价方法正处于研究和探索阶段。大部分评价采用定性描述和定量分析相结合的方法进行：（1）确定评价依据或指标；（2）保护价值评价与优先排序。

目前常用的主要数学工具是层次分析法，熵值法和模糊数学等方法。评估生态城市的三种主要模型（宫明达，2007）是：

①基于经济学的货币化模型：真实储蓄（Genuine Saving，GS）；

②基于生态学的生物物理模型：生态足迹（Eco-Footprint，EF）；

③基于社会政治学的发展模型：真实发展指标（Genuine Progress Indicator，GPI）。

以上三个模型相对比较成熟，且这三个模型从经济学、生态学和社会政治学三个角度进行研究，可以涵盖城市可持续发展的主要方面。这三种模型的特点如表2所示。

表2　三种生态城市评估模型对比

类别	方法	度量标准	特　点
经济	GS	货币	弱可持续性检验：国民经济如果能够使其储蓄增长大于人造资本和自然资本的贬值，那它就是可持续的
生态	EF	土地面积	强可持续性检验：计算在一定的人口和经济规模的条件下，维持资源消费的生物生产面积和该区域所能提供的生物生产面积，通过比较判断生产消费活动是否处于生态承载力范围内
社会政治	GPI	货币	包含社会、经济和环境3个账户的核算，分析各自的效益和成本，从而衡量区域的可持续发展水平

三 构建生态城市建设动态模型

人类主要生活在以城市和农田为主的人工生态系统中。在这个系统中，阳光、水、无机盐、空气、有机质等是人类生存与发展的物质基础，各种绿色植物等将自然环境中的能量同化，维系着这个系统的稳定。各种细菌和真菌等将这个系统中各种无生命的复杂有机质分解成水、二氧化碳、铵盐等，由此完成物质的循环。各类动物在这个系统中传递能量加快能量流动和物质循环。人类活动直接影响着这个系统的平衡。随着工业化的发展，人类的一些活动不仅给人类的生存与发展带来了负面影响，而且对整个生物圈带来了负面影响。这一切深刻影响着庞大的工业帝国与人类的终极命运。

在破坏与保护、生命与金钱的痛苦交织中，人类逐渐意识到了生态系统的真正价值，开始关注生态系统的现状，采取了一系列措施试图改变现状，提出了发展生态农业、建设生态城市、推行低碳经济等理念，这一切都试图把破坏了的生物圈再恢复起来，实现人与自然的和谐，使人类活动不仅有利于人类的生存与发展，而且有利于整个生物圈的繁荣与平衡。目前随着中国各个城市生态建设的发展，城市水质、空气质量的改善与保护，提高城市污水净化能力，从源头杜绝污染物等方面的工作做得越来越多。发展生态经济、生态农业，倡导绿色消费，树立生态伦理，建设生态文化等措施在不断完善。

生态城市建设标准是一个动态概念，生态城市建设需要有一套体现生态城市特点的建设标准和指标体系，我们利用空间上的锥与半序试图从一个新角度构建中国生态城市建设标准与评价方法。

城市生态建设涉及面很广，所以城市生态建设的效果评价首先要保障对植被不再破坏，对食物链与食物网不再破坏，不再继续污染无机环境。这些是生态建设持续发展的先决条件。其次依靠生态系统自身的恢复能力，辅以人工的物质与能量投入，并以生态工程的办法对生态系统进行重建，使其恢复自我调节能力与生物的适应能力。让每个城市的生态建设效果越来越好，而不是时好时坏，这需要一个漫长的建设过程。

如果在某个时期内一个城市的生态建设效果时好时坏，当然必须采取有效措施使其建设效果从某时刻起越来越好。然而一个城市的生态建设虽然从某个时刻起其建设效果越来越好，也不一定达到标准要求。于是对于其生态建设效果越来越好的城市又可以分为两类，一类是虽然其建设效果越来越好，但达不到建设标准要求，另一类是不仅其建设效果越来越好，而且达到了建设标准要求。那么如何按照上述思路利用数学的方法按照城市生态建设效果对城市进行分类，是本节讨论的第二个问题。

从动态角度按照城市生态建设效果把生态城市分为三类，第一类是在某个时期内其建设效果越来越好，而且达到了建设标准要求的城市称为生态城市建设是良性健康发展的；第二类是在某个时期内虽然其建设效果越来越好，但未达到建设标准要求的城市称为生态城市建设是可持续发展的；第三类是在某个时期内其建设效果时好时坏。

按照生态建设效果从动态角度以数学为工具把中国生态城市建设分为初、中、高三个阶段。初级阶段的基本特征是上述三类城市均存在；中级阶段基本特征是第一、二类城市均存在，但第三类城市不存在；高级阶段基本特征是仅有第一类城市存在，第二、三类城市均不存在。

由于生态城市分类和中国生态城市建设的三个发展阶段，都是通过建设效果来确定的，所以建立指标体系，确立建设标准是核心问题。本节把指标分为两类，一类是硬性指标，即不依赖于人的意识转移的指标，上述提到的指标体系中的指标，仅限于硬性指标。另一类是软性指标，即主要是人们对建设效果的主观评价。也就是说本节首先利用硬性指标体系，确立不同时刻中国生态城市建设的最低发展现状和最高发展现状，再由最低发展现状和最高发展现状，利用数学模型来确立不同时期的建设标准，然后依据硬性指标体系和建设标准把生态城市分为三类，并提出中国生态城市建设三个发展阶段的概念。

中国生态城市建设评价标准要依据中国生态城市建设现状和不同区域的特点来制定，一定要符合中国的实际情况，要先简后繁，先易后难，分步实施，始终注意运用生态学原理和可持续发展理论来指导，始终坚持人与自然和谐这条主线，始终突出环境和资源的保护。必须要平衡经济发展、社会进步和环境保护三大要素。要控制城市人口规模，统筹城乡发展。经济较为发达的地区，环境是制约城市全面协调可持续发展的短板，应给予特别关注。必须依据不同类型城市的最低发展现状和最高发展现状来合理制定生态城市建设指标体系。

当中国生态建设处于初级、中级阶段时要加强管理和监督，要积极指导第

二、三类城市使其建设规划、实施方案和建设效果尽可能地与建设标准相一致，使其又好又快地提升到第一类城市。当中国生态建设步入高级阶段后，生态城市建设效果一方面要依据建设标准的提高而不断提高，另一方面要依据人们对城市生态建设效果的主观合理要求不断改进，使越来越多的人对城市生态建设的效果感到满意。为此本节也建立了软性评价模型。

综上所述，对于一个城市而言其生态建设的效果不仅要越来越好，达到建设标准要求，而且也要让越来越多的市民感到满意，如果从某时刻起中国每个城市的生态建设都能达到这样的发展状态，那么中国生态城市建设就非常完备了。然而当中国生态城市建设完备化后，并不意味着不同城市的生态建设效果就没有差异，所以中国生态城市建设的最终发展宗旨是，生态建设的最高发展现状与生态建设的最低发展现状的差异越来越小。如何实现这样的奋斗宗旨，就要依据实际情况，先简后繁，先易后难，分步实施，分类指导。

中国生态城市建设通过近 20 多年的发展已经取得了很大的成就，但在某些城市其建设效果还时好时坏，表明中国的生态建设还处于初级阶段。一些城市在生态建设的某些方面建设效果比较好，但在其他方面还有不足之处。如何利用数学的方法界定在某些方面做得好的城市，也是本节的重点内容。

（一）生态城市建设的量化标准

人类活动的结果在许多方面都是可以量化的，而这些量化的指标也能够真实地反映人类的某些活动是否利于人类社会的健康良性发展。也就是说要规范人类行为使其始终有利于人类社会的健康良性发展，首先要建立人类社会的健康良性发展标准，而这些标准的许多方面都可以量化成一系列的指标体系。

生态城市建设的评价指标包含了方方面面的硬性指标。具体包括如下方面中的硬性指标：

能量的流动，包括能量的输入、能量的传递与散失等方面；

营养关系，包括食物链、食物网与营养级等方面；

生态金字塔，包括能量金字塔、生物量金字塔、生物数量金字塔等方面；

物质循环，包括气体型循环、水循环、沉积型循环、碳循环、硫循环、磷循环等方面；

有害物质与信息循环，包括生物富集、有害物理信息、有害化学信息、有害行为信息等方面；

生态价值，包括生物多样性、直接价值、间接价值等方面；

稳定性，包括生态平衡、生态自我调节等方面；

人类理念与行为，包括生态产业、生态文化、生态消费与生态管理等。

生态城市建设的效果最终是通过人类的理念与行为来实现的，所以生态建设的量化标准是一个动态概念，是随时间不断提高的，但在一定时期内不可以定得过高，也不可以定得太低。例如城市环境系统建设量化标准包括环境约束、环境质量和环境保护三大量化标准。具体地讲：

环境约束指标主要包括：大气污染物排放量（SO_2/颗粒物/CO_2）、机动车污染物排放总量、水污染物排放量（以 COD 计）、固体废物排放量（生活垃圾、工业固体废物、危险废物）、农用化肥施用程度、土地开发强度、有机/绿色农产品比重等方面。

环境质量指标主要包括：空气质量指数优良率/空气质量指数达到一级天数的比例、地表水功能区达标率/集中式饮用水水源地水质达标率、陆地水域面积占有率、噪声达标区覆盖率、土壤污染物含量/表层土中的重金属含量、绿化率/森林覆盖率、物种多样性指数、居民环境满意度等方面。

环境保护指标主要包括：清洁能源使用比重、污水集中处理率、工业污水排放稳定达标率/规模化畜禽养殖场污水排放达标率、生活垃圾无害化处理率、规模化畜禽养殖场粪便综合利用率、秸秆综合利用率、工业用水重复率、环保投入占 GDP 比重、ISO14001 认证企业比例等方面。

当然城市环境系统建设量化标准有所谓的国际标准，也有国家标准，但我们认为这些标准只是一个城市环境系统建设的最终奋斗标准，有些可以作为某时期内的建设量化标准，有些不可以作为某时期内的建设标准。比如就每天城市机动车污染物排放总量而言，这一量化标准如何确定就是一个值得商榷的问题。在这里我们来讨论这样一个问题：2012 年底中国每个城市每天机动车污染物排放总量的达标标准应是多少呢？唯一科学的办法是按如下步骤来确定：

第一步：统计出中国每个城市在 2011 年底的每天机动车污染物排放总量；

第二步：计算出上述统计量的最大值 max 和最小值 min；

第三步：按如下算式确立 2012 年底中国每个城市每天机动车污染物排放总量的达标标准：

$$bzl = \lambda \max + (1-\lambda)\min$$

其中 $0 \leqslant \lambda \leqslant 1$。

显然 2012 年底中国每个城市每天机动车污染物排放总量的达标标准是介于 min 和 max 之间的。这是因为 min 应是 2012 年底中国每个城市每天机动车污染物排放总量的最理想的达标标准，但在现阶段若把 min 作为达标标准，到 2012 底很可能多数城市机动车污染物排放总量都超出了 min，所以 2012 年底中国每个城市每天机动车污染物排放总量的达标标准是介于 min 和 max 之间的。故如何确立 λ 是关键。我们认为所选择的 λ 应能使 2011 年底的每天机动车污染物排放总量小于 bzl 的城市数不低于总城市数的$\frac{1}{3}$，也就是说所确立的建设标准能够保障有三分之一以上的城市能够达标。

第四步：2012 年底中国每个城市每天机动车污染物排放总量的达标标准指标为：

$$bz = \frac{\frac{1}{bzl} - \frac{1}{\max} + 1}{\frac{1}{\min} - \frac{1}{\max} + 1}$$

所以生态城市建设量化标准是一个动态变化的量，是依据上一年的建设效果和建设标准，来确定下一年的建设标准，并依据本年度的建设标准，来评价本年度的每个城市的建设效果。

一般地，设 X 是由中国区域内全体城市组成的集合。对于任意给定的时刻 t，对于任意的城市 $C \in X$，C 在时刻 t 的生态城市建设指标是一个 $m \times n$ 阶矩阵，即，

$$C(t) = (c_{ij}(t))_{m \times n} = \begin{pmatrix} c_{11}(t) & c_{12}(t) & \cdots & c_{1n}(t) \\ c_{21}(t) & c_{22}(t) & \cdots & c_{2n}(t) \\ \vdots & \vdots & \vdots & \vdots \\ c_{m1}(t) & c_{m2}(t) & \cdots & c_{mn}(t) \end{pmatrix}$$

其中

$$0 \leqslant c_{ij}(t) \leqslant 1$$

设 $X \subseteq$ X 是 X 中某类城市组成的集合，令

$$x_{ij}(t)_1 = \min\{c_{ij}(t) \mid C \in X\} \quad i = 1,2,\cdots,m;j = 1,2,\cdots,n$$
$$x_{ij}(t)_2 = \max\{c_{ij}(t) \mid C \in X\} \quad i = 1,2,\cdots,m;j = 1,2,\cdots,n$$

称

$$X(t)_1 = (x_{ij}(t)_1)_{m\times n} = \begin{pmatrix} x_{11}(t)_1 & x_{12}(t)_1 & \cdots & x_{1n}(t)_1 \\ x_{21}(t)_1 & x_{22}(t)_1 & \cdots & x_{2n}(t)_1 \\ \vdots & \vdots & \vdots & \vdots \\ x_{m1}(t)_1 & x_{m2}(t)_1 & \cdots & x_{mn}(t)_1 \end{pmatrix}$$

是 X 在时刻 t 的最低发展现状；称

$$X(t)_2 = (x_{ij}(t)_2)_{m\times n} = \begin{pmatrix} x_{11}(t)_2 & x_{12}(t)_2 & \cdots & x_{1n}(t)_2 \\ x_{21}(t)_2 & x_{22}(t)_2 & \cdots & x_{2n}(t)_2 \\ \vdots & \vdots & \vdots & \vdots \\ x_{m1}(t)_2 & x_{m2}(t)_2 & \cdots & x_{mn}(t)_2 \end{pmatrix}$$

是 X 在时刻 t 的最高发展现状；特别地，当 $X = \mathrm{X}$ 时，称

$$X_1(t),X_2(t)$$

分别为中国生态城市建设在时刻 t 的最低发展现状和最高发展现状。

设 $X \subseteq \mathrm{X}$ 是 X 中某类城市组成的集合，$X_1(t),X_2(t)$ 分别为 X 在时刻 t 的最低发展现状和最高发展现状，X 在时刻 $t+1$ 的建设标准 $B(t+1)$，满足

$$B(t+1) = \lambda_1(t)X(t) + \lambda_2(t)X(t)_2$$

其中

$$\lambda_1(t) + \lambda_2(t) = 1$$
$$0 \leqslant \lambda_1(t) \leqslant 1$$
$$0 \leqslant \lambda_2(t) \leqslant 1$$

制定中国生态城市建设评价标准必须要分析中国生态城市建设现状，依据中国生态城市建设在时刻 t 的最低发展现状和最高发展现状，来制定在时刻 $t+1$ 的发展标准。即在制定标准时首先通过统计调查，确定城市在时刻 t 的最低发展现状和最高发展现状：

$$X_1(t),X_2(t)$$

然后依据 $X_1(t), X_2(t)$，选择适宜的 $\lambda_1(t), \lambda_2(t)$，确立 X 在时刻 $t+1$ 的建设标准 $B(t+1)$，一般 $B(t+1)$ 满足条件 $P_1), P_2), P_3)$：

$$P_1) \qquad b_{ij}(t) \leqslant b_{ij}(t+1) \qquad i = 1,2,\cdots,m; j = 1,2,\cdots,n;$$

且 $b_{ij}(t)$ 必须均达到国家最低规范标准。

$P_2)$ 集 $\{C \in X \mid c_{ij}(t) \geqslant b_{ij}(t+1), i = 1,2,\cdots,m; j = 1,2,\cdots,n\}$

的个数不低于集 X 的个数的 $\frac{1}{3}$；

$P_3)$ 在条件 $P_1), P_2)$ 成立的条件下，$\lambda_1(t), \lambda_2(t)$ 是优化问题：

$$\begin{cases} \min \left\| \lambda_1(t) \sum_{C \in X} (C(t) - X(t)_1) + \lambda_2(t) \sum_{C \in X} (X(t)_2 - C(t)) \right\| \\ s.t \qquad \lambda_1(t) + \lambda_2(t) = 1 \\ \qquad\quad 0 \leqslant \lambda_1(t) \leqslant 1 \\ \qquad\quad 0 \leqslant \lambda_2(t) \leqslant 1 \end{cases}$$

的解。

也就是说生态城市建设标准的制定，一定要符合客观实际，量力而为，不能急于求成。所制定的标准一定要有示范达标城市，这些没有自然保护区示范达标城市不能低于城市总数的三分之一，不能高出总城市数的二分之一。

由于模型提供的标准并没有考虑每个城市的具体特点，所以当这个标准出来以后，还必须根据具体城市的实际情况，参照这个标准，制定符合每个城市发展特点的建设标准。例如在考察城市对自然保护区的保护力度时，有些城市暂时就没有明确规定的自然保护区，比如说在考察安徽省地级市对自然保护区的保护力度时，从表 3 可知，有些地级市没有自然保护区，对于这类城市要区别对待，不能刻意强求。也就是说在生态建设中能建的一定要建设好，而由于客观原因还不能建设的项目，不能强行要求或提前上马。因此建设标准的制定要充分兼顾每个城市的具体发展特点，绝不能用统一的指标去衡量每个城市，否则就失去了生态城市建设的意义。因此在制定建设标准时对于有些项目在客观上一些城市无法实现的，就将这些城市这些项目的指标设定为最高值。但也要坚决杜绝明知有些项目在客观上无法实现，还要巧立名目试图建设的现象发生。所以在确立每个城市建设标准时，必须充分兼顾上述两个方面。

表 3　安徽省国家级自然保护区名录（截至 2003 年底）

保护区名称	所在地区	面积(公顷)	主要保护对象	类型	始建时间	主管部门
鹞落坪	岳西县	12300	森林生态、水源涵养林、珍稀动植物	森林生态	1991－12－5	环保
牯牛降	石台、祁门县	14817	森林及珍稀动植物	森林生态	1982－5－9	林业
金寨天马	金寨县	28914	森林生态系统和珍贵野生动植物	森林生态	1990－4－18	林业
宣城扬子鳄	宣城地区	43333	野生扬子鳄	野生动物	1982－7－9	林业
升金湖	东至县	33400	湿地生态、白头鹤等珍稀鸟类	野生动物	1986－2－8	林业

（二）生态城市建设的基本概念

设 $R^{m\times n}$ 是全体 $m\times n$ 阶矩阵组成的集合，$\forall A\in R^{m\times n}$，定义范数：

$$\|A\| = \sup\{\|Ax\| \mid \|x\| = 1, x\in R^n\}$$

则在上述范数下 $R^{m\times n}$ 是一个 *Banach* 空间。

记

$$\mathrm{P} = \{A\in R^{m\times n} \mid 0\leqslant a_{ij}\leqslant 1, i=1,2,\cdots,m; j=1,2,\cdots,n\}$$

则 P 是 $R^{m\times n}$ 中含有内点的凸闭集，并且满足下面两个条件：

P_4）　$A\in \mathrm{P}, \lambda\geqslant 0 \Rightarrow \lambda A\in \mathrm{P}$；

P_5）　$A\in \mathrm{P}, -A\in \mathrm{P}\Rightarrow A=\theta$，这里 θ 表 $R^{m\times n}$ 中的零元素；

在 P 中引入半序：$A\leqslant B(A,B\in \mathrm{P})$，如果 $B-A\in \mathrm{P}$。

若 $A\leqslant B, A\neq B$，则记 $A<B$；若 $B-A\in \mathrm{P}^0$。

1. 生态城市建设的稳定发展

设 X 是由中国区域内全体城市组成的集合。$C\in \mathrm{X}$ 是某个城市，则 C 在时刻 t 的生态城市建设指标是一个 $m\times n$ 阶矩阵：

$$C(t) = (c_{ij}(t))_{m\times n} = \begin{pmatrix} c_{11}(t) & c_{12}(t) & \cdots & c_{1n}(t) \\ c_{21}(t) & c_{22}(t) & \cdots & c_{2n}(t) \\ \vdots & \vdots & \vdots & \vdots \\ c_{m1}(t) & c_{m2}(t) & \cdots & c_{mn}(t) \end{pmatrix}$$

对于任意给定的时刻 t，如果

$$C(t) < C(t+1)$$

则称生态城市建设是稳定发展的。亦即生态城市建设是稳定发展的是指：生态城市建设随着时间的推移，一年比一年好，各项指标也许不能完全达到建设标准要求，但不能时好时坏。

2. 生态城市建设的可持续发展

设 T_i 分别表示第 T_i 年（$i=0,1,2,\cdots,s$），$B(T_i)$ 表示生态城市建设规划中第 T_i 年达到的建设标准（$i=0,1,2,\cdots,s$），如果

$$B(T_i) \leqslant C(T_i) < B(T_{i+1}) \leqslant C(T_{i+1}) \quad i=0,2,\cdots,s-1$$

则称城市 C 的生态建设从 T_0 年到 T_s 年是可持续发展的。亦即生态城市建设是可持续发展的是指：生态城市建设随着时间的推移，不仅一年比一年好，而且各项指标完全达到建设标准要求。

3. 生态城市建设分类

设 X 是由中国区域内全体城市组成的集合。设 T_i 分别表示第 T_i 年（$i=0,1,2,\cdots,s$），记 $X[T_0,T_s]_1=\{C\in X \mid$ 城市 C 的生态城市建设从 T_0 年到 T_s 年是可持续发展的$\}$，$X[T_0,T_s]_2=\{C\in X-X[T_0,T_1]_1 \mid$ 城市 C 的生态城市建设是稳定发展的$\}$，$X[T_0,T_s]_3=X-X[T_0,T_s]_1-X[T_0,T_s]_2$，即中国生态城市分为三类，第一类是在生态建设中是稳定发展的；第二类是在生态建设中虽然不是可持续发展的但是稳定发展的；第三类是既不是可持续发展的，又不是稳定发展的。

4. 中国生态城市建设经历的初级、中级、高级三个阶段

中国生态城市建设经历初级发展阶段、中级发展阶段和高级发展阶段三个阶段。从现在起到未来的某个年份 T_{s_1}，中国生态城市建设处于初级阶段，这个阶段的基本特征是：

对任意的 $s<s_1$，满足：

$$X[T_0,T_s]_i \neq \phi \qquad i=1,2,3$$

亦即在初级发展阶段三类生态城市均存在。

从年份 T_{s_1} 起到 T_{s_2}，中国生态城市建设处于中级阶段，这个阶段的基本特征是：

对任意的 $s_1 < s < s_2$，满足：

$$X[T_0,T_s]_1 \neq \phi, X[T_0,T_s]_2 \neq \phi, X[T_0,T_s]_3 = \phi$$

亦即在中级发展阶段生态城市建设是稳定发展的城市和生态建设是可持续发展的城市均存在，但既不是稳定发展的又不是可持续发展的城市不存在。

从年份 T_{s_3} 起中国生态城市建设处于高级阶段，这个阶段的基本特征是：

对任意的 $s > s_3$ 满足：

$$X[T_0,T_s]_1 \neq \phi, X[T_0,T_s]_2 = \phi, X[T_0,T_s]_3 = \phi$$

亦即高级发展阶段是在生态建设中从 T_{S_3} 年份起所有的城市都是可持续发展的城市。

使每个城市的生态建设都可持续发展是生态城市建设的根本宗旨。所以当每个城市的建设标准确立后，就要科学合理地制定建设规划和实施方案，建立一套完备的信息反馈机制和建设效果评价机制，使生态建设的资金和人力投入与建设效果一致。亦即在生态建设中可持续发展的城市也必须是建设规划、实施方案、资金和人力投入与建设效果一致的城市。

生态建设处于初级阶段，其特征是建设效果时好时坏，表明在生态建设中，城市在某些方面出现了问题，应加强这些方面的建设工作，包括对规划、实施方案和具体方案的改进，完善建设体制和运行机制。

生态建设处于中级阶段，其特征是建设效果越来越好，表明在生态建设中，城市各个方面的工作都有起色，但与建设标准有差距，所以要不断改进工作方式，提高建设能力，量力而为，使生态建设科学有序地步入良性健康发展的轨道。

生态建设处于高级阶段，其特征是不仅建设效果越来越好，而且建设效果也达到建设标准要求，生态建设科学有序地走上了良性健康发展的轨道。所以科学准确地预测出这三个发展状态的时间表，具有很重要的意义。

（三）社会对生态城市建设的评价体系

当城市生态建设处于初级或中级阶段时，政府要加强对城市生态建设的引领、指导和监督，使其又好又快地走上良性健康发展的轨道。而当城市生态建设走上了良性健康发展的轨道时，即使这个城市的生态建设已经非常完备了，但还需另外一个指标，即城市全体市民满意度来检验。也就是说，一个城市生态建设的好坏，最后由满意度来检测。

1. 社会满意度指标

设 X 是由中国区域内全体城市组成的集合。$C \in X$ 是某个城市，用 Y 表示生活在这个城市年满 18 岁的全体公民组成的集合，Y 中的公民称为市民。对于市民来说，由于其知识面、社会阅历、认知结构等原因，对城市生态建设认知程度不尽相同，甚至有些都没听说过，但他们的确对其居住环境、出行环境、饮食环境、文化娱乐等环境有一个整体的认识，这个整体认识客观上是存在的。

假设每一个公民在评价某一个城市的生态建设时，都用下列三种答案之一：

1. 满意　2. 不尽满意　3. 不满意

亦即在任何时刻 t，全体 Y 中的市民分为如下三类：

$$Y_1(t) = \{y \in Y \mid y \text{ 在 } t \text{ 时刻对其居住城市的生态建设满意}\}$$

$$Y_2(t) = \{y \in Y \mid y \text{ 在 } t \text{ 时刻对其居住城市的生态建设不尽满意}\}$$

$$Y_3(t) = \{y \in Y \mid y \text{ 在 } t \text{ 时刻对其居住城市的生态建设不满意}\}$$

则

$$Y_1(t) \cap Y_2(t) = \phi$$

$$Y_2(t) \cap Y_3(t) = \phi$$

$$Y_3(t) \cap Y_1(t) = \phi$$

且

$$Y = Y_1(t) \cup Y_2(t) \cup Y_3(t)$$

用 $\alpha_i(t)$ 表示 $Y_i(t)$ 中的元素个数，令

$$\gamma_i(t) = \frac{\alpha_i(t)}{\sum_{j=1}^{3} \alpha_j(t)} \qquad (i = 1,2,3)$$

分别称 $\gamma_1(t), \gamma_2(t), \gamma_3(t)$ 为城市 C 在 t 时刻生态城市建设的社会满意度指标，社会不尽满意度指标和社会不满意度指标。

2. 完备的生态城市建设

称城市 C 的生态建设是完备的是指存在时刻 t_0，使得对于任意的 $t > t_0$ 下列

条件同时成立：

P_6）C 在 t_0 时刻到 t 时刻其生态城市建设是可持续发展的。

P_7）γ_1 在闭区间 $[t_0,t]$ 上单调递增

P_8）γ_2 在闭区间 $[t_0,t]$ 上单调递减

P_9）γ_3 在闭区间 $[t_0,t]$ 上单调递减

否则称为不完备的。

也就是说当一个城市的生态建设从某个时刻起，不仅已步入良性健康发展的轨道，而且对其满意的人越来越多，对其不尽满意和不满意的人越来越少，那么这个城市的生态建设就是完备的。

当中国每个城市的生态建设都完备时，就称中国城市生态建设是完备的。

3. 生态建设发展均衡度

中国城市生态建设是完备的是当中国城市生态建设达到高级阶段时的一次新飞跃。但是仅仅达到中国城市生态建设是完备的这一状态是不够的，还要看城市间生态建设发展均不均衡这一因素。

设 $X_1(t)$，$X_2(t)$ 分别为中国生态城市建设在时刻 t 的最低发展现状和最高发展现状，令

$$\beta(t) = \| X_1(t) - X_2(t) \|$$

称中国生态建设是协调有序发展的是指存在时刻 t_0，从 t_0 时刻起，中国生态城市建设是完备的，而且 $\beta(t)$ 是单调递减的。亦即中国生态建设是协调有序发展的基本特征为：

（1）中国每个城市生态建设的各项指标值随时间变化是递增的，并且都达到了建设标准；

（2）人们对中国每个城市生态建设的满意度越来越高；

（3）中国每个城市生态建设的差异越来越小。

（四）第 i 种类型城市

设 X 是具有一定属性的全体城市组成的集合，$C \in X$，$C(t) = (c_{ij})_{m \times n} \in R^{m \times n}$ 是城市 C 在 t 时刻的生态城市建设现状，$B(t) = (b_{ij})_{m \times n} \in R^{m \times n}$ 是 X 在 t 时刻的最高建设现状，令

$C(t)_i = \{j \in \{1,2,\cdots,n\} \mid c_{ij}(t) = b_{ij}(t), C$ 的第 i 类第 j 个建设项目存在$\}$

$a_i(t) = \max\{|C(t)_i| \mid C \in X\}$

$X(t)_i = \{C \in X \mid |C(t)_i| = a_i(t)\}$

称 $C \in X(t)_i$ 为 t 时刻的第 i 种类型城市，其中 $|C(t)_i|$ 表示 $C(t)_i$ 的元素个数（$i = 1,2,\cdots m$）。亦即第 i 类型城市是指在第 i 类的生态建设项目中，其建设效果 $c_{ij}(t)$ 达到最高建设状态 $b_{ij}(t)$ 的项目 j 的个数比 X 中其他城市都要多。

如果存在 $t_0 < t_1$，使得对任意的 $t_0 \leqslant t \leqslant t_1, C \in X(t)_i$ 为 t 时刻的第 i 种类型城市，则称 C 在时段 $[t_0,t_1]$ 内为第 i 种类型城市（$i = 1,2,\cdots m$）。令

$Y_i(t_0,t_1) = \{C \in X \mid \forall t \in [t_0,t_1], C$ 在$[t_0,t]$ 内是第 i 种类型城市$\}$

$(i = 1,2,\cdots,m)$

$Y_{ij}(t_0,t_1) = \{C \in Y_i(t_0,t) \mid \forall t \in [t_0,t_1], C$ 在$[t_0,t]$ 内是第 j 种类型城市$\}$

$(i = 1,2,\cdots,m; j = 1,2,3)$

并称 $C \in Y_{ij}(t_0,t_1)$ 在时期 $[t_0,t_1]$ 内为第 i 种类型，第 j 类城市。

显然对任意的 $t_0 < t_1$ 有

$$Y_i(t_0,t_1) = Y_{i1}(t_0,t_1) \cup Y_{i2}(t_0,t_1) \cup Y_{i3}(t_0,t_1) \neq \phi \quad i = 1,2,\cdots,m$$

$$Y_{i1}(t_0,t_1) \cap Y_{i2}(t_0,t_1) = \phi \quad i = 1,2,\cdots,m$$

$$Y_{i2}(t_0,t_1) \cap Y_{i3}(t_0,t_1) = \phi \quad i = 1,2,\cdots,m$$

$$Y_{i3}(t_0,t_1) \cap Y_{i1}(t_0,t_1) = \phi \quad i = 1,2,\cdots,m$$

亦即第 i 类型城市在任何时刻都不是空集。且 $Y_{i1}(t_0,t_1), Y_{i2}(t_0,t_1), Y_{i3}(t_0,t_1)$ 两两都不相交。特别是当中国生态城市建设处于中级阶段时，有

$$Y_{i3}(t_0,t_1) = \phi$$

即第 i 种类型，第 3 类城市不存在。

当中国生态城市建设处于高级阶段时，有

$$Y_{i2}(t_0,t_1) = \phi, Y_{i3}(t_0,t_1) = \phi$$

即第 i 种类型，第 3 类城市和第 2 类城市均不存在。

当中国生态城市建设处于初级阶段时，情况比较复杂，下列状态有且只有一个存在：

(1) $Y_{i1}(t_0,t_1), Y_{i2}(t_0,t_1)$ 是空集，$Y_{i3}(t_0,t_1)$ 不是空集；

(2) $Y_{i1}(t_0, t_1)$ 是空集，$Y_{i2}(t_0, t_1), Y_{i3}(t_0, t_1)$ 不是空集；

(3) $Y_{i1}(t_0, t_1), Y_{i3}(t_0, t_1)$ 是空集，$Y_{i2}(t_0, t_1)$ 不是空集；

(4) $Y_{i2}(t_0, t_1)$ 是空集，$Y_{i1}(t_0, t_1), Y_{i3}(t_0, t_1)$ 不是空集；

(5) $Y_{i1}(t_0, t_1), Y_{i2}(t_0, t_1)$，$Y_{i3}(t_0, t_1)$ 均不是空集；

(6) $Y_{i3}(t_0, t_1)$ 是空集，$Y_{i1}(t_0, t_1), Y_{i2}(t_0, t_1)$ 不是空集；

(7) $Y_{i2}(t_0, t_1), Y_{i3}(t_0, t_1)$ 是空集，$Y_{i1}(t_0, t_1)$ 不是空集；

所以当中国生态城市建设处于初级阶段时，评价的任务是十分复杂的。

（五）在给定时刻对生态城市建设的综合评价

1. 绝对综合权衡排序

设 X 是具有一定属性的全体城市组成的集合，$\lambda_{ij} \geqslant 0, \sum_{i=1}^{m} \sum_{j=1}^{n} \lambda_{ij} = 1, C \in X$，$C(t) = (c_{ij}(t))_{m \times n} \in R^{m \times n}$ 是城市 C 在 t 时刻的生态城市建设现状，称

$$\mu(\Gamma)(C(t)) = \sum_{i=1}^{m} \sum_{j=1}^{n} \lambda_{ij} c_{ij}(t)$$

为在权重 $\Gamma = (\lambda_{ij})_{m \times n}$ 下的综合评价指数。

对任意给定的两个城市 C_1, C_2，如果

$$\mu(\Gamma)(C_1(t)) < \mu(\Gamma)(C_2(t))$$

则称城市 C_2 的生态建设效果优于城市 C_1 的生态建设效果；如果

$$\mu(\Gamma)(C_1(t)) > \mu(\Gamma)(C_2(t))$$

则称城市 C_1 的生态建设效果优于城市 C_2 的生态建设效果；如果

$$\mu(\Gamma)(C_1(t)) = \mu(\Gamma)(C_2(t))$$

则称城市 C_1 的生态建设效果与城市 C_2 的生态建设效果无差异。

于是对于给定的权重 $\Gamma = (\lambda_{ij})_{m \times n}$，依据综合评价指数由大到小的顺序对每个城市排序，排在前面的就认为生态城市建设效果比排在后面的要好。但这种排序是与 $\Gamma = (\lambda_{ij})_{m \times n}$ 密切相关的。一般对于 $\Gamma = (\lambda_{ij})_{m \times n}$ 的不同选取甚至导致排序的巨大差异。所以确定权重 $\Gamma = (\lambda_{ij})_{m \times n}$ 是十分重要的，为此需要引入更多的概念。

对任意给定两个城市 C_1, C_2 ，如果城市 C_1 与城市 C_2 在生态城市建设的各个方面其效果无差异，则称两个城市 C_1, C_2 生态城市建设效果完全一致，即

$$C_1(t) = C_2(t)$$

如果城市 C_1 在生态城市建设的各个方面其效果比城市 C_2 都不差，却不完全一致，则称城市 C_1 生态城市建设效果绝对优于城市 C_2 ，即

$$C_2(t) \leqslant C_1(t)$$
$$C_1(t) \neq C_2(t)$$

如果城市 C_1 在生态城市建设的各个方面其效果比城市 C_2 都不优，却不完全一致，则称城市 C_1 生态城市建设效果绝对不优于城市 C_2 ，即

$$C_1(t) \leqslant C_2(t)$$
$$C_1(t) \neq C_2(t)$$

对任意给定两个城市 C_1, C_2 如果不是上述三个关系之一，则称城市 C_1 生态城市建设效果与 C_2 的关系属于另外情形。亦即 C_1 中有些建设效果优于 C_2 ，有些建设效果不优于 C_2 。

用 $\mathrm{X}_1(C)$ 表示在 t 时刻 X 中绝对优于城市 C 建设效果的全体城市组成的集合，即

$$\mathrm{X}_1(C) = \{X \in \mathrm{X} \mid C(t) \leqslant X(t), C(t) \neq X(t)\}$$

用 $\mathrm{X}_2(C)$ 表示在 t 时刻 X 中与城市 C 建设效果完全一致的全体城市组成的集合，即

$$\mathrm{X}_2(C) = \{X \in \mathrm{X} \mid C(t) \neq X(t)\}$$

用 $\mathrm{X}_3(C)$ 表示在 t 时刻 X 中与城市 C 建设效果的关系属于另外情形的全体城市组成的集合，即

$$\mathrm{X}_3(C(t)) = \{X \in \mathrm{X} \mid \exists i_1, j_1, i_2, j_2, c_{i_1j_1}(t) > x_{i_1j_1}(t), c_{i_2j_2}(t) < x_{i_2j_2}(t)\}$$

用 $\mathrm{X}_4(C)$ 表示在 t 时刻 X 中绝对不优于城市 C 建设效果的全体城市组成的集合，即

$$\mathrm{X}_4(C) = \{X \in \mathrm{X} \mid X(t) \leqslant C(t), C(t) \neq X(t)\}$$

显然有

$$\mu(\Gamma)(X(t)) > \mu(\Gamma)(C(t)), \forall X \in \mathrm{X}_1(C(t));$$
$$\mu(\Gamma)(X(t)) = \mu(\Gamma)(C(t)), \forall X \in \mathrm{X}_2(C(t));$$
$$\mu(\Gamma)(X(t)) < \mu(\Gamma)(C(t)), \forall X \in \mathrm{X}_4(C(t))。$$

而 $\forall X \in \mathrm{X}_3(C(t))$，下列三种情况之一都有可能成立：

$$\mu(\Gamma)(X(t)) > \mu(\Gamma)(C(t))$$
$$\mu(\Gamma)(X(t)) = \mu(\Gamma)(C(t))$$
$$\mu(\Gamma)(X(t)) < \mu(\Gamma)(C(t))$$

也就是说综合排序的结果使得把集 $\mathrm{X}_3(C(t))$ 中的元素分配到了集合 $\mathrm{X}_1(C(t))$，$\mathrm{X}_2(C(t))$ 和 $\mathrm{X}_4(C(t))$ 中去了，这样一来对于不同的 Γ 其分配的结果就会不一样，这是 $\Gamma = (\lambda_{ij})_{m\times n}$ 的选取不同排序的次序变化就不同的主要原因，那么如何确定 $\Gamma = (\lambda_{ij})_{m\times n}$ 呢?

令

$$\mathrm{Y}_1(\Gamma)(C(t)) = \{X \in \mathrm{X} \mid \mu(\Gamma)(X(t)) > \mu(\Gamma)(C(t))\}$$
$$\mathrm{Y}_2(\Gamma)(C(t)) = \{X \in \mathrm{X} \mid \mu(\Gamma)(X(t)) = \mu(\Gamma)(C(t))\}$$
$$\mathrm{Y}_3(\Gamma)(C(t)) = \{X \in \mathrm{X} \mid \mu(\Gamma)(X(t)) < \mu(\Gamma)(C(t))\}$$

用 $\mu_i(\Gamma)(C(t))$ 分别表示集 $\mathrm{Y}_i(\Gamma)$ 的元素个数（$i = 1,2,3$），用 Γ_k 表示优化问题

$$\begin{cases} \max \sum\limits_{C\in X} \mu_k(\Gamma)(C(t)) \\ \sum\limits_{i=1}^{m} \sum\limits_{j=1}^{n} \lambda_{ij} = 1 \\ \lambda_{ij} \geqslant 0?(i = 1,2,\cdots,m,j = 1,2,\cdots,n) \end{cases}$$

的最优解，则

$$\mu(\Gamma_k)(C(t)) \quad (k = 1,2,3)$$

就是三种排序方法，分别称为第 k 种绝对权衡排序。令

$$\mu(C(t)) = \frac{1}{3}\sum_{k=1}^{3}\mu(\Gamma_k)(C(t))$$

称 $\mu(C(t))$ 为绝对综合权衡排序。

显然$\mu(C(t))$具有如下性质：

$$\forall X \in X_1(C(t)),有\mu(X(t)) > \mu(C(t));$$
$$\forall X \in X_2(C(t)),有\mu(X(t)) = \mu(C(t));$$
$$\forall X \in X_4(C(t)),有\mu(X(t)) < \mu(C(t))。$$

2. 绝对均衡排序

设X是具有一定属性的全体城市组成的集合，$C(t) = (c_{ij}(t))_{m\times n} \in R^{m\times n}$是城市$C$在$t$时刻的生态城市建设现状，称

$$\rho_1(C(t)) = \min\{\max\{c_{ij}(t) \mid j = 1,2,\cdots,n\} \mid i = 1,2,\cdots,n\}$$

为极大极小均衡排序；称

$$\rho_2(C(t)) = \max\{\min\{c_{ij}(t) \mid j = 1,2,\cdots,n\} \mid i = 1,2,\cdots,n\}$$

为极小极大均衡排序；称

$$\rho_3(C(t)) = \max\{\max\{c_{ij}(t) \mid j = 1,2,\cdots,n\} \mid i = 1,2,\cdots,n\}$$

为最大排序。

称

$$\rho_4(C(t)) = \min\{\min\{c_{ij}(t) \mid j = 1,2,\cdots,n\} \mid i = 1,2,\cdots,n\}$$

为最小排序，称

$$\rho(C(t)) = \frac{1}{5}(\sum_{i=1}^{4}\rho_k(C(t)) + \sum_{i=1}^{m}\sum_{j=1}^{n}c_{ij})$$

为绝对均衡排序。绝对均衡排序是简单易行公正透明的排序方法。

参考文献

[1]《马克思恩格斯全集》第13卷，人民出版社，1972，第251页。

[2]《马克思恩格斯全集》（第二版）第4卷，人民出版社，1995，第383页。

[3] 郭珉媛：《1999年以来国内生态城市评价指标体系研究述评》，《前沿》2010年第23期，第142~145页。

[4] 褚祝杰、陈伟：《哈尔滨建设生态城市的可拓学模型评价研究》，《科技管理研究》

2008 年第 6 期，第 117 ~ 120 页。

[5] 刘世栋、高峻：《基于协调度的生态城市指标体系》，《上海师范大学学报（自然科学版）》2007 年第 2 期，第 104 ~ 110 页。

[6] 赵廷刚、王素云、魏晋滢：《建模的数学方法与数学模型》，科学出版社，2011 年第 5 期，第 122 ~ 136 页。

[7] 齐芳燕：《基于熵值法的生态城市建设质量评价》，《徐州师范大学学报（自然科学版）》（12，28，4），2010，第 70 ~ 74 页。

[8] 宫明达：《大庆市生态城市评估和指标体系研究》，大庆石油学院硕士学位论文，2007。

G.7

"法于人体"的生态城市建设

刘举科　胡文臻

摘　要："唯人万物之灵"，人体结构科学、思维敏捷、反应灵敏、指挥协调、行动自如。效法人体的形态设计、结构布局、功能定位、运行指挥等进行生态城市建设，可以充分发挥生态城市在生态文明建设中的辐射带动作用，促使社会转变价值观和生产方式，改变生活方式，促进文明范式转型，推动人与自然、人与社会和谐健康发展。

关键词：法于人体　生态城市　和谐发展

生态文明是人类文明的高级形态。是对渔猎文明、农业文明和工业文明的超越。党的十七大首次提出生态文明建设，生态文明已经成为国家意志和战略。

生态城市建设是中国城市化发展的必由之路。生态城市建设对于深入贯彻落实科学发展观，充分发挥中心城市的带动辐射作用，促进文明范式的转型，推动国家经济、政治、文化、社会和生态文明建设协调发展，提高人民生活质量和水平，建设富强、民主、文明、和谐、生态的全面小康社会具有重大战略意义。

"法于人体"思想是指在生态城市建设中效法人体的形态设计、结构布局、功能定位、运行制度、指挥管理等对城市生态文明建设进行设计与规划，处理好人与城市环境、城市与自然环境的相互关系，转变价值观，转变生产方式，改变生活方式，以生态文明引领经济、社会发展，以生态城市建设带动、辐射生态文明建设，以人为本，全面提高人的文明素质，促进人的全面发展和经济社会可持续发展，实现人与自然、人与社会的和谐发展。

一　"法于人体"的生态城市建设

生态城市建设为什么要法于人体？是因为人类是经历了三百多万年进化而来

的高级精灵。其形态结构被美学家认为是世间万物中最协调、最均衡的一种经典美；其生理功能被生理学家认为最完善、最科学、最全面；其精神被哲学家认为最敏锐、最深刻、最丰富；其语言和文字是独一无二的，被巴甫洛夫称为第二信号系统（能对第一信号系统发生反应的大脑皮质功能系统称为第二信号系统）。第二信号系统是在第一信号系统（对现实的、具体的事物的反映）基础上发展完善起来的，是人类特有的。是人类区别于动物的主要特征。是人类大脑皮质进化到人类阶段所特有的产物，是人类社会发展的产物。人类能够运用语言对一切现实的事物进行概括，形成概念和进行推理，不断扩大认识能力，从而能够深刻地认识自然、认识世界，不断地发现并掌握其规律。

身体是灵魂和肉体相互作用、相互依赖和交互影响的统一体。从 20 世纪 70、80 年代开始，东、西方人文与社会科学工作者竞相以“身体”作为研究对象，包括生理的身体、社会的身体、文化的身体、宗教的身体、观念的身体等，试图从身体研究为突破口，实现进一步认识人类自身的目的。如世界著名的“人类学之父”英国人类学家爱德华·B. 泰勒在其著作《人类学——人及其文化研究》中，既研究人类躯体本身，又研究人类所创造的一切文化现象，既包括了体质人类学，又包括了文化人类学等内容。人体结构精细而科学，功能完备而齐全，运行迅捷而准确。人体拥有中枢指挥部——中枢神经系统、人体信息感受器——信息感知系统（五官、皮肤、肌肉、内脏器官等）、人体能量供给系统——消化、循环系统、形体骨骼、肌肉结构——人体运动系统、泌尿、淋巴系统——人体免疫排泄系统、人体稳定调节器——内分泌循环系统以及人体自我繁殖生育系统——生殖系统等。

美国城市生态学家、城市设计师理查德·瑞吉斯特在《生态城市：重建与自然平衡的城市》一书“城市有机体”一节中引用米勒通过与有机体类比的方式，认为“我们生活其中的城市也是有生命的系统，其大小介于人类群落与生物圈之间”①。并“从物理形态和与之相匹配的功能两个角度将细胞、器官、个体生命、团体、组织、社会和跨国组织视为由各子系统组成的活有机体。很自然地，他用城市和生物圈甚至结构复杂的大楼——只要这座大楼具备‘繁殖’功

① 〔美〕理查德·瑞吉斯特：《生态城市：重建与自然平衡的城市》，王如松、于占杰译，社会科学文献出版社，2010，第 47～50 页。

能——来例证”城市与有机体之间的联系。

·骨骼系统：提供结构支撑，包括建筑、桥梁、电线杆；

·肌肉系统：运输及内部疏导，包括运输机车、涡轮机/发电机、升降机、流体泵；

·消化系统：把储藏的能量（食物或燃料）转化为更方便利用的形式（空间加热、食品加工厂、炼油设备、太阳能温室）；

·脂肪、脾脏、胰腺：储存、补充能量、酶及矿藏的地方，包括仓库、车库、地下室、水库、水塘等；

·神经系统：实现内部交流，包括电线、光纤、为人们传递消息的街道、印刷出版部门、报纸、电台、电视发射和接收设备、计算机、邮局；

·大脑：对信息进行接收、储存、加工和协调，包括大学、管理机关、政府大楼、非营利部门的办公场所、书籍、图书馆、CD唱片、磁带、录像带、硬盘；

·声带：与外界交流的设施，包括上面提到的用于向乡村及其他城市传递信息的种种通信设备；

·耳、目等感觉器官：从外界接收信息，就是用于接收外界信息的各种通信设备；

·心脏、静脉、动脉、淋巴系统：城市内部的物质运送，包括街道、煤气管道和自来水管道、下水道；

·发挥界膜、阻拦膜和半透膜作用的皮肤和毛发系统：将有机体与外部环境隔开，有斥有纳，包括城墙、天然界河、海滨木板路等人工形式的城界；

·口、鼻、毛孔组织：指城市的进出口，它们与上面所说的‘隔膜’一起，调控着物质和生命形式的进出，以促进有机体的健康，包括城门、法律规定的城界、水道的通关码头、高速公路出入口；

·肝、肾、脾：过滤、循环装置，包括堆肥箱、废水处理池、循环系统；

·膀胱、直肠、肛门等排泄系统：将那些无法循环利用（或只能以参与外部更大系统的方式再利用）的废料“排泄”掉，包括排污管道、垃圾焚化炉、火葬场、通往垃圾填埋地的公路；

·生殖系统：满足系统自身的再生产，包括大学、设计院、环保倡导者、选民、可以建更多的大楼——也许还包括生态城市——的企业。

《生命系统》一书的作者詹姆斯·米勒（James Miller）认为，一个有生命的有机体起码具有19个子系统，上面所列举的子系统项显然比米勒的要多，米勒将19个子系统又分为了三大类。

·首先是既可进行物质—能量转换，又可进行信息处理的子系统，包括（1）生殖系统和（2）边界系统；

·其次是只进行物质—能量转换的子系统，包括（3）摄取系统、（4）分配系统、（5）运输系统、（6）生产系统、（7）物质—能量存储系统、（8）排泄系统、（9）动力系统和（10）支持系统；

·最后是信息处理类的子系统，包括（11）输入转换系统、（12）内部转换系统、（13）通道和网络系统、（14）解码系统、（15）消化系统、（16）记忆系统、（17）决策系统、（18）编码系统以及（19）输出转换系统。

法国杰出的经营管理思想家亨利·法约尔在20世纪初就提出了“社会有机体概念”。认为社会有机体是同物的组织有区别的人的组织。社会有机体中的每个成员都可以被看做是一个个的细胞，通过多数成员的结合，社会有机体才变化和发展，从而形成器官（管理机构）。没有有机体，管理活动就不能存在；没有管理活动，社会有机体（组织）也就不能有效地形成和维持。①

雄踞我国古代六经之首、被誉为大道之源的《周易》，它“究天人之际，通古今之变”，其《易传·系辞下》中就有“古者包羲之王天下也，仰则观象于天，俯则观法于地，观鸟兽之文，与地之宜，近取诸身，远取诸物……以通神明之德，以类万物之情”② 的记载。这里“近取诸身”即是近则取法于人身之意，即“法于人体”之意。我国古代天人合一的哲学思想就反映了人与自然的关系。从天人合一整体观出发，形成了天人大小宇宙的理论。春秋时期的老子在认识人类自身、认识自然和认识人与自然的关系时，认为应该“人法地，地法天，天法道，道法自然”③。

① 方振邦：《管理思想百年脉络》，中国人民大学出版社，2007，第32页。

② 杨维增、何洁冰：《周易基础》，花城出版社，1994，第7页。

③ 李择非编译《老子道德经》，北方联合出版传媒（集团）股份有限公司万卷出版公司，2009，第9页。

黄帝内经《灵枢·岁露论》则认为“人与天地相参也，与日月相应也”[①]。庄周从齐物论的观点来理解天人关系，认为“天地与我并生，而万物与我为一”（《庄子·齐物论》）。“一人之身，一国之象也”（《医心方·用气》）。

毛泽东主席在《体育之研究》中说：“体者，载知识之车而寓道德之舍也。”

现代进化论证实，宇宙进化的时间至少有200亿年了。[②] 地球演化形成45亿年，地球生命的起源时间约为38亿年，而人类是在新生代第四纪开始出现和进化的，距今也有300万~400万年了。人类自身经300多万年的漫长进化，形体结构非常精密，生理功能非常完善，精神世界非常丰富。例如人类的大脑是长期进化过程中发展起来的意识和思维器官。根据大脑皮质在系统发生中出现的先后不同，可分为古皮质、旧皮质和新皮质。古皮质为原始类型的脑皮质。旧皮质出现于肺鱼和两栖类。从爬行类开始出现新皮质，在哺乳类获得高度发展。进化至人类时，神经元数量已增至一千多亿个，形成强大的高级神经活动的指挥中枢。大脑的脑容量也由最初早期猿人（约300万~150万年前）的700毫升，到直立人（约170万~30万年前）的750~970毫升，到早期智人（约20万年前）的1350毫升，晚期智人（约5万~1.5万年前）的脑容量平均达1450毫升，[③] 已接近现代人。

而人类社会包括城市的组织管理，是随着人类社会的产生而产生，随人类社会的发展而发展，并贯穿于人类社会活动的全过程。管理活动是在原始社会的人类共同劳动和共同生活中产生的。据范文澜《中国通史简编》“原始公社制度确在中国远古存在过”，周谷城《中国通史》“中华民族的发展，和世界上别的许多民族同样，曾经经过了若干万年的无阶级的原始公社的生活”。[④] 刘明翰、海恩忠主编的《世界史简编》载：“原始人群时代的社会组织状况至今还无资料可考。推测猿人时期的群可能有30至50人，早期智人阶段可能扩大到70人、80人至100人。人们共同生产，共同消费，经验丰富的老人可能负指挥的责任，一群人构成一个原始公社。”这说明在原始社会早期的猿人时期即有“群”的出

---

① 唐赤容编译《黄帝内经·素问·灵枢》，中国文联出版公司，1998，第2页。

② 贾兰坡、张树政、殷鸿福、王文清等著《生命的历程》，广西师范大学出版社，2000，第12页。

③ 刘明翰、海恩忠主编《世界史简编》（第二版），山东教育出版社，2001，第4页。

④ 周谷城著《中国通史》，上海人民出版社，1957，第8页。

现。即使从早期智人时期说起，原始公社的出现也已有20万年以上，也就是说原始部落组织下的“指挥”、“管理”现象已存在20万年了。从无阶级的原始社会的管理到现代管理科学的产生已经经历了非常漫长的社会历史发展时期。1911年，被奉为“科学管理之父”的泰勒发表了著名的《科学管理原理》，标志着管理科学的诞生。

管理科学的诞生不过百年的历史，而人体的进化已有300多万年了。特别是人的大脑，世界上最精密的计算机也不能与之比拟，故此认为生态城市建设应“法于人体”而为。

当然人体结构和社会结构不能等同。但按照马克思主义的基本原理，人具有自然属性和社会属性二重性。人是自然的人，更是社会的人。从这一角度讲，法于人体的生态城市建设是科学合理的。

（一）“法于人体”生态城市建设的意义

1. “法于人体”管理思想为我们提供了一个“法于人体”的生态城市组织结构模式；适应于组织结构模式的功能结构特征；适用于功能结构特征的机能运行机制

结构特征：人体经过300多万年的进化，其结构非常科学精密。有中枢指挥系统，有感知系统（眼、耳、鼻、舌、皮肤、肌肉、内脏器官等），有供能系统，有排泄系统，有运动系统等完备的结构系统，以适应功能需要。

生命特征：人体具有应激性、运动性、生长发育、新陈代谢、自我繁殖等生命特征。

功能结构特征：由于人体结构科学精密，故此其功能也非常完备强大。首先具有大脑的高级思维功能及语言功能，文字记录功能。这就使得人类的精神世界丰富多彩，且能通过文字从古至今得以积累保存。其次具有中枢神经系统强大的协调指挥功能。由12对脑神经、31对脊神经将大脑指挥中枢和躯体内脏连接起来，形成一个感知灵敏、信息传导快捷、决策迅速、指挥协调、行动快速敏捷的中枢指挥管理系统。具有强大的协调指挥功能，真可谓牵一发而动全身。最后是具有能量供给功能及新陈代谢功能。身体从自然界摄取营养并转换成能量供身体运动所需和维护自身生命过程。

机能运行机制：由于人体具有科学精密的结构特征，强大完备的功能特征，因此便有敏捷协调的机能运行机制。运动是机体生命活动的基本特征之一。人离开运动就不能生活，一座城市如果没有运动活力也就不能发展。人体是以骨为杠杆、以关节为枢纽、以骨骼肌为动力在中枢神经系统指挥下来实现各种运动的。不管是人的日常生活动作、生产劳动动作还是体育运动动作的实现，都离不开运动系统。

一座城市的建立、职能划分、运行机制与管理方式都应"法于人体"而进行。

2. 人体内部的稳态平衡性和与外界环境的协调一致性对于城市的和谐社会建设具有重要意义

由于人自身体内不断进行着的新陈代谢、生长发育、适应性、运动性等生命活动所造成的对体内环境稳态（稳定）的影响，也由于人体外环境（自然的、社会的）的变化对人体内环境的影响，有必要对体内各种生理功能（如血液循环、呼吸、消化和排泄等）进行不断调节，以维持体内平衡和稳态，对体外环境进行适应和调适以实现人体内部的稳态和人与社会、人与环境的和谐一致。

人体对各种生理功能的调节方式主要有神经调节、体液调节和自身调节三种。对于人体生理功能的调节，有的是一种调节方式即可实现目的；有的则需要两种或两种以上的调节手段才能够实现目的；有的是中枢神经系统的直接调节，有的则需要间接调控。

中国古代的"贵和"思想，往往是和"尚中"之义联系在一起的。和谐是最好的秩序和状态，是最高的理想追求。实现和谐的根本途径在于保持"中道"。"中庸之为德也，其至矣乎！民鲜久矣。"① 孔子用"持中"的办法作为实现并保持和谐的手段。

3. "法于人体"的整体观意义

人体是一个整体，在中枢指挥下，牵一发而动全身。

一座城市乃至一个组织都是一个完整的统一体，具有各种社会职能和组织结构层级。其运行都要在"中央"的统一领导下，依法组织进行社会、政治、经济、法律、文化、教育、军事、卫生、科技、劳动保障等建设活动，推动经济社会全面协调可持续发展。

（二）"法于人体"的城市管理思想方法

"法于人体"思想为我们提供了一个"法于人体"的组织结构模式、适应于

① 《四书五经·中庸》，中央民族大学出版社，2006，第2页。

组织结构模式的功能结构特征和适用于功能结构特征的机能运行机制。

首先，人体结构完美科学，功能齐全而强大，活动灵活而自如，能够在“一个中枢”的指挥协调下，实现个体的全面发展和对社会的贡献。一座城市乃至一个组织也必须是一个结构完整的独立体，在中枢的领导下，按照三级结构、两级反射的要求进行生态城市建设，严格按照五个流程的规范组织运行，才能进行各项社会主义建设。

其次，从每一市民个体与外部环境的关系来说，人与自然环境间和谐平衡、人与社会间和谐相处才有利于人类生存，才能建设环境友好型和谐社会。我们在进行中国特色生态城市建设、保持安定团结城市环境的同时，也需要继续推动和平、发展、合作共赢的国际合作，睦邻友好的周边环境，平等互利的合作环境，互信协作的安全环境，客观友善的舆论环境等良好的外部环境。

最后，坚持统一领导。对一座城市乃至一个组织来讲，要实现对城市的管理和对组织的控制，就必须建立一个领导中枢，遵从五个流程的规范，根据指挥协调的需要建立三级结构，两级反射。只有这样才能保证一座城市乃至一个组织独立自主、统一指挥、协调有序、反应灵敏、运行高效。

二 “法于人体”的生态城市管理运行

“法于人体”的生态城市管理运行要按照“一个中枢”、“三级结构、两级反射”、“五个流程”的人体科学原理进行。

（一）一个中枢

“中枢”在《现代汉语词典》和《辞海》中解释为“中心枢纽”，指在一个系统中起主导作用的部分。对人体而言即是中枢神经；对社会而言即是中枢机构。

中枢机构是指一个国家、机关、团体等及其内部组织。一个国家、一座城市只能有一个最高中枢。

中枢神经是指神经系统中的主干部分。脊椎动物的中枢神经由脑和脊髓组成。它接受感觉冲动并发出运动冲动，管理和协调整个神经系统的活动。

人是高级脊椎动物。人脑是高度发达了的、具有强大功能的高级神经活动指挥中枢。人的一切高级思维活动和躯体运动都受高级神经中枢（大脑）的指挥和调节，人类正是因此才得以完成从猿到人的进化，才得以成为世界的主宰。

人体解剖学告诉我们：人体的神经系统由中枢神经系统和周围神经系统组成。中枢神经系统由位于颅腔内的脑和椎管中的脊髓组成；周围神经系统是指中枢神经系统以外的神经系统的总称（见图1）。

- 神经系统
  - 中枢神经系统
    - 脑：脑干（延脑、脑桥、中脑）、间脑、小脑、大脑
    - 脊髓：颈节、胸节、腰节、骶节、尾节
  - 周围神经系统
    - 按解剖分
      - 脑神经（12对）
      - 脊神经（31对）
    - 按功能分
      - 感觉（传入）神经
      - 运动（传出）神经
        - 躯体运动神经
        - 自主神经
          - 交感神经
          - 副交感神经

图1　神经系统结构图

总的来说，中枢神经系统由12对脑神经、31对脊神经将大脑和骨髓与躯体和内脏各器官系统连接起来，形成一个感知灵敏、传导快捷、决策迅速、指挥协调、行动快速敏捷的中枢指挥管理系统。

中枢神经系统之所以具有统一、强大的指挥协调功能，是由其组织结构决定的：大脑是中枢神经系统的最高级部分，人类的大脑是在长期进化过程中发展起来的意识和思维器官。大脑主要包括左、右大脑半球，在两半球的底部是由横行于左右半球之间称为“胼胝体”（约有3亿多条）的大量连合纤维相连接。大脑半球由灰质和白质组成。灰质主要覆盖在半球表面，称为大脑皮质。脑的进化最突出地表现为大脑皮质的发展。

人类大脑皮质一是具有分区和分层的结构特点；二是皮质深浅各层的功能细胞（神经元）在排列及连接方式上有一种被称为“柱状结构”的功能结构，它

是大脑皮质进行信息加工的基本功能单位。

根据大脑皮质的分区分层和功能排列的结构特点，经动物实验和临床观察表明，大脑皮质的一定区域具有特定的功能，称为大脑皮质的功能定位，如运动区、感觉区、视觉区等。依据 *Brodmann* 分区法，可将人类的大脑皮质划分为 52 个不同的功能区。这是目前世界上通用的描述皮质时的分区法（见图 2）。

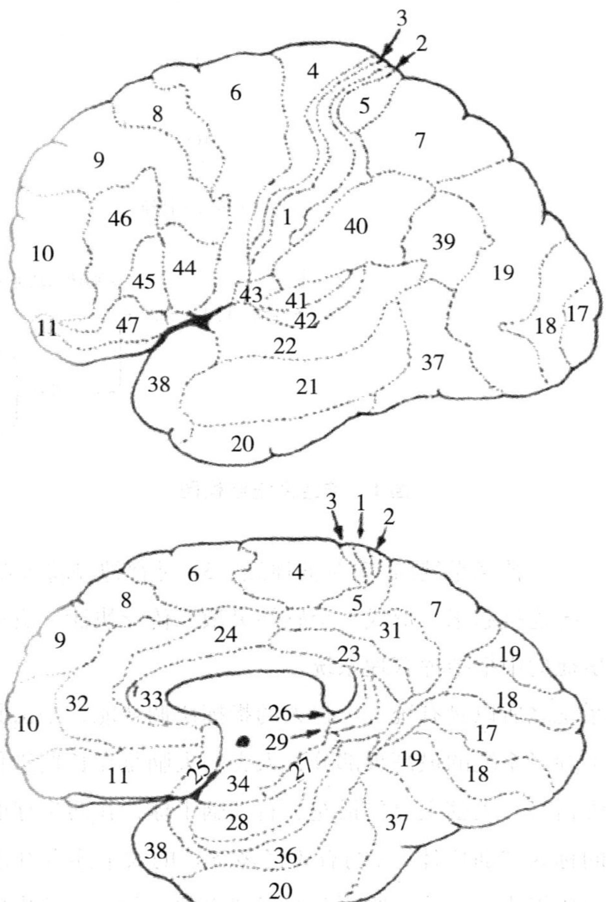

图 2　人类大脑的 Brodmann 分区图

A. 大脑外侧面的皮质分区；B. 大脑内侧面的皮质分区

中枢神经系统的功能概括起来具有感觉综合功能、信息传导功能、分析判断功能、指挥协调功能、躯体运动功能及语言功能、学习功能、认知功能、觉醒和睡眠等高级功能。中枢神经系统每时每刻都能从分布于全身各处的感觉器官接受传入信息并进行整合，决定机体做出适应性反应（反射）。每一大脑半球都由上行（传入）、下行（传出）神经纤维与脑干各部分相连接并发出和接收信息，形成强大的高级神经活动指挥中枢，可以直接或间接调节各器官系统的活动，使各器官系统的活动相互协调、相互配合，从而保证使机体成为一个高度统一体。

需要强调的是中枢神经系统虽有强大、统一的指挥协调功能，但这种指挥协调功能是视机体需要分直接或间接进行调节的。并不是所有活动都由中枢去直接指挥和协调。例如对于内脏器官的调节大多是间接调节的，如对心脏的跳动是通过自主神经间接调节的。

“一个中枢”的原理告诉我们：城市管理体制改革可资借鉴之处是一座城市乃至一个组织永远只能有一个统一的领导中枢。这个中枢的结构特点决定了其根据不同的职能分部门、分层级进行组织管理。转变职能首先要从职能定位和组织结构划分开始。中枢的工作流程必须严格按照建立反射弧的五个流程进行，缺一不可。

1. 一个中枢的意义

一个中枢的原理对于生态城市统一领导、统筹协调具有重要意义。

（1）统一性

统一性体现在人体结构的统一性、人体指挥系统功能的统一性、人体运动的协调性和人与社会、与自然的统一上。

人体是一个结构科学的统一体。中枢指挥系统功能强大，统一指挥运动协调，牵一发而动全身。

一座城市乃至一个组织都是一个完整的统一体，都只能由一个中枢来统一领导，统筹协调，科学发展。对组织内、外环境变化做出正确的判断与反应。只有这样，才能保证城市有序、和谐、稳定与健康发展，人民安居乐业。

（2）统筹协调

人体能够通过内调节与外适应来协调人体内稳态和与外界环境的和谐统一。

对于一座城市乃至于一个组织来说，“法于人体”而进行自调节与外适应对于建设和谐城市与和谐组织具有重要借鉴意义。

2. 一个中枢的城市组织管理体制

一个中枢的城市组织管理体制的建立也必须在中枢结构、职能划分和指挥运行等方面进行科学构建。

人体的神经指挥中枢是一个结构完整、高度统一的有机整体。依据一个中枢的原理，从城市管理体制来说：一座城市乃至一个组织都是一个完整的统一体，只能由一个领导核心、一个中枢来实施统一的组织领导。中国共产党“是中国特色社会主义事业的领导核心”。① “中华人民共和国国务院，即中央人民政府，是最高国家权力机关的执行机关，是最高国家行政机关。”②

依据人体科学原理，人类大脑皮质具有一定的功能区域定位，如感觉区、视觉区、运动区等52个功能区。城市管理政府及职能部门的设立应“法于人体”而为，建立一个感知灵敏、传导快捷、决策迅捷、指挥协调、行动快速敏捷的城市管理指挥协调系统，做到对各种信息感知灵敏、反应快速、决策科学、指挥强大、运行顺畅、监督有力，是建设生态城市的坚强保障。

人体中枢神经系统是依机体活动需要分直接和间接进行调节的，城市管理也应是直接调节和间接调节相结合、相统一。美国经济学家科斯在1937年出版的《企业的本质》一书中提出了交易成本的概念。“交易成本”是经济学和组织理论中的一个重要概念，是指在交易过程中产生的成本。任何交易活动都会发生成本，交易方式不同，交易成本也会有差异。组织的交易活动通常通过两种方式进行：一种是市场；另一种是科层（组织）。至于组织是选择市场方式，还是选择科层方式，取决于交易成本与管理成本相比较的结果。如果交易成本大于管理成本，组织就会把一部分外部活动转化为内部活动，通过科层交易方式加以实现；反之，如果组织成本大于交易成本，组织就会把一部分内部活动转化为外部活动，通过市场交易方式加以实现。总的来说，市场比较适合简单的交易活动，而组织（科层）比较适合复杂的交易活动。交易成本理论可为城市政府调节和市场调节提供依据。

（二）“三级结构、两级反射”

“三级结构、两级反射”是指人体的形态结构是一个三级结构，信息传导是

① 中国共产党第十七次全国代表大会通过《中国共产党章程》，人民出版社，2007，第10页。
② 编写组：《宪法和宪法修正案》，中国民主法制出版社，2004，第3页。

两级反射。

人体科学证明马克斯·韦伯提出的官僚制科层组织结构是科学正确的。一个组织的管理层次呈金字塔形。一般组织都可分成三级管理层次：决策层、执行层和操作层。(见图3)

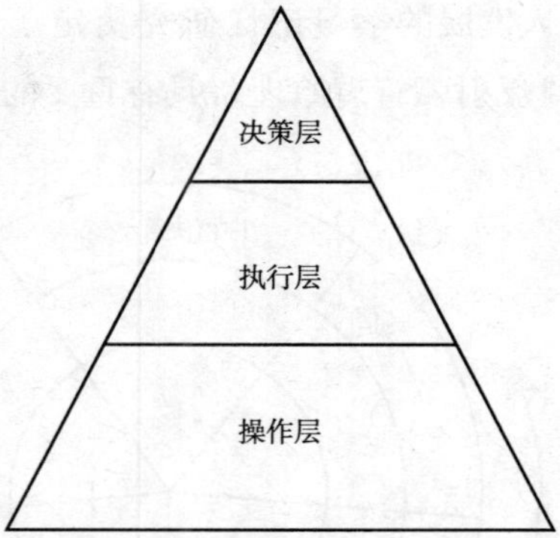

图3　组织层次

人体形态结构分上、中、下三级结构；人体的神经结构也分脑、脊髓以及连接全身的神经束三级结构；人体的组织细胞也是一个由细胞核、细胞质和细胞膜组成的三级结构。

人体科学实验证明：人体中枢神经系统对来自全身各器官系统的各种信息的反射是由脊髓或大脑两级反射实现的。

“反射”这一概念本是物理学名词，最初由法国学者笛卡儿（1596～1650）于17世纪将其应用到生物学领域，他注意到机体对外界一些环境刺激都具有规律性的快速反应，就像一面镜子将射来的光线反射出来一样。故此就借用了物理学中“反射”一词来表示刺激感觉器官与机体反应之间的因果关系。这一名词一直沿用至今，而且其概念也已大大丰富了。

生理学中的“反射”是指机体在中枢神经系统的参与下对体内外环境的变化所做的规律性应答反应。中枢神经系统最基本的活动就是反射。

任何一种反射都有一定的结构通路，这个通路就是反射弧。反射弧是完成反射的结构基础。它包括五个部分：感受器、传入神经、反射中枢、传出神经和效应器。反射是一个信息在反射弧中规律性流动的过程。一定的刺激作用于感受器，通过感受器转化为动作电位（神经冲动），神经冲动沿着传入神经纤维至中枢，传入的信息在反射中枢进行分析整合，然后由中枢将决策指令经传出神经传出，最后由传出神经纤维支配效应器，最终引起所支配器官活动的改变。任何反射均由这五个部分共同参加才能完成。反射弧的五环节中的任何一个环节受到破坏，反射活动均不能完成。

就人体的反射而言，有先天性反射和后天通过学习与训练建立起来的条件反射。这就是俄国伟大的神经生理学家巴甫洛夫于20世纪初提出的“条件反射”的概念。后人称其为“经典条件反射”。巴甫洛夫的条件反射形成机制为不断深入发展的学习记忆研究奠定了基础。巴甫洛夫的条件反射原理对于笔者发现“反射弧管理原理”具有重要的科学意义。

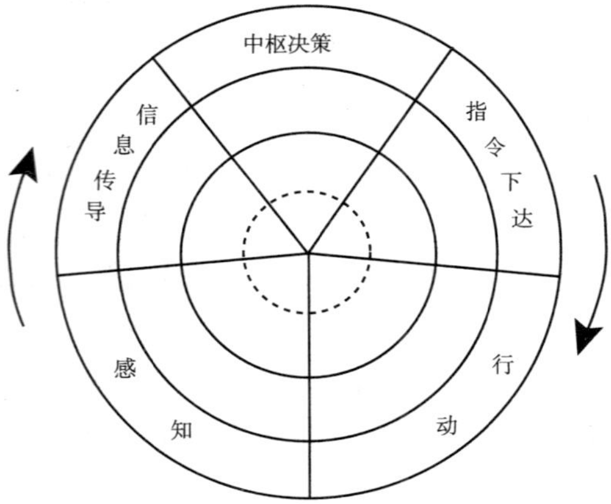

图4　反射弧管理原理示意图

管理原理就是指在管理活动中应当遵循的基本规律，是对各项管理制度和管理方法等现实管理现象的高度综合、抽象与概括，反映了管理的客观要求和一般规律性。因此它对一切管理活动包括城市管理都具有普遍的指导意义。（见图4）

“三级结构、两级反射”原理为我们进行生态城市建设与管理提供了组织结构的科学依据。

人体中枢神经系统具有分层分区的结构特征。每一个反射都有自己特定的反射通路即反射弧，但其复杂程度取决于反射中枢。反射中枢是指中枢神经系统内对某一特定生理功能具有调节作用的神经细胞群。他们分别分布在中枢神经系统的不同部位，例如脊髓、小脑、脑干、间脑以至大脑皮质等不同部位，并在反射活动中起重要的调节作用。各个反射中枢的分布层级很多，但人体和动物实验从整体上证明是“两级反射”。人体中枢神经系统反射是由脊髓到大脑两级反射实现的。简单的反射由脊髓反射就可以完成，但复杂反射必须要有大脑皮质的参与才能实现。

人体的膝跳反射实验证明了简单反射（单突触反射）的反射中枢在脊髓。当膝关节在半弯曲的情况下，叩击股四头肌腱，可使股四头肌因受到牵拉而立即发生一次反射性快速收缩。同理，叩击跟腱以牵拉腓肠肌，则腓肠肌发生一次反射性快速收缩（跟腱反射）。这类反射的时间很短，约0.6毫秒，说明反射非常迅捷。（见图5）

动物实验表明：脊髓动物（把哺乳类动物的脊髓与延髓离断的动物称为脊髓动物）可有屈反射与腱反射等简单的躯体反射；中脑动物（把中脑与间脑之间切断）除了有脊髓动物的各种躯体活动外，还有翻正动作。就是动物能从不正常的姿势翻正为正常姿势；去皮质动物（去掉大脑皮质的动物）除了能够翻

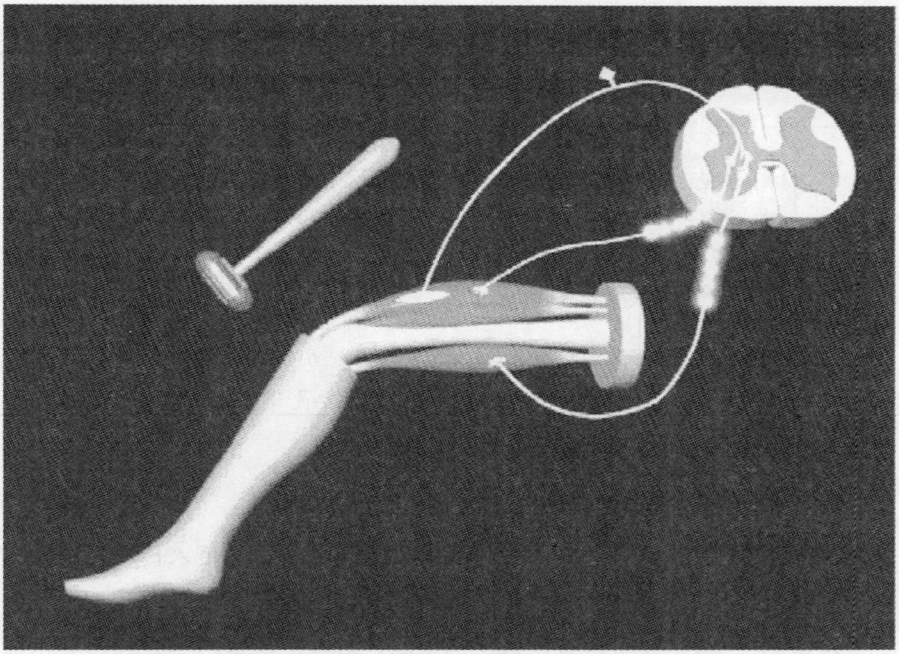

图5 膝跳反射示意图

正之外，还会走路，但不会转弯，没有随意运动；只有神经系统保持完整的动物才能有随意运动，随意运动必须有大脑皮质的参加。

另外，除人体膝跳反射等各种腱反射的简单反射中枢在脊髓外，脊髓还是某些内脏器官反射的低级中枢。如排便、排尿等低级反射中枢。但这些脊髓反射中枢都受大脑皮质等高级中枢的调节。

从"三级结构、两级反射"的结构功能和对人体的协调指挥功能看，"三级结构、两级反射"最科学、最迅捷、最准确、最经济、最安全。

最科学：中枢神经系统把大脑和脊髓由12对脑神经、31对脊神经与躯体和内脏各器官系统连接起来，形成一个感知灵敏、传导快捷、决策迅速、指挥协调、行动快速敏捷的中枢指挥管理系统，其结构之精密，功能之强大是无与伦比的，是科学强大的。

最迅捷：中枢神经系统指挥协调、反应快速敏捷的一个重要原因是神经纤维能把分布于全身各处的感觉信息迅速传入和把"中枢"的决策指令迅速传出到"效应器"引起活动，传导速度最快可达70～120米/秒（见表1）。

表 1　神经纤维的分类及传导速度

纤维类型	来　源	直径（微米）	传导速度/（米/秒）	锋电位时程（毫秒）	绝对不应期（毫秒）
A					
α	本体感觉传入、躯体运动传出	12～20	70～120	0.4～1	
β	触、压觉传入	5～12	30～70	0.4～0.5	
γ	支配梭内肌	3～6	15～30		0.4～1
δ	痛、冷、触觉传入	2～5	12～30		
B	自主神经节前纤维	<3	3～15	1.2	1.2
$C_{背根}$	痛、温度觉传入	0.4～1.2	0.5～2	2	2
$C_{交感}$	交感节后纤维	0.3～1.3	0.7～2.3	2	2

注：A 和 B 类纤维是有髓纤维；C 类纤维是无髓纤维。
资料来源：王庭槐：《生理学》，高等教育出版社，2004，第 274 页。

最准确：“三级结构、两级反射”从感受信息、信息的传入传出、脊髓中枢反射到大脑中枢反射都准确无误，反射到位。

最经济：“三级结构、两级反射”的中间环节少，信息的感知和传导迅捷方便、反射指挥准确到位，能量消耗少、成本低、效率高。

最安全：人体神经纤维的信息传导具有绝缘性、双向传导、不衰减性、不融合性和不疲劳性等特征。① 故此信息传导最安全，反射管理最安全，指挥实施也最安全。

“三级结构、两级反射”原理为我国生态城市建设与管理提供了组织结构上的科学依据。从组织结构上讲，应尽量减少中间环节。简单反射由低层中枢反射，复杂反射由高级中枢反射，层级少、成本低、效率高，组织指挥灵敏准确，经济高效。彼得·圣吉提出了先进的“系统思考，学习型组织”② 的管理科学新理念，要求组织结构扁平化（尽量减少中间管理层），这一管理思想与“三级结构、两级反射”原理相得益彰。

美国麻省理工学院教授迈克尔·哈默（Michael Hammer）与詹姆斯·钱皮（James Champy）在 1993 年提出了“组织再造”理论。强调以工作流程为中心，

① 朱妙章主编《大学生理学》，高等教育出版社，2005。
② 〔美〕彼得·圣吉：《第五项修炼——学习型组织的艺术与务实》，郭进隆译，上海三联书店，1998。

重新设计企业组织的结构形式及运作方式。①

"三级结构、两级反射"原理告诉我们：高层决策不可或缺，基层操作者决不能缺失，只有中间层次和环节可尽量减少。

1. "三级结构、两级反射"的意义

"三级结构、两级反射"理论具有组织结构和方法论上的意义。为我们进行生态城市建设与管理提供了一个最优化组织结构模式和方法论上的科学依据。

（1）最优化组织结构模式

自19世纪末20世纪初泰勒、法约尔、韦伯等古典组织理论大师们第一次系统地提出并研究组织问题以来，相继有古典组织结构理论、行为科学组织结构理论、权变组织结构理论、环境决定组织结构理论、经济学组织结构理论、学习型组织理论、组织再造理论等组织结构理论问世，从不同角度对组织结构问题进行了深入研究，引领管理科学的发展。

管理幅度和管理层级问题是组织结构理论的重要内容之一。一个组织究竟设有多少级的管理层次和幅度比较科学合理，这需要考虑组织规模和管理幅度的影响。组织中的管理幅度与组织层次之间的关系具有一定的规律性。在组织规模一定的情况下，组织层次与管理幅度成反比关系。即管理幅度越大，组织管理层次越少，反之较小的幅度则意味着较多的层次。在管理幅度一定的情况下，组织层次与组织规模成正比。即组织规模越大，组织层次也越多。一般情况下，层次越多，信息沟通越迟缓，信息失真的可能性越大；管理幅度越宽，协调越困难，就越容易导致机构膨胀，管理效率低下。德国古典组织理论代表人物马克斯·韦伯认为，建立在理性和法律基础之上的"科层制"是最理想的组织形式，也是人类最有效的组织形态，是"理想的行政组织体系"。

关于组织内部管理幅度的确定，亨利·法约尔的组织成长理论认为，组织是按照简单的等比级数发展的，这个等比级数的首项是15，公比是4。就是说，在组织的最低层，每15个成员受控于一个主管，往上则是4个主管对一个上级。七S管理分子图理论则认为管理跨度的最佳数目是七，多于此数则难于系统把握，而少于此数则易漏掉重要项目。我国也有学者根据统计分析，提出了领导幅度的"二八律"：认为在一般的领导机构中，担任正职的领导者应有两位副手和

① 〔美〕迈克尔·哈默、詹姆斯·钱皮：《再造公司》，上海译文出版社，1998。

八位下属，而担任副职的领导者则要有两位助手和八位下属等。

哲学意义上的“层次”是表征系统内部结构不同等级的范畴。任何系统内部都具有不同结构水平的部分。如物体可分为分子、原子、原子核、“基本粒子”等若干层次；高级生命体可分为系统、器官、组织、细胞、生物大分子等若干层次。层次从属于结构，依赖结构而存在。层次作为对结构整体的“解剖”，表现着结构的有序性及结构整体所包含的差别性和多样性；而这种差别性和多样性又处在统一的有规律的联系之中。

我们认为：适度的管理幅度与层次以及二者之间的比例关系是较为科学的组织结构。“三级结构、两级反射”原理为适度的管理幅度与层次关系提供了一个“法于人体”的科学依据。“三级结构、两级反射”层级少、成本低、效率高，是最科学、最经济、最迅捷、最准确、最安全的层级幅度。特别是对于生态城市建设与管理具有借鉴意义。

（2）方法论意义

三级结构、两级反射理论除组织结构的意义之外还有方法论上的意义。如联系群众、调查研究、指导工作、信息反馈、面对面的交流等方法都有重要意义。

（3）三级结构、两级反射理论对于上下沟通、内外调节具有重要意义。

2. “三级结构、两级反射”的城市组织结构模式

“三级结构、两级反射”原理为我们进行城市组织机构改革提供了一个最优化组织结构模式和方法论上的科学依据。

（1）按照“法于人体”，“三级结构、两级反射”原理进行城市管理机构改革

人体中枢神经系统具有分区、分层的结构特征。这一结构特征有利于对人体内部信息和外部信息的快速反应和决策功能的发挥。我国城市管理机构改革也应依此而进行。因为“三级结构、两级反射”层次少、成本低、效率高，具有科学、经济、迅捷、准确、安全等特征。

（2）“三级结构、两级反射”，上级调控

人体的膝跳反射实验证明，“膝跳”这样的简单反射中枢在脊髓。但是如果大脑高级中枢参与调控，在叩击膝关节的同时，大脑下达“不动”的指令，即可控制小腿不动。显示了上级调控意义的重大。所以，《中国共产党章程》第二章党的组织制度第十条规定：“党是根据自己的纲领和章程，按照民主集中制组

织起来的统一整体。党的民主集中制的基本原则是：（一）党员个人服从党的组织，少数服从多数，下级组织服从上级组织，全党各个组织和全体党员服从党的全国代表大会和中央委员会。”我国《宪法》规定了全国人民代表大会常务委员会有权“撤销国务院制定的同宪法、法律相抵触的行政法规、决定和命令”，“撤销省、自治区、直辖市国家权力机关制定的同宪法、法律和行政法规相抵触的地方性法规和决议”，同时规定国务院有权“改变或者撤销各部、各委员会发布的不适当的命令、指示和规章”，有权“改变或者撤销地方各级国家行政机关的不适当的决定和命令”，强调中央领导和调控的重要性，以保证国家党纪政令的统一性和权威性。

（3）关于集权与分权

从人体中枢神经系统的结构看，进出中枢的（传导神经）脑神经为 12 对，脊神经是 31 对。从结构数量上看，大量的、常规性的、较为简单的反射在“地方”中枢。而复杂反射则需要高级中枢大脑的调节才能完成。大多数高级中枢反射要通过低级中枢的传导才能上达。这一结构启示我们：集权与分权的关系应该是在保证城市管理中枢集权与统一性原则下向基层分权转变。

（4）“三级结构、两级反射”，横向沟通

“三级结构、两级反射”原理强调纵向的层级结构和横向的信息沟通。城市内部职能部门间、城市与城市间的纵向层级结构和横向信息交流与沟通同样适用于“三级结构、两级反射”原理。“法约尔桥”理论主要强调的是平行组织间信息交流的重要性。

（5）“三级结构、两级反射”原理提供了方法论上的依据

以人为本，科学发展，联系群众，全心全意为人民服务是党的根本宗旨。联系群众、调查研究、指导工作、信息反馈等面对面的交流能够更有利于民情上达，更有利于党和国家方针政策的贯彻执行，更有利于党和人民群众血肉关系的保持。

（三）五个流程

五个流程是依据人体中枢神经系统活动的基本规律提炼出来，并应用于管理过程中的一种过程管理理论。

神经系统活动的基本过程是反射。反射是机体在中枢神经系统的参与下对体

内外环境变化做出的规律性应答反应，是一个信息在反射弧中规律性流动的过程。完成反射活动的基础结构是反射弧。反射弧是完成任何一种反射所建立的反射通路，包括五个组成部分：感受器、传入神经、反射中枢、传出神经和效应器。感受器（由眼、耳、鼻、舌、皮肤、肌肉和内脏等组成）是专门接受体内外各种刺激的结构，是一种能量转换器，可把各种能量形式的刺激转化为生物电信号——神经冲动，这种神经冲动经传入神经传至神经中枢，神经中枢在脑和脊髓中，它能对传入的神经冲动信息进行加工整合，然后将处理结果仍以神经冲动的形式传出，经传出神经传至所支配的效应器（如运动系统、内脏系统等），最终引起所支配器官的活动。传入和传出神经是将反射中枢与感受器和效应器联系起来的通路。（见图6）

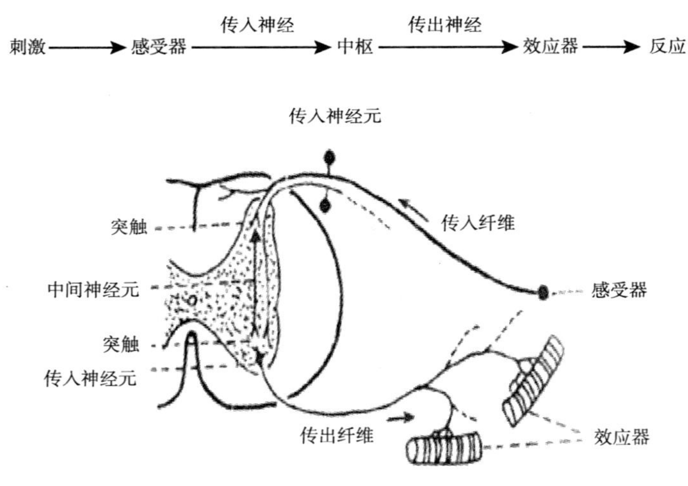

图6　反射弧示意图

中枢神经系统活动的基本过程是反射。反射的结构通路是反射弧。反射弧的功能实现过程是五个流程。五个流程的主要功能有感知功能，信息传导功能（上传），信息整合（决策）功能，信息（或指令）传导（下传）功能和指挥活动功能等。而且这个条件反射是可以根据后天的需要通过学习与训练建立的。

要实现一个完整的反射活动，必须严格按照五个流程来进行。五个流程中的任何一个环节如果受到障碍或破坏，反射活动就难以实现。

“五个流程”对管理学的意义是提供了一个程序性过程管理规范。这个规范告诉我们，要实现管理的高效率和高效益目标，就必须严格按照五个流程规范做好每一个环节的管理工作。

迈克尔·哈默和詹姆斯·钱皮于1993年首次提出“业务流程再造”（BPR）的概念：“针对企业业务流程的基本问题进行反思，并对它进行彻底的重新设计”。①

彼得·德鲁克在《卓有成效的管理者》一书中提出“要事优先”的原则。②

我国古代的围棋技术中产生了“步骤”。

现代计算机技术中的“程序”设计与应用等都非常重视和强调“流程”、“先后”、“步骤”、“程序”等。

传统管理学中的管理流程为四过程：计划、组织、领导和控制。

美国工程师戴明提出过计划（Plan）、执行（Do）、检测（Check）、行动（Action）四环节说，称为戴明环（PDCA）。

还有管理过程三环节说，即决策、执行、审查三环节。

反射弧原理告诉我们管理过程是五个流程：感知信息、信息传入、中枢决策、指令下达、指挥行动。这个过程管理规范适用于城市、社会、企业、学校等各个管理领域与层级，并且这个流程是循环往复，周而复始，螺旋式上升的过程，它没有终点。

1. 五个流程的意义

五个流程理论对于建立法治政府、相关制度和信息工作具有重要意义。

（1）五个流程理论对于城市管理体制改革、职能转变、运行机制变革等具有重要意义

人的学习、日常生活动作、劳动生产动作、体育运动动作等，都是依靠条件反射的建立实现的，都必须严格按照五个流程的法定程序来实现。

城市管理体制首先要依经济社会发展需要的管理职能来建立政府机构。

（2）经典条件反射的建立过程对各级城市建立和推行各种法律制度具有重要意义

经典条件反射的建立是通过五个流程实现的。人体的反射具有先天性的非条

① ［美］迈克尔·哈默、詹姆斯·钱皮：《再造公司》，上海译文出版社，1998。

② ［美］彼得·德鲁克：《卓有成效的管理者》，机械工业出版社，2007，第3页。

件反射和后天通过学习与训练建立的条件反射。与条件反射相对应的还有“操作式条件反射”（或称工具性条件反射）。人类的很多知识和实践经验大多是后天通过学习、记忆与训练得来的。这就是说人类为了适应环境变化和自身生存发展需要，可以建立起更多级的条件反射。这在管理学、社会学上的意义是非常重大的。为了推动人类文明进步，社会经济发展，国家、社会可以根据其不同历史阶段的发展需要，与时俱进，通过法规、政策建立起一系列新的社会、经济、政治、文化、生态等诸多方面的制度。每一个社会成员都可以通过学习与一定的引导、训练和教育，建立起新的经济观、政治观、文化观、社会观和生态观等适应新型社会变革需要的观念与行为，以促进人的全面发展，推动经济社会全面、协调、可持续发展。

（3）五个流程理论显示了信息工作的重要性和深远意义

一个现代城市管理系统，通常有人口流、物质流、能量流和信息流四种并存的运动。人流、物流和能量流是管理系统生产经营活动的主体流程和物质能量流程，其运动状态如何，取决于信息流的运动是否健康和畅通。由于信息在管理系统中是双向流动，因而独具反馈作用。信息流就如同管理工作的神经系统，其状态决定着管理机体运动是否正确、敏捷。正确而完备的信息是正确决策的基础和前提，重大和关键信息的收集和应用，甚至关系到管理事业的成败和兴衰。

2. 五个流程的生态城市管理过程规范

“五个流程”原理为我们提供了一个程序性管理过程规范与社会制度建设及运行的依据。

（1）五个流程规范及运行

五个流程规范即感知信息—信息传入—中枢决策—指令传出—指挥行动。

要完成任何一项管理活动，都必须严格按照这一程序性管理过程规范进行，否则就不能实现有效管理，也就不能实现管理目标。特别是对于决策中枢来说，更应坚持决策的科学性，及时、准确、迅捷地对组织内、外环境变化做出正确的判断与反应，坚持依法行政，正确领导中国特色生态城市建设。

（2）五个流程的适用性及应用

五个流程适用于城市组织的宏观、中观和微观管理过程。并且这个流程是循环往复，没有终点的。纵向上要求减少层级，提高效率，每个层级上的管理都要按照五个流程，依法办事；横向上城市与城市间每一个平行的职能部门、每一个管理环节都要按五个流程依法行政。

（3）经典条件反射的建立

经典条件反射的建立，必须依五个流程的结构通路（即反射弧）来建立，缺一不可。

对组织管理来说，要完成任何一项管理工作，都必须按照这个经典程序来实现，否则将一事无成。

人类绝大多数知识和经验（包括管理）都是后天学习、记忆、训练而获得的。例如外语单词的记忆是经反复背诵才记住的，熟练工人的技术动作是经反复练习而掌握的，运动员的优美动作也是经反复训练才掌握的。对一座城市和组织来说，可以依据人类建立多级条件反射的特征，从不同城市各自不同的历史发展阶段需要出发，与时俱进，通过法规、政策，建立起一系列新的经济、政治、文化、社会、生态等诸多方面的制度。

从城市宏观管理过程讲应该是五个流程过程；从管理的目标制定讲，一个科学目标的确立也应该是建立在科学工作五流程之上的目标体系；从管理的职能讲，每一个管理职能（计划、组织、领导、控制、决策）的实现都必须严格按照五个流程的过程进行，这个过程是循环往复、周而复始、螺旋式上升的过程。如计划制定，第一要调查研究，感知实际；第二是信息汇总上报工作；第三是领导中枢的方案选优及决策工作；第四是计划下达；第五是计划执行工作。从社会资源的合理配置讲，社会资源的所有量如何规划、如何投入其回报最高，也需按五个流程去科学规划。

三 “法于人体”的生态城市信息管理

“五个流程”原理显示了信息工作的重要性。五个流程中几乎每一个环节都离不开信息工作。可见信息工作的重要性。

信息也是管理工作中不可或缺的重要因素。因此，我们认为“信息”应成为管理的重要职能。自法国管理大师亨利·法约尔在 1915 年提出管理的职能应包括计划、组织、指挥、协调、控制五职能说之后，西方许多管理学家在此基础上作了补充和发展，先后提出了所谓的三职能说、四职能说、五职能说、六职能说乃至七职能说，但都没有“信息”职能。

人体中枢神经系统结构之精密、功能之强大、反应之灵敏是无与伦比的，是非常科学的。由大脑和脊髓组成的“中枢”，是由 12 对脑神经、31 对脊神经将其与躯体和内脏各器官系统连接起来，形成一个感知灵敏、传导快捷、决策迅速、指挥协调、行动快速敏捷的中枢指挥管理系统。遍布全身各处的神经网络每时每刻都在感知并传递着机体内、外环境的各种细微变化，同时无时不在通过神经网络传导着中枢的调节，以保证机体内部的平衡和稳态，也保证着机体对外部环境变化的适应。

神经网络通信与调控使得人体从整体上保证了完整统一协调性。完整统一协调的机体，保证了身体的健康发展（包括躯体和精神发展），健康的身体就能够很好地适应变化着的外部世界，维持其正常的生命活动。同时又以超凡的智慧和力量改造着人类赖以生存的环境。

神经网络通信还使得人体内各器官系统的功能得以正常发挥，并且在高级中枢的统一协调下各司其职、各尽所能，为整体协调和维持正常的生命活动贡献力量。

反射是一个信息在反射弧中规律性流动的过程。无论是信息的感知、传入和传出，都是一个信息沿神经纤维传导（通信）的过程。人类的神经系统具有复杂的功能，不仅因为中枢神经系统内存在 10^{11} 个神经元，更重要的是由于神经元之间相互连接，形成了多层次的神经回路和十分庞大的网络系统，这是完成各种信息传递和信息处理的结构基础。

神经元（即神经细胞）是组成神经系统的基本功能单位。突触是神经元之间紧密接触并进行信息传递的部位。中枢神经系统内有超过 1000 亿个神经元，而每个神经元又有平均约 10^3 个突触。这是神经系统能够完成复杂功能的结构基础。神经系统内神经元间的信息传递方式有化学性突触传递与电突触传递两种。

中枢神经系统内神经元数量极多，因而他们之间的连接方式也多种多样：有两点之间的联系，有多点之间的联系。（见图 7）

神经纤维信息传导具有绝缘性、双向传导、不衰减性、不融合性和不疲劳性等特征。①

① 朱妙章主编《大学生理学》，高等教育出版社，2005。

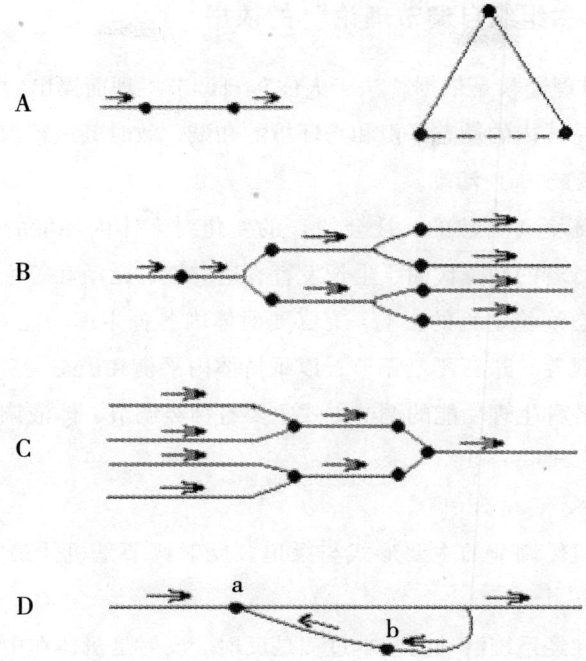

图 7　中枢神经元的几种连接（传导）方式

资料来源：朱妙章主编《大学生理学》，高等教育出版社，2005，第 72 页。

人体中枢神经系统的信息传导机制对我们进行生态城市建设与信息管理工作具有借鉴意义。一是城市中枢神经传导系统结构上的保证，按照人体高级中枢神经系统结构建立完善的城市信息管理系统：城市中枢—城市网络—城市神经元—城市信息采集点（突触）；二是充分发挥信息职能部门广泛灵敏、快速迅捷、及时准确的特点，做好信息工作；三是充分体现信息传导具有不衰减、不疲劳、双向、绝缘等特征，保证信息传导安全、及时、准确。

"城市神经元"应该由人、物、能量、信息等元素组成。

四　"法于人体"的生态城市调节机制

人体自调节原理适用于生态城市调节机制的建立。

（一）提出“组织自调节理论”的依据

“组织自调节理论”是依据“法于人体”自调节机理而提出的。

人体为了保持体内的动态平衡和与环境的和谐一致时刻进行着自身的内调节与外适应（或主动改造）活动。

由于人体外环境（自然的、社会的）的变化对人体内环境的影响；也由于人体自身不断进行着的新陈代谢、生长发育、适应性、运动性等生命活动所造成的对体内环境稳态（稳定）的影响，有必要对体内各种生理功能（如血液循环、呼吸、消化和排泄等）进行不断调节，以维持体内平衡和稳态。

人体自身对各种生理功能的调节方式主要有神经调节、体液调节和自身调节三种。

1. 神经调节

神经调节是机体调节的主要形式与渠道。反射调节是机体最重要的调节机制。

前已述及，神经系统活动的基本过程是反射。反射是机体在中枢神经系统的参与下对体内、外环境变化发生规律性应答反应。神经系统本身就具有调节功能，能够对躯体和内脏活动进行调节。对躯体的调节按活动的复杂程度，有简单的躯体活动反射，有能够保持正常姿势的反射，还有对复杂活动随意运动的反射。简单反射脊髓中枢即可完成，复杂反射必须有大脑高级中枢参与才能实现。对于内脏活动的调节是通过自主神经与中枢神经共同进行的。所谓自主，是指与明显受意识控制的躯体运动相对而言，其功能相对独立，在很大程度上不受意识的调控。如心脏的跳动具有自动节律性特点，不受意识支配。中枢神经对于内脏的调节大多是间接进行的。

2. 体液调节

体液调节是指某些器官或组织分泌特殊的化学物质，通过体液循环到达并作用于靶器官，调节这一靶器官或组织的生理活动。

3. 自身调节

机体内有一些调节既不依赖神经也不依赖体液，而是由细胞（个体）或组织器官（组织）凭借本身活动的改变产生适应性反应，称为自身调节。

细胞或组织器官的自身调节机理是笔者发现和提出“组织自调节理论”的

重要科学依据。

神经调节、体液调节和自身调节各有其特点：神经调节反应迅速，起作用快，调节精确，作用时间比较短暂；体液调节作用比较缓慢，持久而弥散，作用面较广泛，调节方式相对恒定，它对人体新陈代谢、生长发育和生殖等生命活动的调节和自身稳态的维持起着重要作用；自身调节的特点是调节强度弱，影响范围小，且灵敏度较低，调节常局限于某些器官或组织细胞内，但对于该器官或组织细胞生理活动功能的调节仍有一定的意义。

对于人体生理机能的调节，有的是一种调节方式即可实现，有的需要两种或两种以上的调节手段才能够实现；有的是中枢神经系统的直接调节，有的则需要间接调控。

人体对外环境的适应是指个体自身凭借本身活动的调节与改善所产生的对外界环境的适应性反应。人体内调节与外适应活动是统一协调进行的。

（二）组织自调节理论应用

1. 对城市建设廉洁政府与和谐社会具有重要意义

人体生理功能的自调节机制，对于健全完善城市调节机制，创造稳定和谐的社会环境、建设城市廉洁政府具有重要借鉴意义。

2. 城市组织自调节

城市组织自调节是指组织机构内部为了实现内协调目标而凭借机构自身职能活动的改善所产生的适应性良好反应。

城市组织自调节的基本途径是内调节与外适应。组织自调节的根本方法是自律与他律。

城市组织自调节体系和机制的建立也应是政府调节（包括司法调节）、社会调节（包括群团和各种学术团体）和组织自调节以及政府、社团和各种组织的自调节相结合的构架体系，以满足城市各种组织在生态城市建设过程中出现的各种突出矛盾和问题的调节解决，以维护城市稳定，促进社会和谐，保障经济社会可持续发展。

政府调节快速而强势准确；社会调节细致缓慢而持久；各种组织（包括每一个公民个体）自调节重要而不可或缺。

建设学习型组织、自调节组织是建设和谐城市、廉洁政府的必然要求。

人与社会、人与自然是息息相关的。每一个人体都是一个“小社会”，每一个市民都是一个“小环境”。人体科学对于生态城市建设具有相类性。“法于人体”进行生态城市建设与管理，走中国特色生态城市建设之路，实现人与环境、人与社会的和谐发展是建设全面小康社会的必由之路。

参考文献

[1] 张岱年、方克立主编《中国文化概论》，北京师范大学出版社，2004，第 1 页。

[2] 张明玉等：《管理学》，科学出版社，2005，第 5 页。

[3] 彼得·德鲁克：《有成效的管理者》，械工业出版社，2007，第 3 页。

[4] 李世昌主编《动解剖学》，高等教育出版社，2006，第 7 页。

[5] 全国干部培训教材编审指导委员会组织编写《领导科学概论》，人民出版社、党建读物出版社，2006，第 6 页。

[6] 刘举科、郭仰德：《“反射弧管理原理”与我国行政管理体制改革》，《管理世界》2008 年第 3 期。

[7]《中国共产党第十七届二中全会通过“关于深化行政管理体制改革的意见”》，2008 年 2 月 27 日。

第三部分　示范篇

Section Three　Demonstration

G.8

环境友好型城市

常国华

摘　要： 建设环境友好型城市是建设两型社会的必然要求，但其相关理论与实践活动在国内外仍处于探索阶段。本章主要从环境友好型城市的基本内涵与特征，环境友好型城市评价指标体系的构建以及国内外环境友好型城市建设的具体实践等方面进行了详细阐述，以期为今后环境友好型城市的建设和评价提供有益的指导。

关键词： 环境友好　评价　建设经验

一　环境友好型城市概念及内涵

发展是人类社会的永恒主题，而环境与资源是人类社会赖以生存和发展的最基本条件，是它们承载着整个人类的生产和生活。在人类社会发展的进程中，特别是进入工业化时代以来，城市的快速发展，为人类创造了极大的物质财富。但同时，却造成资源短缺、大气污染、水环境污染、土地退化、垃圾泛滥等诸多环境问题，这不仅对城市发展构成了极为严重的损害，而且已经成为人类生存和社会经济可持续发展进程中面临的主要问题之一。

新中国成立以来，我国城市化进程经历了从起步、波动、停滞到逐步稳定快速发展的过程，大中城市数量逐年增加。截至 2009 年底，全国有建制市 655 个。2010 年《城市蓝皮书：中国城市发展报告 NO. 3》指出，"十一五"期间，中国城镇化得到快速发展，前 4 年城镇化率平均每年提高 0. 9 个百分点。至 2009 年，中国城镇人口已经达到 6. 2 亿，城镇化率达到 46. 6%。从中国的城镇化规模来看，不论是年净增量还是城镇人口总量，都已经长期处于世界第一的位置①。我国城市化在快速发展的同时，正面临着发达国家近百年出现的城市环境问题在我国近 20 年内集中爆发的状况，中国现代城市正面临着世界上最为严重的多种环境问题并存的复杂局面。城市规模的迅速扩大与城市人口的骤增导致交通拥挤、事故频发、住房紧张、绿地稀少、水源不足、水质恶化、大气污染、垃圾肆虐、生态破坏、人居环境恶化、居民健康水平下降等等一系列城市"病"。现代城市"病"与过去的环境污染问题相比，从成因、特征和危害程度方面都已发生了显著的变化，存在随时爆发的隐患。这些问题已对我国的社会经济发展产生了严重的影响和制约②。

在《中国发展报告 2010：促进人的发展的中国新型城市化战略》③ 中，作者提出了关于中国新型城市化的战略目标：从"十二五"时期开始，用 20 年时间解决中国的"半城市化"问题，使我国的城市化率在 2030 年达到 65%。我国城市化的规模和速度居世界首位，城市化水平将进入快速发展阶段。这意味着城市对各种资源的需求与环境保护的矛盾将进一步加剧。在未来资源被进一步约束和环境状况不断恶化的条件下，城市如何持续且健康发展是我们必须认真思考和面对的问题。

（一）环境友好概念与特征

20 世纪中叶，在西方部分国家爆发了以著名的八大环境公害事件为代表的

---

① 潘家华、魏后凯：《城市蓝皮书：中国城市发展报告 NO. 3》，社会科学文献出版社，2010。

② 王协斌：《环境友好型城市评价指标体系研究》，《林业调查规划》2010 年第 35（1）期，第 139 ~ 142 页。

③ 中国发展研究基金会：《中国发展报告 2010：促进人的发展的中国新型城市化战略》，人民出版社，2010。

环境问题，这些污染事件严重地损害了当地人民的身体健康，从而引发了一场轰轰烈烈的群众性环境运动。环境问题逐渐成为人类社会所关注的重大问题，环境保护开始受到重视。纵观人类保护环境的历史，大致可分为三个战略阶段：末端治理，源头与过程控制以及经济、社会、文化和技术相融合。20 世纪 60 ~ 70 年代是环境问题局部爆发的主要时期，社会发展就是经济增长成为当时社会的主流认识。环境污染是经济增长过程中无法避免的必然产物、"先污染后治理"等观点就自然成为世界各国环境治理的基本指导思想，"末端治理"技术和政策也就构成了这一时期环境保护活动的主体。20 世纪 80 年代，当国际社会致力于末端治理的同时，生态环境问题却在国家、地区和全球范围内全面爆发，严重程度也与日俱增，影响到经济增长、人体健康、社会公平与政治稳定、文明延续等社会发展的所有宏观和微观层面，使得人们开始总结和反思末端治理战略的缺陷。总结历史和反思现实，"末端治理"的致命缺陷一目了然。末端治理战略仅是对生产和消费活动所造成的环境污染的一种高成本的补救措施，是一种头痛医头、脚痛医脚的机械的、形而上学的环境治理思想，不仅不能完全处理废弃物，又在处理废弃物的同时消耗着资源，是传统生产链的一个延伸，对于解决环境问题作用是有限的，无法从根本上控制污染的产生以及对环境的破坏①。

在反思"末端治理"战略局限性的过程中，"源头和过程控制"战略思想孕育而生。初期，源头和过程控制是将污染控制从末端治理延伸到工业生产源头和过程的污染预防。在这一环境保护战略思想下，清洁生产的概念于 20 世纪 80 年代后期提出，即如何从源头上减少或根除污染物的产生。除了关注生产源头和过程外，清洁生产还将污染防治延伸到产品和服务当中，与清洁生产思想相呼应，90 年代出现了环境无害化技术（Environmentally Sound Technology）的概念，也称环境友好技术（Environmentally Friendly Technology）。环境友好技术主要是指预防污染的少废或无废的工艺技术和产品技术以及治理污染的末端技术。同时，清洁能源及其相关技术也成为保护环境的新追求和新手段。1992 年，联合国里约环发大会通过的《21 世纪议程》中，200 多处提及包含环境友好含义的"无

① 任勇、俞海、夏光等：《环境友好型社会理念的认识基础及内涵》，《环境经济》2005 年第 12 期，第 17 ~ 25 页。

害环境的”（Environmentally Sound）概念，并正式提出了“环境友好的”（Environmentally Friendly）理念。随后，环境友好技术、环境友好产品得到大力提倡和开发。20 世纪 90 年代中后期，国际社会又提出实行环境友好土地利用和环境友好流域管理，发展环境友好农业、环境友好建筑业和建设环境友好城市等。2002 年召开的世界可持续发展首脑会议通过的“约翰内斯堡实施计划”多次提及环境友好材料、产品与服务等概念。2004 年，日本政府在其《环境保护白皮书》中提出，要建立环境友好型社会，环境友好型社会的概念就此诞生①②。

环境友好技术、环境友好产品、环境友好企业等是环境友好型社会理念产生的重要认识和实践基础，但仅仅是一个侧面。真正促成环境友好型社会这一整体性理念形成的关键因素，是在实行环境保护源头与过程控制战略进程中，国际社会对造成环境问题根源认识上的飞跃和经济社会发展观上的升华以及环境保护对经济社会文化及技术等方面所提出的综合要求。要解决环境问题这一“世界问题复合体”，决不能仅停留在“末端治理”和“源头与过程控制”等简单分割性和技术依赖性的措施上，必须创新人类社会发展观和文化价值取向，改变传统的经济增长方式，调整和协调社会主体的利益关系，改革政治决策的机制和方向，革新传统的技术体系，并将这些经济、社会、政治、文化和技术等方面的变革融合到一个新的和统一的发展框架中，必须进行一场综合的环境革命。不难看出，解决“世界问题复合体”的结果就是环境友好型社会，而“环境革命”的方向也是环境友好型社会，这是环境友好型社会理念产生的认识基础。

2005 年 3 月，胡锦涛总书记在中央人口资源环境工作座谈会上首次提出我国建设环境友好型社会的号召；同年通过的《中共中央关于制定国民经济和社会发展第十一个五年规划的建议》中，更是明确提出了我国要“建设资源节约型、环境友好型社会”的战略构想，并提到前所未有的高度。“建设资源节约型、环境友好型社会”已成为中国社会发展的主旋律。为此中国政府在《国民经济和社会发展第十二个五年规划纲要》中指出：“面对日趋强化的资源环境约

① 任勇、俞海、夏光等：《环境友好型社会理念的认识基础及内涵》，《环境经济》2005 年第 12 期，第 17～25 页。

② 袁志明：《环境友好型社会评价指标测度方法研究》，《科研管理》2008 年第 29（4）期，第 175～179 页。

束，必须增强危机意识，树立绿色、低碳发展理念，以节能减排为重点，健全激励与约束机制，加快构建资源节约、环境友好的生产方式和消费模式，增强可持续发展能力，提高生态文明水平。”

城市不仅是一个国家或地区的政治、经济、科技、教育和文化的中心，而且也理应是人们休闲、娱乐、健康生活的乐园。如果一个城市在经济繁荣昌盛的同时，伴随着的却是水质恶化、大气污染、垃圾肆虐、噪声扰民、食品安全性的逐渐下降，那么随之而来的就是人类健康的生存与发展受损。所以转变城市的发展方式，建设环境友好型城市，是决定未来城市乃至整个社会是否能健康可持续发展的重要举措。

关于环境友好国内外尚无一致的定义。维基百科中给出：环境友好（又称环境友善、自然友善或绿色友好）一词用来指一个商品、服务、建筑、法律或政策对环境所造成的损害较少①。中国科学院可持续发展战略研究组②认为，环境友好是指人类应尽量采取对环境无害的方式进行社会生产活动，尽可能少地产生污染，保持生态系统的平衡，实现人与自然的和谐发展。王金南等③认为环境友好应以环境承载力为基础，以遵循自然规律为准则，以绿色科技为动力，通过构建经济社会环境协调发展的社会体系，最终实现可持续发展。从上述定义可以看出，环境友好实质上是对经济系统、环境系统和以人主体的社会系统之间协调发展的高度概括。这种协调发展，是在以人类为主体的环境经济系统中，人类不断通过主观能动性协调社会经济活动与生态环境的关系，协调部分经济短期利益和环境长远利益的矛盾，最终实现人与自然关系的平衡、融洽与共生。环境友好强调的是人类经济活动对环境影响的程度控制在环境的可承载力范围之内，是经济发展、资源利用、环境保护三者之间的合理均衡与契合④。

关于环境友好型社会的内涵，国内外也无统一范式化的概念。任勇等认为从环境友好型社会理念的认识和实践基础的历史演变来看，环境友好型社会的内涵

① Environmentally friendly, Wikipedia, the free encyclopedia [EB/OL]. http://en.wikipedia.org/wiki/Environmentally_ friendly.

② 中国科学院可持续发展战略研究组：《中国可持续发展战略报告》，科学出版社，2006。

③ 王金南、张吉、杨金田：《环境友好型社会的内涵与实现途径》，《环境保护》2006 年第 3 期，第 42 ~ 45 页。

④ 黄细兵：《环境相对友好指数的测度及综合调控机制研究》，中国科学技术大学博士论文，2010。

应具备四个特征：第一，环境友好型社会是因环境问题而起，为从根本上解决环境问题而形成的一种整体性思维方式，并将有利于环境的经济发展模式、社会行为、政治制度、科技支撑和文化纳入有机的和统一的科学发展框架之下，是一种有利于生态环境保护的理论与实践的集合。第二，环境友好型社会是一种以环境友好为特征的新的人类社会发展形态，是可持续发展社会的具体表现形式，是人与自然和谐的社会，也必然是人与人基本和谐的社会。第三，环境友好型社会要求经济社会发展的各方面必须符合生态规律，向着有利于维护良好生态环境的方向发展，并应用生态环境保护的思想和方法促进经济社会的全面、协调和可持续发展。环境友好型经济发展模式、绿色政治制度、环境文化价值观、绿色科技是环境友好型社会的基本要素，也是建设环境友好型社会的基本途径和措施。第四，“环境友好”的概念是动态的和分层次的。在现阶段，“环境友好”首先应该是社会经济活动对环境的负荷和影响要达到现有经济技术条件下的最小化；最终要将这种负荷和影响控制在生态系统的资源供给能力和环境自净容量之内，形成社会经济活动与生态系统之间的良性循环。

陈吉宁①则认为，环境友好型社会是对社会经济系统与生态环境系统之间关系的高度概括性描述，是一种人与自然和谐共生的社会形态，其核心内涵是人类的生产和消费活动与自然生态系统协调可持续发展。潘岳②认为环境友好型社会是一种以环境资源承载力为基础、以自然规律为准则、以可持续社会经济文化政策为手段，致力于倡导人与自然、人与人和谐的社会形态。不过较为一致的认识是：环境友好型社会就是全社会都采取有利于环境保护的生产方式、生活方式、消费方式，建立人与环境的良性互动关系。反过来，良好的环境也会促进生产，改善生活，实现人与自然的和谐与发展。建设环境友好型社会，就是要以环境承载力为基础，以遵循自然规律为准则，以绿色科技为动力，倡导环境文化和生态文明，构建经济社会环境协调发展的社会体系，实现可持续发展③。

建设环境友好型社会是一项长期的战略任务，是一个十分复杂的系统工程。从概念到付诸行动，是我国今后必须研究解决的课题。环境友好型社会追求的是

① 陈吉宁：《环境友好型社会的核心内涵是可持续发展》，《环境教育》2006 年第 9 期，第 1 页。
② 潘岳：《和谐社会与环境友好型社会》，《环境保护》2006 年第 7 期，第 4 ~ 17 页。
③ 柏国强：《上海构建环境友好型城市研究》，华东师范大学博士论文，2005。

整个社会的环境友好，但中国区域发展不平衡，城乡发展不平衡，让整个社会同时步入环境友好社会显然是不现实的。只有从局部做起，才能进一步扩充到整体。城市是一种重要的社会组织形态，相对于建设环境友好型社会而言，建设环境友好型城市是较为现实和可行的。因此，首先建设环境友好型城市为今后在我国全面建设环境友好型社会有着十分重要的现实意义和深远的历史意义。那么什么是环境友好型城市？国内许多学者已从节能减排、发展循环经济、修复自然生态、建设绿色产业、树立可持续发展观念、探索实现途径及保障机制和评价指标体系等诸多方面进行了探讨①②③④⑤⑥⑦⑧⑨，力求寻找一条适合城市可持续发展的环保之路。本书将从环境友好型城市的概念及特征、评价体系、建设对策等几个方面进行进一步的阐述。

（二）环境友好型城市概念及特征

1. 环境友好型城市概念

环境友好型城市是在建设环境友好型社会的背景下产生的。目前，许多学者对于环境友好型城市的内涵，从各自的研究背景和角度进行了阐释，但尚未形成统一的认识。李祥荣等⑩在《环境友好型社会丛书——环境友好型城市》中提出

---

① 王金南、张吉、杨金田：《环境友好型社会的内涵与实现途径》，《环境保护》2006 年第 3 期，第 42 ~ 45 页。

② 陈红喜、叶依广：《基于政府视角的资源节约型和环境友好型城市建设探析—以南京市为例》，《经济师》2007 年第 9 期，第 53 ~ 54 页。

③ 王柏玲、杨清：《大连建设资源节约型、环境友好型城市的产业政策》，《大连海事大学学报（社会科学版）》2009 年第 8（1）期，第 27 ~ 30 页。

④ 孙金坤、陈伟、廖炳英、陈燕媛：《攀枝花市环境友好型城市建设研究》，《科技创新导报》2010 年第 32 期，第 3 页。

⑤ 崔杰、郭艳华：《广州建设环境友好型城市实施保障机制》，《中国城市林业》，2007 年第 4 期，第23 ~ 26 页。

⑥ 於贤德：《论科学发展观与环境友好型城市的建设》，《湛江师范学院学报》2008 年第 29（1）期，第 129 ~ 133 页。

⑦ 李育冬、原新：《环境友好城市建设中的循环经济思想探析》，《生产力研究》2008 年第 4 期，第 8 ~ 10 页。

⑧ 赵焱：《发展循环经济，建设环境友好型城市——温州模式下的循环经济研究》，《城市发展研究》2006 年第 13（5）期，第 51 ~ 54 页。

⑨ 朱坦：《建设环境友好型社会的重要工具和手段——环境影响评价制度》，《环境保护》2006 年第 8 期，第 40 ~ 44 页。

⑩ 李祥荣、李伟娟：《环境友好型城市》，中国环境科学出版社，2006。

环境友好型城市的核心内涵是城市的生产消费活动与城市生态系统的协调和可持续发展。它要求城市经济社会发展的各方面必须符合生态规律，采取有利于城市环境保护的生产、生活、消费方式，建立城市与环境的良性互动、自然和谐的关系，用生态环境保护的思想和方法，促进城市经济社会全面、协调和可持续发展。张新端等①认为环境友好型城市是继可持续发展城市、生态城市之后，以一种全新的环境伦理观提出的一种崭新的城市形态。即：环境友好型城市是城市在实现可持续发展目标与生态城市的过程中经历环境保护模范城市到一种更成熟的强调人与环境友好的过渡形态，在城市的建设过程中环境的主体人与环境客体充分协调、相互友好，客观地反映一定时期内在现有自然环境资源、环境质量状况基础、环境管理水平上，城市的环境伦理意识、环境污染控制水平进一步提高，在现有的城市基础设施、城市环境文化等前提制约下，通过一系列的环境保护与生态建设工程，达到生态环境状况最佳、资源配置模式最优、思想行为和生活方式最适。温宗国等②认为环境友好城市高度概括了城市经济系统与生态环境系统之间的和谐关系，作为一种全新的城市形态，本质上是城市生产和消费活动与自然生态系统的协调可持续发展。同资源节约型城市相比，环境友好城市更为关注社会活动对自然生态环境的影响，强调必须将其生产和生活强度规范在生态环境的承载能力范围之内，同时强调综合运用经济、技术、管理等多种措施，通过对生产和消费全过程进行有效监控，降低污染的产生量，实现污染无害化，最终降低社会经济系统对生态环境系统的不利影响。柏国强③认为环境友好型城市是城市在实现生态城市与可持续发展目标过程中经历的过渡形态，强调人与环境的充分协调和相互友好，客观反映一定时期内城市在现有自然环境、资源禀赋、经济水平、社会文化等前提制约下，通过一系列环境保护与生态建设进程，所能达到的最佳生态环境状况、最优资源配置模式、最适思想行为方式。何玉宏等④认为建设环境友好型城市就是要以环境承载能力为基础，以遵循自然规律为核心，以

---

① 张新端、郑泽根：《环境友好型城市环境指标体系研究》，《环境科学与管理》2007 年第 32（9）期，第 53～56 页。

② 温宗国、李蕾：《环境友好城市指标体系及其标杆管理》，《环境保护》2007 年第 384 期，第 26～28 页。

③ 柏国强：《上海构建环境友好型城市研究》，华东师范大学博士论文，2005。

④ 何玉宏、冯韵东、曹旭平：《中外城市资源节约与环境友好型城市的建设经验及其启示》，《上海城市管理职业技术学院学报》2007 年第 2 期，第 33～36 页。

绿色科技为动力，倡导环境文化和生态文明，构建经济社会环境协调发展的社会体系。陈如、匡强[1]提出环境友好型城市指在一个城市的行政区域内，以人与自然的和谐为核心，以城市的生态综合平衡为机制，以促进城市经济社会持续高效发展为前提，并以保持经济发展、社会进步、生态保护三者高度和谐，城乡环境清洁、优美、舒适为目标的人工生态复合系统。赵沁娜等[2]提出环境友好型城市的建设应体现城市特色，将环境友好型城市定义为一种新的城市发展模式，它要求在城市生态系统承载能力范围内，综合考虑城市自身在自然环境、资源禀赋、经济水平、社会文化方面的特点，采取有利于生态环境保护的生产、生活和消费方式，良好的环境则会促进生产的发展，改善人们的生活，实现城市内部的协调发展，从而形成人与环境和谐互动的关系。

王敏等[3]认为根据“环境友好城市”的理念及其提出的背景条件，环境友好城市的含义可以从两个方面理解：其一，是“人类对环境的友好行为”，即城市的人类活动（如生产、生活），必须以不破坏环境的方式进行，或者能够改善或修复受损的环境；其二，是“环境对人类行为的友好响应”，包括优良的环境质量、优美的景观格局、稳定的生态系统、安全的生态保障等，这些又会进一步促进生产效率，改善生活质量。张保生等[4]提出环境友好型城市的内涵为：对一个地区或城市的生产和消费活动的规模和质态进行生态化调整，使其在本地生态承载能力范围内以合理的技术经济手段尽可能地满足当地人们的物质需求和对环境质量的要求。

从上述诸多概念中可以看出，环境友好型城市的内涵如同环境友好型社会一样，涉及经济、文化、科技、环境等各个方面。

结合上述有关环境友好型社会及城市的定义和基本描述，环境友好型城市的内涵可从以下几个方面来理解：

---

① 陈如、匡强：《构建南京环境友好型城市建设的战略体系》，《改革与开放》2008 年第 11 期，第 33 ~ 35 页。

② 赵沁娜、范利军、吴慈生、张鑫：《环境友好型城市研究进展述评》，《中国人口·资源与环境》2010 年第 20（3）期，第 272 ~ 275 页。

③ 王敏、黄沈发、王虹扬：《环境友好城市建设初探——以上海为例》，《环境科学与技术》2007 年第 30（8）期，第 51 ~ 53 页。

④ 张保生、黄哲、李俊飞：《环境友好型城市指标体系的研究》，《北方环境》2011 年第 23（1 - 2）期，第 108 ~ 110 页。

（1）环境友好型城市以人与自然的和谐为中心，采取整体性的思维方式将经济发展方式、社会行为、政治制度、科技和文化等各个方面纳入到有机统一的科学发展框架之下，从根本上去解决城市在发展中面临的环境问题。

环境问题表面上是社会经济活动的副产品，实际上反映的是人与自然矛盾冲突的结果，进一步为人与环境利益及其背后的经济利益冲突所左右，是工业化发展道路和以此为基础建立的不恰当的经济、政治、文化和技术模式与制度的产物。所以，环境问题是一个多层面、多维度、多因素、非线性的复杂问题，是自然的问题，也是经济、社会、政治和技术的问题，也是文化观念问题①。在人类不断增长的需求欲望驱使下，不科学的经济增长方式，引起了自然界和人发展的不协调，甚至引起了人与自然的对立。胡锦涛同志在中央人口资源环境工作座谈会上的讲话中指出，大量事实表明，人与自然的关系不和谐，往往会影响人与人的关系、人与社会的关系。如果生态环境受到严重破坏、人们的生产生活环境恶化，如果资源能源供应高度紧张、经济发展与资源能源矛盾尖锐，人与人的和谐、人与社会的和谐将是难以实现的。

当前，由于人类活动对生态的破坏，造成了自然资源短缺、生态退化和环境污染等问题。而人是社会的人，社会是人的社会。环境问题不是独立的问题，而是渗透了社会因素的问题；不是单一的自然方面的问题，而是国家经济社会发展的问题；不是一个国家内部的问题，而是能够引起世界关注甚至动荡的问题②。因此，为了从根本上解决城市目前面临的严峻环境问题，必须采取整体性的思维方式，将经济发展方式、社会行为、政治制度、科技和文化等各个方面纳入到有机统一的科学发展框架下，重新构建城市的发展方式，这种发展方式的特点就是环境友好。

（2）环境友好型城市要建立城市与自然环境之间的良性互动关系，构建人与自然环境之间的和谐。同时，良好的自然环境可以促进城市的全面、协调和可持续发展。

从人与自然的双向互动关系看，近一个世纪以来产生的各种各样的环境问题，正是人类没有正确认识和对待人与自然之间的这种关系所造成的③。在人与

① 任勇、俞海、夏光等：《环境友好型社会理念的认识基础及内涵》，《环境经济》2005 年第 12 期，第 17 ~ 25 页。

② 宋一：《环境友好型社会的哲学思考》，《天中学刊》2008 年第 23（6）期，第 31 ~ 33 页。

③ 方世南：《构建环境友好型社会的哲学思考》，《哲学研究》2006 年第 4 期，第 114 ~ 116 页。

自然的关系中，人始终处于主体地位，人的主体性并不是“人统治自然”、“人成为自然界的主宰”，否则会造成人与自然的对立与冲突，导致生态失衡、环境恶化，从而威胁到人类社会生存和发展的持续。人的主体性应体现在人的实践活动具有主观能动性上。环境友好型城市建设就是通过对人与自然关系的正确认识，积极发挥人的主观能动性，采取有利于环境保护和维护生态和谐的生产、生活、消费方式；而之所以这样做，归根结底还是“为了人、促进人的发展”。只有构建人与自然环境之间的和谐，才能实现人的全面健康发展和自然环境的良好发展。所以，环境友好型城市要建立城市与生态环境之间的良性互动关系。人对自然环境的实践过程，是通过一个个社会基本组成单元的行为活动来完成的。这就要求组成社会的一个个基本单元对环境友好，如政府、企业、社区、学校、医院、家庭等均应为环境友好型城市的建设承担各自应有的责任和发挥各自的作用①。

（3）环境友好型城市强调城市的生产、生活和消费规范在生态环境承载力范围之内，注重社会经济活动对于自然生态环境的影响。生态环境承载力是区域经济发展的重要后盾，环境承载水平的高低决定了区域生态环境质量的高低，也制约着经济发展空间的大小。只有良好的生态环境和自然资源的永续利用才能源源不断地为城市经济发展提供资源支持，这是实现城市可持续发展的重要基础，并且环境自身也能遵循自然规律不断进行更新。环境承载力理论认为，任何现实环境，其自然资源、自然环境、社会经济环境都有一定的承载能力，即其承载力有一定的限度，不能随意超过环境的承载力，否则就会导致环境质量恶化和资源衰竭，从而影响人类的社会实践活动和人类的健康②。

（4）环境友好型城市的建设应体现城市特色。由于城市在自然环境、资源禀赋、经济水平、社会文化等方面的特点是各不相同的，其自身发展的先天条件、制约因素及环境问题也各有不同。所以，环境友好型城市的建设不应有千篇一律的模式或框架，需在认真分析城市自身所面临的环境问题基础之上，结合自己的条件和特点，去探索适合具有自己特色的“环境友好”，去寻找适合城市自身特色的环境友好途径。因此，环境友好应该有不同的表现方式。

---

① 张燕峰：《环境友好型社会理论及评价方法初步研究》，华东师范大学硕士论文，2008。

② 张新端、郑泽根：《环境友好型城市环境指标体系研究》，《环境科学与管理》2007 年第 32（9）期，第 53 ~ 36 页。

（5）环境友好型城市是一个动态发展和分阶段的过程，是持续改进、不断提高的建设过程。如现阶段要求城市的经济活动对生态环境的负荷和影响要达到当前经济技术条件下的最小化，最终要求这种负荷和影响要控制在生态环境资源供给能力和环境自净容量之内，从而形成社会经济与生态环境之间的良性循环①。

2. 环境友好型城市的基本特点

根据环境友好型城市的内涵，其特点可总结为以下几点：

一是和谐性。环境友好型城市构建的和谐性，不仅体现在人与自然的关系上，更重要的是体现在人与人的关系上，体现城市的自然环境、社会环境、经济环境、制度环境和人文环境的友好，以及这几个方面之间的友好与协调。

二是可持续性。环境友好型城市是在环境承载力之内，以可持续发展思想为指导，兼顾不同时期、空间，合理配置资源，公平地满足当代与后代人在发展和环境方面的需要，而不因眼前利益用“掠夺”的方式促进城市暂时的“繁荣”，保证城市全面、协调和可持续发展②。

三是整体性。环境友好型城市不是单单追求环境优美，而是兼顾社会、经济和环境三大系统的整体效益，不仅重视经济发展与自然环境协调，更注重人类生活质量的提高，是在三大系统整体协调的新秩序下寻求发展。

四是区域性。环境友好型城市本身虽不是一个区域概念，但城市各自的资源禀赋不同，条件不同，且城市之间是相互联系、相互制约的。因此，环境友好型城市也是建立在区域特点和区域平衡基础之上的。

二　环境友好型城市评价

从系统论角度看，城市可以视为由社会、环境和经济三大子系统构成的复杂巨系统，这三大子系统在结构上又可进行更为细致的划分。各子系统之间既相对独立，又相互关联，其内部组分之间存在错综复杂的关系。只有全面理解环境友好型城市的基本内涵及特点，结合构建指标体系的一般原则，才能构建一套能够

---

① 任勇、俞海、夏光等：《环境友好型社会理念的认识基础及内涵》，《环境经济》2005 年第 12 期，第 17～25。

② 苏明礼、伊武军：《建设可持续发展的生态城市》，《安全与环境工程》2003 年第 10（2）期，第 12～15 页。

客观、准确地反映城市所涉及的各方面的指标体系。然后，运用科学、合理的数学评价模型对其进行评估、分析，这是对环境友好型城市进行综合评价、分析和研究的基础和关键。另外，评价指标应具备“抽象信息定量化”和“复杂信息精简化”两个基本要素，才能将宏观的抽象概念转化为具体的可操作内容。公众也可通过指标形象地认识环境友好城市的内涵，并主动地投入到创建友好型城市的活动中来；对城市的建设者和决策者而言，可依据考核标准和评价结果，及时发现制约和影响各地区环境友好型城市建设水平的主要因素、薄弱环节及根源所在，准确把握城市建设方向，并监控其进展状况①。

目前，我国关于环境友好型城市的定量、成熟且完整的评价体系较少。近几十年来，在国际、国家、地区和城市等不同层面上提出的可持续发展指标体系、亚洲绿色城市指数、欧洲绿色城市指数，以及国家各部门提出的卫生城市、城市环境综合整治定量考核指标、环境保护模范城市、园林城市、生态城市、生态园林城市等一系列的考核模式和国内部分学者②③④⑤⑥⑦⑧⑨提出的环境友好型社会/城市评价指标体系等都可为环境友好型城市指标体系构建原则的制定和指标的选取提供有益的借鉴。

在前人研究成果的基础上以及通过对环境友好型城市内涵及特征的理解，本文构建了一套环境友好型城市评价指标体系和一种计算过程相对简单且具有一定推广和现实指导价值的模型，为定量评估城市的环境友好程度进行了有益的尝

---

① 温宗国、李蕾：《环境友好城市指标体系及其标杆管理》，《环境保护》2007 年第 384 期，第 26～28 页。

② 李名升、佟连军：《中国环境友好型社会评价体系构建与应用》，《中国人口·资源与环境》2007 年第 17（5）期，第 105～111 页。

③ 王协斌：《环境友好型城市评价指标体系研究》，《林业调查规划》2010 年第 35（1）期，第 139～142 页。

④ 袁志明：《环境友好型社会评价指标测度方法研究》，《科研管理》2008 年第 29（4）期，第 175～179 页。

⑤ 黄细兵：《环境相对友好指数的测度及综合调控机制研究》，中国科学技术大学博士论文，2010。

⑥ 柏国强：《上海构建环境友好型城市研究》，华东师范大学博士论文，2005。

⑦ 张新端、郑泽根：《环境友好型城市环境指标体系研究》，《环境科学与管理》2007 年第 32（9）期，第 53～36 页。

⑧ 张保生、黄哲、李俊飞：《环境友好型城市指标体系的研究》，《北方环境》2011 年第 23（1－2）期，第 108～110 页。

⑨ 张燕锋：《环境友好型社会理论及评价方法初步研究》，华东师范大学硕士论文，2008。

试。不过，任何一种评价方式都不可避免地存在着不完备的缺陷，随着对发展环境友好型城市研究的日益深入，以及统计资料的不断完备，还需不断对其进行修改和补充。

（一）环境友好型城市评价指标体系构建

1. 环境友好型城市指标体系设计原则

目前学术界对构建可持续发展城市、生态城市、环境友好型城市等指标的选取提出了一些原则，如科学性、可操作性、可比性、可靠性、科学性、代表性、时空耦合、层次性和动态性等。在此基础上，我们做了进一步的研究，认为在建立环境友好型城市指标体系时，应当遵循以下主要原则：

（1）系统性和层次性相结合的原则

环境友好型城市是一个复杂、开放的巨系统，其中又可以分为若干子系统。从方法论角度看，人类对复杂问题的观察和认识，通常难以一次性地洞悉问题的全部细节，而一般将问题或对象系统分解为多个层次。然后，采用由粗到细、由表及里、从整体到局部进行逐步深入的所谓分层递阶方法进行研究，这是系统性原则的一个延续。因此，在构建评价指标体系时，应当从系统结构出发，根据其层次，将指标分类，使指标体系结构清晰，便于使用。本文将环境友好型城市评价指标体系分为三层，第一层为目标层，第二层为组成评价体系的各个子系统，第三层为构成指标体系的具体明细指标，形成一个系统的、层次分明的整体。

（2）全面性和代表性相结合的原则

环境友好型城市的评价涉及城市的方方面面，这就相应地要求指标体系及数学模型尽可能全面地反映城市的各个方面，并能科学和准确地描述现阶段城市建设现状及发展水平，同时要避免指标之间的重叠。所以，应选取有代表性、典型性的指标，避免选入意义相近、重复或可由其他指标组合导出的指标，采用尽可能少的指标传递评价对象主要方面的信息。从这个角度看，体系中的指标既不能过少，否则不足以反映考察对象的主要特征；但也不能过多，否则会产生过高的信息成本。

（3）科学性和可行性相结合的原则

指标体系应能科学、准确地反映环境友好型城市的内涵和主要目标的实现程度，指标的物理意义明确，数据的选取、计算与合成，必须都以公认的科学理论为依据，测算的统计方法科学规范，保证评估结果的真实性和客观性。但也要充分考虑指标体系中选用的指标尽可能采用国际上通用的或者我国已有的统计指标的名称、概念，要有可靠的来源，而且这些指标要容易获取，不必再为此做大量的调查，有成熟的统计渠道。总之，环境友好型城市建设指标的设置要简单明了、易理解，要考虑数据取得的难易程度、可操作性和可靠性，最好是利用现有的统计资料，指标的选择要考虑我国现阶段的经济发展水平，无论从方法学还是从人力、物力上都要符合我国现有的生产力水平，同时还要考虑各技术部门的技术能力。

（4）可比性和普遍性相结合的原则

评价指标体系应具有动态可比性和横向可比性。动态可比性是指一个城市的建设过程在不同时间上的自我比较，显示城市环境友好程度的建设状况；横向可比性是指在同一时间上对不同城市的综合评价指标数值的排序比较，用来说明各地区环境友好型城市建设的不平衡程度。在可比性原则要求下，所选取指标的统计口径要和国内其他地区、其他国家和所评价地区以往的统计口径尽可能一致，符合国内现行统计制度的要求，才能方便在时间上和空间上进行比较，既要能够同自己的过去和将来相比，又要能够同其他地区的相应指标比较。这样才能保证环境友好型城市得到全面正确的评价，从而找出影响环境友好型城市建设的真正要素。还需考虑不同地区在经济发展水平、产业结构、社会文化、资源环境现状等方面的差异，尽可能地选择具有普遍性、共性的综合指标，保证评价结果在地域上可比。

（5）动态性和稳定性原则

环境友好型城市建设是一个长期、连续和发展的过程，所建立的指标体系应该能充分反映城市的动态变化过程，针对环境友好型社会建设的不同阶段，适时地调整、改进和完善评价指标体系及数学模型，这样才能动态地反映城市建设的变化状况。另一方面，指标体系及数学模型一旦建立，在一定时期内，应保持其相对稳定性，内容不宜频繁变动，才能有效地比较和分析系统的发展过程。

（6）前瞻性和导向性原则

在设计环境友好型城市评价指标体系和数学模型时，要充分考虑到发展的趋势和未来的状况，选择一些先进的和具有预见性的前瞻性指标。这些指标不仅能反映过去和现在的状态，也能反映未来环境友好型城市发展的走势。所选指标应对决策者、普通民众和全社会各类主体有支持和引导作用，能引导人们在资源节约、环境友好的条件下开展活动，向着前瞻性指标所要求的方向努力，不断提升环境友好程度。

上述原则是一个相互联系、相互影响的有机整体，不能简单地将之割裂开来，必须从整体着眼，统筹协调它们之间的关系，并且要贯穿于环境友好型城市评价的整个过程。始终坚持和落实这些原则，是正确分析和评价环境友好型城市的重要保证①。

2. 环境友好型城市指标体系的构建

（1）指标体系的构成

环境友好型城市指标体系在国内外仍属较新的研究领域，相关方面的公开研究报道尚不多见。王协斌②将环境友好型城市评价指标体系分解为总目标层、目标层、制约层和指标层4个层次。总目标层是环境友好型城市综合评价的最终结果，目标层包括自然环境和社会环境两大部分，制约层包括构成评价指标体系的各主要成分（要素），指标层是对各要素具体细分的数量指标。根据环境友好型城市的定义以及环境友好型城市评价指标体系的框架，提出包括环境质量、污染控制、人文环境、经济环境和环境建设5个方面的24个指标。张新端、郑泽根③从环境保护与污染控制、环境经济社会协调度、环境生态建设与管理、环境伦理和意识4个方面，选取38个具体指标构建环境友好型城市指标体系，并给出了综合评价模型。张燕峰④从环境友好型社会人对自然环境友好和自然环境对人友好这两个基本特征出发，设置了42个指标，并采用综合指数法进行测评。温宗国等⑤提出的指标体系包括了城市进步、环境优良、决策管理系统环境友好、生产领域环境友好和生活消费领域环境友好等5个方面的22个指标，为环境友好城市的规划、决策和创建提供指南和目标。柏国强⑥从经济、社会、环境和政治4个方面构建了上海环境友好型城市指标体系框架，并按照不同

---

① 李建平、李闽榕、王金南等：《环境竞争力绿皮书：中国省域环境竞争力发展报告（2005－2009）》，社会科学文献出版社，2010。

② 王协斌：《环境友好型城市评价指标体系研究》，《林业调查规划》2010年第35（1）期，第139～142页。

③ 张新端、郑泽根：《环境友好型城市环境指标体系研究》，《环境科学与管理》2007年第32（9）期，第53～36页。

④ 张燕峰：《环境友好型社会理论及评价方法初步研究》，华东师范大学硕士论文，2008。

⑤ 温宗国、李蕾：《环境友好城市指标体系及其标杆管理》，《环境保护》2007年第384期，第26～28页。

⑥ 柏国强：《上海构建环境友好型城市研究》，华东师范大学博士论文，2005。

的发展阶段将这4个主题都分为基本、良好和理想3个状态进行评估。袁志明[①]从经济发展模式、环境保护水平、资源利用、制度建设和社会和谐等5个方面，设置了30个具体明细指标，采用层次分析法和专家估测法相结合的方法，构建了环境友好型社会评价指标体系。李名升、佟连军等[②]将环境友好型社会建设分解为环境压力、污染控制、环境管理与环境科技、生态保护、资源消耗5个方面，初步建立了一套包括3个层次31个指标的环境友好型社会综合评价指标体系，并对我国各地2004年环境友好型社会建设水平进行了排序和评价。张保生等[③]以环境为主线，以经济发展、社会发展为驱动力，水、土、物、能（消耗量、产生量、排放量）为压力，环境质量与生态水平为状态，生态建设、污染控制、环境管理为响应等综合建立了环境友好型城市完整的环境指标体系。黄细兵[④]采用"压力—状态—响应"模型，根据经济系统对环境系统产生的间接压力，各种污染物对环境系统产生的直接压力和社会主体对环境污染的响应能力，即包括政府、企业和公众等主体的环境治理能力对环境系统产生作用的三大力量构建了一套共24个指标的环境相对友好指数评价指标体系。吴玫玫[⑤]等从社会结构的整体构成以及各要素间相互关系的角度分析了环境友好型社会的概念框架，从自然资源、环境质量、经济发展模式、社会生活方式和环境管理及文化等5个方面，给出了一套包括3个层次34个指标的环境友好型社会建设的评价指标体系及其相应的分级标准。

根据对环境友好型城市的基本内涵、构成和特点的理解，环境友好型城市评价指标体系的构建必然是一个涉及社会、经济、环境等多因素的选择过程。环境友好型城市评价指标体系应全面体现经济发展、社会进步和环境优良的三维统一。遵循构建指标体系的原则，参考已有的可持续发展指标、环境友好型城市的

---

① 袁志明：《环境友好型社会评价指标测度方法研究》，《科研管理》2008年第29（4）期，第175～179页。

② 李名升、佟连军：《中国环境友好型社会评价体系构建与应用》，《中国人口·资源与环境》2007年第17（5）期，第105～111页。

③ 张保生、黄哲、李俊飞：《环境友好型城市指标体系的研究》，《北方环境》2011年第23（1－2）期，第108～110页。

④ 黄细兵：《环境相对友好指数的测度及综合调控机制研究》，中国科学技术大学，2010。

⑤ 吴玫玫、张燕锋、林逢春：《基于社会结构视角的环境友好型社会评价（Ⅰ）：指标体系构建》，《资源科学》2010年第32（11）期，第2100～2105页。

评价指标以及国家各部门提出的园林城市、环境保护模范城市、卫生城市、生态城市、生态园林城市等一系列的考核指标体系，课题组成员对各个预选指标进行了反复讨论，分析判断，将指标体系分为一级、二级和三级指标，构建了环境友好型城市评价指标体系（表1）。环境友好型城市评价指标体系共分为三层，第

表1　环境友好型城市评价指标体系

一级指标	二级指标	序号	三级指标
环境友好型城市综合评价	一、经济发展	1	第三产业占 GDP 比重(%)
		2	高新技术产业产值占工业总产值比重(%)
		3	工业用水重复利用率(%)
		4	单位耕地面积化肥施用量(折纯)(千克/公顷)
		5	单位 GDP 综合能耗(吨标准煤/万元)
		6	单位 GDP 水耗(立方米/万元)
		7	单位 GDP 建设用地(公顷/亿元)
		8	工业固体废物处置利用率(%)
	二、环境保护	9	森林覆盖率(%)
		10	人均公共绿地面积(平方米/人)
		11	人均淡水资源量(立方米/人)
		12	自然保护区面积占国土面积比例(%)
		13	人均耕地面积(公顷/人)
		14	全年空气质量优良率(%)
		15	城市水环境功能区水质达标率(%)
		16	集中式饮用水水源地水质达标率(%)
		17	城市生活污水集中处理率(%)
		18	工业废水排放达标率(%)
		19	市区区域环境噪声平均值(分贝)
		20	二氧化硫排放强度(千克/万元)(GDP)
		21	城市生活垃圾无害化处理率(%)
		22	危险废物处置率(%)
		23	环保投资占 GDP 比重(%)
		24	机动车环保定期检验率(%)
		25	清洁能源使用率(%)
		26	建设项目环评执行率(%)
		27	机动车尾气达标率(%)
	三、社会进步	28	恩格尔系数(%)
		29	公众对城市环境保护的满意率(%)
		30	中小学环境教育普及率(%)

一层即环境友好型城市综合评价，这是总体反映一个城市的环境友好程度，对友好程度的综合和系统的评价，也是整个指标体系所需评价的总目标。第二层主要由经济发展、环境保护和社会进步这3个大类构成，是实现总目标需要考核和控制的因子。第三层则为具体指标，是考核和评价各分目标状况的具体因子。

（2）具体指标及说明

第一，经济发展

第三产业占GDP的比重：指区域第三产业的产值占国内生产总值（GDP）的比重，是衡量产业结构高级化程度的指标，反映区域产业结构的质量。

高新技术产业产值占工业总产值比重：指区域高新技术产业的产值占工业总产值的比重，反映区域高新技术产业的规模和经济结构的质量。

工业用水重复利用率：指工业重复用水量与工业用水总量的比值。由于工业用水量大，供水较集中，节水潜力相对较大且易于采取节水措施。

单位耕地面积化肥施用量：指本年内区域单位耕地上用于农业的化肥施用量。反映农业生产活动对环境的潜在压力。化肥施用量要求按折纯量计算。折纯量是指将氮肥、磷肥、钾肥分别按含氮、含五氧化二磷、含氧化钾的百分比进行折算后的数量。复合肥按其所含主要成分折算。计算公式：

单位耕地面积化肥施用量 = 化肥施用量（千克）/ 耕地面积（公顷）

单位GDP综合能耗：指区域内万元国内生产总值的耗能量。可反映区域能源利用效率及经济发展的可持续性。

单位GDP水耗：指城市地区总用水量与城市国内生产总值（GDP）之比，其中城市总用水量包括工业用水、生活用水，不包括农业用水和生态用水。工业用水指新鲜用水量。降低单位GDP水耗是中国水资源持续利用的关键。计算公式：

单位GDP水耗（立方米 / 万元）= 城市地区总用水量（立方米）/ 城市国内生产总值（万元）

单位GDP建设用地：鉴于城市土地资源特别稀缺，构成经济社会发展的主要瓶颈之一，且工业用地无序扩张、分散、产出效率低，也是不少城市经济发展中的痼疾之一。所以，此指标可反映城市特有的生态约束①。

① 周冯琪、荆克晶、刘新宇：《上海可持续发展研究报告2008——城市生态文明专题研究》，学林出版社，2008。

工业固体废物处置利用率：指工业固体废物处置及综合利用量与工业固体废物产生量的比值。工业固体废物的堆存不仅占用大量的土地，还对空气、地表水和地下水产生二次污染。削减工业固体废物产生量是我国污染物排放总量控制的重要内容之一。其综合利用量是指通过回收、加工、循环、交换等方式，从固体废物中提取或者使其转化为可以利用的资源、能源和其他原材料的固体废物量，如用作农业肥料、生产建筑材料、筑路等。

第二，环境保护

森林覆盖率：指有林地的面积占土地总面积的百分比，表示一个地区拥有森林资源和林地占有的实际状况。一般认为一个国家或地区的森林覆盖率超过30%，且分布比较均匀，才能较为有效地调节当地气候和维护农业生态平衡，该国家或地区的生态环境也比较优越。

人均公共绿地面积：指城市区域人口人均占有公共绿地面积，是反映城市建设、城市园林绿化和城市生态环境等方面的一个重要指标。

人均淡水资源量：指区域内经人类控制并直接可供利用的地表水、地下水的总量与区域总人口之比，动态反映区域水资源数量的变化。

自然保护区面积占国土面积比例：指城市地区（含所辖县及县级市）所拥有的自然保护区、风景名胜区和森林公园总面积占城市地区（含所辖县及县级市）国土面积的百分比，是反映区域对物种、基因和生态系统的保护力度以及区域资源的可持续发展能力。

人均耕地面积：指区域总人口人均占有种植各种农作物的土地面积。人均耕地面积是衡量农业可持续发展能力的重要指标，反映了区域处理耕地资源不足矛盾的力度和效果以及自我供给能力。我国目前人均耕地只有1.39亩，已不足1.4亩，仅为世界平均水平的40%，充分说明我国耕地面积现状的严峻，而城市化的进一步发展使这一问题更加严重。

全年空气质量优良率：空气质量达到二级以上天数（API优于Ⅱ级以上）占全年的比例。

城市水环境功能区水质达标率：指城市市区地表水认证水体及断面和近岸海域认证点位监测结果按相应水体功能标准衡量，不同功能水域水质达标率的加权平均值。沿海城市水环境功能区水质达标率是地表水环境功能区水质达标率和近岸海域功能区水质达标率的加权平均，非沿海城市水环境功能区水质达标率是指各地表水环境功能区水质达标率平均值。该指标对于考核城市地表水环境质量具有重要作用。计算公式为：

断面水质达标率 = 认证断面达标频次之和(次)/认证断面监测总频次(次)(100%)

集中式饮用水水源地水质达标率：指城市市区从城市集中饮用水水源地取得的水中，其地表水水源水质达到《地表水环境质量标准 GB3838－2002》Ⅲ类标准和地下水水源水质达到《地下水环境质量标准 GB/T14848－1993》Ⅲ类标准的水量占取水总量的百分比。

城市生活污水集中处理率：指城市市区经过城市污水处理厂二级或二级以上处理且达到排放标准的污水量与城市生活污水排放总量的百分比。

工业废水排放达标率：指工业废水经处理后达标排放的水量占工业废水排放总量的百分率。可反映区域工业污染治理水平，以及对受纳水体的影响程度。

市区区域环境噪声平均值：指城市建成区内经过认证的环境噪声网格监测的等效声级的算术平均值。该指标不仅可控制噪声污染，还可改善城市的声环境质量，为广大人民群众创造一个安静、祥和、清洁、优美的工作和生活环境。

二氧化硫排放强度：指全年单位GDP所产生的二氧化硫（SO_2）的数量。按照节能减排的总体要求，本指标计算的二氧化硫（SO_2）排放强度，计算公式为：

二氧化硫(SO_2)排放强度 = 全年二氧化硫排放总量(千克)/全年城市国内生产总值(万元)

二氧化硫的排放不得超过国家总量控制指标，且近三年逐年下降。

城市生活垃圾无害化处理率：指经过无害化处理的城市市区生活垃圾数量占市区生活垃圾产生量的百分比。

危险废物处置率：指危险废物（包括工业危险废物、医疗废物等）的处置量占总产生量的百分比。该项指标分别考核市辖区范围内医疗废物集中处置率、全市域范围内工业危险废物处置利用率。其中医疗废物集中处置率是指城市市区当年集中处置的本市产生的医疗废物量占当年城市市区医疗废物产生总量的百分比。工业危险废物处置利用率是指城市地区当年处置利用的本市产生的工业危险废物量占当年产生总量的百分比，其计算公式为：

工业危险废物处置利用率 = 工业危险废物处置利用量(吨)/工业危险废物产生总量(吨)×100%

工业危险废物处置利用量包括当年本市自行处置利用的工业危险废物量及通过合法途径将工业危险废物转移到其他地区的处置利用量。

环保投资占 GDP 比重：指用于环境污染防治、生态环境保护和建设投资之和占当年国内生产总值（GDP）的比例。要求近三年污染治理和生态环境保护与恢复投资占 GDP 比重不降低或持续提高。

机动车环保定期检验率：指在统计年度中，全市域实际进行机动车环保检验的车辆数占全市域机动车注册登记数的百分比。机动车（含汽车和摩托车）环保检验车辆数是指按照《大气污染防治法》和环境保护部有关文件规定，在由省级环境保护行政主管部门委托的检验机构，采用国家规定的检验方法，进行环保检验的车辆数。

清洁能源使用率：特指城市地区清洁能源使用量与城市地区终端能源消费总量之比，能源使用量均按标煤计。终端能源消费总量是指一定时期内全国生产和生活消费的各种能源在扣除了用于加工转换二次能源消费量和损失量以后的数量。城市清洁能源包括用作燃烧的天然气、焦炉煤气、其他煤气、炼厂干气、液化石油气等清洁燃气，电和低硫轻柴油等清洁燃油（不包括机动车用燃油）。

建设项目环评执行率：指城市市域三年内开工建设的执行环境影响评价制度的建设项目数占三年内开工建设的建设项目总数的百分比。

机动车尾气达标率：指城市市区内的汽车（摩托车）年检尾气首检达标的市区汽车（摩托车）数占城市交通部门注册的市区汽车（摩托车）在用数的百分比。

第三，社会进步

恩格尔系数：食品消费支出在总消费支出中所占的比重，系数越低，代表居民生活水平越高。

公众对城市环境保护的满意率：指公众对环境保护工作及环境质量状况的满意程度。

中小学环境教育普及率：指全市开展环境教育的中小学学校数占全市中小学学校总数的百分比。

（3）指标因子标准值的确定

构建了环境友好型城市指标体系后，对于各具体指标的标准值的分级量化是难点。分级标准的界定应能尽量准确地反映区域环境友好型城市建设水平的初、中和高级阶段的变化，同时能体现地区差异性，要因地制宜，切实可行。具体标准值的设立则按照以下原则进行：

第一，尽量采用已有的国家或国际标准的标准值。评价体系各指标标准值主要是以国家相关生态环保创建考核标准为依据，如国家环保模范城市考核指标及其实施细则，国家生态园林城市标准，国家卫生城市标准，生态县、生态市、生态省建设指标和“十一五”城市环境综合整治定量考核指标实施细则，并参阅部分文献①②③④⑤的标准。

第二，参考或类比国内外环境友好特色突出的城市的环境现状值作为依据。现有标准值在力求定量化的同时要与当前的环境、社会与经济的协调发展程度相一致。

第三，对于那些目前统计数据并不十分完整，但在考核中又必不可少的指标，暂时用专家咨询的方法确定。现有标准值并不意味着就是环境友好型城市发展的终极目标，仅能体现现阶段我国城市社会、经济、技术条件下所能达到的状态。

根据以上原则拟定了当前环境友好型城市指标评价标准值（见表2）。

表2　环境友好型城市评价指标分级标准

序号	三级指标	初级	中级	高级	指标类别
1	第三产业占 GDP 比重(%)	≥35	≥40	≥60	正指标
2	高新技术产业产值占工业总产值比重(%)	≥25	≥30	≥50	正指标
3	工业用水重复利用率(%)	≥40	≥60	≥80	正指标
4	单位耕地面积化肥施用量(折纯)(千克/公顷)	≤380	≤350	<250	逆指标
5	单位 GDP 综合能耗(吨标准煤/万元)	≤1.2	≤0.9	≤0.84	逆指标
6	单位 GDP 水耗(立方米/万元)	150	90	60	逆指标
7	单位 GDP 建设用地(公顷/亿元)	20	待定	待定	逆指标
8	工业固体废物处置利用率(%)	≥70 且无危险废物排放	≥85 且无危险废物排放	≥90 且无危险废物排放	正指标

① 张新端、郑泽根：《环境友好型城市环境指标体系研究》，《环境科学与管理》2007 年第 32(9) 期，第 53～56 页。

② 张燕峰：《环境友好型社会理论及评价方法初步研究》，华东师范大学硕士论文，2008。

③ 温宗国、李蕾：《环境友好城市指标体系及其标杆管理》，《环境保护》2007 年第 384 期，第 26～28 页。

④ 黄细兵：《环境相对友好指数的测度及综合调控机制研究》，中国科学技术大学博士论文，2010。

⑤ 吴玫玫、张燕锋、林逢春：《基于社会结构视角的环境友好型社会评价（Ⅰ）：指标体系构建》，《资源科学》2010 年第 32（11）期，第 2100～2105 页。

续表

序号	三级指标	初级	中级	高级	指标类别
9	森林覆盖率(%)	山区≥65;丘陵区≥35;平原地区≥10;高寒区或草原区林草覆盖率≥80	山区≥70;丘陵区≥40;平原地区≥15;高寒区或草原区林草覆盖率≥85	山区≥75;丘陵区≥45;平原地区≥20;高寒区或草原区林草覆盖率≥90	正指标
10	人均公共绿地面积(平方米/人)	≥8.5	≥12	≥16	正指标
11	人均淡水资源量(立方米/人)	≥1000	≥2000	≥3000	正指标
12	自然保护区面积占国土面积比例(%)	5	12	≥17	正指标
13	人均耕地面积(公顷/人)	≥0.060	≥0.075	≥0.110	正指标
14	全年空气质量优良率(%)	≥85	≥90	≥95	正指标
15	城市水环境功能区水质达标率(%)	100	100	100	正指标
16	集中式饮用水水源地水质达标率(%)	100	100	100	正指标
17	城市生活污水集中处理率(%)	≥80	≥85	≥90	正指标
18	工业废水排放达标率(%)	100	100	100	正指标
19	市区区域环境噪声平均值(分贝)	≤60	≤56	<50.0	逆指标
20	二氧化硫排放强度(千克/万元)(GDP)	<6	≤5 不超过国家总量控制指标	≤4.5	逆指标
21	城市生活垃圾无害化处理率(%)	≥70	≥85	≥90	正指标
22	危险废物处置率(%)	100	100	100	正指标
23	环保投资占 GDP 比重(%)	≥1.2	≥2.4	≥3.5	正指标
24	机动车环保定期检验率(%)	≥80	≥85	≥95	正指标
25	清洁能源使用率(%)	≥50	≥60	≥70	正指标
26	建设项目环评执行率(%)	≥85	≥90	≥100	正指标
27	机动车尾气达标率(%)	≥70	≥80	≥95	正指标
28	恩格尔系数(%)	≤40	<30	≤20	逆指标
29	公众对城市环境保护的满意率(%)	>60	≥85	>90	正指标
30	中小学环境教育普及率(%)	≥80	≥85	>90	正指标

（二）环境友好型城市评价方法

环境友好型城市的建设是一个动态过程，可从城市自身特点和城市目前的实际发展状况出发，依据各个城市的发展现状和总体状况来确定环境友好城市的建设标准和发展程度，遵循先简后繁，先易后难，分步实施的原则，始终注意环境友好型城市的发展是在环境容量基础之上，并以可持续发展理论来指导，平衡经济发展、社会进步和环境保护三大要素；始终坚持人与自然和谐这条主线来进行。此部分内容是从数学角度探讨环境友好型城市建设标准值的确定和发展状况，为今后有关研究提供一些参考。

1. 环境友好型城市建设标准值的确定

设X是由中国区域内全体城市组成的集合。对于任意给定的时刻 t，某任意的城市 $C \in X$，评价其建设水平若用 m 个指标，则 C 在 t 时刻的环境友好型城市建设指标构成一个 m 行矩阵，表示如下：

$$C(t) = (c_i(t))_m = \begin{pmatrix} c_1(t) \\ c_2(t) \\ \cdots \\ c_m(t) \end{pmatrix}$$

其中 $c_i(t)$ 为某任意城市 C 在 t 时刻的第 i 项可定量化的指标值，且 $0 \leqslant c_i(t) \leqslant 1$，$i=1, 2, \cdots, m$。

假定环境友好型城市组成的集合为 X，设 $X \subseteq$ X，令

$x_i(t)_1 = \min \{c_i(t) \ (C \ (X\}$，其中 $i=1, 2, \cdots, m$。

$x_i(t)_2 = \max \{c_i(\text{t}) \ (C \ (X\}$，其中 $i=1, 2, \cdots, m$。

则此类城市中第 i 项指标的最小值又可构成一个矩阵，即

$$X(t)_1 = (x_i(t)_1)_m = \begin{pmatrix} x_1(t)_1 \\ x_2(t)_1 \\ \cdots \\ x_m(t)_1 \end{pmatrix}$$

称 $X(t)_1$ 为集合 X 在时刻 t 的最低发展现状。

那么，同理，此类城市中第 i 项指标的最大值构成一个矩阵，即

$$X(t)_2 = (x_i(t)_2)_m = \begin{pmatrix} x_1(t)_2 \\ x_2(t)_2 \\ \cdots \\ x_m(t)_2 \end{pmatrix}$$

称 $X(t)_2$ 为集合 X 在时刻 t 的最高发展现状。

特别地，当 X = X 时，称 $X(t)_1$，$X(t)_2$ 分别为中国环境友好型城市建设在时刻 t 的最低发展现状和最高发展现状。

若 X 集合在 $t+1$ 时刻的建设标准定义为 $B(t+1)$，满足

$$B(t+1) = \lambda_1(t)X(t)_1 + \lambda_2(t)X(t)_2,$$

其中 $\lambda_1(t) + \lambda_2(t) = 1$；$0 \leqslant \lambda_1(t) \leqslant 1$；$0 \leqslant \lambda_2(t) \leqslant 1$

$\lambda_1(t)$ 和 $\lambda_2(t)$ 为加权系数，制定环境友好型城市建设的标准必须要依据城市的建设现状，依据城市建设在 t 时刻的最低发展现状和最高发展现状，来制定在 $t+1$ 时刻的发展标准。即

在制定标准时首先通过统计调查，确定城市在 t 时刻的最低发展现状（即 $X(t)_1$）和最高发展现状（即 $X(t)_2$），

然后，依据 $X(t)_1$，$X(t)_2$；选择适宜的 $\lambda_1(t)$，$\lambda_2(t)$，确立 X 集合在 $t+1$ 时刻的建设标准 $B(t+1)$，一般 $B(t+1)$ 满足下列三个条件 P_1)，P_2)，P_3)：

条件 P_1)

$$b_i(t) \leqslant b_i(t+1),\text{其中 } i = 1,2,\cdots,m\text{。}$$

条件 P_2)

$$\text{集}\{C(X(c_i(t)(b_i(t+1),i = 1,2,\cdots,m\}$$

的个数不超过集 X 的个数的 $\frac{1}{2}$，不低于集 X 的个数的 $\frac{1}{3}$；

条件 P_3) 在条件 P_1)，P_2) 成立的情况下，$\lambda_1(t)$，$\lambda_2(t)$ 是优化问题：

$$\begin{cases} \min \left\| \lambda_1(t)\sum_{C\in X}(X(t)_1 - C(t)) + \lambda_2(t)\sum_{C\in X}(X(t)_2 - C(t)) \right\| \\ s.t \quad \lambda_1(t) + \lambda_2(t) = 1 \\ \quad\quad 0 \leqslant \lambda_1(t) \leqslant 1 \\ \quad\quad 0 \leqslant \lambda_2(t) \leqslant 1 \end{cases}$$

的解。

即环境友好型城市建设标准的制定，是依据不同类型城市的最低发展现状和最高发展现状来制定的，从客观实际出发，量力而为，不能急于求成。所制定的标准一定要有示范达标城市，且这些示范达标城市不能低于城市总数的三分之

一，不能高于城市总数的二分之一。

2. 环境友好型城市建设发展程度的确定

（1）环境友好型城市建设的持续发展

对于任意给定的 t 时刻，如果

$$C(t) < C(t+1)$$

则称环境友好型城市建设是持续发展的。即“环境友好型城市建设是持续发展的”是指：环境友好型城市建设随着时间的推移，一年比一年好，城市的经济和社会方面均有进步，生态环境得到了改善，评价其建设的各项指标也许不能完全达到建设标准要求，但不能时好时坏。

（2）环境友好型城市建设的良性健康发展

设 T_i 代表第 i 个年份的城市建设状况（$i=0$，1，2，…，s），B（T_i）表示环境友好型城市建设规划中第 i 年达到的建设标准，如果

$$C(T_i) \leqslant B(T_i) < C(T_{i+1}) \leqslant B(T_{i+1}),\text{其中 } i = 0,1,2,\cdots,s。$$

则称环境友好型城市 C 的建设从 T_0 年到 T_s 年是良性健康发展的。即“环境友好型城市建设是良性健康发展的”是指：环境友好型城市建设随着时间的推移，各项指标不仅一年比一年好，而且各项指标完全达到当年的建设标准要求。

（3）环境友好型城市建设分类

设 X 是由中国区域内全体城市组成的集合，记

$$X[T_0,T_s]_1 = \{C \in X \mid \text{城市 } C \text{ 的环境友好型建设从 } T_0 \text{ 年到 } T_s \text{ 年是良性健康发展的}\}$$
$$X[T_0,T_s]_2 = \{C \in X - X[T_0,T_s]_1 \mid \text{城市 } C \text{ 的环境友好型建设是持续发展的}\}$$
$$X[T_0,T_s]_3 = X - X[T_0,T_s]_1 - X[T_0,T_s]_2$$

即

环境友好型城市建设状况可分为三类，

第一类：城市建设是良性健康发展的；

第二类：城市建设中虽然不是良性健康发展的，但是持续发展的；

第三类：城市建设既非良性健康发展，也不是持续发展的。

3. 环境友好型城市建设经历的三个阶段的确定

若将环境友好型城市建设经历阶段分为低级、中级和高级发展三个阶段。那

么假定从现在起到未来的某个年份 s_1，环境友好型城市建设是处于低级阶段，这阶段的基本特征是：

对任意的 $s < s_1$ 满足：

$$X[T_0, T_s]_i \neq \phi, \text{其中 } i = 1,2$$

亦即在低级发展阶段上述三类城市均存在。

从年份 s_1 起到 s_2，环境友好型城市建设是处于中级阶段，这阶段的基本特征是：

对任意的 $s_1 < s < s_2$ 满足：

$$X[T_0, T_s]_1 \neq \phi, X[T_0, T_s]_2 \neq \phi, X[T_0, T_s]_3 = \phi$$

亦即在中级发展阶段，处于良性健康发展的环境友好型城市和持续发展的环境友好型城市均存在，仅第三类城市不存在。

从年份 s_2 起，中国环境友好型城市建设是处于高级阶段，此阶段的基本特征是：

对任意的 $s > s_2$ 满足：

$$X[T_0, T_s]_1 \neq \phi, X[T_0, T_s]_2 = \phi, X[T_0, T_s]_3 = \phi$$

亦即在高级发展阶段，从年份 s_2 起所有的城市均是良性健康发展的城市。

从以上数学模型的推导可以看出，环境友好型城市建设标准值的确定、发展程度和三阶段的确定是根据城市自身的发展特点和环境友好型城市集合的总体状况来决定的，显然这种确定方式与本节前部分内容表 2 中给出的环境友好型城市评价指标分级标准值和三个阶段的确立方式不同。这两种方式得出的标准值是否能进行对接，怎样对接，还有待于进一步思考。

三 环境友好型城市建设

（一）环境友好型城市建设现状及挑战

自 20 世纪 80 年代开始，我国政府在环境友好型社会的建设方面做了大量的工作，针对城市环境保护工作重点开展了全国城市环境综合整治定量考核管理工作，积累了丰富的基础资料。国家环境保护总局从1994年起开始在城市区域大力推行清洁生产，1996年启动创建国家环境保护模范城市工作，14年来，全国共有76个城市（区）被授予国家环境保护模范城市称号。1999年起，在全国开展了生态经济、生态社会、生态文化、生态人居为主要内容的生态省、市、县等规划工作。2000年起，开始了具有中国特色的循环经济发展模式的探索：辽宁省、贵阳市分别成为了第一个循环经济试点省和试点市。许多省市把推行循环经济、建设环境友好型社会纳入了“十一五”社会经济发展规划。截至2005年底，我国建立了9个生态省、528个生态示范区、79个全国环境优美乡镇、17个各种类型的生态工业示范园区、32家国家环境友好企业、488所国家级“绿色学校”和2300个省市级“绿色社区”。2005年底，国家发改委、环境保护总局等部门把包括钢铁、有色、化工在内的7个重点行业的42家企业，再生资源回收利用等4个重点领域的17家单位，国家和省级开发区、重化工业集中地区和农业示范区等13个产业园区，资源型和资源匮乏型的10个省份和城市作为国家循环经济第一批试点单位。以上众多实践工作，为构建环境友好城市，探索建立城市环保长效机制提供了支撑①。

环境友好型城市建设理论与实践在国内外属于较新的研究领域，大多仍处于对环境友好型城市的认识、建设意义、实现途径等方面的初步探索。以下就国内外部分城市的环境友好型城市建设实践作简要介绍，为我国今后环境友好型城市的建设提供一些有益经验。

近年来，北京市围绕产业结构调整、资源节约和环境治理等方面做了大量的工作。2005、2006年市政府连续两年下发了发展循环经济、建设节约型城市行动计划，并取得了有效的成果。围绕绿色奥运和“十一五”环境保护规划，北京市又提出了加快发展循环经济，建设资源节约型、环境友好型城市2007～2009年行动计划，通过深化实施十大工程，如固体废弃物处置、大气污染治理工程、水污染治理和水资源节约工程、建筑节能工程、循环经济示范工程、生态环境建设工程、绿色照明工程等，完善六大机制包括政策引导机制、评价考核机制、监督监测机制、标准准入机制、市场服务机制和宣传动员机制，逐步形成有

① 温宗国、李蕾：《环境友好城市指标体系及其标杆管理》，《环境保护》2007年第384期，第26～28页。

利于节能环保的产业结构、生产方式和消费模式。这将有力地推动北京市环境友好型城市的建设工作①。北京在增加绿地面积（指草坪、树阴和灌木丛覆盖的面积）方面一直在稳步发展，从2000年的36%上升到了2007年的43%，自奥运会之后，超过了50%。相比之下，伦敦的这一数字为63%。尽管这还不足以抵挡沙尘暴，但已经把这个离沙漠极近的城市变得宜居了许多。北京是国内乘用车排放标准实施最为严格的城市。2008年1月，北京对乘用车实施了相当于欧IV标准的排放标准，这在中国尚属首次。根据测算，使用欧Ⅳ燃油后，北京机动车排放的一氧化碳、二氧化硫、氮氢化合物等污染物，总量将削减15%左右。北京市政府还实施了“旧车抵现”计划，回购那些老旧、破损的汽车，还对购买小排量、污染小的汽车的消费者给予税收优惠②。

上海市围绕环境友好型城市建设，于2008年启动了上海环境友好型城市动议项目，该项目由上海环保局与联合国开发计划署、联合国环境规划署以及中国国际经济技术交流中心合作开展，旨在以举办绿色世博为契机，帮助上海成为国际认可的环境友好型城市。该项目研究制定了环境友好型城市指标体系，选取了39项重要指标，并建立了包含100余项参考指标、跨度近十年的数据库及相应的信息管理系统。此外，还编制了环境友好型城市认可标准，并在环保系统搭建和完善了绿色媒体网络平台，组织建立了上海可持续发展工作组。在这一项目的实施中，还打造了低碳世博会、闵行生态城区、上海化工区生态工业园区、新江湾城国际生态社区、长宁金菊绿色小区、上海吴淞中学绿色教育、东海风电场可再生能源、华能石洞口第二电厂二氧化碳捕集、老港填埋场沼气发电、九段沙自然湿地保护、美国环保协会绿色出行等8大类别11个项目的试点示范，全面推进环境友好型城市建设③。上海是一个能源匮乏的大都市，面临的资源、环境压力十分突出，常规能源的供应短缺已成为发展的瓶颈。为了解决能源和环境问题，按照上海市政府提出的“贯彻科学发展观，发展清洁能源，走低碳循环经济发展道

① 《加快发展循环经济　建设资源节约型环境友好型城市2009年行动计划》，北京市发展和改革委员会，http://www.bjpc.gov.cn/jnhb/jnfg/df/200907/t429565.htm。

② 《亚洲绿色城市指数，评估亚洲主要城市的环境绩效——一个由西门子赞助、经济学人智库开展的研究项目》，http://www.siemens.com/presse/greencityinde。

③ 《上海环境友好型城市动议项目成功完成》，人居环境科技网，http://www.hse365.net/renjuhuanjing/yiju/2010101917226.html。

路”的要求，上海正加大风能、太阳能等“绿电”能源开发，逐步降低目前燃煤发电占较大比重的状况。根据《上海市风力发电“十一五”规划和2020年远景目标》，“十一五”期间，上海要形成20万~30万千瓦规模的风力发电场，占全市发电装机容量的2%左右，到2020年，上海市将形成约100万千瓦的风力发电装机规模，占全市发电装机容量的5%左右。上海将成为中国最大的海上风电场，这对上海实现能源结构优化和环境保护有着深远的意义①。自20世纪90年代以来，统计资料显示上海的经济始终保持了两位数的增长速度，GDP“总盘子”越来越大，但每万元GDP的能耗水平每年都以4%左右的水平环比下降。与20世纪90年代初相比，目前上海每万元GDP的综合能耗下降了75%，每万元工业增加值综合能耗也下降了70%。由于与GDP增长相关的物质消耗总量、人均物质消耗、单位GDP的物质强度正在变小，上海的GDP正在变“轻”。此外，上海经济活动的废弃物排放也正在大大减少，回收和再利用也得到加强，上海的GDP正在变“绿”②。

大连市政府于2002年正式下发了《关于全面实施“蓝天碧海绿地”工程，进一步开展城市环境综合整治工作的通知》，在全市范围内开展了环境综合整治工作。该工程共有34项任务，主要包括6方面内容：一是继续加大城市工业布局和产业结构调整力度，提高工业污染防治水平；二是加大区域烟尘和机动车尾气整治力度，全面改善大气环境质量；三是加快城市污水、垃圾处理厂建设，全面提升城市环境功能；四是搞好生态环境保护与建设；五是加强海洋环境保护；六是加强城市绿化，增加城市生态效益。该工程的实施促进了大连市产业结构的优化和环境质量的进一步改善。由于大连重视基础城市建设、美化环境和环境保护工作，先后荣获联合国授予的“人居奖”、环境“全球500佳”城市和全国绿化先进城市、全国环境综合整治十佳城市、国家卫生城市、国家级园林城市、国家环保模范城等荣誉称号，获国家建设部“中国人居环境奖”，被联合国确定为亚太地区环境治理先导城市，授予“国际生态安全最佳城市”称号③。

---

① 《上海风能发电及多元化供电》，上海清洁能源研究与产业促进中心，http://www.scec.sh.cn/hydt_ detail.aspx/id = 2146。

② 何玉宏、冯韵东、曹旭平：《中外城市资源节约与环境友好型的建设经验及其启示》，《宏观视野》2007年第16（2）期，第33~36页。

③ 《实施“蓝天碧海绿地”工程，推进生态城市建设》，大连市环保局，http://www.epb.dl.gov.cn/common/View.aspx? mid = 143&id = 2658&back = 1。

青岛市自然资源短缺，人均水资源占有量较低，辖区内没有化石燃料矿藏，所有煤炭、石油和天然气均由外地供应。青岛经济发展正面临着经济高速增长与自然资源和环境容量相对有限的矛盾，创建资源节约型和环境友好型城市，研发节约资源的高新技术，可有效改善青岛市资源匮乏的局面。近几年，青岛市委、市政府聚焦海洋、资源、能源三大领域，以海水利用为突破口，以国家海水利用科研体系、资源再生利用研发体系和节能与新能源应用三大科研体系为龙头，建设五大示范基地，包括海水利用、再生水资源利用、工业固废资源化、变频节能产业化、新能源开发；突破七项关键技术，包括海水淡化装备制造关键技术、海水腐蚀与防护技术、海水源热泵技术、海水灌溉和生态化养殖技术、废旧家电资源再利用技术、变频节能技术及太阳能应用技术，为国家建设资源节约型和环境友好型社会提供科技示范和技术支持①。在节约能源、节约用水、节约土地、节约原材料、资源综合利用五个方面开展相关的技术创新与进步，促进“资源使用最小化、废物产生减量化和生产过程无害化”的资源节约型和环境友好型企业的创建。“十一五”期间，青岛市加大循环经济推广和环保投入力度，推动重点行业、领域、园区的清洁生产、集约化发展，切实转变经济增长方式，努力建成全国循环经济示范城市。同时健全法律法规、加强政策引导，提高全民资源节约意识，倡导生态文明，实施绿色采购，鼓励市民推行绿色消费和生活方式，使青岛市成为海洋特色鲜明、资源综合利用效果突出、新能源替代技术领先的资源节约型和环境友好型城市，从而实现青岛市经济社会的持续发展②。

珠海市在特区经济建设过程中，在政府主导的对生态要素质态变化的严格监控下，基本达到了环境友好型城市的核心目标。珠海环境友好型城市发展模式的基本特征表现为：第一，政府工作的重心是具体实施对城市生态系统的综合整治。在特区建设过程中，珠海十分重视环境保护，坚持走可持续发展之路，做到在城市发展过程中注重环境保护，在环境保护中发展城市；充分运用特区的立法权，先后制定了20多个地方环保法规和行政规章，涵盖了噪声污染管理、饮用水源保护、近岸海域环境管理、污染物排放标准、建设项目管理、饮食娱乐服

---

① 王军、林晓红、许嘉钰等：《关于建设资源节约型和环境友好型城市技术支持体系的探讨，增强自主创新能力建设创新型城市——青岛市第五届学术年会论文集》，2006，第9～11页。

② 付炳中：《资源节约型和环境友好型社会构建研究——以青岛为例》，青岛：青岛大学，2008。

务、企业环境管理、船舶污染防治等各个方面，逐渐建立起污染防治的长效管理机制，为珠海的可持续发展奠定了法治基础。第二，政府的产业导向以环境保护为中心。珠海市政府不是为了经济增长率而饥不择食地引进项目，她有自己以环保为中心的产业导向目录，优先和鼓励发展低能耗、低物耗、低污染的产业，从源头上缓解经济高速发展对城市生态环境的压力，对环境友好的企业和项目给予政策支持。第三，循环经济企业、环保企业成为支撑珠海市可持续发展的企业群体，是珠海经济发展的动力。在工业化的进程中，珠海不断优化产业结构，产业集群化趋势明显，城市竞争力进一步提高，带动了经济的快速发展。珠海继 1997 年获得国家首批环保模范城市称号后，又荣获“国家园林城市”、“国家卫生城市”、“国家级生态示范区”、“中国优秀旅游城市”和联合国人居中心授予的“国际改善居住环境最佳范例奖”。2007 年荣膺“中国最具幸福感城市”和“中国和谐名城”称号。珠海市走出了一条环境保护与经济发展兼顾的路子①。

南京是全国重要的省会城市之一，地处沿海开放地带与长江流域交汇部，北连江淮平原，东临长江三角洲，是国家重要的综合性交通枢纽和通信枢纽城市，也是重要的国家级化学工业基地。近年来，在快速的经济和社会发展进程中，南京正面临日趋紧张的资源约束与环境压力，这种约束和压力在今后一段时期的发展进程中也将是不可回避的重大难题。如果继续维持原有的经济增长方式和结构，经济总量扩张中带来的自然资源消耗、污染物排放将使环境无法承载。此外，人口的快速增长、城市的快速扩张、机动车辆的快速增加以及人民群众资源环境意识的进一步增强，都使切实转变粗放型的经济增长方式、加快建立集约利用各类资源的健康发展模式成为紧迫而艰巨的任务。因此，加大生态保护和环境建设力度，开展资源节约综合利用，坚持走城市建设的可持续发展之路，是南京必须也是唯一的选择。正是在此背景下，建设资源节约型、环境友好型城市成为南京市“十一五”规划中经济社会发展九大战略任务之一。近年来，南京坚持把可持续发展作为基本导向，把节约资源和环境保护作为经济社会发展中的“硬任务”，在城市建设与发展取得巨大成就的同时，探索资源节约型、环境友

---

① 冯灿仪：《珠海环境友好型城市发展模式研究》，《城市发展研究》2009 年第 16 期，第 40 ~ 53 页。

好型城市建设也成效显著，如城市工业企业的退城进园、城市垃圾发电、农村村镇的集中与合并、环保模范城市的创建以及生态城市的建设，均产生了积极的推动作用。“十五”期间，南京万元 GDP 综合能耗从 1.7 吨标煤下降到 1.35 吨标煤，万元工业增加值能耗从 3.4 吨标煤下降到 2.53 吨标煤，万元工业增加值耗水量从 310 吨下降到 285 吨，工业废水排放达标率、重复用水率、固体废弃物综合利用率分别达到 91%、73% 和 86.5%，环境质量有较大提升。但是，规划滞后，法制性、体制性、机制性缺陷，认知偏差等政府障碍因素，形成了南京市经济发展与环境保护、经济发展与资源节约两对“不对称对立”势态，也在很大程度上增添了南京市发展与运行的资源环境压力①。

国内的其他城市也在积极展开环境友好型城市建设的探索。杭州市实施“蓝天、碧水、绿色、清净”四大工程改善城市环境。张家港市在成功创建国家生态城市后，又提出在全国率先建成“环境友好型城市”的目标，组织实施大气污染防治工程、水污染防治工程、危险固废安全处置工程、环境自动监控系统工程、农村“六清六建”工程等五大环境工程②。

此外，在国家大力推进循环经济建设的进程之中，我国也开始了基于循环经济理念的生态工业示范园区的建设，形成了一批国家级生态工业示范园区，包括广西贵港（制糖）、包头（铝业）、鲁北（化工）、天津泰达等。这些园区试图探索出我国工业园区可持续发展的模式，打造出新型工业化及生态工业示范基地，树立了循环经济典范，这也为环境友好型城市的建设提供了一些经验。

生态工业区是依据循环经济理论和工业生态学原理设计建立的一种新型工业组织形态，通过模拟自然系统建立产业系统中“生产者—消费者—分解者”的循环途径，实现物质闭路循环和能量多级利用。通过分析园区的物流和能流，可以模拟自然生态系统建立工业生态系统的“食物链”和“食物网”，形成共生网络，实现物流的“闭路再循环”，达到物质和能量的最大利用。在这样的体系中，不存在“废物”，因为一个企业的“废物”也同时是另一种企业的原料。因

① 陈红喜、叶依广：《基于政府视角的资源节约型和环境友好型城市建设探析——以南京市为例》，《经济师》2007 年第 9 期，第 53～54 页。

② 赵沁娜、范利军、吴慈生等：《环境友好型城市研究进展述评》，《中国人口·资源与环境》2010 年第 20（3）期，第 272～275 页。

此，可望基本实现整个体系向系统外的零排放①②。如广西贵港国家生态工业（制糖）示范园区内的制糖系统、酒精系统、热电联产系统、造纸系统、环境综合处理系统和蔗田系统通过产品和废弃物的相互交换而互相衔接，使园区内的资源得到最佳配置，在废弃物得到有效利用的同时，也使环境污染降到最低水平。系统物流中没有废物概念，只有资源概念，各环节实现了充分的资源共享，变污染负效益为资源正效益③④（图1）。这种模拟自然生态系统建立的生态工业园区对促进整个城市转向环境友好方向和推动可持续发展都是极为有利的。

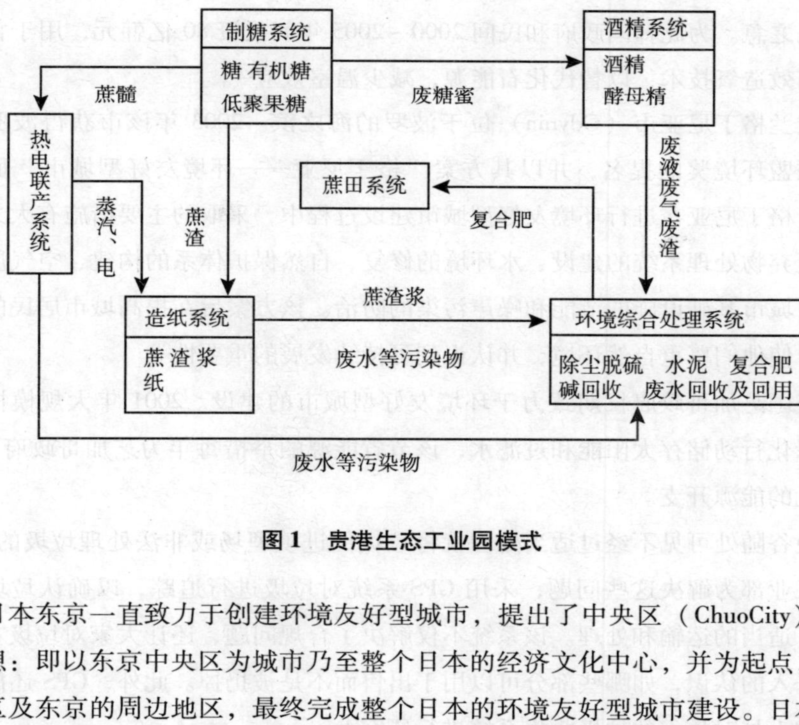

图1 贵港生态工业园模式

日本东京一直致力于创建环境友好型城市，提出了中央区（ChuoCity）的基本构想：即以东京中央区为城市乃至整个日本的经济文化中心，并为起点，辐射中央区及东京的周边地区，最终完成整个日本的环境友好型城市建设。日本学者认为，建设环境友好型城市，需以预防和治理相结合为原则，其主要关注点为自然资源与能源的合理利用、城市污染与消费者污染的控制、生态社会建设的推进

① 王子彦：《对工业生态系统及其特性的哲学理解》，《环境保护》2002年第2期。

② 罗宾：《生态工业园的国内外实践》，2002年4月3日《中国环境报》。

③ 邓伟根：《产业生态理论与实践》，经济管理出版社，2004。

④ 李育冬、原新：《环境友好型城市建设中的循环经济思想探析》，《生产力研究》2008年第4期，第8~10页。

和废弃物管理体系的完善①。

韩国政府十分注重环保和资源的循环利用。2001 年，韩国财政经济部、外交通商部、科技部和环境部等 9 个部制定了一份为期 10 年的《环境产业发展战略》。根据这项战略，韩国的环境产业到 2010 年要具有 21 世纪的国际竞争力，符合世贸组织体制下的环境市场开放条件和发达国家的环境标准，使其成为“环境模范国家”。早在 1992 年，韩国便开始实施“废弃物预付金制度”，即生产单位依据其产品出库数量，按比例向政府预付一定数量的资金，根据其最终废弃资源的情况，再返回部分预付资金。韩国资源有限，建立资源节约型环境产业为当务之急。为此韩国政府和民间 2000 ~ 2005 年间投资 80 亿韩元，用于普及太阳能高效造氧技术，以替代化石能源，减少温室效应②。

波兰格丁尼亚市（Gdynia）位于波罗的海之滨。2003 年该市获得波罗的海城市联盟环境奖的提名，并以其方案“格丁尼亚——环境友好型城市”而超群出众。格丁尼亚在进行环境友好型城市建设过程中，采取的主要措施有大力加强固体废弃物处理系统的建设、水环境的修复、自然保护体系的构建、空气质量的改善、城市基础设施的节能和噪声污染的防治。该方案旨在提高城市居民的环境觉悟，使他们尊重自然环境，并认识到可持续发展的重要性③。

美国芝加哥政府长期致力于环境友好型城市的建设。2001 年大规模推行了屋顶绿化行动储存太阳能和过滤水，该节省能源的举措每年为芝加哥政府节约 1 亿美元的能源开支。

曼谷随处可见不经过适当处理就将垃圾倒进填埋场或非法处理垃圾的现象，泰国工业部为解决这些问题，采用 GPS 系统对垃圾进行追踪，以确认垃圾是否得到了适当的运输和处理。该系统不仅解决了合规问题，还让大家对垃圾本身有了更深入的认识，如哪些部分可以用于出售而不是被扔掉。此外，GPS 还能让有兴趣的人员对曼谷的垃圾收集系统进行研究④。

---

① 柏国强：《上海构建环境友好型城市研究》，华东师范大学博士论文，2005。

② 何玉宏、冯韵东、曹旭平：《中外城市资源节约与环境友好型的建设经验及其启示》，《宏观视野》2007 年第 16（2）期，第 33 ~ 36 页。

③ 赵沁娜、范利军、吴慈生等：《环境友好型城市研究进展述评》，《中国人口 · 资源与环境》2010 年第 20（3）期，第 272 ~ 275 页。

④《亚洲绿色城市指数，评估亚洲主要城市的环境绩效——一个由西门子赞助、经济学人智库开展的研究项目》，http：//www. siemens. com/presse/greencityinde。

综合以上城市的环境友好实践可以看出，这些城市注重资源节约及合理利用，强调资源保护、可持续使用技术的开发和利用以及环境污染控制和环境质量的改善，提高市民的环保意识等。目前，我国环境友好型城市建设刚刚起步，由于每个城市的资源状况、城市的自身特点和发展状况等各不相同，我们不可能完全照搬这些城市的做法，但是可持续发展的思想理念应该自始至终贯穿于城市的规划和建设当中，依据自身特点探索和研究环境友好型城市建设之路，不能再延续高能耗、高污染、低产出的发展道路，应该将环境保护、社会进步和经济发展统一协调，最终实现城市的可持续发展和健康发展。当中国越来越多的城市不断向环境友好型城市迈进时，不仅生态环境会发生明显好转，中国城市的经济实力和社会文明也将显著提高，综合国力也必定会显著增强，从而为我国建设环境友好型社会奠定良好的基础。

（二）构建环境友好型城市的对策与举措

环境友好型城市作为一种新的城市发展模式，是一项复杂的、长期的系统工程，其建设工作应从经济、社会和环境三大系统出发，以发展循环经济、转变经济增长方式为核心，从科技、文化和生态文明等城市建设的基本要素抓起。

1. 大力发展循环经济，转变经济增长方式

大力发展循环经济，转变经济增长方式是构建环境友好型城市的核心。循环经济与传统经济“资源—产品—污染排放”的单向流动的线性发展有着根本的区别，是将经济活动组织成一个“资源—产品—再生资源”的反馈式流程，所有的物质和能源要在这个不断进行的经济循环中得到合理和持久的利用，以把经济活动对自然环境的影响降低到尽可能小的程度①②。

传统的经济发展模式是以对自然资源的过度索取和以牺牲生态环境为代价来获得财富的增长，表现出高消耗、低效益和高污染的排放特征。其根本弊端就在于忽略了经济系统与资源环境系统的协调发展，将经济的发展建立在对自然资源过度开发和对生态环境的污染破坏之上，其结果必然是使经济发展失去生态环境支撑而难

---

① 马传栋：《论发展循环经济建设资源节约型、环境友好型社会》，《山东社会科学》2006 年第 2 期，第 15 ~ 18 页。

② 徐统仁：《环境友好型社会的科学内涵与对策建议》，《青岛科技大学学报（社会科学版）》2007 年第 23（1）期，第 82 ~ 86 页。

以持续，使人类经济活动与生态环境之间的矛盾不断激化与尖锐，并发展成为互为因果的两极：一方面，经济发展对生态环境资源的需求增加，使生态环境资源由免费物品转变为稀缺的经济资源；另一方面，负荷过重和遭到污染的生态环境资源的供给能力相对缩小，更使生态环境资源的稀缺程度雪上加霜①。在这种发展模式的指引下，必然导致环境急剧恶化、资源和能源日趋短缺和人民的实际幸福指数下降。

我国人口众多、资源相对紧缺，改革开放以来经济增长迅猛，走的是以“高消耗、高污染、低效益”为特征的传统经济发展模式，基础资源的枯竭和生态环境的持续恶化已逐步严重制约我国社会经济的发展。我国单位 GDP 的能耗、水耗、地耗远远大于发达国家和世界平均水平，环境问题呈现出结构型、复合型和压缩型的特点，治理任务十分艰巨。如果继续沿用高消耗、高污染和低产出的粗放型发展模式，并依旧采用末端处理的环境治理方式，我国社会经济的持续发展将难以为继②。江泽民同志 2002 年 10 月 16 日在全球环境基金第二届成员国大会讲话中指出：“只有走最有效利用资源和保护环境为基础的循环经济之路，可持续发展才能得以实现。”胡锦涛总书记在 2003 年中央人口资源环境工作座谈会上强调：“要加快转变经济增长方式，将循环经济的发展理念贯穿到区域经济发展、城乡建设和产品生产中，使资源得以最有效的利用。最大限度地减少废弃物排放，逐步使生态步入良性循环，努力建设环境保护模范城市、生态示范区、生态省。”党的十六届四中全会通过的《中共中央关于加强党的执政能力建设的决定》，正式将“节约资源和保护环境，大力发展循环经济，建设节约型社会”作为坚持科学发展观、提高党驾驭社会主义市场经济能力的重要内容之一。2005 年温家宝总理在十届全国人大三次会议上所作的政府工作报告中又强调：“大力发展循环经济。从资源开采、生产消耗、废弃物利用和社会消费等环节，加快推进资源综合利用和循环利用。积极开发新能源和可再生能源。”循环经济推行如此之迅速，一个主要原因就是大力发展循环经济是全面建设小康社会的客观需要③。因此，转

① 吴玉萍、董锁成：《实施可持续发展战略的制度创新——构建绿色经济制度》，《世界环境》2000 年第 4 期，第 14～17 页。

② 王毅：《建设资源节约型、环境友好型社会实现社会经济可持续发展》，《中国科学院院刊》2007 年第 22（2）期，第 147～152 页。

③ 解振华：《循环经济是环境友好型社会的重要途径》，人民网，http：//finance. people. com. cn/GB/1037/3751145. html。

变现有粗放型经济发展模式，构建环境友好型经济发展模式是建设环境友好型城市的首要内容。

2. 发展绿色科技

绿色科技是环境友好型社会的技术支撑。人类科技发展史充满了对抗自然和征服自然的思维，已有的科技极大地延伸和丰富了人类占有和掠夺自然的能力，加剧了人类对自然的不合理利用，导致了自然界对人类报复性的反应。传统工业文明科技指向了稀缺、污染、不可持续的资源范围，而绿色科技应该是指向丰裕、清洁、可持续利用的资源范围。建设环境友好型城市需要突破传统科技进步的逻辑思维方式，着眼和立足于人与自然的共生和共存，而不是对抗和征服①②。

在环境友好型城市建设中，应充分发挥城市决策者和领导者的引导和控制能力，培育和提升环境友好型城市的科技支撑能力，发展促进开源节流和环境保护的科学技术，提高绿色科技的支撑和创新能力，组织引导和推广成熟的绿色技术，合理地应用于实践当中，从整个产品生命周期的每个环节促进技术的进步和升级，形成资源能耗少、利用效率高、废弃物排放少的生产体系③。

3. 建设环境文化和生态文明

环境文化和生态文明是环境友好型城市的价值基础。环境文化和生态文明是致力于人与自然、人与人的和谐关系，是致力于可持续发展的文化形态④。要建设环境友好型城市，必须先建立超越传统工业文明的生态文明，使人类在经济、科技、法律、伦理以及政治等领域建立起一种追求人与自然以及人与人之间和谐的，对环境友好的价值观和道德观⑤。环境文化的形成不仅要加强绿色科学技术的研发和推广，为环境保护提供技术支持，也需要引导公众的认同和参与，把环境文化与环境道德教育、环境行政意识、环境经济意识、环境法制意识、环境科学意识等有机地结合起来，使环境文化的内涵在多个领域从浅层

---

① 潘岳：《谈谈环保与科技》，中华人民共和国环境保护部，http：//www. mep. gov. cn/gkml/hbb/qt/200910/t20091030_ 180604. htm

② 任勇、俞海、夏光等：《环境友好型社会理念的认识基础、内涵和建设途径》，《中国环境科学学会学术年会优秀论文集》，2006，第 49 ~54 页。

③ 张燕峰：《环境友好型社会理论及评价方法初步研究》，华东师范大学硕士论文，2008。

④ 李祥荣、李伟娟：《环境友好型城市》，北京：中国环境科学出版社，2006。

⑤ 俞海、任勇：《环境友好型社会：历史逻辑、核心基础与建设途径》，《环境保护》2006 年第 8 期，第 56 ~59 页。

向深层发展。

4. 推进绿色政治文明

环境问题是一个多层面社会问题的关节点，它不仅仅是环境、资源和人口的问题，也不仅仅是经济、技术和文化的问题，它的解决要求以可持续发展理念指导整个社会实践，强调转变政府的社会管理服务职能，从这个方面来看，环境问题又成为一个政治问题①。因此，环境问题必须要在政治层面寻求有效的解决方案，需要促使生态学与政治学联姻，大力推进绿色政治文明建设。政府作为城市的领导者和组织者，应不断推进绿色政治文明建设，才能有利于城市的可持续发展和人与自然的和谐共生②。

5. 建设良好的生态环境

建设环境友好型城市就是让“人民喝干净的水、呼吸清洁的空气、吃让人放心的食物、在良好的环境中生产生活”。良好的自然环境和生态秩序既是人类生存和发展的基础，又是人类向往和追求的目标之一。生态环境恶化会诱发人类许多疾病的产生，并直接威胁到人类的健康。导致生态环境恶化的主要诱因是自然与人产生了冲突，造成生态危机。人类只有从深层次上重新认识和调整人与自然的关系，做到人与自然和谐相处，才能使人类健康得到保证③。建设环境友好型城市就是要以生态环境资源承载力为基础、以自然规律为准则，采取有利于维护良好生态环境的生产、生活和消费方式，实现人类社会活动对生态环境的负荷最小化，并将这种负荷和影响控制在资源供给能力和环境自净容量之内，从而形成良性循环，即人类社会经济活动维护良好的生态环境，而良好的生态环境又进一步促进人类社会经济的发展。

6. 积极倡导环境友好的消费方式

建设环境友好型社会的重要措施之一就是提倡绿色消费、公平适度消费和节约资源的消费。这种消费是一种以生态文明为依托的可持续的消费方式。传统消费模式突出表现为“资源—产品—废弃物”，其本质是一种耗竭型消费，即通过工农业生产过程将自然资源转化为产品或直接消耗掉自然资源，以满足人们不断

① 潘岳：《和谐社会与环境友好型社会》，《环境保护》2006 年第 7 期，第 4 ~ 17 页。

② 赵闯：《绿色政治的诉求与构设：人类与自然和谐共生的可持续性世界》，吉林大学硕士论文，2007。

③ 卫美云：《生态环境与人类健康之辨析》，《攀登》2006 年第 25（4）期，第 94 ~ 96 页。

增长的物质文化生活的需要。环境友好型消费是消费的“可持续”，主要是指当代人在满足其消费的需要时，不能超过生态环境承载力。消费要有利于环境保护，有利于生态平衡，又不损害后代人的利益。它既要求实现资源的最优和永续利用，也要求实现废弃物的最小排放和对环境的最小污染。公平适度消费是指当代全球的每一个人和后代的每一个人应该同等地享有追求生活质量的权利；应该体现代内和代际的公平和公正原则；坚持以人的需要为出发点，以人的健康生存为目标，减少无意义消费和对人类健康无益甚至有害的愚昧消费等，提倡过简朴生活。绿色消费是指在消费活动中，不仅要保证当代人的消费需求和安全、健康，还要满足后代人的消费需求和安全、健康。在我国面对日趋强化的资源环境约束的条件下，应倡导每个人树立危机意识，树立绿色、低碳、环境友好的消费意识，大力提倡节约风尚，倡导节约从我做起，从点滴做起，使节能、节水、节材、节粮、垃圾回收等节约的具体行为，成为全社会每个人的自觉行动①。

总起来，可以将上述途径概括为：“一和谐、两发展、三建设、一倡导”，即围绕人与自然的和谐，发展循环经济和绿色科技，建设环境文化和生态文明、绿色政治文明和良好的生态环境，并积极倡导环境友好的消费方式。

环境友好型经济发展模式、绿色政治制度、环境文化价值观、绿色科技和良好的自然环境不仅是构成环境友好型城市建设的基本要素，也是建设环境友好型社会的基本要素。在一定的社会形态中，社会的基本要素包括人口、自然环境、经济因素、政治因素和思想文化因素等五大类基本要素。社会有机体的存在和发展离不开其中的任何一个要素，同时这些要素渗透在社会的各类整体性层次和社会单位中，社会的整体性层次和社会单位在客观上都是这些要素综合作用的产物②。从社会结构的基本构成要素以及各要素之间相互关系的角度进行分析，上述环境友好型城市建设的基本要素也是建设环境友好型社会的基本要素。环境友好型城市的构建是构建环境友好型社会的起点，也是基础。环境友好型城市作为一种新的城市发展模式，是建设资源节约型、环境友好型社会的必然要求，是落实科学发展观的重要举措，也是我国经济、社会、环境协调发展的战略选择。

---

① 李祥荣、李伟娟：《环境友好型城市》，中国环境科学出版社，2006。

② 吴增基、吴鹏森、苏振芳：《现代社会学（第三版）》，上海人民出版社，2005。

四　环境友好型城市的典型案例分析

上海是中国大陆的经济、金融、贸易和航运中心，社会经济发展水平较高，经济发展与资源环境的矛盾均较突出。本文以上海为例，采用模糊综合指数法对其环境友好型城市建设状况进行分析。模糊综合指数法（Fuzzy Aggregative Index Method，简称为FAIM）是一种以模糊推理为主的定性与定量相结合、精确与非精确相统一的分析评价方法，它能把社会经济现象中所出现的“亦此亦彼”的中介过渡状态采用概念内涵清晰、但外延界限不明确的模糊思想给以描述，并进行多因素的综合评定和估价。从数学角度来看，“环境友好”是一种内涵清楚而外延不清楚的模糊概念，因此运用“模糊子集”和“隶属度”来描述环境友好型城市建设水平较为科学。环境友好型城市评估体系是一个复杂的多层次系统，采用综合指数评价法进行评估，可以体现环境友好型社会评估的系统性和层次性。因此，在综合评价过程中一般均采用多层次模糊综合评判模型，利用此模型可以解决两种问题：一是可以对不同区域的环境友好型城市建设水平进行综合排序，使评价结果在不同区域之间具有可比性；二是对某一区域的环境友好型城市建设水平做出评价①。

（一）数据收集

根据环境友好型城市评价指标体系表1，我们收集了上海2005～2010年各项指标的具体数据。由于环境友好型城市包括经济、社会和环境等领域，数据的获得渠道主要是上海市统计部门的统计年鉴、环境质量状况公报、城市综合整治考核结果、年报等网上公开资料。由于数据来源较多，数据之间难免有统计口径不统一、统计时间有差别、统计数据有缺失和相互矛盾的现象。因此，需要首先对数据的正确性进行检验和筛选，以便得到一套质量较高的数据（表3）。

---

① 华红莲、潘玉君：《可持续发展评价方法评述》，《云南师范大学学报》2005年第25（3）期，第65～70页。

表3　2005～2010年上海市环境友好型评价体系指标数值

序号	三级指标	2005年	2006年	2007年	2008年	2009年	2010年
1	第三产业占GDP比重(%)	50	52.1	54.6	56	59.4	57
2	高新技术产业产值占工业总产值比重(%)	—	24.4	25.6	24.8	23.3	30
3	工业用水重复利用率(%)	—	—	—	—	—	—
4	单位耕地面积化肥施用量(折纯)(千克/公顷)	608.51	698.56	683.5	698.54	620.86	—
5	单位GDP综合能耗(吨标准煤/万元)	0.88	—	—	—	—	—
6	单位GDP水耗(立方米/万元)	30.98	27.61	24.28	21.96	20.25	
7	单位GDP建设用地(公顷/亿元)	—	—	—	—	16.88	—
8	工业固体废物处置利用率(%)	96.31	94.66	94.21	95.53	95.67	—
9	森林覆盖率(%)	11.6	11.6	11.6	11.6	11.6	12.58
10	人均公共绿地面积(平方米/人)	11.01	11.5	12.01	12.51	12.8	13
11	人均淡水资源量(立方米/人)	—	—	—	—	—	—
12	自然保护区面积占国土面积比例(%)	11.8	11.8	12.1	12.1	12.1	—
13	人均耕地面积(公顷/人)	0.011	0.013	0.011	0.011	0.011	—
14	全年空气质量优良率(%)	88.2	88.7	89.9	89.9	91.5	92.0
15	城市水环境功能区水质达标率(%)	—	—	—	—	—	—
16	集中式饮用水水源地水质达标率(%)	88.2	88.7	89.9	89.9	91.5	92.0
17	城市生活污水集中处理率(%)	59.01	69.61	67.47	78.36	74.45	81.9
18	工业废水排放达标率(%)	97.1	97.5	97.7	93.8	98.8	—
19	市区区域环境噪声平均值(分贝)	58.3	57.89	57.8	58.2	56.1	56.8
20	二氧化硫排放强度(千克/万元)(GDP)	5.545	4.805	3.984	3.171	2.518	—
21	城市生活垃圾无害化处理率(%)	—	—	—	76.9	82.3	84.9
22	危险废物处置率(%)	19.77	34.57	32.31	37.26	37.54	—
23	环保投资占GDP比重(%)	3.04	2.94	2.93	3.00	3.06	3.01
24	机动车环保定期检验率(%)	0.96	0.99	1.04	0.98	1.01	—
25	清洁能源使用率(%)	—	—	—	—	—	—
26	建设项目环评执行率(%)	—	—	—	98	—	81.6
27	机动车尾气达标率(%)	—	—	—	—	—	—
28	恩格尔系数(%)	35.9	35.6	35.5	36.6	35	—
29	公众对城市环境保护的满意率(%)	—	—	—	—	—	—
30	中小学环境教育普及率(%)	—	—	—	—	—	—

注："—"为数据缺失。

(二) 环境友好型城市综合评价体系的计算

由于目前有关环境友好型城市的评价研究中，评价体系的具体指标种类和数目都不尽相同，且采用的评价方法及权重也各不一样。鉴于此，本书暂时将二级指标对应的经济发展、环境保护和社会进步这三个大类的权重均等化，不对其重要性进行排序，对此三大类的具体指标的权重也视为一致。

由于具体指标间没有统一的量纲，不能用于直接的比较，因此首先对各单项指标采用目标值指数法进行无量纲化处理，以方便比较。依据式（1），通过计算各单项指标的评价分值，对具体指标进行赋值。

$$f_{ij} = x_{ij}/x_s \text{（负向指标，则为} f_{ij} = x_s/x_{ij}\text{）} \quad (1)$$

式中：i——二级指标的数目，即经济发展、环境保护和社会进步这三个大类（$i=1, 2, 3$）。

j——各大类下的单项指标数目（$j=1, 2, \cdots, n$）。

f_{ij}——各大类下的单项指标评价分值；

x_{ij}——单项指标的实际值；

x_s——单项指标标准值。

由于环境友好型城市评价体系设立了初、中和高三个标准，因此，单项指标的评价分值将为三个数值。

在完成单项指标的标准化后，再选取线形加权法，即式（2）计算出各个类别的总分数。

$$P_i = \sum_{j=1}^{m} w_{ij} f_{ij} \quad (2)$$

其中 w_{ij}——单项指标的权重值，且

$$\sum_{j=1}^{m} w_{ij} = 1$$

最后，就可以据式（3）计算出模糊综合指数，对环境友好型城市的建设水平给出定量评价。

$$FAIM = \sum_{i=1}^{3} W_i P_i \quad (3)$$

W_i——二级指标的权重值，且

$$\sum_{i=1}^{3} W_i = 1$$

按照表2给出的环境友好型城市评价指标三级标准，本文计算出了2005～2010年上海的经济发展、环境保护、社会进步和环境友好型城市综合评价指数(FAIM)，其结果见表4和图2。

表4　环境友好型城市建设三级标准对应的上海市一、二级指标得分值

三级标准	一、二级指标	2005年	2006年	2007年	2008年	2009年	2010年
初级标准	经济发展	1.21	1.23	1.32	1.40	1.47	1.67
	环境保护	1.11	1.15	1.18	1.21	1.28	1.25
	社会进步	1.11	1.12	1.13	1.09	1.14	1.15*
	FAIM	1.14	1.17	1.21	1.23	1.30	1.36
中级标准	经济发展	0.86	0.87	0.93	0.98	1.02	1.16
	环境保护	0.83	0.87	0.89	0.94	0.98	1.01
	社会进步	0.84	0.84	0.85	0.82	0.86	0.88*
	FAIM	0.84	0.86	0.89	0.91	0.95	1.02
高级标准	经济发展	0.65	0.62	0.66	0.69	0.73	0.81
	环境保护	0.73	0.76	0.78	0.83	0.87	0.90
	社会进步	0.56	0.56	0.56	0.55	0.57	0.58*
	FAIM	0.64	0.65	0.67	0.69	0.72	0.76

注：*为插值，并非真实数字，因缺乏完整数据。数字≥1时说明该城市已经处于该阶段，小于1时说明该城市尚未到达该阶段，越小说明距该阶段越远。

从表4和图2中可以看出，上海市在2005～2010年间，按照环境友好型城市建设的初级标准，该市的经济发展、环境保护、社会进步和环境友好综合指数数值均超过1，基本上均呈逐年上升态势，上海城市建设已达到环境友好型城市建设的初级阶段。不过，经济发展的数值高于环境保护和社会进步的数值，从城市的综合协调发展角度看，这意味着人们对城市的经济发展关注度要比其他两方面高。按中级标准计算，该市经济发展、环境保护、社会进步和环境友好综合指数也是在不断上升，其中经济发展和环境保护分别在2009和2010年超过1，不过环境友好综合指数在这几年间尚未到达1，说明还没有达到环境友好型城市建设的中级阶段，距达到环境友好型城市建设的中级指标尚有一段距离。按高级标准计算，经济发展、环境保护、社会进步和环境友好综合指数虽呈上升趋势，但数值相对中级标准计算的结果较小，均在1之下，且距1相差较大，说明上海尚未进入环境友好型城市建设的高级阶段，还需继续努力。

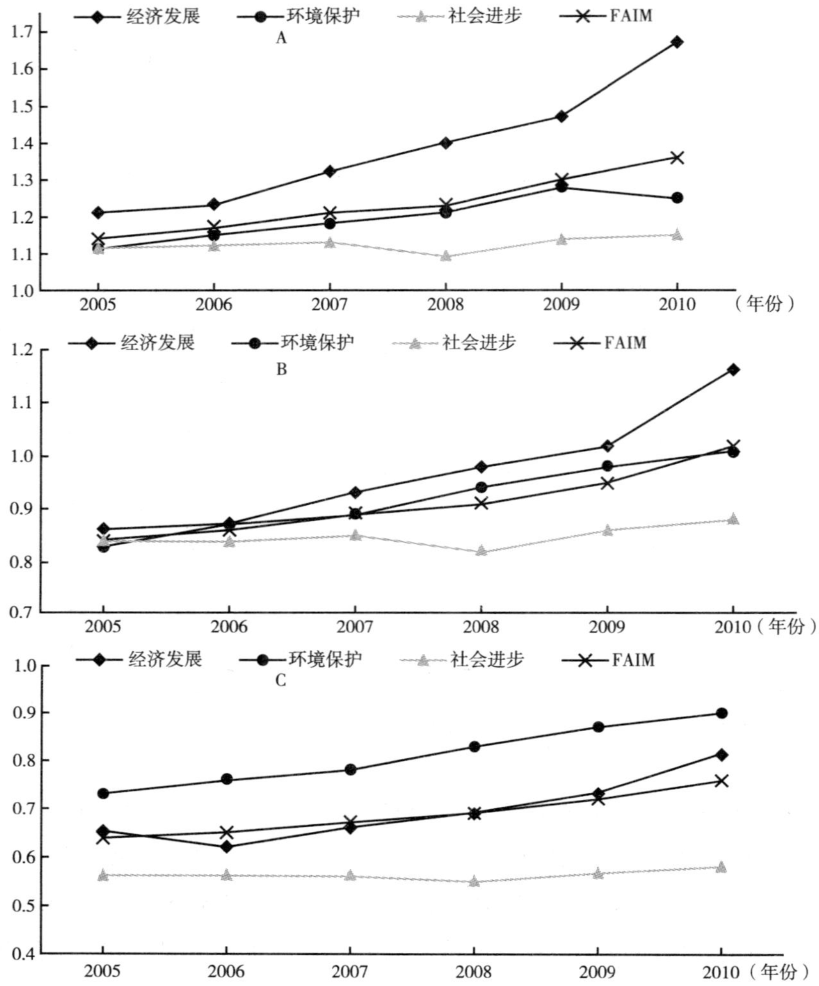

图 2　上海市经济发展、环境保护、社会进步与 FAIM 指数随时间的变化

注：其中，A、B 和 C 分别对应初、中和高级标准；经济发展、环境保护、社会进步和 FAIM 指数分别记为：◆、●、▲、×。

参考文献

［1］王协斌：《环境友好型城市评价指标体系研究》，《林业调查规划》2010 年第 35（1）期，第 139～142 页。

[2] 任勇、俞海、夏光等:《环境友好型社会理念的认识基础及内涵》,《环境经济》2005 年第 12 期,第 7 ~ 25 页。

[3] 何玉宏、冯韵东、曹旭平:《中外城市资源节约与环境友好型的建设经验及其启示》,《宏观视野》2007 年第 6(2)期,第 3 ~ 36 页。

[4] 袁志明:《环境友好型社会评价指标测度方法研究》,《科研管理》2008 年第 29(4)期,第 75 ~ 179 页。

[5] 柏国强:《上海构建环境友好型城市研究》,华东师范大学博士论文,2005。

[6] 温宗国、李蕾:《环境友好城市指标体系及其标杆管理》,《环境保护》2007 年第 384 期,第 6 ~ 28 页。

[7] 赵沁娜、范利军、吴慈生、张鑫:《环境友好型城市研究进展述评》,《中国人口·资源与环境》2010 年第 20(3)期,第 72 ~ 275 页。

[8] 张燕峰:《环境友好型社会理论及评价方法初步研究》,华东师范大学硕士论文,2008。

[9] 张新端、郑泽根:《环境友好型城市环境指标体系研究》,《环境科学与管理》2007 年第 32(9)期,第 3 ~ 56 页。

[10] 李名升、佟连军:《中国环境友好型社会评价体系构建与应用》,《中国人口·资源与环境》2007 年第 17(5)期,第 5 ~ 111 页。

[11] 李祥荣、李伟娟:《环境友好型城市》,中国环境科学出版社,2006。

G.9

资源节约型城市

康玲芬　赵有翼

摘　要： 本章首先阐述了资源节约型城市的概念、内涵及特征，然后根据资源节约型城市评价指标体系的构建原则，提出了四层次（含35项指标）的资源节约型城市评价指标体系以及涉及资源节约度和资源节约综合指数的评价方法。最后，在分析我国资源利用和节约现状的基础上，借鉴发达国家城市建设的经验，有针对性地提出了我国资源节约型城市建设的具体举措。

关键词： 资源节约型城市　指标体系　评价方法　措施

改革开放以来，我国的经济发展和城市化都进入了一个举世瞩目的快速发展阶段。近年来，我国国民生产总值的增长幅度保持在8%～10%，城市化率从改革开放初期的18%上升到现在的46%，城市经济对我国GDP的贡献率超过了70%①。这种飞速发展的经济和城市化过程却隐藏着危机。首先，我国资源人均占有量普遍偏低。我国人均耕地、淡水、森林、可采煤储量、石油剩余储量及可采天然气储量分别约为世界人均水平的39%、27%、20%、53%、11%、3%②；人均水资源为世界平均水平的1/4，铜为世界平均水平的1/4，铝为世界平均水平的1/10。其次，我国近年的经济增长主要依靠高投资和高能源消耗推动。例如，2000～2005年期间，我国1.5%的经济增长分别用了10%以上的全社会固定资产投资增长和能耗增长来支撑；2004年，单位GDP能耗是美国的3.7倍、德

① 刘学敏、李晓兵等：《论节约型农业和节约型城市》，北京师范大学出版集团，2010。

② 张丽媛：《中国建设资源节约型城市的思考》，http：//wenku. baidu. com/view/ab0326d6b9f3f90f76c61b03. html. 2011－09－20。

国的4.5倍、日本的6.6倍；2008年，我国GDP只占全世界的7%，但能源、钢铁、水泥的消耗量分别占世界消费量的16%、36%、36%。这种粗放的生产方式不仅造成了资源的不合理利用和大量消耗，也对生态环境造成了严重破坏，随之产生的资源短缺和环境污染日益加剧。鉴于此，中共十六届五中全会明确提出了“建设资源节约型、环境友好型社会”，并首次把建设资源节约型和环境友好型社会确定为国民经济与社会发展中长期规划的一项战略任务。国家“十一五”规划也提出了建设资源节约型社会的目标，建设部“十一五”科技发展规划中也提出了相应的重点领域。

资源节约型社会以科学发展观为指导，将节约理念贯穿于生产、流通、消费和社会生活的各个领域，通过采取法律、经济和行政等综合措施，依靠科技进步，动员和激励全社会合理利用资源，最大限度地节约资源，提高资源利用效率，以尽可能少的资源消耗和环境成本获取最大可能的经济效益和社会效益，最终实现资源、环境、经济、社会的协调发展①。

城市作为资源集结和资源消耗的集中地，既消耗资源又产生新的资源，加快建设资源节约型城市，是缓解资源供需矛盾，保障国家经济安全和实现城市经济持续发展的必然选择；是提高城市发展质量和效益，推进我国现代化建设的内在要求和重要保障；是建设生态城市和改善城乡生态环境，推进和谐社会建设的必要途径。

一　资源节约型城市的概念及内涵

（一）资源节约型城市的概念

所谓资源节约型城市就是在生产、流通、消费等领域，通过采取综合性措施，提高资源的利用效率，以最少的资源消耗获得最大的经济和社会收益，保障经济社会可持续发展的城市②。资源节约型城市是一种全新的城市发展观，其核

---

① 陈德敏：《节约型社会基本内涵的初步研究》，《中国人口·资源与环境》2005年第15（2）期。

② 黄侃婧：《资源节约型和环境友好型城市化道路选择原因分析》，《法制与经济》2009年第207（6）期。

心就是在保证城市经济效率和人民生活质量的前提下，降低资源消耗量，提高资源的利用效率，使之既能够满足当代城市发展的现实需求，又能满足未来城市的发展需求。

资源节约型城市建设，就是要坚持资源开发与节约并重，坚持把节约放在首位，通过改变传统的经济增长方式和消费方式，使资源和能源得到优化配置和有效利用，实现社会和经济的可持续发展、人与自然的和谐统一。从生产的角度，就是要用最小的投入获得最大的产出，提高生产的效率和质量，减少单位产出对自然资源的耗费；从消费角度，是指在满足一定消费需求的条件下，尽可能减少对资源的依赖，获得更多的收益；从流通角度，即在生产和消费之间建立一个良性的循环，生产要以需求为导向，建立以需求为导向的引导生产机制。建设资源节约型城市，其目的在于资源消耗低、环境污染少、经济和社会效益好。因此，所有的生产、消费、流通均表现为效率或效用的最大化，这就要求我们对有限的资源要精打细算，而不是大手大脚、恣意浪费。

（二）资源节约型城市的内涵及特点

1. 资源节约型城市的内涵

全球社会发展的现状表明，地球的资源已经无法支撑消费型工业社会的进一步发展，资源紧缺已经成为全球危机。因此，人类必须寻找新的经济增长方式、生活方式和社会再生产方式。城市作为人类未来的主要聚居地，在生产、流通、消费等各个领域的资源节约具有非常重要的意义和内涵。

（1）资源节约型城市是现代人类生存和发展的基础

21 世纪，越来越多的人将进入城市。预计到 2050 年，世界城市人口将达到 80% 以上，中国将有 75% 的人居住在城市，城市将成为更多人生活、工作和休闲娱乐的场所。作为人类及其物质财富和精神财富的聚集地，城市选择的生产和生活方式，在很大程度上就意味着人类社会的生存和发展状态。粗放式的城市经济发展和消费模式使得我国能源、淡水、土地、矿产等资源不足的矛盾进一步凸显。城市发展的现实告诉我们，如果不改变传统的高投入、高消耗、低效率的粗放型生产方式，如果不在全社会进一步强化节约意识，推行资源节约型的生活方式，城市的发展就必然会越来越受到资源的制约，生产生活环境也会越来越恶化，这将严重影响现代人类的生存和发展。

（2）资源节约型城市是节约型社会的主体

节约型社会提倡资源循环利用、人与自然共生、减少和消除非可持续的生产和生活方式，其主要特征是公民的消费行为和消费方式符合资源节约和经济社会可持续发展的基本要求。节约型社会追求的是在保证人民群众物质文化生活水平改善和提高的前提下，最大限度地节约资源，提高资源利用效率，把对环境的损害减到最低。城市化是通向现代化的必经之路，经过30多年的改革开放，制约我国城市化的政策、体制障碍正在逐步消除，经济发展和城市建设也取得了巨大成就。经济发展水平和城市化水平的各项指标都表明，我国城市化已进入加速发展阶段。由于城市是水、能源、土地、矿产等资源的消耗大户，因此，城市不可避免地成为践行节约型社会的最重要载体，建设节约型社会首先要建设节约型城市①。

（3）资源节约型城市是城市形态可持续发展的物质基础

城市形态是一种复杂的经济文化现象和社会过程，是城市社会、经济、文化的综合体。它包含了城市的空间形成、人类活动和土地利用的空间组织、城市景观的描述等方面的内涵，反映了城市文化、技术和社会行为的历史和现状，在某种程度上也反映了城市未来发展的趋势。所以，美国建筑理论家凯文·林奇说："城市可以被看做是一个故事，一个反映人群关系的图示。"尽管世界上城市发展过程不尽相同，城市形态表现各异，但其存在、演进和发展的基础确实是节约型城市的构建。我们有理由相信"资源节约型城市会让生活更加美好"②。

（4）资源节约型城市是建设和谐社会的必然选择

"资源节约型城市"是可持续发展和建设和谐社会的必然选择。资源节约型城市的真正实现，最终需要依托城市的微观基础——个人和组织。首先，城市中的每一个个体必须拥有节约意识，在其日常生活和行动中节约资源，并且利用自身的经验和知识有效改进现有资源利用率。也就是说，只有城市中每一个个体树立节约意识，形成节约氛围，节约型城市构建才真正有了价值前提和现实可能。其次，个人往往以企业、政府、各种组织作为其工作和生活的载体，因而，组织

---

① 陈德敏：《节约型社会基本内涵的初步研究》，《中国人口·资源与环境》2005年第15（2）期。

② 奚建武、徐丙奎：《节约型城市》，中国时代经济出版社，2005。

的节约理念、节约行为、节约成效往往会潜移默化地影响个人的思想和行为模式。总之，节约型个人和节约型组织相互影响、相互渗透、互为前提，二者统一在建设资源节约型城市的社会实践中。

（5）资源节约型城市是现代政府善治的必然结果

资源节约型城市建设涉及城市生产和生活的方方面面，这必然对组织实施资源节约的城市政府的管理提出更高的要求。城市政府除了做好组织协调，牵头建立由有关部门参加的部门协调机制，明确相关部门的责任和分工，加强指导、协调和监督检查外，还必须发挥示范和表率作用。当前，城市政府机关普遍存在着冗官、冗员、冗费以及奢侈铺张浪费之风等多种顽症，为官者追求“政绩”造成的决策失误等现象造成的浪费已经成为构建资源节约型城市的重要障碍。建设资源节约型城市必将使政府把管理城市和自我管理纳入到节约型城市建设的轨道上来，将打造有限政府、服务政府、善治政府作为政府的工作目标，使其真正成为厉行节约、高效廉洁、勤政为民的政府。从这种意义上来讲，现代政府善治的必然结果就是资源节约型城市的构建①。

建设资源节约型城市，就是要坚持资源开发与节约并重、把节约放在首位的方针，紧紧围绕实现经济增长方式的根本性转变，以提高资源利用和发展循环经济为重点，加快结构调整，推进技术进步，加强法制建设，完善政策措施，强化节约意识，尽快建立健全促进资源节约型城市建设的体制和机制，逐步形成资源节约型的经济增长方式和消费方式，以资源的高效利用和循环利用促进城市的可持续发展。

2. 资源节约型城市的特点

资源节约型城市涉及城市生产、生活的各个方面。从城市结构、城市主体、城市经济和城市文明四个方面来看，资源节约型城市应该具有以下五个特点②：

（1）系统性

资源节约型城市的本质是基于系统科学的发展，以数理逻辑为手段，优化城市开发建设营运成本，优化城市功能，实现城市环境中人与环境、资源和社会等

---

① 奚建武、徐丙奎：《节约型城市》，中国时代经济出版社，2005。

② 赵家荣、郭强、吕文斌：《中国节约型社会理论与实践研究报告》，中国时代经济出版社，2008。

的和谐。因此，建设资源节约型城市必须用系统科学的理论和方法，研究城市社会、政治、文化、经济、资源、环境等各个子系统。并用联系和发展的观点对各个子系统的相互联系、相互制约进行动态把握，综合协调各个子系统的状态，以实现城市输出功能的最大化。

（2）主体有序性

资源节约型城市的主体是个集合体，包括节约型政府、节约型社会团体、节约型企业和节约型家庭等，它们是资源节约型城市的运行主体。政府，要发展但不乱发展；企业，有资本但不乱生产；市民，有钱但不乱消费，各主体之间良性互动，资源节约型城市才能有序运行。

（3）经济最优化

资源节约型城市的经济结构能突出帕累托最优原则和循环经济的模式。就生产结构来说，用最小的投入获得最大的产出；就消费结构来说，绿色消费成为市民的消费观念，节约能源和资源，实现可持续发展。

（4）文明强化

节约型城市的城市文明进一步加强。可持续发展的观念深入人心，人与自然进一步和谐，崇尚简朴节约，热爱科技成为风尚，新思想、新知识、新观念层出不穷。

（5）科技发达

建设资源节约型城市必须按照可持续发展和循环经济的原则建设节约型的公共服务系统、城市基础设施和节约型的厂房、民居等，这也就意味着资源节约型城市对现代科学技术特别是高新资源节约型技术的依赖。资源节约型城市往往随着科技的发展不断进入新的境界，体现一种前瞻性、动态性的发展特征。例如，建筑业既是国民经济的支柱产业，也是城市建设和生活中的能源消耗大户，如何在建筑业中开发、推广、运用新技术，让城市的生活更节约是建设资源节约型城市的重要命题；又如，随着城市化、信息化、网络化的不断发展，信息技术已经开始在现代城市管理和公共服务中发挥越来越大的作用，数字城市、数字社区方兴未艾。数字化信息技术已经在城市现代化建设中发挥巨大作用，成为建设节约型城市的重要技术保证之一①。

① 李念之：《节约型城市：节约型社会建设的关键》，《理论前沿》2006 年第 3 期。

二　资源节约型城市评价

（一）资源节约型城市评价指标体系的构建

1. 评价指标体系构建的目的

资源节约型城市建设必须以对城市资源节约状况全面、准确的评价为前提。建立资源节约型城市评价指标体系是评价工作开展的先决条件。资源节约型城市评价指标体系要把城市自然环境和社会经济生活各领域的复杂关系简化，获取可以定量化的指标信息，为公众、政府、企业了解城市发展的资源利用、资源节约以及可持续性提供科学的判断依据。同时，资源节约型城市评价指标体系还应对城市的自然环境、社会、经济等各个方面的变化趋势和变化程度进行反映，由此测量某个地区资源的保障程度及可持续发展潜力，进而回答人们普遍关心的问题：这个地区可持续发展的水平与发展态势如何？与其他地区比较所处的位置在哪里？增强或提升节约发展潜力的途径是什么？然后针对不足提出改进政策与措施，最终形成全社会在资源节约利用基础上的协调发展①。

2. 评价指标体系的设计原则

资源节约型城市评价指标体系是一个庞大的系统，由于要为各级政府决策提供坚实的基础，并且最终在国民核算中应用，因此，构建时必须遵循一定的原则。一般来说，衡量一个地区经济社会发展状况的指标或指标体系应该具有科学性、实用性、简洁性和稳定性等特性，但由于学科领域的不同，很难形成一套公认的设计原则。就资源节约型城市的评价来说，能够客观、全面、科学地衡量城市资源节约现状和资源节约潜力的指标体系，应该遵循以下七条原则：

（1）科学性原则。资源节约型城市评价指标体系中，各单项指标必须概念明确，且具有一定的科学内涵，准确反映建立资源节约型城市的内涵和目标；

（2）全面性原则。城市包括土地资源、水资源、矿产资源等主要内容，涵盖经济、社会、生态、环境等众多领域。评价其资源节约状况的指标体系不可能

---

① 刘瑞花、马玉林：《建设资源节约型社会综合评价指标体系研究》，《山东财政学院学报》2007年第4期。

完全覆盖上述内容所涉及的所有方面，但是应当相对完备，能够反映这些资源节约与城市发展的主要方面与主要内容；

（3）可比性原则。指标体系中，各单项指标不仅要反映一个城市资源节约利用的水平、潜力，还要考虑指标的国际、国家通用性和城市间的可比性。针对不同的城市规模和不同的城市功能类型，需要不同等级水平的指标来反映资源节约型城市基础设施和公共设施的建设和管理水平。指标要全面、真实地反映资源节约程度和潜力，并能在不同城市间进行比较，在不同时间段进行比较；

（4）独立性原则。评价指标体系中各指标之间应当具有独立性，即指标体系中的指标应当彼此独立、互不相关。这一方面可以避免将城市资源利用和资源节约情况的相同内容进行重复评价和计算，另一方面可以使指标体系结构清晰、条理清楚①；

（5）可操作性原则。在设计指标体系时，各评价指标的确定要从实际出发，考虑数据资料的可获得性，应尽可能减少难于量化指标或者定性指标的数量。必须涉及的定性指标应有一定的量化手段，定量指标应均可通过国家统计部门发布的数据直接或间接进行计算②；

（6）实用性原则。构建资源节约型城市评价指标体系的目的在于指导资源节约型城市建设，因此，指标体系中各单项指标应能被大多数人理解和接受，并有助于政府、企业和公众了解城市资源利用的现状以及存在的问题，以便有针对性地提出改进措施；

（7）稳定性原则。尽管保持指标体系一成不变是不现实的，也是不可能的，指标体系必然会随着经济社会的发展而有所变化。但是，资源节约型城市评价指标体系中的各指标在一定的时期内应保持相对稳定，这有利于比较和分析城市在其发展过程中资源节约的状况和发展趋势。

3. 评价指标体系的框架和内容

对于某一城市资源节约的评估，除考虑其节约效果，还应考虑该城市未来资源节约的发展趋势及潜力。因此，按照上述资源节约型城市的内涵和评价指标体

---

① 刘学敏、李晓兵等：《论节约型农业和节约型城市》，北京：北京师范大学出版集团，2010。

② 叶蔚、于忠军、汤建泉：《浅谈资源节约型社会指标体系的构建》，《煤炭经济研究》2004年第11期。

系设计原则，本文提出了四层次资源节约型城市评价指标体系。综合指标含节约现状指数、节约潜力指数两个准则层，每个准则层都包含相应的指标层和分指标层。节约现状指数主要是评价某城市当前的资源消耗现状、经济发展状况以及产业结构是否合理等；节约潜力指数主要是考察该城市的资源节约趋势是否向着有利于资源节约型城市的方向发展，主要包含技术支持、社会支持和制度支持三类指标层（见表1）。

表1　资源节约型城市评价指标体系

目标层	准则层	指标层	分指标层
资源节约综合指数	节约现状指数	资源消耗指标	经济聚集指数
			人口聚集指数
			土地闲置率
			万元 GDP 用水量
			人均生活用水量
			污水处理回收率
			万元 GDP 耗电量
			人均生活用电量
			一次能源消耗量
			固体废物利用率
		经济发展指标	服务业占 GDP 比重
			清洁能源使用率
			文化产业比重
			循环经济比重
			绿色建筑所占比重
			绿色营运车辆占有率
		社会节约指标	人口增长率
			政府绿色采购率
			公共交通分担率
			节水器具普及率
			城市气化率
			集中供热普及率
	节约潜力指数	技术支持指标	R&D 经费占 GDP 比重
			高新技术产业增长率
			科技成果转化率
			科技进步贡献率

续表

目标层	准则层	指标层	分指标层
资源节约综合指数	节约潜力指数	社会支持指标	市民绿色消费 市民观念 企业社会责任 人均受教育年限 万人拥有专业技术人员数
		制度支持指标	教育经费占 GDP 比重 政府政策、法规执行力 科技管理机构及其运行情况 科技推广体系及其运行情况

（二）资源节约型城市评价方法

对于城市资源节约现状和潜力的评价，除建立系统、全面的评价指标体系外，还需要科学合理的评价方法来计算城市的资源节约状况和节约潜力。与之相关的评价方法有很多种，比如：德尔菲法、灰色关联度评价方法、模糊综合评价方法、熵值法和层次分析法等。本文参考左其亭等①人的研究对资源节约型城市指标体系中各单项指标采用“资源节约度”（Resource-Efficient Degree，简称 *SRED*）来评价。对城市资源节约现状和潜力分别采用资源节约现状指数（*NRED*）和资源节约潜力指数（*LRED*）评价，对城市资源节约的总体状况采用资源节约综合指数（Resource-Efficient Composite Index，简称 *RECI*）来评价。

1. 资源节约度

在指标体系中，对于每个指标，综合考虑发展中国家和发达国家水平、国家或地区已制定的发展规划、国际或国内一些组织和科研机构的研究报告和成果以及人们对各指标的期望值和对现状的认可程度等因素，设定5个（双向为10个）指标特征值：最差值、较差值、及格值、较优值和最优值。定义各指标的资源节约状况为其资源节约度（简称 *SRED*），取值范围为［0，1］。当某一城市某时刻某指标达最差值或比最差值更差时该指标的资源节约度为0，达较差值时该指标的资源节约度为0.3，达及格值时该指标的资源节约度为0.6，达较优值时该

① 左其亭、王丽：《资源节约型社会的评价方法及应用》，《资源科学》2008 年第30（3）期。

指标的资源节约度为0.8，达最优值或比最优值更优时该指标的资源节约度为1。各指标数值介于各特征值之间时，其资源节约度的计算有下面三种情况[①]。

（1）对于数值越大，越有利于资源节约的指标，即正向指标，其资源节约度随着指标值的增加而增加。计算公式如下：

$$SRED_i = \begin{cases} 0 & x_i \leqslant a_i \\ 0.3\left(\dfrac{x_i - a_i}{b_i - a_i}\right) & a_i < x_i \leqslant b_i \\ 0.3 + 0.3\left(\dfrac{x_i - b_i}{c_i - b_i}\right) & b_i < x_i \leqslant c_i \\ 0.6 + 0.2\left(\dfrac{x_i - c_i}{d_i - c_i}\right) & c_i < x_i \leqslant d_i \\ 0.8 + 0.2\left(\dfrac{x_i - d_i}{e_i - d_i}\right) & d_i < x_i \leqslant e_i \\ 1 & e_i < x_i \end{cases} \tag{1}$$

式中：$SRED_i$ 为第 i 个指标在 T 时刻的资源节约度，$i=1, 2, \cdots, n$，n 为选用的指标数；a_i、b_i、c_i、d_i、e_i 分别为第 i 个指标的最差值、较差值、及格值、较优值和最优值。

（2）对于数值越小，越有利于资源节约的指标，即逆向指标，其资源节约度随着指标值的减小而增加。计算公式如下：

$$SRED_i = \begin{cases} 1 & x_i \leqslant e_i \\ 0.8 + 0.2\left(\dfrac{d_i - x_i}{d_i - e_i}\right) & e_i < x_i \leqslant d_i \\ 0.6 + 0.2\left(\dfrac{c_i - x_i}{c_i - d_i}\right) & d_i < x_i \leqslant c_i \\ 0.3 + 0.3\left(\dfrac{b_i - x_i}{b_i - c_i}\right) & c_i < x_i \leqslant b_i \\ 0.3\left(\dfrac{a_i - x_i}{a_i - b_i}\right) & b_i < x_i \leqslant a_i \\ 0 & a_i < x_i \end{cases} \tag{2}$$

式中各符号的含义与式（1）中相同。

（3）对于数值越接近某个值，越有利于资源节约的指标，即双向指标，其

① 左其亭、王丽：《资源节约型社会的评价方法及应用》，《资源科学》2008年第30（3）期。

资源节约度先随着指标值的增加而增加，当增加到某个值后资源节约度又随着指标值的增加而减小。计算公式如下：

$$
SRED_i = \begin{cases} 0 & x_i \leqslant a_i \\ 0.3\left(\dfrac{x_i - a_i}{b_i - a_i}\right) & a_i < x_i \leqslant b_i \\ 0.3 + 0.3\left(\dfrac{x_i - b_i}{c_i - b_i}\right) & b_i < x_i \leqslant c_i \\ 0.6 + 0.2\left(\dfrac{x_i - c_i}{d_i - c_i}\right) & c_i < x_i \leqslant d_i \\ 0.8 + 0.2\left(\dfrac{x_i - d_i}{e_i - d_i}\right) & d_i < x_i \leqslant e_i \\ 1 & e_i < x_i \leqslant f_i \\ 0.8 + 0.2\left(\dfrac{g_i - x_i}{g_i - f_i}\right) & f_i < x_i \leqslant g_i \\ 0.6 + 0.2\left(\dfrac{h_i - x_i}{h_i - g_i}\right) & g_i < x_i \leqslant h_i \\ 0.3 + 0.3\left(\dfrac{i_i - x_i}{i_i - h_i}\right) & h_i < x_i \leqslant i_i \\ 0.3\left(\dfrac{j_i - x_i}{j_i - i_i}\right) & i_i < x_i \leqslant j_i \\ 0 & j_i < x_i \end{cases} \tag{3}
$$

式中：a_i（j_i）、b_i（i_i）、c_i（h_i）、d_i（g_i）、e_i（f_i）分别为第 i 个指标的最差值（最差值2）、较差值（较差值2）、及格值（及格值2）、较优值（较优值2）和最优值（最优值2），其他符号意义同式（1）。

2. 资源节约综合指数

资源节约型城市各评价指标在 T 时刻的值为 Y^i（T），资源节约度为 $SRED_i$（Y^i（T））。则资源节约现状指数（$NRED$）和资源节约潜力指数（$LRED$）的计算公式为：

$$NRED(T) = \sum_{i=1}^{n1} \omega_i SRED1(Y_1^i(T))$$

$$LRED(T) = \sum_{i=1}^{n2} \omega_i SRED2(Y_2^i(T))$$

式中，$NRED(T)$ 为 T 时刻的资源节约现状指数；$LRED(T)$ 为 T 时刻的资源节约潜力指数；$n1$ 和 $n2$ 分别为资源节约现状指数和资源节约潜力指数量化指标的个数；ω_i 为各指标的权重，采用等权法计算确定。

综合考虑资源节约现状指数和资源节约潜力指数，资源节约综合指数（Resource-Efficient Composite Index，简称 *RECI*）的量化方法如下：

$$RECI(T) = NRED(T) \times \beta_1 + LRED(T) \times \beta_2$$

式中：β_1 和 β_2 分别是资源节约现状指数和资源节约潜力指数的权重，采用等权法计算得到。

$RECI(T)$ 为 T 时刻某城市的资源节约综合指数，将反映该城市 T 时刻资源节约现状和资源节约潜力的程度，$RECI(T) \in [0,1]$。$RECI(T)$ 越大，认为资源节约程度越高。

3. 资源节约型城市等级的划分

根据资源节约综合指数（*RECI*）的大小，为了便于城市之间或城市不同阶段资源节约程度的定量对比，按 0.2 的间距，把城市资源节约程度人为地划分为 5 个等级①，见表 2。

表 2　资源节约等级划分

资源节约等级	*RECI* 的取值范围	资源节约等级	*RECI* 的取值范围
节　约	$0.8 \leqslant RECI \leqslant 1$	不　节　约	$0.2 \leqslant RECI < 0.4$
较为节约	$0.6 \leqslant RECI < 0.8$	严重不节约	$0 \leqslant RECI < 0.2$
较不节约	$0.4 \leqslant RECI < 0.6$		

三　资源节约型城市建设

（一）资源消耗与节约的国际比较

资料表明，不同国家单位 GDP 能耗的差别很大。2001 年数据显示，除了偏重于重工业的俄罗斯以外，中国的单位 GDP 能耗最高，是德国的 4.5 倍、印度

① 左其亭、王丽：《资源节约型社会的评价方法及应用》，《资源科学》2008 年第 30（3）期。

的1.2倍、日本的6.6倍、美国的3.7倍、澳大利亚的2.6倍、巴西的2.4倍。而单位GDP所产生的二氧化碳也比其他国家高出很多，与最低排放量的日本相比高出12倍。表3显示，我国部分工业品能耗平均水平基本上是国际先进水平的2倍左右，有的产品达到4倍①。

表3　部分工业品能耗的中外比较

产　品	比较项目	中国能耗水平	国际能耗水平	中国/国际
钢　材	吨钢可比能耗(千克标准煤/吨)	727(宝钢,效率最高,2000年)	646(日本,2000年)	1.13
合成氨	大型,引进天然气(千克标准煤/吨)	1200	970(美国,大型天然气,1997年)	1.24
烧　碱	重点氯碱企业隔膜法(千克标准煤/吨)	1600	1250	1.28
乙　烯	综合能耗(千克标准煤/吨)	1210(1997年)	870(1997年)	1.39
水　泥	综合能耗(千克标准煤/吨)	194(大中型企业,1997年)	123(日本,2000年)	1.52
陶　瓷	建筑陶瓷(千克标准煤/平方米)	6.7	1.5(意大利)	4.47
	卫生陶瓷(千克标准煤/件)	15.0	3.5(德国)	4.29
砖　瓦	轮窑(千克标准煤/万块)	1100	780(德国)	1.41
	隧道窑(千克标准煤/万块)	1350	450(德国)	3.00
石　灰	(千克标准煤/吨)	160	130(日本)	1.23

资料来源：百泉、佟庆：《通过提高能效增加高耗能工业产品竞争力势在必行》，《经济经纬》2004年第3期。

在水资源利用方面，我国万元GDP的用水量是发达国家的8倍，工业万元增加值的用水量是发达国家的4倍，农业灌溉用水的有效利用率只有发达国家的一半左右（表4）。土地资源利用的国际比较如表5所示。

表4　水资源利用效率的中外比较（2004）

地　　区	万元GDP用水量(立方米)	农业灌溉用水有效利用系数	工业万元增加值用水量(立方米)
中　　国	406	0.45	218
发达国家	50	0.7~0.8	50

资料来源：《中国统计年鉴，2003》、《国际统计数据（2003）》。

① 刘学敏、李晓兵等：《论节约型农业和节约型城市》，北京师范大学出版集团，2010。

表 5　土地利用的国际比较（2002 年）

地　　区	土地面积（万公顷）	耕地面积（万公顷）	耕地面积占土地面积的比例(%)	单位土地面积 GDP（万美元/公顷）
世界水平	1306688	140413	10.8	24.1
发达国家	546278	61142	11.2	45.6
发展中国家	760410	79270	10.4	8.6
美　国	91590	17602	19.2	107.4
德　国	3490	1179	33.8	536.8
英　国	2409	575	23.9	587.2
法　国	5501	1845	33.5	235.3
中　国	93274	13004	13.9	11.6
俄 罗 斯	168885	12346	7.3	1.49
印度尼西亚	18116	2050	11.3	8.46
日　本	3645	442	12.1	1328.3
韩　国	987	168	17.1	463.1

资料来源：刘学敏、李晓兵等：《论节约型农业和节约型城市》，北京师范大学出版集团，2010。

我国在再生资源回收利用和资源综合利用方面也与发达国家存在较大差距。以 2003 年轮胎翻新量为例（见表 6），我国轮胎翻新量仅占新胎产量的 4%，而发达国家一般为 10%，欧盟翻新率达 18.8%。随着我国汽车保有量的增加，废旧轮胎的产生量将不断增加，若不对其进行回收利用，不仅浪费资源，而且对环境造成很严重的污染。另外，我国在矿产资源、木材和工业固体废弃物的回收和综合利用方面也与发达国家存在很大的差距（见表 7）。

表 6　再生资源回收利用率的中外比较（2003 年）

地　　区	废钢利用量占粗钢产量比例(%)	再生铜占铜产量比例(%)	再生铝占铝产量比例(%)	轮胎翻新量占新胎产量比例(%)
中　国	26	22	21	4
发达国家	43	37	40	10

资料来源：《我国转变经济增长方式取得的成效与存在的问题》，中国发展研究基金会。

表 7　资源综合利用率的中外比较（2004 年）

地　　区	矿产资源总回收率(%)	木材综合利用率(%)	工业固体废弃物综合利用率(%)
中　国	30	60	55.4
发达国家	50	80	100

资料来源：刘学敏、李晓兵等：《论节约型农业和节约型城市》，北京师范大学出版集团，2010。

（二）国外资源节约型城市建设的经验

1. 日本

日本是一个资源极度匮乏的岛国，目前是世界公认的资源节约举措最有力和有效的国家之一。其资源节约的主要举措是发展循环经济。1999 年 7 月，日本经济产业省的下属机构提出了《构筑循环型社会》报告书，建议在进一步加强“再生利用”对策的同时，正式实施“抑制发生”及“再利用”的对策，成为日本循环型社会元年。

（1）健全的法律体系

日本在立法体系上采取了基本法统率综合法和专项法的模式。2000 年，国会通过了《循环型社会形成推进基本法》，并于 2001 年 4 月起实施。与此同时，政府各部门的相关法令也开始完善，以《循环型社会形成推进基本法》为基本框架，《再生资源利用促进法》和《废弃物处理法》两项综合法对这两个领域的总体性问题做出了若干规定，另有根据产品特点制定的五部具体的专项法规，即：《容器和包装材料循环利用法》、《家用电器回收利用法》、《汽车循环利用法》、《建筑材料循环利用法》和《食品循环利用法》。此外，还有三部针对特别问题的辅助性子法，即：《绿色采购法》、《PCB 特别处置法》以及《产业废弃物特别处置法》。由此形成了各项相关子法和政府各部门的相关法令相互配套的法律法规制度和政策体系。

（2）全社会共同参与

中央政府——最突出的特点就是注重规划。2000 年，国会正式通过《循环型社会形成推进基本法》后，政府立即着手编制了《循环型社会形成推进基本计划》，并制定了《落实循环型社会形成推进基本计划的指导性意见》。后者详细阐述了日本推进循环型社会建设的基本思路、价值理念和计划采取的政策手段，从而为推进循环型社会建设勾勒出明确的奋斗目标、基本原则以及各类社会主体应尽的责任，使得各级政府、国民、民间团体和产业界等各类行为主体都能及时获得明确的行为导向和行为准则，这无疑对动员全社会力量投入循环型社会建设具有重大意义。

另外，依照《循环型社会形成推进基本法》的规定，政府要采取必要的财政措施推进循环型社会政策的实施。2004 年度各政府部门的预算中，用于推进循环型社会形成的经费预算高达4245亿日元。

地方政府——是制定和实施有关建设循环型社会各种政策的主体，为确保地方政府根据本地区的自然社会条件制定和实施自己的方案，国家制定了专门的保护措施。例如：通过制定法律来明确地方政府的作用及其所应实施的措施，制定实施标准和行为指南等。另外，地方政府在制定相关政策过程中所发生的费用，可以得到国家的财政补助。

各都、道、府、县等地方政府通过召开国民运动地方推进会议等方式，有效地推进国民在生活中节省资源和能源；同时，为探索与可持续发展的循环型社会目标相适应的生活方式进行了大量调查研究。

地方政府还在社会教育中提供针对各种环境问题的学习和实践机会，并对开展相应活动的市镇村提供必要的经费补助；还有就是鼓励地方公共团体和企业开展环境保护活动；对中小企业提供废弃物再循环和关于环境经营系统的信息和技术指导等。

科研与教育机构——围绕循环经济的主题，进行了大量具体的研究和技术开发。2001年实施的“分领域促进战略”，确定了对零垃圾型、资源循环型技术等的研究作为环境领域今后5年内的重点方向，加强对废弃物最终处理场的研究，以及环境低负荷型生态开发项目的研究。

社团与产业协会——也是制定和实施有关建设循环型社会各种政策的主体。例如：1975年成立的清洁日本中心就是以促进再生利用资源为目的，由经济产业省牵头、得到经济界资助的财团组织，它为经济产业省制定政策提供建议，也承担资源再生利用技术的开发、推广及政策宣传培训任务。

民众——实施循环经济不仅需要政府的倡导、企业的自律，更需要广大社会公众的参与。日本非常重视民众参与的力量，利用各种手段和媒体宣传，加强公众对实现零排放或低排放社会的认识。例如：日本建立了员工日常节能环保行为规范。如垃圾分类、节约用电等，夏季空调不低于28度、冬季不超过20度，电器不用时拔掉插头，不买过度包装的商品等等。

（3）取得的成效

在经济快速发展与公害加剧并存的博弈过程中，日本逐步建立了一套有利于发展循环经济、建立循环型社会的法律体系，这是日本成为资源循环利用率最高、环境保护最好的国家之一的最重要保证。

企业遵照法律规定，履行在建立循环型社会中的责任。目前，日本已获得ISO14001国际标准化环保认证的企业有5000多家，在世界上处于领先地位；有800多个大型企业每年编制并向社会公布《环境报告书》，自觉接受社会监督。

日本民众形成了强烈的节约资源和保护环境的意识，回收利用废弃物、垃圾分类投放等都已成为全社会的自觉行为，各种以“爱护地球”、“保护环境”为主旨的非营利性民间组织积极发挥作用①。

2. 德国

德国也是一个资源相对贫乏的国家，经济建设与社会生活中所需的绝大部分能源需要从国外进口。为了促进社会的可持续发展，德国政府历来将节约能源、开发可再生能源作为最优先考虑的目标之一，并在长期建设节约型社会的实践过程中摸索出了一些成功的做法。

（1）政策引导积极扶持

经济性、保障持续供应和环保是德国制定能源政策的三个同等重要的目标。尤其是1998年主张环保节能的绿党上台执政以来，德国政府先后出台了如《可再生能源法》、《生物能源法规》、“10万个太阳能屋顶计划”等一系列有关环保和节能的法规与计划，为引导德国进一步走向节能环保型社会确立了相应的法律框架。

根据《可再生能源法》，能源企业有责任优先推广可再生能源，政府则向开发可再生能源的企业提供相应的补贴。为了鼓励使用新型能源，德国政府还先后制定了《可再生能源市场化促进方案》、《家庭使用可再生能源补贴计划》等多项法规，力争使可再生能源成为民众使用的主要能源。

虽然目前德国风力发电的电价要比常规电厂的电价高出近50%，但电力公司必须无条件以政府制定的保护价购买可再生能源产生的电力。在相关政策的引导下，德国目前风能发电已经占全国发电总量的4%，并正准备在德国近海建设超大规模的风能发电设备，计划在25年后将风能发电量提高到占全国发电总量的1/4。

与此同时，德国政府还开征了生态税，利用税收杠杆，鼓励企业和个人节约能源。

---

① 刘学敏、李晓兵等：《论节约型农业和节约型城市》，北京师范大学出版集团，2010。

德国政府采取的这一系列立法和税收措施，使德国企业愈发重视风能、生物能、太阳能等可再生能源的开发和利用，也推动了德国朝着节能型社会方向进一步发展。目前德国拥有各种风力发电设备15万套，占整个欧洲国家风力发电设备总量的一半以上。

为了降低建筑能耗，2002年2月生效的德国《能源节约法》制定了新建建筑的能源新标准，规范了锅炉等供暖设备的节能技术指标和建筑材料的保暖性能等。根据该法的规定，新建建筑必须出具采暖需要能量、建筑能耗等计算结果，只有满足新的节能标准后才能开工建设。消费者在购买住宅时，建筑开发商必须出具一份“能耗证明”，清楚地列出该住宅每年的能耗，以提高建筑的能耗透明度，维护消费者的利益。法案还规定，对1978年10月1日前安装的约200万个采暖锅炉采取强制报废措施，在2006年底前由新型节能锅炉取代。为了鼓励个人新建、改建节能型住宅，德国重建信贷机构可以为每户提供最高达5万欧元的优惠贷款。

（2）技术创新　提高能效

德国在大力开发可再生能源的同时，还十分重视节能技术的开发与创新，最大限度地提高现有能源的使用效率，并取得了明显的成效。主要做法有：推动能源企业实行“供电供热一体化”，通过向能源企业，尤其是小型企业提供资金、技术援助，帮助购置相关设备等措施，鼓励能源企业将发电的余热用于供暖；促进使用传统矿物能源发电的企业不断开发、使用新的技术，如高压煤波动焚烧技术、煤炭气化技术等，从而使能源企业传统矿物能源的平均有效利用率从1999年的39%提高至目前的45%，并计划于2020年进一步提高到55%；根据节能性能，对市场上销售的家用电器、汽车等实行产品分级制度，要求所有产品在销售时必须贴上等级标签，只有那些技术先进、特别节能的产品才可以获得全国统一的专用节能或环保标识。由于使用节能标识的产品在市场上十分受消费者的青睐，因而也促使生产企业不断投入巨资研发、生产更加节能、环保的产品。目前德国市场新车的油料消耗量比1990年时平均下降了20%以上，而且这一趋势仍在继续。建筑节能方面，则是将以往控制单项建筑维护结构（如外墙、外窗、屋顶）的最低保温隔热指标转变为对建筑物整体实际能源消耗量的控制，通过运用计算机模拟技术等新方法，实现建设真正生态节能住宅的目标。

2004年底，德国能源协会发起了提高工业企业能源系统利用效率的活动，并为企业进一步提高能源使用效率提供相应的解决办法。应当说，目前节约能源、提高能源使用效率的努力已经深入到德国经济建设与社会生活的各个方面。这也是近十多年来德国经济稳步增长，但传统矿物能源消耗量同期有所下降的主要原因。

（3）重视宣传 提高意识

德国政府认为，没有民众的广泛参与，建设节约型社会的努力是不可能取得成功的。因此，提高民众的节能意识十分必要。目前德国全国大约有300个提供节能知识的咨询点。政府高级官员则不定期与民众举行研讨会，就政府的相关政策进行研讨，听取意见，并鼓励民众对政府、企业在节能与环保等领域的工作进行监督。负责组织全国节能工作的德国能源局不仅开设了免费电话服务中心，解答人们在节能方面遇到的问题，还设有专门的节能知识网站，以便更好地向民众介绍各种节能专业知识。德国联邦消费者联合会及其位于各州的下属分支机构也提供有关节能的信息和咨询服务。该网站为每个德国家庭提供了8条有关节能的小建议，如：使用节能型灯泡、防止水龙头漏水、以淋浴代替泡澡、及时清除热水器中的水垢、不要把热的食物放入冰箱、夜晚关上门窗、防止电器待机耗电等等，十分实用。其中防止电器处于待机状态（关闭后将插头从插座中拔出）是该机构宣传的重点。根据统计，电器设备处于待机状态所消耗的电量占到德国家庭用电量的11%。为此，德国能源局号召民众在关闭电器时将插头也拔下来，以节约电能。

为了帮助个人在新建或改建住宅时选择更为经济实用的房屋节能措施，德国政府不仅提供资金方面的支持，房屋所有者还有权要求工程师提供专业的咨询服务，而大部分的咨询费也由德国政府承担。

3. 美国

美国作为世界资源消耗大国，被称为“车轮上的国家”。在经历资源破坏、环境污染所带来的一系列灾难及能源危机给经济造成的重创后，美国开始在节约能源、合理利用资源方面采取了一些举措，并取得显著成效。

（1）以节约能源为重点

美国对资源的节约使用始于节能，并始终视为重点。从总体上看，美国的节能政策和措施可分为两类：一是在政府管理下，通过法律等形式施行，属于政策性手段；二是通过财税等经济手段鼓励节能，属于市场行为。

实施能源管理。美国政府设有专门的节能机构，同时允许非政府组织参与能源管理。这些机构的职责主要是为节能工作创造一个有规则的市场环境，同时对政策的实施起到监督和调控作用。美国负责能源管理的政府机构分为国家（联邦）和地方（州政府）两个主要层次。其中，美国能源部（DOE）是最主要的政府机构，负责能源政策的制定和执行。美国环保署（EPA）和联邦能源管理机构（FERC）是推动节能工作的辅助部门。此外，大部分州政府设有相应的能源管理部门，负责抓各州的节能工作和执行国家的能源政策。美国节能机构的另一个重要组成部分是非政府机构，美国能源效率经济委员会（ACEEE）和美国自然资源保护委员会（NRDC）是其中最重要的两个组织。

制定节约能源的法律法规。美国在能源管理方面十分重视法制建设，注重用法律手段加强节能管理，形成了完善的节能法律法规体系。美国能源立法大体经历了三个阶段。第一，能源危机紧急应对阶段。为应对 1973 年以来的两次石油危机，美国于 1975 年颁布《能源政策和节能法案》，于 1978 年颁布《国家节能政策法案》和《公用电力公司管理政策法案》。第二，降低电器设备耗能阶段。美国于 1987 年制定了国家设备能源保护法，颁布《国家家用电器节能法案》。第三，制定国家能源综合战略阶段。美国于 1992 年颁布《能源政策法案》，于 1998 年公布了《国家能源综合战略》，并于 2005 年颁布《国家能源政策法》。

重视能效标准的制定。制定并执行能源效率标准是美国节能工作的重要一环。美国颁布和实施的能源效率标准分为强制性和自愿性两类。在全国范围内实施的强制性标准需经过国会讨论和批准，具有法律效力。自愿性标准则由企业界自行制定和实施，若实施后得到政府、企业界和公众的认可，则有可能被改为强制性标准。能效标准的具体应用归功于“能源之星”项目的推行。“能源之星”是美国政府推出的一项旨在指导企业和个人提高能源利用效率，从而保护环境的节能项目。它是美国环保局 20 世纪 90 年代推出的商品节能标识体系，凡符合节能标准的商品会贴上带有绿色五角星的标签，并进入美国环保局的商品目录得到推广。

对节能行为进行现金补贴。现金补贴是直接刺激节能行为的一种有效方式。在美国，联邦政府、州政府及电力公司等公用事业组织每年均会给予大量经费补贴用于鼓励用户购买节能产品。此外，美国在节能研发方面也采取多种融资方式提供现金支持，并以多种形式进行资金资助和补贴。

减免节能项目的税收。税收减免是节能财税政策的一项重要举措。如，在

2001年美国财政预算中，对新建的节能住宅、高效节能建筑设备等实行了减免税收政策，规定在2001年1月1日~2005年12月31日期间，凡在美国国家节能标准（IECC标准）基础上再节能50%的新建建筑，每幢减免税收2000美元，对各种节能型设备，根据能效指标分别减税10%或20%。

提供抵押贷款服务。美国一些官方和商业贷款机构对节能型产品提供抵押贷款服务，对此类产品提供优惠的低息贷款以鼓励节能产品的开发。此外，还采取返还现金、低利息等措施鼓励居民购买“能源之星”认证的住宅等。

（2）推动循环经济发展

早在20世纪70年代，美国就开始提出循环经济概念。由于政府措施得当，加之产业界和公众的支持，美国正在向循环型社会发展。美国制定了一系列以循环利用为目标的资源使用政策，主要内容有：一是促进可再生资源的开发利用，二是充分合理利用现有资源，三是鼓励节能。

回收利用废弃物。经过几十年的发展，废弃物的回收利用在美国取得了很大发展。据美国环保局公布的数据，1999年美国回收利用的固体废弃物高达6400万吨，废弃物的回收利用率比15年前提高一倍，达28%。

鼓励发展可再生资源。美国政府采取了一系列调控手段培育与可再生资源相关的市场。如，1993年克林顿总统签署行政令，要求再生产品在所有政府机构的办公用品中应占20%，1999年将这一比例提高到30%，这一行政令的实施使再生产品在联邦政府的采购物品中两年内增加到35%。在政府的带动下，各州和地方政府也相继制定政策，鼓励人们购买使用再生物质的产品，推动了美国可再生资源的开发。

（3）实施资源节约战略

通过立法管理资源。美国政府注重用法律手段来管理资源。迄今为止，美国已制定了一系列严格的资源保护法律、法规，主要有《多重利用、持续产出法》、《森林、牧场可更新资源规划法》、《联邦土地利用和管理法》、《濒危物种法》、《海岸带管理法》及国家公园管理法规系列。这些资源保护法和控制资源开发活动的各类经济法，加上有关国际公约，共同构成完整的资源保护法律法规体系，大大增强了资源开发利用和保护效应。

利用经济手段管理资源。美国经济以市场为导向，注重充分利用经济手段管理资源。为改变资源短缺与资源大量耗用并存的矛盾，美国政府着力完善资源产权制度，调动各方保护资源、节约资源的积极性，实现资源产业化管理，改变了资源无偿或低价使用的状况。此外，美国正逐步建立完善统一的资源市场及合理的资源价格体系，利用经济杠杆推动资源的高效利用。

（三）中国资源节约型城市建设的举措

国外资源节约型城市建设的实践经验告诉我们，建设资源节约型城市，应当注意以下几点：

1. 建立健全法律体系

从国外，特别是日本和德国的成功经验来看，要建设资源节约型城市，首先要构建一个健全的法律体系。通过法律法规促进资源循环利用、绿色能源开发等有利于节约资源的措施；规范生产和消费行为，调整不同行业的税负和优化税种，引导产业结构的优化升级和经济增长方式的转变；通过法律明确资源产权、提高资源使用成本，减少资源浪费；监督政府部门对公共财政的使用和公共事务的管理，提高城市基础设施建设的效益和质量，避免提前损毁或拆建造成的浪费。

例如，日本建设循环型社会，在法制建设过程中，坚持以促进废弃物回收和综合利用的立法为核心，逐步形成了各项相关子法和政府各部门的相关法令相互配套的法律法规和政策体系，这是日本成为资源循环利用率最高、环境保护最好的国家之一的重要保障。德国1996年出台的《循环经济和废弃物处置法》是德国循环经济法律体系的核心。美国也是通过法律手段来促进绿色能源开发利用。美国《能源政策法》规定，在2004～2006年间，每年拨款34亿美元给地方政府，用于旧家电回收和鼓励购买节能新产品。

2. 发挥政府的主导作用

首先，以政府为主导，制定完善的资源节约型城市建设纲要和指导性意见，为推进资源节约型城市建设明确奋斗目标、基本原则以及各类社会主体应尽的责任，使各级政府、国民、民间团体和产业界等各类行业主体都能及时获得明确的行为导向和行为准则，这对建设资源节约型城市具有重要的意义。

其次，发挥经济杠杆作用，形成激励和约束机制。运用财税、价格、金融等手段，通过制定和完善有关政策措施，促进资源的节约和有效利用。一要对高耗能、重污染的行业和产品收重税，对低能耗和轻污染的行业和产品实施低税率甚至零税率或财政贴息政策，通过利益导向充分调动人们的节能积极性；二要强制淘汰落后的工艺和设备；三要建立合理的水价、油价、电价和气价的形成机制，发挥市场配置作用，完善有效的价格调控机制和责任机制，建立资源配置和节约工程，减少排放和污染；四要最大限度地物尽其用，要从资源开采、生产消耗、废弃物利用和消费等环节加快推进资源综合利用和循环利用，同时还要积极开发新能源和可再生资源，优化能源资源结构。

最后，各级政府要以科学发展观为依据，改革和完善政绩监督和考核体系，树立正确的政绩观。制止盲目投资和低水平重复建设，杜绝各级政府为单纯追求GDP增长而浪费资源、破坏环境的行为。同时，要做好资源节约型城市建设的总体规划以及垃圾处理和再生资源利用等专项规划，形成合理的城镇体系和城市空间布局，避免因空间布局不合理造成的能源、水、土地资源等的浪费①。

3. 加强科技创新，发展循环经济

温家宝总理指出，加快建设节约型社会，应当依靠科技进步和创新，构建资源节约的技术支撑体系。具体来说，应当加大对资源节约和循环利用关键技术的攻关力度，推广应用节约资源的新技术、新工艺、新设备和新材料，并大力支持资源节约和发展循环经济的重大项目建设，从而实现高新技术产业持续快速发展、传统产业升级以及循环经济的发展。中国科技部节能示范楼，将多种节能技术、绿色技术、智能技术综合集成，在中低造价的基础上实现了高效节能、整体绿色的目的，年节电超过90万千瓦时，每年节能超过70%，是以科技实现资源节约的典范。

4. 强化公众的节约意识和节约习惯

公众是建立资源节约型城市的主体之一，公众的节约意识与节约技能是衡量资源节约型城市建设实际成效的一项指标。因此，建设资源节约型城市要鼓励公众参与，营造“节约光荣、浪费可耻”的氛围，提倡健康的生活方式和科学的消费理念。要大力普及资源节约的知识，为公众提供在日常生活中学习资源节约技能和技巧的机会；广泛借助电视、电台、网络等宣传媒体，加大资源节约科学知识的宣传力度，增强市民的资源忧患意识和全局观念；在学校、社区开展创建“节约型学校”、“节约型社区”等活动，把节约资源、回收利用废弃物等活动变成全体公民自觉遵守的准则，逐步形成节约资源和保护环境的生活方式和消费模式，使节约资源的观念通过教育与宣传深入人心。

---

① 刘学敏、李晓兵等：《论节约型农业和节约型城市》，北京师范大学出版集团，2010。

四　资源节约型城市案例分析——以北京市为例

北京作为我国的首都，是一个资源严重匮乏同时资源消费又很大的城市，资源问题一直是困扰其经济社会发展的重要因素。近年来，北京市政府在建设资源节约型城市方面，做了大量的工作，其资源节约走在全国的前面。

（一）北京市资源节约型城市建设的目标、思路与措施

2005年6月6日，北京市发改委向各界公示了《北京加快发展循环经济，建设节约型城市规划纲要和2005年行动计划》。主要内容如下：

1. 总体思路与目标

以“国家首都、世界城市、历史名城、宜居城市”为目标，与经济发展、社会发展和人民生活改善紧密结合，通过努力，争取使本市资源利用效率、环境生态状况在全国处于领先地位，把北京建成产业优化、资源节约、环境舒适、持续发展、社会和谐的现代国际城市。

总体思路：以提高综合效率为核心，依靠政府、企业和社会公众共同参与，建设政策法规保障和生态产业体系，抓好节约降耗、资源综合利用、开发利用可再生能源和倡导绿色消费，重点推进制定规划标准政策、强化执法能力建设、推动循环经济体系建设、狠抓资源节约、调整产业结构、加大宣传力度等工作。

总体目标：包括能源利用效率、万元GDP能耗、优质能源和可再生能源在终端能源消费中的比重、万元GDP耗水量、城市用水重复利用率、工业废弃物利用率、城镇生活垃圾的综合利用率等多项具体指标。

2. 工作任务与举措

为了确保工作落到实处，取得实效，达到资源节约的总体目标。市政府也提出了推进节能减排工作的任务和具体措施。

（1）编制规划，制定标准，完善政策，加强宏观指导

北京市政府组织编制多个有利于资源节约的规划，进一步完善法规政策和指标标准体系，加强了资源节约的宏观指导。例如，组织编制《北京市循环经济发展规划》、《北京市节能中长期规划》等规划；研究制定《公共建筑空调采暖、制冷室内温度节能监测标准》、《公共建筑中央空调系统风机节能监测标准》等

标准；完善产业、价格、财税、投资及激励等政策体系建设。

（2）强化法制建设，提高执法能力，建立服务队伍

北京市也积极开展有关发展循环经济和节能监测管理等立法调研工作，不断加强对年耗能较高的用能单位的节能执法监察；对固定资产投资项目在设计、施工环节落实节能评估和严格实施监察；继续建立健全有关节水、清洁生产审核、废旧物资处置、可再生能源利用等法规体系的相关工作；培育专业服务市场和中介体系，搭建合同能源管理推广平台，完善清洁生产和能源审计、节能评估服务平台，研究设立碳交易市场。不断加强执法能力建设，建立节能专业服务队伍。

（3）推进循环经济体系建设

首先，督促企业开展清洁生产，选择石化、电力、医药、电镀等行业中企业作为清洁生产试点；建立重点行业清洁生产审核中介咨询队伍。其次，鼓励企业之间资源延伸利用，建设资源循环利用的工业生态园区，加强农村、农业生态建设。最后，支持全社会实现资源的循环利用，推进废旧物资利用的专业化、产业化、市场化水平，全面推进废旧物资的分类收集和分类处置，实现垃圾的减量化、资源化和无害化。

（4）开源节流，狠抓资源节约

通过推行开源节流，实现资源节约。第一，进一步优化能源结构，提高优质能源在终端能源消费结构中的比重，强化节能管理和节能改造。第二，提高土地利用效率，缓解土地需求压力，建立并完善土地利用评价体系，分类提出项目用地的容积率、投资强度、产出率等控制指标，调控好土地供应总量和结构。第三，降低水资源消耗，加快建设节水型城市。以节水为先、治污为本，管理雨洪、再生水利用为宗旨，强化工业、农业、服务业的节约用水，严格执行用水定额和用水指标控制制度。

（5）调整产业结构，实现资源优化配置

通过调整产业结构，实现资源优化配置。坚持做大三产、做强二产、优化一产的产业发展方针，严格限制高耗能、高耗水、高用地、高污染的项目建设。在规划中，充分体现循环经济理念，建设世界一流的企业。

（6）加大宣传力度，提高公众意识

进一步公开信息，完善官方网站和环保公众网的信息披露机制和公众互动机制，广泛进行宣传报道；发挥行业协会、中介机构作用，做好宣传培训、技术推

广、信息咨询等工作；表彰、奖励节能先进单位和个人，弘扬“节约也是发展”的先进文化理念，提高民众的环境和资源意识，使民众自觉参与到资源利用、资源节约的活动中去。

（二）北京市资源节约型城市建设成效

经过多年的努力，北京市在资源节约型城市建设方面取得了显著的成绩。2009 年北京万元 GDP 能耗降幅为 5.57%，不仅降幅在全国排第一，还成为全国唯一连续四年完成节能目标的省市。而在绝对数值上，每万元产值 0.6074 吨标准煤创造了全国最低能耗水平，这个数字也意味着北京的能源利用效率全国最高。2009 年，北京市水资源消费量为 35.5 亿立方米，按 2005 年可比价格计算，万元 GDP 水耗下降了 8.12%。据了解，“十一五”前四年，北京市万元 GDP 能耗、水耗累计分别下降了 23.34% 和 33.77%，节能降耗工作成效显著①。概括起来，其成效主要表现在以下几个方面：

1. 经济结构进一步优化

北京经济结构逐步优化，现代服务业、高新技术产业、现代制造业和现代农业取得长足发展。据统计，第三产业比重已突破 70%，通信设备、计算机及电子制造业同比增长 53.9%，低能耗、高附加值行业的快速增长直接拉动了能耗的降低。同时，北京逐步建立起产业筛选和综合评价机制，使消耗高、污染大的产业和企业逐步退出。近年来，北京已搬迁造纸、炼焦、纺织、化工、印染等高能耗高污染企业 100 多家。2006 年，北京关停机立窑水泥生产线 13 条、平板玻璃生产线 7 条，预计每年减少能源消耗 20.7 万吨标准煤。

2. 资源节约监察监督机制不断完善

2006 年 7 月 20 日，《北京市节能监察办法》正式施行。北京市筹建了节能监察专业机构，对用能单位进行综合能耗、单位产品能耗和主要用能设备能耗等情况的监督检查，并依法予以处理。并通过开展能源利用状况调查，加强分类计量和信息监测工作，积极推进将节能降耗纳入经济社会发展的评价考核体系。北京建立了全市单位 GDP 能耗和水耗公报制度，按季定期公布万元 GDP 能耗、水

---

① 《北京大力推进“资源节约型”城市建设　2009 年万元 GDP 能耗降幅国内第一》，http://www.btv.org/btvindex/xw/content/2010-05/24/content_960702.htm 2010-05-24。

耗等数据。从节能监测、能耗限制、技术通则等方面制定强制性或推荐性标准体系。并出台了《北京市实施〈中华人民共和国节约能源法〉办法》、《北京市加快发展循环经济，建设资源节约型城市的决定》、《北京市节约用水办法》等一系列有助于资源节约的法律法规。

3. 新能源新技术进一步开发

北京太阳能、地热能、风能、生物能等可再生能源的开发利用不断加大，循环经济进一步发展。例如，奥运村6000平方米的太阳能光热系统，可供1.6万名运动员和官员洗浴，每年可节约2000吨煤。北京到2010年，新能源和可再生能源利用量达到260万吨标准煤，占能源消费总量的比重为4%。北京的许多企业、写字楼、商场等也积极采用高效外墙保温技术、先进的采暖空调系统、高效节能的光源控制系统等节能环保技术。

4. 资源节约的氛围和习惯逐步形成

北京市在政府机构率先开展资源节约。早在2005年，“政府机构节能工程”被北京市列入政府重点工作之一，并为此采取了三大措施：对54家政府机构开展能源消耗状况调查；市政府与54家政府机构签订《政府机构节能责任书》，下达节能8%的目标；选定政府机构10家试点单位，开展节能改造。据年底检查，54家政府机关同比节能11%，节约能源2600吨标准煤。到2006年，北京市政府机构节能已扩大到全市18个区县政府机关。在政府机构的带动下，北京市民资源节约意识也不断加强。北京市有关节能环保的展览，总能吸引众多市民，展台前总是挤满了或聆听或咨询或体验的参观者。据不完全统计，2006年北京市居民家庭节水器具普及率城区达到79.3%，远郊区县达到72.5%①。

参考文献

[1] 毛峰、石冰、马强等：《论消费适度与资源节约》，《北京大学学报（哲学社会科学版）》2002年第39（6）期，第57~62页。

[2] 何玉宏、冯韵东、曹旭平：《中外城市资源节约与环境友好型的建设经验及其启

① 科技部门户网站：《提升生活质量　北京加快建设资源节约型城市》，《科技日报》，www.most.gov.cn 2006-07-19。

示》，《上海城市管理职业技术学院学报》2007 年第 16（2）期，第 33 ~ 36 页。

[3] 马波、陈宝琪：《资源节约型社会的理论基础及研究综述》，《石家庄经济学院学报》2009 年第 32（4）期，第 88 ~ 92 页。

[4] 李兵：《全民动员，建设节约型社会》，《人民论坛》2004 年第 7 期，第 23 ~ 25 页。

[5] 郭强：《节约型社会》，北京：中国时代经济出版社，2005。

[6] 王丽、左其亭、高军省：《资源节约型社会的内涵及评价指标体系研究》，《地理科学进展》2007 年第 26（4）期，第 86 ~ 92 页。

[7] 陈莹、赵勇、刘昌明：《节水型社会的内涵及评价指标体系研究初探》，《干旱区研究》2004 年第 21（2）期，第 125 ~ 129 页。

[8] 张卫民：《基于熵值法的城市可持续发展评价模型》，《厦门大学学报（哲学社会科学版）》2004 年第 2 期，第 109 ~ 115 页。

G.10
绿色产业型城市

张永丽　卢嘉鑫

摘　要： 绿色是生命、健康、阳光的象征。随着绿色理念的深入人心，城市发展模式与动力机制已发生了重大变化，绿色产业型城市已经成为城市发展的新趋势。改革开放以来，我国城市经济发展取得了巨大成就，但数量扩张型的传统增长方式导致城市环境污染与资源约束压力不断增大。通过制度与技术创新发展绿色产业，打造绿色城市，已成为我国城市经济社会发展的基本取向。

关键词： 城市　绿色理念　绿色产业　绿色城市　评价

“绿色产业”作为21世纪的产业模式和经济形态，在绿色理念、绿色科技、绿色消费的依托和支撑下，已经发展成为许多国家的支柱产业，成为人类社会可持续发展战略的具体实现形式。城市是现代文明的结晶与象征，将绿色理念融入城市发展过程中，以绿色产业为支撑，综合利用自然和人文资源，营造最佳生态和生活环境，实现人口、经济、社会的可持续发展，是现代城市发展的基本取向。

一　绿色产业型城市的概念与内涵

（一）绿色产业的内涵与特征

1. 绿色产业的内涵

“绿色产业”源于1989年加拿大环境部长提出的“绿色计划”一词。它第一次从宏观层次上把“绿色”同整个社会经济发展结合起来，力求经济发展与环境保护的协调一致，将生态价值观融入到社会经济发展之中。这一计划在20

世纪90年代初得到12个工业发达国家的认同，而绿色产业成为绿色计划实施的有效支撑，发展绿色产业也成为各国社会经济可持续发展的重要战略。之后，以可持续发展思想为指导，绿色产业、环境产业、环保产业、清洁生产、绿色产品、绿色营销等概念不断涌现，“绿色产业”不断被赋予新的意义与内涵。但由于其内容的广泛性、多层次性与演变性，迄今为止关于绿色产业的概念还没有统一的定义，绿色产业的内涵与外延依然比较模糊，与绿色产业相似的概念也比较丰富。各个国家、各种国际组织与机构、不同学科依据自身的特点，对绿色产业及其内涵有着不同的认识。

（1）国际绿色产业联合会（International Green Industry Union）认为“如果产业在生产过程中，基于环保考虑，借助科技，以绿色生产机制力求在资源使用上节约以及污染减少（节能减排）的产业，我们即可称其为绿色产业”。

（2）联合国发展计划署（UNDP）对绿色产业的定义是：“防止和减少污染的产品、设备、服务和技术，如太阳能、地热能、风能、公共交通工具和其他交通工具以及其他可节省能源和减少资源投入、提高效率和产品的设备、产品、服务与技术。”

（3）由于绿色产业的多层次性，由于各个国家的侧重点不同，对绿色产业的界定也存在一定差异，如在美国称为“环境产业”，在日本称为“生态产业”或“生态商务”，但基本内涵都是指在国民经济结构中，以防治环境污染、改善生态环境、保护自然资源为目的而进行的技术产品开发、商业流通、资源利用、信息服务、工程承包等活动的总称。

在中国，生态学、产业学、经济学等学科从不同的角度对“绿色产业”进行了不同的描述和定义，比较常见和具有代表性的定义有：

（1）绿色产业主要是指直接与环境保护相关的一些产业或各种环境友好型产业，即在产品的生产过程和消费使用中对环境无危害的产业。①

（2）绿色产业是基于可持续发展要求，以绿色技术的采用为其内在需求，以消除或最大限度减少外部成本、追求环境效益和经济效益最大化为其目的的企业及其相关组织的集合。②

---

① 王仲成：《论我国环保产业发展对策的体系建设》，《中国环保产业》2000年第5期，第10页。

② 林毓鹏：《加快发展我国绿色产业》，《生态经济》2000年第2期。

（3）带有“绿色标识”的“绿色产品”的产业则被称为“绿色产业”。具体地讲，就是由国家权威部门依一定的标准进行确认，对产品的生产、运输、消费过程进行审查、监督，凡合乎“对环境友好无害”要求的产品颁发正式的“绿色标识”。①

综上可见，尽管到目前为止国际上对“绿色产业”还没有一个权威的定义，但人们对绿色产业的认识在不断完善和不断深化，同时也真实地反映了绿色产业从兴起到迅速发展的趋势。其基本内涵是指积极采用清洁生产技术，采用无害或低害的新工艺、新技术，大力降低原材料和能源消耗，实现少投入、高产出、低污染，尽可能把污染物的排放消除在生产过程之中，以及生产环保设备的有关产业。

2. 绿色产业的特征

从全球范围来看，绿色产业具有典型的生态性、循环性、渗透性、交叉性、公益性等特征。随着全球范围内绿色产业的不断发展，呈现出一些基本的共性特征，主要包括：

（1）全球范围的广泛认可与标准的统一性

统一产品标准、规范产品生产过程成为绿色产业发展中的必然趋势。国际标准化组织（ISO）在已制定 ISO 9000《质量管理和质量保证》系列国际标准的基础上，又发布 ISO 14000《环境管理》系列标准，其中环境标志是其重要的组成部分。ISO 正致力于全球统一的环境标志，从而使环境标志产品具有国际统一性的特征。国际绿色产业联合会是全球最具权威性和影响力的绿色行业组织之一，是接受联合国领导的国际性非政府团体组织，“国际绿色产业联合会绿色产品”是国际绿色产业协会设立的一项专业认证，“IGIU”是其绿色产品标志。

（2）生产的系统性

发展绿色产业不仅要有系统的思想和观念，更要落实到生产全过程。从生产设计到产品的消费及处理各环节都必须强调环境保护的重要性，并纳入相应的环境管理行为之中，进行绿色理念和技术的渗透融合，实行全过程的开发、管理与监督。同时绿色产业涉及诸多行业和部门，是一项宏大的系统工程。进行绿色产业开发，不是由一个行业、一个部门、一个单位所能完成的，是全社会的责任和

① 江瞳：《开发绿色产业，走可持续发展新路》，《经济新论》2000 年第 3 期。

意识，因此必须协调好各行业、各部门之间的关系，使之明确分工、主动配合、平等互利；必须根据不同地区、不同条件进行合理布局、科学规划，才能取得好的生态效益、社会效益和经济效益。

（3）资源利用的可持续性

绿色产业的重要特征是企业推行清洁生产，采用无废弃物或少废弃物的生产工艺，充分利用资源，保护生态环境，尽量实现经济效益、社会效益与环境效益的统一，促进环境与经济的协调发展，注重发展的可持续性。资源开发与保护、资源的可持续利用是绿色产业发展的核心内容。

（4）产品工艺的高科技性

绿色产业所追求的发展理念，决定了其生产过程的各个环节都必须采用先进的技术和方法以保证工艺和产品的“绿色”质量，保证向社会提供健康安全的消费品。因此，注重对高新技术的开发是绿色产业具有的另一个鲜明特征。这种高科技性还包括对传统工艺或技术的改造，传统工艺与高新科技成果的有机结合。

3. 绿色产业兴起的背景和动因

绿色产业的兴起和蓬勃发展，有着深刻的时代背景和原因：

（1）资源与环境困扰。自第一次产业革命以来，人类对物质财富和经济增长速度的过度追求，导致了非再生资源的匮乏和环境危机，给人类共同生存的地球带来了很大危机。为了合理使用稀缺的自然资源，保护环境，产业的“绿化”势在必行。

（2）各国政府和社会对可持续发展的追求。可持续发展理念一经提出便深入人心，为了实现这一目标，各国政府极力采用积极的产业政策大力扶植绿色产业，从而大大促进了绿色产业的发展。

（3）消费者绿色意识的增强。消费者用“绿色观点”来选择商品并向生产者施加影响。这种新的“绿化”需求结构引导了“绿化”生产和产业结构，从而推动了绿色产业的发展。

（4）资金与技术支持。绿色产业市场潜力巨大，加之国家政策扶持及快速的现代科技支撑，极大地促进了绿色产业的发展。

（5）国际竞争的促进。进出口贸易以及国际技术转移方面带来的“绿色浪潮”冲击，极大地影响了各国的产业结构，促使其向“绿色”方向发展，以求与国际潮流同步，参与国际竞争。

总之，由于人们生态价值观的不断强化，对人与自然关系的重新认识，包括消费者的绿色消费意识的引导，生产者的绿色生产意识的增强，政府的政策和法律的约束与引导等，绿色产业迅猛发展成为21世纪的朝阳产业。

（二）绿色产业型城市的内涵与特征

2010年上海世博会的主题“城市，让生活更美好”，已经成为每个城市未来发展的方向。现代城市所倡导的低碳、节能、便利、环保，倡导的人与人、人与自然的和谐关系，已经成为引领城市发展的新思维、新理念。随着绿色理念的深入人心，城市发展模式与动力机制已发生了重大变化，绿色产业型城市已经成为城市发展的新趋势。

1. 绿色产业型城市的内涵

绿色产业型城市是指通过倡导绿色理念，采用先进技术，建立绿色化产业体系，从而达到社会、经济、环境的可持续发展，实现自然生态平衡与人文生态和谐的城乡统一体。在绿色产业型城市中，绿色功能突出，绿色产业在国民经济中比重较高，环境绿色和谐，公共服务手段与机制先进科学，城市的社会管理、经济管理、生态管理、基础设施管理统一和谐；在城市发展中，强调科学精神与人文精神的相互渗透、相互支持与紧密结合。

对绿色产业型城市的理解，需要从以下几个角度来审视其内涵。一是从人的需要和发展角度来看，绿色产业型城市以满足人对绿色环境的需要为核心，以满足人的全面发展为目的，强调人本理念的全面渗透，强调人类共创繁荣和幸福，绿色产业型城市是面向未来和谐社会的人类主要居住区；二是从城市经济学的角度看，绿色产业型城市中的生产要素不断向绿色产业相关部门集中，且以绿色为核心的产业在城市经济结构中占绝对比例，绿色产业是绿色产业型城市经济发展的支柱，绿色旅游、绿色科技、绿色文化、绿色产品、绿色生产、绿色环境等，影响并决定着城市的功能定位和城市发展方向；三是从可持续发展的角度来看，绿色产业型城市是以人与自然、社会共生共融，以传承和发扬城市文化，以实现环境友好和生态文明为目标的宜居、宜游、宜业、宜乐的和谐城市。

2. 绿色产业型城市的特征

（1）生产清洁化与高效性

绿色城市既要保证经济的持续增长，更要保证增长的质量。因此，绿色产业型城市要求有合理高效的产业结构、能源结构、技术结构和产品结构；要求通过开发采用节能降耗技术、循环再生技术、防污染技术等，开展清洁生产；通过大力发展高新技术产业、文化产业、现代服务业等，提升产业结构，调整生产、流通和消费诸环节，从而使资源和能源得以有效利用，使城市经济系统和生态系统能协调发展，形成良性循环，实现城市经济发展与生态环境效益的统一，促进经济的高效运行。

（2）消费绿色化与健康性

绿色产业型城市提倡消费者健康适度的消费心理，弘扬高尚的消费道德及行为规范，并通过改变消费方式来引导生产模式发生重大变革，进而调整产业经济结构，促进绿色产业发展。它包括三层含义：一是倡导消费者在消费时选择未被污染或有助于公众健康的绿色产品；二是在消费过程中注重对垃圾的有效处置，不造成环境污染；三是引导消费者转变消费观念，崇尚自然、追求健康，注重环保、节约资源。

（3）行为理念理性化与自觉性

绿色作为一种全新的发展理念，已远远超出了纯自然的范畴，渗透到经济、社会、文化、生活等各个方面。绿色产业型城市要求人们有自觉的生态意识和环境价值观，形成自觉的社会责任与健康理念。绿色城市要求人们的生活质量、人口素质及健康水平与社会进步、经济发展相适应，全方位打造舒适的生活环境、安定的社会秩序、开放民主的社会政治、健全的社会保障体系、全面的文化发展、绿色的生活社区和生态化的城市空间环境。

（4）生活自然化与和谐性

城市生活的和谐性不仅体现在人与自然的关系上，更重要的体现在人与人的关系上。在人与自然的关系上，要求回归自然，贴近自然，崇尚自然，再造自然。在人与人的关系上，强调互爱、互助、和谐，富有浓郁的人文气息，打造健康、富有生机与活力的城市文化，塑造城市文化功能、文化个性和文化魅力，以先进文化引领城市产业的发展，建设清洁、高效、健康、平等、和谐的城市社会。

（5）生态环境园林化

走进绿色，拥抱绿色，营造人与自然和谐相处的生态文明城市，是全球化时代城市发展的新潮流。绿色城市意味着污染全部控制、资源高效利用、人与自然和谐相处；绿色产业型城市要求具有良好的环境质量和充足的环境容量，能够消纳人类活动所产生的各种污染物和废弃物。

3. 绿色产业型城市发展的背景与动因

随着后工业社会的来临，特别是信息技术的高速发展，城市发展迈出了崭新的步伐，呈现出与工业时代越来越大的差异和全新的发展趋势与特征。

（1）城市产业轻型化与服务化成为主流趋势。当工业化接近和进入中期阶段后，城市化的演进更多地表现为第三产业快速发展，许多新兴的以绿色、环保、科技为基本理念的第三产业的快速发展，成为城市化的新动力。特别是信息技术的发展和信息产业的崛起，使现代世界城市的产业结构正变得越来越软化，技术密集型服务业日益成为支配城市经济发展和决定城市地位高低的主要动力和首位因素。

（2）城市立体交通网络一体化发展趋势明显。在现代世界城市发展中，立体交通网络一体化是最鲜明、最主要的趋势。一些国际经济中心城市，目前非常注重发展高效、低污染的城市立体交通网络，尽最大可能节能减排。地铁和轻轨铁路已成为城市公共交通的主体，承担市区内部大部分的客运，铁路承担城际客运。城市立体交通网络追求安全、环保、便捷、高效的交通体系，促进了绿色产业型城市的发展。

（3）城市园林化成为城市建设的潮流。以人类与自然协调为宗旨的城市园林化体现了可持续发展、生态建设、环境保护的多种要求，使城市成为社会、经济、自然复合生态系统和居民满意、经济高效、生态良性循环的人类居住区。各个国家和政府采取不同的措施与手段加大了城市园林建设。园林般的城市不仅美丽如画，给人们居住生活营造了和谐氛围，也给产业发展提出了很高的要求，推动着城市绿色产业的创新与发展，也使城市个性不断得到展现和强化。个性化、园林化城市空间和人居环境显示了城市的独特魅力。

（4）城市空间结构向着多层次方向演化。城市地租的提高不断推动着城市空间结构的演化，商业、服务业、居住区逐渐向城市中心集中，制造业逐渐向外转移。在城市中心区的规划中，强调中心城区的功能再造与城市土地高效利用。比如美国城市中心区再发展被广泛应用的 7 个规划和发展战略是：增加步行街、改建室内购物中心、保护历史文物、开发临水区域、开发写字楼、建设重大活动场所、提高交通能力。中心城区的再造在改变城市空间结构的同时，从一定程度上再造了城市产业结构。

（5）城市信息数字化创新了现代城市管理理念与手段。“数字城市”正在成为世界城市积极规划和建设的全新目标，美国约有50个城市正在建设“数字城市”，香港也开始建设“数字港”，新加坡首先提出“智能城市”的设想并在积极进行中。城市信息化进程使城市的管理手段、生活方式、生产方式更加现代化和高效率。

总之，随着后工业社会的来临，随着信息技术的高速发展，城市发展理念和发展模式发生了很大转变，以人为本、追求人与自然和谐的发展思想深入人心。一个现代化城市，不仅是为城市工业发展创造条件，更多的是为居民创造优美、舒适的生活环境。绿色城市是现代城市发展的客观要求，也是城市现代化的重要内容之一。

二　绿色产业型城市的评价

绿色产业型城市不仅要求人居环境优美宜人，而且要求支撑其永久续存的产业及发展具有“绿色化”趋势和特征。因而，构建绿色产业型城市的评价指标体系，需要在准确把握绿色城市内涵及其功能和效益特征的前提下，在总结绿色城市生态服务功能及其生态、社会和经济效益的基础上，建立一个涵盖生态、经济、社会等多因子的绿色城市综合评价指标体系。

（一）评价指标体系的构建原则

绿色产业型城市的评价体系，以及据此建立起来的模型应具有典型性、代表性和系统性，应具备描述、解释、评价、预警及辅助决策的功能。因而，绿色产业城市评价体系的构建应遵循以下原则。

1. 科学性原则

具体指标的选取应建立在充分的科学研究基础之上，物理意义明确，测算方法标准，统计方法规范，客观真实地反映现代城市建设的主要目标及实现程度。

2. 系统性原则

指标体系作为一个有机整体，要求能全面、系统地反映绿色城市建设各要素的特征、状态和各要素之间的关系，并能反映其动态变化和发展趋势。指标间应相互补充，充分体现绿色城市作为一个各要素相互联系、相互制约的生态系统的一体性和协调性。

3. 层次性原则

绿色产业城市建设是一个复杂而庞大的系统工程，对其进行综合评价的指标体系应具有合理而清晰的层次结构，评价指标在不同尺度、不同级别上都能反映或辨识绿色城市的属性。

4. 可比性原则

可比性原则有两层含义，一是时间上的可比性，评价指标体系应能对不同时段上的可持续发展状态进行比较，表现其变化趋势；二是空间上的可比性，评价指标体系应能对不同地域间或不同功能区间的可持续发展状态进行比较，表现地域或城市不同功能区间的差别。

5. 区域性原则

由于区域的自然条件、发展历史、文化背景和地理位置等方面的差异，区域之间社会经济发展水平差别很大，造成各区域间发展的不平衡性，即地域差异性。在绿色城市建设和评价其建设效果时应遵循区域性原则，因地制宜地对绿色产业型城市的发展状况进行客观准确的评价。

（二）评价指标体系的构成

根据以上原则，构建以下绿色产业型城市评价指标体系，见表1。

表1　绿色产业型城市发展评价体系

目标	一级指标	二级指标	三级指标
绿色产业发展评价体系	产业发展指标	经济发展实力	人均 GDP
			人均财政收入
			GDP 增长率
		绿色产业发展水平	装备制造业增加值占 GDP 的比重
			文化产业增加值占 GDP 的比重
			信息产业增加值占 GDP 的比重
			第三产业增加值占 GDP 的比重
		绿色产业发展潜力	R&D 投入占 GDP 比重
			R&D 从业人员数量
			环保产业增长率
			第三产业增长率

续表

目标	一级指标	二级指标	三级指标
绿色产业发展评价体系	生态环境指标	资源综合利用指标	单位工业增加值综合能耗(吨标煤/万元) 工业用水循环利用率(%) 工业固体废弃物综合利用率(%) 资源综合利用率(%) 危险废物处理处置率(%)
		污染控制指标	单位工业增加值 COD(行业特征污染物)排放量 单位工业增加值 SO_2 排放量 行业特征污染物排放达标率 废弃物收集处置率(%)
		居住环境	人均居住面积 人均公共绿地面积 绿化覆盖率
	社会发展指标	绿色消费与投资	环保投资占 GDP 比重 公众绿色消费支持比例 政府绿色采购所占比例
		公众行为	公众对绿色产品的接受程度 公众对城市生态环境的满意度
		居民生活与消费水平	人均可支配收入 恩格尔系数

（三）绿色产业型城市的评价方法

1. 定性分析法

绿色产业作为一种产业发展理念，强调城市人口、资源、环境、经济、社会的协调发展，要求城市管理方式、生产方式、生活方式、城市建设等多方位的彻底变革，是决策机制、运行机制、监督机制的全面创新。作为一种制度创新，对其进行定性分析和评价是必然的。

2. 案例分析法

我国地域辽阔，城市发展水平、发展条件、文化背景、历史条件等存在着很大差异，绿色产业发展模式也存在很大差异。因此，对绿色产业发展水平进行案例分析是十分必要的。

3. 定量评价法

绿色产业型城市发展的最终目标，在于提高城市发展水平，改善城市人居条件，促进生产、生活、生态的一体化发展。因此，对于绿色产业型城市的评价，还必须从多个层次、多个角度进行定量分析，更好地体现其社会经济效应。

三　绿色产业型城市建设

（一）中国城市产业发展现状

1. 城市经济持续快速增长，在整个国民经济中的地位不断提高

改革开放以来，中国创造了经济增长的奇迹，国民经济总量呈现较快上升趋势，与此同时，城市经济也获得了较快增长，从2000年到2010年绝大部分城市经济保持了10%以上的增长速度。随着整个国民经济的快速增长，城市在经济增长中的地位越来越重要，城市GDP占全国GDP的比重不断上升，地级以上城市GDP占全国GDP的比重从2000年的48%上升到2009年的62%，城市正逐步成为整个国民经济增长的发动机，见表2。

表2　2000～2009年我国城市经济发展概况

时间	国内生产总值(亿元)	地级以上城市(不含市辖县)地区生产总值(亿元)	地级以上城市GDP占全国的比重(%)
2000	99215	47362	48
2001	109655	55057	50
2002	120333	64292	53
2003	135823	76152	56
2004	159878	91695	57
2005	184937	113144	61
2006	216314	132272	61
2007	257306	157033	61
2008	300670	186280	62
2009	335353	207759	62

资料来源：2000～2009年全国GDP数据来源于国家统计局《中国统计年鉴2010》，中国统计出版社，2010。地级以上城市（不含市辖县）GDP数据来自国家统计局城市社会经济调查司《中国城市统计年鉴》，中国统计出版社，2001～2010。

2. 城市产业结构向绿色产业化方向演进，产业水平不断提升

首先，城市产业发展出现了一、二、三产业协同发展的势头，第一产业以观光农业、生态农业、设施农业、休闲农业为主，取得了长足的发展，成为城市新的经济增长点；第二产业中制造业和高新技术产业的比例明显增加，信息化程度逐步提高，产业集群化发展趋势明显；第三产业稳步增长，其中旅游、金融、文化等产业增长迅速，第三产业的快速发展，使城市功能得以进一步完善与加强。其次，产业结构趋向合理，总的趋势是第一、二产业产值比重逐年下降，第三产业产值比重逐年上升。2009 年，城市第一产业增加值为 6215.4 亿元，第二产业增加值为 100368 亿元，第三产业增加值为 101175.7 亿元，占全国的比重分别为 2.99%、48.31%、48.7%。

表 3　2000 ~ 2009 年全国地级以上城市三产结构变化情况

时间	第一产业(亿元)	比重(%)	第二产业(亿元)	比重(%)	第三产业(亿元)	比重(%)
2000	2273.4	4.8	23870.4	50.4	21218.2	44.8
2001	2642.7	4.8	27418.4	49.8	24955.9	45.4
2002	3150.4	4.9	31889	49.6	29253	45.5
2003	3426.8	4.5	39294.2	51.6	33430.6	43.9
2004	4034.6	4.4	48690.3	53.1	38970.5	42.5
2005	4381	3.9	56977	50.3	51785	45.8
2006	4582	3.5	67088	50.7	60601	45.8
2007	5160	3.3	79281	50.5	72580	46.2
2008	5931	3.2	94343.5	50.6	86005	46.2
2009	6215.4	2.99	100368	48.31	101175.7	48.7

资料来源：国家统计局城市社会经济调查司《中国城市统计年鉴》，中国统计出版社，2001 ~ 2010。

表 4　2009 年中国计划单列市及省会以上城市产业结构

城市名称	生产总值（亿元）	第一产业（亿元）	比重（%）	第二产业（亿元）	比重（%）	第三产业（亿元）	比重（%）
北　京	12153	118.3	1	2855.5	23	9179.2	76
天　津	7522	128.9	2	3987.8	53	3405.2	45
石家庄	3001	308.3	10	1487.9	50	1205.1	40
太　原	1545	28.6	2	675.5	44	841.1	54
呼和浩特	1644	78.1	5	593.2	36	972.7	59

续表

城市名称	生产总值（亿元）	第一产业（亿元）	比值（%）	第二产业（亿元）	比值（%）	第三产业（亿元）	比值（%）
沈阳	4269	207.1	5	2127.4	50	1934.0	45
大连	4350	313.4	7	2127.2	49	1908.8	44
长春	2849	223.9	8	1442.8	51	1181.8	41
哈尔滨	3175	384.9	12	1148.2	36	1642.4	52
上海	15047	113.8	1	6001.8	40	8930.9	59
南京	4230	129.2	3	1930.7	46	2170.4	51
杭州	5088	190.5	4	2387.1	47	2509.9	49
宁波	4329	183.5	4	2362.1	55	1783.6	41
合肥	2102	108.7	5	1105.0	53	888.5	42
福州	2604	242.0	9	1108.2	43	1253.9	48
厦门	1737	20.5	1	821.0	47	895.7	52
南昌	1838	111.9	6	1016.4	55	709.2	39
济南	3351	187.1	6	1453.6	43	1710.7	51
青岛	4854	230.3	5	2420.1	50	2203.5	45
郑州	3308	103.1	3	1786.5	54	1418.8	43
武汉	4621	149.1	3	2142.1	46	2329.7	50
长沙	3745	179.4	5	1893.6	51	1671.8	45
广州	9138	172.3	2	3405.2	37	5560.8	61
深圳	8201	6.7	0	3827.1	47	4367.6	53
南宁	1525	212.4	14	527.5	35	784.9	51
海口	490	34.1	7	119.8	24	335.7	69
重庆	6530	606.8	9	3448.8	53	2474.4	38
成都	4503	267.8	6	2001.8	44	2233.0	50
贵阳	972	50.1	5	395.1	41	526.8	54
昆明	1809	114.1	6	824.6	46	870.0	48
拉萨	163	9.1	6	48.7	30	105.5	65
西安	2724	110.4	4	1144.8	42	1469.0	54
兰州	926	30.5	3	433.6	47	461.8	50
西宁	501	19.2	4	249.3	50	232.6	46
银川	578	32.3	6	285.8	49	260.0	45
乌鲁木齐	1095	16.4	1	452.7	41	625.5	57

3. 城市产业群体基本形成

随着中国城市经济的快速发展，中心城市带动能力增强，区域性中心城市的产业带动功能迅速提高，形成了长三角、珠三角、京津冀三大城市群体。这三大城市群体是目前我国城市经济活动比较活跃、城市产业结构比较合理、城市功能比较完善的区域。2006 年以来，在全国城市 GDP 排名前 20 位的城市中，除重庆、成都、武汉之外，全部是这三大区域的城市。2009 年，三大地区城市 GDP 占全国 GDP 的比重达到 41.7%，支撑着我国国民经济的半壁江山。

表 5　2003～2009 年我国三大城市群体经济与全国对比

时间	全国 GDP（亿元）	长三角（亿元）	珠三角（亿元）	京津冀（亿元）	三大城市群 GDP 总量（亿元）	三大城市群 GDP 总量占全国比重（%）
2003	135822.8	22803	11341	13482	47626	35.1
2004	159878.3	28775	15337	16164	60276	37.7
2005	184937.4	33567	18059	20847	72473	39.2
2006	216314.4	39613	21426	23991	85030	39.3
2007	257306.3	46861	25416	28129	100406	37.8
2008	300670.4	66515	29946	33448	129909	41.4
2009	335353.9	72494	32147	37256	141897	41.7

资料来源：全国 GDP 来源于国家统计局《中国统计年鉴 2010》，中国统计出版社，2010。长三角、珠三角数据来源于国家统计局国民经济综合统计司《中国区域经济统计年鉴》，中国统计出版社，2004～2010。京津冀（主要包括北京、天津、石家庄、唐山、承德、张家口、保定、廊坊、秦皇岛、沧州、邯郸、邢台、衡水）数据来源于国家统计局城市社会经济调查司《中国城市统计年鉴》，中国统计出版社，2005～2010。

（二）中国城市产业发展中存在的问题

我国城市产业发展虽然取得了较大成就，但也存在着一些深层次的矛盾与问题，主要表现在：

1. 城市产业结构低水平趋同

目前我国高新技术产业增加值仅占国内生产总值的 4%，远低于发达国家和新兴工业化国家水平，产业结构低水平问题突出；大部分城市仍以传统产业为支柱产业，城市工业生产之间缺乏紧密的分工与协作，城市工业特色不突出，从而形成了中国各地城市工业布局上大而全、小而全的重复建设局面，产业趋同、市场无序竞争等问题严重。

2. 制造业主要以加工制造为主，科技含量比较低

我国制造业主要以加工制造业为主，装备制造业的发展水平比较低；加工制造业中高消耗、高污染、低附加值的加工制造业比重偏高，技术和知识密集的高附加值产业比重偏低，从而导致能源和原材料的过度消耗，产品成本高，经济效益差，并加剧了环境污染。目前，中国所采用的工业技术水平只有15%～18%达到世界20世纪80年代后期的技术水平，能源利用率不到35%，比发达国家低近10个百分点，工业污染排放量却是发达国家的10倍。

3. 产业发展的资源环境压力越来越大

一直以来，以城市为主导的中国工业片面追求较高的增长速度，形成劳动、资源密集型主导的产业结构，导致资源、环境等问题越来越突出。目前我国城市水资源、土地资源严重短缺，石油、煤炭、电力、天然气等供应不足，资源型城市资源枯竭与经济转型的压力不断加大，环境污染超越了环境承载力等，这些问题已经困扰着城市产业的发展。世界银行最新研究报告指出，我国每年因为环境污染造成的损失约占当年新增GDP的10%，如果不改变现有发展方式，2020年将上升到13%以上。

4. 产业技术进步依赖外资，自主创新能力不足

我国还十分缺乏具有自主知识产权的技术体系，多数行业的关键核心技术与装备基本依赖国外进口，关键技术自给率很低，技术对外依赖度达50%，60%以上的装备需进口，科技对经济发展的贡献率仅占30%，全社会劳动生产率水平还很低下。

（三）中国城市产业发展的选择——发展绿色产业，打造绿色城市

我国“十二五”规划明确提出了“绿色发展，建设资源节约型、环境友好型社会”的思想，并且明确指出我国产业发展的基本思路是：改造提升制造业，培育发展战略性新兴产业，大力发展循环经济，推动能源生产和利用方式变革等。“十二五”时期产业发展的基本方向将向着高度化、高端化、专业化、特色化、融合化、绿色化、品牌化、国际化的方向发展。具体发展方向如下：

（1）新能源产业。在高新技术的基础上，系统开发利用可再生能源，如核能、太阳能、风能、生物质能、地热能、海洋能、氢能等。新能源的发展将成为我国“十二五”时期新的增长点。

（2）环保产业。环保产业是以防治环境污染、改善生态环境、保护自然资源为目的而进行的技术产品开发、商业流通、资源利用、信息服务、工程承包等

活动的总称。进入21世纪，全球环保产业开始进入快速发展阶段，环保产业将成为许多国家革新和调整产业结构的重要目标和关键，也是我国城市产业发展的主要取向。

（3）新一代IT产业。IT是信息技术的简称，主要由以下三部分组成：传感技术、通信技术和计算机技术。互联网正在酝酿新的突破、新的升级阶段，大力发展信息技术与信息产业，走新型工业化道路，是我国城市产业发展的重点。

（4）绿色制造业。绿色制造业是指综合考虑环境影响与资源利用效率的现代制造业，其核心是从产品的设计、生产、包装、运输、销售、使用乃至最后的废弃物处理过程，都做到环境污染最小、资源利用效率最高。这是我国制造业可持续发展的主要途径。

（5）文化产业。文化产业是具有精神娱乐性的文化产品的生产、流通、消费活动的总称，包括教育培训、高端知识服务业、文化创意产业等。随着收入水平的提高，文化产业是消费结构升级的重要方向，也是我国城市服务业发展的重点。

（6）医药保健业。随着居民生活水平提高及城市老龄化不断加重，城市居民对医疗保健的要求越来越高。促进医疗保健业发展，是绿色城市发展的必然要求。

（7）现代都市农业。现代都市农业是以生态绿色农业、观光休闲农业、市场创汇农业、高科技农业为标志，融生产性、生活性、生态性于一体的农业，具有营造绿色景观，提供绿色农产品，为市民与自然交流、接触农业提供场所和机会，保持和继承农业和农村文化传统等多方面功能，是城市绿色产业的主要内容。

（四）绿色产业型城市的建设举措

1. 发挥政府在城市绿色产业发展中的主导作用

（1）明确政府在绿色产业发展中的职责

要推进绿色产业发展，必须发挥政府的主导作用，其中建立相应的组织机构是政府主导作用发挥的重要保证。政府应成立综合性的绿色产业开发领导机构，实行归口管理。其主要职责：一是以市场为导向、对城市绿色产业发展进行统一规划、统一协调，防止低水平重复建设、盲目发展，造成资源浪费。二是制定全面完善的绿色标志制度，把绿色目标责任制和经济目标责任制相结合，作为考核地方政府政绩及所属企业经济效益的标准之一。三是开展多种形式的宣传教育活动，向企业推介绿色产品技术，向社会宣传绿色消费。

（2）发挥政府在绿色产业发展中的调控作用

要推进绿色产业发展，必须施以相应的政策引导及制度创新，构建有利于绿色产业发展的激励约束机制。一是建立健全绿色产品卫生和质量监控体系。二是加强绿色技术创新能力。三是建立经济社会发展与生态环境保护综合决策机制。四是改革绿色产业建设的投融资体制。五是进一步完善土地使用制度和生态补偿制度。

（3）培育绿色市场体系

一是要培育发展各类流通组织，加快绿色市场体系和商业网点建设。二是积极开拓国际市场，大力发展商品贸易、服务贸易和对外经济技术合作。三是各级政府要把工作重点放在研究市场、提供信息服务上，以准确的市场信息引导企业和农民的生产经营活动。

2. 制定绿色产业发展战略，构建绿色产业体系

（1）制定适合城市特点的绿色产业发展战略

绿色产业发展战略的制定要立足于加强对资源的规划利用和严格管理，立足于克服浪费资源求发展的短期行为，切实提高资源综合利用效率。为此，绿色产业发展战略应注重以下几点：一是解决环境污染突出问题，实施末端污染控制；二是按照绿色产品和食品高于洁净技术，洁净技术高于末端污染控制的经济效益次序选择战略；三是依据地区优势，重点发展那些资源充足、市场需求大、经济效益较高的绿色产品和技术。

（2）构建城市绿色产业体系

建设绿色产业型城市需要积极构建绿色产业体系，利用技术产业群及生态产业群中的信息产业、知识产业、综合利用产业、生态维护产业等改造传统农业、工业及服务业。一是要引导推广发展以无公害食品、绿色食品和有机食品为主的生态农业产业，建设与资源、环境承载力相适应的绿色农业体系；二是以循环经济为主要经济技术模式，高效利用自然资源，按照“推动一块、改造一块、拓展一块”的思路，推动第二产业向绿色经济方向发展；三是全力做大绿色服务业，贯彻生态化、信息化、知识化要素和绿色发展理念，利用现代技术和经营方式，改造传统服务业，发展现代服务业。

3. 发挥绿色企业在绿色产业发展中的主体地位

企业作为绿色产业主体，应以主动的姿态参与到绿色战略的制定及实施当中。一是制定企业绿色发展战略，建立企业绿色发展机制。事关企业发展战略的一系列活动，都应围绕“绿色”展开。同时要形成以市场机制为基础的企业绿色发展机制，以推动企业绿色发展战略的实施。二是加强企业绿色技术创新，实施清洁生产。实施清洁生产，是企业绿色化发展的关键环节。企业应制定清洁生产方案，采用绿色工艺，组织内部物料循环，实施全程控制及必要的末端治理等措施，实现绿色生产。三是实施绿色营销管理，倡导和推进绿色消费。企业的营销活动既要立足于满足消费者需求，又要立足于降低资源消耗、减少环境污染，这就需要企业认真研究绿色市场需求、绿色消费心理，做好企业产品绿色认证及定价，引导、倡导和推进绿色消费。

4. 完善政策法规，为绿色产业发展提供法制保障

法律是市场经济条件下促使企业绿色技术创新和绿色生产、绿色营销的最重要、最有效的外部强制力量。一是要加强环保立法和执法的力度。在整个立法、执法过程中，应以预防为主，强化监督管理，要彻底改变我国绿色产业立法水平低、制裁措施过软和执法不严的状况。二是完善绿色产品认证制度。要参照国际标准制定和完善我国的绿色产品认证制度，如规范的绿色产品标准、完善的绿色产品认证体系等。

5. 开展绿色教育、培育绿色文化、增强公民绿色意识

要加强绿色生态建设宣传教育，建设一批绿色学校和生态教育基地，在大、中、小学校广泛开展绿色文化教育，开展全民绿色环境保护教育工程，抓好绿色生态基础教育、专业教育、社会教育和岗位培训，把绿色环境道德教育、绿色行政意识、绿色经济意识、绿色法制意识、绿色科学意识等有机结合起来，使绿色文化畅行整个社会，提高全民绿色意识。

四　绿色产业型城市案例分析——以杭州市为例

（一）案例背景

杭州市地处我国东南沿海的长江三角洲南翼，钱塘江下游，杭州湾西端，是长江三角洲地区重要的中心城市和中国东南部交通枢纽。杭州自然条件优良，生态环境得天独厚，自古就有“上有天堂，下有苏杭”的美誉。进入21世纪后，杭州市就提出了建设生态型城市的发展战略，并取得了良好的成效，获得了诸如“国际花园城市”、“东方休闲之都”、“中国最佳旅游城市”、“中国（大陆）国际形象最佳城市”、“中国十大最具幸福感城市”等一系列国际或国内殊荣。以下将从绿色产业型城市建设角度，探讨杭州案例的实践经验及启示。

（二）杭州市在绿色产业型城市建设方面的主要举措

1. 优化区域发展布局

主要做法有：一是实施主体功能区规划，依据环境容量和生态承载力，统筹谋划人口分布、经济布局、国土利用和城市化格局。二是引导和推动市区产业特别是制造业向中心市区外五县（市）有序转移，加快五县（市）新型城市化进程。三是推进产业集聚区建设，优化全市生产力布局。

2. 加快产业转型升级

一是实施“服务业优先”战略，按照集聚化要求大力发展生产性服务业，按照便利化要求积极发展生活性服务业，按照均等化要求加快发展公共服务业。二是加强对战略性新兴产业的规划引导和政策支持，把产业基础好、企业实力强的新一代信息技术、高端装备制造、生物、节能环保产业培育成为支柱产业，把具有较大发展空间与增长潜力的新能源、新材料、新能源汽车产业培育成为先导产业，积极运用高新技术、先进适用技术特别是信息技术改造提升传统优势产业。三是以高产、优质、高效、生态、安全为发展导向，完善现代农业产业体系，发挥农业在减少污染、增加绿化方面的独特作用。

3. 加大节能减排力度

一是强化节能减排目标责任考核，健全节能减排激励约束机制和统计监督体制，严格实行投资项目节能评估和审查制度，完善落后产能退出机制，淘汰高能耗行业的落后产能。二是实施重点节能工程，推广先进节能技术和产品，推广清洁生产，推行合同能源管理，实现节能由工业节能向交通、建筑、家电在内的社会节能延伸。三是加强重点污染源达标排放，严格控制主要污染物排放总量。

4. 大力发展循环经济

一是以提高资源产出效率为目标，加强规划引导，加强财税金融等政策支持，实行生产者责任延伸制度，推进生产、流通、消费各环节循环经济发展。重点发展工业循环经济和生态循环农业。二是加强矿产资源综合利用，鼓励产业废物循环利用，加强再生资源现代回收体系建设，实现资源再生利用产业化。

5. 积极发展清洁能源

一是合理控制能源消费总量，调整能源消费结构，提高能源利用效率。二是积极发展新能源、推广清洁能源和可再生能源，推进能源多元化、清洁化、可持续化。

6. 加强资源节约利用

落实节约优先战略，全面实行资源利用总量控制、供需双向调节、差别化管理，特别是土地资源和水资源的规划、管控、综合开发和集约利用，厉行节约。

（三）杭州绿色产业型城市建设成效

杭州绿色产业型城市建设的成果可总结为生态经济发展、生态环境改善、生态文化繁荣。

1. 生态经济发展

主要表现在：一是产业结构进一步优化。围绕构筑现代产业体系，推进经济结构调整，大力发展现代农业、现代工业、现代服务业和文化创意产业，着力形成高层次的产业结构。三次产业比例由 2005 年的 5.0∶50.8∶44.2 调整为 2010 年的 3.5∶47.8∶48.7。5 年间，第一和第二产业比重持续下降，第三产业比重上升明显，产业结构进一步高级化。二是科技创新能力明显提高。以知识分子创业、文化人创业为主要特征的和谐创业方兴未艾，使杭州成为全国科技创新最佳城市。2009 年全市专利申请数达到 15507 件，各行业专业技术人员合计 482215 人，产业科技产量和创新能力得到较大提高。三是绿色产业比重显著提高。2010 年，杭州现代服务业实现增加值 2893.39 亿元，占地区生产总值比重由 2005 年的 44.2% 上升到 48.7%，服务业成为全市经济增长新增动力最强、吸纳社会从业人员最多的产业。特别是文化创意产业发展迅猛，2010 年增加值达 702 亿元，占全市 GDP 的比重达 11.8%。

2. 生态环境改善

主要表现在：一是从源头上减少资源消耗和环境污染。2006 ~ 2010 年，万元 GDP 综合能耗累计下降 18.1% 以上。2010 年，工业废气二氧化硫排放达标率、工业废水排放达标率分别达到99.5%和98%，城市污水集中处理率为92%，生活垃圾无害化处理率达到100%。主要水系监测断面水质三类以上比例为73.2%。环境空气质量优良率达89.6%。二是打造城市森林体系，建设宜居城市。以生态林、产业林、景观林“三林共建”，构建城市森林体系，将林网、水网、路网“三网融合”，建设宜居城市。2010年，杭州森林覆盖率达64.44%，市区人均公园绿地面积15.48平方米，市区建成区绿化覆盖率达39.94%。三是实施西湖、西溪湿地、运河等综合保护工程，加强对钱塘江、富春江、新安江、千岛湖等的保护和治理，“打造五水共导”的杭州城市特色。目前西湖水体平均透明度达81.2厘米，为近50年来最好的水质，千岛湖水质总体保持国家地表水Ⅰ类标准，水体透明度平均达7米以上。

3. 生态文化繁荣

杭州大力弘扬中国传统文化中蕴含的生态思想，借鉴现代先进生态理念，抓好生态伦理建设，开展生态文明创建活动，引导人们始终对大自然报以感恩之心、崇敬之心、谨慎之心，提高人们的生态道德水平，促进生态文明新风尚的形成。目前，爱护生态、崇尚自然、绿色消费已逐渐成为杭州人的一种生活方式。比如，杭州推出“免费单车”系统，目前已建成2000多个服务点，投入车辆5万多辆，免费单车使用率日平均已达22.5万人次，这充分说明“绿色出行”理念已为广大市民所接受。

（四）杭州在绿色产业型城市建设方面的经验与启示

一是重视科学规划和合理布局。要正确处理好生态城市规划与城市发展规划、区域规划、产业发展规划、土地和资源利用规划等之间的衔接和互补，建立与完善专家咨询、部门联合会审、公众参与等各项制度，提高决策的民主化和科学化水平。二是坚定绿色产业发展为基础的信念。坚定不移地推进体制创新，坚定不移地推进产业结构调整，坚定不移地加强自主创新能力建设，坚定不移地实施可持续发展战略。三是改革城市经济核算体系，建立生态约束和补偿制度。建立以绿色GDP为主要内容的国民经济核算体系，把单纯追求经济增长逐步转向注重经济、社会、环境协调发展。同时按照“谁受益、谁补偿，谁破坏、谁恢复，谁保护、谁受益”的原则，建立生态约束和补偿制度。四是绿化城市、绿化人心，创造良好的人居环境。进一步开展绿色社区、绿色学校、绿色工地等绿色系列工程，倡导绿色、文明、环保的生活方式和服务方式，创建洁净和优美的人居环境。大力发展科技、教育、文化事业，加强社会公德、职业道德、家庭美德教育，广泛开展生态保护宣传教育，培养高素质的市民群体，培育文明进步的社会风尚。五是完善投入和保障机制。坚持以计划和市场相结合的手段，建立多元化的投融资机制，鼓励社会资金投向生态城市建设领域。

参考文献

[1] 曾建民：《绿色产业的内涵与特征》，《江汉论坛》2003 年第 11 期。

[2] 林毓鹏：《加快发展我国绿色产业》，《生态经济》2000 年第 2 期。

[3] 黄肇义、杨东援：《内外生态城市理论研究综述》，《城市规划》2001 年第 1 期。

[4] 王茂林：《大力推进城市实现“绿色转型”》，《中国城市经济》2008 年第 3 期。

[5]《中华人民共和国可持续发展战略报告》，科学出版社，2009。

[6] 许学强：《广州市可持续发展的综合评价》，《人文地理》2001 年第 6 期。

[7] 席广亮、甄峰：《苏北沿运河地区绿色产业发展战略研究》，《人文地理》2009 年第 5 期。

[8] 余春祥：《论云南绿色产业发展的战略选择》，《生态经济》2003 年第 12 期。

G.11

循环经济型城市

钱国权　王翠云

摘　要： 循环经济作为一种科学的发展观，一种全新的经济发展模式本质上就是一种生态经济。把循环经济理念应用于生态城市建设，就形成了一种全新的城市建设模式——循环经济型城市。本章在介绍循环经济型城市的概念、特征的基础上，建立了循环经济型城市的评估模型，总结了循环经济型城市建设的举措，并选择兰州、贵阳等典型城市的建设实践开展案例分析。

关键词： 循环经济　社会—科技—自然体系　山水城市

一　循环经济城市的概念与内涵

（一）循环经济的概念及特征

循环思想早在中国古代的“五行”论中就有体现①，而循环经济的思想萌芽可以追溯到环境保护思潮兴起的时代。20 世纪 60 年代美国经济学家肯尼斯·鲍尔丁（Kenneth Boulding）提出的“宇宙飞船理论”可以作为循环经济的早期代表。他认为“地球就像一艘在太空中飞行的宇宙飞船，要靠不断消耗再生能力有限的资源而生存，如果不合理开发资源，肆意破坏环境，地球就会走向毁灭”。在他的理论体系中，污染被看做是未得到合理利用的资源剩余。资源和环境问题都是由发展引起的，由发展导致的环境问题必须由发展解决，而用发展来解决资源和环境问题的途径就是改变传统的经济运行模式，采用循环经济模式，进而避免地球的毁灭②。循环经济理论的提出曾经一度促进了对环境资源问题的研究，

① 蒋庆：《公羊学引论》，辽宁教育出版社，1995。

② 诸大建：《从可持续发展到循环经济》，《世界环境》2000 年第 3 期。

但是由于种种原因，循环经济理论在当时并没有引起人们足够的重视。直到20世纪80、90年代，随着全球性环境问题的不断加剧及可持续发展观念逐步深入人心，循环经济思想终于引起各国政府及民众的高度关注①。1990年英国环境经济学家皮尔斯（Pearce）和特纳（Turner）在《自然资源和环境经济学》一书中首次正式使用了“循环经济”（Circular Economy）一词。1994年德国颁布《循环经济与废弃物管理法》，首次在国家法律文本中使用循环经济概念②。一些发达国家为提高综合环境效益、避免环境污染，提出一种以生态理论重新规划产业发展的新型循环经济发展思路，并在德国、美国、日本等发达国家取得了相当大的成就，近年来，在发达国家循环经济已经逐渐成为一种潮流和趋势。大多数发达国家已经将循环经济看做是实施可持续发展的重要途径，循环经济理论研究已经为越来越多的政府官员、学者和企业家所重视，循环经济理论也逐步走向丰富和成熟。

（二）循环经济型城市的概念及特征

1. 循环经济型城市的概念

循环经济与城市可持续发展的关系，可以追溯到可持续发展概念的提出。可持续发展由联合国环境与发展委员会提出，并经1992年里约环境与发展世界首脑会议所认可：“可持续发展是既要满足当代人的需求，又不损害后代满足其需求能力的发展。”经过10年的实践探索，2002年约翰内斯堡可持续发展世界首脑会议对可持续发展内涵做了更简单明了的阐释。根据这次会议精神，可持续发展可以简单理解为是在经济发展、环境保护和社会进步这三大支柱相互协调和支撑下的发展状态。在这一理解中，“三大支柱”、“相互协调”和“动态”是三个关键词。“三大支柱”反映了城市系统的经济、社会和资源环境等三个子系统，城市系统中所有活动和行为都可以归属到这三个子系统中；“相互协调”反映了三个子系统的协调关系，其实质是城市中人与人的协调关系和人与自然的协调关系；“动态”反映的是过程，指城市可持续发展的长期性和不同发展阶段下的“三大支柱协调状况”的不同水平。

比较循环经济和生态城市内涵的基本特征，不难看出，循环经济的作用对象

---

① 张扬等：《循环经济概论》，湖南人民出版社，2005。

② 徐云：《循环经济国际趋势与中国实践》，人民出版社，2005。

是生态城市中的人与自然的关系方面，主要解决城市经济系统与生态系统间的矛盾。通过改变生产和消费过程中的物质流动方式和效率，改变城市经济发展模式，减少资源能源消耗、提高经济产出、减少污染排放，解决资源短缺和环境污染问题。从循环经济的3R原则、特别是减量化原则看，循环经济理念在城市基础设施，特别是在公共资源、能源设施和建筑领域的资源能源节约与效率提高方面可以大有作为。

循环经济作为一种科学的发展观，一种全新的经济发展模式本质上就是一种生态经济。把循环经济理念应用于生态城市建设，就形成了一种全新的城市建设模式——循环经济型城市。这种生态城市是空间布局合理，基础设施完善，环境整洁优美，生活安全舒适，物质能量高效利用，资源永续利用，经济发展、社会进步、生态保护保持高度和谐，人与自然互惠共生的最适宜创业发展和生活居住的城市。以循环经济的模式来建设生态城市，这是一个全新的理念。这种类型的生态城市多在经济欠发达、社会遗留问题比较多、缺乏未来城市发展基础设施的城市。如贵阳市是国家环保总局确定的首个循环经济型城市的试点城市。

作为一种先进的新经济形态，循环经济把清洁卫生、资源综合利用、生态设计等融为一体，运用生态学规律来指导人类活动，促进经济增长、环境保护和社会进步的协调发展。循环经济型城市建设的主要内容：一是实现全面建设小康社会，在保持经济持续快速增长的同时，不断改善人民的生活水平，并保持生态环境美好的目标。二是转变生产和消费模式，逐步从传统粗放式资源型城市发展模式过渡到可持续循环经济型发展模式。在经济总量达到一定规模后，逐步实现经济发展与资源消耗的脱钩。与此同时，营造一个绿色消费的环境，制定合理的绿色消费政策和规章制度，培育环境友好的商品与服务体系，激发和引导消费环节的变革。三是构建循环经济产业体系（涉及三大产业）、城市基础设施（重点为水能源和固体废弃物循环利用系统）、生态保障体系（包括绿色建筑人居环境和生态保护体系）三个核心系统。

2. 循环经济型城市的基本特征

循环经济型城市的特征，总体上讲，就是综合效益最高，即人们各种社会经济活动所耗费的活劳动和物化劳动不仅能通过城市经济系统获得较大的经济成果，而且这些经济成果是在尽可能少的资源投入和尽可能少的废物产生的条件下取得的。简单地说就是“高效”、“节约”和“少污染”，这也同时凸显了循环经济的核心思想，即3R原则。具体包括：

（1）从宏观经济上看，具有合理的产业结构，并实现产业的生态化

从产业的总体结构来看，一般应是第三产业 > 第二产业 > 第一产业的倒金字塔结构。至于城市各产业间的比例关系，各城市由于自然条件、历史基础、发展方向等因素的不同而不应强求一致。当然一般说来第三产业要达到一定的比重，因为第三产业往往反映了一个城市的活力及其生态系统运行的效率。有人认为第三产业的比重最好在70%以上。各产业要向生态化发展，第一产业主要发展生态农业，应以绿色食品及农业的生态效益为开发重点，并逐步向规模化、安全化和观光化发展；第二产业主要发展生态工业，通过建立生态工业链及开发运用高新技术，实现资源和能量的多层次分级充分利用，从而推动物质的有效转换及再生；第三产业不仅本身要生态化而且要为生态农业和生态工业的发展创造良好的生产环境。按照循环经济的思想原则，发展生态产业旨在满足城市消费需求的同时，使城市的生态环境得到有效保护。

（2）建立高效率的经济资源流转系统

该系统充分体现了循环经济的核心思想，以现代化的城市基础设施为支撑骨架，为人流、物流、能流、信息流、资金流等各项经济资源提供高效的流转途径和条件，加快流转速度，减少经济资源在流转过程中的损耗及因此造成的对城市生态环境的污染。高效率的流转系统包括：构筑于三维空间并连接内外的交通运输系统，其主动脉是地铁、城市高架路等市区交通干线及高速公路、航空、铁路、航海等对外交通干线；建立在通信数字化、综合化和智能化基础上的快速有序的信息传输系统；配套齐全、保障有力的物资、能源供给系统；网络完善、布局合理、服务良好的商业、金融服务业系统；设施先进的污水、废物排放处理系统等等。按照以上蓝图建设的生态城市，必将循环经济的精髓体现得淋漓尽致，最终形成一个完整的良性经济资源闭环流转系统。

（3）保护并高效利用一切自然资源与能源

注重清洁能源（如太阳能、风能、沼气等）的使用和资源的重复循环利用，实现清洁生产和文明消费，特别是要有回收和重复利用水资源的系统。沼气的开发和使用，既节约了其他能源，又促进了生活垃圾和污水的循环利用，因此有条件的地方应积极发展沼气。由于城市中高层建筑较多，在城市发展风力发电也很有条件，对于生态城市来说，风力发电比使用沼气具有更大的优越性。

（4）减少城市设施的建设和人工维护费用

采用朴实、实用的建筑和装修材料与技术，避免耗能多、华而不实的城市设施设计和建设方案。城市设施是为人服务的，同时又需要人的维护。但人工维护应当符合最小化原则，应远远小于它所能提供的服务。如果一种设施需要投入大量的人力、物力和财力来建设维护而其服务能力有限，那将不符合经济生态标准，更不符合循环经济的标准。

二　循环经济型城市的评价

（一）循环经济型城市评价指标体系的建立

1. 评价指标体系的构建原则

（1）科学性原则

循环经济指标体系的构建要立足于生态城市建设的基础，同时客观地反映循环经济的内涵，每个指标的概念、数据收集以及计算方法都必须要有科学依据，指标的选择要以生态城市建设和循环经济发展的理论为依据。

（2）特色性原则

指标体系应以区域循环经济型城市建设为出发点，针对所存在的问题，选择能够反映特点，并对生态城市建设具有指导意义的特色性指标。

（3）系统性原则

指标应涵盖经济、资源、环境和社会等各方面因素，不能只单纯考虑经济因素，应该客观、全面地描述研究对象各个方面以及整体的运行情况。

（4）层次性原则

循环经济型城市系统是一个复杂的大系统，指标体系要既能反映循环经济型城市建设的各个方面，又避免指标之间的重叠，应根据系统结构对指标进行分类，使指标体系结构具有层次性，便于使用。

（5）可比性原则

指标体系的设计要求各单项指标的名称、概念、计算公式、统计口径等规范化、标准化、统一化，以便于比较。

（6）可操作性原则

指标选择要考虑数据的可获取性、可靠性和可度量性，最好利用现有的统计资料，选择具有代表性的综合指标和重点指标。指标体系应该注意简单与复杂的平衡统一，指标过少或过于简单不能反映循环经济型城市的内涵，指标过多和过于复杂则不利于评价工作的展开。

2. 循环经济型城市评价指标体系的构建

循环经济型城市的内涵要求在获得经济发展的同时，注重经济活动的生态化，实现对资源环境的保护，同时，任何经济的发展都不能摆脱社会的影响，因此在循环经济型城市评价指标体系的构建过程中必须综合考虑经济发展、资源环境保护和社会进步三方面因素。在此基础上，本文遵循上述指标体系的建立原则，并参考生态城市建设指标体系，构建出循环经济型城市评价指标体系（如表1）。

表1　循环经济型城市发展水平评价指标体系

	二级指标	单位	标准值
经济发展	人均 GDP	元/人	33000
	GDP 增速	%	11
	人均财政收入	元/人	5000
	城镇居民年人均可支配收入	元/人	16000
	农村居民年人均纯收入	元/人	8000
	第一产业产值占 GDP 比重	%	10
	第二产业产值占 GDP 比重	%	45
	第三产业产值占 GDP 比重	%	45
	第三产业从业人员比重	%	40
	科技三项费占 GDP 的比例	%	1.5
资源环境保护	单位 GDP 能耗	吨/万元	1.4
	单位 GDP 水耗	吨/万元	150
	单位面积耕地农药使用量	千克/公顷	4
	化肥施用强度	千克/公顷	250
	单位 GDP COD 排放强度	千克/公顷	5
	单位 GDP SO_2 排放强度	千克/公顷	5
	生活垃圾无害化处理率	%	100
	城市生活污水集中处理率	%	70
	工业废水排放达标率	%	100
	工业固体废物综合利用率	%	80
	工业用水重复率	%	50
社会进步	恩格尔系数	%	40
	城镇登记失业率	%	4
	城市空气质量	好于或等于2级标准的天数/年	200
	人均公共绿地面积	平方米	11
	人均道路面积	平方米	29

3. 标准值确定原则

关于循环经济型城市发展水平的指标标准研究，目前学术界并没有统一认可的标准。考虑到中国循环经济型城市发展的现状与未来，本文指标体系的标准值确定遵循如下原则：

（1）凡是国家环保总局制定的《生态县、生态市、生态省建设指标（试行）》标准中涉及的指标，采用其规定的标准值；

（2）凡已有国家标准或国际标准的指标，尽量采用规定标准值；

（3）参考待评估城市的相关规划，取其规划值作为标准值；

（4）尽量与我国现有的相关政策研究的目标值一致，或优于目标值；

（5）依据现有的环境与社会、经济协调发展的理论，力求定量化作为标准值。

（二）循环经济型城市的评价方法

1. 指标数据处理

多指标系统的每一种评价方法，都面临着指标之间不可公度的问题，这一问题包含两个子问题：一是按何种规则将每个指标无量纲化，二是以何种方式区分各指标的相对重要性。

针对原始数据之间存在的量纲不同和指标数量级存在明显差异，需要先对数据进行规范化处理，在可持续发展评估中主要采用五种数据规范化处理方法。根据本文的研究情况，选择其中的标准差法。具体的处理公式为：

如果有 n 个样本，每个样本有 m 个数据，则每个变量可记为 $X_{i,j}$ 其中 $i=1$，2，…，n；$j=1$，2，…，m。

标准化后的变量为 $X'_{i,j}$，则：

$$X'_{i,j} = \frac{X_{i,j} - \overline{X}_j}{S_j}$$

式中：$\overline{X}_j$ 为第 j 个变量的平均数；S_j 为第 j 个变量的标准差。

在数据处理中，常用 S 代表标准差。当用样本标准差对总体标准差进行估算时，则采用无偏估计值，即：

$$S = \left[\sum_{i=1}^{n} (X_i - \overline{X})^2/(n-1) \right]^{\frac{1}{2}}$$

经过标准差标准化后，每种变量的平均值为0，方差为1。

2. 计算综合权重向量

AHP是美国Pittsburgh大学Saaty教授早在20世纪70年代就提出的一种多准则决策方法（Satty，2001）。AHP能够对专家给出的定性比较结果进行定量的分析，从数学分析的角度给出各方案的排序权重，可为决策者提供依据。AHP是定性和定量分析相结合的一种方法，既保证了专家经验知识的充分应用，又保证推理过程的正确性和科学性。AHP实质上是一种决策思维方式，是人们决策思维规范化的一个过程。因为具有这样的优点，AHP自问世以来，已经在政治、社会、经济和环境等各领域的评价决策中得到非常广泛的应用。

在AHP中，常常会采用群体决策或群体评价的方式。设有M位评判专家，每位专家根据自己的偏好，对准则P下的N个元素进行两两判断，得到判断矩阵$A_{(k)} = (a_{ij})^{(k)}_{N \times N}$（$k=1, 2, \cdots, N$），计算得这$N$个元素的排序向量$w_{(k)} = (w_1, w_2, \cdots, w_N)^T$；同时考虑到每位专家的重要性程度不同，给每位专家赋予不同的权重，每位专家的权重为$\lambda = (\lambda_1, \lambda_2, \cdots, \lambda_M)^T$，且$\sum_{k=1}^{M} \lambda_k = 1$。

对于多位专家参与评价的情形，进行综合排序的方法大致有两类：

（1）先求出各专家判断矩阵的排序向量，再综合成群组排序向量。这类方法在具体数据处理时有两种方法：

加权几何平均综合排序向量法：

$$w_j = \frac{\bar{w}_j}{\sum_{i=1}^{M} \bar{w}_i}$$

$$\bar{w}_j = (w_{j1})^{\lambda_1} (w_{j2})^{\lambda_2} \cdots (w_{jM})^{\lambda_M}, j = 1, 2, \cdots, M$$

$$\sum_{k=1}^{M} \lambda_k = 1$$

各符号的含义同上。

加权算术平均综合排序向量法：

$$w_j = \lambda_1 w_{j1} + \lambda_2 w_{j2} + \cdots + \lambda_M w_{jM}, j = 1, 2, \cdots, \mathrm{M}$$

$$\sum_{k=1}^{M} \lambda_k = 1$$

各符号的含义同上。

这类方法需要计算每位专家判断矩阵的排序向量，计算繁琐，而且当其中一些判断矩阵不满足一致性要求时，需要调整每一个判断矩阵，有可能导致误差增大。

（2）将各位专家的判断矩阵综合，得到综合判断矩阵，再计算各因素的排序向量。这类方法在具体处理数据时有两种方法：

加权算术平均综合排序向量法

$$A_j = \lambda_1 A_{j1} + \lambda_2 A_{j2} + \cdots + \lambda_M A_{jM}, j = 1, 2, \cdots, M$$

$$\sum_{k=1}^{M} \lambda_k = 1$$

各符号的含义同上。

加权对数平均综合排序向量法

$$\lg a_{ij} = \lambda_1 \lg a_{ij_1} + \lambda_2 \lg a_{ij2} + \cdots + \lambda_M \lg a_{ij_M}$$

$$\sum_{k=1}^{M} \lambda_k = 1$$

各符号的含义同上。

这类方法在处理数据时简单易用，是比较常用的综合排序方法。但是，由于在因素两两比较时采用的是相对标度，比如3与5和1/3与1/5的实际意义是相同的，但它们的绝对差距却很大。因此，加权算术平均综合排序向量法不适合进行数据综合，而加权对数平均综合排序向量法则把3与5和1/3与1/5的差距转化为相同的度量单位，因此比较适合于AHP中判断矩阵的数据综合。故本文采用第二类方法的加权对数平均综合排序向量法进行数据综合。

3. 综合指数法

通过各指标的相对影响值和各指标的标准化得分，就可以确定各指标的综合得分，从而求出绿色消费型城市水平评估数值 R。

$$R = \sum_{i=1}^{n} W_i I_i$$

如公式所示，W_i 为某评价指标的权重，I_i 为该指标的标准化得分，$W_i I_i$ 为该指标的综合得分，R 为综合指数。

三　循环经济型城市的建设举措

循环经济型城市以在自然生态系统的承载能力之内的科学发展为宗旨，以合理需求和有效供给为目标，以科学技术为第一生产力的指导思想优化配置自然资源，以产业结构调整、技术创新、清洁生产、资源定价、绿色消费等经济、法律、行政、科技和教育的综合手段转变经济增长方式，与环境保护相结合，以资源的高效和循环利用，使人类经济社会发展与自然生态系统的良性循环相和谐，促进可持续发展①。

循环经济型城市作为现代新型的城市发展模式，不仅能够促进社会经济的快速发展，而且能有效地保护自然生态环境和合理高效地利用自然资源，是实现工业化、城市化与生态化有机结合的根本途径；把城市的经济活动纳入到“资源—产品—再生资源”的循环系统，使经济系统与自然生态系统相结合，以“减量化、再利用、再循环”为经济活动的宗旨，有效地利用资源、保护环境，从根本上消除城市经济发展与环境资源之间的冲突。

一般来讲，循环经济有三重意义上的循环，即：

企业层的循环。在传统经济的发展过程中，经济活动是以“开发资源—制造产品—排放废物”为主体的开放式链条，从而形成了大量的资源消耗；而在循环经济的发展过程中，经济活动则是以“开发资源—制造产品—排放废物—资源再生”为主体的闭环循环体系，很好地实现了资源节约这一目标。

社会经济层的循环。在经济发展中，生产者（企业）投入资本、资源、技术以及劳动力等生产出为消费者所需要的产品，之后消费者产生的各种废弃物，经由再生产者（自然生态系统与生态企业）进行加工，再次作为生产者生产所需要的原料，从而实现社会循环生产。

在社会经济、科学技术与自然生态这三大系统中，物质流、能量流、信息流、技术流、资本流和人才流构成大循环（图 1）。

循环经济与生态城市建设思想相结合，构造全新的生态经济结构，培育新型生态产业，在社会经济发展过程中以生态产业为主线，推动经济结构的生态化调

---

① 吴季松：《科学发展观与中国循环经济战略》，新华出版社，2006。

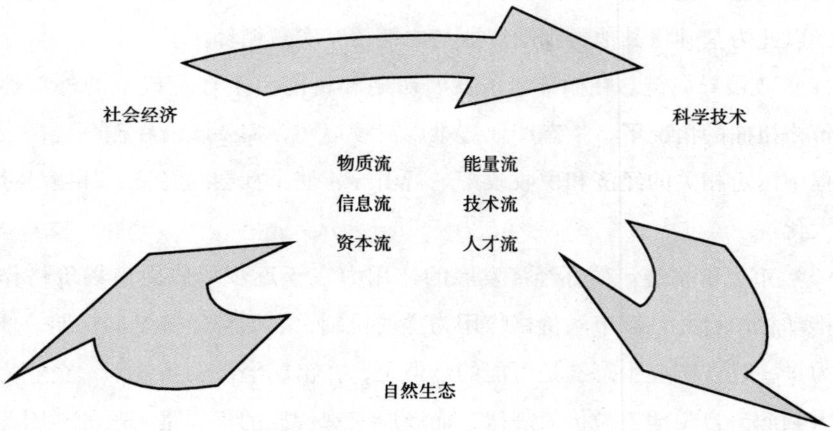

图1　社会经济、科学技术与自然生态三大系统循环

整，构建一个包括生态农业、生态工业和生态型城市等在内的生态型国民经济系统，在城市建设规划中强调经济社会活动的生态化，强化产业发展与产业结构的生态化，强化城市建设的生态化，努力建设生态城市。

1. 城市循环分类

城市循环可分为物质循环和非物质循环。物质循环是实现循环的载体，非物质循环是实现循环的保障，两者相互渗透，相互影响。产品要素物质循环、企业要素物质循环、产业要素物质循环、区域物质循环等物质循环，可采取以下措施：一是通过技术创新和科学设计，研究循环技术，实现物质循环；二是通过把废弃物当做资源管理，开发废弃物的再利用途径；三是产品与经济活动的非物质化，降低单位产出的物质消耗强度；四是用可循环物质替代不可循环物质。非物质循环，如意识思维链循环、价值导向链循环、知识创新链循环、信息传递链循环、产业结构链循环等的作用在于改善经济发展环境，提高资源消费和资本利润率，为物质循环提供保障。

2. 城市循环机理

循环机理是指按照自然生态系统内部的循环规律和方式，通过循环链的作用实现物质和非物质循环。

（1）生态产业链。生态产业链是在各类产业或企业间建立起多通道的产业连接，使各产业间存在物质流、信息流和能量流的传递，形成互动关系。生态产业链的形成基础是生态工业园区，园区内的优势产业作为生态工业产业链中的主导链，以此为基础将其他类别的产业与之链接，实现循环。

（2）政策导向链。在循环经济发展初期和目前由于环境成本的外部性使得市场价格扭曲的情况下，生态产业链难以持续运转，需要政府在循环经济发展的全过程中制定相关的经济和税收政策进行引导，使全社会的经济、环境、社会效益最大化。

（3）市场价格链。循环经济发展的作用力在于逐步形成由市场价格作用与政府推动相结合并且以市场价格作用为主的机制，在循环经济发展初期，依靠政府的力量，建立产业生态链是可能的。但是，在市场经济的条件下，企业为了追求最大利润会自觉地遵循价值规律，而政府宏观调控的资源是有限的，因此推行循环经济使生态产业链正常运转，须有相应的市场价格链控制机制。

（4）绿色消费链。循环经济提倡绿色消费观和价值观，使公众自觉选择有利于环境的生活方式和消费方式，自觉购买环境友好产品，这是发展循环经济的重要环节。

（5）流通链。流通链主要由信息链和物流链组成，目前处于起步阶段。可通过培育和建立循环经济发展技术、信息服务体系，发展信息链与物流链。

（6）就业链。循环经济通过发展第零产业①和第四产业②，构建五次产业体系，延长了就业链条，为社会提供了更多的就业岗位，使社会就业从劳动减少型转变为劳动增加型。同时也为社会提供了多样化和灵活性的服务，为循环经济实现提供了人力保障。

3. 城市循环的主体

（1）资源开采者。这是实现和控制循环的源头，资源的设计开发阶段采用循环方式更有价值。

（2）生产企业。企业处于实现循环的最有利位置，因为循环依靠设计来实现，企业具有设计能力，并掌握选择产品材料的主动权，企业作为环境污染的主要排放者，应当担负起相关责任，通过技术改造实施清洁生产，实现整个生产过

---

① 指无偿产业，即无法计算产值的产业，包括志愿服务、义务教育、募捐、救治等等。

② 又称知识产业或信息产业。在国民经济中按照特定标准划分出的一个部门。在新技术革命的推动下，人们把从事各种信息工作的部门称为第四产业。

程的生态化，减少污染物的排放，把资源循环利用和环境保护纳入企业总体创新、开发和经营战略中，自觉地在生产经营各个环节采取相应的技术和管理措施，引导有利于循环经济的消费和市场行为。

（3）消费者。消费者处于产业链的下游，具有选择产品和服务的主动权，引导和约束着企业及其生产方式。如果消费者具有环境友好、资源循环利用的观念，就能够发挥引导企业实施循环生产的作用，闭合城市生态系统的物质循环同样需要公众的广泛参与。社会公众是循环经济的最大受益群体，应尽快树立现代生态价值观，倡导文明的生活方式和绿色消费理念，积极配合政府和企业，以实际行动共同建立起一个循环型社会。

（4）废弃物处理机构。这是对使用消费后排放的废弃物进行回收、分类、处置和利用的专门组织。其组织形式可以是政府委托、企业委托或市场行为。例如，德国DSD是一个专门组织，它接受企业的委托，组织收运者对他们的包装废弃物进行回收和分类，然后送至相应的资源再利用厂家进行循环利用，能直接回用的包装废弃物则送返制造商。

（5）服务机构。这是促进物质循环的社会力量，应积极鼓励和支持金融机构、媒体机构，以及其他社会团体或个人积极参与。

（6）科技人员。科技人员担负知识经济赋予的重任，将知识经济和循环经济的发展有机地结合起来，开发建立生态工业、生态农业等产业以及整个社会发展急需的绿色技术支撑体系。

（7）政府。政府要确立发展循环经济为国民经济和社会发展的基本战略目标，进行全面规划和实施，制定相应的法律、法规和政策，对不符合循环经济的行为加以限制。政府应充分运用行政、法律、经济、财政等手段，强化宏观调控力度，使循环经济的整体效益最大化。

四　循环经济型城市典型案例分析

近年来，循环经济成为国家发展战略，国务院先后出台《关于加快发展循环经济的若干意见》、《关于印发节能减排综合性工作方案的通知》等文件。国家发改委会同国家环境保护部组织实施了国家循环经济试点、开展清洁生产审核等项工作，组织实施节能中长期专项规划、节水型社会建设规划、矿井水利用和海水利用专项规划，编制全国发展循环经济的总体规划，制定包括钢铁、有色金属、煤炭、电力、化工、建材、制糖等重点行业和再生资源集散市场建设、再生金属利用等重点领域的专项规划。《我国国民经济和社会发展十二五规划纲要》在“第二十三章　大力发展循环经济”中对发展循环经济进行了专项规划，“按照减量化、再利用、资源化的原则，减量化优先，以提高资源产出效率为目标，推进生产、流通、消费各环节循环经济发展，加快构建覆盖全社会的资源循环利用体系。”全面推行循环型生产方式，健全资源循环利用回收体系，推广绿色消费模式。在“十二五”规划时期，政府将强化政策和技术支撑，加强规划指导和财税金融等政策支持，完善法律法规和标准，实行生产者责任延伸制度，制订循环经济技术和产品名录，建立再生产品标识制度，建立完善循环经济统计评价制度，开发应用源头减量、循环利用、再制造、零排放和产业链接技术，推广循环经济典型模式。

（一）地区性循环经济基地——兰州市

国务院于2009年12月24日正式批准实施《甘肃省循环经济总体规划》，这是国家批准实施的第一个地区性循环经济发展规划，也是国务院决定的全国唯一一个国家级循环经济示范区。《规划》中提出“要根据甘肃经济发展状况、自然资源禀赋和生态环境状况等要素，在全省范围内构建循环型农业、循环型工业、循环型社会三大体系，大力建设包括兰州等在内的七大循环经济基地”。

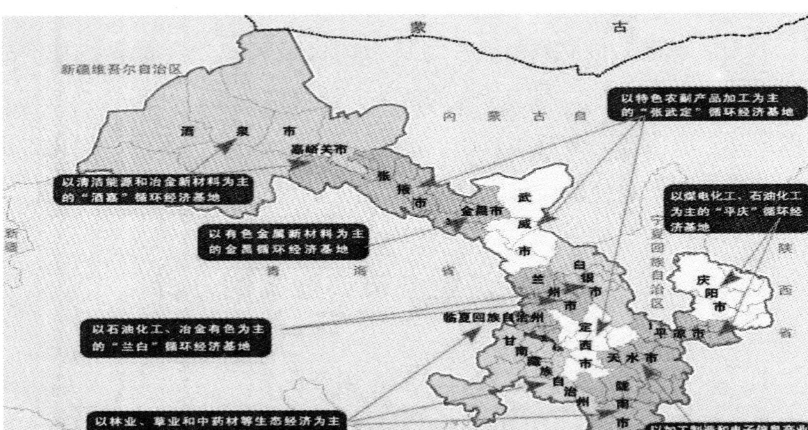

图2　甘肃省循环经济基地空间布局

1. 从政策、规划入手，推动循环经济型城市的建设

2009 年 12 月，国务院把甘肃省确定为全国唯一的省级循环经济示范区，兰州以此为契机，制定了《兰州市循环经济发展规划》（下称《规划》），提出将以项目建设为龙头，按照产业结构和行业布局，以优先发展循环经济的重点行业和重点企业为突破口，从资源到产品，从废弃物到再利用，形成循环圈，实现企业、园区、社会点线面三个层面循环经济互动发展。

兰州市循环经济发展项目开发投资建设时序具体分为两个阶段，建设集中在第一阶段（2008 ~ 2010 年），主要完成生态产业链的构建和部分基础设施的建设。第二阶段（2011 ~2020 年）实现循环经济体系的进一步完善，循环社会初步建成。使重点行业企业达到国家清洁生产一级（国际先进水平）标准，实现国家有关生态建设的目标，把兰州市建成在全省具有示范作用的中心城市，成为发展循环经济和建设循环型社会的创新城市。

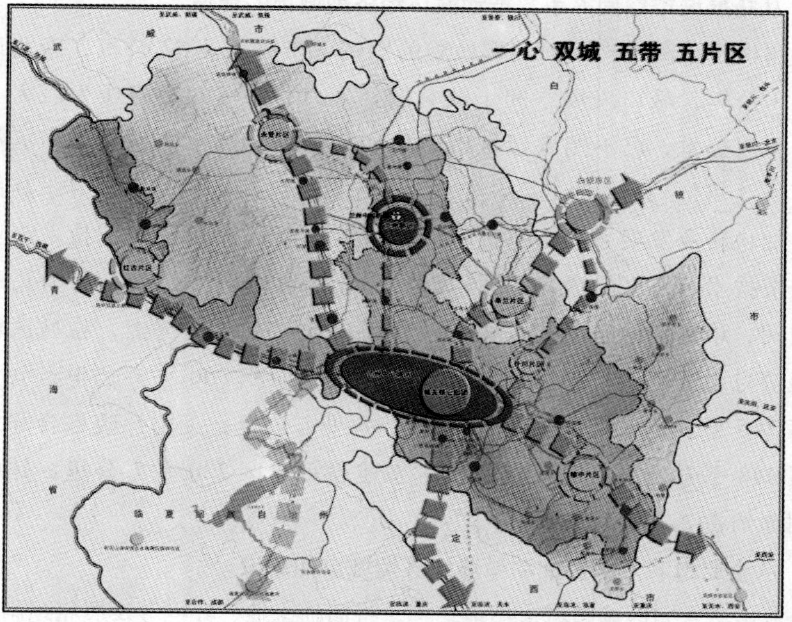

图 3　兰州市总体规划

兰州市发展循环经济有五大重点领域：一是能源消耗大的重点行业的循环经济工作，如石油加工及炼焦业、有色金属冶炼等；二是兰州石油化工等重点企业的节能降耗和资源综合利用工作；三是大型城市和区域的城市污水回收利用，固体废物的回收利用和无害化处置项目；四是重点区域的固体废物综合利用工作；五是新能源、可再生资源的开发利用项目。

根据兰州市产业结构特点和空间布局，兰州市拟建包括空港循环经济产业园、连海循环经济产业聚集区、西固石化工业科技区、七里河装备制造业聚集区、沙—中新生循环经济产业园等5大循环经济生态工业园区。

兰州市循环经济发展规划内的投资额约为1300亿元，融资渠道包括申请国家贷款，省、市配套，自筹以及招商引资等。从投资效益来说，一方面是直接经济效益，兰州市循环经济重点项目投资约1300亿元完成后，“十二五”期间将使兰州的GDP增加约300亿元；另一方面是间接的经济效益，以节能为例，如果2010年万元GDP能耗比2005年下降20%，那么“十二五”期间可以累计节约能源300万至400万吨标准煤。

2. 从拓展城市空间入手，推动循环经济型城市的建设

兰州由于受两山夹一河地形地貌的制约，东西长达52公里，南北最狭窄处不足1公里，城市发展空间十分有限，人口、环境和交通压力巨大。现有的221平方公里，已不能满足城市的发展，必须“跳出老城建设新区、跨越发展再造兰州”。具体讲，就是在继续抓好老城区发展的同时，寻求新的发展途径，加快转变发展方式，通过积极推进兰州新区建设和高新技术产业开发区、经济技术开发区的增容扩区，以及产业园区的开发建设，着力拓展城市发展空间，培育新的经济增长极，力争通过5～10年的努力，在城区面积拓展和经济总量上再造一个兰州。兰州新区规划面积806平方公里，分为中心发展区246平方公里；生态休闲商住区48平方公里；荒山丘陵综合开发利用示范区248平方公里；现代农业和生态建设示范区220平方公里，其中生态建设用地约占2/3。

3. 从企业出城入手，推动循环经济型城市的建设

企业出城入园即调整城市用地结构，将面临土地、环境等发展瓶颈制约的老工业企业迁出城市中心区，进入产业规划园区，是不断优化经济结构、推动生产要素集聚和产业升级、促进工业化和城市化协调发展的重要途径。在兰州市处于加快经济结构调整、转变经济发展方式、推进新型工业化进程的关键时期，加快企业出城入园工作具有重要意义。

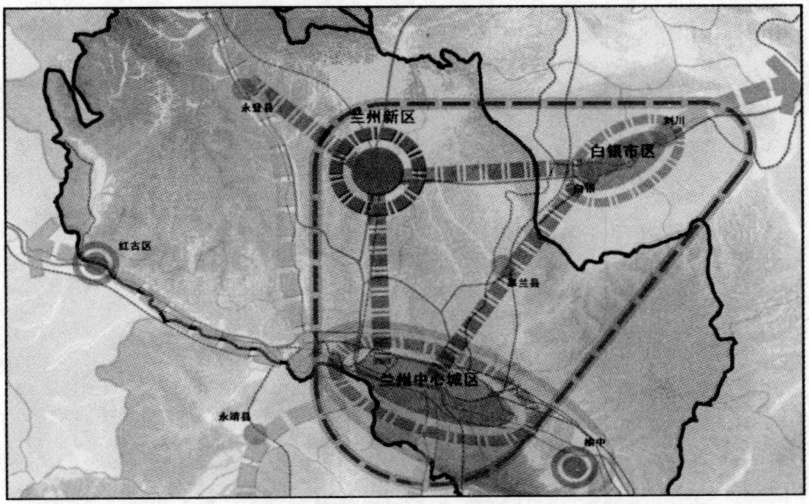

图4　兰州新区空间布局关系

（1）出城入园有利于产业集聚，产业链延伸。按照全市的产业规划和产业政策导向，通过同类产业和相关配套产业向兰州新区、开发区、远郊县区工业园区的集中，可以尽快形成产业链上下游的配套和企业间的分工合作，运用高新技术和先进适用技术改造提升传统产业，加快淘汰落后产能，盘活存量资产，做大做强企业，培育发展支柱产业，形成产业集群，增强整体竞争力。

（2）有利于发展现代服务业。工业企业出城入园，可以促进城区产业重新布局，加快发展人才资金密集、技术含量高的现代服务业。通过总部经济、交通运输、文化教育、金融保险、房地产和现代物流业的快速发展，不仅可以促进城市经济的健康发展，提升城市的竞争力，而且可以带动周边地区经济的快速发展。

（3）有利于大气污染的治理。兰州作为老工业基地，工业二氧化硫、烟尘、工业粉尘、工业固体废弃物、工业污水排放、工业噪声扰民等问题日趋突出，企业出城入园是实施《兰州市环境污染治理行动计划》的有效途径。

（4）有利于土地资源的整合利用。通过企业出城入园，可以把城区产业发展与县区产业基地建设结合起来，使大量原工业用地转用于商业用地，有效整合土地资源，提高单位面积土地的投资强度和利用效率。随着园区建设力度的加大，出城入园工作步伐加快，2010 年共启动了 41 户企业的出城入园搬迁改造工

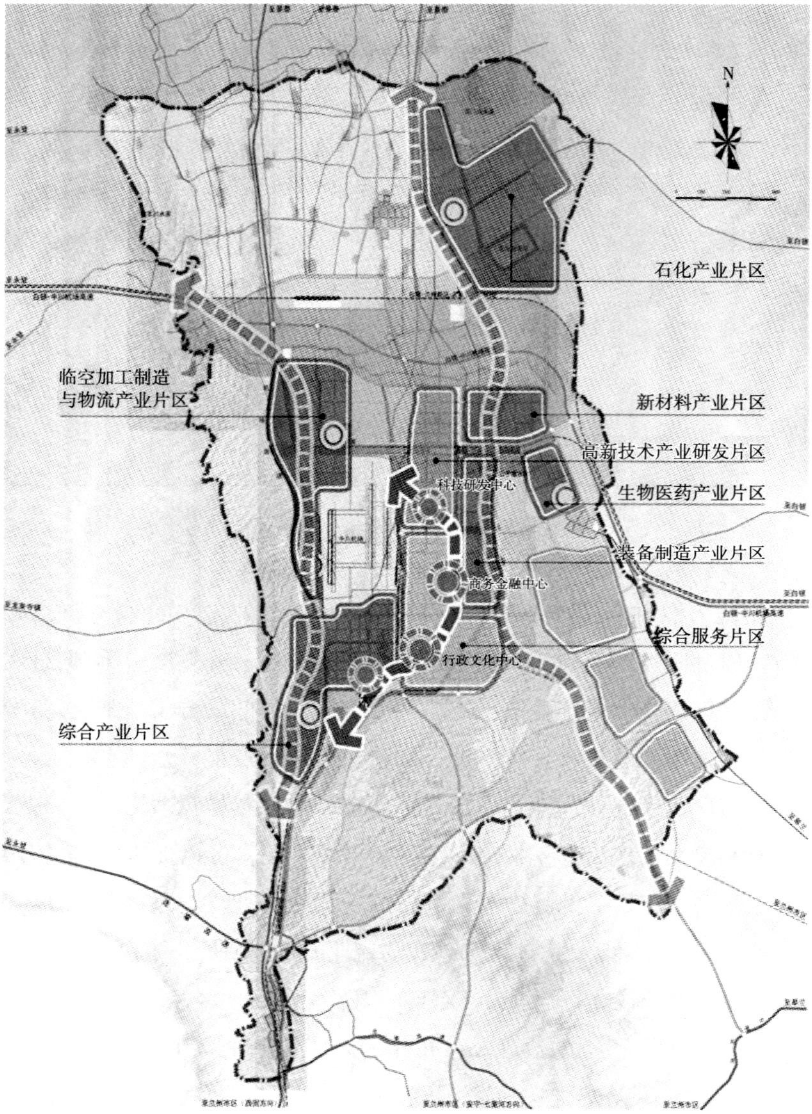

图5　兰州新区产业布局

作，对出城入园搬迁改造企业的原址土地共计4000亩进行整治、熟化、收储、变性，用于发展现代服务业。截至2011年底兰州市共出让土地115.6亩，土地出让收入3.4亿元。

4. 从绿化工作入手，推动循环经济型城市的建设

自然生态环境恶劣和城市环境状况较差是兰州城市生态化程度较低的主要因素。因此，要大力进行林草植被建设和城市绿化建设。

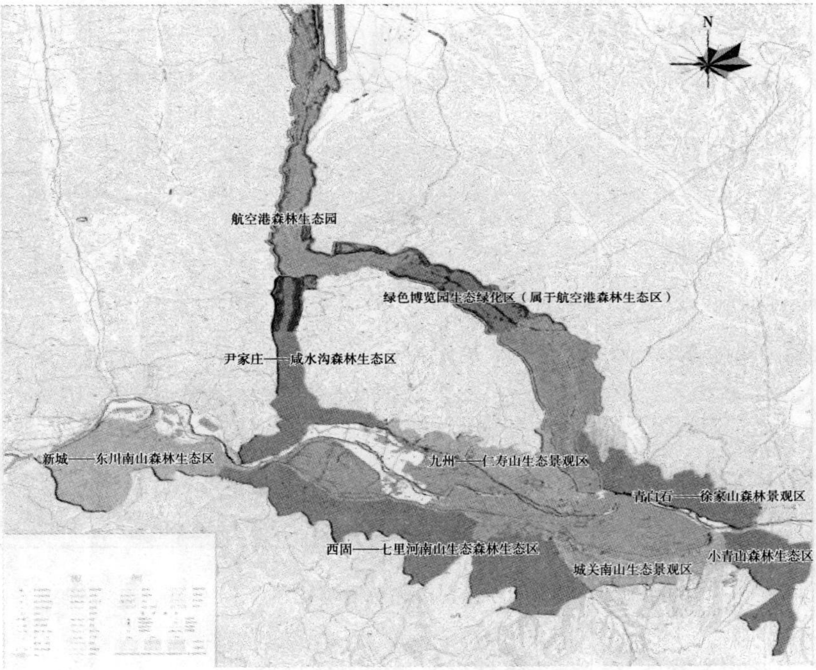

图6　兰州市森林分布

林草植被建设：兰州市广泛动员全社会力量，重点抓好南北两山绿化。近十年来，新增造林面积48万亩，退耕还林（草）100万亩，荒山绿化200万亩。加快进行引大入秦灌溉区生态防护林、东南部二阴地区宜林、天然保护林等工程建设，加快封山育林和退耕还林（草）步伐；近十年来，新建和改造南北两山71项绿化上水工程，为种草种树创造条件。抓好现有中小水利设施的挖潜改造，继续实施集雨灌溉工程，建设一批小塘坝、小堤灌和井灌，充分利用降雨、地表和地下水资源，促进旱地植被建设。

城市绿地建设：兰州市建成区绿地覆盖率、人均公共绿地面积、自然保留地面积率这三项城市绿化的指标值都极低，明显制约着兰州城市生态化建设。在绿地建设上，兰州市要以优化城市规划、扩大绿地面积、提高绿地覆盖率、以质取胜为目标；应以建设滨河绿地、交通绿地及居住区绿地为重点，形成较为完善的绿地系统。

坚持以“生态平衡”为主导，合理规划布局。在城市绿地系统的生态建设中，应特别强调绿地系统的结构、布局形式与自然地形地貌和河湖水系的协调以及与城市功能分区的关系，着眼于整个城市生态环境的规划布局，使城市绿地不仅围绕在城市四周，而且把自然引入城市之中，以维护城市的生态平衡。

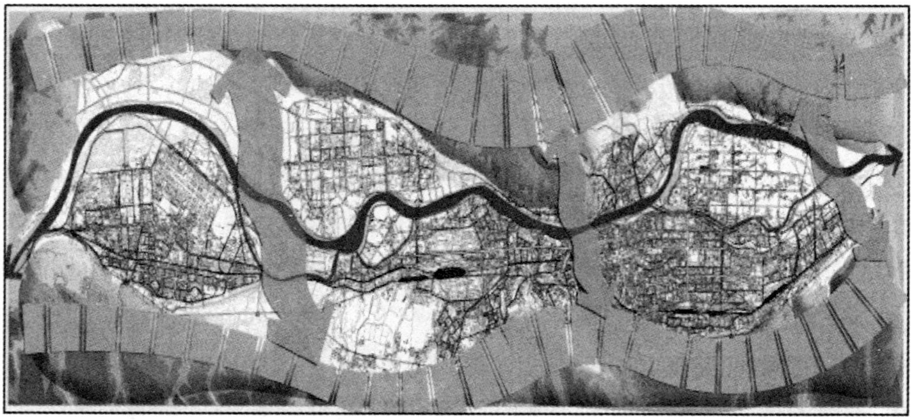

图 7　兰州市绿色廊道构建

5. 从控制污染入手，推动循环经济型城市的建设

大气污染防治对策措施：尽快建立健全兰州市沙尘暴监测网络与警报系统，加强沙尘暴预测预报工作。尽快开展关于兰州市形成与遏制沙尘暴的科学技术研究工作，进一步研究沙尘暴的形成机制，以寻求解决和减轻沙尘暴产生的危害及减少发生的有效途径。

实施天然气进兰工程，替代燃煤燃料，逐步改善能源结构，控制煤烟型污染。天然气进入兰州后，凡在天然气管网区的工业窑炉、饮食行业必须使用天然气或清洁燃料，10 吨以上锅炉和工业窑炉逐步改用天然气。防止土地裸露，扩大绿地面积，实施南北两山绿化。绿色植物可吸收大气中大量污染物，对改善空气环境质量起重要作用。

对重点污染源进行限期治理，淘汰落后的生产工艺，对所有工业源坚持达标排放，并对重点工业源实施污染物总量控制和排污许可证制度。加强对兰州钢厂、第二热电厂改扩建工程的监督管理，促使企业加大环保投入，加快污染治理；扩大第二热电厂集中供热范围，替代中小型锅炉，减轻自身对城区空气环境的污染。做好城市保洁工作，加强城市环境卫生管理，市区主要交通干道实行机械化清扫，定时在主要干道洒水，垃圾不得任意堆放、焚烧，按时清运垃圾；加强城区道路两旁绿化，无法绿化的裸露地面必须硬化，防止雨后水土流失。

6. 从建设山水兰州入手，推动循环经济型城市的建设

山水兰州的内涵是什么？钱学森认为，首先，园林只是山水中的一部分，山水含有更高的境界；其次，自然环境与人工环境的协调发展，最终目的是为了人；最后，城市的建设必须将中国古典文化传统与外国先进的文化和建筑技术结合起来。吴良镛院士认为，“山水城市”是提倡人工环境与自然环境相协调发展的，其最终目的在于建立“人工环境”与“自然环境”相融合的人类聚居环境。周干峙院士认为，“山水城市”讲的是一种思想理念，是城市的一种形态模式，就是要建设具有中国特色的、跟自然环境结合、具有高度文明水准的城市。

山水兰州的内涵就是追求“虽由人作，宛自天开”的中国传统造园境界；追求山水错落、负阴抱阳，具有“仁者乐山，智者乐水”的人文意境；追求绵延山水，跌宕起伏，突显“一峰则太华千寻，一勺则江湖万里”的宏大气魄；追求“水不在深，有龙则灵”的龙文化传承；追求应用当代世界先进的景观建造技术和生态环境科技，用科技营造和谐自然的生态公园。总之兰州河随山走，路随河伸、楼依山建、城依河修，形成了山高城低、水长山远、山城相依、水城相间的特色，既有高山长河的雄浑壮美，又有如兰之州的宁静淡雅。因此根据自然特征和历史传承，总结山水兰州的内涵就是：“得山独秀，得水独灵，山水皆得，宜居之州。”

藏绿于山的措施为：建设“三带、五廊、多轴、多园”绿地系统。三带：指沿黄河的滨河绿化带与南北两山的生态绿化带。结合黄河两岸布置带状绿地公园构筑兰州东西向贯穿城市的绿化带，完善南北两山绿化，串联两山多个森林公园，形成贯穿东西、屏障南北的两条生态绿化带。五廊：指分隔城市组团，沟通南北两山的五条生态绿化廊道。分别为西固南山—大顶山生态绿化廊道，仁寿山—万亩桃园—北滩—范家坪—牟家大山生态绿化廊道，九州台—白塔山—伏龙坪—五泉山—皋兰山生态绿化廊道，沙金坪—大青山—桃树坪—兰山生态绿化廊道，营盘山—猪咀岭—赵家岭生态绿化廊道。多轴：指沿河流和主要城市道路设置

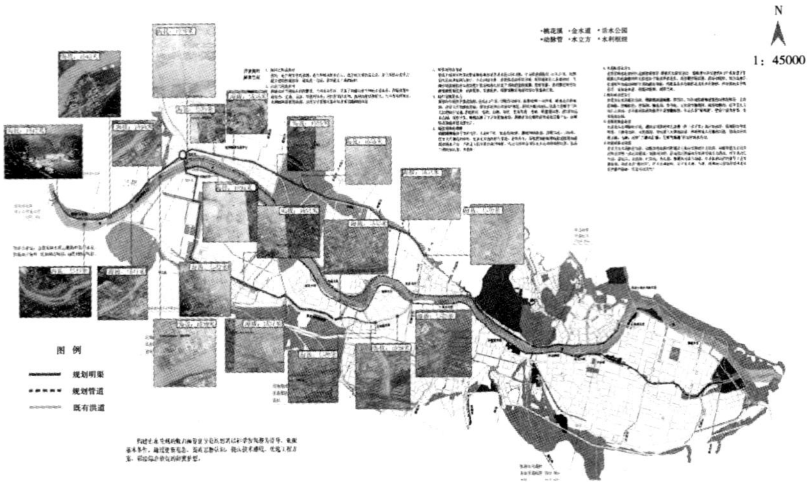

图 8　山水兰州水系构成

不同宽度的绿化带，形成贯穿城市组团的多条绿轴。多园：指兰州市绿地系统中由主要综合公园、绿地广场形成的绿色开敞空间，是城市绿化网络中的重要节点。

（二）我国首个循环经济生态城市试点——贵阳市

贵阳和我国大部分地区一样面临着资源逐渐枯竭、循环利用率低、生态环境脆弱的沉重压力。为实现可持续发展能力不断增强，生态环境改善，资源利用效率显著提高，人们生活富裕，人与自然和谐发展的目标，贵阳市在全国范围内第一个创先发展循环经济，成为全国首个循环经济生态城市。

为了实现发展循环经济这一目标，贵阳市专门对贵阳城市循环经济作了科学规划。贵阳被国家环保总局确定为全国首个循环经济建设城市后，又以人大立法的形式，颁布了《贵阳市建设循环经济生态城市条例》，对循环经济建设提供法律保障，有利于规范政府、企业、公众等在推进循环经济中的行为。此外，贵阳市通过宣传培训，让广大公众最大限度、最大范围地了解循环经济型城市建设的基本情况，吸引贵阳市民的高度关注和积极参与。

市政府首批确定的循环经济项目有贵阳特殊钢有限责任公司大气污染治理、贵阳煤气输配扩建工程等 28 个项目。至 2011 年底，这些项目已吸引山东兖矿集团公司等一批海内外企业前来投资，投资总额已超过 50 亿元。在国际方面政府进一步加强与德国、日本、联合国环境规划署等国家和国际组织的联系，联合国环境规划署将贵阳市确定为全球发展中国家可持续生产与消费政府能力建设项目唯一实施单位。德国政府也决定在中德两国环境保护合作总体框架内，重点支持贵阳市的循环经济建设。

《贵阳市城市总体规划（2009～2020年）》提出，要坚持可持续发展，保护和合理利用城市生态环境资源，公平满足现代与后代的发展需要，建设生态贵阳；注重市民生活质量的提高和城市精神的培育，实现人与自然、人与社会、人与人之间的和谐，建设和谐贵阳；合理利用生态、旅游资源，突出城市生态休闲度假旅游特色，建设宜游贵阳；兼顾社会、经济和环境发展的整体效益，实现城乡一体化发展目标，建设宜居贵阳；优化产业结构与布局，提高资源利用效率，促进城市投资创业机制的建立与完善，建设宜业贵阳。

《贵阳市2011年政府工作报告》中提出，要大力发展绿色经济、循环经济、低碳经济。积极开展低碳城市试点工作，认真实施低碳发展专项规划。切实抓好城市LED照明系统、新能源汽车试点和公交LNG清洁燃料推广工作，建成一批低碳社区和小区。深入推进节水型城市建设，抓好高耗水行业的节水和废水资源化工作，健全并严格执行浪费水资源的螺旋式开关、马桶等生活建材的市场退出机制，使节水工作走在西部城市前列。大力推进节能减排。坚决淘汰落后产能，严格控制高耗能、高污染产业，抓好清镇发电厂、贵钢、贵阳电厂等企业老厂搬迁工作。深入推进“两湖一库”治理和保护，确保饮水安全。开工建设二桥污水处理厂二期、花溪南部污水处理厂等项目，完善已建成城镇污水处理厂配套管网，开展城区河道治理及大沟改造工程。抓好大气和主要污染物减排工作，进一步改善空气质量，空气质量优良率达95%以上。着力培育生态文化。深入推进生态文明社区（村）、学校、医院、企业、机关等创建工作，让生态文明观念在全社会牢固扎根。推动垃圾分类回收，倡导乘坐公交、使用绿色产品、减少一次性用品等绿色生活方式。到2020年，把贵阳市基本建设成为生态环境良好、生态产业发达、文化特色鲜明、生态观念浓厚、市民和谐幸福、政府廉洁高效的生态文明城市，在全省率先实现历史性跨越，率先实现全面建设小康社会的目标。

总体来说，贵阳市建设循环经济型生态城市的整体规划框架内容主要包括：两个关键环节（一个是生产环节模式的转变，另一个是消费环节模式的转变），和三个核心系统（第一个是循环经济产业体系的构架，涉及三次产业；第二个

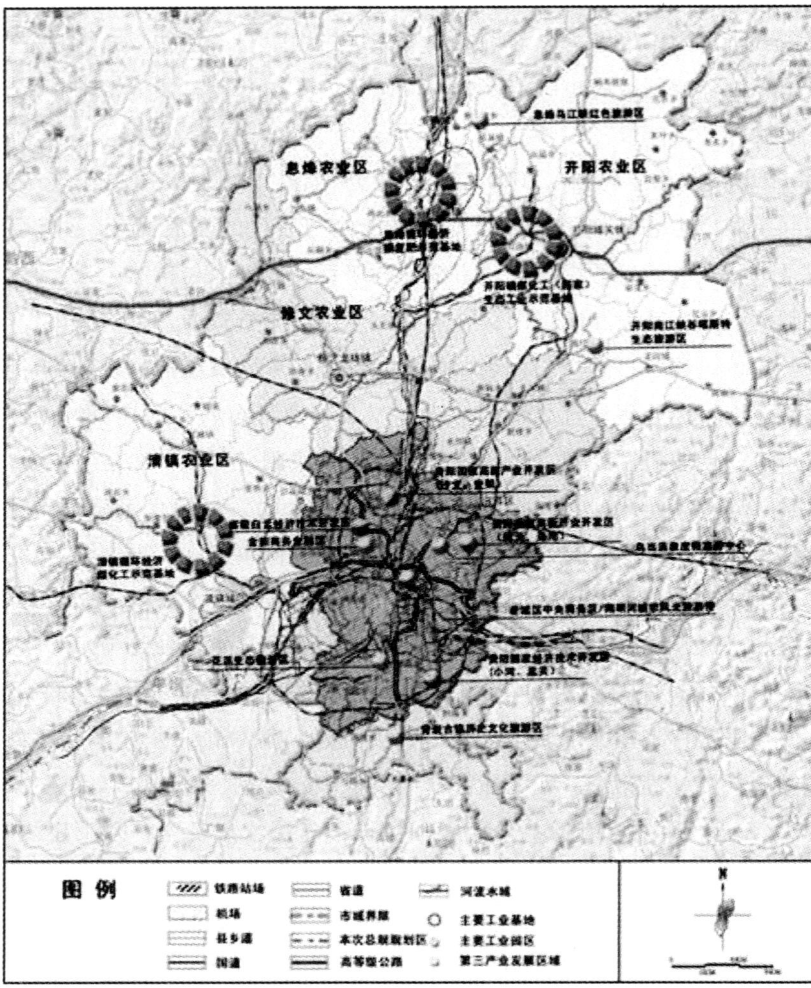

图 9　贵阳市循环经济城市建设之产业布局

是城市基础设施的建设，重点是水、能源和固体废弃物循环利用系统；第三个是生态保障体系的建设，包括绿色建筑、人居环境和生态保护体系)。

1. 建立循环型产业体系，推进循环经济型生态城市

(1) 生态农业

贵阳市生态农业体系建设主要包括生态农业循环体系、生态农业产业化体系和特色生态农业三部分：

①生态农业循环体系建设

为有效利用农业资源，贵阳市将着重构建农业生态循环体系，按照“循环再生”理论，打破三产界限，以沼气工程为纽带，实行“种、养、加、气”四业配套，将农业生产的废弃资源循环利用和能源建设工程紧密结合，并吸纳城市生活的废弃物，形成生态系统内部的闭路循环，达到调整农村能源结构，改善农村环境和提高生态、经济效益的目的。

②生态农业产业化建设

生态农业产业化就是要摆脱以农户为单元的家庭生产，实现农业生产的规模化、集约化和商品化。贵阳市的生态农业产业化主要表现在以下几方面：

以订单农业为带动，规模化发展无公害农产品。贵阳市鼓励对无公害农产品按标准组织集约化生产、商品化销售。贵阳市将以订单农业为带动，以农业科技示范区为平台，强调种植业、畜牧业和养殖业成比例、规模化地发展满足人民健康生活的无公害农业。

无公害蔬菜基地建设：贵阳市有大量未污染的土地，为无公害蔬菜的生产提供了得天独厚的自然环境。贵阳市发展无公害蔬菜，增强市场竞争力，增加蔬菜产业内涵，是实现蔬菜产业化高层次发展的现实途径。在无公害蔬菜产业发展方面，既要重视鲜食品种的改良和发展，又要重视加工专用品种的引进与推广。同时，要加快蔬菜精深加工和综合利用的步伐，重点发展蔬菜储运保鲜、蔬菜汁、切割蔬菜、脱水蔬菜、速冻蔬菜，大力提高蔬菜资源的利用率。

加强中药材资源的高效利用，发展中药产业：贵州省是我国中药材主产区之一，久享“川广云贵，地道药材”盛誉。贵阳市在发展中草药方面，积极推广应用先进的提取、纯化和制剂技术、结晶技术、手性技术等关键技术，提高产品的技术含量，加快现代技术在中药生产中的应用。

③生态农业特色化建设。

中药 GAP 种植基地建设：为发挥中草药优势，贵阳应积极推进中药材生产规范化、产业化和集约化进程，建立中药材生产质量管理标准体系，推广中药材的规范化种植；应用先进的栽培技术和生物技术，提高中药材质量和产量。贵阳中药 GAP 种植基地建设是发展生态农业并与加工产业相结合的重要内容，既有助于发展经济，又注重生态保护。中药产业基地建设应按照品种对环境的要求，集中连片建设，实行集约化经营，达到规模效益，发展“农户—基地—产业”

一条龙的生产模式，在中药材种植、田间管理、采收加工、后续产业、废弃物处理等各个环节，引入生态农业的方法和技术，进行标准化的生产和管理。

生态旅游观光农业：贵阳地处中国西南部，山川纵横、地形地貌复杂、民族风情多姿多彩、民族文化独特，既创造了多种多样的农业生产资源条件，也为发展旅游业提供了广阔的空间。贵阳市生态农业旅游的建设内容主要包括：大力发展立体农业，如养鱼—植藕—蔬菜—蟠桃—葡萄的模式，结合旅游资源开发，选择适当景点，按照景观生态学的观点进行无公害、绿色食品基地建设，配套完善相关设施，吸引人们进行休闲/生态旅游；发掘具有少数民族特色的农业内容，通过民族风情、观光农业和旅游资源的有机整合，丰富旅游内容，吸引国内外游客，扩大贵阳无公害农产品和绿色食品的知名度。

（2）生态工业

贵阳市生态工业建设主要是在企业内部、企业之间、市域范围三个层面进行：

①企业内部

推行清洁生产，提高资源利用效率。贵阳的工业企业通过推广清洁生产，加快传统产业的技术改造和技术创新投入，严格限制和禁止工艺落后、能耗高、污染严重的小煤窑、小造纸、小制革、小水泥、小冶炼、小烧碱、小电石、小黄磷等企业发展，严格控制高资源消耗的工业项目，将有效降低磷、铝、煤等矿产资源消耗，减少水资源需求，改善固体废弃物的排放。

扩大企业规模，增加副产物和废弃物的综合利用程度。贵阳市许多企业由于规模太小，副产物和废弃物无法得到经济利用，大部分白白闲置或造成污染，通过对企业或装置扩大规模，这些物质就可以得到经济可行的利用，从而实现资源的高效利用。

②企业之间

促进相关企业的产业整合，提高总体的经济效益。贵阳市的磷工业涉及磷矿开采、黄磷生产、磷肥生产、磷酸盐企业等多家企业部门，存在上下游关联，但没有很好地整合，在经济效益、资源利用和环境保护方面有很大的改进潜力。贵阳煤气气源厂和水晶化工集团属于煤化工产业中的相关企业，将气源厂产生的焦炭和焦炉气供应化工集团做能源和原料使用，化工集团为气源厂提供电力保障和公用工程，两个企业可以达到一种互利共生关系。

实现不同产业的多业联营，建立生态工业园区，进行更广层次的物量代谢。建设生态工业园区是区域范围内实现资源综合利用的有效形式，单个企业或行业无法实现工业废弃物的高效综合利用，多产业横向联合有利于工业废弃物的循环；多业联合是优化资源利用的又一有效形式，能够促进相关产业发展，取得参与企业的多方共赢。如：黄磷生产产生的废渣可用于生产水泥，经过高温加工还可以生产高附加值的微晶玻璃，利用黄磷尾气可生产清洁能源二甲醚，进而展开一碳化工的生产。

③市域范围

连接工业和社会消费体系，发展静脉产业。静脉产业是贵阳进行循环经济建设不可或缺的组成部分。静脉产业能降低原料生产的能耗和资源消耗。如：再生铝的能耗仅为原生铝的3%。贵阳本身有大型铝工业企业，利用其设备和技术优势，在贵州省范围内，结合废铝制品的分拣、回收，实现从废弃铝到资源铝的循环利用，对地方经济的发展、对企业自身经济效益的提高都有现实意义。

参与全国全省的经济分工和大循环。贵阳工业不能仅仅停留在市域范围的自给自足，搞成小而全的封闭圈子，应积极加入到省域、全国乃至全球的经济大循环。在省内，应充分发挥经济的辐射带动作用，与周边地市分工协作，加快贵州经济的发展；在全国范围内，要紧密围绕资源和能源配套优势和国家经济布局的定位；在国际经济中，应不断提高优势产品的质量标准，做大、做强优势产业，力争在国际竞争中立于不败之地。

2. 加快基础设施体系建立，推进循环经济型生态城市

（1）城市水循环系统

水系统的循环是一个城市建立循环经济城市的重要标志，循环经济理念下的水系统是在供需互动基础上，以最小的成本对水资源进行质和量的高效配置，并通过可能的方式构筑循环系统，减少人类经济社会对水资源和环境的影响。

贵阳市的水循环系统建设，主要包括两个方面：第一，水系统的建设，第二，水基础设施建设。

①贵阳市水系统建设

贵阳市水系统建设主要是节水工程建设，而节水工程主要包括农业节水、生活节水和工业节水。

农业节水：首先，改变灌溉方式。根据贵阳市的实际情况，2003 年先在息烽县选定 20 ~ 30 亩试验用田，进行大田喷灌、管灌、蔬菜滴灌等不同节灌技术下的投入和经济效益分析，对工程技术的可行性进行评价。然后在息烽、清镇、修文、开阳及贵阳郊区逐渐推行水稻节灌技术、水窖喷灌或滴灌、微灌等节水灌溉技术，以提高贵阳市农业灌溉效率。其次，修建防渗等配套工程。将传统的土沟土渠，改为水泥等材料衬砌的灌溉渠道或管道系统，使水的渗漏、蒸发损失减少到 10% 以下；通过地面平整、土层深松，提高土壤的保墒蓄水能力。再次，进行生态建设。对农业，尤其是旱作农业的发展，水土保持至关重要。横坡聚拢、土壤覆盖、坡改梯工程与生物栅篱护埂梯化等水土保持技术可以加强旱作农业的土水管理，有效发展旱作农业。

生活节水：主要体现在节水器具的推广和应用上。如：自 2003 年起新建生活小区、公共厕所及其他公共设施全部采用节水型水龙头、节水型冲洗箱和节水型淋浴器。同时，逐步在已建的 596 座水冲式公共厕所改用节水型冲洗水箱、延时自闭式或红外自动控制式小便槽冲洗器；中等规模以上宾馆改用节水型水龙头、节水型冲洗箱和节水型淋浴器。在这个过程中重视水表的安装及应用，不仅在居民用户的进水管上安装水表定时计量，也在公共建筑的进水管上安装水表。

工业节水：主要是针对电力、化学原料、冶金、交通设备制造、饮料和食品、造纸等行业制定了严格的节水措施。如，饮料食品行业的节水措施：2005 年前，在酒精制造业重点推广双酶法淀粉发酵工艺和节水型冷却设备，开发应用高温酵母菌，推广细菌发酵工艺，节约冷却水。2005 年前，在啤酒制造业推广高浓度糖化发酵技术，减少冷却水用量。2005 年前，在罐头制造业中推广先进的节水罐装技术和高逆流螺旋式冷却工艺，采用节水的清洁和灭菌工艺。

②水系统的基础设施建设

贵阳市为了发展循环经济，建立生态城市，在加大城市给水设施建设力度的同时也加强日常的管道检漏、维修和更换工作，防止水资源漏失。污水处理设施建设必须网、厂并重，优先实施管网及附属设施工程，以保证污水的收集和输送。新建排水管网采用雨、污分流制。贵阳市现有管道分流制不健全的，要积极配套建设雨、污水管道，原为合流制排水的地区，随着旧城改造和城市建设的发展，改建为分流制。除了上述污水厂的配套管网工程外，同时应积极治理和改善受污染河道和湖泊，还应建设相应的河道截污沟。

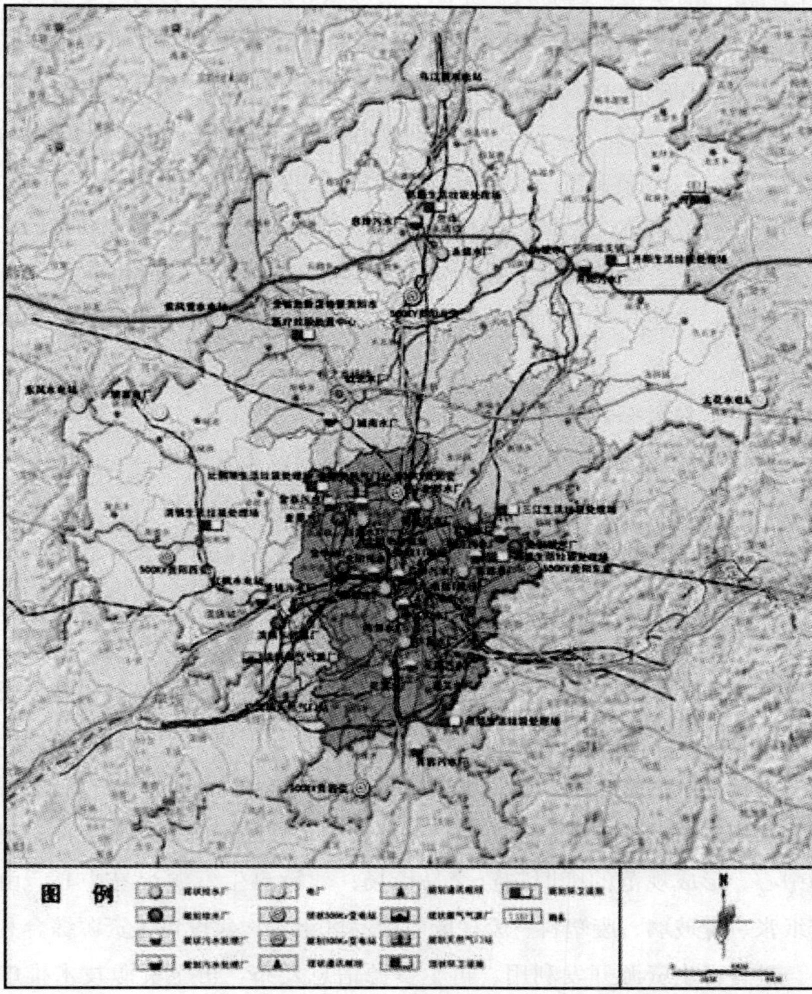

图 10　贵阳市循环经济城市建设之市域重大基础设施规划

（2）固体废弃物循环利用系统

贵阳市的固体废弃物循环利用体系主要包括工业固体废物综合利用、城市生活垃圾综合利用、固体废物最终处置三大系统。

①工业固体废物综合利用系统

工业废物具有产生量大、环境影响大、可利用成分高等特点，因而工业废物的综合利用是提高资源利用率、减轻环境压力的重要手段之一。贵阳市目前的主要工业固体废物有磷渣、磷石膏、赤泥、粉煤灰、煤矸石等，其产量约占贵阳市工业固体废物总产量的80%以上。因此，提高这几类工业废物的综合利用率，控制其产生量是控制贵阳市工业固体废物总量的重要环节。另外，在对各种固体废物进行综合利用之前，应对其进行临时贮存。在此期间应严格执行国家有关规定，严防产生二次污染。如：赤泥的综合利用。赤泥生产新型墙材技术是综合利用赤泥的一种有效措施。它是一种利用烧结法赤泥和粉煤灰生产烧结砖的工艺技术，具有工艺简单、设备可靠、操作简便等优点，可以大量消化赤泥、节约土地、改善环境。赤泥新型墙材的开发生产，还可以创造较好的经济效益，成为新的经济增长点。

②城市生活垃圾综合利用系统

贵阳市生活垃圾综合利用系统建设主要体现在以下几方面：

城市生活垃圾分类收集系统建设：根据垃圾产生源的不同，贵阳市将城市生活垃圾分为住宅区产生的居民生活垃圾、商业区产生的商业垃圾、教育科研区产生的办公垃圾、文化娱乐区及体育中心产生的公共垃圾、打扫道路和公园产生的清扫垃圾和园林垃圾。

废旧物资回收系统建设：配合贵阳市垃圾分类收集的有效实施，建设贵阳市旧货交易中心、再生资源交易中心、再生资源综合利用研究中心，规范和完善贵阳市废旧物资回收网络系统。制定废旧物资循环利用地方法规，包括包装容器循环利用、家用电器循环利用、建筑器材循环利用、食品资源处理等方面；建设旧货交易中心，形成规范的废旧物资交易市场；建设再生资源交易中心，由废金属、废纸张、废玻璃、废塑料、废橡胶等交易区组成；建设再生资源综合利用研究中心，进行再生资源开发利用、再生资源信息发布、再生资源技术推广等研究。

③固体废物最终处置系统

主要包括危险废物安全处置系统、医疗垃圾焚烧系统、城市生活垃圾最终处置系统的建立和完善。

3. 从人居环境、绿色建筑、生态保护方面，推进循环经济型生态城市

（1）人居环境建设

贵阳市主要通过建立城区生态区、合理规划城区土地、积极改善城区城市道路建设、加强城市风貌建设等方式来推进城市的人居环境建设。

（2）城市绿色建筑

为了推动绿色建筑的实践和发展，贵阳市深化了两个方面的工作：第一，解决建筑与设计地段的关系问题，即如何使建筑能最低程度地破坏现状的生态资源；第二，深入发掘适合于贵阳地区特色的建筑材料和建筑方式。贵阳市的绿色建筑主要是依托贵阳特有的丘陵山地地形，通过既节约土地，同时还能减少对自然生态资源地破坏的建筑方式来发展的。

（3）城市生态保护

贵阳市主要通过对生态保护区、生态缓冲区、生态重建区的建设，来对城市生态进行保护。

①生态保护区建设。主要是通过水资源保护区、自然生态保护区、野生动物保护区的建设来实现的。贵阳市的水资源保护区建设，主要是对包括红枫湖、百花湖、阿哈湖在内的三个饮用水源区实施生态环境治理工程。自然生态保护区的建设主要是通过搞好生态环境保护与整治工作、实施天然林保护工程、保护和培育森林资源等方式实现的。

②生态缓冲区建设。主要是针对长江流域的南明河流域、猫跳河流域、鱼梁河流域、谷岔河、洋水河、清水河流域、息烽河流域和辖区范围内（珠江流域）的蒙江河流域，启动生态建设骨干工程，按照生态控制区的布局和建设要求，坚持山、水、田、林、路综合治理，以治山、治坡、治水、治窝为中心，生物措施和工程措施并举，加速绿化造林进程，切实把基本农田和水源涵养林、水土保持林、防风固沙林建设起来，结合解决群众的温饱和不断增加农民收入，加速第一产业的集约化，减轻对土地、水资源的压力，把农林荒山绿化起来，形成带网片结合，纵横交错、相互连续、结构合理的林草植被体系。

③生态重建区建设。主要是针对城乡交错带和建设新区，如金阳新区。规划要做到高起点、高标准和高要求，运用零排放和循环经济理念进行适度超前规划，坚持自然环境与人居环境相协，自然景观与人文景观相适的原则。对于容易发生水土流失、土壤侵蚀和石漠化的地区，全部划为林草保护区，以保障城区绿化带的完整性和生态系统功能的稳定性和多样性；大于25度以上的坡耕地全部退耕还林；裸露地表、废弃地、采石场地和采矿地等规划为生态复垦区；大型水源地、河流以及总体规划确定的“禁建区”划定为生态复建区，以保证涵养水源、美化景观和防止生态系统的功能退化；在花溪片区南明河两岸、阿哈水库的

南岸、龙洞堡片区河流的两岸以及白云片区的北部等地区划出一定范围的生态复建区。同时，有序地吸纳老城区和农村转移人口。

参考文献

[1] 徐云：《循环经济国际趋势与中国实践》，人民出版社，2005。
[2] 毛如柏、冯之浚：《循环经济》，科学出版社，2003。
[3] 吴季松：《科学发展观与中国循环经济战略》，新华出版社，2006。
[4] 诸大建：《深化中国生态文明研究的十个思考》，《当代经济》2011 年第 11 期。
[5] 李健：《企业伦理论纲》，《陕西师范大学学报》1994 年第 4 期。

G.12

景观休闲型城市

王太春　高天鹏

摘　要： 景观休闲型城市是生态文明城市的重要类型之一，它承载了市民对生存环境改善及室外休闲活动的要求和城市形象提升的期望，也包含着生态城市建设的主要内容。本章重点介绍了景观休闲型城市的概念、内涵、类型、评价体系及其评价方法，并列举了国内景观休闲型城市的一些典型案例，以期推动中国景观休闲型城市的快速发展。

关键词： 景观休闲型城市　园林城市　休闲型城市

随着城市化进程的步伐加快，人类逐步从自然生态系统分离出来，形成以人为中心的城市生态系统。城市生态系统的形成使人类从适应自然规律的生存理念转向改造自然的生存理念①。2010 年人口普查的数据表明，我国城市居民已经达到全国总人口的 47.5%。城市数量增加、城市人口增加是我国城乡格局转化的必然趋势。城市的规模、格局、形态、结构和功能都将在未来较长的时间内成为各个城市管理者面对的重要课题，不同的城市发展方向和类型也将面临选择。因此，研究城市的类型、格局与其发展方向具有重要的理论意义和现实意义。

一　景观休闲型城市概念与内涵

景观（landscape）的含义在不同学科中有一定的差异，在景观建设理论与实践中也有一定的区别：普通百姓所了解的景观通常是风景或园林风景，是指城市中具有观赏价值和使用价值的风景绿地，或自然山水。在生态学中，景观的定义

① 方建德等：《国内外城市可持续发展指标体系比较》，《环境科学与管理》2010 年第 35（8）期。

可概括为狭义和广义两种：狭义景观是指在几十千米到几百千米范围内，由不同类型生态系统所组成的具有重复性格局的异质性地理单元。反映气候、地理、生物、经济、社会和文化综合特征的景观复合体称为区域。狭义景观和区域即人们通常所指的宏观景观；广义景观则包括出现在从微观到宏观不同尺度上的，具有异质性或斑块性的空间单元[①]。

类似的城市景观定义还有：

中文名称：城市景观，英文名称：townscape；urban landscape。

定义1：由各类城市建筑物、各类城市活动所构成的景观形态。所属学科：地理学（一级学科）；社会与文化地理学（二级学科）；

定义2：人口高度聚集、由大量规则的景观要素（如建筑物、道路、绿化带等）组成的人造景观集合体。所属学科：生态学（二级学科）；景观生态学；

城市景观的定义：是指景观功能在人类聚居环境中固有的和所创造的自然景观美，它可使城市具有自然景观艺术，使人们在城市生活中具有舒适感和愉快感。

城市景观休闲空间在国外也称作“城市开敞空间”，也被部分国内学者解释为“绿色空间”。城市开敞休闲空间是城市内部空间结构的一个重要方面，它是城市系统的重要组成部分，是城市居民休闲活动的重要载体[②③]。

由此可见，生态学中的景观生态学是大尺度范畴的研究，主要内容有：景观内生态格局、生态过程、尺度与等级等。在城市景观中通常研究城市景观格局（如廊道—基底—缀块）的作用机理和生态学意义，它的研究成果反映了城市景观的格局、结构和功能，对城市景观建设具有宏观指导意义。城市中景观是指相对微观的、中小尺度的、具体的景观，是我们通常说的风景或园林。它研究的内容包括硬质景观和软质景观的综合设计，主要包括：地面、水体、地形地貌、植物、景观建筑设计和景观设施与小品六类景观要素的设计与建设[④]。反映了城市景观具体的园林文化、艺术和历史的内涵与质量。

---

① 邬建国：《景观生态学——格局、过程、尺度与等级》，高等教育出版社，2007年4月。

② 柴彦威：《城市空间》，北京：科学出版社，2001。

③ 祝昊冉、冯健：《北京城市公园的等级结构及其布局研究》，《城市规划研究》2008年第15（4）期。

④ 胡先祥：《景观规划设计》，机械工业出版社，2008。

也有研究认为，城市景观要素包括自然景观要素和人工景观要素。其中自然景观要素主要是指自然风景，如大小山丘、古树名木、石头、河流、湖泊、海洋等。人工景观要素主要有文物古迹、文化遗址、园林绿化、艺术小品、商贸集市、建筑物、广场等。这些景观要素为创造高质量的城市空间环境提供了大量的素材，但是要形成独具特色的城市景观，必须对各种景观要素进行系统组织，并且结合生态环境使其构成完整和谐的景观体系，形成有序的空间形态。

总之，科学合理的城市景观应该把城市的整体景观格局到城市景观要素组合的具体内涵作为一个景观综合系统来研究，避免只讲宏观而忽略微观或只讲微观而忽略宏观格局建设的片面思维。这样才能构建更加科学的具有特色和魅力的城市景观体系，才能反映城市景观格局和休闲的“以人为本”的景观服务功能。

“景观休闲”是人类物质文明和精神文明发展到一定时期的必然产物；是指人们利用和享受自然景观和人文景观的观光、娱乐、旅游、交友等户外活动。这种休闲包括城市及市区内以人文景观为主的休闲活动，也包括远郊或更远的山区、湖泊、海滨、自然保护区等的旅游景观休闲。

根据马斯洛的需要层次论，人的需求表现为一个从低层次到高层次的渐进过程，低层次的需要满足后，人又会开始追求高层次的需要。当人们的货币收入增加到一定程度，基本生活需求满足以后，必然追求休闲、娱乐等高层次的精神享受①。

国外学者预测，2015 年左右，发达国家将陆续进入“休闲时代”，发展中国家也将紧随其后。按国际标准，当人均收入达到 5000 ~ 8000 美元时，休闲消费便进入急剧扩张期②，而中国 2010 年人均 GDP 已经达到人均 4361 美元，并且整个国民经济正从经济危机恢复后进入稳步增长时期。国家“十二五”规划中提出城市职工人均收入翻番的政策预期，城市人口的消费水平将大幅度提高。由此可以推断：我国正在进入休闲消费高速提升的时代。我国很多城市的人均收入都达到或超过这个水平，给城市休闲消费的产生创造了基本的经济基础。2006 年，世界休闲博览会第九届世界休闲大会于 10 月 15 ~ 20 日在杭州世界休

① 孙天厌：《烟台构建休闲型城市的优势及对策》，《城市问题》2003 年第 6 期。

② Charles Waldheim. A Reference Manifesto//Charles Waldheim (ed). *The Landscape Urbanism Reader*. New York: Princeton Architectural Press, June 2006: 11 - 19.

闲博览园隆重举行。“让休闲改变人类生活”，是杭州市世界休闲博览会的主题口号。这次大会以“休闲：社会、文化和经济发展不可分割的部分”为主题，是全球休闲旅游产业最高级别的国际性会议，标志着中国休闲城市建设跨入新的里程碑。

“景观既是表现城市的透镜，又是建设城市的载体，景观取代建筑成为当今城市的基本要素。”① 这段由景观城市主义的创造者，查尔斯·瓦尔德海姆（Charles Waldheim）给出的景观都市主义的核心思想至少包含两层含义：首先，以景观作为视角能更好地理解和表述当今城市的发展与演变过程，更好地协调城市发展过程中的不确定因素；其次，景观作为载体介入城市的结构，成为重新组织城市形态和空间结构的重要手段。

当城市被阅读为一种以景观为载体的生态体系，而景观基础设施成为城市发展的框架时，就为我们系统地理解和规划处于动态过程中的城市提供了新的模式。从单一转向多元；从个体转向群体；从自上而下转向自下而上；从封闭的形式转向开放的场域，从城市与自然互为二元的对立面转向“人工中孕育着自然”（城市化的景观）和“自然中蕴含着人工”（景观化的城市）的复合型城市形态，景观城市为城市可持续发展打开了一扇通往未来的大门。这种基于生态规划原理，有厚度的、由积聚的斑块组团和层叠的廊道网络构成的有生命的场域状态就是景观城市②。

“休闲城市”是指现代化发展高级阶段的城市，首先表现为城市普遍呈现的新的社会生活方式，即后现代性社会生活方式；其次是指能普遍满足后现代性社会生活方式，在文化层面表现出后现代性的品质特征，进而形成以休闲产业为主导产业的城市③。

从国际层面看，虽然尚没有准确的“景观休闲型城市”的定义，但实际上很多发达国家的著名旅游城市都以“城市景观休闲”作为主要特色，不仅当地人享受这种休闲生活，也因此吸引了大量的国内外游客前来观光旅游。如巴黎、

---

① 翟俊：《基于城市景观主义的景观城市》，《建筑学报》2010 年第 11 期。

② 颜晓强等：《构建休闲城市——从资源角度分析杭州的城市空间环境》，《城市问题》2006 年第 3 期。

③ 杨士宏：《城市生态环境可持续发展评价探讨》，《华南师范大学学报（自然科学版）》2000 年第 4 期。

伦敦、威尼斯、华盛顿等著名城市，都以其独特的城市景观每年吸引数百万的游客前来旅游观光。这些城市的景观特色类型有：历史标志性建筑景观如法国巴黎；水域景观如威尼斯；历史文化景观如罗马；现代著名景观如纽约和中东的迪拜；自然山水景观如夏威夷等；享受大型综合娱乐为主的景观有美国、日本、香港等国家和地区的迪士尼乐园等。

综上所述，我们将景观休闲型城市（landscape leisure style city）定义为："景观休闲型城市"是指具有较高生态文明程度，以城市的景观作为人们休闲的主要载体，以户外休闲作为主要休闲形式，以城市的景观系统作为支撑，以生态服务作为核心内容的城市。它是城市综合实力具有较高水平的标志之一，代表城市外貌、文化、经济水平的较高发达程度。

二 景观休闲型城市评价

（一）景观休闲型城市评价指标体系构建

城市生态环境可持续发展是经济环境、社会环境、自然环境的协调发展。经济环境可持续发展是系统持续发展的前提条件，自然环境可持续发展是系统持续发展的基本保证，社会环境可持续发展是系统可持续发展的目的，三者结合，同时并进，即建立起城市生态环境的可持续发展①。目前，我国绿地系统的评价和规划指标仅限于"人均公共绿地面积"、"城市绿化覆盖率"和"城市绿地率"三种数量指标，无法全面评价其生态景观效益、社会效益以及经济效益，并使城市绿地系统的综合评价长期陷入重数量、轻效益的误区②。这种评价体系不能反映城市景观的质量和景观格局与结构的科学性，更不能反映"以人为本"的景观休闲功能和本质。鉴于上述观点，为了构建较为全面系统的科学评价体系，突出景观休闲城市的特征，现将景观休闲型城市评价原则和指标体系阐述如下：

---

① 王如松、高效：《和谐——城市生态调控原则与方法》，湖南教育出版社，1988，第268～269页。

② Robert L. Ryan. "The Social Landscape of Planning: Integrating Social and Perceptual Research with Spatial Planning Information", *Landscape and Urban Planning* 100 (2011) 361－363.

1. 制定景观休闲型城市评价指标体系的原则

（1）社会科学与自然科学的综合指标互为补充（社会调查与数学公式计算相结合），形成科学的评价体系①；

（2）反映城市的景观格局：把生态学中的相关生态学原理移植、运用到城市生态景观中来反映城市景观的格局、结构和生态功能，同时也要反映城市景观的微观质量包括景观设施的数量、园林文化与艺术和景观服务的水平；

（3）指标的全面性和概括性：充分考虑指标定性、定量计算的可操作性和可比性；

（4）反映城市环境质量概况：把大气、水体、噪声等反映环境质量的指标融入其中；

（5）用社会经济—景观—环境复合系统综合评价体系进行综合评价；

（6）建立静态、动态评价模型体现城市景观的过去、现状与发展趋势。

2. 景观休闲型城市评价体系

根据上述景观休闲型城市评价体系的原则，以社会经济、环境、景观为一级复合评价指标，以景观类型多样性等 20 项指标作为评价的二级指标，形成完整的评价体系（见表 1），目的是使评价体系能够真正反映一个城市社会经济、环境和景观休闲的本质特征和状态，并通过这套评价体系引导城市向景观休闲型城市的方向发展。

本章部分评价指标的含义解释如下：

（1）景观的多样性：反映城市景观资源的状况

Simpson-Weaver 多样性指数

$$H = -\sum_{k=1}^{n} PK\ln(PK)$$

Simpson 多样性指数

$$H' = 1 - \sum_{k=1}^{n} PK$$

① 荣冰凌、陈春娣、邓红兵：《城市绿色空间综合评价指标体系构建及应用》，《城市环境与城市生态》2009 年第 22（1）期。

表1 景观休闲型城市评价指标体系

目标层	准则层	指标层	标准值	标准依据	标准等级(国内) 优;良;中;差	计算获取方法
景观休闲型城市	城市景观与城市休闲M1	N1 景观的多样性	1	指标最大值	>0.8;0.7~0.8;0.6~0.69;<0.6	$H' = 1 - \sum_{k-1}^{n} PK$ 城市卫星地图
		N2 景观斑块的连接度		指标最大值	>0.8;0.7~0.8;0.6~0.69;<0.6	$C = \left[\frac{\sum_{j=k}^{n} c_{jk}}{\frac{n_i(n_i-1)}{2}}\right] \times 100$
		N3 景观可达性(%)	95	同上	95;85;75;<65	最小累积阻力模型(MCR),ARCGIS空间分析。利用卫星地图
		N4 景观斑块的均匀度	1	同上	>0.8;0.71~0.8;0.6~0.7;<0.6	$E = H/Hmax$ 城市卫星地图
		N5 景观分布及其设施服务满意度		问卷平均值	优;良;中;差	见城市优美度问卷(附表)
景观休闲型城市	城市景观与城市休闲M1	N6 每十万人拥有剧场影院数量	1	暂定	>1;0.8~1;0.6~0.79<0.6	中国城市统计年鉴
		N7 每十万人体育场馆数量	1.2	暂定	>1.2;0.9~1.2;0.7~0.89;<0.7	中国城市统计年鉴
		N8 每万人公共车数量(辆)	5	暂定	>5;4-5;3-3.9;<3	中国城市统计年鉴
		N9 城市绿化率(%)	45	国际城市	38;30;25;<25	(城市绿地总面积/城市建设用地总面积)×100%
	城市生态环境M2	N10 城市森林覆盖率(%)	50	国际城市	>40;30;25;<20	[(郁闭度0.3以上的乔木林、竹林、灌木林地、经济林地,以及农田林网和村旁、宅旁、水旁、路旁林木的覆盖面积的总和)/城市土地面积]×100%
		N11 人均绿地面积(平方米)	60	联合国推荐	38;30;25;<25	
		N12 城市空气指标(Ⅱ级天数)	300	国家生态园林城市标准	300;270;250;<230	国家生态园林城市标准城市环境
						状况公报年鉴
		N13 城市污水处理率(%)	90	暂定	>90;85~90;75~84;<75	中国城市统计年鉴
		N14 环境噪声达标区覆盖率(%)	95	国家生态园林城市标准	95;85;80;<70	城市环境状况公报

续表

目标层	准则层	指标层	标准值	标准依据	标准等级(国内)优;良;中;差	计算获取方法
景观休闲型城市	社会经济 M3	N15 城市人均 GDP(美元)	3000	暂定	>4500;3000 ~ 4500;2000 ~ 2999;<2000	中国城市统计年鉴
		N16GDP 增长率(%)	9	暂定	>15;10 ~ 14.9;8 ~ 9.9;<8	中国城市统计年鉴
		N17 人均道路面积(平方米)	30	暂定	>30;25 ~ 30;15 ~ 24.9;<15	中国城市统计年鉴
		N18 城市人口密度(人/平方公里)	100	暂定	<300;300 ~ 500;501 ~ 700;>700	中国城市统计年鉴
		N19 第三产业占 GDP 比重(%)	45	暂定	<30;31 ~ 40;41 ~ 45	中国城市统计年鉴
		N20 恩格尔系数(%)	30%为最富裕	国际标准	59%以上为贫困;50% ~ 59%为温饱;40% ~ 50%为小康;<40%为富裕	中国城市统计年鉴

公式中 PK 是斑块类型 k 在景观中出现的概率（通常以该类型占有的栅格数或像元数占景观栅格细胞总数的比例来估算），n 是景观中斑块类型的总数

（2）景观斑块的连接度：反映城市大的景观格局的合理性

$$C = \left[\frac{\sum_{j=k}^{n} c_{jk}}{\frac{n_i(n_i - 1)}{2}} \right] \times 100$$

c_{jk} 为一定的连接阈值，i 类型景观中斑块 j 和 k 的连接值（0 为不连接，1 为连接）；n_i 为 i 类型景观斑块数量。

（3）景观可达性：反映居民利用景观的方便性

（4）景观斑块的均匀度：均匀度指数 E 反映景观中各斑块在面积上分布的不均匀程度，通常以多样性指数和其最大值的比来表示：

$$E = \frac{H}{H_{\max}}$$

当 E 趋于 1 时，景观分布的均匀程度亦趋于最大。

（5）景观分布及其设施服务的满意度：反映景观自身的水平和居民对景观的看法。

（6）每万人拥有剧场影院数量：城市电影和文艺休闲是城市休闲的一个重要内容。

（7）每十万人体育场馆数量：反映城市休闲资源的另一个侧面。

（8）每万人公共车数量：反映居民交通出行的方便程度。

（9）城市森林覆盖率：反映城市生态环境的重要指标，计算方法：覆盖率 = [（郁闭度 0.3 以上的乔木林、竹林、国家特别规定的灌木林地、经济林地的面积，以及农田林网和村旁、宅旁、水旁、路旁林木的覆盖面积的总和）/城市土地面积] ×100%

表中 1 ~9 项为一级指标城市景观与城市休闲的二级指标；10 ~14 项为一级指标城市生态环境的二级指标；15 ~20 项为一级指标城市社会经济的二级指标。

（二）景观休闲型城市的评价方法

1. 评价的方法、种类与研究趋势

（1）层次分析法（AHP），是美国运筹学家萨迪（T. L. Saaty）于 20 世纪 70 年代中期提出来的一种定性、定量相结合的，系统化、层次化的分析方法。（2）主成分分析法，是利用降维的思想，把多指标转化为几个综合指标的多元统计分析方法。（3）因子分析法，是把一些具有错综复杂关系的变量归结为少数几个无关的新的综合因子的一种多变量统计分析方法。（4）灰色关联度法，是针对数据少且不明确的情况，利用既有数据的潜在信息来白化处理，并进行预测或决策的方法，主要研究信息不完全的对象、外延确定而内涵不确定的概念以及关系不明确的机制。（5）模糊综合评判，就是以模糊数学为基础，应用模糊关系合成的原理，将一些边界不清、不易定量的因素定量化，进行综合评价的一种方法。

可见，可以用作综合评价的数学方法很多，但是每种方法考虑问题的侧重点不尽相同。选择方法不同，有可能导致评价结果的不同，因而在进行多目标综合评价时，应具体问题具体分析，根据被评价对象本身的特性，在遵循客观性、可操作性和有效性原则的基础上选择合适的评价方法。需要指出的是：综合评价方法只是数据的综合处理方法，通过这些方法所得到的综合性指标是否有意义或有

效，最终还是取决于指标体系本身的设计得当与否①。

2. 层次分析法模型的建立

（1）明确问题并建立层次结构；（2）构造判断矩阵；（3）层次单排序；（4）一致性检验。

为检验矩阵的一致性，定义 $CI = \lambda\max - n/\ (n-1)$，

n 为元素个数。当完全一致时，$CI = 0$。CI 愈大，矩阵的一致性愈差。对1～9阶矩阵，平均随机一致性指标 RI，见表2。

表2　平均随机一致性指标

矩阵阶数	1	2	3	4	5	6	7	8	9
RI 值	0.00	0.00	0.58	0.90	1.12	1.24	1.32	1.41	1.45

当阶数小于等于2时，矩阵总有完全一致性；当阶数大于2时，$CR = CI/RI$ 称为矩阵的随机一致性比例。当 CR 小于0.10或在0.10左右时，矩阵具有满意的一致性，否则需要重新调整矩阵②。

三　景观休闲型城市建设

（一）景观休闲型城市建设的现状及挑战

1. 景观休闲型城市建设的现状

（1）城市景观设计理念不明确

城市可持续发展的核心是发展，它有两个鲜明特征：一是发展的可持续性，即发展要满足现代人和未来人的需要，达到现代和未来人类利用的统一；二是发展的协调性，即经济和社会发展必须充分考虑资源和环境的承受能力，追求社会经济和资源环境的协调发展。这种思想运用到城市景观规划设计领域，就是规划

---

① 魏小安、周玲强、付磊等：《中国城市休闲指数与休闲城市评估体系》，世界休闲博览会组委会，2006。

② 项雯、徐翼文、刘芳、王瑶：《层次分析法在镇江市城市生态环境质量评价中的应用》，《中国水运》，2009年第9期。

和设计要尊重自然、尊重人、尊重文化[①]。由于我国现代城市景观设计规划只是近20年才开始研究和实践，还没有形成对景观概念的认识和对景观设计理论系统和功能的充分理解和认识，无论是城市管理者，还是景观研究和设计人员，都需要尽快提高城市景观建设理论和设计理念的水平。

（2）城市景观设计水平参差不齐

城市景观设计是涉及城市建筑设计（包括建筑高度、样式、色彩等）、景观设计（包括硬质景观和软质景观）、生态设计（包括景观生态学、环境保护学、植物学、生态系统学、生态群落学等）、城市文化设计（包括地方文化、历史文化、地域文化、民俗文化、民族文化等）等多个学科领域的综合性交叉学科。这就要求城市景观设计的团队要有很强的合作精神和综合的科研设计能力。而目前城市的专业景观设计团队存在综合素质参差不齐的状况，对于把握景观资源利用、美学与文化的表达、人文关怀的考虑、生态服务等内容缺乏系统性和综合性，城市景观设计队伍的整体素质有待提高。

（3）城市景观建造水平高低不一

城市景观工程质量由于城市经济发展水平、设计理念和景观建设投入多少等方面的差异，经济发达城市建造水平较高，而经济欠发达城市建造水平往往较低。主要反映在景观建筑材料的选用和施工工艺水平上的高低不一。造成这种格局不仅仅有经济上的原因，还有地方政府城市经营理念和因地制宜的景观设计理念方面的差异。城市景观建设是一项长期规划分步实施的过程，急于求成和互相攀比都容易造成城市景观与城市整体格局发展不同步、不协调而事与愿违的结果。

（4）城市景观特色不突出

城市景观是城市外观的直接反映，是城市的脸。城市景观是包括城市的区位特色、地形地貌和水资源特色、城市建筑特色、植物种群特点、历史文化特色、民族文化特色等要素的综合体现，每个城市都有其他城市不可替代的景观资源、历史、区域和文化特点，都有自己特有的发展历程。如何把握各自的特点而形成有个性和特色的城市是需要多方论证、认真研究的大事。盲目建设造成的“千城一面”现象在我国是不鲜见的，这需要引起城市管理者的高度重视，通过科学规划来解决。

---

① 王太春：《论城市景观——文化文脉与城市发展的可持续性》，《高师学报》2011年第1期。

2. 景观休闲型城市建设面临的挑战

（1）解决好城市发展与城市景观建设的矛盾

城市的不断扩大与发展需要大量的土地，商品房建设、产业群和商业建筑等对城市有巨大的经济利益。而城市景观系统建设的用地往往因为经济利益而被挤占挪用，忽视了城市景观系统中公园、公共绿地的重要性和系统性。景观建设与城市建筑用地之间的矛盾日趋严重。如何运用科学发展观来正确对待和解决这个矛盾是城市管理者面临的挑战之一。

（2）城市生态保护迫在眉睫

城市的生态系统保护包括城市外围的生态保护带、城市生态敏感区的生态建设和城市郊区农田的生态保护等。城市生态系统具有净化空气和水体、减少噪音、调节温度、防止水土流失等改善市民生存环境的功能，而城市景观建设是城市生态系统的重要组成部分。由于资源的过度使用和工业废气、废水的大量排放，很多城市面临城市环境日益恶化的现状，城市生态系统包括城市景观建设的任务迫在眉睫，成为关乎城市发展、安全和人民健康而需要解决的重大而紧迫的课题。

（3）旧城改造与城市景观系统的恢复

城市是一个动态发展的系统，旧城区建筑和布局往往随着时间的推移需要重新规划与建设。在这个过程中，如何把城市景观系统建设与城市旧城区重建科学地结合起来，使城市结构更加合理、生态功能得以恢复、人们的生存环境得以改善。这是城市管理者需要认真考虑和面对的问题。

3. 景观休闲型城市建设的内容

（1）城市景观格局的科学规划设计

制定以景观建设为特色，以城市景观休闲消费、吸引旅游和提升城市凝聚力为城市经济的增长极，进而拉动经济增长的城市发展策略。

（2）景观资源及历史文化的保护、开发与利用

现代城市文化是针对传统文化而言的。应该把传统与现代文化结合起来：传统的精华要保留，而现代文化要发展。现代城市发展的脉络应该是这个城市发展的特色与未来用景观文化的形式与语言表达出来①。因此，在城市建设中应注意

---

① 熊鹰：《城市人居环境与经济协调发展不确定性定量评价——以长沙市为例》，《地理学报》2007 年第 62（4）期。

保护代表城市发展阶段和重大历史事件的古街道、古民居、寺院、庙宇、庄园等历史建筑遗存和有地方文化传说、故事的风景点，包括古树、奇石、天然泉水等自然景观资源。利用这些建筑承载的文化和自然景观资源的特色，构建城市的特色景观空间系列和景观文化体系。并在保护的同时，通过道路的连接形成景观带或景观网络，进而使城市的景观格局更加科学合理。

（3）建设以人为本的景观服务体系

绿道、设施、茶楼、停车场、垃圾桶、景观小品、景观坐凳和座椅、照明系统等设施的完善，是体现景观服务于市民的基本前提。在景观格局设计中充分考虑景观点的分布与居民点分布的呼应，让市民在便捷、就近的距离内就能够享受景观休闲生活。

（4）打造景观文化系统

每个城市都有其特定的历史发展过程和固有的区位资源特点。因此，也都有其特定的城市文化特征，如丝绸之路文化、黄河文化、长江文化、民族文化、民俗文化、民居文化等等。深度挖掘这些文化要素，加以组合，并结合本地的自然景观资源，用景观的形式，用艺术的语言和景观的设计思维表达出来，这就是城市的景观文化体系。

（5）提倡景观休闲生活，建立城市景观休闲产业

从政策的层面上，给景观休闲产业以税收、场地等方面的扶持，并利用媒体加以宣传，使景观休闲成为城市居民消费的重要组成部分，从而形成一种产业，带动城市的经济发展。

4. 中国景观休闲型城市的特色与类型

（1）历史文化特色，如西安、北京

北京的故宫、长城、颐和园、天坛和圆明园等历史遗留的皇家景观建筑与历史人文景观构成城市特有的景观体系。尽管也有很多现代公园与景观点，但其最具魅力和特点的是上述这些历史文化特色景观体系；西安闭合的古城墙、大雁塔、小雁塔、钟楼、鼓楼、兵马俑、秦始皇皇陵、华清池及其一系列历史故事成为城市景观的灵魂。这两座城市的历史文化景观承载着城市的历史与文明，成为吸引中外游客参观、寻访的动力。

（2）自然山水风景特色，如桂林

天然景观是只受到人类间接、轻微或偶尔影响而原有自然面貌未发生明显变

化的景观，如极地、高山、大荒漠、大沼泽、热带雨林以及某些自然保护区等。回归自然是人们参观与休闲的动力之一。“桂林山水甲天下”是中国自然景观的代表。这座城市以其优美的山水自然景观向人们展示着一幅幅迷人的画面，也让人们感叹造物主的“鬼斧神工”。

（3）人文景观特色，如苏州、杭州

人文景观，又称文化景观，是人们在日常生活中，为了满足一些物质和精神等方面的需要，在自然景观的基础上，叠加了文化特质而构成的景观，是人类把文化包括文学、艺术、工艺内容利用人工的手段建造的景观。如苏州的著名景点留园、狮子林、虎丘、拙政园及杭州的西湖，这些景观都是帝王时代私家园林和皇家园林景观的代表，也是中国古典园林特色的精髓，它把中国文化的诗情画意融入到景观中，主要特点是“源于自然，超于自然”，这种特有的城市景观在世界景观史中独树一帜。因此也成为城市的名片和文化符号，形成展示城市景观文化的独特视角。

（4）现代繁华都市景观特色，如上海、深圳

上海的国际城市建设有一百多年的历史，以国际商贸、金融、海运为核心的国际都市地位带来了城市的发展与繁华，成为中国乃至世界的繁华都市。城市景观主要由著名的高楼大厦（如“东方明珠”、金茂大厦等）、繁忙的购物街、黄浦江水岸等反映繁华城市的景观要素构成；深圳是改革开放以来的新兴工业城市，是中国现代城市的代表。虽然城市的历史较短，但它是中国改革开放成果的缩影。深圳的城市现代化水平和繁华都市的景观成为展示城市科技水平和现代景观的典型，这种景观让人联想的是发达与现代。

（5）少数民族人文景观特色，如拉萨、大理等

中国是多民族国家，多姿多彩的民族建筑、民族文化、民俗文化、民居文化和地域文化成为少数民族景观的核心内容，也构成拉萨、大理等城市景观的独有风格与魅力。到过云南大理旅游的人，无不被当地特有的建筑、民族服装、民俗表演、自然风光所陶醉；而到过拉萨的游人也被高原的蓝天白云、豪放的民族性格、传统的民居与民族服饰和风俗人情所叹服。这类景观城市把民俗、民居、民族文化与景观紧密结合起来，构成独具特色的城市景观画卷。

（二）景观休闲型城市建设对策与举措

1. 中国景观休闲型城市建设存在的问题与困难

（1）城市缺乏整体景观格局设计的科学性

城市的发展壮大是一个相对漫长的过程，都是由小到大、由简单到复杂逐渐发展起来的。回顾这个历程，我们不难发现很多城市之所以出现道路拥挤、产业格局不合理、污染严重、景观失去魅力等等“城市病”，究其原因就是城市的规划缺乏长期性及可持续发展的科学性。尤其是城市的景观格局规划往往在追求经济增长的背景下被“边缘化”，长期得不到重视。对于城市这个复杂的系统要做到长远科学规划，需要多学科专家集体的智慧来确定，而不是急功近利的短期行为。并且，城市长期规划一旦确定就应该坚决地按计划分步实施、避免随领导换届而“另起炉灶”。

（2）忽视城市景观文化与景观资源的有机结合

近些年来，很多城市成片密集的高大楼群拔地而起，一派繁荣景象。在这种现象的背后，却往往存在忽略城市景观格局和城市文化格局的问题。城市景观规划一旦缺失或不科学，会造成景观文化系统的联系被切断，景观格局的整体性被破坏，景观历史遗存随之消失的后果。有些城市的管理者往往粗浅地认为景观就是公园加绿地，忽略城市景观文化体系的建立，急于求成地建设工业园区、商业园区、商业房地产项目，使城市景观体系与景观文化体系的设计边缘化，有些景观资源如具有保护价值的传统民居或老街道、地方人文特色景观等被大量拆除或毁坏，具有城市历史意义的景点被与之特色不相容的“现代建筑”挤压。这些现象近年来在很多城市屡见不鲜。城市景观应该反映城市的成长历史过程和它独特的区位、文化、地理特征，让景观告诉人们它的文化脉络和发展历程，它是城市文化和历史的载体，经济的发展与城市快速扩张不应该成为忽视城市景观及其文化建设的理由。

（3）景观建设资金问题

资金困难是现实问题，尤其是在经济欠发达地区。很多城市都面临就业、发展经济、城市改造等诸多问题的困扰，腾不出大量资金搞城市景观及景观文化建设。这些是现实而具体的问题，但是这些城市的管理者在考虑城市发展和城市经营的时候，同样应该重视景观资源的保护和合理利用开发，重视城市景观的长期规划设计，拿出力所能及的资金分步加以建设实施。避免急于求成地建一些缺乏整体景观文化及人文关怀的广场、景观大道等所谓“形象工程”。

（4）政策引导与城市经营理念

长期以来，特别是改革开放后的经济快速发展时期，很多城市建设总是以单纯追求经济增长为第一目的，而体现城市特色、包括城市景观和景观休闲在内的长期城市产业布局和城市发展格局往往不够科学或不够完整。城市景观不仅仅是城市的形象问题，它反映一个城市的生态安全、资源合理配置、城市格局、城市环境和城市可持续发展等诸多城市要素的全貌。科学合理并有城市特色的城市景观规划设计体现城市管理者的智慧和城市经营理念的成熟。城市的发展不能仅靠城市的延伸与扩张，更应该着眼于城市景观文化内涵的挖掘。

2. 景观休闲城市建设对策

（1）加强景观休闲型城市建设的理论研究

目前，我国城市景观研究主要集中在两个方面：一是以景观生态学为主的城市宏观生态格局研究，主要研究对象和内容可概括为三个基本方面：①景观结构：即景观组成单元的类型、多样性及其空间关系；②景观功能：即景观结构与生态学过程的相互作用或景观单元之间的相互作用；③景观动态：即指景观在结构和功能方面随时间推移发生的变化。特点是把城市整体分为斑块（也称为缀块）、廊道（道路与河流）和基底（城市的大面积建筑群与硬质地面）的结构单元模式进行研究，属于大尺度的研究范围，对城市景观具有宏观指导意义；二是以中小尺度的局部景观进行规划设计为主的研究，其主要研究对象为道路、滨水景观、居住区、公园、广场、公共绿地、历史文化名城保护等景观的规划设计。其特点是研究地形、地面、植物、水体、景观建筑、景观小品、公共设施等景观要素组合构成的景观空间系列的文化性、艺术性与实用性。前者是生态学者的研究范围，后者是景观设计师的研究范畴。需要注意的是，城市景观是从宏观到微观的综合系统工程，应该把二者充分结合起来才能更全面地反映城市的景观水平，而不能形成城市景观研究的“双轨制”。景观休闲型城市概念的提出为设计和建设宏观上结构合理、微观上文化与艺术性强并满足市民休闲使用的综合景观体系提出了新的研究路径，有助于城市景观科学合理的设计布局和城市景观建设水平的提高。

（2）制定与实施景观休闲型城市发展策略及政策

我们的城市发展策略要在经济增长、生态平衡、环境建设的三维系统中追求均衡发展，为此制定长期的发展规划并分步实施。应该学习国外发达国家的经验，以地方政府法规的形式确定城市发展规划。不论谁来做领导都应该遵照这个法规来办，防止“政绩工程”的非理性损害城市发展的科学性和可持续性。随着社会进步与经济增长，城市景观建设与市民休闲生活是城市社会未来发展的趋势，是制定城市发展政策不可忽略的重要内容。根据城市自身的环境资源特点，尽早制定城市景观建设规划，满足市民景观休闲消费的需求，制定景观休闲产业发展战略是今后城市发展的方向之一。

（3）保护城市历史文化资源，利用、开发城市景观资源

我国地域宽广、地形多样、历史悠久。各个城市都有自己独特的区位特点和资源特点，都有自己不可替代的历史演变过程。在这个过程中，形成了城市历史、城市文化和城市景观的多样性。现代城市发展建设的重要原则之一是尊重文化，包括历史文化、民俗文化、民族文化、地域文化等等，如北京的故宫、杭州的西湖、西安的古城都早已成为城市的符号和名片而享誉世界。事实上，历史和文化是人类创造的，只要城市重视保护和挖掘本地的文化资源和景观资源，并重视合理规划设计，新兴现代城市也可以构建成独具特色的景观城市，如改革开放后的青岛、大连、深圳，它们都以自己独特的景观吸引着四面八方的游客，成为新兴的景观魅力城市。

（4）创造环境、引导消费和民风民俗的培养

民风民俗也是景观休闲消费的重要因素。“安逸”是四川话里的一句口头禅，表示舒适或满足的一种状态，在四川方言中还有“令人满意、精彩”等意思，用得十分广泛，反映了四川人对生活的态度和追求，也表现到四川人的生活习惯上。到过四川的人，都会对无处不在的林荫下乘凉、喝茶、娱乐场景留下深刻的印象。民风民俗的培养一方面要有景观环境的物质基础，如景观设施、公共绿地、公园、小游园等的建设；另一方面要在政策上扶持室外景观休闲产业，如对这些服务行业给予税收优惠，提供一定场所等，引导这个行业发展，并逐渐形成风气和习惯。

四　景观休闲型城市典型案例分析

中国景观休闲型城市的概念、相关内容的阐述以及评价体系的建立是在中国

社会不断发展进步的历史背景下产生的，它是中国城市在生态文明时代的一种高级城市形态，在国内外尚无系统研究的先例。

虽然我国目前尚没有景观休闲型城市的评选评比体系，但是作为生态文明城市的一种形态，随着景观休闲型城市评价体系的建立和城市形态发展的多样化，以景观、休闲为特色的城市必将大量涌现。因为我国在景观建筑、传统景观环境设计和建造方面具有悠久的历史，拥有丰富的自然、历史和人文景观资源，并在城市形成的自然构成中产生了各具特色的城市景观格局。我们有理由相信，在新的生态文明时代，景观休闲型城市必将在城市多样性中成为具有强大活力的增长极。在这里，我们在近几年景观休闲城市建设中比较有特色和成效的城市中选取广州和杭州为例，介绍它们的一些成功经验和做法以供参考：

（一）广州城市景观建设的“绿道”经验

在城市景观设计中，绿道这个概念起源于20世纪70年代。英译“绿道”——greenway——分为两部分：“green”表示自然存在——诸如森林河岸、野生动植物等；“way”表示通道。合起来的意思就是与人为开发景观相交叉的一种自然走廊。

绿道，作为一种限行绿色开敞空间，通常沿着河滨、溪谷、山脊、风景道路、铁路、沟渠等自然和人工廊道建设，内设可供游人和骑车者进入的景观线路，连接主要的公路、自然保护区、风景名胜区、历史古迹和城乡居民居住区，主要由人行步道、自行车道、非机动车途径和停车场、租车店、旅游商店、特色小吃店等设施及绿化缓冲区组成。

广州市借助在深圳举办亚运会的契机，截止到2011年1月5日，全长2372公里的珠三角省立绿道网全线贯通，形成贯通成网、配套齐全的绿道网络，并先后与东莞、佛山、中山三地实现区域绿道连接。广东省委书记汪洋提出，要将绿道建设成为“生态工程、环境工程、民生工程、经济工程”，并做出“一年基本建成，两年全部到位，三年成熟完善”的目标。广州的绿道覆盖全市12个区县，串联234个景点、98个镇街、42个亚运场馆、52个地铁站，是珠三角各市中建成绿道线路最长、覆盖面最大、串联景点最多、服务人口最多、综合配套最齐、在中心城区分布最广的绿道网。

广州市政府坚持以政府主导、社会参与为原则，把维护、卫生、治安等管理的责任落实到各级各部门，把经营性工作交由企业运作，“建成一段、开放一段”，初步形成了一套完善的运营管理机制，防止了“建设时期热度高，使用维护无保障”，确保了绿道长效运营，可持续发展利用。围绕“吃、住、行、游、购、娱”等元素，在绿道沿线建设停车场、串联农家乐、打造景观节点、增加娱乐设施等，满足游人的不同需求，吸引市民畅游绿道。绿道建设从一种全新的角度推进了城乡一体化的发展。绿道带动了相关产业的发展，推动了基础设施向农村延伸、公共服务向农村覆盖、城市文明向农村传播，吸引大量的城市人到乡村休闲健身、旅游消费，带动了农村经济社会发展，促进了城乡交流和融合（根据新华网记者采访广州市常务副市长苏泽群的报道整理）。

绿道工程使城市景观资源得到整合，加之配套设施的完善，如11个驿站的全部投入运营，市民在驿站借单车，可在全市范围内归还，真正达到无缝链接，提升了城市景观观光、休闲消费水平。广州绿道工程建设的经验为景观休闲型城市的发展建设提供了一条探索之路。

（二）杭州休闲城市的经验

中国休闲城市发展综合评价成果发布会于2010年11月7日在杭州举行。会上发布了2010中国休闲城市指数，杭州等10个城市被评为“2010中国最佳休闲城市”。杭州市名列榜首。世界休闲组织主席德雷克·卡塞说：“2006年的首届世界休闲博览会，体现了杭州为本地居民和其他城市和国外游客提供休闲的实力。未来世界休闲博览会要永远落户于杭州，这是独一无二的。这也可以看出杭州作为‘休闲之都’重要的角色。”

杭州市的休闲城市建设经验可归纳为以下几个特点：

1. 杭州的自然景观生态区：由于其资源价值长期得到重视，整体上得到很好的保护和利用。真山真水的自然景观品质与长期沉淀下来的生态状况相得益彰，景观资源品类丰富多样，其中最重要的一类资源是以西湖为代表的国家级风景名胜区。

2. 保护和利用成效显著：2001～2005年，杭州市政府完成了“西湖综合保护工程”。其中以“西湖南线整合工程”为序幕，几年间相继完成了新湖滨景区、世界级风景旅游景区的三大目标。

3. 根据国家建设部批复的《杭州西湖风景名胜区总体规划（2002～2020

年)》勾画出西湖风景名胜区保护的远景目标和策略。

4. 对另一类重要的资源，如京杭大运河、钱塘江水系及西溪城市自然生态湿地等，其保护利用也开始显见成效。杨公堤景区（即西湖西线）、梅家坞茶文化村三大景区，“北山街历史文化街区”工程等80余个恢复与整治项目，完全实现了“西湖综合保护工程”当初设定的“圆西湖全景世纪之梦”、实现还湖于民和打造杭州位列最佳休闲城市榜首的目标①。

由此可见，杭州利用西湖的城市文化名片，把景观系统建设作为休闲的载体和前提，把景观与休闲有机结合起来，形成一个较为完整的产业链条，进而成为城市新的发展极。

附表　城市景观优美度调查问卷

序号	问卷内容	等级			
		优	良	中	差
1	多数景观(建筑与环境)是否漂亮	都很漂亮	多数漂亮，少数不好	好、坏参半	大多不好
2	去最近的公共绿地或景点的距离	100米	300米	500米	>500米
3	景点或公共绿地中凳、椅、垃圾箱、亭、花架等	齐全够用	较齐全，但不够用	不齐全，但够用	不齐全，不够用
4	去最近或公共绿地景点的多数出行方式	步行	自行车	巴士	自驾车
5	城市公园、名胜景点的数目	>10个	5~9个	2~5个	少于2个
6	公共绿地和景点附近停车、就餐是否方便	都很方便	比较方便	不大方便	不方便
7	城市整体印象	很美丽	比较美	一般	不美丽
8	城市著名历史遗迹和古树、古建筑的保护情况	都保护	大多保护下来了	拆的较多	都没了

注：在每个项目中，在您认为符合的等级下打钩。

参考文献

[1] 李博：《生态学》，高等教育出版社，1999，第308~309页。

① 颜晓强、曹震宇、徐雷：《构建休闲城市——从资源角度分析杭州的城市空间环境》，《城市问题》2006年第3期。

[2] 戴菲、玉红：《日本城市绿地系统规划特点与案例解析》（上），《中国园林》2010 年第 8 期。

[3] 吴伟、杨继梅：《英格兰和苏格兰景观特色评价导则介述》，《国际城市规划》2006 年第 23（5）期。

[4] 颜晓强、曹震宇、徐雷：《构建休闲城市——从资源角度分析杭州的城市空间环境》，《城市问题》2006 年第 3 期。

[5] Donald M. Kent, *Applied Wetlands Science and Technology*, CRC Press LLC, USA, 2001.

G.13

绿色消费型城市

钱国权　王玉霞

摘　要： 构建生态城市是建设社会主义和谐社会的重要内容，而绿色消费型城市则是生态城市发展的新阶段。中国的发展战略必然要不同于传统的现代化发展模式，而应采取符合中国国情的非传统现代化发展模式，其核心思想就是实行低度消耗资源的生产体系和适度消费的生活体系。本章在介绍绿色消费的产出、发展的基础上，系统总结了绿色消费型城市的内涵与主要特征；同时，建立了绿色消费型城市发展评估体系，提出了未来城市建设的重点举措，并选择典型城市，进行案例分析。

关键词： 绿色消费　消费模式　绿色生产经营　发展模式

一　绿色消费型城市的概念与内涵

面对当前全球金融和经济日益恶化的形势，传统发展模式所引发的资源、环境和气候问题日益受到重视。如何维护世界经济的持续、稳定增长，已经成为各国可持续发展的重大考验。联合国秘书长潘基文提出了“绿色新政”的概念，并将“绿色新政”比作“罗斯福新政”，目标是推动“绿色经济”的发展，有效、可持续地解决目前的全球困境。

2009 年 20 国集团峰会前夕，联合国环境规划署发表了一份《全球绿色新政政策概要》报告，呼吁各国实施绿色新政，为全球经济的可持续发展奠定坚实的基础。目前联合国环境规划署的“全球绿色新政及绿色经济计划”，已经得到了许多国家的积极响应。欧盟将在 2013 年之前投资 1050 亿欧元支持发展绿色经济；美国政府划拨 677 亿美元发展清洁能源和节能交通；韩国政府提出“绿色增长”国家战略，计划在绿色经济领域投资 50 万亿韩元；日本将争取在 2015 年之前把绿色经济规模扩大至 100 万亿日元；英国政府于 2009 年推出了一项低碳排放工业战略；法国政府将把大量资金用于家庭、办公楼以及政府为低收入者建造的房屋中所需的绝热材料上，以减少建筑能耗。

“十二五”是我国面临的重大发展挑战，也是前所未有的发展机遇。中国科学院一清华大学中国国情研究中心主任、国家发展规划专家委员会委员胡鞍钢教授指出，“十二五”规划的首要任务是实现绿色发展，推动绿色革命，创建资源节约型和环境友好型社会，全面降低能耗，减少温室气体排放，促进发展模式由“黑猫”向“绿猫”转型。胡鞍钢认为，绿色发展不仅仅是国家的重要发展目标，同时也是中国积极参与国际治理、提供国际公共物品的主要途径之一，用一个关键词来概括“十二五”规划，那就是“绿色”。因此，胡鞍钢教授总结了 4 点结论：第一，全球气候变化，不仅是全球的最大挑战，也是中国未来发展的最大挑战；第二，中国需要积极地参与第四次工业革命，即绿色工业革命；第三，中国是世界最大的“黑猫”之一，如今要与国际社会一道努力实现从“黑猫”向“绿猫”的转变；第四，要积极促进全球的绿色合作，为人类做出绿色贡献。

促进人与自然关系的协调、走绿色发展之路，已经成为当今世界发展的新模式。胡鞍钢指出：所谓绿色发展之路，就是强调经济发展与保护环境的统一与协调，即更加积极的、以人为本的可持续发展之路。John Knott of Charleston 认为绿色发展就是“回归一种结合新技术，对气候、地理、文化影响良好的发展方式”。显然，“绿色发展”要求既要改善能源资源的利用方式，还应保护和恢复自然生态系统与生态过程，实现人与自然的和谐共处和共同进化。

城市绿色发展的内涵第一是生态环境响应：不能对自然系统结构与过程造成破坏，还要通过绿色的发展设计实现城市自然生态环境的改善。第二是高效的资源利用效率。第三是城市居民可持续的消费行为。第四是城市生态环境良好、生态风险低，城市人与自然和谐。第五是人与人的和谐，城市社会平等不断进步。绿色发展模式是我国在城市发展中落实科学发展观、建设和谐社会的城市建设之路。

绿色发展中“绿色”的含义与“可持续”、“可持续发展”是分不开的。1987 年，挪威首相布伦特兰夫人代表“世界环境与保护委员会”在报告《我们共同的未来》中正式明确提出了可持续发展观，指出可持续发展是“在不危及后代人需求的前提下满足当代人的需求”。可持续发展观包含着两个重要的原则，一个是一代人对下一代人所负有的责任，另一个是社会、经济、生态复合系统之间的相互依赖性。因此绿色发展的含义包含着多方面的内容，即：社会、经济、环境复杂系统之间保持平衡；世界能源具有有限性；城市建设者、决策者、管理者、使用者之间的相互协作、共同承担；维护人类代际平等；尊重人类的同时也尊重自然；将能源高效利用、弹性设计和可循环使用的材料相结合；保护城市居民不受污染物危害。

绿色，代表生命、健康和活力，是充满希望的颜色。国际上对“绿色”的理解通常包括生命、节能、环保三个方面。绿色消费，也称可持续消费，是指一种以适度节制消费，避免或减少对环境的破坏，崇尚自然和保护生态等为特征的新型消费行为和过程。绿色消费，不仅包括绿色产品，还包括环保购物袋、物资的回收利用，能源的有效使用，对生存环境、物种环境的保护等。

（一）绿色消费的概念及特征

1. 国外有关绿色消费的概念

最早对绿色消费的研究可以追溯到20世纪70年代初期，有关学者对生态导向的消费者的研究。国内外关于绿色消费的含义有很多观点，其中，国外比较有影响和代表性的观点主要有以下几种：

（1）英国在1987年出版的“绿色消费者指南”中将绿色消费定义为避免使用下列商品的一种消费：危害到消费者和他人健康的商品；在生产使用和丢弃时，造成大量资源消耗的商品；因过度包装，超过商品物质或过短的生命期而造成不必要消费的商品；使用出自稀有动物或自然资源的商品；含有对动物残酷或不必要的剥夺而生产的商品；对其他国家尤其是发展中国家有不利影响的商品。①

（2）英国学者K. 皮蒂（K. Peattie）则避开否定的表达方式，把“绿色消费”定义为：“所谓绿色消费，是购买时至少一部分，从环境、社会的角度进行的购买或非购买的行为。”②

（3）1994年联合国环境规划署的报告《可持续消费的政策因素》中指出，

---

① 林白鹏、臧旭恒：《消费经济大辞典》，经济科学出版社，2000。

② K. 皮蒂：《绿色销售》，三上富三郎监译，同友馆，1993，第129页。

绿色消费能够“提供服务以及相关产品以满足人类的基本需求，提高生活质量，同时使自然资源和有毒材料的使用量减少，使服务或产品的生命周期中所产生的废物和污染物最少，从而不危及后代的需求”。

（4）国际环保专家将绿色消费概括成5R原则：节约资源，减少污染（reduce）；绿色生活，环保选购（reevaluate）；重复使用，多次利用（reuse）；分类回收，循环再生（recycle）；保护自然，万物共存（rescue）。①

2. 国内有关绿色消费的概念

中国关于绿色消费比较有影响和代表性的观点主要有以下几种：

（1）绿色工作室把绿色消费定义为：绿色消费是为了实现发展经济和保护环境的双重目标，遵循生态学的规律实现经济发展和生活消费的一种新思想。

（2）唐锡阳把绿色消费概括为3R和3E：Reduce，减少非必要的浪费；Reuse，修旧利废；Recycle，提倡使用再生原料制成的产品；Economics，讲究经济实惠；Ecological，讲究生态效益；Equitable，符合平等、人性原则②。

（3）刘湘溶在《生态文明论》中指出③：绿色消费不仅指对绿色产品的消费，而且指对一切无害或少害于环境的消费。“所谓绿色产品是对无害或较少有害的产品的统称，它有三层含义：一是指这些产品的生产工艺、生产过程不会破坏、污染环境（或对环境的破坏、污染较轻）；二是指这些产品在使用过程中或使用后不会破坏、污染环境（或对环境的破坏、污染较轻）；三是指这些产品是没有被污染（或污染较轻）的产品。”

（4）中国消费者协会把绿色消费概括为三层含义：一是在消费内容上，倡导消费者在消费时选择未被污染或有助于公众健康的绿色食品；二是在消费过程中要注重对垃圾的处置，尽量减少环境污染；三是在消费观念上，引导人们在追求生活方便、舒适的同时，注重环保，节约资源和能源，实现可持续消费。不仅要满足当代人的需要，还要满足子孙后代的消费需要。④

可见，绿色消费是人类为了满足自身和整个社会可持续发展的绿色需要，按

① 绿色工作室：《绿色消费》，北京民族出版社，1998，第23页。

② 唐锡阳：《环球绿色行》，漓江出版社，1993。

③ 刘湘溶：《生态文明论》，湖南教育出版社，1999。

④ 中国消费者协会：《中国消费者协会“绿色消费”年主题宣传提纲》，中国工商出版社，2001。

照可持续发展的要求，获得、使用、消耗或享用各种绿色产品和服务的行为或过程。可以看出“绿色消费”是可持续发展思想在消费领域中的全面体现，它不仅是一种消费行为，更是一种以可持续发展理念为指导的现代消费哲学、消费思想，所以，也可以称为“可持续消费”。

我们认为绿色消费有狭义与广义之分。狭义的绿色消费是指消费者意识到环境恶化已经影响其生活质量及生活方式，自觉抵制那些破坏环境的物品，以减轻对环境危害的消费方式。广义的绿色消费不仅包括购买绿色产品或享用绿色服务以及对“环境不友好”物品的抵制，而且还包括消费过程中处处体现的节约资源、减少污染的环保意识，涵盖了与绿色消费相关的、有利于环境保护的理论和实践。本文采用的是广义的绿色消费含义。

绿色消费，包括的内容非常宽泛，不仅包括绿色产品，还包括资源的回收利用、能源的有效使用、对生存环境和物种的保护等，可以说涵盖生产行为、消费行为的方方面面①。它有三层特征：一是倡导消费时选择未被污染或有助于公众健康的绿色产品。二是消费者转变消费观念，崇尚自然、追求健康，在追求生活舒适的同时，注重环保，节约资源和能源，实现可持续消费。三是在消费过程中注重对垃圾的处置，不造成环境污染。符合“3E”和“3R”（图1）原则，经济实惠（Economic），生态效益（Ecological），平等、人道（Equitable），减少非必要的消费（Reduce），重复使用（Reuse）和再生利用（Recycle）②。

（二）绿色消费型城市的概念及特征

1. 绿色消费型城市的内涵

构建生态城市是建设社会主义和谐社会的重要内容，而绿色消费型城市则是生态城市发展的新阶段。当前，国内外对于绿色消费型城市的严格定义尚未达成一致。本书认为，依据绿色消费理念和背景条件，结合生态城市建设的特征，绿色消费型城市的内涵有三层含义：一是倡导在新的城市进程中，消费者在消费时选择未被污染或有助于公众健康的绿色产品；二是在新工业化过程中，消费过程注重对废弃物的处置；三是在和谐社会建设中，消费者转变消费观念，崇尚自

① 朱建华：《略论绿色消费》，《岭南学刊》2001年第4期。

② 何文君、全小梅：《绿色消费的障碍因素分析》，《消费经济》2001年第2期。

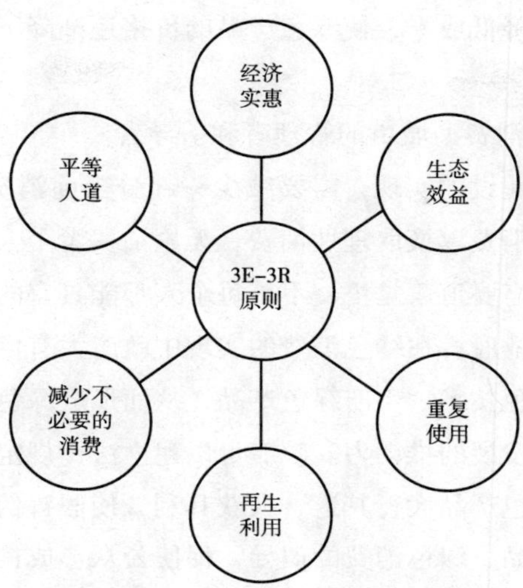

图1　3E与3R原则

然、追求健康，在追求生活舒适的同时，注重环保、节约资源和能源，实现城市的可持续消费。

绿色消费已逐渐为社会所接受，但绿色消费型城市的建设，应该说还有相当的距离，需要全社会为之努力。

（1）消费者是绿色消费型城市的主体

绿色消费型城市建设应该说与公众息息相关，倡导绿色消费是每个城市居民都必须认识到的。消费者是否采取绿色消费方式直接决定着绿色消费型城市的发展、建设水平。因此，国家应加强绿色消费理念的宣传，传递绿色消费信息，使居民从根本上认识绿色消费的益处，向广大消费者普及绿色消费知识，通过制度化、系统化、大众化的教育，提高居民的环境保护意识，推进消费观念的更新，形成绿色消费观，使城市消费者建立合理的绿色消费结构和多样的绿色消费方式。

（2）企业是绿色消费型城市的核心载体

绿色产品是由企业生产出来的。提倡消费者食用绿色食品，每个经营者都要充分注意到这种消费的新动向，并通过合法途径赚取利润。特别是在我国向买方市场转变和整体经济水平提高，社会商品琳琅满目，市场竞争激烈的情况下，企业必须抓住绿色消费这个机遇，创造需求，为自己寻找立足的市场，同时也应该逐步通过规模化生产降低成本，使绿色产品的价格逐渐降下来，让广大消费者乐于购买。

（3）政府是绿色消费型城市的管理者和引导者

绿色消费型城市建设的实现，需要减少一部分当前消费以获取可持续消费，需要减少一部分激情消费以换取理性消费，无论消费者个人或者企业都难以真正做到。这需要理性、需要道德觉悟，不是每个人都能具有的。市场失灵，需要政府，绿色消费更需要政府，在绿色消费的实现中政府大有可为。政府可以通过税收等手段鼓励采用绿色技术，生产绿色产品，从而形成绿色产业，满足社会的需要，使结构调整获得发展的推动力。政府可以建立法律规定，健全对产品的检验检查，保证真正的绿色产品大行其道、大获其利，使假冒伪劣产品寸步难行。政府可以通过对绿色产品、绿色消费的倡导，促使公众形成良好的消费习惯，通过绿色立法规范消费者的消费行为，对有碍于经济持续发展和持续消费的非绿色消费予以有效的约束，以确保全社会的绿色消费有序进行，为社会营造一个安全、健康、舒适、环保的消费环境。

（4）绿色消费是城市建设的必然选择

变革消费模式、转变生活方式，是建设生态城市、坚持可持续发展的必然要求。早在1992年联合国环境与发展首脑会议通过的《21世纪议程》就明确提出："消费问题是环境危机问题的核心。"解决全球环境危机问题，必须从改变消费模式入手，可以说绿色消费是生态城市建设的必然选择。

城市建设中生态环境的破坏、大量资源能源的消耗，都体现在所使用的产品当中，比如高耗能建筑、高耗能家电、大排量汽车、豪华包装食品、一次性用品、塑料瓶装水等，这些都对环境造成了极大破坏，产生了大量垃圾。据有关部门的统计显示，北京市每年产生的近300万吨垃圾中，各种商品的包装物就约有83万吨，其中60万吨为可减少的过度包装物。而在全国每年的城市固体废物中，包装物占到了30%①。另有数据显示我国每年一次性筷子的消费，耗费掉的木材多达166万立方米。因高耗能建筑比例大，单北方采暖地区每年就多耗标准煤1800万吨，直接经济损失达70亿元，多排二氧化碳52万吨。如果任由这种状况继续发展，到2020年，我国建筑耗能将达到1089亿吨标煤，而夏天空调就

① 黄建林：《商品包装资源浪费亟须立法限制》，《法制日报》2001年5月23日。

需要10个三峡电站才能满足①。如此消费不可避免地会加剧低水平生产和高水平消费的矛盾，在满足人们消费的同时引发各种城市病，使资源浪费巨大，环境污染日趋严重，物种多样性急剧丧失。

绿色消费是人类对自身与自然界关系理性思索后的重新定位，因为人类与自然界的关系，从某种意义上讲即是人类的消费行为、消费方式对自然界的开发、利用或破坏的关系。绿色消费是以强调适度节制消费，避免或减少对环境的破坏，崇尚自然和保护生态等为特征的新型消费行为和过程。这种消费模式将引导生产模式向循环经济生产模式转变、产业朝着绿色化方向发展，这正是生态城市建设的基础，城市可持续发展的有利保障。

（5）绿色消费是城市建设的内在动力

生产与消费之间互为因果的关系，是社会经济活动得以持续进行的不可分割的两个重要方面，它们彼此相互依赖、相互制约。生产的目的是为了消费，而消费又能够促进生产。在如今买方市场条件下，消费比生产显得更为重要。消费已成为社会再生产的重要环节，其中消费方式、消费结构以及消费的伦理价值取向在很大程度上影响生产模式和社会制度。例如，如果没有一次性物品的消费，就绝不会有一次性物品的生产。如果每一个消费者都能自觉地抵制一次性物品的使用，那么任何一家企业就绝不会再继续生产一次性物品，整个社会就会减少资源消耗、减轻环境污染，就有利于城市可持续发展。

2. 绿色消费型城市的特征

（1）健康、和谐、高效、活力

具有和谐的生态秩序、区域生命支持系统，能够提供正常和稳定的生活服务功能，具有健康的人类生命支持系统，生产资料呈持续积累和盈余趋势。绿色消费型城市将改变现代城市“高消耗”、“非循环”的运行机制，提高资源的利用效率，地尽其利，人尽其才，各施其能，各得其所。在绿色消费型城市中，物质与能量得以多层次分级利用，废弃物循环再生，各行业各部门关系协调，呈现发达的生产力和先进的生产关系。

（2）生产与消费的良性循环

发展绿色消费，建设绿色消费型城市，培育人们绿色消费观念，倡导科学消

① 王海京：《节能降耗堵源治本》，《瞭望》2007年第13期。

费、合理消费，形成文明健康的消费方式，优化消费结构、优化产业结构是重要条件。建设绿色消费型城市，需要加大绿色产品的开发、推广与使用，发展绿色产业，推行绿色消费观念，努力在促进经济增长的同时，实现生产与消费的良性循环。

（3）高度的生态文明

绿色消费型城市是具有高度生态文明的人文环境系统，以人与自然和谐共生的典型生态社区为基本单元。居民具有强烈的生态伦理意识，先进的绿色消费观念，优化的绿色消费模式；企业具有良好的环境意识，生产工艺绿色化，产品绿色化；作为城市管理者的政府部门，应充分发挥城市建设的规范者和指向者作用，引导、决策、约束和监督城市建设的过程。

（4）人的全面发展

绿色消费是人的价值观念和生活方式的根本变革，对人的发展作用很大。通过建设绿色消费型城市，城市居民在优美的生活环境中，在消费绿色产品的过程中，不断提高个人的消费质量，提高个人素质，促进人的全面发展。

（5）生态城市的其他特征，如可持续性、整体性、区域性等。

3. 我国绿色消费型城市的发展模式

我国已逐渐将绿色发展提高到国家发展的轨道上来。博鳌亚洲论坛 2010 年年会围绕主题“绿色复苏：亚洲可持续发展的现实选择”，就亚洲发展模式、新兴经济体合作、全球经济治理以及后危机时代民营经济发展、低碳能源等议题，探讨了当前世界和亚洲的经济热点。国家副主席习近平出席博鳌亚洲论坛 2010 年年会开幕大会，并发表了题为《携手推进亚洲绿色发展和可持续发展》的主旨演讲，他强调：“亚洲各国应统筹经济增长、社会发展、环境保护，中国愿意同亚洲各国一道作出六方面努力，一是转变发展方式，努力实现绿色发展；二是高度重视科技，支撑实现创新发展；三是坚持扩大开放，不断实现和谐发展；四是继续加强合作，持续实现共同发展；五是着力消除贫困，逐步实现平衡发展；六是大力培养人才，推动实现全面发展。”

联合国开发计划署最近发表的《2002 中国人类发展报告：绿色发展，必选之路》，首次提出在中国应当选择绿色发展之路，这是不同于长期以来实行的“增长优先”的传统发展模式，这一模式的特点是“先污染、后治理”，被视为危险之路，导致生态环境问题日益严重，发展极不平衡，贫困人口深受其害。

中国有可能不需要经过许多西方国家曾经经历的高资源消耗、高污染排放的过程，直接进入“绿色发展”阶段；也不必要等到达到较高收入时再来实施“绿色发展”战略。21 世纪世界发展的核心是人类发展，人类发展的主题是绿色发展。

中国也不可能按照传统的发展模式实现现代化，也不可能重蹈西方发达国家的现代化模式。清华大学中国国情研究中心主任胡鞍钢指出：第一，欧美、日本等在发动工业化时，就积极参加了国际贸易，与世界市场相互联系起来，以战争和殖民方式积累原始工业资本，开拓国际市场，靠工业化和国际贸易两个轮子促使经济起飞；中国在经历了百年磨难之后开始对外开放时，国际市场早就分割完毕，以初级产品为主的贸易结构使之处于极其不利的地位；第二，中国发动工业化的时间晚，经济发展起点低，与工业化国家相比，生产技术和开发、利用资源能力差距甚大，虽有后发优势，但障碍重重；第三，中国人均资源占有量只及欧美国家的几分之一、甚至几十分之一，没有条件实现高消耗资源生产型、高消费生活型的物质高度现代化；第四，中国不可能像过去的工业化国家那样通过战争和资源掠夺实现资本原始积累，只能从中国的内部改革和发展之中寻找出路。

对如何实现绿色发展的模式，胡鞍钢认为：“中国的发展战略必然要不同于传统的现代化发展模式，而应采取符合中国国情的非传统现代化发展模式，其核心思想就是实行低度消耗资源的生产体系，适度消费的生活体系，使经济持续稳定增长、经济效益不断提高的经济体系，保证社会效益与社会公平的社会体系，不断创新、充分吸收新技术、新工艺、新方法的应用技术体系，促进与世界市场紧密联系的、更加开放的国际经济体系，合理开发利用资源、防止污染、保护生态平衡等。”

4. 绿色消费型城市发展的目标

随着城市不断发展，城市生态环境的影响愈来愈重要，并将成为城市未来发展中的决定性要素而制约城市发展的质量和趋势。绿色消费型城市建设的目标是通过追求城市整体综合功能最佳来满足人与自然健康发展的需要，达到资源能源清洁高效、自然环境健康宜人、基础设施完善舒适、社会环境和谐文明。

绿色消费型城市不仅注重生态平衡、自然保护，而且注重人类健康和文化发展，绿色消费型城市应该超越城市建设与自然环境相协调的层面，不仅强调生态平衡、保护自然，还强调人类健康和文化发展。因此绿色消费型城市应具备八个必备条件，也就是绿色消费型城市的发展目标：生物材料和文化资源以最和谐的关系相联系，生机勃勃、自养自立、生态平衡；自然环境具有完全的生存能力，能量平衡，甚至输出剩余的能量产生价值；自然资源得到保护，尽量消除或减少废物，对废弃物循环再生利用；自然空间广阔，与人类同居共存的其他物种丰富多样；维护人类健康，鼓励健康的生活方式；各组成要素要按美学关系规划安排，聚居地优美而有韵律感，文化发展全面，充满欢乐与进步。

我国环境保护先行者、全国人大环境与资源保护委员会原主任委员曲格平先生也曾提出了建设绿色消费型城市的6条标准和9条途径。这6条标准是：合理的规划布局；完善的城市基础设施；有效的控制污染，环境质量达到优良状态；选择使用清洁能源；城市有一定比例的绿化覆盖；居民有强烈的环境意识。9条途径是：制定科学合理的城市规划；推行以循环经济为核心的经济运行模式；建设功能齐全的城市环境基础设施；建立快捷便利和清洁的城市交通系统；建立以清洁能源为主体的能源体系；建设环境优美、服务配套和高品质环境质量的生态居住区；开发和研制对环境有利的技术支撑体系；完善可持续发展的法律体系；提高全社会的环境保护意识和资源节约意识，倡导生态价值观和绿色消费观，公众特别是领导人树立牢固的可持续发展思想，在决策和消费时能够符合环境保护的要求。这6条标准和9条途径不仅从环保和生态的角度为绿色消费型城市指引了发展目标，也指出了绿色消费型城市的建设途径，为我国绿色消费型城市的发展提供了重要的引导。

二　绿色消费型城市评价

（一）绿色消费型城市评价指标体系的建立

绿色消费型城市发展状况评价指标体系是用一系列相互联系、相互制约的，能从各个不同的侧面反映城市可持续消费水平和程度的指标构成的综合性整体。人类的消费活动不是孤立的，它与经济、社会活动密切不可分割，与自然环境之间也不断地发生着相互作用。人类消费要从环境系统中获取自身生存和繁衍发展所必需的资源和能量，还要通过生产活动来满足自身的需要。人类在消费环节又要不断地向环境排放出废弃物，从而改变资源的状况与环境质量。而环境状况及结构的变化又反过来作用于人类消费，影响消费的水平和质量。如此循环往复，年复一年地延续下去。因此，要评价生态城市的绿色消费状况，绝不只是从消费环节着手，也不能简单地观察居民消费质量的提高和消费条件的改善状况，而要多视角、多层面、从导致人类消费不可持续的各种影响因素切入，审视人类在自律过程中对各种非理性行为的制约状况和取得的成果，以此来评价当前不同国家和不同地区可持续消费的水平和程度。

1. 评价指标体系的构建原则

由于绿色消费内涵的广泛性及其系统的复杂性，要全面、综合地反映绿色消费状况，评价可持续消费的实现程度，构建绿色消费的指标体系、确定评估指标应遵循以下几个原则。

（1）系统性原则

建设绿色消费型城市，是把人放在经济、社会和环境这个大系统中加以研究，最终目的是要实现人类与经济、社会、环境之间的协调与均衡，使人类代代与自然和谐共处，持续生存和发展。因此，评估指标必须符合系统性原则，即要从城市居民的消费开始，观察人类的消费引起了经济、社会、环境各方面什么样的变化，这些变化产生了哪些积极的成果，又给人类带来了哪些危害。还要观察城市居民为了实现可持续消费做了哪些工作，这些工作对人类自身的良性循环发生了哪些作用，如何促进人类与经济、社会、环境的协调与发展，观察人类所进行的理性活动所处的阶段和努力程度，以便指导人类今后的经济行为和社会行为的抉择。这样，把人类的消费指标、社会经济的发展指标、人类非理性行为对环境的压力指标，将与自然和谐共处的相容性指标放在大的系统中加以观察和研究，就能全面、综合地描述和评价生态城市的发展状态和程度。

（2）协调性原则

绿色消费作为可持续发展中的一个子系统，必须与可持续发展系统相协调，必须与其他子系统特别是生态系统协调一致。从而使所设计的指标体系能约束和摒弃以浪费资源、牺牲环境、破坏生态为代价的，与经济增长和社会发展不相适应的消费行为，引导消费与社会生产、自然生态的均衡、和谐发展。

（3）公平性原则

追求消费的代内公平和代际公平，既是发展的目的，又是发展的动力，还是实现可持续发展最普遍、最广泛的社会基础。因此，指标体系应反映社会的公平性，引导人们把个人利益与他人利益、社会利益紧密结合起来。在考虑当代人利益时也考虑子孙后代利益，而不能够消费仅仅看做是个人效用最大化的实现过程。

（4）全面性原则

城市发展的最终目标是全面提高居民的生活质量，实现人的全面发展。由于生活质量包括的内容非常广泛，既有物质生活质量，又有精神生活质量；既有消费数量的增加，又有消费结构的改善；既有人们对消费品的消耗，又有消费以后人们对消费品的生理和心理感受。所以，指标应该包括多方面的内容，是从多个不同侧面、不同角度全面体现城市发展的指标群体。当然，全面并不是全部，即我们不能把与之有关的所有特征都用指标表现出来，这既不可能，也没必要，而应该把那些反映绿色消费型城市发展主要特征的指标加以设置。

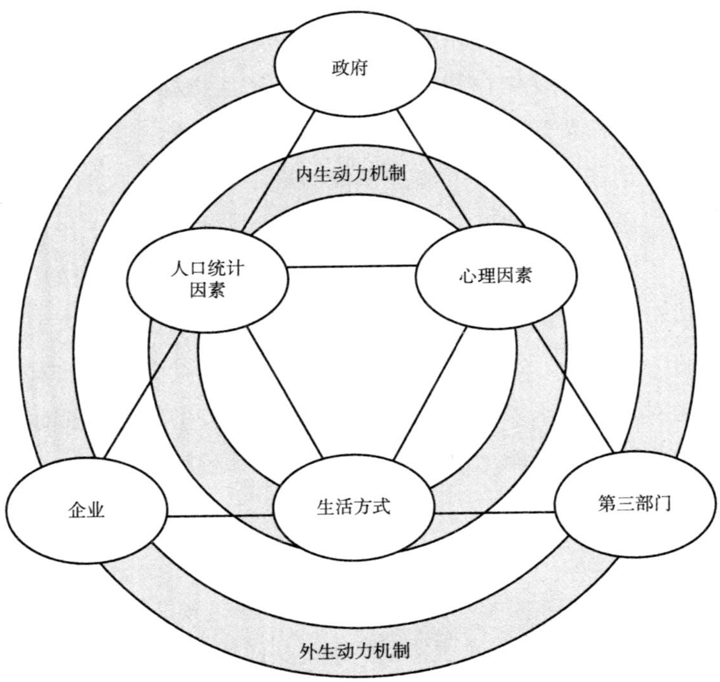

图 2　绿色消费型城市的发展机制

绿色消费型城市发展的内生动力机制，是指绿色消费者自身特征对绿色购买行为的作用过程，涉及的消费者自身特征有人口统计因素、心理因素和生活方式三大类。而绿色消费型城市发展的外生动力机制，是指除绿色消费者自身特征以外的因素对绿色购买行为的作用过程，涉及的动力因素有政府、企业和第三部门。

政府塑造的社会文化环境以及宏观消费环境是影响绿色消费者购买行为的重要因素。首先，政府利用宣传、教育等手段可以为消费者营造一个绿色的社会文化环境。社会文化环境对消费者的行为具有广泛而深远的影响。一个社会及其文化的绿色程度，会直接影响到该社会群体的环保意识，进而影响到群体的绿色消费行为。处于崇尚自然、具有强烈环保意识的绿色社会文化氛围下的消费者更容易成为绿色消费者。其次，利于绿色消费模式的消费政策可以为消费者营造良好的消费环境，增强消费者的绿色需求，改变消费者的消费思维模式，从而加深消费者的环保意识，促进消费者的绿色消费行为。

第三部门包括环保组织和大众媒体，它们对绿色消费做的宣传和教育也对绿色消费有重要影响。首先，第三部门向广大消费者宣传环保知识，增强消费者的环保意识；其次，第三部门还可以向企业的决策层宣传绿色知识，改变他们的观念。针对不同的对象，采取不同形式进行宣传教育，最终会提高全社会的环保意识，为消费者营造绿色程度较高的社会文化环境，促进绿色消费模式的推广。

基于以上对于绿色消费型城市发展机制的探讨，结合指标体系设计的原则，可以得到绿色消费型城市评估指标体系（见表1）。

表1　绿色消费型城市评估指标体系

类　别	指　　标
经济总量与结构指标	1. 人均 GDP
	2. 单位面积投资总额
	3. 高新技术产品产值占 GDP 的比重
	4. 人均社会消费品零售额
	5. 第三产业增加值占 GDP 的比重
	6. 金融机构贷款余额

续表

类　别	指　标
人文发展指标	7. 人均可支配收入 8. 人均住房使用面积 9. 人均用电量 10. 每万人口中大学生在学人数 11. 每万人口病床数 12. 每10万人刑事案件立案数 13. 人均绿地面积
消费环境指标	14. 生活消费中可耗竭资源回收率 15. 可再生能源消费比率 16. 可耗竭资源尚可利用年限 17. 环境噪声平均值及消除率 18. 城市大气污染综合指数 19. 耐干旱、乡土植物种类利用情况 20. 植物健康生长条件及环境要素的保障情况 21. 公园植物、遮阴植物和大茎材树木的保护情况
绿色城市基础设施建设	22. 城市步行、公共交通、自行车出行通道、设施建设 23. 屋顶低反光材料与屋顶绿化的情况 24. 地面透水材料推广情况 25. 环境友好、能源高效的建筑材料使用情况 26. 建筑低耗能、低污染设计
消费认知与行为	27. 绿色消费认知度 28. 拥有绿色商标使用权的企业数量及商品数量 29. 国家级绿色市场数量 30. 省级绿色市场数量 31. 原料采集、生产和运输的距离 32. 机动车载人数量 33. 污染排放源(如CFC冰箱)使用情况
绿色消费监管与保障	34. 绿色消费监管机构 35. 有关绿色消费的规章制度 36. 步行、公共交通、自行车出行鼓励引导政策

该指标体系主要有6个子模块，即经济总量与结构、人文发展、消费环境、绿色城市基础设施建设、消费认知与行为和绿色消费监管与保障等，共计36个指标。指标涵盖了政府、企业、第三部门和城市居民等绿色消费型城市发展的主要方面，可以全面系统地反映出绿色消费型城市发展的状况。

2. 标准值确定原则

关于绿色消费型城市的指标标准研究，目前学术界并没有统一认可的标准。因此，本文指标体系标准值的制定遵循如下原则：

凡是国家环保总局制定的《生态县、生态市、生态省建设指标（试行）》标准中涉及的指标，采用其规定的标准值；

凡已有国家标准或国际标准的指标，尽量采用规定标准值；

参考待评估城市的相关规划，取其规划值作为标准值；

尽量与国家和省内现有的相关政策研究的目标值一致，或优于目标值；

依据现有的环境与社会、经济协调发展的理论，力求定量化作为标准值。

（二）绿色消费型城市的评价方法

1. 构建原始指标数据矩阵

假设目标城市有 m 年待评方案，n 项评价指标，形成原始指标数据矩阵

$$X = \{x_{ij}\}_{m\times n} \qquad 0 \leqslant i \leqslant m, 0 \leqslant j \leqslant n,$$

其中 x_{ij} 为第 i 个待评方案第 j 个指标的指标值.

2. 数据处理

由于各指标的量纲、数量级及指标正负取向均有差异，需对初始数据作标准化处理。设评价指标 j 的理想值为 x_j^* ，其大小因评价指标性质而异。对于正向指标，x_j^* 越大越好，记为 $x_{j,\max}^*$ ；对于逆向指标，x_j^* 越小越好，记为 $x_{j,\min}^*$ 。定义 x'_{ij} 为 x_{ij} 对于 x_j^* 的接近度。对于正向指标，$x'_{ij} = x_{ij}/x_{j,\max}^*$ ；对于逆向指标，$x'_{ij} = x_{j,\min}^*/x_{ij}$ 。

定义标准化矩阵

$$Y = \{y_{ij}\}_{m\times n} \qquad 0 \leqslant i \leqslant m, 0 \leqslant j \leqslant n,$$

其中 $y_{ij} = x'_{ij}/\sum_i x'_{ij}$, $0 \leqslant y_{ij} \leqslant 1$.

3. 评估指数测算

（1）指标熵值，$e_j = -k\sum_i y_{ij}\ln y_{ij}$ ，令 $k = 1/\ln m$ ，则

$$e_j = -(1/\ln m)\sum_i y_{ij}\ln y_{ij}$$

（2）指标的差异性系数，

$$g_j = 1 - e_j$$

（3）定义评价指标的权重，

$$w_j = g_j / \sum_j g_j$$

（4）样本评价值，用第 j 项指标权重 w_j 与标准化矩阵中第 i 个样本第 j 项评价指标接近度 x'_{ij} 的乘积作为 x_{ij} 的评价值 f_{ij}，即 $f_{ij} = w_j \cdot x'_{ij}$，第 i 个样本的评价值 $f_i = \sum_j f_{ij}$。

在综合评价中，指标的差异程度越大，信息熵值就越大，信息效用值就越小。就生态城市建设质量综合评价而言，如果评价样本的指标值越接近指标的理想值，差异程度就越小，相应的信息熵就越小，该指标对样本生态城市发展水平贡献就越大。可见，指标差异程度大小，反映了该指标在综合评价指标体系中的评价地位，因此，可以根据指标差异程度，以信息熵为工具进行客观赋权，从而进行多指标的综合评价，得出客观的评价结果。

三　绿色消费型城市建设的对策与举措

（一）构建绿色消费型城市的对策

绿色消费，从消费模式转变引导生产模式的转变，可以更有效地保证我们的城市使用绿色产品、发展绿色产业、创造绿色家园；大力倡导绿色消费，可以从源头上减少浪费，有效地推动城市的可持续发展，促进生态城市建设。

1. 绿色消费型城市构建的策略

（1）树立全民绿色消费观，鼓励全民参与生态城市建设

随着生活质量的提高、环保意识的增强，绿色消费已逐渐为社会所接受，但要使绿色消费成为生活的主导，应该说还有相当的距离，需要全社会为之努力。人们是否采取绿色消费方式直接决定着绿色消费的社会化程度。因此，国家应加强绿色消费理念的宣传，传递绿色消费信息，普及绿色消费知识，使人们从根本上认识绿色消费的益处；同时，通过制度化、系统化、大众化的教育，提高人们

的环境保护意识，推进消费观念的更新，形成绿色消费观，建立合理的绿色消费结构和多样的绿色消费方式。绿色消费观更新了以往只关心个人消费，很少关心社会生活环境利益的传统消费观，将消费利益和保护人类生存环境利益结合在一起，认为以牺牲环境为代价换取消费利益是不可取的，从而抵制购买和消费会导致环境污染的商品。因此，绿色消费观的全面普及，同时促进了全民参与生态城市建设，对于人与自然、人与人之间的和谐发展十分有利。

（2）加快产业结构调整，促进消费质量与消费结构升级

产业结构调整是生态城市建设的一项重要内容。生态城市的建设需要高标准的生态环境保护和建设，因此，必须改进过去那些高能耗、高污染的产业设置，要大力调整能源和产业结构，推广绿色能源，积极发展环境友好的高科技产业和第三产业，以创造一个绿色的城市环境。产业结构的调整同时带来了消费结构的升级，以及消费方式的变革。围绕绿色消费导向的消费方式，人们的生活方式也将绿色化，也就是说，生活质量将会大大改进，并与其赖以生存的城市环境融为一体。

（3）促进消费行为绿色化，保护城市生态环境

城市的生态环境与人类消费之间存在着密切联系，绿色消费能够避免或减轻由于城市规划不当、产业结构不合理、城市布局不均衡、城市管理效率低下、公用设施装备水平落后等引起的环境污染问题。绿色消费首先要求低能耗、低污染的生产过程，开发绿色产品，通过绿色包装和绿色沟通，来达到人类消费的绿色化。相比传统的消费模式，绿色消费更加强调消费的理性，即人们在消费时不能只考虑个人感受，还要考虑社会后果和生态后果，价值取向由只注重个人转向个人与社会并重。因此，绿色消费有效降低了消费对城市环境的负面影响，有利于生态城市的建设。同时，消费过程自身的绿色化，也是生态城市对人类消费行为的必然要求。

（4）促进资源的合理使用，保护生态城市的可持续发展

随着城市化进程的加快，城市所排放的固体废弃物高速增长。废弃物中有大量的废旧物资可通过循环再生利用，再投入少量矿产资源产生新的产品，就可望实现产品报废和更新的动态平衡。绿色消费在生态城市构建中，产生着极为重要的绿色效用。绿色消费本身不仅包括绿色产品，还包括物资的回收利用，能源的有效使用，对生存环境、对物种的保护等，在本质上强调“5R”原则。可见，绿色消费理念真正有效避免了过度消费、不合理消费以及浪费性消费等诸多消费

行为，并实现了资源的循环利用，从根本上保护了城市的资源与环境。

（5）促进消费结构升级，提高人民生活质量，创造和谐的生态城市

消费是社会再生产过程中的重要环节，由生产决定，同时又反作用于生产。绿色消费伴随着人民生活水平进一步提高的需要，绿色消费理念促使人类从粗放型、高能耗的消费模式转向节约型、高质量的消费追求。消费结构的提升，以及消费质量的改进将有利于构建绿色的人居环境，有利于构建和谐社会，促进城市的可持续发展。因此，绿色消费是构建生态城市的前提①。

（二）构建绿色消费型城市的举措

面对目前国内绿色消费行为刚刚起步，而绿色消费型城市建设需要从源头上推动的状况，本文试图从消费者、政府、企业三方面提出推广绿色消费理念需采取的措施，促进我国城市发展向绿色消费型城市迈进。

1. 消费者必须树立绿色消费理念、实施环保购物

通过绿色消费在我国的调查说明，要使绿色消费理念深入人心，还需积极开展宣传教育，才能改变人们根深蒂固的传统消费观念，才能形成绿色消费氛围。社区、企业、单位可定期开展多种形式的绿色消费知识教育，倡导绿色消费。要使消费者树立起文明的消费观，需正确引导消费，实施科学的消费方式。为此，应广泛宣传节约资源，减少污染；绿色消费，环保选购；重复使用，多次利用；救助物种，保护自然的观念和内容。应宣传消费时避免使用下面六大类商品：危害消费者和他人健康的商品；在生产、使用和丢弃时，造成大量资源消耗的商品；因过度包装，超过商品有效期或过短的生命周期而造成不必要浪费的商品；使用出自稀有动物或自然资源的商品；含有对动物残害或剥夺而生产的商品；对其他发展中国家有不利影响的商品等。还要广泛宣传并推广在家庭使用节水型洁具、使用节能电器、使用无磷洗衣粉，购物使用布手提袋，拒绝过度包装，注意一水多用，社区垃圾、废物应分类和回收等。总之，树立绿色消费理念，有利于培养庞大的绿色消费群体，培育绿色消费市场，推动生态城市建设。

2. 生产企业需要积极开展绿色生产经营

英国著名经济学家马歇尔曾指出："一切需求的最终调解者是消费者的需求。"

---

① 杨明志：《以绿色消费为起点的生态城市建设》，《经济理论研究》2008 年第 6 期。

因此，企业应该将企业利益、消费者利益、社会利益和生态环境利益四者统一起来，实施绿色营销战略，培育企业绿色精神，树立企业绿色形象。绿色经营要求企业在生产经营的全过程中始终以保持生态平衡、有利于提高环境质量为前提，使企业生产的绿色产品能满足消费者的需要。为此，企业要着重抓好以下几个环节：强化企业的清洁生产。绿色产品的生产过程中尽可能不造成环境污染和资源的浪费，生产出来的产品应在使用过程中以及使用过程后均不存在危害人体健康和生态环境的因素；加强绿色营销。企业在进行市场调查、产品定价、建立销售渠道、开展促销活动等整个过程中，都要以维护生态平衡、重视环境保护的"绿色理念"为指导，既使企业的营销行为符合消费者需要，又能通过公关活动向公众传达企业的绿色信息，扩大市场效应，树立产品的绿色形象；积极争取有关机构的环境标志认证和绿色产品认证，特别要争取通过 ISO 14020 国际标准认证。

3. 政府要强化宏观管理职能

首先，鼓励和扶持绿色产业和绿色消费的发展。要确立城市绿色产业和绿色消费的发展目标和发展重点，分步骤多梯次推进规划的实施，把绿色产业作为新的经济增长点。其次，制定必要的政策和法律法规，扶持绿色消费市场的发展。比如我国目前已经颁布了《中华人民共和国环境保护法》、《海洋环境保护法》、《水污染防治法》等专门的环保法律和《环境噪声污染条例》等 20 多项行政法规，但与绿色消费的要求相比还远远不够，还要进一步完善。再次，加强检查和监督工作，规范生产及消费行为。当前急需按照国际通用标准制定我国绿色产品生产技术、生产环境标准和最终产品质量标准，搞好绿色产品认证工作，培植绿色产品先进品牌和保护绿色产品生产专利。严格实施政府绿色采购制度，利用市场机制对全社会的生产和消费行为进行引导，提高全社会的环境意识、推动企业技术进步、引导公众绿色消费，实现城市可持续发展。同时，需防止"过度市场化"现象的出现。利用市场手段的第二条重要措施，就是加速推进能源资源价格改革，使价格信号正确反映市场供求关系。与此同时，我们需要吸取过去医疗和教育改革的经验教训，在涉及老百姓切身利益的领域，政府依然需要履行公共服务和普遍服务的义务。

4. 完善有关财政税收政策

财税政策需要做的是结构调整。一方面，我们对使用可再生资源、生产绿色产品的厂家和废旧物资回收与综合利用企业必须给予更大的税收减免，对节能和节约资源的技术和设备投资要给予政策优惠，对循环经济产品的出口则给予全面退税。另一方面，需要进一步提高资源税。有关测算显示，在现有的基础上资源税如果提高30%，对GDP总的影响甚微，不会超过0.3个百分点，但对减少资源消耗、促进技术升级、保护环境和推进绿色消费却有较为明显的促进作用。同时，可考虑提高高能耗、高物耗、高污染、低效率的资源产品和初级产品的出口关税税率，加速从增值税向消费税的转型。

5. 大力提高绿色设计能力

发展绿色消费，源头在于抓好绿色设计。除了制造业之外，抓好建筑领域的绿色设计应该成为重点。建筑业是资源和能源消耗最大的行业之一，全国生产的钢材几乎有一半被房地产业所消耗。建筑的电耗和资源消耗实际上在设计的时候就被决定了，而我们目前的绿色设计能力非常低下。另外，有关部门资料显示，2011年，我国新增石油需求的2/3来自交通运输业，其中汽车用油又占1/3以上。因此，提高汽车节能技术设计与开发，将对抑制石油消费过快增长发挥显著作用。

6. 加速发展“静脉产业”

所谓“静脉产业”，就是指从事废弃物的回收利用和再资源化的产业。现在我国废弃物的回收利用主要依靠大量进城农民进行收购和处理，发挥了一定作用，同时也带来了些问题：一是农民工身体健康问题；二是环境的二次污染问题；三是处理技术非常落后。本来我们发展“静脉产业”，发展循环经济，出发点是要解决环境问题，但是发展了这样的产业，加重了环境污染，就违背了我们的初衷。因此，发展“静脉产业”，国家应该规定技术标准，防止二次污染。从日、德等国的先进经验看，发达的“静脉产业”，不仅能够为绿色消费提供极大的支持，而且本身就是个庞大的劳动密集型产业，对劳动力的吸纳能力非常巨大，超过其他绝大多数行业。国家支持“静脉产业”，应该像支持其他重点产业一样，制定出相应的政策，从土地利用、税收减免、政府政策、产品技术准入和研发投入等几个方面来统筹支持。

四　绿色消费型城市典型案例分析

中国的绿色消费兴起得较晚，不过也在逐步形成和完善。“九五”期间，我国制定并实施《中国跨世纪绿色工程计划》，国家环境保护总局等6个部门启动了以开辟绿色通道、培育绿色市场、提倡绿色消费为主要内容的“三绿工程”。“十五”计划也提出“重视生态建设和环境保护，实现可持续发展”的战略目标，中国消费者协会于2001年适时地将“绿色消费”确定为该年的消费主题，有力地促进了绿色消费观念的普及，这个主题将贯穿整个21世纪。国家“十一五”规划中，明确提出了建设资源节约型、环境友好型社会的发展目标，“拓展消费领域，优化消费结构”。胡锦涛总书记在党的十七大报告中提出并深刻论述了生态文明建设问题，强调在全社会牢固树立生态文明观念，努力提高全社会生态文明程度。这对推动生态文明建设理论在我国的研究和实践有着重大的历史和现实意义。国家“十二五”规划纲要提出，倡导文明、节约、绿色、低碳消费理念，推动形成与我国国情相适应的绿色生活方式和消费模式。倡导绿色消费模式，是贯彻落实科学发展观，提升生态文明水平的关键。

（一）北京市民绿色消费方式的形成

对于北京的生态城市建设来说，北京市民绿色消费方式的形成应该从以下五个角度来进行。

1. 基础：发展经济，提高市民的收入水平

“一般而言，随着收入增长和生活水平的改善，公众会越来越关心环境保护。”① 为此，提高北京市民的收入水平，缩小不同人群之间的收入水平和消费水平之间的差距，不仅是北京市经济发展的重要目标，也是可持续发展的内在要求。如果市民收入差距过大，将严重影响北京社会经济的和谐发展，直接导致消费市场的两极分化。这种状况将偏离中国社会发展构建和谐社会的根本目的，背离绿色消费的初衷。因此，提高广大市民收入，调节收入差距，是促进北京绿色消费形成和生态城市建设的重要基础。

2. 手段：引导和教育为主，制度和法制为辅

在培养市民绿色消费模式时，引导、教育以及制度和法制都是不可或缺的。规定引导和教育为主，制度和法制为辅，是因为只有通过引导和教育使绿色消费内化到市民的环境态度当中，才能起到长期和持久的效果。教育是培养可持续消费的主阵地。公众是消费的主体，绿色消费的确立将为北京的发展提供强大的内

---

① 姚德超：《和谐社会视角下政府公信力建设初探》，《四川行政学院学报》，2008年第7期。

在动力。政府要通过制定标准，加强制度建设和立法工作，制定和利用必要的政策，鼓励和扶持绿色消费的发展。市民要树立绿色消费意识，主动参与到北京生态城市的建设当中。

3. 主体：主妇和青少年

主妇在家庭理财、消费购物以及教育子女等方面发挥着重要的作用，是绿色消费模式形成的主要群体。鼓励她们参与可持续消费主要从以下几个方面做起：鼓励成立环境团体，并对她们的活动给予政策扶持和资金资助；将其确定为接受环境教育、提高环境意识的主要对象；让她们及时了解环境与发展决策过程中的有关信息和进展等。

4. 措施：节约和废物利用并重

节约能源和资源以及对废弃物的回收利用是常提常新的两种措施。2010 年 5 月 19 日召开的国务院常委会上研究部署了实施鼓励汽车、家电“以旧换新”的政策措施，并投入 70 亿元的财政补贴，把北京、上海等 9 大城市作为“以旧换新”试点。这项措施不仅有利于扩大消费需求，提高老百姓的生活品质，也有利于提高能源资源利用效率，减少环境污染，促进绿色消费模式的确立。在北京，目前垃圾一般只分为可回收和不可回收两类，这对于资源循环的后续环节和市民环境保护参与意识的提高很不利。

5. 目标：培养环境友好型市民

社会的发展离不开人的发展，脱离了人的全面、自由、和谐发展的社会发展是不可能实现的。人的发展是任何社会发展的最终目标，北京生态城市的建立也同样如此。北京生态城市所规定的人的发展目标就是环境友好型市民的培养。此外，环境友好型市民的培养还为“人文北京”和“科技北京”的实现提供了主体。总之，环保意识的提高和环保习惯的养成以及环保氛围的形成都需要一个过程，这些决定了北京绿色消费型城市的建立也是一个过程。在这个过程中，需要每一个北京市民通过自己的日常消费融入其中，贡献自己的力量，并最终从中获益①。

6. 成果——东城区

为全面落实《绿色北京行动计划（2010～2012 年）》，积极应对全球气候变

① 任铃：《北京生态城市建立的依托——市民绿色消费模式的确立》，《长春理工大学学报》，2010 年第 3 期。

化与资源环境约束的严峻挑战，东城区大力推进低碳城区建设，实现绿色发展，按照“人文北京、科技北京、绿色北京”的发展要求，以转变经济发展方式、提高可持续发展能力为核心，以建筑节能为先导，以低碳技术应用、机制创新为动力，着力培育低碳产业，大力推进全民低碳行动，积极创建低碳城区，把东城区建设成为政府推动、全社会共同参与的绿色发展典范①。

（1）打造绿色金融聚集区

发展绿色金融，强化金融对低碳产业的支撑作用，带动金融服务的创新升级。吸引绿色金融和低碳金融研究开发机构、节能减排评估认证及登记机构、能源审计机构、商务和科技服务机构等中介组织入驻，建立支持低碳产业发展的多层次金融服务体系。设立低碳产业引导基金，吸引投资新能源、节能环保和碳交易领域的民间产业基金，撬动社会资本在区域内投资低碳相关产业；鼓励区域内银行、保险、证券、担保等机构开发绿色金融产品，提高对低碳产业的金融支持力度；与专业机构合作探索碳减排交易机制，开展包括绿色股权、知识产权、技术、产品和碳排放权在内的绿色交易，促进金融与低碳产业融合发展。

（2）促进主导产业聚集

立足产业集群、要素聚集、服务集成，以低碳化、高端化发展为导向，加快发展信息服务、金融服务、商务服务和文化创意产业等四大主导产业，扎实构建以总部经济、楼宇经济、资源经济为载体的产业体系，进一步提高区域经济总量和经济效益。

（3）培育低碳产业

制定东城区“十二五”时期低碳产业发展规划，促进低碳产业发展。依托能源央企聚集优势，积极发展低碳产业，吸引国内外企业总部、碳交易机构、新能源投资基金、节能环保服务性企业入驻，促进技术研发、高端人才、市场交易等产业要素聚集，形成低碳产业生态系统。重点吸引和培育一批在新能源、节能环保等产业从事研发、设计、技术集成、咨询、销售、安装及售后服务、物流等环节且市场前景好、科技含量高、投资回报率高的低碳服务企业；建立能源央企与区域内低碳服务企业之间的沟通渠道，通过提供良好的绿色金融环境、拓展央

① 《北京市东城区社会经济“十二五”规划》，2010。

企节能环保市场吸引节能减排综合类企业和节能减排专业技术公司落户东城，形成产业集群效应；出台鼓励政策，推动符合条件的低碳企业上市。

（4）推进服务业清洁生产

积极落实北京市服务业清洁生产审核安排，完善清洁生产工作机制，在能耗较高的住宿、餐饮、医院及学校等领域选取5～8家单位作为试点，开展清洁生产审核，推广先进的清洁技术，逐步推进服务业清洁生产。

（5）发挥绿色社会组织和专业机构的作用

举办绿色发展与企业责任论坛、具有国际影响力的绿色发展和绿色金融论坛，营造绿色发展氛围；借助绿色社会组织和专业机构的理念、方法、资金、技术和人才优势，为东城区建设低碳城区、社区服务；鼓励驻区企业自发成立绿色社会组织和专业机构；推动社会组织和专业机构与各街道开展多层次、多方位合作，共建“绿色生活社区”；鼓励驻区企业自发成立“绿色产业协会”，并扶持其发展；创新社会引导机制，与专业机构合作研究设立有利于全社会自愿减排的“碳中和自愿减排基金”，更好地引导社会力量参与低碳城区建设，实践绿色生活。

（二）大连市的绿色崛起

大连崛起，发轫于绿色增长。在经济领域，大力发展低碳、绿色产业；在社会层面，鼓励市民实现低碳生活，自觉爱护环境；在城市建设方面，实施“碧海蓝天”工程，让城市更绿更美更宜居。大连作为我国东北老工业城市，历史上也曾是一座污染严重的城市，传统老工业急需焕发青春。选择绿色增长，着力解决大量制约城市绿色发展的“瓶颈”问题，“加快建设绿色大连”。绿色、低碳、新能源，这些时髦的词组，正随着大连加快经济发展方式转变的进程，渗透进这座城市的每一个角落①。

发展绿色经济和低碳经济，是大连贯彻科学发展观的重要途径，关系到大连经济社会永续发展的全局。当前大连经济社会环境协调发展已经进入整体推进阶段。这一阶段是在大连产业结构升级，从供给上提高核能、风能等新能源在一次能源消费结构中的比重，在需求上推广LED、光伏等节能环保技术和减排措施，

---

① 《大连的绿色崛起》，《人民日报》2011年3月7日。

从而在总体上降低能源消费量和污染物排放量的同时，推进大连向绿色低碳、绿色消费型城市发展的重要时期。将绿色低碳、绿色消费发展纳入大连市社会经济发展规划，使其成为大连应对气候变化、减灾和可持续发展政策框架的重要组成部分，在新能源、绿色产业、节能建筑、可持续交通和居民消费行为等环节统筹兼顾，整体推进，才能形成全面系统的绿色经济和低碳经济发展框架，促进生态城市建设与绿色消费型城市发展①②。

1. 促进产业结构调整和升级

完善工业企业的节能管理制度，推广能源合同管理，提高能源管理水平和利用效率。发展低能耗、高附加值的高新技术产业和服务业。吸引国内外研究机构在大连建立实验室和创新中心，共同推动绿色低碳技术的研发、应用推广和产业化，使大连向绿色低碳技术的研发和创新基地方向发展。

2. 优化能源结构

要加快清洁能源、减排技术的研发及产业化，减低大连经济发展对化石能源的依赖，促进能源链从高碳环节向低碳环节转移，使大连成为东北地区的新能源基地。

3. 完善多层次的公共交通系统

优化公共交通线网规划，优先发展轨道交通、地铁、快速公交，推广新能源汽车，实现道路资源在公共交通和机动车之间的平衡配置，探索机动车阻塞费，形成一个更换便捷、链接高效的多层次、网络状的公共交通运营和管理系统。

4. 促进绿色建筑发展

促进太阳能、LED 等绿色技术和产品的应用，推广节水、节地、节能、治污的绿色生态小区建设，对现有公共建筑进行节能改造，引入绿色建筑标志和评价体系。

5. 鼓励公众选择低碳绿色的生活方式

鼓励公众出行使用公共交通系统，对购买节能节电消费品进行补贴。引导公众参与植树造林，在扩大森林覆盖率的同时，创造碳汇，减少碳足迹。

---

① 《大连生态市建设规划（2009－2020）》，2011。

② 《大连市社会经济“十二五”规划》，2010。

6. 完善碳交易机制和绿色金融服务功能

发挥市场在促进绿色低碳发展中的基础性作用。建立大连排污权交易市场，同时利用期货交易所在专业服务能力、市场基础设施、交易结算体系上的互补性，探索碳交易和气候衍生品交易，使碳价格能够反映资源稀缺程度和污染治理成本。积极开展包括CDM等在内的有效的碳资产管理，促进经济发展的碳成本向碳收益转化，使大连成为区域性排污权和碳交易中心。发挥银行业的信贷配置功能，保险业的规避和转移风险功能，机构投资者的环境治理信托责任，使资金配置向绿色低碳产业倾斜。

7. 加强绿色低碳经济国际合作

推进与联合国、世界银行、亚洲开发银行等国际组织，与发达国家及城市间在绿色低碳领域的合作，吸引国际资金和技术转移，争取建立双边和多边合作促进中心，加强绿色低碳发展的地方能力建设。绿色，象征着生命和活力，是“浪漫之都，时尚大连”的品牌和标志。大连紧紧抓住国家振兴东北老工业基地和辽宁沿海经济带开发开放的双重战略机遇，追求绿色增长，建设绿色大连。

绿色消费型城市的含义非常丰富，涉及了城市发展的各个方面。在经济领域，我们要大力发展低碳、低污染甚至是无污染的产业，比如现代服务业、新能源产业等。在社会层面，我们要鼓励市民实现低碳生活，人人自觉爱护环境。在市容市貌建设方面，我们还要大力推进“蓝天碧海”工程，让我们这座城市更绿更美、森林更茂盛、城市更宜居，等等。城市面貌要绿色，城市经济也要绿色，市民们的生活观念也要向绿色转变。从这个意义上说，只有市民参与进我们的绿色消费型城市建设，比如在住房装修、生活垃圾处理等各个方面，都养成低碳生活习惯，我们的绿色消费型城市建设才能够事半功倍。种种迹象显示，这座城市正在进行着一场深入彻底的绿色革命，而这场革命也必将在当前和今后很长一段时期，深刻影响到这座城市的经济发展方向以及普通市民的日常生活。

参考文献

[1] K. 皮蒂：《绿色销售》，三上富三郎监译，同友馆，1993，第129页。

［2］刘湘溶：《生态文明论》，湖南教育出版社，1999。
［3］戴德宝、陈秋玲：《城市绿色消费问题对策——绿色工程》，《生态经济》2005 年第 6 期。
［4］刘洪波：《以绿色消费促进长株潭“两型社会”的建设》，《理论月刊》2009 年第 6 期。
［5］李青云：《初探生活废弃物处置的绿色通道》，《环境》2006 年第 1 期。
［6］徐和清：《发展绿色消费》，《消费经济》2001 年第 3 期。

第四部分　探索篇

Section Four　Exploration

G.14

政府主导与生态文明建设

孔庆浩

摘　要： 在建设生态文明的过程中，政府要加强生态文明建设的规划和技术指导，发挥协调指导作用。生态型政府的建设要求遵循协同原则，社会系统要形成合力促使人类与自然的和谐共赢。而在这个社会系统中，政府要发挥协调作用，夯实中央政府与地方政府共同组成的行政体系，增强整体性，在政策的制定和实施中践行整体原则，保证系统的整体利益。

关键词： 政府职能　生态型政府　制度建设　政策保障

政府主导是“四轮驱动”的首要。政府如何主导，何为政府职能，国内行政学界可说是众说纷纭，并未形成统一的观点。主要观点如下，有的学者认为“政府职能，简单地说，就是一个国家的行政体系在整个社会系统中所扮演的角色和所发挥的作用”；又有学者认为“行政职能”又叫公共行政职能，在某些条件下又称政府职能，概括地说，行政职能是狭义的政府即国家行政机关承担的国家职能，是相关政治权力主体按照一定的规则，经由一定的过程，通过多种表达形式实现彼此价值观和利益关系的契合，赋予国家行政机关在广泛的国家政治生活、社会生活过程中的各种任务的总称，是国家行政机关因其国家公共行政权力主体的地位产生、并由宪法和法律加以明示规定的国家行政机关各种职责的总称①。

当前，我国各级政府职能定位不明确，政府职能错位、越位现象比较突出。从经济发展看，以增长为唯一导向导致政府职能错位。如在保护环境的问题上，他们不是旗帜鲜明、坚定不移地支持环保部门依法行政、果断治污，而是与污染企业站在同一立场，充当“保护伞”，甚至与企业一起干扰环境执法监督。一些地方相继出现弄虚作假、欺上瞒下、肆无忌惮顶风排污的事件，把环保检查拒之门外、让环境执法吃闭门羹的现象屡见不鲜。一些地方置环境污染于不顾，甚至顶风违规上高污染的大项目②。“先污染后治理”的观念仍然有着很大的市场。一些地方政府官员至今仍抱着经济要发展、污染难避免的观念。另外，当前许多地方政府过多介入微观经济活动，主动或被动地充当着“积极经济主体”的角色，努力完成着各种经济目标、考核任务，为了早出成绩，快出成绩，不惜牺牲长远利益和生态环境的行为也时有发生。更有甚者，某些政府主管部门或官员，为了部门和个人利益，不惜损害大多数人的利益和地区利益甚至危害国家利益，成为某些利益集团的代言人和保护伞。还有一些地区，政府直接干预经济，替代企业决策发展策划和经营，替代市场分配资源，替代法制管理经济，短期行为泛滥，比如引进一些高污染、高能耗企业；违法违规出台优惠政策；重引进、轻服务，各级政府拼命追求经济增长和税收增长，又未能有效限制地方政府的权力，经常为了增长而牺牲环境、生态，甚至牺牲部分民众的权利③。

也就是说，过去若干年，中国整个社会带有强烈的物质主义色彩。可以说，以增长为唯一导向，导致地方政府职能错位、行为扭曲，进一步导致社会的失调，也造成了文化与精神的失调。这些问题都需要通过加大政府行政体制改革，

① 彭澎：《政府角色论》，中国社会科学出版社，2002。
② 刘湘溶：《生态文明论》，湖南教育出版社，1999。
③ 余谋昌：《创造美好的生态环境》，中国社会科学出版社，1997。

转变政府职能去逐步解决。

而建设生态文明社会，实际上意味着政府要重新定位自己在社会中的角色，重新安排自己的职能。政府要做“裁判员”，而不是做“运动员”。切实发挥政府经济调节、市场监管、公共管理、社会服务等职能。

首先，生态文明建设标志着中国共产党对人类文明结构和进程认识的拓展和深化。对文明问题的认识可以从文明结构与文明进程的静态和动态结合中加以全面把握。在对文明结构的认识上，在十五大及以前的一段时期，中国共产党明确提出了“物质文明”和“精神文明”范畴，强调社会主义物质文明和精神文明“两手抓、两手都要硬”；中国共产党十六大报告明确提出“建设社会主义政治文明”命题，强调在推进全面建设小康社会进程中，要促进社会主义物质文明、政治文明和精神文明的协调发展；党的十七大报告则首次明确提出生态文明范畴，把建设生态文明作为全面建设小康社会的新目标，实现了从“二个文明”向“四个文明”认识的飞跃。在对文明进程的认识上，明确提出建设生态文明思想，表明中国共产党清醒地意识到传统工业文明的弊端并希望采取措施努力实现从工业文明向生态文明的转变。

其次，生态文明建设是社会主义市场经济体制发展和经济全球化的必然要求。市场经济的载体是商品，商品来自自然资源的转化和再生。一方面是自然资源的有限性，另一方面是利益追求的无限性。加强生态文明建设，就会使人们树立新的理念，正确面对“有限性”与“无限性”，自觉维护生态平衡，有条件地去改造、利用和保护自然，在开发中保护，在保护中开发，将过去多年坚持的资源开发主导型战略转变为建设生态主导经济区战略，走生态经济型发展道路，以扭转全国生态状况整体上仍在恶化的趋势，促进市场经济的进一步繁荣。

再次，从当代文化建设的角度来说，生态文明建设将造就、培养以审美的态度对待自然的一代新人作为其重要目标。生态问题，归根结底是一个文化问题，是人的生存方式问题，人的素质问题。在全社会牢固树立生态文明观念，“基本形成节约能源资源和保护生态环境的产业结构、增长方式、消费模式”，这是党的十七大报告所要求的，也是最重要的。因为生态文明是一种不同于工业文明的新文明形态，理应有不同于工业文明的理论与观念，有不同于工业文明的生存方式。这就是实现由人类中心主义到自然生态整体的转变，由人与环境对立到人与环境友好的转变。只有实现了这样的转变，生态文明建设才能真正落到实处。

随着社会的发展，当代人类的文明形态正由工业文明转向生态文明。生态文明代表了人类在处理与自然的关系时所达到的文明程度，它反映了人类社会文明的发展方式和生活模式，是人与社会进步的重要标志①。生态文明是指人们在改造客观物质世界的同时，积极改善和优化人与自然的关系，在建设有序的生态运行机制和良好的生态环境过程中所取得的物质、精神、制度方面成果的综合。政府治理，概括地说，就是使公共利益最大化的社会管理过程，其本质特征在于它是政府与社会、政府与公民、政府与市场对公共事务的互动合作管理。

一　政府在生态文明建设中的职责

当今世界，人类的生存与发展正在发生“三重转变”：人类文明的形式正在由工业文明向生态文明转变；世界经济形式正在由资源经济向知识经济、生态经济转变；社会发展道路正在由非可持续向可持续发展转变。国际社会、各国政府愈来愈理性而深刻地认识到：生态伦理是新世纪的基础性伦理；生态文明是人类社会发展的终极诉求；人与自然的和谐是和谐社会的生态基石；生态责任是生态文明时代赋予现代政府的一项神圣而艰巨的使命。在我国，随着科学发展观的深入贯彻落实，生态文明建设首次写进了党的十七大报告，十七届四中全会再次将其提升到与经济建设、政治建设、文化建设、社会建设并列的战略高度，作为中国特色社会主义伟大事业总体布局的组成部分。

从某种意义上讲，我们所处的时代是“政府时代”，这主要是因为政府在现代社会发展中扮演着越来越重要的角色。生态环保领域也是如此。社会主义新农村建设中的经济发展与生态环境的两难选择，考验着各级政府的执政能力。抑制地方经济发展的利益冲动而成为理性的生态责任担当者，是现代责任政府的应有之义。把保护生态环境，建设资源节约型、环境友好型社会，提升到基本国策的战略地位，则更加体现了中央政府在生态环保问题上建设责任政府的决心。

---

① 黄德发：《政府治理范式的制度选择》，广东人民出版社，2005。

（一）政府转变治理观念是生态文明建设的前提

观念是行动的先导，生态文明建设中政府治理观念创新是关键，生态文明建设呼唤生态型政府新理念。所谓生态型政府，也可以称为绿色政府、环保型政府或环境友好型政府等，它是指能够将实现人与自然的和谐共生作为基本理念，将遵循自然生态规律和促进自然生态平衡作为基本目标，并能够将这种理念与目标渗透、贯穿到政府制度与行为等诸方面之中去的政府①。应对生态危机需要构建生态型政府，由生态危机引起的各种问题深刻而普遍，其全局性、综合性、长期性决定了它是人类面临的重大而紧迫的公共问题，只有政府主导，整合社会资源，设计公共政策，加强公共管理才能得到切实解决；经济发展要求构建生态型政府，随着生态危机的日益加重，市场和消费者生态安全的需要正在逐步提高，传统市场经济正在向生态市场经济发展。政府要履行促进经济发展的职能，就必须顺应这一趋势，逐步把整个国民经济转变到生态市场经济和循环经济轨道上来。把生态行政管理作为政府的一项基本职能，是历史的回归，同时也是政府管理观念的创新。

生态型政府应该是节约型政府，政府在对其内部事务和外部公共事务的管理中，应克服对自然资源无效消耗的低层次消费，避免对自然资源、新能源高耗低效的高层次消费。生态型政府应是全面承担责任的政府，也就是说政府要在承担政治责任、法律责任、经济责任、道德责任之外，还要承担生态责任。生态责任是政府在自然资源和生态环境的保护及社会的可持续发展方面所应承担的义务和职责，政府履行生态责任就是维护公众的生态利益，调动社会中的有效力量共同维护生态平衡。生态型政府还应该是解制型政府，即对传统政府取消一些限制和制约，可以将工作处理得更有效率，在生态文明方面，则会使政府在应对突发性的生态环境危机时，能够摆脱繁琐的行政程序和规则的束缚，以问题为核心来妥善处理事件，从而减少生态危害。

（二）政府加强宏观管理是生态文明建设的关键

生态系统是由各种因素构成的相互联系、相互作用的整体，在生态系统中，

---

① 俞可平：《治理与善治》，社会科学文献出版，2000。

一切事物都是相关的，与其相适应，政府作为管理部门，其职能必然具有统一性、综合性、整体性和协调性。在我国，相当长时间内环保工作主要由环保部负责，可持续发展工作主要由科技部负责。尽管两大主要部门之间进行定期交流、会商问题，但是从实践方面来看，可持续发展工作和环境保护工作并没有实现很好的融合，难以适应生态文明建设的需要①。特别是在当前，参与生态文明建设的部门日益增多，这就需要政府担负起全国生态文明建设的领导协调职能来协调各部门的工作，并解决跨地区的生态文明建设问题。

在建设生态文明的过程中，政府要加强生态文明建设的规划和技术指导，发挥协调指导作用。生态型政府的建设要求遵循协同原则，社会系统要形成合力促使人类与自然的和谐共赢，而在这个社会系统中，政府要发挥协调作用，夯实中央政府与地方政府共同组成的行政体系，增强整体性，在政策的制定和实施中践行整体原则，保证系统的整体利益。尤其是涉及生态环境保护和生态补偿的领域，应该以生态利益为主，达成共识。政府要将生态、经济、发展三方面的共同发展协调一致，不能顾此失彼，以生态环境为优先，对发展所涉及的各项利益都应当均衡地加以考虑，以平衡与人类发展相关的经济、社会和生态这三大利益的关系②。此外，政府还要统筹规划全国生态文明建设行动，适应生态文明时代的新要求，对全国各地的生态文明建设行动加以总结，对原有的生态文明建设规划加以完善，通盘考虑全国各地的生态现实和生态需求，制订实施方案，为全国各地生态文明建设提供方向指引，确保生态文明建设能够上下联动、部门配合。

（三）为生态文明建设提供政策和制度支持是政府的重要职能

制度是法律的补充和完善，生态文明建设能否规范有序进行，制度与法律法规相配套的生态制度体系建设至关重要。影响生态文明建设的因素很多，但是我国尚未建立起有效的生态文明建设政府公共管理机制是一个重要因素。我国部分地区经济发展与环境保护存在脱节现象，片面强调国内生产总值增长而忽视对环境和资源的保护，有些地方政府政绩考核侧重经济增长，忽视全面发展，在一定

---

① 孙瑛、刘呈庆：《可持续发展管理导论》，科学出版社，2003。

② 乔耀章：《政府理论》，苏州大学出版社，2003。

程度上也影响了生态文明建设。建设生态文明需要通过体制完善和制度创新，着力克服长期制约环境保护发展的制度性障碍，完善有利于生态环境保护和建设的制度保障。建设生态文明，必须按照生态文明的本质要求，明确发展思路和目标，着力建立与完善有利于促进生态文明建设的制度保障，为生态文明建设提供政策和制度的支持①。

首先，要树立正确的政绩观，建立体现科学发展观和正确政绩观要求的经济社会发展综合评价体系和干部实绩考核评价体系。政府要完善干部政绩考核制度和评价标准，全面衡量干部政绩，把生态建设和保护成效纳入干部考核评价体系之中，建立科学的干部考核指标体系和绿色 GDP 指标体系。其次，要完善生态税制。到目前为止，我国也有一些与生态保护有关的税种和优惠政策，但是还没有建立起真正的生态税制，鉴于我国环境状况的严峻性，加快生态税收体系建设已刻不容缓②。主要表现为完善资源税，扩大征收范围，完善计税依据，调整税率；改善消费税，适当提高环境污染产品的消费税税率，并对不同产品根据其对环境友好程度，设计差别税率；引入“绿色”关税，在关税中加入一部分“绿色”条款保护我国生态环境；完善城镇土地使用税和耕地占用税，建议将农村非生产用地纳入城镇土地使用税的征收范围，切实达到保护土地资源的目的；开征独立的生态税种，如大气污染税、水污染税、垃圾税、噪音税等等。最后，要建立行政问责制，严惩破坏生态环境的行为，杜绝一切环境违法乱纪行为③。

十七大第一次明确把“建设生态文明”作为全面建设小康社会奋斗目标的新要求提了出来，强调要使生态文明观念在全社会牢固树立，反映了党和政府对于建设生态文明的高度重视。生态文明建设是一项重大而紧迫的任务，也是人类面向未来的必然选择，它需要全社会的共识与行动，政府在生态文明建设中转变发展观念、做好宏观管理、提供政策和制度支持，是社会主义生态文明建设成功的关键。政府在生态文明建设中的准确定位，对于把我国建设成为一个经济建设、政治建设、文化建设、社会建设、生态建设

① 毛寿龙：《中国政府功能的经济分析》，中国广播电视出版社，1996。
② 毛寿龙：《中国政府功能的经济分析》，中国广播电视出版社，1996。
③ 毛寿龙、李梅：《西方政府的治道变革》，中国人民大学出版社，1998。

“五位一体”的中国特色社会主义国家和一个对全球生态环境负责任的大国意义重大。

二 政府在生态文明建设中的管理职能

生态问题主要是人类欲望的无限性与自然资源的有限性之间的矛盾，从目前的生态危机和日益增多的生态灾难来看，遵循人、自然、社会和谐发展这一客观规律和自然资源有限性及其保护原则，统筹兼顾，实现发展转型，已经成为一种历史的必然。而要实现经济发展的转型升级和生态文明发展，地方政府应在其中发挥主导作用，必须积极转变职能，进行职能创新。从经济转型与生态文明建设的实践来看，其启示主要有①：

（一）牢固树立生态优先的发展理念，加快生态型政府建设

生态省建设必然要求生态型政府，也即遵循生态规律与经济社会规律，依法行使对生态环境的管理权力，全面确立加强生态建设、维持生态平衡、保护生态安全的职能，并实施综合管理的行政行为的政府。其建构意味着政府首先必须以更系统、完善的视角审视当前人与自然以及人与人、人与社会之间的关系，公共治理理念与目标必须从“非生态”甚至“反生态”的倾向向生态维护和促进导向转变，牢固树立生态优先的根本价值取向和发展理念，意味着政府必须把资源有限性和生态保护作为政府政策选择、执行和评估时抉择的核心标准。其次它也必然意味着政府治理方式的转变与创新，更意味着必须要有新的机制和体制，要求政府在公共治理过程中遵循生态规律与经济社会规律，努力实现生态经济、生态环境、生态家园和生态文化多元一体的协调发展。再次政府必须加快建立与完善生态环境的监测体系与预警系统，对资源消耗、环境污染进行全面的跟踪监测，铁腕治污，全面推进节能减排工作。最后政府必须着力打造生态品牌，提升生态产业附加值和规模化发展的效益，不断提升生态惠民、生态富农的实际效果。唯有如此才能实现“人人共享，普遍受益，人与自然和谐统筹”的良序社会和美好社会。

---

① 董克用：《公共管理与制度创新》，中国人民大学出版社，2004。

（二）稳步推进生态立法和生态规划，把生态保护和发展纳入政府核心职能范围

对当前我国的经济转型升级和生态文明发展而言，一是各级政府必须强化生态立法和生态规划的引导功能，以制度化、规范化的方式促进生态保护和生态发展，必须把生态治理、生态保护、生态规划、生态发展纳入核心职能范围。生态功能区、生态产业园区、生态农业区和居住区的适当分离，既达到了生态保护的目的，也实现了生态发展，让人民群众在享受经济增长所带来的丰裕物质财富的过程中共享优美的生态环境、和谐的生态家园、繁荣的生态文化①。二是积极开展生态创建活动，不断改善、优化生态环境。特别是在当前我国经济社会发展所导致的生态恶化现象并没有根本扭转的情况下，经济快速增长与资源保障、生态环境保护之间的矛盾在一定领域内依然突出。因此，无论是生态省建设还是生态型政府的构建都必然要求地方政府始终把生态治理纳入政府的核心职能，加大对生态污染的整治力度，积极开展生态创建工作。唯有如此才能建设生产发展、生活富裕、生态优美、生活舒心的社会主义美好社会。

（三）加快提升创新型政府建设，以科技创新实现生态保护和生态文明发展

对地方政府而言，应在“十二五”时期把科技进步和创新作为经济社会发展的首要推动力量，把建设创新型政府作为面向未来的重大战略，以科技创新与高新技术的产学研一体化带动经济转型升级，逐步实现集约型、创新型发展，在“产业生态化和生态产业化”过程中实现社会效益的系统优化。一是全面发挥政府引导作用，不断优化科技创新创业的政策环境。地方政府应把科技创新作为基本战略，加快推进创新型政府建设，努力促使科技创新能力的提升，着重解决产业生态化和生态产业化的技术难题。而首要的一步则是不断优化科技创新创业的政策环境，不断完善科技创新创业相关的扶持政策，加大扶持力度，形成创新发展的政治生态环境。二是全力培育高新技术新兴产业，为地方经济新一轮转型升

① 黄德林、田家华：《公共管理若干前沿问题研究》，北京：中国地质大学出版社，2006。

级提供强劲动力。民营经济的创新综合指数和科技进步贡献率相对偏低，而对外技术依存度指标却较高，因此在技术创新和产业升级方面速度相对较慢①。这就必然要求政府加大对科技创新的扶持力度，特别是要全力培育高新技术新兴产业，加快发展壮大创新创业集群，依靠科技创新实现跨越式的发展。因此，对地方政府而言，必须全力提升经济社会发展创新的综合指数和科技进步对国民经济发展的贡献率，充分发挥科技是第一生产力的带动作用和新能源新产业生态保护与生态文明建设的示范作用。三是着力完善科技创新创业的机制体制，全力深化产学研一体化合作机制。“十二五”时期地方政府应深化与全国名校的合作关系，借助与高校的合作平台，完善高等院校在科技创新和最新科研成果转化、孵化方面的机制，全面提升产学研一体化合作机制和经济社会发展的创新效果；面向全国甚至全球全力集聚高层次创新人才，着力打造创新创业的人才高地，不断拓展科技创新创业的源头；同时，全力实施知识产权战略，激发全社会的创新创业活力。

（四）积极构建创新政府生态治理的协调机制，形成生态治理的整合效应

生态型政府建设必然要求深化政府管理体制改革和政府职能的创新，实现从经济建设型政府向生态促进型政府转变，全面确立政府加强生态建设、维持生态平衡、保护生态安全的基本职能；同时在各部门之间确立生态保护与生态文明建设的职能分工与合作，以及详细的分类分级考核指标体系，形成生态治理和生态文明发展的协作治理机制，实现政府各部门之间生态治理的整合效应。鉴于当前我国政府在经济社会发展中的主导作用，政府生态职能的转型与创新无疑是生态文明建设的关键。

“十二五”时期地方政府在生态治理机制创新方面应该有更大的作为，但是以环保厅或局一把手兼任生态办主任的制度设计，在地方生态治理过程中，显然无法充分发挥它应有的作用，难以协调各方关系。因此，建议在生态治污中，创新生态治理的协调机制，健全并完善高层级的综合协调机构，由地方党政一把手兼任生态领导小组及办公室的一把手，居中协调，理顺关系，统筹兼顾；并创新政府绩效考核体系，强化一把手负责制和生态责任追究机制。

① 李文良等：《中国政府职能转变问题报告》，中国发展出版社，2003。

（五）不断完善创新政府绩效考核体系，强化生态责任追究机制

生态省和生态型政府建设对政府绩效考核体系创新也提出了新的要求，主要表现为：第一，必须创新政府绩效考核的生态指标体系，强化对单位 GDP 原材料的消耗程度、能源资源消耗强度、单位工业增加值能耗和环境污染程度进行系统考核，全面衡量科技创新与转化、管理水平、经济结构调整和转型升级的综合体现，监测、反映经济增长对环境的污染情况和压力水平；并全面反映地方政府在生态治污和生态文明建设过程中的努力情况和实际绩效①。第二，应针对不同地区，建立健全分类分级考核的指标体系。应在生态环境现状调查的基础上，针对不同区块的功能特色，按照分类分级的指标体系进行考核。如降低对生态功能区、现代生态农业区的 GDP 增长的考核，适当提升生态功能区建设和生态保护成效的考核，并加强对生态屏障的生态保护、产业结构调整、环境保护基础设施建设、农业农村污染防治的生态补偿制度和专项补助，并加大生态建设补助、生态保护补贴和生态环境治理补助的力度。第三，强化生态责任追究机制。在对单位 GDP 原材料的消耗程度、能源资源消耗强度和环境污染程度进行系统考核和分级分类基础上，对各级地方官员进行综合考核的基础上，必须对在创建生态省、生态文明建设过程中执行不力的官员进行行政问责，特别是对因环境污染控制不力而导致突发性群体性事件的地方官员更是要一票否决。同时还应创新并强化生态执法，充分利用日常监测、监控和突击性的飞检等方式对企业进行全方位的监测和抽检，一旦发现违规违法排放者要处以重罚，杜绝违规违法排污现象。

（六）适时优化政府生态治理模式，建构网络化的生态治理新格局

生态型政府建设在对政府职能转变和创新方面提出新要求之时，也对地方政府治理模式的革新提出了新的要求，也即必须打破既往政府主导的单中心治理模式，着力培育公民社会和非政府组织，充分发挥非政府组织在生态治污和生态文明建设中的系统整合作用。从而建构起政府主导下，社会多元主体广泛参与的开放型生态治理新格局。

---

① 陈振明：《公共管理学——一种不同于传统行政学的研究途径》，中国人民大学出版社，2003。

1. 建立健全多元主体广泛参与的环保、环评政策的公共协商平台和制度

既可充分利用互联网的发展，借助网络平台建构环保政策、环评政策和环评工作的公共网络协商平台和机制；也可在生态省建设、生态整治工作会议召开之际，通过网络、平面媒体征集公民的广泛意见，或征集人大、政协、非政府组织、社会团体、市民代表和相关专家列席会议，展开充分的民主协商，整合各方不同的利益诉求，形成政策合力。

2. 完善环境风险的网络化防范新格局

在污染排放监测和环境风险防范方面，充分发挥人大、政协、非政府组织和公民的作用，畅通政府、人大、政协、绿色环保团体等非政府组织和公民之间的沟通、互动渠道和平台，对环境污染监测和预防实现网格化的布控，形成多方合作的环境风险网络化防范新格局①。

3. 建立并完善多元主体参与的网络化整治新格局

在生态环境改善和修复方面，既要发挥政府的主导作用，也要充分发挥非政府组织和公民的必要补充作用，在治污和环保事业方面，鼓励社会资本投资经营环保基础设施，积极开展生态产业经营，自主经营、自负盈亏；同时，调动社会力量积极主动参与生态清淤和综合整治工作，加快形成多元化的生态环境整治和修复的投入机制，形成政府、社会、公民立体互动和整合优化的网络化整治新格局，将对生态环境的改善和修复产生重大意义。

三　政府在生态文明建设中的引导功能

（一）引导公众进行有序的生态参与

1. 引导培养公众有序政治参与的意识，要让公众知道自己有权参与公共事务，这是在合法地履行自己的参与性权利，而这样的权利和权益是国家法律赋予的，政府和部门有义务来回应和保护

这就需要政府运用自身的制度手段。如法律制度，它是国家最基本的制度，在生态文明建设中，是施政安排的前提和基础。在生态文明建设的法律框架中，

① 唐铁汉、袁曙宏：《公共服务创新》，国家行政学院出版社，2007。

必须以国家环保法和其他法律为基础，健全收入分配制度、公共资源分配制度以及自然资源所有及使用制度等方面的法律。公众参与不是施舍，也不是过去那种以政府为主体动员组织群众运动的老观念，要通过法律制度和约束性规范明确参与的有序性，使公众有序参与公共事务养成为一种习惯。在战争时期，我们是革命党，需要动员组织群众通过斗争去争取权利，而现在我们是执政党，要依法治国，而任何法治国家的政府，都要承认和保护群众的权利①。这种在环保方面保护群众参与公共事务权利的新观念，是我们立党为公、执政为民、以人为本的新政绩观，是我们社会主义民主建设的有益尝试，是我们社会主义制度优越性的重要体现。同时也要增强公众的义务观念，用自己的实际行动承担起建设生态文明的责任。要开展各种群众环境运动、活动，提高公众环境意识，引导公众自觉参与环境保护。鼓励改变消费方式、改变生活方式，节约资源、能源，爱护自然环境，勤俭节约，重视废物回收。通过法规、政策和经济机制，以及合同、承诺等订立协约、条款的方式，明确各主体责任和义务，开展更广泛意义上的参与活动。

2. 引导环境信息朝公开化方向发展

环境信息公开又称环境信息披露，是一种全新的环境管理手段，政府应该运用相关行政制度手段引导环境信息朝公开化方向发展，提高政府生态决策方面的透明度。因为环境信息公开是承认公众的环境知情权和批评权，通过公布相关信息，借用公众舆论和公众监督，对环境污染和生态破坏的制造者施加压力。公众对相关信息全面、准确的占有是公众参与有效性的前提，政府可以通过行政手段来规制和引导环境信息必须朝着公开化方向发展。因此，应该及时有效地公布各种规划的所涉事项、可能受到影响的环境的状况、影响程度、为预防各种规划的不良影响而拟议采取的措施及其依据；为公众获得与环评有关的信息提供指导；采取可行措施鼓励建设项目单位公开与环评有关的信息；及时通知公众拟议进行的建设项目的情况，最大可能地保障公众的知情权。可以通过大众传播媒体如广播、电视、报纸、网络以及信息发布会等发布信息，建立环境信息咨询中心或电话热线，加强环境知识教育。通过咨询机构和大众信息网络的建立，使公众能够及时适当地获得有关生态文明发展的资料信息，以

① 李军鹏：《公共服务型政府建设指南》，中共党史出版社，2006。

便参与有关的监督决策过程①。

3. 引导生态决策向法治化和民主化方向发展

政府引导生态决策向着法治化和民主化方向发展的目的就是为了体现公众参与的重要性和现实必要性，这样公众才会认为有政治参与的必要。生态文明建设目标的实现与否最终取决于社会主体的具体行为，将与生态文明理念及其建设目标相一致的行为模式转变为社会公众普遍的理性行为，离不开政府决策的规范性和自身对公众参与行为的正确引导。首先，要抓紧完善有关公民环境权的法律规定，确立法律上可实施的公民环境权，保障公民能有效行使其在环境健康权、知情权、检举权、参与权等各方面的权利。不断拓展公众参与环境与发展决策的途径和方式，例如召开座谈会、公众意见论证会、听证会、环境信息发布会、电话热线、电子信箱以及问卷调查等多种形式，建立公众参与有关环境保护法律法规、规划和标准制定，参与环境影响评价和各种环境行政许可的法定程序。其次，司法应当逐步扩大环境诉讼的主体范围，从环境问题的直接受害者扩大到政府环境保护部门，扩大到具有专业资质的其他环保组织，再扩大到更广阔的公众主体，使公众的"参与权"在司法上获得保障，将公众日趋增长的环境权益要求，纳入规范有序的管理。要允许和鼓励公民通过环境信访、行政诉讼等方式进行参与，建立公众和政府对企业环境行为的监督平台，使公众能够广泛地参与环境管理决策，实施监督，从而提高政府环境管理的能力②。最后，要扩大公众参与的时间范围，实行公众的全过程参与。目前在一些发达国家，公众参与项目是从立项到最后的环境评价的全过程，但是在我国只是在编制环评大纲及评审阶段和环评报告书的编制及评审阶段进行。而在这些阶段以外的过程中，由于环评编制人员对当地客观情况的不熟悉，会导致许多问题使环境影响评价成为一种"精英评价"，并不具备很好的代表性。

（二）引导公众生态消费体系的完善

1. 引导生态产业发展

生态产业，以可持续循环发展为原则，是建立生态消费体系的基础，政府应

---

① 胡振鹏、江勤峰：《循环经济的理论基础是生态经济学》，《中国井冈山干部学院学报》2006年第3期。

② 张雅丽、翁志勇：《论生态非政府组织与生态经济的发展》，《湖北社会科学》2004年第8期。

利用财政、税收、价格、信贷等经济手段，通过把外在因素内在化，进一步引导企业生产生态消费品。政府应将生态产业列入国家支持的产业范围进行政策扶持，增加对生态产业的投资，提高企业的科研与开发能力，并促进生态技术的引进和推广。

2. 引导生态营销体系建设

生态消费体系除了建立全国性的生态产品开发体系外，还要建立营销网络，使“生态市场”不断扩大。这需要政府确立适合于生态文明建设需要的市场制度，完善市场规则、消除垄断、鼓励竞争、降低交易成本，通过市场机制促进生态文明建设。我们有些生态产品发展了，但市场没有扩大，在消费者中没有形成消费群体。必须充分利用市场机制，打破地区封锁和部门分割，建立生态产品的开发体系和营销网络，疏通流通渠道①。政府要通过完善经济环境政策和建立审计制度，促使和鼓励企业实施“生态营销”战略，建立严格的生态产品质量认证制度，保证生态产品的质量，打击伪劣假冒，还要降低生态产品的价格，让群众放心消费，乐意消费，这样才能开拓广阔的市场。

3. 引导生态物流体系建设

建立生态消费体系，还必须落实到物流环节，没有生态物流的建立和发展，生产和消费就很难衔接。生态物流是指以降低对环境的污染、减少资源消耗为目标，利用先进物流技术，规划和实施的运输、储存、包装、装卸、流通等物流活动。生态物流是一个多层次的概念，它既包括企业的生态物流活动，又包括社会对生态物流活动的管理、规范和控制。生态物流的实施必须从政府规制的角度，发挥其引领和导向作用，把社会经济全过程的生态环保作为政府施政的基本策略，对现有物流活动和物流管理体制进行改革并构筑生态物流发展的框架。

4. 引导生态消费环境的形成

没有良好的消费环境，生态消费就很难生根。政府要运用各种手段，尤其是文化手段，让生态消费理念成为影响人们价值观念、态度及行为方式的社会范式，与前述的正式制度安排不同，它属于非正式的制度安排。这种自觉意识的形成不仅需要法律制度、行政制度和市场制度的规范与引导，同时也需要对节约意识的文化培养、社会激励和认知指导。提高全民族的节约意识，在全社会倡导节

---

① 王如松：《生态环境内涵的回顾与思考》，《科技术语》2005 年第 2 期。

俭、文明、适度、合理的消费理念，倡导绿色消费等现代消费方式，是全社会在经济发展的背景下形成的一种整体的生态消费环境，这样生态文明建设才能见成效①。培育宏观的良好生态环境，除了要培育群众的生态观念，发动群众绿化造林、治理污染外，政府必须增加资金投入。各级政府要逐步增加各种生态建设投入，建立稳定的生态环境保护与建设的金融支持系统。还可以吸引外资，可以设立国家生态保护基金。另外要增加新的生态税，既有利于限制对生态环境的破坏，又有利于开辟生态环境保护与建设的资金渠道。

（三）引导社会生态教育机制的建设

社会文化观念内在地影响着人们的社会决策，会贯穿到他们的行为中。所以目前公众对生态文明价值观念缺乏广泛的认同，原因关键在于没有形成一个完善的生态教育机制，因此构建生态文化的关键就在于社会生态教育机制的建设。

1. 生态教育应作为系统教育的一部分，将其列入基础教育、高等教育、继续教育、专业培训和党校教育中，要进行正规的生态环保基础知识、环保政策、法规系统教育

要发挥政治教育对建设生态文明的价值，就必须从观念入手，从培养人们的生态文明观入手。政治教育要把生态文明建设的价值贯穿到其对物质文明、政治文明和精神文明的价值之中，把生态文明观渗透到三种文明形态的价值实现之中，教育人们正确处理经济发展与人口、资源、环境的关系，建设可持续发展的物质文明和有利于人们生存和发展的生态文明。

2. 加强行为方式教育，规范人与自然的交往行为，引导人类走向新的生活方式

生态文明观树立的目的，首先是规范人的行为，确立他们新的生活方式，这是建设生态文明的必由之路。在合理调节人类自身行为，改善人与自然的关系上，政治教育应发挥其生态价值。政治教育要向人们宣传真正有利于维持良好的生态系统和保持个人身心健康的生活方式。要重视利用现代媒体、网络进行教育，使环保意识由教育强化成一种习惯，从而使环保参与成为一种自觉行为。个人追求健康的生活方式的努力，只有通过政治教育的引导，形成强大的社会新风

---

① 黄爱宝：《服务型政府的沟建与政府的生态责任》，《南京社会科学》2008 年第 3 期。

尚，才能使人们自觉地规范自己的行为，选择合理的物质消费方式，使人们自觉地着眼于全面提高生活质量，促进每个人自由而全面的发展。

3. 加强可持续发展教育，确立可持续发展模式

1987 年联合国环境与发展世界委员会在《我们共同的未来》报告中，提出了最具权威性的可持续发展定义——可持续发展是这样的发展，它满足当代的需求，而不损害后代满足他们需求的能力。所谓可持续发展模式，就是适合这种发展的制度和观念形态与结构。完整的可持续发展是可持续生态、可持续经济和可持续发展的社会三者的和谐统一，这正是生态文明的基本要求。可持续发展教育是政治教育的时代内容。可持续发展教育包含可持续发展观教育和可持续发展战略（政策）教育两个基本内容，最终目的是通过可持续发展教育，在生态文明视野下，帮助社会形成有利于促进生态文明建设的政府引导人角色研究模式。首先，可持续发展观是政治教育的时代内容。可持续发展是一种新的发展观，这个发展观为了使人类摆脱生态危机的困境，给人类指出了一条实现长期生存和发展可供选择的道路，对人类走出当前的生态危机，实现人类健康、持续、稳定、协调的发展具有重大的理论和实践指导意义。政治教育要顺应时代发展的需要不断更新自己的内容，才能不断满足时代需求，充分体现其价值。其次，政治教育的内容还包括政策宣传教育，包括可持续发展战略的教育。可持续发展战略是生态可持续、经济可持续和社会可持续有机统一的发展战略，因此可持续发展战略还是生态文明建设的基本要求。

4. 建立社会联合宣传网络

由新闻单位记者、学校教师、企业环保员、街道干部及有关部门宣教人员组成，它可以在环境宣传教育方面走“借水行舟”、借梯登高的捷径，努力取得宣传、教育、企业等各部门的积极主动配合，从而编织一张全社会的宣传网络。在宣传活动上要走市场化的路子，搞宣传活动仅仅依靠捉襟见肘的宣传经费是远远不够的，与企事业单位展开多种形式的合作，寻找利益交叉点，既宣传了企业，又宣传了环保，可以实现“双赢”，最大程度地利用社会资金把宣传活动引向深入。宣传应立足于让更多的人了解环保、支持环保、参与环保，应多一些实际内容，多举行与群众互动的多种形式的宣传活动，让普通群众都能参与到宣传活动中来。

参考文献

[1] 赵杰红、刘家欣、连正华：《新思路谱写生态文明新篇章》，《环境经济》2011 年第 1 期。

[2] 诸大建：《深化中国生态文明研究的十个思考》，《当代经济》2011 年第 11 期。

[3] 房尚文：《统战工作新拓展：基于生态文明的分析》，《云南社会主义学院学报》2011 年第 1 期。

[4] 孙莹：《论生态文明建设中的生态道德场》，《重庆科技学院学报（社会科学版）》2011 年第 9 期。

[5] 汤洪俊：《科学发展观视野下的生态文明建设》，《黑龙江生态工程职业学院学报》2011 年第 3 期。

[6] 辛静：《马克思恩格斯生态思想研究述评》，《牡丹江教育学院学报》2011 年第 2 期。

G.15
企业主体与生态文明建设

张海亮　刘维荣

摘　要： 在传统经济的发展过程中，经济活动是以"开发资源—制造产品—排放废物"为主体的开放式链条，从而形成了大量的资源消耗。在生态文明理念指导下，企业（生产者）投入资本、资源、技术以及劳动力等要素生产出为消费者所需要的产品，之后消费者产生的各种废弃物，经由再生产者（自然生态系统与生态企业）进行加工，再次作为生产者生产所需要的原料，可以实现社会循环生产体系。

关键词： 企业主导　企业生态责任　企业生态文化

一　生态企业建设

企业是"四轮驱动"的动力源。从传统的农业文明到现代的工业文明，企业都扮演着不可替代的重要角色，促进了经济与科技的飞速发展，把人类的物质文明推向一个又一个巅峰。但是，面对创造物质财富的辉煌，面对日益严重的环境问题，每个企业应如何定位自己的经营理念，企业应承担什么样的社会责任，是摆在我们面前的问题，值得思考。

在现代市场经济条件下，企业发展与社会进步密切相关。随着时代的进步，社会对企业的要求逐渐多样化，进而企业应承担的社会责任范围也在相应地扩大。随着工业文明的发展，生态环境加剧恶化，生态责任业已凸现为企业社会责任的核心内容。加强生态责任建设成为我国当下生态文明建设的重要组成部分。

（一）企业生态责任的缺失是当代生态环境危机的主要根源

所谓企业生态责任，也即企业的环境责任，主要是指企业在谋求股东利润最大化之外所负有的保护环境和合理利用资源的义务，是企业社会责任的一个重要组成部分。或者说“致力于可持续发展——消耗较少的自然资源，让环境承受较少的废弃物”①，即企业在经济活动中认真考虑自身行为对自然环境的影响，并且以负责任的态度将自身对环境的负面影响降至力所能及的水平，使企业真正建设成为“资源节约型和环境友好型”生态企业。

当代全球性的生态危机，本质是资本全球化的危机，是资本追逐利润最大化的结果造成的，或者说，是企业社会责任，尤其是企业生态责任严重缺失成为生态危机全球化和严峻化的主要根源。正因为如此，西方社会才发起了企业社会责任运动，并引入 SA8000 等企业社会责任体系规范企业的生态行为。在转型期的中国，企业社会责任尤其是企业生态责任缺失尤为严重。概括地说，我国企业生态责任缺失的外在表现是多方面的：我国企业生态责任观念落后、意识淡薄。多数企业家和管理者缺乏企业生态责任意识，不把保护生态环境作为自己应该担负的社会责任而是一味地“杀鸡取卵”、“竭泽而渔”，急功近利地掠夺和榨取自然资源，破坏生态环境。企业家把追求经济利润最大化作为自己的目标，再加上我们国家的企业一般是粗放型加工企业，掠夺自然资源的情况更加突出和严重。同时地方政府对企业履行生态责任缺乏有效的监督，很多地方政府对企业守法行为和应承担的生态责任没有任何要求或者监督力度不够。一些地方政府官员唯 GDP 至上，片面注重企业的利润和税收，并以此作为衡量当地经济发展和自己政绩的标准。与企业生态责任相关的法律法规不健全，企业家和管理者生态责任意识薄弱，而外在社会环境则缺乏强制的“他律”的法律法规手段对其加以制约。一些企业为了降低成本，不顾国家相关法律规定，任意排放废水、废气和废渣等，将利润建立在破坏和污染生态环境的基础之上。我国总体生态环境的持续恶化，尽管原因复杂，但不可否认的是企业生态责任短缺与生态环境问题的严重性之间呈正相关性。企业生态责任的严重缺失，无疑是我国生态危机的主要根源之一。

（二）生态文明呼唤企业肩负生态责任

生态文明已成为我国社会主义现代化建设的战略目标和绿色主题。绿色文明

① 乔治·恩德勒：《企业环境责任的定义》，国际经济法年会论文系列（九十八）。

形态必然会提出新的要求。生态文明所追求的“人与人”和“人与自然”的和谐关系能否实现，取决于每一个生态文明主体的生态责任意识和生态道德素质。其中企业作为法律公民，同样有着不可推卸的历史责任。加强企业生态责任建设已成为生态文明的迫切呼唤。企业是社会的细胞和最主要的经济主体，一方面具有为社会生产产品或提供服务的经济职能，促进社会物质文明程度的提高，同时企业的生产活动对自然环境有直接或间接的负面影响，会生产出一些我们社会不愿得到的副产品，如废气、废水、废渣等，从而带来破坏生态平衡、污染环境、危害人体健康以及社会正常发展等不良后果。因而从历史逻辑的角度看，企业是生态危机的主要责任者。从现实看，工业文明时代企业片面强调追求经济效益的生态行为已经造成了当下严重的生态恶果。企业是生态和环境的主要破坏者和污染源。因此，企业生态责任意识的强弱和生态责任履行的好坏将直接影响到我国生态文明建设的成败。从某种意义上说，企业生态责任的履行程度也就决定了我国生态文明的建设水平和实现程度。

（三）企业应有的生态文明气质

企业的工业文明气质和生态文明气质是两种性质不同但密切联系的气质。生态文明气质是对工业文明气质的超越，同时它也必须经过工业文明阶段发展而来。总结工业文明的优秀成分结合生态文明的内在要求，企业所遵循的生态文明的基本准则应包括：注重天人合一，注重和谐、开放、环保，注重全面履行社会伦理责任，注重人的全面发展，特别是敬畏并遵循“道”（客观规律）。概括地讲，21 世纪企业的领袖素质在生态文明层面上应该包括以下几个方面：

一是开放气质。只有在开放的前提下，企业系统与外部环境交换物质、能量及信息才有可能。开放使企业系统能够吸纳不同的要素，提高变革与创新能力，进而决定了其结构与功能由简单进化到复杂。企业在复杂、网络化的生态社会中更需要通过开放促进成长。

二是和谐气质。小人同而不和，君子和而不同。和谐即是求同存异，在企业管理实践中就是互补、共赢。如果强调思维方式和行为的整齐划一，必然导致组织的僵化和创新能力的丧失。领袖企业的和谐气质表现为注重价值创造下的“不同”。企业和谐的中心环节是员工对价值创造的热爱与执著。

三是生态气质。生态气质从本质上讲源自于对生命和自然的尊重、热爱与维护，企业的生态气质不但关注生产的生态化，而且关注人类生活和命运的生态化，尊重并维护生物多样性以及人类生活方式、价值实现方式多样性，主张人与动物、植物以及自然环境要素共存、共生、共荣，形成有机群落。作为高级生命形态并拥有绝对的力量优势的人类，必须认识并切实履行自身的责任。人类对于自然的索取已经够多的了，我们应该加倍偿还，主动承担义务。

（四）企业的生态责任建设

企业生态责任建设不能脱离生态文明时代的要求，同样也不能离开企业本身的发展，以及企业主体的企业生态素质的锻造。总的来看，企业生态责任建设至少包含以下内容：

1. 企业生态文明观的确立

观念是行动的向导。胡锦涛总书记在十七大报告中明确指出，要在全社会树立生态文明观，这是“建设生态文明，基本形成节约能源资源和保护生态环境的产业结构、增长方式、消费模式”的首要前提。生态文明观的核心是人与自然协调发展。长期以来，企业奉行工业文明征服自然的理念，把经济增长作为自己的唯一责任。正是由于缺乏“生态文明理念”，所以在经济发展过程中随意污染和破坏生态，只求经济效益而忽视生态效益。因此，如果不改变传统的文明观，企业生态责任将缺乏生成基础。企业只有首先确立生态文明观，才能形成生态责任意识，也才能使企业自觉担当起保护环境和维护生态平衡的责任，实现经济效益、社会效益和生态效益的和谐统一。

2. 企业生态道德素质的提升

在康德看来，“责任奠基于行为者的自由意志的建设之上”。企业生态责任建设同样应当把企业员工自由意志的培养作为重要内容来抓。也就是说，企业应当把外在的环境法律强制的生态责任内化为企业的内在自觉。而这是需要以企业所有员工的生态道德素质为基础的。生态道德素质主要包括生态道德认知、生态道德意识、生态道德意志、生态道德情感和生态道德行为。一般来说，企业的决策者、管理者和基层员工的生态道德素质水平决定企业生态责任履行的程度。所以，如果没有生态道德素质的强力支撑，企业生态责任建设是难以奏效的。只有全面提升企业的生态道德素质，企业在经济发展中才能主动自觉地承担起其该负的生态责任。

3. 企业生态责任体系的构建

企业生态责任体系是企业生态责任建设的核心内容，是企业生态责任观念走向现实、走向实践的重要指标体系。如果从内容看，企业生态责任体系主要包括：一是企业生产及其产品对生态环境所承担的责任；二是企业对自然的生态责任，即打破传统价值观只强调人类对自然的权利而没有重视对自然的义务的缺陷，自觉地保护自然环境，变向自然索取和掠夺为对自然的补偿和保护；三是企业对于市场的生态责任，即是指企业要以绿色市场为导向，生产绿色产品，严格遵守环保措施和制度，提供满足市场需要的健康产品，走高效能、低污染、低能耗的产品生产之路；四是对公众的生态责任，主要是指企业要注意生态资源的共享性、环境利益的均等性、生态后果的公担性，维护“代际公平”，不要以牺牲后代发展机会来满足我们当代人的利益。如果从企业生态责任主体看，企业生态责任体系应当包括企业领导决策者的生态责任、管理者的生态责任、生产者的生态责任。只有生态责任体系明确和完善，企业生态责任建设才能全面有效。

4. 企业生态责任的教育

生态文明要求企业明确自己的生态责任，使生态责任成为企业自身的经营使命和指导思想，贯彻到企业管理中的各个方面，实现人—企业—生态—社会的可持续发展。但是如果企业员工对生态责任建设的意义认识不足，就会缺乏建设动力。因此，生态责任教育必不可少。通过教育可以使员工充分认识到，企业承担生态责任并非是一种负担，只要把握和利用好，完全可以转化为一种促使企业发展的机会。企业的发展有时候不一定在于技术革新、产品的创造、服务的增加，而在于具体生态环境问题的有效解决。企业履行生态责任往往是提升企业绿色竞争力的高效途径，不仅有利于生态环境的良性发展，创造商业价值，还可以尽量避免由生态环境保护引起的贸易纠纷。企业履行社会责任也是企业融入世界经济体系的有效捷径，适应了消费者绿色消费意识行为的变化，还有利于企业形成独特的竞争优势。随着环境问题日益突出，人们越来越关注企业是否在为环境保护作贡献。一个好的企业形象无疑是非常重要的。绿色形象的树立，是企业无形的巨大财富，有利于企业打造核心竞争力。

5. 企业环境责任的宣传

首先，应高度重视发挥中介组织的协调作用，采取多种方式，比如利用宣传报道、培训、研讨等形式，宣传企业环境责任的理念、内涵、发展趋势，增强对企业责任的认识，营造一种承担环境责任光荣，逃避环境责任可耻的舆论氛围，推动更多的企业主动承担起环境责任。其次，整个社会对积极履行环境责任的企业给予尊重和及时的评价，满足企业自我价值实现的需要。另外，对企业负责的行为给予一定的优惠。此外，在企业处于危机和困境时，无论是社会、政府还是企业的职工都应该给予必要的帮助、支持和关怀，陪同企业一起渡过难关。

（五）企业的生态文化建设

1. 美化企业环境

企业是一个开放系统。它不能脱离社会环境而存在。自然，企业文化也不能脱离社会环境而生成。因此，要塑造良好的企业生态文化，就必须认真分析影响企业文化生成的环境因素。企业的环境是其精神风貌的直接体现，它从外在直观的视角反映企业的经济实力和管理水平。同时，树立良好的企业环境形象是建设企业生态文化的开始。

美化企业环境，其宗旨在于通过美化企业的生活工作环境，为员工创造一个舒适和谐的劳动空间，保障员工的身心健康，满足员工的审美需要，使员工在愉快的心境中从事工作，从而激发并保护员工的劳动热情和创造力，提高工作效率，树立企业良好的社会形象，提高企业的知名度。

企业环境的美化应包括美化企业的厂区环境和生产劳动环境两个方面。首先要美化企业员工的生产环境，保持劳动场所空气新鲜，保持劳动场所的照明度，减弱噪声。这样才能使企业员工减轻疲劳和劳动的单调性，提高工作效率。其次要美化厂区环境，增加厂区绿树和草坪的种植面积，保持厂区内整洁干净、各种物品排放有序。只有企业的环卫工作做好了，企业员工的环保意识才会逐渐形成。

同时要加强企业内部行为的“绿化”。加强对企业的绿化建设和绿色营销方面的管理和监控：大力开发可替代能源、资源，实行多种节能减废措施：营造一个崇尚自然、回归自然、保护自然的工作气氛，创造一个良好舒适的企业环境。上海宝山钢铁公司建成大规模生态园林后，改善了职工的工作与生活环境，职工身心健康，缺勤率降低，节省了大量医药费。

2. 建立企业环境管理制度

企业环境管理制度化是对企业生态文化建设的有力支持。首先，正确制订企业的环境方针即企业在环境方面的认识和宗旨，它的主要内容是企业对污染防治和持续改进的承诺及对遵守法律、法规及其他要求的承诺，提供建立和评审环境目标和指标的框架。

企业的环境方针应向全社会公开，并使全体员工全面理解其要求和意义。

第一，设置环保职位。企业经营者应提高对 ISO 14001① 的认识，配备具有责任心的高素质人员从事 ISO 14001 推行工作，定期进行督促检查和评价，根据客观环境变化及企业实际，不断完善并提出持续改进目标。一方面在企业最高管理层即董事会中设置专职环保董事负责处理环境事务，另一方面按照国际标准化组织 ISO 14001 标准的要求设立环境管理者代表，负责企业环境管理体系的实施。

第二，积极加入 ISO 14001 环境管理体系，并取得认证。一旦取得 ISO 14001 认证，企业将会获得很大收益：可树立良好的企业形象，得到社会认可；有利于消除国际贸易中的绿色壁垒，自由进入国际市场；有利于节约原材料、能源，减少废弃物以降低成本；企业的“绿色产品”有利于增强竞争力等。我国已有海尔、宝钢等近 200 家企业获得认证。

3. 树立企业生态价值观

企业的价值观是企业文化中最核心的内容，对企业的生存和发展起着至关重要的作用。传统的经济理论认为企业的目的就是最大限度赚取利润，因而企业的首要目标是利润最大化。这种观念指导下的企业可以最大限度地利用自然资源和劳动力资源，但在管理中产生了种种弊端：损害消费者利益，员工的劳动条件得不到保障，严重损害了人类赖以生存的生态环境。在生态文明年代，未来价值观在本质上将能够被量化，仅仅期望依靠技术上的优势就能够成功地销售产品的时代已经过去，现在的理念是对绿色产品的热衷、对人文情感的重视以及对与此有关的非物质价值的重视。在今天，人们的消费正在向绿色消费的方向转换发展，对于企业来说，要成功地占有市场，必须要清醒地认识到企业理念的重要性。公司理念的核心目标是强化公司的能力，并将这种能力进行整合，以达到行为和意志的统一，能够将公司引向成功的，是公司的理念及价值观，就是对公司的“精神化”管理。一个公司必须能够根据自己的理念和信仰，创造属于自己的规

① ISO 14001 是环境管理体系认证的代号。ISO 14000 系列标准是由国际标准化组织制定的环境管理体系标准。

则。面对当前环境污染现象，建立生态价值观，加强企业的核心竞争力，不但是现代企业的当务之急，也成为全社会所有企业的迫切要求。要使企业树立正确的生态价值观，应当做好以下几点：

第一，加强企业文化建设中的企业生态体系建设，加强企业管理者的生态意识和商誉意识，注重生态、经济和社会可持续发展相统一的思想、制度建设。企业管理者要认识到：重视企业生态化建设，可以赢得更多合作者，赢得更多信赖和支持，对企业在市场上取得竞争优势有利，可以为自己创造更多商机，增加企业的效益。同时，企业领导者要以身作则、言行一致、恪守自己所提倡的生态价值观。价值观的内化，首先在于领导者以身作则，做出表率。一家企业，经理经常把“保护环境”挂在嘴边，但在实际工作中，这位经理只追求经济效益，而不顾节约资源、污染治理。经理的这种表现实际是告诉员工：环保观念只是流于形式的，那么企业员工当然也不会视“环境保护”为一回事了。21 世纪的企业家应当是生态经济企业家，应通晓符合现代生态经济运作规律的生产经营管理，带领企业员工走出一条低耗、高产、优质、无污、高效的企业发展生态化道路。

第二，企业领导者要不断把企业价值观向员工灌输。企业文化强劲的企业，都明确地向员工指出企业的要求，并且有相应的规章制度，从思想上、制度上建立和强化员工的意识。企业员工在建设企业生态文化的过程中起着关键作用，只有员工自身建立起了生态意识，才能真正地将各项改革落到实处。因此，增强员工的生态意识，在企业内部形成对生态文化的认同，应成为员工培训的重要内容，企业应通过培训、讲座、生态改进项目的实施、领导员工积极参与环境保护和有利于可持续发展的社会公益活动及文化活动等多种途径提高员工的生态意识。

第三，建立企业生态管理系统和企业的生态评价系统。即从企业的品格、能力、资本、担保和环境以及信用要素抓起。在这几个要素中，企业品格是最核心的要素，它是企业和管理者在经营活动中形成的企业伦理、企业品德、企业行为和企业作风，在很大程度上决定企业理念是否正确，也决定企业核心竞争力强大与否。这对于建设公平竞争、有效运行的市场秩序，培养企业的核心竞争力至关重要。

企业的生态价值观也要靠例行的典礼和仪式去宣扬。特雷斯·迪尔和阿伦·肯尼迪指出：有些公司，其日常工作必定包括一套礼仪和典礼，运用这些典礼仪式，以最明确和最全面的方式来说明企业的行为准则。

4. 塑造企业生态精神

企业精神是一个企业基于自身特定的性质、任务、宗旨、时代要求和发展方向，为谋求生存与发展而在长期生产经营实践基础上，经精心培育而逐步形成的，并为整个员工群体认同的正向心理定势、价值取向和主导意识。企业精神是现代意识与企业个性相结合的一种群体意识，它反映了时代特征。

确立顺应时代潮流、争做地球卫士的企业精神和企业风格是一项艰巨的工作。从过程上来看，它一般经过两个阶段，即企业生态精神的倡导阶段和深化阶段，两个阶段密切关联，层层递进。

企业生态精神倡导阶段的任务是广泛宣传企业环保意识，使员工从思想上了解它、接受它，从行动上开始实践它、体现它。企业生态精神产生后，要利用多种形式大力宣传，要开展多种活动加以推广。企业领导要起表率作用，要鼓励、引导员工深刻认识和实践这种精神。

企业生态精神深化阶段的突出特征是员工从“要我做”变成“我要做”。这一阶段的主要任务是将企业生态精神人格化，把简练、抽象的企业生态精神具体化、形象化，并转化为群体精神的个体意识，使员工成为具有企业生态精神的企业人，生态精神成为员工完全自觉的行为，成为一种“本能”。

5. 加强企业生态道德规范

企业作为市场的主体，对社会的生态道德有重要影响。同时企业是造成生态环境污染的主体。因此企业的生态道德建设就显得尤其重要，它是全社会生态道德建设的缩影。

企业生态道德建设的目的是正确处理企业利益与社会公众利益、自然生命利益和后代人利益的关系。这实际上也是正确处理企业眼前利益和社会长远利益，企业局部利益和社会整体利益，企业内部利益和社会外部利益的关系。如果企业不损害后三部分利益，那就是符合道德的。相反，如果企业损害了后面三部分利益，那就是不道德的。企业排放大量废物，一方面浪费了资源，一方面又污染了环境，给社会公众和自然界的生命安全和健康带来威胁，同时也给后代人的发展带来威胁，显然是不道德的，应该受到谴责和处罚，这样的企业在 21 世纪是站不住脚的，注定要被淘汰。所以企业要把生态文明价值观作为企业文化建设的核心内容，要本着对社会公众利益、自然界生命和后代人利益高度负责的精神，制定生态道德规范，遵循生态道德守则，形成生态道德的氛围，以取得社会公众的认同，这是创建一流企业的基础。国内外专家认为，21 世纪企业首先是讲道德。其次，生态道德的理念要贯穿于企业决策、生产、营销和再生产的全过程。在决策中要求思维的创新，改传统工业模式为现代"生态工业系统"模式，创造循环生产的新工艺，分层次多级利用物质和能量，提高资源利用率，改变企业外部不经济的生产经营管理方式，不但为企业创造效益，也为社会创造效益。在营销环节，遵循生态道德原则，引导公众走上生态化消费的轨道，这样不但会为企业扩大信誉，增强公众对企业的认同感，而且也会在消费领域起到正面的导向作用，促进社会生态文明建设，使企业和公众在绿色营销、绿色消费方面形成良性循环，反过来又促进了企业的经济效益。最后，要把生态道德建设融进企业的文化建设之中。一种价值观念，一种道德理念只有融进文化之中，才能深入人心，发挥其应有的作用，所以企业要把生态道德建设作为文化建设的重要内容，以生态道德、生态文化为基础，创建名牌企业。比如，企业要根据生态道德观念，把人道主义原则扩展到社会公众利益和后代人的利益方面，要把这两方面的利益融进企业利益之中，并且自觉反哺、回报社会与自然，企业形成这样的文化氛围，就能把企业与社会融为一体，企业就有生命力。又比如，企业要制定和实施与生态密切相关的道德规范，把保护生态环境、保护资源作为自己应尽的义务和责任，这样不但对社会有益，而且可以激发员工的创新精神，使员工们有更多的发明和发现，有更多的工艺技术的革新，以提高企业的"绿色科技"含量，促进企业生产工艺生态化，从而为企业创造更多的效益。为此，国外一些著名企业都聘请有"环境经验"或"生态经验"的技术人员，使企业的各项活动朝着绿色方向发展。

（六）企业的绿色形象塑造①

中国有句古话"得民心者得天下"，此话大则可以治国平天下，小则可以适用于市场竞争中。企业市场营销的目标是为了争取消费者，使顾客满意，通过更

---

① 绿色企业形象是高素质企业形象的象征。以人类社会可持续发展为目标，注重环境保护、注重社会公益的绿色企业形象的树立，是企业及其经营者注重社会效益、注重企业的社会责任、注重企业和社会的长远发展的高尚思想境界的体现。

多消费者对本企业产品和服务的购买行为来实现企业的利益，而树立良好的绿色企业形象正是在生态文明时代企业进入市场、取得消费者信任的有效手段。通过绿色企业形象的树立，可以帮助企业更直接、更广泛地将绿色信誉传送到促销无法达到的细分市场，从而给企业带来竞争优势。美国于1984年的调查表明，企业的绿色形象，包括对待员工的态度，企业环保意识和与社区的关系等已经成为继价格、质量和服务之后，消费者购买商品考虑最多的一项重要因素。日本松下电器公司在美国的分公司，因重视环境保护，生产绿色产品，被美国评为“绿色企业”，企业形象和信誉大大提高。

当然，目前中国消费者的绿色消费意识远不能和美国、德国、荷兰等国家相比，中国消费者仍然按照“天下熙熙，皆为利来，天下攘攘，皆为利往”的原则为眼前的和局部的狭隘利益而消费，他们并没有意识到他们消费观念的转变将会极大地影响企业的行为。

中国消费者在消费中具有极大的惰性和被动性，并以怀疑的态度去接受目前市场已形成的现状。这就更需要企业这一能动的行为主体去影响消费者的消费观念和行为。

企业每一次为树立企业绿色形象所进行的宣传、广告或活动都是对消费者的绿色教育，一次、两次、更多次地对消费者进行灌输，其效果不容忽视，它将引发消费者的绿色需求，从而对企业的绿色供给做出最好的回应。一个企业做得好将带动更多的市场进入者加入绿色行业。星星之火，可以燎原，企业不要怕自己的力量小，只要敢做，敢于争做第一，其市场效果仍然可以立竿见影。

然而，希望树立一个绿色企业形象和真正拥有一个绿色企业形象是两码事。各个不同的企业在树立自己的绿色企业形象时会遭遇到许多意想不到的困难和挑战。例如公众的怀疑、预算限制、方式选择等。以下是在树立绿色企业形象时企业应该把握好的一些方面：

第一，争做第一。消费者在识别谁更好谁更差的能力上是不足的，但却可以对谁是第一记忆犹新。消费者总是比较容易相信在某行业中居于领先地位的企业，例如3M公司采取先入为主的办法，早在1976年就推出了污染防治计划，这一计划已为公司建立了价值8亿美元的无形资产，成为绿色形象的领头羊。在国内哪家企业如果能系统地有目标地进行绿色营销，使消费者对绿色产品有更深入的了解，从而进一步改变其消费观念，那么消费者将忠实地记住该企业的名字并对其产生极大的好感和兴趣。现在海尔集团的绿色战略已经初现端倪。

第二，强调直接的切实可见的利益。善于把绿色产品的利益表述成最直接可见的利益形式。同时让顾客意识到该产品不仅能提供最直接可见的物质利益而且亦有益于环保，他们会非常乐意购买，所谓“一举两得，何乐而不为”，理智的消费者都清楚企业生产的动机是为了盈利，因此如果直接告诉消费者企业的绿色计划可以为自己减少多少浪费，创造多少利润比仅仅宣传绿色营销计划的社会效益更容易取得消费者的信任。当然比现下流行的将自己产品吹得天花乱坠包医百病的宣传广告更具有说服力。

第三，绿色营销不是幌子，不是包装企业的迷彩服。企业界不乏滥竽充数之辈，真真假假的“绿色”自我宣称，令消费者疑心渐增，他们无法弄清哪些才是货真价实的“绿色”。绿色企业应注意用具体而实在的语言来突出本企业给予消费者的利益。所谓金无足赤，人无完人，适当地暴露自己的些许不足之处有利于企业在消费者中建立信任感。例如，3M 公司只是简单而精确地用数字说明 Scothcbrite（3M 的一种产品）由 100% 的可循环塑料 soda 瓶制成，且它的包装包含了至少 66% 的可回收材料；ARCO 的广告标题“汽油是产生环境问题的一部分，但它亦是一种解决途径（Gasoline is part of the problems also part of the solution）。这句话帮助 ARCO 公司在引入 ECI 产品过程中建立了顾客信任度。而且该公司确实在寻求解决问题的最佳途径。所以，坦诚地对待公众，指出自己的不足。同时展示积极改进的态度，这样更容易赢得众人之心。

第四，充分利用各种宣传企业绿色形象的机会。宣传企业绿色形象的方式多种多样，既可以通过一定的大众媒体开展，如通过演讲、报刊、环境保护活动、有声影视资料等，也可以通过绿色赞助活动及慈善活动等开展与环保有关的公关活动来宣传企业绿色形象。如本田公司总裁清水木号召公司职员每生产一辆本田车，就在公路旁种植一棵树绿化交通环境。

第五，导入企业识别系统，取得绿色标志。导入 CIS，制定绿色 CI 计划，对于统一绿色产品标志形象识别，加强绿色产品标志管理，增强企业竞争意识，拓展市场、促进销售都十分重要。企业识别系统包括企业产品观念识别（MI）、行为识别（BI）和视觉识别（VI）三方面。观念识别包括产品发展战略、企业精神、经营准则等。行为识别指企业在其理念引导下为实现企业的方针、目标、发展战略等所实施的组织结构、生产操作规程、销售手段、营销策略等具体的决策措施和行为，树立和展现企业魅力，使其得到社会各界的承认和肯定，以达到塑造产品及其企业形象的目的。行为识别主要通过稳定的产品质量，周到的售后服务，广泛有效的广告和各种公共关系等手段来实现。视觉识别和听觉识别，包括统一标志、标准图形、标准文字、广告用语、运输工具识别等方面内容。

绿色标志作为市场营销环节的一种环境管制措施，最近几年有不少国家相继实行，其主要目的在于提高产品的环境品质和特征，体现环保意识。世界上最早实行绿色标志的国家是德国，1977 年德国首次实行了“蓝色天使”计划，对 3600 种产品发放了环境标签。随后，加拿大、日本、美国、法国、芬兰、瑞士等国家也相继开始实施绿色标志制度。到 1996 年底，已有数十个国家和地区建立了自己的绿色标志制度。在当前的国际贸易中，绿色标志实际上已成为一些国家的非正式技术壁垒。绿色标志制度正是运用市场这只“无形的手”将企业的经济效益与环境效益紧密联系在一起，并且提醒企业要想产品在市场上立住脚跟并获利，除重视产品的质量、外观、服务外，产品的环境效益已是必不可少的条件。谁拥有绿色产品证书，谁就有更大的市场份额。企业为获得绿色标志就必须主动调整产品结构，实施技术改造，自觉地节约能耗、物耗，最大限度地减少污染的排放，提高资源的综合利用率，从而使企业在追求经济效益的同时实现对环境的有效保护。绿色标志的标准是比较高的，审核颁发的程序是严格的，所以其可信度远远高于目前市场上充斥泛滥着的各种省优部优金奖银奖之类的宣传。绿色标志本身就是一个非常好的广告，可以为企业树立良好形象，赢得消费者的信任，提高产品在市场上的竞争力。

二　企业生态文明建设

企业生态责任建设的内容规定了企业生态责任建设的任务。而企业要达到符合生态文明要求的生态责任建设的目标任务，需要进行理性的路径选择。企业生态责任是企业文化的核心价值观，以企业生态责任为核心，建立生态价值观，加强企业的核心竞争力，正是企业推行绿色管理，推进生态文明的关键。

（一）企业生态文化的营造

在企业观念文化层面上，企业文化是全体成员遵循的共同意识、价值观念、职业道德、行为规范准则的总和，它决定了员工的生态行为方式。因此，企业应当通过种种措施，努力培育出承担生态责任的企业文化。企业生态文化营造，就是要求企业明确自己的社会责任并将生态责任理念融入到企业的使命中去，同时围绕企业生态使命在制定企业战略管理的过程中，把企业的生态责任感提升到战略的高度，使之成为企业经营的指导思想，并贯穿到企业经营的各个方面，实现人—企业—生态—社会的可持续发展。

在企业制度文化层面上，建立健全的企业承担生态责任的监督约束和激励机制，其实就是强化对失范的生态行为的奖惩机制。一方面只有强化生态行为失范的惩罚机制，加大对失范企业的惩罚力度，才能使企业更加规范自己的生态行为。同时，在企业的规章制度中要增加企业生态责任的奖励制度，对于认真履行生态责任的个人及团队给予表彰与激励，从而养成一个以讲生态责任为荣，违背生态责任为耻的企业生态文化氛围。此外，在企业组织结构中设置环保职位，例如：在企业的最高层管理即董事会中设置专职环保董事负责处理环境事务，可以在组织制度上确保生态责任的有效管理。建立企业道德规则，规范企业行为，加强对非道德运作行为的控制，强化生态责任方面的教育，可以提升企业运作的道德素质。强化企业社会责任的道德调控，加强企业文化建设，塑造符合生态责任的企业制度文化，有利于将企业在生态责任方面的立场传递给每一位员工，最终树立起对社会的道德责任意识；还应以各种鼓励性措施来激励企业积极承担社会责任。

在企业行为文化层面上，可开展多样化的生态责任强化活动。企业行为文化是指企业员工在企业经营、教育宣传、人际关系活动、文娱体育活动中产生的文化现象。它是企业经营作风、精神风貌、人际关系的动态体现，也是企业精神、企业价值观的折射。企业生态行为文化建设的好坏，直接关系到企业职工履行生态责任积极性的发挥，关系到整个企业未来的生态文明发展方向。因此，企业可以经常开展相关的生态知识讲座，生态责任教育，生态知识的讨论或辩论会，生态知识有奖竞答或生态知识演讲，以此来宣传企业的生态责任理念或企业价值观念。同时，企业可以开设生态责任信息平台，吸引和鼓励员工为生态责任建言献策。定期组织员工积极参与植树、环保等绿色公益活动。

总之，文化是软实力，犹如无形之水，可以渗透一切。企业生态责任文化是灵魂，它将为每个员工履行生态责任提供坚实的支撑。

（二）企业社会环境的优化

企业生态文化是企业生态责任建设赖以推进的内在环境。而政府的生态责任社会环境建设将是企业生态责任建设的重要保障。因此，为鼓励企业积极履行生态责任，政府必须完善环境法律，营造公平的生态责任建设的法律环境；政府要进行必要的税制改革，为企业捐赠免税或纳税优惠实施法律保障，以鼓励企业多参与保护生态环境的公益活动；设立政府“企业生态责任奖”，定期开展“优秀环保企业”评选活动，表彰模范履行生态责任的企业，激励和引导企业履行生态责任。同时，对不履行生态责任的企业予以重罚，不仅在经济上给予惩罚，而且在法律和道德上加以制裁和谴责。总之，政府要在政治、经济、法律、道德、舆论等各方面，全方位地优化企业自觉履行生态责任的社会环境。

政府需要通过非市场手段促进工业生态化，规范市场竞争秩序，规避经济风险。1989 年，中国通过了首部关于环境保护的法律——《中华人民共和国环境保护法》。我国的环境法制建设经过了近 20 年发展，已初步形成了适应市场经济体制的环境法律体系框架，为实现我国环境与经济可持续发展提供了有力的法律保障。环境与资源保护法律体系，指的是开发利用自然资源、保护改善环境的各种法律规范所组成的相互联系、相互补充、内部协调一致的统一整体。我国环境与资源保护法律体系的构成是：宪法关于环境与资源保护的规定；环境与资源保护基本法；环境与资源保护单行法规；环境标准；其他部门法中的环境与资源保护法律规范。

但是，从总体上看，目前我国在促进工业生态化发展方面的法规建设仍然是薄弱环节，法规不完善、不配套，执法力度也有待于加强。突出表现在两方面。

第一，我国的环境立法大都是以末端治理为主，甚至可以说没有一条是关于工业生态化的。也就是说，目前的环境法规把重点集中在已经发生污染的末端现象上，而没有从战略全局上整体研究生产者、消费者对环境的影响，从中寻找出能够在源头防止污染的政策法规，因此，现行的环境法规政策对企业、个人以及其他社会主体的行为影响甚微，成为了空洞的教条。第二，我国环境立法与政策制定中有将“环境与资源人为割裂开来”的现象，立法权过于依赖行政权，国家行政机关和各部门主持制定的法律政策，带有较重的部门色彩，造成在基本法与单项法之间以及单项法相互之间出现了一些交叉重复、不够协调、甚至矛盾和抵触的现象。整个法律制度的体系结构缺乏整体设计，层次不够分明，整体上不能很好地互相补充和衔接，配套水平不高。

因此，需要进一步完善促进我国工业生态化的法律制度体系，具体思路如下。

1. 制定促进工业生态化的配套法规

要制定促进工业生态化发展的有关规定，抓紧研究制定清洁生产审核办法及相关的生产指南和技术手册等，制定节能、节水、资源综合利用等促进资源有效利用的法律法规和规章；有关部门要加快制定高耗能、高耗水行业的市场准入标准，完善主要用能设备的能效标准和重点用水行业取水定额标准，建立强制性产品能效、环保绩效标识制度，加大资源节约、污染预防、废弃物减量化措施的实施力度；要研究建立生产者责任延伸制度和大宗废旧资源回收处理的收费押金制度，以推进资源的回收和利用；要建立健全工业生态化发展的统计和核算制度，有关部门要加快研究基于工业生态效率的，以资源生产率、资源消耗降低率、资源回收率、废物最终处置降低率等为基本框架的工业生态化评价指标体系，同时逐步完善与工业生态化相关的统计报表制度。

2. 修改有关的法律法规

在修改《节约能源法》、《固体废物污染环境防治法》等法规时，要注意增加促进工业生态化发展的内容，强化法律责任部分，倡导节约、杜绝浪费的行为；在适当时候修改宪法，将实施可持续发展战略的内容写进宪法；修改和完善环境保护的法律制度，对“三同时”制度进行修改等；修改预算法和有关的核算监督制度，建立绿色国民经济核算制度；修改产品责任制度法，扩大产品生产者的环境保护责任。与此同时，进一步建立完善的市场经济制度，充分发挥市场在资源配置和促进工业生态化发展中的积极作用。

3. 创设新的法律制度

为了推动工业生态化的顺利进行，有必要制定一些新的法律制度，主要包括四个方面的制度：一是必要的行政强制措施；二是经济激励手段和措施；三是其他激发民间自愿行动的手段和措施；四是政府和有关主体的义务和责任。具体制度包括：工业生态化发展的规划制度；工业生态化的科技支撑和示范制度；绿色消费鼓励制度；产品回收利用制度；工业生态化经济激励制度；相关的中介组织服务制度；公众参与制度；规定中央政府和地方政府在促进工业生态化发展中的各项责任的制度；要求重点污染企业必须实施工业生态化的制度。

4. 加大执法力度

法律只有真正得到实施，才能实现其价值。必须把执法与立法置于同等重要的地位。因此，需要建立健全工业生态化相关法律的实施体系和保障支持体系，保证法规的贯彻。一是要加强工业生态化相关法律法规的宣传和教育，提高全社会的法律和生态化发展意识，要将工业和经济生态化发展的法律纳入国家普法计划，进行广泛宣传和组织大规模的培训。二是要加强与工业生态化相关法律的执法队伍建设，提高执法能力。重点是增加环境部门的力量，提高其地位，提高环境执法人员的素质，并建立健全基层执法机构。三是要把工业生态化发展的相关法律实施纳入行政程序，建立工业生态化发展领域的政府首长责任制和其他相关制度，保障行政行为符合工业和经济生态化发展的要求。在工业生态化发展的几个重要方面，应实行“一票否决权”，例如对破坏环境的工业项目，有关部门能够予以一票否决。对于盲目利用资源造成严重环境问题的行为，应追究决策人的责任。同时，还要在有关的法律条文中，明确各类企业在工业生态化发展中的责任和义务，使其采取有效措施保障工业生态化的真正落实。

（三）企业生态责任流程的再造

企业生态责任流程再造是生态责任建设有效性的重要途径。而生态责任流程就是在企业产品产生的全过程中，要把生态责任意识渗透到企业的各个流程中，它包括企业主动承担生态责任，自觉地采取绿色产品设计、制定绿色战略、开发绿色技术、推行绿色生产、实行绿色营销、进行绿色包装、建设绿色运输渠道、开展绿色促销活动、善用绿色公关、提倡绿色消费、开设绿色服务、鼓励回收再利用等。最终使企业的每一个环节树立生态责任观念，提高生态责任意识，建立企业生态责任行为规范体系，培育企业生态责任情感，养成主动承担生态责任的优良企业文化。通过再造企业生态责任流程，可以确保企业生态责任建设的规范化和有效化，使企业真正实现人与自然、企业与自然的和谐相处，将企业建成“资源节约型、环境友好型”的绿色企业，在社会上确立起负责任的绿色环保企业的良好形象。

“绿色”营销，近年来被炒得沸沸扬扬。“绿色”营销的兴起，不仅是满足广大消费者日益增加的需求，而且是企业自身健康发展之需①。然而，许多人并不了解其真正内涵。真正意义上的绿色营销注重企业、顾客与生态三者之间的协调关系。不仅要求在生产过程中考虑使环境污染处于最小化，而且要求设计产品及包装时要减低原材料消耗，并减少包装对环境的不利影响；从产品整体概念考虑产品的设计、产品形状及售后服务，要节约和保护环境资源。总之，它重视资源回收利用和产品的环境性能，不但要求尽可能地将污染消除在生产阶段，而且也最大限度地减少产品在使用和处理、处置过程中对环境的危害程度。目前我国大多数企业在产品营销过程中，如在宣传方式、包装方式等方面存在大量隐藏浪费和污染，这是我们应该关注的问题。企业在生态经济时代，营销方式应当逐渐从重物质过渡到重信息性和精神性，这样既可降低产品成本，又契合了生态要求。

绿色营销是对于传统营销的创新与发展，它要求企业不但考虑社会效益与经济效益，还要注意生态效益，注重对社会的贡献度，满足消费者的绿色需求，从而实现企业的经营目标和发展的可持续性。它强调资源的循环利用，经济的增长必须要在不破坏生态环境的前提下进行。要求企业从产品设计、生产到销售、使用的整个营销过程都要充分考虑资源节约和环境保护，充分维护环保利益，做到安全卫生。它采用封闭式生产模式，对原材料循环利用，或者延伸原材料开发深度，把上一生产环节的废弃物作为下一道生产环节的原材料进行加工，就可以有效地提高对原材料的利用效率，节约资源，创造新的收益。例如美国施乐公司通过再加工增加了7000万美元的收益。而且施乐公司还预计，通过对新型的、可全面重复使用的环保型影印机的再加工，将再取得10亿美元的收益。实施绿色营销是提升现代企业的竞争力、提升企业形象、有效突破贸易壁垒的最佳选择。

（四）企业资源利用的“集约化”

由于自然资源大多属于不可再生性物质，对于未来人类生产、生活具有至关重要的意义。故而，转变资源利用方式是企业走可持续发展的根本出路。只有从

---

① 英国威尔斯大学肯·毕提教授在其所著的《绿色营销——化危机为商机的经营趋势》一书中指出：“绿色营销是一种能辨识、预期及符合消费的社会需求，并且可带来利润及永续经营的管理过程。”

资源一次性利用转向循环利用，从单一性利用转向综合利用，才能最终解决资源不足和环境污染问题。

企业在生产过程中，为了减少资源的耗竭和对环境的破坏，必须抓好资源的节约和综合利用。第一，在资源开采、加工、运输、消费等环节建立全过程和全面节约的管理制度，构建资源节约型企业。采取“资源—产品—再生资源”的资源循环利用的发展模式，也就是在资源经过至少一次利用之后，通过再生或回收又重新加以利用，这个过程越完整，资源的利用效率就越高。第二，产业结构优化。统计表明，产业结构调整的潜力占节能潜力的70%，应该加速发展第三产业，尽量减少“三高”产业的发展，以此减缓资源耗竭的速度。第三，加强各种有助于节能降耗的科学研究及技术开发，鼓励生态技术的创新。如果企业能把握住这三点，就能尽快走上经济效益好、资源消耗低、环境污染少的新型工业发展道路，实现经济发展和资源、环境相协调的良性态势，由资源消耗型企业转型为资源节约型、环境友好型企业。

从某种程度上讲，企业管理过程就是对企业资源的配置和利用的过程。对于企业资源的合理利用，也是使企业永久长青的砝码，用尽量少的资源投入取得最大的经济利润，将大大增强企业在市场中的竞争力。因为换一个角度看，节约资源就是增加企业经济效益，减少能源、资源的消耗，其产品成本也就减少，产品的竞争力也随之提高。可见，资源利用的集约化不仅缓解了国家资源紧缺的“瓶颈”约束，具有良好的社会效益，而且也能提高企业的经济收益，一举两得，何乐不为。

而企业要完成这个良好目标，没有政府的支持也只能是“雾里看花”。在这一过程中，政府方面一要完善法规，加强监管，确立可行的节能目标。二要建立各种鼓励措施推动企业主动投资自然资源；鼓励节能产业的发展，制定专项节能经济激励政策，鼓励节能产业的发展。三要设立节能、节约资源的专项资金，重点支持重大资源节约技术课题研究，同时对于一些短期效益不显著的重大生态项目，国家还应该有一定资金的注入，以起到示范、引领的作用。

（五）企业生产过程的“生物链化”

现代企业对于生产经营的负责任行为，既符合时代潮流，也是企业自身生存与发展的内生需要。现时代的主旋律就是绿色时代，绿色生产、绿色产品、绿色产业已成为绿色经济的重要特征，也是生态文明及可持续发展对经济活动的具体要求。James. M 在其著作《The Great Transition》中指出："我们生活在一场革命的初始阶段，这场革命将从根本上改变世界上所有的企业，这种改变是一种典型的模式转移，有的企业将会抓住机遇获得兴盛，而有的企业将会在这场革命中被淘汰出局。"因此，实行清洁生产是现代企业在市场竞争中取胜的一个重要途径。

面对日益严格的国际与国内排污规范要求，企业要生存就必须按照皈依自然的设计，逐步实现生产过程的封闭环式，达到清洁生产的目的。所谓生产过程的封闭环式即生产闭路化，它是在某个工业企业中使用封闭的物质资料循环系统，使废弃的资源重新使用起来。这是一种新的创造性思想，它将对环境恶化的预防战略应用于生产过程、产品和服务中。而在我国，实行生产闭路化是对我国传统工业发展战略的重大变革，有助于我们摒弃以资源消耗、环境污染为特征的粗放型经营和通过外延增长追求企业效益的传统战略，转变为资源消耗低、环境污染小为特征的集约型经营和通过内涵增长追求企业效益的发展战略。生产过程闭路是指在企业生产过程中使用封闭的物料循环系统，使废料重新利用起来的技术。废料的重新利用，除资源循环利用之外，还有更深的含义，就是对废料的回收利用。废料回收利用也需要新的回收技术，否则回收本身就是一种污染严重且耗费巨大的活动。实行生产闭路化从具体层面上就是要求企业实行清洁生产。它的具体措施不只是在生产过程中减少或者避免生产、服务和产品使用过程中污染物的产生和排放，而且从源头消减污染，使用清洁的能源和原料，提高资源利用效率。清洁生产可以变废为宝，减少生产成本，提高企业的竞争力。与传统生产方式相比，清洁生产更注重污染物的源头治理，力求污染物的循环使用，达到污染物的零排放。清洁生产是生产者、消费者、社会三方面谋求利益最大化的集中体现。

目前，很多企业都开展了清洁生产的试点工作，也取得了一些成绩。但在试点过程中也暴露出了一些问题，主要表现在：思想观念上，对清洁生产认识不够，部分企业的领导人和管理者缺乏明确的清洁生产意识，故而未来实践中需要加大清洁生产的宣传，加强企业进行清洁生产的自觉性；组织管理方面，清洁生产要求有严格的科学管理体系，需要进一步对管理人员素质和管理水平的提高进行培训；技术方面，技术缺乏也是一些中小企业实施清洁生产的一个障碍，因为中小企业相对于大企业而言，技术开发水平较薄弱，清洁生产要求有先进的生产工艺和设备，必须进一步获得先进技术的支持；资金方面，由于清洁生产要改进工艺和设备，没有一定的资金支持是很难操作和进行的。所以，我们要破除重重困难，不怕艰难，着力推行清洁生产。

（六）企业逆向物流处理系统的建立与完善

企业的逆向物流处理，从生态学的角度主要是指产品使用后的回收问题。目前报废产品的处理已成为社会一大难题。在企业中引入逆向物流系统不仅将会加速企业向生态企业的转变进程而且还能增强企业的竞争能力，更快地解决所面临的一系列严重的生态经济矛盾。

1. 中小企业逆向物流发展现状

逆向物流在企业经营管理中起着十分重要的作用，但目前有些企业对逆向物流认识不足，远远不能适应生态时代对企业的要求，同时对于企业自身竞争力的提升也是极为不利的。

许多中小企业管理层仍旧持有传统的观点，认为产品一旦售出，企业所承担的责任也就随之结束了，至于产品使用后的处理问题是消费者个体或者是其他社会组织的事情；还有一些企业即便是认识到了企业在这一过程中的责任，但由于认为逆向物流处理不能带来经济效益，成本收益率低，得不偿失，所以没有积极性。除了主体意识的原因之外，具体操作过程中的障碍和难点，也制约了企业处理逆向物流的积极性和主动性。

目前的困境，一是企业的逆向物流具有不可预测性。逆向物流产生的地点、时间、质量和数量是不确定的、难以预见的；二是企业逆向物流的处理过程具有缓慢性。废弃物流的产生往往不能立即满足人们的某些需要，它需要经过加工、改制等环节，甚至只能作为原料回收使用，这一系列过程的时间是较长的。并且，废旧物资的收集和整理也是一个较复杂的过程。这一系列的处理过程都决定了废旧物资处理过程缓慢性这一特点。三是企业逆向物流具有分散性和混杂性。回收的产品在进入逆向物流系统时往往难以划分为产品，因为不同种类、不同状况的废旧物资常常是混杂在一起的。

2. 构建完善的逆向物流管理系统

世界逆向物流执行委员会将逆向物流定义为：计划、实施和控制原料、半成品库存、制成品和相关信息，高效和成本经济地从消费点到起点的流动过程，从而达到回收价值和恰当处置的目的。也即由于某些物质失去了明显的使用价值，将会被当做废弃物抛弃，但这些物质还存在潜在使用价值可以再利用，企业为这部分物质设计的一个回收处理系统就是逆向物流。

著名品牌 Estee Launder 在全球范围内年销售额达 40 亿美元，但同时每年退回、过量、报废和损坏的数额达 1.9 亿美元，约占销售额的 4.75%。每年的巨额损失使该公司痛下决心改善其原先忽视的逆向物流系统。在美国，逆向物流成本是美国物流总成本中的重要组成部分，逆向物流成本大致占总物流成本的 4%。

从国外的例子中可以看出，构建完善的逆向物流管理系统是如此重要。我国在物流管理方面才刚刚起步，不用说逆向物流的发展，更不用说中小企业如何完善逆向物流管理系统。但是从发展的趋势来看，如果中小企业能够尽早地考虑这一点，早一点去构建这一系统，未来可能会给企业的发展带来事半功倍的效果。

逆向物流不仅能给企业带来经济利益，而且也能给社会带来环境利益，分别从组成它的退货物流、回收物流和生产过程中的废弃物、副产品及边角料处理物流看都对环境产生了积极作用。逆向物流不仅避免内部废弃物价值的流失，也使企业造成的外部环境不经济的状态得到改善。所以，逆向物流的构建把单向的企业物流变为一个完整循环的物流网，这不仅减少了对环境的危害，也降低了企业因处理废弃物所引致的成本，而且还使企业在先前的生产流程中所忽视的环境污染问题从内部到外部都得到合理有效的解决。

企业在发展初期就应该将绿色物流的理念贯穿于整个经营管理过程，选择恰当的构建途径，改变流程安排，进行制度创新，将不会增加过多的构建成本，有时甚至会有助于降低总成本。要建立良好的逆向物流处理系统，首先，提高对逆向物流的重视程度。要发展逆向物流，必须从思想观念上入手，认清发展逆向物流的重要性和真正含义。其次，加大政府环境立法进程和环保执法力度。目前，在美国、日本、西欧等发达国家大都出台了关于残次品的退回、包装材料的循环利用、废弃物的回收处理等法案，这在很大程度上推动了企业逆向物流的开展。而在中国，立法滞后、执法不严是导致逆向物流停滞不前的主要原因之一。再次，企业必须与供应链上的其他企业共享信息，建立战略合作伙伴关系。因为企业的逆向物流涉及企业的原材料供应、生产、销售和售后服务等各环节，企业要实施逆向物流，还必须与供应链上的其他企业合作，达到最大的效益。

总之，企业建立良好的逆向物流处理系统，一能够有效减少环境污染，二能够节约有限资源，三能够为企业挖掘新的利润增长点，三效合一。由此可见，企业建立逆向物流处理系统的重要性不言而喻。

三　工业生态化建设的对策

生态工业作为循环经济在工业领域的具体实现，它的发展离不开全体社会成员对循环经济的正确认识和积极参与。因此，必须在全社会范围内大力开展循环经济的宣传教育，宣传循环经济在国民经济中的重要意义，普及循环经济的基本知识，解决人们在思想认识上的种种偏差和误区，在全社会倡导并确立与循环经济相适应的价值观念和道德规范，增强政府、企业及社会公众发展循环经济、保护生态环境的责任感、使命感和紧迫感，形成有利于推动循环经济和生态工业发展的良好社会氛围。提高企业实施清洁生产、发展循环经济的自觉性、主动性、积极性和实际能力，为循环经济和生态工业在全国范围的健康快速发展打下坚实基础。

（一）促进我国工业生态化的政策体系建设

我国工业生态化的政策体系建设，就是要把工业生态化和可持续发展理论植入政策制定和实施的全过程，把建立工业生态系统作为工业发展的目标，明确工业发展的方向。同时通过各种政策措施，以利益激励为主导机制，发挥企业作为经济活动主体和污染防治主体的积极性、自觉性，引导企业在生态效率最大化的内在动力驱动下，主动与其他企业进行质能循环等物质技术合作，真正从源头上控制和治理污染，实现产业发展与环境保护的协调。促进我国工业生态化的政策体系主要包括税收、财政、金融、外贸政策及押金制度等。

1. 税收政策

我国现行税收体系中，没有明确适用于工业生态化的专门条款，但有一些相关的条款。比如，在我国所得税则中规定：企业利用废水、废气、废渣等废弃物为主要原料进行生产的，可在5年内减征或免征所得税。再如，对资源综合利用和环境保护项目，可以享受免征进口关税和进口环节增值税。这些税收方面的政策还不健全，不足以刺激企业投入到工业生态化的技术改进中去。今后，为了进一步完善我国生态化的税收政策，改进重点应该是一方面以重税、罚款来限制技术水平低下的老旧设备技术的扩散，并逐步使其被企业淘汰；另一方面，以低税率、税收减免、税收返还等政策来刺激企业引进有助于质能循环、促成产业共生的高新技术。具体来说，第一，扩大对老旧技术、生产工艺的税收征收范围与增加力度。如对以低技术水平进行化石燃料发电、农药生产、非降解塑料生产、含污染物电池生产等产品生产征收环境税。第二，对投资新式环保技术企业的营业税、企业所得税、增值税、印花税进行税收减免、税基优惠、税款延期优惠，并对部分企业实行税收即征即还、先征后还等退税优惠。第三，对企业投资新式环保技术实行投资税的减免与返还。第四，采用特殊的税基优惠政策，如对防止污染的、节能的清洁工艺装备和建筑设施实施加速折旧等。

2. 财政、金融、外贸政策

在财政政策方面，首先，国家对一些重点产业或重大项目实行国家直接投资，它们包括一些基础性产业，如电力与热能供应、管道铺设与维护等产业。其次，对于一些在产业系统中举足轻重而又长期亏损的企业实行一定的财政补贴。另外，对一些重点的基础性项目如清洁能源生产、热电联产等前期投资巨大的私人项目进行财政补贴。

在金融政策方面，政府通过政策性银行，对一些淘汰落后技术设备、投资新式环保技术的企业实行融资优惠，如低息贷款、贴息贷款、挂账停息等贷款优惠政策。政府还可以通过股票与债券市场，对这些企业进行融资的有效协助与监管，为其技术革新投资提供充足的资金。

在外贸政策方面，对使用高新技术的企业和生态工业园中的企业，政府对其产品出口实行出口退税优惠。并调节进口关税税率，鼓励低能耗无污染技术和产品的进口，限制高能耗高污染技术和产品进口，大幅降低国内暂时落后的环保技术、设备的进口关税。

3. 押金制度

押金制度是指对购买有潜在污染的产品的消费者增加一项押金费用，如果购买者能把产品的残余物送到收集系统，从而达到了避免污染的目的，就把押金退还给购买者。我们可以从以下三个方面来理解押金制度：第一，押金制度以保护环境为目的。日常生活中有很多物品，在使用后即完全丧失或只有极小的经济价值，因此容易被随意丢弃。但有些物品可能带来严重的环境污染。押金制度就是通过收取环境押金使随意丢弃某些废旧物品的行为将付出丧失押金的代价，从而以经济利益驱使使用者将废旧物品交回收集系统，再利用或集中处理后消除可能的污染或把污染降低到最低限度，达到保护环境的目的。第二，由国家确定环境押金的收取。环境押金并不与一定的经济利益相对应，即交付押金并没有获得相应的经济对价，因此押金的交付不是平等的经济交换关系，而是国家作为公共利益的代表，强制实施的限制污染环境行为的手段。当然，国家实施押金制度的权限应当有一定的限制，依法确定其权限范围。第三，以交回废旧物品作为返还环境押金的条件。环境押金并不是保障经济利益的返还，而是保障对可能污染环境的废旧物品的回收。因此，只要将环境押金所保证的物品完整交回收集系统即可取回押金，而不要求物品的完好或保留使用价值。

从西方国家的实施效果来看，押金制度在防止和减少固体废物污染方面的作用十分明显。在我国环境污染问题日益严重、固体废弃物大量出现并成为重要污染源的情况下，加强对环境法中押金制度的研究，建立完善的押金制度，对环境法理论体系的完善、环境法制建设和环境保护目标的实现都具有重要意义。

（二）依靠科技实现我国工业生态现代化

工业生态化的发展离不开科学技术的支撑，否则工业生态化所追求的提高生态效率目标将难以从根本上实现。工业生态化的技术载体是面向环境的技术，或称环境友好技术。这种技术进步对我国工业生态化的促进作用主要表现在：可以极大地提高资源生产率，提高单位资源消耗的经济产出，使资源消耗从高增长向低增长、再向零增长转变；也可以显著地减少废弃物排放，从设计的源头就考虑材料的再利用，使污染排放量从正增长向零增长、再向负增长转变，从而缓解我国经济快速发展和人们生活水平提高对生态环境和地球资源的巨大压力，实现经济与社会的可持续发展。今后要加大力气促进下列几项技术的进步，为我国工业生态化提供技术支撑。

1. 污染治理技术

污染治理技术也就是传统意义上的环境工程技术，是用来消除污染物质的技术，通过建设废弃物净化装置来实现有毒有害废弃物的净化处理。其特点是不改变生产系统或工艺程序，只是在生产过程的末端通过净化废弃物实现污染控制。

目前，专业进行废弃物净化处置的我国环境产业正作为一个新兴的产业部门得以迅速发展。污染治理技术主要用于工农业生产的种类控制和净化废弃物的装置和设备，包括汽车尾气控制和烟气脱硫等大气污染防治技术、水污染防治技术、填埋和焚烧等固体废物处理技术、噪声污染防治技术等。

2. 能源高效利用和节约技术

（1）开发煤化工产品多联产及高附加值利用技术

这种技术是在煤基液体燃料生产中，利用先进脱硫技术回收煤中的硫磺；煤气化后剩余的废渣，作为建材行业的优质原料；同时将生产过程与燃气、蒸汽联合循环相结合进行热电联产，可进一步提高资源利用效率，有效降低投资费用和生产成本。对于产品甲醇和二甲醚，它们还可以进一步裂解生产低碳烯烃，成为中国急需的乙烯原料的新来源。以煤气化为龙头，以煤化工产品多联产为纽带，通过系统集成，建设多产业共生的生态工业园区，将"脏"煤转变为高效、清洁的能源和化工原料，是一项具有重大战略意义的循环经济举措。

（2）发展洁净煤技术及其产业化

洁净煤一词是20世纪80年代初期美国和加拿大解决两国边境酸雨问题时提出的。洁净煤技术的含义是：旨在减少污染和提高效率的煤炭加工、燃烧、转化和污染控制等新技术的总称。由于煤炭气化后，制成的合成气可以脱除硫化物等污染物后再利用，从而大幅度降低煤炭直接燃烧带来的环境污染。因此，煤炭气化技术是现代洁净煤技术的核心。我国洁净煤技术包含煤炭加工领域、煤炭高效燃烧与先进发电技术领域、煤炭转化领域、污染排放控制与废弃物处理领域等四大领域14项技术。

（3）发展节能技术与工程

根据国家节能中长期计划，我国将重点发展电力工业、钢铁工业、有色金属工业、石油石化工业、化学工业、建材工业、煤炭工业以及机械工业等重点行业的节能技术。节能工程的重点主要包括：燃煤工业锅炉工程、区域热电联产工程、余热余压利用工程、节约替代石油工程、电机系统节能工程及绿色照明工程等。

3. 绿色制造技术

中国工业生态化的主要任务是制造业的生态化。现阶段我国制造业的生态化技术主要有：第一，低物耗的绿色制造技术。制造业要积极推广资源低消耗的绿色技术，在制造过程中，优化工艺方案，采用先进、绿色的加工和工艺技术。包括：选择绿色材料，少切削或无切削，节水制造技术，减少加工余量，采用新型刀具材料，进行废弃物的回收利用等。第二，少废弃物的绿色制造技术。包括：切削液的回收再利用，磨屑二次资源利用，快速成形制造技术等。第三，少污染的绿色制造技术。如钢铁生产中采用焦炉干熄焦技术、高炉干法除尘技术以及转炉干法除尘技术，这 3 项技术具有节能、节水、环保和降低生产成本等多重效益。第四，绿色化学技术。化学工业是资源消耗和环境污染大户，绿色化学技术对化学工业实现生态化转变至关重要。主要包括新型催化技术、改进溶剂和反应条件、清洁合成路线开发、安全化学产品设计等绿色化学技术。

4. 新能源和可再生能源利用技术

可再生能源是指风能、太阳能、水能、生物质能、地热能、海洋能等非化石能源。我国已制定了《可再生能源法》以促进新能源和可再生能源的利用。其中我国太阳能利用前景广阔，且有一定的技术基础。太阳能的开发利用技术主要有：利用半导体器件的光伏效应原理把太阳辐射能转换成电能的太阳能光伏技术，把太阳辐射能转换成热能的太阳能热利用技术，以及利用太阳热能进行发电的太阳能热发电技术等。

（三）完成传统工业向生态工业转型

这是指依据工业生态学原理，综合利用各种技术改造传统工业生产方式，使之向生态工业转变。同时要加大工业污染治理力度，优化产业结构，逐步提高资源利用率。

1. 用生态技术改造传统工业生产方式

生态技术是以知识信息技术为核心的人、自然和社会高度协调的新技术体系。要用高新技术、清洁生产技术、资源综合利用技术等改造传统生产方式，逐步提高资源利用率，使废弃物资源化、减量化和无害化，最大程度降低其对环境的负效应。紧密结合产业结构调整，大力推广 ISO 14000 环境质量认证，力争在化工、轻纺、机械、建材等行业的骨干企业实现清洁生产，逐步实现从污染末端治理转向全过程控制。

2. 控制工业污染，优化产业结构

控制工业污染，优化产业结构是指加大传统工业污染治理力度，优化产业结构。通过严格控制主要污染物排放总量，对列入环境统计重点调查的工业企业污染源进行监测，加强排污申报、登记动态管理和排污许可证、重大污染事故责任追究等制度，依法监督企业污染物达标排放，并不断加强工业废水治理，实施“一控双达标”再提高工程，确保工业废水排放达标率达到100%。通过推广环境影响评价制度和环保“三同时（建设项目需要配套环境保护设施，与主体工程同时设计、同时施工、同时使用）制度”，防止新上污染严重和破坏生态环境的项目。坚决淘汰那些技术落后、浪费资源、质量低劣和污染严重的企业，取缔小炼钢、小造纸、小电镀、小水泥等大浪费、高污染的项目，加快清洁煤的开发和利用，提高新能源和可再生能源在能源结构中的比重。

（四）依法加大清洁生产步伐

1. 建立配套政策进一步落实《清洁生产促进法》

各级工业清洁生产主管部门应协调财政、税务等相关部门，建立有利于清洁生产和资源节约的市场价格机制。探索建立污染物减排激励机制；对于清洁生产达标排放企业，应按《中华人民共和国清洁生产促进法》与企业签订进一步节能减排的协议，加大政府资金支持，引导企业落实协议中的技术改造项目；鼓励地方探索污染防治市场化发展模式，大力发展节能减排专业化公司，鼓励独立第三方对污染防治项目进行建设和运营。

2. 充分认识清洁生产的重要性

清洁生产是实施可持续发展战略、促进经济与环境协调发展的最佳途径。各级政府部门和企业领导者要转变工业污染防治的观念，增强污染防治的紧迫感，充分认识到末端治理的环保政策已不适应经济环境协调发展的要求，以往“先污染、后治理”、“重末端治理轻源头控制”的环境策略不能从根本上解决经济发展和环境污染的矛盾。自然资源的过度使用与浪费、生态环境恶化已经影响到人类自身的生存和发展，在环境污染问题上，如果不从源头上进行控制，而继续奉行末端治理的政策，那将永远不能走出“污染、治理，再污染、再治理”的恶性循环。我国要避免走“先污染，后治理”的弯路，实现跳跃式的环境保护发展模式，清洁生产是必由之路，必须建立起生产全过程整体污染预防的思想。

3. 实施清洁生产需要政府、企业、其他组织以及全社会共同努力

实施清洁生产必须在全社会、全体公民中广泛宣传贯彻可持续发展战略的思

想，提高公民的环保、节能降耗意识，使全社会成员的环保自觉性与清洁生产的法律义务二者很好地结合起来，让广大人民群众认识到，清洁生产不仅是政府的事情，同时也是每个企业、每个公民自己的事。清洁生产关系到我国经济增长的质量、环境质量、生活质量乃至我们子孙后代和全社会人类的发展，对此我们必须予以高度重视，要在全社会进行广泛的宣传，使可持续发展的思想和清洁生产意识深入人心，让全体社会成员共同参与清洁生产。

4. 实施鼓励清洁生产的政策

清洁生产是一项系统工程，涉及资源分配、价格、税收、市场、财政、工艺技术、宣传和教育培训等各个方面，加之在我国是刚刚起步，急需建立相应的政策和技术支持体系。这个系统包括：一是产前鼓励和推行使用清洁生产原材料和能源；二是产中鼓励和推行使用清洁生产工艺和设备；三是产后鼓励和推行产品回收利用或无害化处理；四是建立和实施清洁生产规划和审计制度；五是建立和实施清洁生产的监管制度；六是建立和实施公众参与制度，如员工培训等。

5. 加强领导，建立健全组织结构

建立相应的组织结构，是实施清洁生产的基础和保障。各地区、各部门要高度重视，采取多种形式积极引导，根据实际制定本地区本部门企业的清洁生产计划，并责成专门机构和人员组织实施。企业领导必须转变生产经营方式，建立强有力的清洁生产机构，把清洁生产纳入企业日常生产经营工作中，加强内部管理，节能、降耗、减亏，最大限度地降低污染物的排放量。

6. 推广先进适用的清洁生产技术

编制化工、冶金、造纸、电镀、印染等重点污染行业清洁生产项目改造专项规划，筛选先进适用的清洁生产设备和技术，加大政府投资力度，引导先进适用的技术在行业内快速实施。

（五）结合实际推进生态工业园建设

我国在生态工业园建设方面还面临着技术、经济、法律、信息和组织等方面的许多困难和障碍。发展我国的生态工业，首先要克服这些困难和障碍，为生态工业园的发展创造一个良好的政策环境。考虑到我国的现实国情，完善生态工业园建设应该做好以下几方面的工作。

1. 进一步加大生态工业示范园区建设力度

通过开展生态工业试点取得经验是建立我国生态工业体系的重要步骤。开展生态工业试点可以选择以下三种类型的试点进行：一是选择典型企业和大型企业进行单个企业的生态工业试点，主要通过产品生态设计、污染零排放、清洁生产等措施进行；二是选择一批现有的工业园区，根据工业生态学原理进行生态结构改造，建立废物交换系统、企业间的闭路循环和生态链及虚拟生态工业园，基本实现园区的污染零排放；三是选择一批准备或正在建设的工业园区，按照工业生态学的原理进行规划和设计，起到生态工业示范园区的作用。

积极发挥地方环保、商务、科技等部门的作用，尽快在全国范围形成一批优秀的生态工业示范园区，发挥辐射带动作用，扩大生态工业示范园区的影响力。积极协调有关部门，争取对国家生态工业示范园区加强政策扶持力度，帮助园区拓展融资渠道，在政策上对生态工业园区建设工作中的关键项目予以重点支持。

2. 重构环境法规的绿色导向机制

现有的许多环境法规，尽管名义上是保护环境，但严格地说，对建立生态工业体系反而是有障碍的。大部分环境法规是针对末端控制并以指令性控制为主，简单地告诉企业什么该做、什么不该做。这样，企业的环境目标只是实现污染物的达标排放，将污染物从一种类型改变为另一种类型。在这一过程中，往往产生更多其他类型的污染物。因此，现行的环境法规应该进行改造，重构后的法规要充分体现市场手段和自愿性措施的作用，能够鼓励企业采用全过程控制，对采用零排放、闭路循环、资源再生以及非物质化生产的企业，在污染物排放配额分配、绿色奖励（如环境标志，ISO 14000 等）、环境税费等方面予以支持，起到真正的“绿色”导向作用。

3. 鼓励生态工业支撑技术研发

为解决生态工业园建设中技术创新不足的问题，需会同有关部门重视和加大以废物资源化、提高生态效率、降低能源与资源消耗和废物减排技术为主的生态工业技术开发和引进的扶持力度。组织科研院所、重点高校和企业，大力开展生态工业技术、理论和实践科研工作，形成产学研一体化的生态工业支撑体系，筛选和引进一批具有较好应用前景和经济效益的生态工业技术，对具有推广应用前景的技术给予专项经费支持。

4. 加强监管和宣传

对已开展国家生态工业示范园区创建工作的园区加强监督和管理，建立生态工业园区年度总结制度，完善生态工业园区动态管理体系。加强宣传教育力度，特别是大力开展清洁生产、生态工业和循环经济理念宣传。促使园区管理者改变理解，清楚认识生态工业园区创建工作对园区和周边地区的社会进步、经济发展和环境质量改善的重要作用和意义。

5. 开展国际合作

在生态工业园规划和建设方面，美国、欧洲和日本等国家和地区已经先行一步，积累了较多理论基础和实践经验。我们应当本着全人类可持续发展的精神，在生态工业园规划和建设中开展广泛的国际合作，引进技术、资金和人才，建设高起点、高效率的国际化生态工业园。

参考文献

[1] 张海翔：《云南农耕文化朴素生态思想断裂的历史评价》，《云南农业大学学报》2011 年第 1 期。

[2] 穆艳杰、吕春晖：《略论奥康纳生态学马克思主义》，《长春师范学院学报》2011 年第 3 期。

[3] 肖春燕：《科学技术与生态危机》，《内蒙古社会科学（汉文版）》2011 年第 1 期。

[4] 刘晓玉：《从马尔库塞的人道化的技术世界看他的技术生态思想》，《自然辩证法研究》2011 年第 1 期。

[5] 邹广文、王纵横：《当代中国生态文明转型的文化解读》，《人民论坛》2011 年第 2 期。

[6] 田苗：《马克思主义生态观及其启示》，《唐山师范学院学报》2011 年第 3 期。

𝔾.16

NGO组织与生态文明建设

王恩涌

摘　要： 非政府组织作为一种第三方力量在现代社会发展进程中发挥着重要作用。在生态文明建设的大背景之下，非政府组织在提升公众意识、倡导大众参与、发挥监督作用等方面有着不可比拟的优势。本章主要通过对中外非政府组织发展脉络及现状的梳理，探讨当前生态文明建设中非政府组织的现实意义及发展前景。

关键词： NGO组织　第三方　环境保护　生态文明建设

一　NGO组织

NGO在中文中称作"非政府组织"，也被称为"社会组织"或"民间组织"，是英文"non-government organization"一词的缩写。它是指在特定的法律系统下，既不被视为政府部门又不是以营利为目的的协会、社团、基金会、慈善信托、非营利公司或其他法人等第三方组织。它是相对第一方——政府和第二方——市场而言的。一般认为，非政府组织应具有非政府、非营利、公益性、志愿性、组织性等特征。非政府NGO组织一词最初是在1945年6月签订的《联合国宪章》第71款中正式提出的。NGO组织的原动力是人道主义的志愿精神，一切出于人心向善的自发自觉的内在驱使，也是现代公民社会兴起的一个重要标志。这种原动力主要来源于社会需求、教会、寺院、法国大革命的人道主义以及中外社会的慈善传统。非政府NGO组织形成于现代民族国家之前，并在现代社会得到大的发展。其形成的主要原因是"政府失灵"、"市场失灵"和"社会分化"。

当前，在我国建设生态文明的进程中，中国共产党和政府非常重视NGO组

图 1　NGO

资料来源：http：//baike. baidu. com/albums/1045/1045. html#0MYM9a1151c2db8be677e4dd3b08。

织的建设。中共十七大提出，要发挥社会组织在扩大群众参与、反映群众诉求方面的积极作用，增强社会自治功能。2008 年 2 月 23 日，胡锦涛总书记在中共中央政治局第四次集体学习时提出“支持社会组织参与公共服务和社会管理，形成公共服务供给的社会和市场参与机制”。国家“十二五”发展规划纲要也对发挥社会组织（NGO 组织）的作用给予了前所未有的重视，用整章的篇幅规划了社会组织的建设和发展。

NGO 组织可以根据其涉及的领域划分为慈善救助、环保和人权等类别；根据区域可以划分为南半球和北半球 NGO 组织，北半球主要指发达国家的 NGO 组织，而南半球则是发展中国家的 NGO 组织；根据资金来源划分为政府资助和社会资助两类；根据其所持立场和与政府关系，划分为亲政府、中立或独立及反对类（这里只是指其持法律范围内的反对立场）；按活动方式分为咨询型和行动型两种。

（一）慈善救助 NGO 组织

在现代民族国家形成之前，欧洲和中国早就出现了以救助贫困为主旨的各种慈善性的 NGO 组织（当时还没有这个称谓）。由于当时社会生产力的低下和贫困人口数量巨大等原因，加之普遍存在较大程度的政府失灵现象，而欧洲的基督教会相对政府拥有巨大的财富和权力，和其他几大宗教一样，基督教堂和修道院在传播宗教、教诲人们有怜悯之心和行善的同时，自身发展了各种社会服务和救助功能，即除承担学习和艺术中心，从事传播纺织、农业技术等功能外，还收集捐赠并分发救助物资。教会的长期慈善行为影响了整个社会和个人。1856 年，瑞士银行家亨利·杜南（Henri. Dunant）在意大利索尔弗里诺镇（Solferino）亲眼目睹了 19 世纪最血腥的战争之后，他做出了很大的努力，使 16 个欧洲国家于 1864 年签署了《日内瓦公约》，承诺“允许医务工作者进入战场，允许医疗物品的供应，认可并尊重著名的白底红十字作为中立的象征”。实际上，这是世界上第一部完全出于个人的、非政府的想法和努力而促成的国际法。《日内瓦公约》签署 60 年后，国际联盟才告成立；90 年后，联合国才正式形成。亨利·杜南以公民个人的身份发起的这项活动标示着人道主义机构独立于政府和教会之外而成立的新时代的开始。在接下来的 150 多年里，世界上涌现出了更多的民间机构，规模也逐步扩大。1869 年，伦敦成立了世界上第一个协调政府与慈善组织活动的慈善组织协会。1877 年美国也成立了慈善组织协会。到了 1884 年，伦敦成立了第一所为社区服务的中心——汤恩比馆，由此带动了席卷欧美的社区改良运动。随着新的企业家阶层积累的财富很快超过了拥有土地的贵族们，他们捐出部分个人财产创办了慈善性质的基金或基金会。

中国自古以来也有慈善的传统及社会组织的存在，如慈善组织和帮会组织。除一些起不良作用的帮会组织之外，大部分起到了帮助和救助民众的良好作用。东汉时期，佛教传入中国，佛教寺院的济贫事业随之兴起，这是中国最早的民间慈善救济事业。寺院和僧侣用来从事慈善事业的主要经济来源是社会的捐助和施舍。随着武宗废天下僧寺，唐代济贫开始由宗教团体主办改为官办。封建王朝主办的慈善救济机构最早可追溯至南北朝时期的六疾馆和孤独园。宋承袭唐旧制，扩大了官办慈善机构的规模，养老慈幼事业尤为突出。其专门设施有居养安济院、慈幼局、慈幼庄、婴儿局、举子包、举子田等。蔡京为相时，曾在全国普遍设立“安济坊”，以救治贫病老人，它取意于苏轼早年在杭州以私人捐款设置的义诊“安乐坊”。宋代自新儒学兴起后，个人的慈善活动也零星出现，慢慢普及到整个社会。宋代在医疗方面还设有惠民药局以提供义诊处方，此处方后改名为“太平惠民和剂局方”。为了埋葬贫病路倒无依者，宋代还设有漏泽园专司其职。元朝的慈善事业最重要的发展是在医疗方面，医疗救济官被提升为官医提举司与广济提举司，前者是医师，后者管医疗救济。另外，在各地普设“医学”为医疗主管，惠民药局继续提供医疗救济工作。明末清初，在江南的武进、无锡、嘉善、太仓、昆山等地先后出现了同善会、广仁会、同仁会或善堂等民间慈善团体。它既不同于宋朝以前国家支持的慈善事业，也有异于此前出现的民间慈善活动，它是中国历史上一种全新的、非宗教性、非宗族性、持续性、志愿性的慈善救济事业，是我国现代慈善事业的萌芽。可以说，同善会是最早的民间慈善非政府组织 NGO。新中国成立后，养济院等才由社会福利院、养老院、护理院等现代福利机构取代。

进入现代民族国家和工业资本主义时代，世界各地纷纷出现了各种各样的 NGO 组织。1919 年，第一次世界大战结束后，英国率先成立了“紧急救助儿童基金”，后来迅速发展成为“救助儿童会国际联盟”。1937 年，一位报道西班牙内战的英国记者创办了另外一个大型的儿童机构“战争儿童培养计划”，即现在的“国际计划”。“国际小母牛项目”也是发源于这场战争的救助工作。1942 年，在第二次世界大战期间，为了向希腊平民提供救助，一些英国公民成立了“牛津救灾委员会”，即“乐施会”（获名于牛津救灾委员会当时使用的电报编码），后来，它逐步发展成为世界上最大的救助和发展网络之一。20 世纪 60 年代末期发生在非洲尼日利亚东部比夫拉地区（Biafra）的战争促成了另一个后来居上的国际 NGO——“无国界医生组织”的成立，它的工作方式新颖、独特，不仅提供直接的援助，而且还表达自己的意见，吸引公众关注人道主义危机和谴责践踏人权的任何行为。20 世纪 70 年代，柬埔寨爆发的人道主义危机也促成了两家国际机构的成立。为被地雷爆炸的受害者制作假肢的法国医生发起成立了“国际助残”；一些美国人成立了“拯救难民基金”，后来更名为“美慈”。除对基督教慈善和博爱的传统有所继承之外，近现代许多人道主义机构更倾向于强调“普世友爱”和“人权”等所谓慈善性的“法国大革命传统”。

时至今日，全美国共有约 6 万 5 千家私人基金会，每年共计花掉 300 多亿美元。现在，美国非政府组织总数已超过 200 万个，经费总数超过 5000 亿美元，工作人员超过 900 万人。如此庞大和活跃的非政府机构（NGO），不仅与美国“大社会，小政府”的制度结构相配套，而且帮助美国渡过了许多社会危机并取得了世界霸权。当然，这种制度的来源也是与美国建国之初移民从欧洲带来的互助、自助的传统文化有关。

图 2　乔治·何克校长在工合

资料来源：http：//image. hnol. net/c/2011 - 07/25/13/201107251310361681 - 2087896. jpg。

值得一提的是，在近现代中国，由中国人民的老朋友、国际主义战士路易·艾黎创办的“工合”组织和培黎学校等非政府组织为中国人民抗日战争的胜利和人民解放做出了很大贡献。在中国人民抗战最艰苦的 1938 年，路易·艾黎在宋庆龄等人的支持下，与埃德加·斯诺等中外友人在中国创办了“工合”运动组织。这可以说是外国人在近现代中国创办的非政府组织（NGO）中最成功的一个范例。“工合”运动组织在全国各地包括陕甘宁边区和新四军根据地建立了大量的工业合作社和作坊，生产了数十种民用消费品和军用物品；并在陕西双石铺创办了培黎工艺学校，收养了大批中国战争孤儿，为中国培养了大批技术和管理人才。“工合”运动组织的这些工作强有力地支援了抗战和后来的解放战争。工合组织和培黎学校在新中国成立后得到了党和政府的大力支持，得到了很大的发展。路易·艾黎及其创办的事业受到了毛泽东、周恩来、朱德、彭德怀等老一辈革命家的高度赞扬和评价。

近年来，我国的慈善事业有了长足进步，平常年份已经有了 300 亿 ~ 500 亿元左右的捐款，志愿服务也开始广泛普及，物资捐赠每年都惠及上千万人次。但是，在许多地方人均年捐赠还不到 50 元，与许多国家人均年捐赠 900 美元左右的水平比较，我们还存在较大的差距，与香港和台湾地区慈善事业的差距也比较大。

（二）环保 NGO 组织与人类寻求可持续发展的努力

除了人道主义机构在数量上的稳定增长外，为应对日益显著的环境危机，环保 NGO 组织在世界上纷纷出现。1895 年，为了管理美国大都市的公共动物园，“纽约动物学学会”成立，后发展成为“野生生物保护学会”，一直在全球范围内经营着保育和环境教育项目。1903 年生活在非洲殖民地的一些自然主义者创立了“大英帝国野生动物保护协会”，后发展成为“野生动植物保护国际”。1915 年成立的美国生态学会后来逐渐演变成为“美国大自然保护协会”，在全球开展了许多环保项目。除了这些历史悠久的组织外，还不断有新的环保 NGO 组织成立，如希望成为“自然界的红十字会”的“世界自然基金会”成立于 1961 年。率先尝试使用法律手段终止杀虫剂在全美使用的“美国环保协会”成立于 1967 年。而目的在于尝试“Debts for Nature”的新交换模式的“保护国际”则成立于 1987 年。

早在 1798 年，英国经济学家马尔萨斯就警告了人口指数增长对环境的潜在危险。1864 年，美国学者乔治·马奇警告说地球的“毁灭”与物种的消亡将是人类对自然“犯罪”的结果。二战后，哈里森·布朗（Harrison Brown）在《人类未来的挑战》一书中也指出，由于人类无节制的资源开发，世界终将随着工业文明的衰亡而大受创伤。进入 20 世纪 60 年代以后，全球环境污染进一步恶化，能源危机不断出现，于是人类开始有意识地寻求新的发展模式。1972 年，罗马俱乐部发表研究报告《增长的极限》，首次提出了均衡发展的概念。1987 年，联合国环境与发展委员会发布研究报告《我们共同的未来》，形成了人类建构生态文明的纲领性文件。1992 年，联合国在里约召开的环境与发展会议上，大约 2000 个国际非政府组织从侧面进行游说，并召开了一个影子会议（shadow conference），在这个所谓的全球论坛中，他们自己内部谈判出 30 多个“条约”来给政府施加压力，大会据此提出了全球性的可持续发展战略，进一步为生态文明社会的建设提供了重要的制度保障。此外，国际非政府组织（NGO）还参与了《濒危物种贸易国际公约》、《世界继承公约》以及《生物多样性公约》等条约的准备工作，它们还在《荒漠化公约》的谈判工作中起到了重要的作用。有些国际非政府组织（NGO）也介入有关环境的司法诉讼，如 1985 年 1 月和 1986 年 9 月，由于世界野生生物基金会的介入，促使奥地利最高法院做出判决，要求放弃在流经奥地利的多瑙河上建筑水电大坝的工程，因为这个工程可能导致欧洲唯一生长在冲积层上的森林被毁灭。

（三）近现代 NGO 组织大量出现的原因

NGO 组织在现代社会大量出现的主要原因不仅受慈善传统的影响，更主要的原因还在于不断出现的环境危机，以及“社会分化”、“政府失灵”和“市场失灵”等现象的存在。

随着社会分工越来越复杂，现代社会也越来越以高度分化为基本特征，多元共存成为基本的社会现实。也就是说，由于社会分化所带来的利益和价值观出现了各种差异，社会存在着不断变化的多元共存的价值取向。无数历史教训证明，社会成员必须通过分门别类的、专业化的社会表达和社会参与来实现社会公众的参与，才既可以避免社会公众直接参与和分享政治权力，又可以相对市场和政府保持其处于公正的第三方立场。也就是说需要以多种专门化组织的形式出现和参与，且这种参与形式还必须是非政府、非市场，具有替代性和次级性，并具备第三方性质，否则，如果以同质性较高的社会动员方式去动员社会公众统一表达和参与就会出现无法适应复杂的社会多元共存的价值取向的情况。发生在阿拉伯和非洲地区的社会动乱就充分证明了这一点。

在现代社会，特别是实行市场经济制度的国家，如一些“小政府、大社会”的西方国家社会，如果没有第三方力量——非政府组织的帮助和平衡，“政府失灵”和“市场失灵”现象会更严重。

“政府失灵”是指社会和个人对公共物品的需求在现在的代议制民主政治中得不到很好的满足，如环境生态和公共市政建设等问题，即公共部门在提供公共物品时趋向于浪费或滥用资源，政府的活动或干预措施缺乏效率，或者说，政府做出了降低经济效率的决策或不能实施改善经济效率的决策。加之一些非公开、非公平和非公正的行为，致使公共支出规模过大或者效率降低。对非公共物品市场来说，“政府失灵”则是指由于政府的不当干预而导致市场价格扭曲、市场秩序紊乱，从而最终导致政府形象和信誉丧失的现象。

“市场失灵”是指，由于信息不对称和外部性等原因，导致市场对公共物品资源配置无效或低效。对于非公共物品而言，“市场失灵”则是由于市场垄断和价格扭曲，而不能实现零机会成本的资源配置状态。最常见的对市场失灵的反应是由政府部门产出部分产品或劳务。然而，政府干预亦可能造成非市场的失灵。公共选择理论认为，政府活动的结果未必能校正市场失灵，政府活动本身也许就有问题，甚至造成更大的资源浪费。其主要原因包括政府决策低水平或无效率、政府机构运转低效率或无效率以及政府干预的低效率或无效率。

产生环境生态问题的主要原因是其具有显著的外部性。环境在很大程度上属于公共物品，生态环境问题产生的主要原因在于其外部不经济性，也就是行为主体对环境的不利影响主要由该行为以外的第三人承担（包括他人或后代人）。这是一种典型的以邻为壑的行为。在利益驱动下，行为主体一般会无节制地开发利用共有资源或向环境排放污染物，以争取利润的最大化。即使其意识到自己的行为使社会付出了巨大代价，如对人体健康、生产生活造成损害等，大多也是置之不理，并想方设法尽量规避法律的惩罚，以把环境成本转嫁给他人和子孙。这样的结果必然导致环境资源的不断破坏和枯竭，造成长远性的甚至无法挽回的生态损失。环境问题的特殊性决定了在环境保护中离不开社会公众的参与，人们可以通过多种形式向政府施加压力，要求政府采取措施解决环境问题。但随着生态危机的加剧，个人的力量相对政府和市场来说显得越来越渺小，非政府组织（NGO）的重要性就越来越突出。

已故管理学大师彼得·德鲁克（Peter F. Drucker）说："在政府走过四百年来权力发展的巅峰后，国家已不再是人类社会唯一的统合形态，未来的多元社会既是全球的，却又必须是地方性与个别性的；面对日益严重而复杂的需求，人们需要的是一个'公民社会'的架构，而非政府组织正扮演着架构中的关键角色。"所以，现代欧美市场经济国家的稳定和繁荣在很大程度上得益于其已经存在很久的各种 NGO 组织的帮助和平衡。这也是现代非政府组织 NGO 大量出现的主要原因。在现代后工业社会，建立非政府组织，以形成人人可以合情合理合法地参与政治的公民社会就成为历史的必然。正如全球非政府组织研究的权威学者莱斯特 . M. 萨拉蒙教授所说："我们置身于一场全球性的社团革命之中，历史将证明这场革命对 20 世纪后期世界的重要性丝毫不亚于民族国家的兴起对于 19 世纪后期世界的重要性。"据一份 1995 年联合国关于全球管理的报告统计，当时就有接近 29000 个国际 NGO。国家级的更多，美国两百万个 NGO 中的大部分是过去 30 年成立的，俄罗斯则有 65000 个。每天都有数十个 NGO 组织成立，仅肯尼亚一国每年就有 240 个新的 NGO 组织成立。

二　当代我国 NGO 组织

1. 当代我国 NGO 组织

1998 年，我国将社会组织（NGO）按照主体特点和功能分为社会团体、基金会和民办非企业三大类，并颁布了《社会团体登记管理条例》、《基金会管理条例》、《民办非企业登记管理暂行条例》。目前，我国正式登记的社会组织大约45万个，备案的社区组织25万个左右，实际存在的300万个左右。年均增长率达8%～10%。这些组织几乎覆盖了社会的各个方面，如科技、教育、文化、卫生、劳动、民政、体育、环保、法律、慈善等公益领域及中介、工商服务等方面，已初步形成体系。仅6万多个行业协会就联系企业会员2000多万个，4万多个学术团体联系专家学者500多万人，专业协会联系1000多万人。各类社会组织的经济实力也开始显著增强。据不完整统计，到2010年底，社会组织拥有固定资产1089亿元，年收入约1247亿元。据中华环保联合会发布的《中国环保NGO蓝皮书》，截止到2008年10月，全国共有环保民间组织3539家，其中由政府发起成立的环保组织1309家，学校社团组织1382家，草根的环保组织有508家，国际环保组织驻中国的机构有90家。但是，根据中华环保联合会对2768家环保NGO组织身份的调查结果显示，这些环保NGO组织在各级民政部门的注册登记率仅为23.3%。

中国的NGO组织基本分为两种：一种是自上而下的NGO，具有较长历史和“半官方”的特色；另一种则多由民间个人或企业自发成立。目前全国知名度较高的公益类NGO大约有300家，主要集中在环保、妇女、扶贫等领域，如北京的“自然之友”、“友成企业家扶贫基金会”、“北京地球村”、“绿色家园志愿者”，天津的“绿色之友”、江苏徐州的“绿色之家”、云南昆明的“健康与发展研究会”等。扶贫开发领域著名的NGO组织是“中国扶贫基金会”、“中国国际非政府组织合作促进会”、“中国人口福利基金会”、“中国计划生育协会”、“中国青少年发展基金会”、“中华慈善总会”、“农家女实用技能培训学校”、“爱德基金会”、“香港乐施会”、“救助儿童会”、“四川农村发展组织”等。环境保护领域著名的NGO组织包括：自然之友、北京地球村、绿色家园志愿者、中国小动物保护协会、中华环保基金会、北京环保基金会、中国野生动物保护协会、北京野生动物保护协会、中国绿化基金会、中国环保产业学会、北京环保产业协会、中国植物学会、中国自然资源学会、中国环境科学学会、大学生绿色营和绿色大学生论坛、清华大学绿色协会、北京大学绿色生命协会、北京林业大学山诺会、上海市青少年环境爱好者协会、污染受害者法律帮助中心等等。环保领域最大的NGO组织是中华环保联合会。目前中国官方认可的最大的非政府组织是

“中华全国总工会”，它同时也是世界上最大的非政府组织，其在册会员有2亿多人，还不包括应该加入工会而没有加入工会组织的人。

图3　自然之友总部

资料来源：http：//baike. baidu. com/albums/1045/1045. html#0MYMea85a945c542e164cefca30b。

目前，我国环境保护NGO在倡导环境保护、提高全社会环境意识、开展社会监督、推动发展绿色经济、维护社会公众的环境权益、保护生物多样性等方面发挥着举足轻重的作用。1996年，中国民间第一个自然生态环境保护站——索南达杰自然保护站成立，成为可可西里反偷猎工作的最前沿基地。绿色江河环境保护促进会会长杨欣等在将该站移交给可可西里保护区后，现在又在位于青海省西南端长江源区的唐古拉山镇建设了首个长江源保护站。1999年1月，“保护母亲河行动”组织开展了大型环保公益项目“保护母亲河行动”，依靠社会力量募集资金，在江河流域开展植树造林、治理水土流失、保护生态环境，在全社会倡导绿色文明和可持续发展意识。2005年7月15日，由民间组织发起的“圆明园生态与遗址保护第二次研讨会”在北京召开。与会的环保民间组织代表、环保界专家学者就圆明园防渗工程及相关问题再次进行了探讨。8 月 15 日，圆明园防渗湖整改工程启动。这是环保民间组织深入参与环保行动的重要事件，也是环保民间组织与政府合作的典范。

图 4　NGO 在四川地震灾区

资料来源：http://baike.baidu.com/albums/1045/1045.html#0MYMd1571724ccfdf469d507420c。

在汶川地震后，我国政府对 NGO 组织的重要作用有了新的更深刻的认识。NGO 组织首次大规模深度参与救灾行动成为 NGO 组织在社会救助方面与政府开展实质性合作的发端。

中国各个 NGO 组织在这次救灾行动中的反应速度和力度都超过以往任何事件。自然之友、绿色和平、绿色家园志愿者等在地震次日联合发起“小行动 + 许多人 = 大不同”的 NGO 抗震救灾行动，号召公众为救灾“有钱出钱，有力出力”，号召人们为灾区人民提供血液、帐篷、手动发电装置、常规药品、炊具等物品。一天内便有来自北京、四川、云南、贵州、广西、湖南、陕西等地的近 30 家 NGO 加入。据《中国经济时报》报道，NGO 组织在四川设立了抗震救灾

NGO四川协调总处，下设医疗服务、物资分配、前方信息收集、对外宣传、机构联络、志愿者管理、后方信息收集整理分析等小组。其中，表现特别突出的是刚刚成立一年左右的友成企业家扶贫基金会。早在地震之前，友成就已经用一年左右的时间着手研发了志愿者大规模组织动员体系“扶贫志愿者行动计划”，并在地震前夕开始试点操作。地震为该项目提供了很好的试点实践机会。作为一个不是以救灾为使命的非公募基金会，它凭着自己高度敏感的战略眼光、高度的专业精神和能力，第一时间做出了反应，第一时间到达现场。5月13日友成第一批救灾物资车队从北京出发，16日从广元进入灾区，一路发放救灾物资最后到达绵竹灾区，通过志愿者发放给遵道灾民，赢得了当地政府和灾民的信赖。紧接着来自各地的民间志愿者首次堂而皇之地进入遵道，协助政府开展灾民救助和后来的灾后重建工作。紧接着，友成以受助群体的需要为第一需要，建立了“整合资源、构建平台和创立机制”的独特的友成运作模式，确保社会各方爱心力量以最快的速度、最适当的方式落地，从而形成社会爱心的良性循环，使有限的救灾资源投入取得了最大的社会效益和深远的社会影响。当第一家由各界志愿者组成的512民间救助服务中心宣布成立而尚未正式注册的时候，友成破例为其提供了第一笔启动资金，使其作为一个民间信息平台得以生存和运转，后来发展成为吸引来自全国各地的救灾志愿者并发挥重要作用的著名民间组织。友成主动联络与万科合作，建立了一个与政府和企业合作参与救灾的开放性平台，从此开始了遵道志愿者的大集结，先后有40家NGO组织（28家注册机构12家未经注册），470多位在册志愿者参与其中，号称遵道志愿者联盟，成为被业内广泛传播和媒体广泛报道的遵道模式。不仅如此，自5月13日起，友成动员和组织了麦肯锡公司、零点研究咨询集团、中国人民大学非营利组织研究所、中国科学院心理研究所、中国心理学会等专业机构以及十几位有关专家，深入到灾区第一线，调查研究、群策群力，为紧急救援、临时安置和灾后重建阶段的政府工作、NGO行动和企业决策提供了有力的智力支持。在震后第40天，友成主办的“绵竹市灾后重建多方协作友成论坛”把众多NGO组织带到了灾区第一线，客观上架设起了社会资源与灾区政府和民众之间认识和初步了解的桥梁。论坛随后发展成“绵竹市灾后重建社会资源协调平台”，形成了符合中国国情的由政府、NGO、专业机构等多方力量参与的深入持久的可持续抗震救灾协作机制。抗震救灾从紧急救助阶段逐渐转入灾后重建后，面对灾区资源混乱的局面，友成在绵竹等地建立“友成志愿者驿站”，一方面继续为“绵竹市灾后重建社会资源协调平台”提供人力资源支持，另一方面在灾后重建社区综合治理方面进行示范性实践。目前这种紧急救灾模式已经成为该机构的重要成果，总结出可复制推广的经验。

如果说“创建多方协作机制”、汇聚和整合各方资源是友成模式在赈灾行动前期的最重要特色，那么在漫长的灾后重建时期，乃至未来应对突发自然灾害的长效机制上，友成“志愿者的组织动员体系”提供的人力资源支持将是 NGO 深度参与发挥公益组织力量的重要途径。友成的志愿者动员具有“高端性、机动性和可复制性”等特点。大批的个人志愿者，只有经过有效组织化才能使自己的志愿行为“正当化”、“有序化”和“有效化”。

总之，友成坚持“我们是平台式的组织”的定位，以开放的方式，为多方提供服务和协调，成为各方力量联系和整合的纽带，甚至起到了枢纽作用。对于企业而言，友成是公益理念的倡导者和爱心落地的服务者；对 NGO 而言，友成是与政府沟通的协调者和物质资金的支持者；对政府而言，友成是拾遗补缺的协助者、多方力量的协调者和人力智力的资源库；对灾区群众而言，友成是贴心的帮扶者而不是替代者、代言者和施舍者；而针对志愿者而言，友成则是组织者和服务平台提供者。可以说，友成通过建立的各种平台和机制实现了 NGO 组织深度参与灾后重建，特别是灾后社区重建及心灵重建工作的社会目标。

在突发事件面前，一个 NGO 组织的即时反应和行为方式，与其平日长期的组织文化和机构价值观不无内在的深刻联系。以人道主义为天职的社会公益 NGO 组织与政府机关、企业不同，NGO 组织更强调“以人为本”，一切首先出于人本心向善的自发自觉的内在驱使。只有这样，在突发事件面前，才会不顾安危全身心地投入，才能不计个人及自己组织局部的得失而开放自己所有的资源，才能不浮于表面作秀而扎扎实实开展工作。这就是指导友成在整个抗震救灾行动中的思想基础，这也是友成机构文化的灵魂所在。

特别值得一提的是，2011 年 8 月，十一届全国人大常委会第二十三次会议审议的民事诉讼法修正案（草案）首次明确了公益诉讼主体，“有关机关、社会团体”可提起公益诉讼。民间社团人士认为，他们今后提起公益诉讼将不会再受限。9 月中旬，环保组织自然之友和重庆市绿色志愿者联合会与曲靖市当地环保局共同作为三位原告，状告云南省陆良化工实业有限公司和陆良和平科技有限公司。一个月后，曲靖市中院受理该案。这被环保组织称为我国具有里程碑意义的公益诉讼案件。

NGO组织开展的环境保护活动，为改革开放以来的中国社会提供了政府和企业难以提供的许多环保公共物品，推动了中国环境保护运动的发展。具体归纳起来大致包括以下八个方面：

（1）开展了普及环境意识的教育和宣传活动。许多非政府组织都在积极开展这方面的活动，其内容包括开展各种形式的环保倡议活动和实践活动，举办包括电视讲座在内的各种讲座、培训、演讲等环境意识教育活动，举办各种形式的研讨会、经验交流会、座谈会等。

（2）推动和促进环境保护领域的公众参与活动。在全国的许多城市，特别是北京等大城市，公众参与环境保护作为政府和非政府组织合作的一个重要机制正在得到积极的培育。北京市环保局宣教中心在这方面起到了先驱者的作用，他们早在1997年就开始着手研究并积极推动环境保护领域公众参与机制的建立。

（3）对环境保护的资助活动。主要由一批热心自然资源和环境保护的国际或海外的NGO和资助机构，以及中国有关环境保护的基金会等非政府组织参与这方面的活动，包括为有关自然资源和环境保护的活动提供资金、设备、技术等方面的资助或援助。

（4）开展自然资源和环境保护项目活动。很多非政府组织都在开展各种形式的项目，包括野生动物等生物多样性保护，自然生态的维持和保护，植树绿化，水质净化，大气污染的控制和处理，沙漠化防治，黄河上游水土流失问题的治理，社区环境保护，垃圾分类，资源再利用等等。

（5）开展环境保护科学和技术的研究、开发及其普及活动。主要是由一批与环境保护有关的学会、研究会等非政府组织在开展这方面的活动。它们集中了一大批国内相关学术领域的权威和精英，通过开展相关学科和技术的研究、开发和应用，积极推动中国环境保护科学和技术的发展。

（6）开展环境保护产品的生产和推广以及业界联合等活动。主要是由一批活跃在环境保护领域的商会、行业组织等经济团体开展这方面的活动，包括促进环保产品的研制、生产、流通、消费等活动。

（7）开展对环境污染受害者的援助活动。随着环境污染问题的发展，污染受害者开始作为一个特殊的弱势群体受到社会的关注。有关的非政府组织通过开展法律咨询等活动对污染受害者提供各种形式的援助。

（8）开展环境保护的国际交流活动。绝大多数环境保护非政府组织都在以各种形式开展国际交流活动，一方面积极争取从国际社会获得有关的信息、资金、设备、技术等支持，另一方面通过召开或参加有关国际会议或座谈会、派出人员参与有关培训、接待来访和互访等活动，加强环境保护方面的国际交流。

2011 年 6 月 5 日是第 40 个世界环境日，主题是“森林：大自然为您效劳”。为呼应这一主题，我国环保部确定的中国主题是：“共建生态文明，共享绿色未来”，旨在唤起社会公众对环境和发展关系的清醒认识和自觉行动，强调生态文明、绿色发展理念和公众参与，号召全社会行动起来为人类的可持续发展做出贡献。

2. 当代我国 NGO 组织大量出现的原因

我国改革开放 30 多年来，首先分化的是政治国家与市民社会（经济社会），其突破口是政企分开。旧的计划经济体制的瓦解使人们失去了原有的归属（感）。城市里的许多人失去了对单位和集体的依附；在农村，随着土地对农民的保障越来越有限，为获得进一步的发展，许多农民进城以获得城市的就业机会，而其保障机制则显得更加薄弱。随着我国社会贫富差距的越来越大，人文关怀相对地越来越少，出现了许多严重的社会问题。由于过去的保障机制已不再发挥主要作用，人们都在不同程度上需要寻求新的组织保护。这种保护既要体现对自身权益的保护，更要体现在人性的关怀和关爱等方面。我国当代非政府组织 NGO 的出现正好满足了这一需要。

另一方面，发达国家上百年工业化过程中出现的环境生态问题，在我国已经开始集中出现。江河湖海和城市环境大气普遍受到不同程度的污染，全国七大水系符合三类以上水质标准的不到 40%。2/3 的城市大气质量劣于二级空气质量标准。75% 以上的湖泊出现了富营养化。污染物无害化处理能力低，如 2005 年 11 月 13 日，吉林石化公司双苯厂爆炸，松花江受重大污染，一度引发下游哈尔滨及俄罗斯等城市的供水危机。2007 年也是中国水污染密集暴发的一年。2007 年 6 月，无锡太湖发生了“水危机”；紧接着安徽巢湖发生了大规模蓝藻现象；6 月底，云南滇池也暴发蓝藻问题。生态系统退化加剧，土壤侵蚀面积超过 350 万平方公里，且每年递增 1 万平方公里；沙漠化面积达 174.3 万平方公里。生物多样性锐减。目前全国有濒危或接近濒危高等动、植物达4000～5000种。在这些生态环境问题中，社会公众是首当其冲的受害者。对此，公众无法视而不见，袖手旁观。所以，建立和完善适合生态文明建设的生态NGO组织就显得十分急迫。

3. 生态文明建设与NGO组织

党的十七大提出的生态文明建设是继工业文明之后人类文明的又一更高发展。它要求在建立人与自然平等和谐发展的生态系统的同时，在人类社会中也建立人人和谐的符合生态文明建设总要求的社会主义民主政治文明。

在生态文明建设的政治文明建设中，在做好生态环境建设的同时，还应做好政府职能的转变和NGO组织的建设问题。

党的十六届三中全会提出了全面、协调和可持续的发展观。并把政府职能定位于“经济调节、市场监管、社会管理和公共服务”四个方面，其核心是政府职能由管制型向服务型转变。这不仅是市场经济条件下政府职能转变的总要求，更是生态文明建设的要求。改革开放以来，我国一直使用国内生产总值这一增长指标来衡量地区实力，并作为政府官员业绩考核的最主要指标。这种做法，直接导致了政府职能严重地向经济增长集中，忽视社会建设和生态建设，更不注意经济发展中的社会要素和生态要素的和谐利用。要建设生态文明，就必须彻底扭转这种局面。其次，要改变政府包揽一切经济事务的计划经济时代做法，实现政府与企业的适度脱离，凡是能够交给市场去做的生态建设任务，一律交给市场，政府在其中只应起到规划者、调节者、监管者和保障者的作用。

由于生态文明建设是一种典型的公共品，市场不能完全提供，所以，在发挥政府和市场作用的同时，建设并发挥好NGO组织的作用就显得非常重要。随着全球化步伐的日益加速和我国社会主义民主政治体制的日益完善，非政府组织在我国推动大众环保意识、动员和组织环保活动、监督政府环保效能、为政府提供咨询和建议方面发挥着日益重要的作用。虽然NGO组织利用其独有的优势，通过整合公民社会的力量在很大程度上推动了政府的生态文明建设意愿，弥补了政府生态文明建设的不足，但也对政府形成了压力。所以，对于非政府组织，我国政府往往偏重于采取控制的做法，NGO组织被视为一种点缀或是一种阻力。这种思维导致了政府和环保型非政府组织之间在很多地方的对立，并引发了一些局部冲突事件。事实上，建设生态文明，不仅是政府的意愿，而且符合广大人民的期待，分别代表各阶层具体利益和诉求的 NGO 组织更是关心。所以，在建设生态文明中，政府应积极转变自身职能，在处理与 NGO 组织的关系时应更多地采取合作的态度和措施：一方面要对 NGO 组织加以必要的规范和引导；另一方面则要视 NGO 组织为一种建设性合作力量，一位积极有效的合作伙伴。对于持反对立场的 NGO 组织更应如此，例如，备受关注的厦门 PX 事件就源于 NGO 组织对政府在兴建对二甲苯项目上所持的反对立场，而事件的圆满解决则源于政府与 NGO 组织之间后来建立起的良好合作关系。其实，合作的必要性还建立在政府和 NGO 组织最终目标一致的基础上。一般而言，生态环境方面的冲突，主要是短期增长和长期发展、企业利益和民众诉求之间的冲突。政府如果对 NGO 组织在环境议题上的诉求漠然视之、甚至以压力待之，往往会惹祸上身，甚至演变为政治问题。所以，处理好与 NGO 组织之间的关系，走合作与共同治理之道，不仅是我国建设生态文明的必然要求，也是政府职能是否真正转变的一种体现。值得一提的是，加强 NGO 组织建设也是当前加强社会管理的主要途径之一。NGO 组织不仅起到了政府有效的“减压阀”和“稳定器”的作用，还有着不可忽视的精神安慰功能。所以，我国生态文明建设中的政治文明建设应该以加强 NGO 组织建设为突破口，大力加强公民社会建设。

但是，从整体上说，中国公民社会的制度环境还是制约大于鼓励，重要的法律法规也尚不完备。我国 NGO 组织仍然存在着注册难、自律不够、人才缺乏、行政本位等现象。一些计划经济时代遗留下来的传统偏见仍然存在，如对任何事情都不能有反对意见，把 NGO 组织设想为政府和企业的天然对手等。所以，为不断推进生态文明建设，全社会要进一步正确认识建立公民社会对于建立生态文明的重要性。各级党政官员要站在建立公民社会的战略高度，采取积极有效的措施，进一步完善法规，依法对 NGO 组织进行管理和支持，广泛吸收 NGO 组织参与公共政策的制定，积极发挥好 NGO 组织在社会管理创新中的重要作用，鼓励它们承担更多的公共服务，努力营造官民共治的生态文明社会管理新格局。

作为生态文明中公民社会的重要基础之一，各类 NGO 组织在我国经济生活、政治生活和文化生活中发挥着日益重要的作用。

在经济生活方面，我国 NGO 组织通过积极参与各类经济活动，提供就业机会，扩大就业渠道，推动了经济合作，促进了经济发展。各类社会组织中的从业人员正在迅速增加。许多经济类社会组织和行业组织，在规范行业行为，维护市场秩序中同样发挥了不可替代的作用。

在政治方面，我国 NGO 组织不仅已成为公民参与社会公共事务的重要渠道，也是推进基层群众自治的重要动力，增强了官民之间的互信。NGO 组织对各级政府的决策正在产生日益重要的影响，有力地推动着政府决策的科学化和民主化。近年来，许多地方 NGO 组织已经开始承担政府的部分公共服务，为提升公共服务的质量做出了贡献。

在文化方面，我国 NGO 组织帮助塑造了许多民间规范，维护了社会团结。许多社区的 NGO 组织（居民社团）发起组织了许多文化体育活动，丰富了人民群众的文化生活，改善了社会风气。

随着我国公民整体素质的不断提高，尤其是公民意识的明显增强，公民社会的自身建设明显改进，广大人民群众对 NGO 组织的认识已经逐步转变，从原先的否定和怀疑为主，转变为以肯定和支持为主。我国 NGO 组织的相关制度环境也开始逐步得到改善，特别是一些地方性法规有了实质性的改进。在有些地方，基层公益性的 NGO 组织已经开始试行备案制度。我国 NGO 组织在人才、机制、管理、经费等方面都已远胜过去。大约从 20 世纪 90 年代开始，大量民间组织和民办非企业单位在我国产生，一个相对独立的公民社会在我国已开始出现，国家与社会已开始适度分离。目前，中国社会的结构分化已大体定型，初步形成了以政府官员为代表、以政府组织为基础的国家系统，以企业主为代表、以企业组织为基础的市场系统，以及以 NGO 组织（社会组织或民间组织）为基础的公民社会系统。

我国 NGO 组织近年来已开始走向国际。全国性社团已经在 122 个国际组织中担任领导职务，在 92 个国际组织中担任理事。2004 年 7 月 27 日，中国科协获得了联合国经社理事会非政府组织咨商地位。

参考文献

［1］NGO，百度百科，http：//baike. baidu. com/view/1045. htm。

［2］张福林：《中国古代慈善事业发展》，资源网，http：//news. ifeng. com/history/shijieshi/special/cishan/detail_ 2010_ 09/07/2454934_ 0. shtml。
［3］王建芹：《非政府组织发展与我国人民代表大会制度的完善》，《政法论坛（中国政法大学学报）》2004 年第 11 期。
［4］杨建国、李娟：《和谐社会构筑视阈下的非政府组织发展》，《金陵科技学院学报（社会科学版）》2009 年第 9 期。
［5］陈凌：《全球化时代非政府组织的建构主义分析》，《学术探索》2004 年第1 期。
［6］张雅丽、翁志勇：《论生态非政府组织与生态经济的发展》，《生态经济》2004 年第 11 期。
［7］楚晓宁：《生态文明背景下公众参与制度的完善环境保护 NGO 不可忽视》，《法治与社会》2008 年第 7 期上。
［8］汪锦军：《政府与非政府组织：共性、特征与相互关系》，《资料通讯》2004 年第 7、8 期。
［9］罗易斯·惠勒·斯诺：《斯诺眼中的中国》，王恩光等译，中国学术出版社，1982。
［10］王平：《非政府组织在汶川地震中的实践与作用》，友成基金会网站。

G.17

社会公众与生态文明建设

梁 兰

摘 要： 公众意识的加强和公众参与度的提高是生态文明建设的必然要求，本章以十城市市民幸福感和社会和谐度调查数据为主要依据，探讨社会公众在社会主义和谐社会建设和生态文明发展过程中发挥的重要作用和积极意义。

关键词： 公众意识 公众参与 幸福感 社会和谐 生态文明

一 生态文明建设中的社会公众

胡锦涛总书记在党的十七大报告中提出了“生态文明”的建设目标：“基本形成节约能源资源和保护生态环境的产业结构、增长方式、消费模式。循环经济形成较大规模，可再生能源比重显著上升。主要污染物排放得到有效控制，生态环境质量明显改善。生态文明观念在全社会牢固树立。”中国共产党从提出实施可持续发展战略，走新型工业化道路，人口资源环境与经济社会协调发展，树立和落实科学发展观，到提出建设生态文明，充分表明了党的执政和发展理念的升华和国家可持续发展战略的逐渐深化。从此，生态文明被正式载入中国共产党和中国的史册，这不仅极大地丰富了社会主义和谐社会建设的内涵，也极大地发展了中国特色社会主义现代化建设的理论体系。建成的生态文明应包含三个重要的特征，即人们高度的生态环保意识和参与，人类社会可持续的经济发展模式和公正合理的社会主义民主制度。

（一）西方“后工业社会”的社会公众

我国的“生态文明”概念在某种程度上与西方“后工业文明”、“后物质主义”或“生态社会主义”相对应。宏观上说，“生态文明”是社会主义国家认为的人类社会迄今为止应达到的最高文明形态。

20世纪60～70年代，西方现代工业社会进入一个新的发展阶段，即“后工业社会”。在这一社会阶段，人们的基本价值观发生了前所未有的转变。这些在丹尼尔·贝尔的《后工业社会的到来》一书中得到了比较系统的叙述。美国著名政治学家罗纳德·英格尔哈特将这一转变称为一场“寂静的革命”。他在《寂静的革命——西方公众变化中的价值观和政治方式》一书中指出，如果说工业时代人们主要关注的是经济利益、财富分配和阶级冲突，那么，在后工业社会，人们所关注的重点则开始转向生态环境、生活方式、生活质量、人权、公民自由以及战争与和平等这些与阶级不相关的“后物质主义价值”。

受后物质主义的影响，现代西方社会发生了明显的价值变迁。有人在对北欧五国民众价值偏好的调查中发现，目前民众对环境保护的价值偏好最高，偏好率达被调查人数的83%，对“维持法律和秩序”、“工作场所有更多的发言权”、“更加人性化的社会”等方面的价值偏好也比较高，偏好率分别为75%、60%、58%，而对强大的国防和经济增长的价值偏好则很低，偏好率分别只占22%和42%（参见表1）

表1　北欧五国物质主义和后物质主义价值项平均分布情况

单位：%

环境保护(Aest/intel.)	83(78－88)	平抑物价(Sust.)	45(31－60)
维持法律和秩序(Saf.)	75(61－83)	对政府管理更多的发言权(Beel./est.)	44(37－52)
打击犯罪(Saf.)	62(48－72)	经济增长(Sust.)	42(37－46)
工作场所有更多的发言权(Bel./est.)	60(52－72)	保护言论自由(Aest./intel)	41(32－56)
更加人性化的社会(Bel./set.)	58(46－68)	观念重于金钱(Aest./intel.)	34(27－38)
维持经济稳定(Sust.)	50(40－60)	强大的国防(Saf.)	22(17－33)

注：百分比表示那些将每一组合中给定价值作为首选和次选的被试者的比例，括号中数字分别为最高和最低比例值；Aest/inter—审美和智识方面的价值，saf.—安全方面的价值，Bel./est.—归属感和个人尊严方面的价值，Sust.—生存方面的价值。

资料来源：Muller-Rommel & Thomas Poguntke eds., *New Politics*, Dartmouth, 1995, p. 69。

在后物质主义价值理念的影响下，西欧各国人民开始修正以往基于资源浪费和挥霍的物质主义生产方式和生活方式，采取更节约、更和谐、更人性化，也更符合生态文明的新发展模式。人们反思沉溺于物欲的行为，转而关注生活的质量，开始选择更健康、更自然，也更正常的生活方式，开始关爱社会、关爱他人，注重人的价值的实现，追求环保、节能、洁净、效益等科学发展和可持续发展的目标，自愿为建设更人性化的社会作贡献等。

从物质主义到后物质主义的价值转折，不仅改变着人们的生活方式和生产方式，同时也对西方社会的政治生活与政治格局产生了深刻的影响。在后物质主义的文化语境和价值理念的影响下，以生态和环境保护作为主要政治诉求、反对经济无节制增长的绿党开始进入政治舞台；欧洲各国社会民主党也开始广泛接受“绿色”主张、“绿色”政策和后物质主义价值理念。随着绿色政治、生态社会主义、后物质主义的出现，西欧民众对生态、环境保护、后物质的关注远远超出对阶级对抗和“左”与“右”冲突的关注。民众价值偏好的转变，打破了传统一维式的政治格局，政党竞争和博弈呈现出多维性和复杂性。首先，为了得到民众的选票，欧洲各色政党均开始接受“绿色”主张和后物质主义理念，传统政治生活中的左派与右派之争在绿色和后物质主义的旗帜下开始淡化。其次，随着绿色问题和后物质问题日益成为政治热点问题，西欧各国的左翼和右翼的界限也开始松动。无论是政党精英，还是普通民众都深刻认识到了“绿化”和后物质主义化是人类由工业社会进入到后工业社会后社会发展的必然趋势。而“绿化”和后物质主义化已超越“左”与“右”的政治主张，体现出“既不在左，也不在右，而是在前”的特点。政治领域出现了比较明显的“解意识形态化”（de-ideologization）趋势。这是后物质主义给欧洲社会带来的最深刻的社会变革。

从物质主义到后物质主义的价值转折有着深刻的社会历史原因。其中最为重要的是下述三个方面：首先，科学技术的迅猛发展，使西方社会由工业社会进入到后工业社会，由工业经济时代进入到知识经济时代。后工业社会生产力的高度发达为后物质主义价值理念的广泛发展奠定了坚实的物质基础。其次，社会福利与社会保障制度的完善为后物质主义价值理念的广泛发展提供了有利的社会条件。最后，工业社会带来的生态环境问题是后物质主义价值理念被广泛认同的直接原因。

英格尔哈特以稀缺性假设和社会化假设来解释这一价值观的变迁过程。稀缺性假设认为，个人的优先价值观是社会经济环境的反映，人们会把最主要的主观价值观给予相对稀缺的事物。这一假设类似于经济学中的边际效用递减理论。也就是说，在经济发展的初级阶段，因为经济的增长和物质生活的改善能增进幸福感，人们以物质主义需求为主，然而，当经济发展到一定水平时，经济增长所带来的幸福感就会减弱。换句话说，随着社会经济的高速增长、物质生活水平的进一步提高，财富的边际效用开始降低，物质和经济方面的考虑就更多地让位于非经济的考虑，人的价值观就发生了转变。具体而言，经常经历经济上缺乏的人，会把经济需要和安全需要放到一个比较高的位置；而物质生活丰足的人则会认为个人归属、自我表达以及公民权利等比较重要，他们会要求一个更加人性化、更加自由的社会，并希望拥有良好的生态环境。社会化假说则认为，个人人格的基本结构往往需要经过一个较长时期的形成过程。未成年时期，即个人的社会化时期，往往对人格的形成具有最重要的意义。而在进入成年时期之后，人格的变化则相对较小。依照这个假说，一个人的基本价值观反映的是其青少年时期的状况，因为个人的价值观和社会整体价值观不可能在一夜之间改变，因此价值观的变迁具有滞后性，一般是随着代际的变换才发生基本价值观的变化。因此，所谓的“寂静的革命”实际上是从注重经济增长、公共秩序、国家安全以及传统生活方式的“旧政治”价值向关注环境质量、个人自由以及社会平等的“新政治”价值转化的过程。

英格尔哈特通过分析“世界价值观调查”组织进行的第4次价值观调查（1999~2000年）数据（涉及占世界人口75%的60个国家，人均收入从每年只有300美元的国家到高于30000美元的国家），证明了“后物质主义”价值观与经济发展水平之间具有正相关关系，富裕国家的“后物质主义”价值观的比率远远高于贫穷国家的比率。但同时，他也证明这两者之间并不是直线的关系，当经济发展到一定水平，比如中等发达国家的年人均收入为5000~6000美元时，经济增长所带来的幸福感就会减弱。而在最发达的国家，当人均收入超过10000美元时，收入水平与主观幸福感之间实际上没有任何联系。但无论二者差距多大，随着社会经济的高速增长、物质生活水平的提高，财富的边际效用开始降低，经济方面的考虑更多地让位于非经济的考虑。一般来说，经济发展必须达到某一相对较高的水平之后，后物质主义价值观才能显著增加，并成为价值观的主流。英格尔哈特通过分析还发现，在社会经济发生日新月异的变化过程中，新老两代之间在价值观上存在着较大的差异，即所谓的“代际差距”，这一差异主要是由两代人各自长期不同的生活经验所致。

（二）现阶段我国社会公众价值观的转变

中国在20世纪70年代末开始实行的改革开放，一开始主要致力于解决温饱问题，这个阶段最稀缺的还是基本生活资料，不太可能出现“后物质主义价值”取向。而到了改革开放30多年后的今天，中国继解决温饱问题之后，基本上实现了小康，并且朝着全面小康的方向迅速迈进。2003年中国人均GDP首次突破1000美元，2007年这个数据已经超过2000美元，2010年已达到约3677美元。从国际惯例看，这是经济发展达到后物质主义的临界点。今天，中国的经济发展和人民生活也进入了注重质量、追求全面发展和进步的新阶段。党的十七大提出了使全体人民“学有所教、劳有所得、病有所医、老有所养、住有所居”的目标，我国政府目前也正在健全社会保障体系，许多专家推测，这些因素都会促进“后物质主义”价值观在中国的产生和发展。

中共中央党校文史教研部郭莲教授在其“中国公众近年价值观的变化”研究中通过对比分析“世界价值观调查”组织公布的1995年和2007年中国公众价值观的数据后发现，近年，中国公众在价值观上也发生了由“物质主义价值”向“后物质主义价值”的明显转变，且这一转变带有明显的“代际差距”特点，如表2、表3。该研究成果验证了英格尔哈特“后物质主义价值”理论在分析中国公众价值观转变中的适用性。

表2　中国公众总体“后物质主义”价值观变化*

	1995年	2007年	净增长
中国公众	-69	-44	+25

*作者（郭莲）根据“世界价值观调查”组织发布的数据分析得到的数据表。其中，中国在1995年和2007年被抽样调查人数分别为1500人和2000人，涵盖除香港、澳门、台湾以外所有省区市年龄在18~70岁的人群，通过对比中国公众这两个年份在“后物质主义价值”选项中的得分，用“后物质主义者”的比例减去“物质主义者”的比例得到的分析数据及结果。

资料来源：郭莲：《中国公众近年价值观的变化》，《学习论坛》2010年第10期，第61~64页。

表2显示：近年中国公众整体的价值观总指标净增长了25点，表明我国公众整体的价值观已经发生了明显的由“物质主义价值”向“后物质主义价值”的转变。

表3显示：中国公众价值观由“物质主义价值”向“后物质主义价值”转变的过程中存在着明显的“代际差距”（总体增长25点），说明越年轻的人群越趋向于“后物质主义”价值观。

社会公众的价值观中最重要的是公共意识（public conscious）。公共意识最早

表 3　中国公众各年龄段人群"后物质主义"价值观变化*

年龄段	1995 年	2007 年	净增长
15～29 岁	-64	-29	+35
30～49 岁	-72	-44	+28
50 岁以上	-69	-52	+17
总体	-69	-44	+25

*作者（郭莲）根据"世界价值观调查"组织发布的数据分析得到的数据表。其中，中国在 1995 年和 2007 年被抽样调查人数分别为 1500 人和 2000 人，涵盖除香港、澳门、台湾以外所有省区市年龄在 18～70 岁的人群，通过对比中国公众这两个年份在"后物质主义价值"选项中的得分，用"后物质主义者"的比例减去"物质主义者"的比例得到的分析数据及结果。

资料来源：郭莲：《中国公众近年价值观的变化》，《学习论坛》2010 年第 10 期，第 61～64 页。

源于政治学，是以公益为基础的思想在社会政治共同体中的反映，在西方现代政治学里亦称为公共精神、社会公德，是一种社会资源。梁启超在 1902 年 3 月发表的《新民说》中提及公共意识有两层含义：一是爱国心，二是公共心、公益心。前者是国家伦理，后者是社会伦理，我们更多讨论的是社会伦理。随着社会变迁和全球化的迅速发展，可以将由文化遗产和时代背景决定的主流意识形态看做公共意识形态。价值观的变化是社会变迁的一种反映，同时又反过来对社会各方面产生广泛的影响。"后物质主义"价值观是全球化时代的价值观，西方"新中产阶级"向"后物质主义"文化价值取向的转变，推动了当代西方价值观的转变。这一转变不仅改变了社会的经济生活和政治生活，也改变了公众的生活方式，包括消费模式合理化、人口出生率下降、工作模式灵活化等，特别是它增强了人类的生态意识，使人们优先重视全球环境保护，它是当前西方生态环境保护运动和"绿色政治"得到日益广泛支持的重要精神资源之一。

但由于国情不同，我国社会公众价值观的转变在很大程度上却没有在行动中体现出来。由中国环境文化促进会组织编制的环保民生指数，是在国家环保总局指导下推出的国内首个环保指数，被誉为中国公众环保意识与行为的"晴雨表"。2010 年最新公布的"2007 环保民生指数"首次进行了全国范围内 31 个省会城市年龄在 18～65 岁之间的常住城镇居民及农村居民的调查，样本量达到 9011 个，并在所有问卷回收后使用 SPSS 软件进行了科学分析。结果显示出我国公众道德意识的现状是：公众关注度高，参与性不强，公众对主动参与环保还有很大的依赖性；公众要求度高，主动性差；环保的权益性增加，责任心淡薄。可喜的是，有 73.1% 的公众认为中国应当推行“绿色 GDP”，因为绿色 GDP 不仅能反映经济增长水平，而且能够体现经济增长与环境保护和谐统一的程度，可以很好地表达和反映科学发展观的思想和要求。

（三）现阶段我国城市社会公众幸福感与社会和谐度调研

中国目前正在致力于构建和谐社会，建设生态文明，也要重视与“后物质主义”相关联的社会问题，比如经济的可持续发展问题、公众新的社会诉求问题、代际冲突问题以及环境保护问题等。同时，我们应该更加注意整个社会价值观、幸福感与和谐度的变化，适时调整相关的发展战略。我国目前实行的科学发展和和谐发展战略，建设生态文明就是适应我国人民价值观变化而作出的明智选择。加强对城市居民幸福感与和谐度的调查研究，对于把握当前我国改革开放和生态文明建设的主观条件和心理基础，进一步改善城乡人民生活，促进社会稳定和全面进步都具有重要的实际意义。

幸福感是人们主观体验到的一种理想的（或非常满意的）存在状态。这种状态反映的是一个正常人在物质和精神方面达到的程度与水平。幸福感评价指标体系是反映人民精神满足水平的一个指标体系。我们以 20 世纪 90 年代中期国家统计局会同国家计委和农业部制定的《全国人民小康生活水平的基本标准》和《全国城镇小康生活水平的基本标准》二套标准为基础，结合目前国内外主要生活质量指标体系中的相关指标和社会心理学的相关指标建立了测评当前我国城市居民幸福感的指标体系。市民幸福感涉及物质生活满意度、个人精神生活、心理适应和焦虑感、社会问题敏感度等四个维度，共 24 个具体指标。

胡锦涛同志提出和谐社会的基本特征为民主法治、公平正义、诚信友爱、充满活力、安定有序、人与自然和谐相处。和谐社会的基本特征既包括人与人之间关系的和谐，也包括人与自然之间关系的和谐。

国家统计局科研所课题组根据“和谐社会”内涵构建统计监测评价指标体系，选择了 25 个指标用“社会和谐”的综合指数和若干分类指数，描述和判断近期我国社会和谐状态的变化情况（国家统计局课题组，2005）。但他们也认为，对我国社会的和谐状况做出总体评价还不具备可操作性，主要是由于一些指标无法取得数据而不得不放弃测算。因此，现行研究只对能够获得统计数据的指标进行评价，而没有测算社会和谐总指数。因此，该项监测评价工作也未在全国推开。北京市从社会冲突客观现状、社会主体的社会诉求和社会冲突协调机制现状三个方面出发，设置26个指标来分析和谐社会建设情况；吉林的和谐社会评价体系由5大类（协调发展指数、制度建设指数、和谐文化指数、安定有序指数、社会活力指数），29小类，69个指标构成。中国社科院2008年发布的《中国社会和谐稳定报告》中，使用了社会和谐稳定的总体判断、财富分配和消费差距问题感受、生活压力和社会问题感受、公平感、阶层认同和冲突感知等几个方面的指标设计问卷调查，了解公众对社会和谐稳定形势的主观感受（李培林，2008）。考虑到各个地区社会发展水平不同、社会矛盾的具体表现方式不一，根据实际情况制定"和谐社会"监测体系显得十分重要。我们对社会和谐度的调查共涉及对社会形势的判断、收入和阶层状况、社会公平和社会问题、社会交往和生态环境五个大类，共20个具体指标。

我们选取杭州、上海、武汉、沈阳、西安、成都、银川、兰州、天水、合作等10个代表城市进行了调查。调查按随机抽样的原则，采取多阶段抽样的方法。横向分析主要以城市居民的社会客观物质基础、个人的主观认识（意识）为辅助分析手段。由于本次调查城市的选取未采用随机抽样原则，因此调查结果仅反映被调查城市的社会和谐状况，不具有代表性，不能用来推论全国其他城市的相关状况。研究者仅通过本调查希望对这些被选取的代表城市居民幸福感的总体状况及各个城市居民幸福感的基本状况做有限的描述。

我们希望通过对居民社会和谐感受和幸福感的主观调查分析来更好地说明生态城市建设中公众意识和公众参与的重要意义，探讨生态城市建设与构建社会主义和谐社会目标之间的密切关系。

1. 总体样本构成

本次调查在10所城市共完成结构式问卷3724份，总体样本分布如下：性别结构：被调查者中男性共占50.7%，女性共占49.3%。年龄构成：被访者平均年龄为37岁。民族：被调查者中汉族占91.6%，回族占5%，藏族占1.1%，其他民族累计占2.4%。户籍：由于本次调查是在城市范围内进行，以城市中常住人口（居住半年以上）为调查对象，因此被调查者中城市户口的比例较高，占76.5%，农村户口的占23.5%。文化程度：被调查对象的文化程度分布见图1。

职业分布：本次调查中被访者包括了各种常见的职业类型，分布较为均匀（农业劳动者除外），能够较好地代表城市各职业阶层的感受。（详见图2）

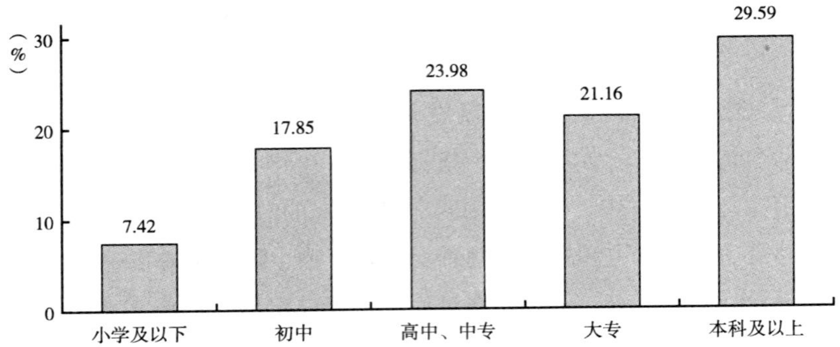

图1　文化程度

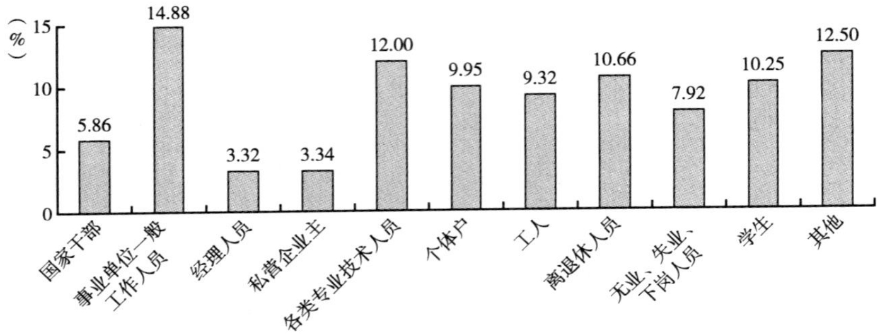

图2　职业阶层分布

2. 社会和谐度

被调查的十城市居民对社会和谐总体状况的满意程度和对社会稳定程度相对较为乐观，两者的满意率均达到50%以上。对于社会公平状况，市民的总体满意率相对较低，只有沈阳和银川超过50%，其他城市均低于50%。对于影响社会公平的一些突出矛盾，我们在调查中针对城乡收入、社会保障水平、受教育机会、就业机会和社会参与五个方面向被访者提问，试图了解市民对上述问题的主观感受。结果显示，社会公平状况不容乐观，各项满意率均偏低，且各被调查城市均反映出比较一致的结果。其中，受教育机会的公平程度相对较高，而市民普遍认为最不公平的两项是城乡收入和就业机会，各城市中认为公平的市民比例均不超过30%。总体看来，市民对我国现阶段社会发展过程中的社会不公正现象有较强的感知度和不满意情绪，而对社会的整体和谐状况和稳定形式相对较乐观、较满意，认为社会总体形势向好。

表4　十城市社会和谐度主观评价结果统计表

指标		单位比例	上海	杭州	武汉	沈阳	西安	成都	兰州	银川	天水	合作
1. 总体社会和谐状况认可度		%	52.7	70.3	61.2	66.5	58.9	82.9	61.7	76.6	57	63.7
2. 总体社会公平认可度		%	31	41.9	38.2	52	36.6	46.4	38.4	51.6	33.5	44.9
3. 社会稳定认可程度		%	67.2	74.3	69.2	74.1	72.8	91.4	74.1	85.5	73.2	59.7
4. 社会治安满意度		%	53.3	58.6	36.4	47.5	34.2	55.3	33.9	51.6	31.8	43.8
5. 政府执政能力认可度		%	34.4	38.3	23.8	29.4	22.3	40.9	24	24	20.3	32.6
6. 社会保障满意度	6.1 医疗保障	%	33.4	45	39.4	46.1	37.5	56.9	45.7	49.8	46.9	53.7
	6.2 养老保障	%	32.1	44.4	38.9	30.2	35.8	55.5	41	50	34.2	30.1
	6.3 工伤保险	%	23.3	35.4	30	26.8	24.4	41.4	25.1	27.4	22.3	15.1
	6.4 失业保险	%	19	30.5	25.9	21.9	19.6	38.5	15.6	21.1	25.3	10.4
7. 问题严重程度评分	7.1 贫富差距	得分（按严重程度由小到大给出0~9分）	7.6	7.4	7.5	7	7.6	7.4	7.5	7.3	8	7.9
	7.2 社会风气		6.5	5.9	6	5.7	7	5.8	6.6	5.5	6.9	6.9
	7.3 充分就业		5.8	5.7	6.1	5.6	6.2	5.9	6.7	5.7	7.1	7.2
	7.4 社会治安		5.1	4.9	5.1	5.1	6.1	4.8	5.9	5	6.1	5.9
	7.5 环境保护		6.1	5.4	5.3	5.2	5.9	4.3	6.3	4.8	6.3	5.9
	7.6 医疗卫生		5.9	5.2	5.4	5.1	5.8	4.4	5.7	5.2	6.4	5.8
	7.7 贪污腐败		8.1	7.5	7	6	7.8	6.2	8	7.2	8	8.2
	7.8 社会诚信		6.7	6.4	6.1	5.3	6.8	5.7	6.5	5.8	6.7	6.9
	7.9 住房问题		7.4	7.1	6.4	5.9	7	7.1	7.2	6.4	7.8	7.2
8. 社会公平	8.1 城乡收入	%（认为公平的被调查者比例）	16.7	19.2	19.3	24.7	15.9	22.1	17.3	30.1	20.4	33
	8.2 社会保障水平		19.3	21.4	19.4	21.7	14.9	29.6	18.6	31.4	20.6	26.6
	8.3 受教育机会		39.3	30.6	34.8	36.5	40.2	31.6	36	44.6	43.5	37.6
	8.4 就业机会		20.7	17.8	22.1	22.8	13.5	24.4	13.8	29.4	16.3	13.9
	8.5 社会参与		17.4	17.3	25	24.4	14.9	22.6	17.2	19.5	17.9	13.8
9. 生态环境满意度		%	39	63.3	35.9	46.5	49	57.4	26.1	67.2	48.7	50.8
10. 空气污染程度	a. 严重	%	54.9	47.2	57.9	44.2	52.3	41.8	82.8	25.1	30.4	32
	b. 不严重	%	45.1	52.8	42.1	55.8	47.7	58.2	17.2	74.9	69.6	68
11. 城市主要河流湖泊水质	a. 好	%	4	8	8.2	11.4	4.4	15.8	9.7	7.6	13.8	12.2
	b. 差	%	47.8	31.7	34.7	40.5	41	34.7	47.2	28.7	42.3	38.3
12. 公共绿地面积	a. 多	%	43.6	57.6	31.2	33.6	38.3	35.7	16.9	35.3	37.5	42
	b. 少	%	56.4	42.4	68.8	66.4	61.7	64.3	83.1	64.7	62.5	58
13. 节约用水居民的比例		%	83.5	83.8	83.2	84.7	90.2	77.6	88	85.8	72.8	88
14. 城市规划合理度		%	64.9	67.6	49.7	66.1	60.2	75.6	35	66.1	52.6	55.1

续表

指标 \ 城市		单位比例	上海	杭州	武汉	沈阳	西安	成都	兰州	银川	天水	合作
15. 城市知名度	a. 高	%	91	93.4	65.9	69.1	82.6	84.8	25.9	48.9	36.4	21.9
	b. 低	%	9	6.6	34.1	30.9	17.3	15.2	74.1	51.1	63.6	78.1

资料来源：本表数据来源于本课题中社会和谐度十城市抽样调查，测量市民对社会和谐度的主观评价。表中满意度、认可度等百分比值代表被调查者中对某项指标表示满意或认可等态度的人数在总样本中的百分比；得分代表被调查者对某一指标态度的主观评分的平均值。

社会保障机制是一个社会发展的“安全阀”，是体现社会公平的重要手段。国家在经济建设发展的同时也在不断提高社会保障水平、增加覆盖面，使更多的人享受到社会发展的成果，保障广大群众的最基本利益。在社会保障各方面，各城市市民普遍对工伤保险和失业保险的满意率相对较低，而对医疗保障和养老保障的满意度相对略高，这从某种程度上体现了我国政府近年来着力解决城乡居民的养老问题和医疗问题所收到的成效。

对于当地政府的执政能力，各被访城市的居民普遍表现出不满，除成都略高于40%外，其他城市均低于40%。社会治安方面，各城市市民的满意度差别较大，其中满意度超过50%的城市由高到低分别是杭州、成都、上海和银川，而满意度最低的城市是兰州和天水，分别为33.9%和31.8%。

在调查中，我们针对目前较为突出的社会问题了解市民的感受，要求被访者对列出的九类社会问题严重程度给出评分。调查结果显示，在十个被调查城市中，市民对社会问题的感受相当一致。首先，除成都外，其他各城市对各项社会问题的严重程度评分均超过5分；其次，各城市市民所感受的最严重的几项社会问题高度统一，不同城市的得分前三项都集中在贪污腐败、贫富差距和住房问题上。在调查中，我们询问了市民对“所在城市各阶层之间的收入差距”的感知度，十所城市市民的感受趋于一致，认为差距“比较大”或“非常大”的比例在沈阳、天水和合作均超过80%，而其他城市均超过90%。同时，总体上有超过半数的被访者认为这种贫富差距是不合理的。这说明当前社会形势下，这几项社会问题被老百姓普遍地感受到，且严重程度堪忧，是当前社会主义和谐社会建设过程中面临的巨大挑战和亟须着力解决的问题。

在社会交往方面，调查结果显示，市民的社会交往主要以情感关系为基础的初级群体为主，另外业缘关系的同事间交往也较为频繁。相反，以地缘关系为纽带的邻里之间的交往显得相对疏离，从目前我国建设和打造和谐社区的角度来看，这也许是一个不小的挑战。从城市之间的差异比较来看，被调查城市中的两所地级市合作和天水，其社会交往明显比其他直辖市或省会城市活跃，与初级群体和次级群体的交往频率都相对较高。而经济社会发展程度较高的上海市，其社会交往的程度总体上比其他城市低，从某种程度上反映了现代社会所造成的人与人之间的疏离感和商品化的理性交往形式。

表5　十城市社会交往度量化表

城市＼群体	亲戚	朋友	邻居	同事	同学
上海	4.3	5.3	2.2	5.1	3.6
杭州	5.2	5.8	2.5	4.7	4.2
武汉	5.9	5.3	3.5	4.8	2.8
沈阳	5.8	6	4.2	3.9	5
西安	5.5	6.6	2.7	5.8	4.8
成都	5.4	6.5	2.8	5	2.5
兰州	5.6	6.3	2.9	4.9	4
银川	5.2	6	2.8	4.4	3.3
天水	6.2	6.7	4	5.4	4.2
合作	7.3	7	4.1	5.5	5

关于生态环境方面，本次调查选取了总体满意度、空气污染、水质、公共绿地面积、城市规划等几方面的指标测量市民的主观态度。结果显示，总体上市民对生态环境的满意度较高，但城市之间差距较大。其中满意度较高的城市依次是银川、杭州、成都和合作，满意度均高于50%；满意度居中的城市依次是西安、天水和沈阳，均超过40%；而生态环境最差的城市是兰州，满意率只有26.1%，其次是武汉和上海，均在40%以下。

城市空气污染、水污染是工业化、现代化发展过程产生的对环境的破坏。污染不仅给生态环境带来了破坏力，而且还制约了经济和社会的协调发展，减缓了建设和谐社会的进程。关于空气污染，被调查城市的市民都有一定的认知，相比较而言，银川、天水、合作三所城市的空气污染程度较低，市民的满意度在

70%左右；在被调查城市当中，兰州的空气污染情况最为严重，市民满意度仅为17%；其他城市满意度均在40%～50%左右。相比空气污染，市民对水环境污染更加敏感，十所被调查城市居民认为当地自然水源水质好的比例均在16%以下。

公共绿地面积的多少，是衡量一个城市生态环境好坏的重要标准之一。我国城镇人均公共绿地面积总体上相对较少，并存在严重的地区差异。调查显示，兰州市认为当地公共绿地面积较少的居民高达83%，上海和合作均高于50%，其他城市高于60%，只有杭州市低于50%。城市规划合理度方面，只有武汉和兰州的满意率低于50%，其他城市满意的被访者均占50%以上。

总体来讲，被调查的十所城市地域差异较大、城市类型各异，有经济社会发展处于领先的国际大都市、也有西部地区发展相对滞后的城市；有直辖市和省会城市，也有天水、合作等地级市。根据调查呈现的结果，居住在不同类型城市的市民对社会和谐的主观感受既有共性，在某些方面也体现出一些差异性。随着社会进步和发展的步伐不断加快，社会结构更加开放、信息传播更加快速和无障碍、社会流动不断加剧，不同城市的居民对于社会整体状况的感知趋向于同步、对具有普遍性的社会现象和社会问题必然有较一致的认识。当然，另外一方面，地区发展水平差异，居民生活工作状况、生态环境等客观差距的存在，必然会使人们的主观感受有所差距。衡量一个地区的社会和谐度，应从主客观两方面综合各类指标进行比较研究，但由于本调查时间仓促，加之研究者水平所限，未能从以上综合角度来考察城市之间和谐度的差异及其影响因素，未尽之处，请给予指正，以期在后续的研究当中弥补不足。

3. 市民幸福感

通过对十城市居民主观态度的测量，我们试图从物质和精神生活的满意程度、心理压力和适应性、对社会现象的敏感度等几个方面窥探市民的幸福感，虽不能全面完整地说明问题，但试图通过相关指标测量其主观感受，反映生态城市建设过程中的公众意识，可以为更好地完成社会主义和谐社会建设任务给出一定的依据。

调查数据显示，十所被调查城市的家庭平均居住面积均超过60平方米，其中杭州、成都、天水的平均面积超过90平方米。而对于住房的满意程度，沈阳、成都较高，均超过50%，上海和武汉较低，均在30%左右，其他城市在40%左右。

子女教育费用开支在当前城市居民消费支出中占很大比例，针对子女教育消费，我们向被访者询问了年均开支和负担情况，绝大多数城市的市民表示该项开支是较大的家庭负担，但各城市差别较大，并且与开支金额没有明显相关关系。如开支额最大的城市为杭州年均13269元，而居民认为负担重的仅有23%，在所有城市中最低；相反开支额最低的合作市，认为负担重的居民比例高达54.9%，说明对于教育负担的主观感受有可能与当地的经济社会发展水平、居民收入水平及教育观念等其他因素有关。

表6　十城市市民幸福感结果统计表

指标＼城市		计量单位	上海	杭州	武汉	沈阳	西安	成都	兰州	银川	天水	合作
1. 家庭平均居住面积		平方米	70.4	91.1	66.3	68.9	86.7	95.4	78	86.3	91.8	75.5
2. 年均子女教育投入费用		元	9875	13269	7819	12558	9739	8486	10709	7162	5799	5660
3. 教育费用负担很重		%	41	23	41	34.2	38.6	40.4	45	24.8	42	54.9
4. 住房满意程度		%	31.4	41.3	29.1	53.2	41.5	56.2	40.2	41.9	42.5	43.8
5. 家庭生活总体满意度		%	47.6	53.2	42.4	62	64.5	63.9	57.3	59.4	55.7	64.7
6. 公共交通状况满意程度		%	82.7	67.4	58.2	80.4	63	82.4	59.1	84.8	60.4	71.7
7. 职业满意度		%	33.9	36.3	26	35.8	46.7	44.6	43.9	43.9	37.8	42.7
8. 工作单位满意度		%	31.3	31.3	26	37.3	40.3	43.7	42.6	42.6	36.8	40.3
9. 工作价值认可度		%	39.8	38.8	34.8	50.8	54.4	46.9	46	48.3	45.2	50
10. 生活节奏	a. 快	%	47.1	30.4	33.3	35.5	46.1	29.1	41	34.9	51	40.5
	b. 慢	%	9.7	19.3	19.6	21.8	16.4	29.6	16.6	24.2	13.4	17.8
11. 态度量表简表（统计值为对右侧各项陈述表示赞同的人数在总体中的百分比）	11.1 这几年全球发生的自然灾害会威胁到每个人	%	74.6	66.7	64.3	75.8	76.3	64	71.6	71.1	59.1	63.8
	11.2 我国近期发生的自然灾害会威胁到每个人	%	69.9	71.6	68	82.8	79.6	65.6	71.8	73.5	73.4	64.8
	11.3 食品安全问题会威胁到每个人	%	76.9	83.3	82.8	88.3	89	83.7	78.6	90.7	74.8	64.1

续表

指标		计量单位	上海	杭州	武汉	沈阳	西安	成都	兰州	银川	天水	合作
11. 态度量表简表（统计值为对右侧各项陈述表示赞同的人数在总体中的百分比）	11.4 现在的社会风气同几年前相比相差太远	%	74.1	74.3	56	70	76	55.7	72.2	52	80.5	78.9
	11.5 国家经济形势会越来越好	%	73.9	77.2	83.4	82.7	80.7	84.1	79.6	89.8	70.7	80.4
	11.6 我很少感到孤独	%	60.3	64.1	50	61.9	62.7	62.8	65.4	58.1	45.7	47.8
	11.7 我很少被人夸奖	%	42.6	48	33.5	41	41	30	46.2	31.7	53.3	36.1
	11.8 做事情时我常感到力不从心	%	41.2	47.8	35.4	46.7	42.5	25.9	52.4	42.5	56.5	42.9
	11.9 我曾经想过自杀	%	5.4	12.9	12.1	13.5	10.5	10.3	16.4	14.7	21.7	18.1
	11.10 搬到一个陌生的地方我会有些害怕	%	27.9	32.7	31.1	44.2	20.4	22.6	32	18.6	43.7	36.5
	11.11 我的生活与所期望的大致相符	%	49	52.4	39.7	60.6	55	42	50.4	46	46.7	36.8
	11.12 我感到自己很难适应当前社会的竞争	%	32.7	15.5	32.9	35.7	27.7	23	40.3	35.2	51.7	44.5
	11.13 现代社会给人们提供的出路越来越多	%	70.7	67	65.5	79.8	71.1	82.6	64.7	77	59.8	73.5

资料来源：本表数据来源于本课题中市民幸福感十城市抽样调查，测量市民的主观幸福感。表中满意度、认可度等百分比取值代表被调查者中对某项指标表示满意或认可等态度的人数在总样本中的百分比。

改革开放以来，中国的经济社会发展取得了巨大成就，物质条件不断改善，生活水平不断提高，社会结构更加开放，人民生活更加安定。在调查中，各城市的被访市民对目前的家庭生活水平总体上满意程度较高，除上海和武汉低于50%外，其他城市均高于50%，沈阳、西安、成都和合作均超过60%。公共交通方面，市民的满意度也较高，但城市之间差异较明显，这与城市建设和发展速度有直接关系。

对于工作和职业的满意度，总体上市民的满意度不高，各城市的满意率均在30%和40%左右。现代社会趋于更加开放，但对多数人来说，从事何种职业和在哪家单位工作更多的时候是出于被动或物质化的理性选择，而单纯的热爱程度和满意程度却相应地在降低。另外，十所城市中的被访者对于工作和职业的满意程度差异不显著，表现出相对较高的一致性。说明城市发展水平、平均收入等客观因素对职业主观评价的影响并不显著。

现代社会生活带给人们的不仅是经济发展、物质生活水平的提升，同时还有生活压力和焦虑感，而消极情绪发生的频率和程度会在很大程度上影响主观的幸福感。在调查中，有相当大比例的被访者存在孤独感、感到力不从心，甚至有过自杀的念头。在十所城市中，除上海外其他城市居民有过自杀念头的人均超过10%。

对于当前社会发展过程中存在的问题和暴露出的一些矛盾，市民们普遍有较敏感的认知。如对于社会风气，被访者普遍认为比前几年有所下降，比例也均超过50%。对资源环境的破坏和生态环境的恶化是人类在过去几个世纪以来掠夺式开发和发展过程中付出的惨痛代价，因而可持续发展的战略是维持人类与生态系统平衡的必要途径。在调查中我们发现，对近期频繁发生的一些公共安全事件和自然灾害等，市民的敏感度非常高，多数人认为这些事件会危及到我们每个人的生活，诸如食品安全等问题，使公众产生了严重的消极、抵触情绪和不信任感，从而导致心理危机，而公众心理危机会大幅度降低市民的幸福感，成为社会主义和谐社会建设过程中的难题。现代社会流动性增强、社会变革速度加快，仍然有很多人主观上不同程度地难以适应激烈的社会竞争，仍有相当比例的人会对迁移流动感到害怕。但是另一方面，人们又对现代社会的前景充满希望，调查数据显示，对于“现代社会给人们的出路越来越多”的陈述，表示赞同的人在各城市都超过50%，其中成都、沈阳等城市比例在80%左右。

总体上，通过对十城市市民幸福感主观感受的调查，我们发现，不同城市居民的幸福感从主观的角度衡量还是有比较明显的差异。通过对数据的相关分析发现，不同城市的市民对于幸福感的主观感受与该城市经济发展水平或发达程度没有显著的相关性，因此像上海这样的现代化国际大都市市民的幸福感并不显著地高于兰州、天水、合作等西部欠发达城市。但根据调查结果，在同一所城市内，人们的职业、收入或教育背景等因素与幸福感之间有着较明显的相关关系。基本上，收入和受教育程度越高的人幸福感越强，职业声望越高的人也倾向于幸福感越强。

当然，在已有的成熟研究中得到的相关经验证明，幸福指数的测量及比较应该依据一定的理论基础，建立完善的主、客观指标体系，并按照一定的依据进行统计分析综合得出。由于本次研究的条件和水平所限，我们仅就主观感受这一层面进行调查研究，给出数据（由于主观指标权重较难计算，因此数据未加权处理），无法客观地给出各城市的幸福指数评分或排名，请读者谅解，客观指标的收集和量化工作期待在后续的工作中补充完善。

（四）提高公众道德意识、加强公众实际参与是生态文明建设的必然要求

在生态文明建设中不仅要进一步强调提高公众道德意识，而且要不断支持和加强公众的实际参与。人作为生态系统中的一分子，无时无刻不受生态环境的影响，也无时无刻不在影响着环境。

第一，公众参与生态环境保护等社会事务，做生态文明建设的主力军，是由环境问题的外部性本质决定的。也就是说，环境问题的形成主要是由人文的因素而不是环境本身原因引起的，所以环境问题解决的途径不能仅仅依靠政府或一部分人，必须由公众都来参与，形成广泛的管理、监督环境保护的条件、氛围和机制。即便以后对污染企业实行污染收费或购买污染费等措施和政策，也要动员广大社会公众积极参与监督检查。20 世纪 70 年代初，周恩来总理就注意到了日本环境公害的惨痛教训，要求全国人民重视环境问题。1984 年 2 月，在中国生态经济学会成立大会上，时任国务院副总理的万里指出：“经济发展关系到每一个人，生态环境也关系到每一个人。因此生态经济问题是一个群众性的问题。”这句话同样适用于当前的生态文明建设。30 多年来，从环保要求进入“基本国策”到“科学发展观”再到“建设生态文明”，充分显示了历代领导人为中华民族高度负责的历史责任感。好的政治理念和法律必须依靠公众来响应，必须依靠公众

参与来落实，必须依靠一套完善的监督机制来贯彻。以人为本，全面、协调、可持续的科学发展观和建设生态文明不仅把生态环境保护摆上了更加突出的位置，而且为公众参与提供了政治保障。

第二，公众参与是民主政治的基本要求，是生态文明目标得以实现的保障。“根据民主理论，参与代表着确定目标及对所有社会问题选择手段的过程。”参与本身不是目标，“而是确定目标、选择优先项目和决定动用何种资财来实现目标的方法”。公众参与就是把自己的需要和愿望传达给政府。因此，“社会目标通过参与来确定，必然会最大限度地分配社会的利益以符合人口需要和愿望。”（林震，2008）生态文明建设不是少数人的乌托邦，而是全社会的共同理想，是最广大人民的根本利益所在，理应由全体人民共同参与来决定。

第三，公众参与是公众不可剥夺的民主权利。公众对生态文明建设的参与涉及公众的环境权问题。公众的环境权包括环境资源利用权、环境信息知情权、环境信息传播权、环境意见表达权、环境决策参与权、环境政策监督权以及环境侵害请求权等，其实质是公众的生存权，属于第四代人权，是权利和义务的辩证统一。公众参与生态环境保护等公共事务也是我国法律法规赋予公民的神圣权利。在《中华人民共和国宪法》中，首先确认了人民参与管理国家事务的权利：“……人民依照法律规定，通过各种途径和形式，管理国家事务，管理经济和文化事务，管理社会事务。”《中华人民共和国环境保护法》第六条规定：“一切单位和个人都有保护环境的义务，并有权对污染和破坏环境的单位和个人进行检举和控告。”《国务院关于环境保护若干问题的决定》中明确规定：“建立公众参与机制，发挥社会团体的作用，鼓励公众参与环境保护工作，检举和揭发各种违反环境保护法律法规的行为。”《水污染防治法》和《建设项目环境保护管理条例》中都规定：“环境影响报告书中，应当有该建设项目所在地单位和居民的意见。”2002 年 10 月 28 日，九届全国人大常委会第 30 次会议通过的《环境影响评价法》（2003 年 9 月 1 日正式实施）第 5 条规定：“国家鼓励有关单位、专家和公众以适当方式参与环境影响评价。”并在第 11 条规定了具体的参与方式：“专项规划的编制机关对可能造成不良环境影响并直接涉及公众权益的规划，应当在该规划草案报送审批前，举行论证会、听证会，或者采取其他形式征求有关单位、专家和公众对环境影响报告书草案的意见。”2006 年，以“圆明园防渗膜事件”为契机，原国家环境保护总局推出了《环境影响评价公众参与暂行办法》；2007

年又出台了《环境信息公开办法（试行）》，以保证公众的环境评价参与权。2009年，国务院颁布了《中华人民共和国政府信息公开条例》，这标志着我国“公民有序政治参与”取得了实质性的进展。我国应继续以此为突破口，建立一套覆盖环保行政许可各领域、各层次的环境信息披露体系和参与制度，用更加具体的制度和更加可行的程序来保证公众对环境事务的有效参与。

环境法上的公众参与，是指公众有权通过一定的程序或途径参与一切与公众环境权益相关的开发决策等活动，并有权受到相应的法律保护和救济，以防止决策的盲目性，使该项决策符合广大公众的切身利益和需要。其目的是促使公众广泛地参与到环境保护的整个过程中，获得公众对与环境相关活动的认可，保护公众利益不受不合理危害或威胁，从而取得经济效益、社会效益和环境效益的协调统一。

正如上述调研结果显示，我国公众，特别是广大青少年的环境权益意识日趋增强，反映了我国社会主义民主与政治文明的进步，反映了可持续科学发展观已逐步深入人心，也反映了中华民族未来的希望。

第四，公众参与也是民主制度下环境保护运动的必然诉求。早在1972年，《人类环境宣言》就强调了公众参与环境保护的重要性，此后许多国际环境立法文件中都开始重视公众参与环境保护问题。1992年联合国环境与发展大会通过的《里约宣言》和《21世纪议程》都把公众参与作为重要的原则予以确定。1998年联合国欧洲经济委员会通过的《奥胡斯公约》把公众在环境决策方面的参与权拓展为三个方面：一是对具体环境活动的决策参与；二是对与环境有关的计划和政策决策的参与；三是对现行行政法规和法律决策及执行过程的参与。《奥胡斯公约》对我国也产生了积极影响，当时就有学者提出了适合我国国情的公众参与途径和方法，如建立公众参与会议制度，完善人大代表、政协委员监督检查制度，建立环境保护问卷调查制度，完善代表提案和群众信访的办理制度，加强环保宣传教育，充分发挥新闻记者的舆论监督作用，明确公众参与是环境决策的必经程序，完善环境状况公布工作，召开环境污染案例听证会和实施政务公开制度等。可喜的是，随着我国民主和法制建设的不断健全，很多设想都已经落实到了具体的法律和制度层面。

从生态环境保护的历史和实践看，公众参与功不可没。世界环保事业的最初推动力量就来自公众。1962年，美国海洋生物学家卡逊发表了著名的《寂静的春天》一书，指出过量使用农药对环境和生物具有巨大破坏作用而成为现代社会环保思想的开端。1970 年 4 月 22 日，美国 2000 万群众参加了环保游行，这一天被称为“地球日”而得到永久性纪念，这是现代环保运动的开端。相对于中国，日本的人口资源压力更大，但却是世界上环保搞得很好的国家。但日本在 20 世纪中叶工业化进程中，也曾经历过一系列严重的环境污染公害事件。当时，日本的环境污染受害市民进行了大规模的法律诉讼，媒体也参加进来追踪报道有关污染事故，日本许多地区还成立了反对环境污染的民间组织对污染企业展开斗争。日本政府进行了一系列的环保立法活动，详细全面地规定了建立生态社会的民主法治机制。经过十年努力，日本初步形成了一个人口、资源、环境、文化相互协调的循环型社会，实现了环境与经济的“双赢”。在这次影响全世界的福岛核泄漏污染事件中，日本社会公众对政府也实行了强有力的监督。这些例子说明，真正治理好环境污染，不仅要靠政府的高效率，还要靠国民的高素质，更重要的是公众参与的民主法制机制的逐步完善。

第五，公众参与环保，潜力巨大，前景可观，大有可为。以节能降耗为例，有专家算过一笔账：如果按照我国办公设备电脑保有量 1600 万台、打印机 1894 万台计算，如果下班没有关闭电源而处于待机状态，全国每年的待机能耗高达 6.38 亿千瓦时。仅此一项就相当于再建一座发电能力 72.8 万千瓦的电站，而且不需任何投资和运行成本。正所谓积沙成塔，集腋成裘，我们每个人的举手之劳，联合起来，都可以成就一项大事业；如果我们每个人在生态文明方面迈出一小步，那么整个社会的生态文明建设就会前进一大步。

第六，公众参与生态环境保护的程度直接体现了一个国家的生态环境保护水平。在西方生态环境保护水平高的国家，公众参与生态环境保护的程度都很强。我国建设生态文明，是一个宏大的命题，涉及产业结构、增长方式、消费模式等各个方面，要求循环经济形成较大规模、可再生能源比重显著上升、主要污染物排放得到有效控制、生态环境质量明显改善、生态文明观念在全社会牢固树立等。而且十七大报告要求我们，必须把建设资源节约型、环境友好型社会放在工业化、现代化发展战略的突出位置，落实到每个单位，每个家庭。这就要求在建设生态文明过程中，社会公众应当发挥主力军作用，不断提高我国环境保护的水平。

第七，公众参与是推进社会主义民主政治的主要内容。在过去的计划经济时代，为做好生态环境保护等公共事务工作，我国一向提倡走群众路线，发动群众出主意想办法。“走群众路线”与现在提倡的“公众参与”的区别在于，走群众路线强调的是政府的领导方法与群众的义务，而公众参与强调的是群众的权利与政府对此权利的保护。就是说，前者属于义务本位，后者属于权利本位。这种权利本位的转变，正是革命党转向执政党后的一种观念转变，也是执政党合法性的重要政治基础。因此，群众有权利理直气壮地参与关系自己切身利益的公共事务，包括维护自身的环境权益，有权利对公共事务过问、咨询、提意见，政府部门不必担心自己的权力会被削弱被监督，不必将这些权力当成禁区而不准群众过问。说到底，官员的权力只是义务，而群众拥有的则是真正的权利。公共事务是为群众服务的，群众只有做好参与工作才能成为公共事务的真正主人。

二　社会公众如何推进生态文明建设

正如前面所述，生态文明建设涉及人与自然、人与社会两方面的建设，是一项非常繁重的系统工程，从各方面看都需要社会公众积极高效的参与才能更好地推进生态文明建设。

许多学者认为，“生态治理”应该作为生态文明建设的核心内容，即“在健康的政治共同体中，政府与社会中介组织，或者民间组织，将公共利益作为最高诉求，通过多元参与，在对话、沟通、交流中，形成关于公共利益的共识，作出符合大多数人利益的合法决策”。也就是说，生态治理的关键不仅在于具体的生态自然环境的修复，在选择治理模式、建设生态文明社会中更需要社会多元主体的合情、合理、合法的参与以形成健康良好的公民社会。所以，社会公众的参与也就不是人们通常认为的群众性的“参加”，而是人民作为政治或政策的主体，以有组织、合法的途径和形式参与到生态文明建设的政策、规划的制订及其实施过程的监督等整个过程中去。

（一）生态治理的模式

中国政府来源于计划经济时代的全能政府，经 30 多年的改革开放和市场经济建设，仍然是中国社会中超级强大的第一方力量。而作为第二方力量的市场和作为公民社会的社会公众及其代表之一的 NGO 组织都还不够成熟和完善。当前阶段可以采取“元治理”理论和“利益相关者”理论的治理模式。待公民社会成熟后，再采取类似欧美发达国家采取的开放平等的治理网络模式。

1. 元治理理论

元治理理论提出，中国生态环境的治理应该是“政府主导，利益相关者参与治理”的治理模式。它认为，政府虽然已经不是权力的全部垄断者，也不掌握全部的权威，但是，它作为当前社会系统中具有较强资源调配能力和利益整合能力的组织，仍然拥有相对庞大的各类资源，它可以为利益相关的多元主体的发展提供基础性支持和服务，甚至在多元主体发生利益冲突时，扮演一个不可或缺的公平角色。

当今中国社会的多元主体可以理解为政府、市场和作为公民社会的社会公众及其非政府组织 NGO 等。

2. 利益相关者理论

利益相关者词条最早在1708 年被《牛津词典》收录。利益相关者理论最早可以追溯到 1932 年的哈佛法学院的杜德理论，经过发展，后来被弗里曼（Freeman）完善为“利益相关者是能够影响一个组织目标的实现，或者受到一个组织实现其目标过程影响的所有个体和群体”，这个概念将职工、股东、顾客、供应商、政府部门、环境保护主义者等也纳入了利益相关者的范畴。托尼·布莱尔于1996 年1 月在新加坡的演讲中提出了建立“利益相关者经济”，这一理论很快被西方经济管理领域接受并得到发展。他认为“利益相关者管理建立在道德规范的基础上，这些道德规范迫使企业协调好与企业利益相关者和股东的信托关系”。利益相关者理论的三个主要概念是“利益相关者影响”、“利益相关者参与”和“利益相关者共同治理”。

3. 开放平等的治理网络

开放平等的治理网络是指有限权利的政府给予公众尊重，赋予其平等的参与权利，在参与和对话中建立信任，形成多元平等、彼此尊重的治理网络。这种治理网络强调在具体的社会事务规划阶段就动员社会公众广泛参与的优良传统。

（二）社会公众参与生态文明建设的基础和途径

1. 社会公众参与的基础

社会公众只有不断提高自身的生态道德素质才能更好地参与生态文明建

设。首先要继续提高生态文明意识。生态文明意识的高低，决定着生活和生产行为的生态与环境和社会符合的程度。生态文明建设中公民社会建设的最核心内容是改变人们的价值观念、生产和生活方式。因此，全社会的环境保护等道德意识，是构建生态文化，弘扬人与自然和谐相处的价值观，增强全民生态忧患意识、参与意识，形成人与自然和谐相处的生产生活方式的重要保证。要提升全民生态道德意识，使生态环境保护变成自觉行动，就必须在民众中普及生态伦理，培育生态行为、生态良心和生态义务。为此，要不断加强生态道德教育。加强生态道德教育是生态文明建设的伦理支撑和精神动力，是增强生态道德意识、提高生态道德修养、养成良好生态道德行为习惯的重要环节。为此，要发挥各种媒体、教育机构等的道德教化功能，增强民众的环境道德观念和建设生态文明的责任意识。

2. 社会公众参与的途径

我国社会公众参与社会管理的途径和方式当前就有很多。合法的或称作体制内的参与途径至少有以下几种：政治投票和选举，通过各级人大、政协参政议政，信访制度，基层群众自治，行政复议和行政诉讼，社会协商对话制度，通过大众传媒参与政治，通过非政府组织（NGO）参与政治，通过专家学者参与决策咨询，以及公民旁听和听证制度等。尽管我国公众参与的途径和方式多种多样，在我国也出现了许多作为社会公众权益代言人的现代 NGO 组织，但由于受民主政治发展进程的影响，多数情况下人们还是习惯于过去动员式的参加（join）而不是现在意义上的参与（participation）。例如，有人形象地把传统环境保护中的公众参与概括为老三样——放鸟或观鸟、种树、捡垃圾或垃圾分类。当然，还有环保义务劳动和志愿者行动、设立公众举报电话以及日益受到重视的环保问题公众听证会制度等。再者，政府有待继续完善公众参与的机制和法律。如在上海磁悬浮事件中，市民无法从正常的渠道获得有效的答复，只有采取到购物中心集体“散步”的方式展示力量。另外还有公众参与缺乏法制保障的问题。2006 年有关专家就起草好了《公众参与环境保护办法》，却是“只闻楼梯响，不见人下来”。当然，有法可依毕竟是一大进步，但在我国还要解决有法不依、执法不严和违法不究的问题。西方发达国家对生态治理的成功经验证明，完善的法律法规体系是治理成功的共同保障。

国外的体制内参与途径除了选举以外，主要是通过非政府组织（NGO）和利益集团来实现。此外，还存在一些体制外的甚至是“非法”的或称非暴力直接行动（directaction）等参与途径，如绿色和平组织（Greenpeace）的抗议船在海上骚扰商业捕鲸船，“地球第一”（Earth First）等组织实施的为生态而破坏（ecotage）的活动，以及不时出现的生态恐怖主义，如美国的“地球解放阵线”和“动物解放阵线”组织的成员每年制造的破坏汽车和纵火等事件。除非事态严重，政府和市场失灵严重，国外这些体制外的参与途径在我国现阶段是不可能的。这需要社会公众与政府的双方努力，特别是提高社会公众的素质和自律意识，掌握好行动的限度和法律及社会的容忍度。

所以，社会公众推进生态文明建设必须从以下几个方面的工作做起：

首先，我们要通过环境新闻宣传和环境教育，多举办群众性环保参与活动，增强重大环境纪念日宣传活动的群众参与性，把社会公众广泛发动起来。让公众认识到自己的环境权利和公共事务参与权利，使建设生态文明的观念深入社会、深入家庭、深入人心。

其次，我们要加强公众参与政治的路径和机制设置。据一份调查显示，公众并非不关心、不愿参与生态环境保护或是不愿意参与政治，而是公众遇到具体的问题时，不知道参与的途径。对此，应当制定一系列鼓励社会公众参与的规章制度并加强宣传，以此保证公众决策参与权的正确实现。

再次，完善群众监督工作。“知屋漏者在宇下”，群众的眼睛是雪亮的，社会公众的生活质量与生态环境、社会问题息息相关，要通过建立完善监督制度和体制，完善举报电话、信箱等手段完善群众监督工作。

最后，要推进和完善环境和社会问题的公益诉讼。所谓公益诉讼，是指任何公民、社会团体、国家机关为了社会公共利益，都可以自己的名义，向国家司法机关提起诉讼。要将公众日趋增长的环境等权益要求，纳入规范有序的法制管理轨道。

应该指出的是，社会公众参与民主政治，推进生态文明建设的最好方式是以非政府组织 NGO 的体制内参与方式。这样才能较好地避免因环境等社会问题激化社会矛盾，成为社会不和谐因素爆发的导火索。

良好的公众参与制度能够实现政治决策的民主化，使相关活动以最小的代价换取最大的社会和经济回报，既可兼顾代内公平又顾及代际公平，这样才能够很好地实现人与人和人与自然两方面的和谐发展。

建设生态文明，是一项宏大的系统工程，不是哪个部门、哪个行业靠单打独斗能够解决问题的，以后也会遇到更多、更大的艰难险阻。我们要积极探索中国共产党领导下的包容性民主或协商民主的可能性。社会问题，特别是环保事业，应该是最无私的人所从事的最无私的事业，需要越来越多无私的人做出更多无私的奉献。这就特别需要社会公众认识到自己和大众的政治权益和环境等社会权益，积极行动起来，在努力提高自身素质的同时，以坚忍不拔的毅力积极投入到光荣而艰巨的生态文明建设中去。

参考文献

[1] 郭莲：《中国公众近年价值观的变化》，《学习论坛》2010 年第 10 期，第61～64 页。

[2] 洪富艳：《生态文明与中国生态治理模式创新》，中国致公出版社，2011 年第 4 期。

[3] 胡连生：《从物质主义到后物质主义——现代西方社会价值理念的转向》，《当代世界与社会主义》（双月刊）2006 年第 2 期。

[4] 俞可平、王颖：《公民社会的兴起与政府善治》，《中国改革》2001 年第 6 期。

[5] 林震：《生态文明建设中的公众参与》，《南京林业大学学报（人文社会科学版）》，2008。

[6] 郭健：《转型期中国公民社会成长模式探析》，《厦门特区党校学报》2010 年第 5 期。

[7] 薛晓源、陈家刚：《从生态启蒙到生态治理》，载薛晓源、李惠斌：《生态文明研究前沿报告》，华东师范大学出版社，2007，第 44～45 页。

[8] 刘文仲：《公众参与环保有新途径》，《中国环境报》1998 年 11 月 19 日。

[9] 曹荣湘：《建设生态文明，政府职能需四变》，《领导之友》2010 年第 3 期。

[10] 国家环保总局副局长潘岳：《社会公众是生态文明建设的主力军》，在“地球奖 2007 年度论坛”上的讲话，2007 年 11 月 14 日 3:51，来源：人民网—汽车频道。

G.18

生态文明建设的区域与国际合作

郑小平　陆洋

摘　要： 生态文明作为工业文明的替代力量正在逐步兴起，注重复合生态整体效益的发展模式，必将在区域合作中注入新的内涵，因此，必须认真借鉴生态文明在区域发展中的成功经验，明确区域合作的新路径。区域的生态环境可以影响到相邻区域的经济发展和生态环境状况，因此，区域生态环境的改善，不仅取决于区域内部的因素，还有赖于区域之间的生态合作。

关键词： 生态文明　区域分工与合作　区域补偿机制

一　生态文明建设的区域合作

生态环境问题不仅具有明显的区域特征，还具有累积性和动态变化性。由于自然地理状况、经济发展状况不同，各地区生态环境问题的形成过程和演变机制存在较大的差异性，因此其进行生态保护的意愿并不相同。生态环境问题又具有明显的整体性和外部性，区域的生态链紧密相连，彼此之间生态环境的依存度高。一个区域的生态环境可以影响到相邻区域的经济发展和生态环境状况，上游如果水污染了，下游同样遭殃。因此，区域生态环境的改善，不仅取决于区域内部的因素，还有赖于区域之间的生态合作。

建设生态文明，不同于传统意义上的污染控制和生态恢复，而是克服工业文明弊端，探索资源节约型、环境友好型发展道路的过程。环境系统和经济系统的耦合协调发展是实现可持续发展的核心。由于我国巨大的人口基数和经济规模，各省市要共同坚持和履行“优势互补、平等互利、合作共赢、共同发展”的原则，共同正视合作发展中的环境因素，积极实施多层次、多形式合作，促进区域经济一体化，在合作中实现协同发展和可持续发展。

（一）区域发展理论

区域发展的理论，先由德国经济学家阿尔弗雷德·韦伯等建立起初步框架，后经美国经济学家 E. M. 胡弗等人的努力，在 20 世纪 30 年代初成为一门较完整的学科。沃尔特·艾萨德也是区域科学的创始人之一，发表过大量关于区域经济的著作。1955 年，法国经济学家 F. 佩鲁提出生长极的概念，后来逐渐发展成生长极理论。

按照区域发展的初期理论，区域经济发展要研究三个基本要素：自然资源优势、集中经济和运输成本。由这三个要素催动区域内主导产业的形成，产业结构的布局，产业之间的相互联系和依赖，生活服务设施的配套，交通运输工具的选择和线路安排等。要素不同会导致区域与区域、甚至区域内部经济结构的不同。区域发展具有以下基本特点：

1. 区域内经济依赖与冲突

区域经济是一个开放的系统，因此任何区域内的小区或城市都会与其他小区或城市发生经济联系，这是现代区域经济发展的必要条件。它们之间的相互联系、交流和作用，一方面能够使相关小区或城市加强联系，互通有无，拓展发展的空间，获得更多的发展机会；另一方面又会引起小区或城市之间对资源、要素、发展机会等的竞争，并有可能对整个区域造成伤害。

2. 区域分工与合作

区域内的分工与合作是区域内经济联系的一种形式，由于区域内各小区或城市之间相互竞争，争夺资源，而同时又相互依赖，互为补充，有机地构成一个整体，因此才产生了区域内分工与合作。区域内的分工与合作是为了更好地实现各小区或城市之间资源的有效配置，发挥自身优势，避免过度竞争，实现区域内各小区或城市间的协调发展。

区域内合作是专业化分工的前提。在区域内分工的深化过程中，区域内经济发展的专业化倾向日益突出，相互依赖程度也随之加深，没有哪个小区或城市能够独立满足社会生活各方面的需求。因此，为了满足各自的需求，区域内的专业化分工必然要求合作，在“自愿平等，互惠互利，优势互补，相互协调”的原则上，寻求共同发展。区域合作包括了区域内的要素自由流动、建立共同市场、建立经济联合组织、协调资源开发、合理保护环境、协调经济发展政策、共同维护经济秩序、保持经济的稳定性等。

3. 区域差异与协调

区域内经济差异是区域发展过程中的一种普遍现象，它的存在和变化对区域经济和社会发展等诸多方面都会产生直接和间接的影响。区域经济差异是指一定时期内，区域内人均意义上经济发展水平的不平衡现象，一般可以用人均国民生产总值、人均国内生产总值等指标来衡量。这一概念是总体上的人均差异，避免了区域内各小区或城市在地域面积、人口规模方面差异的影响。

4. 区域生态经济

区域生态经济学着重从区域人口、资源、环境的整体作用上，探索区域社会物质生产所依赖的区域社会经济系统与区域自然生态系统的相互关系，其中包括发展区域经济和保护环境的相互关系、利用区域自然资源和维护区域生态平衡的相互关系，以及区域生产活动的社会经济效益和环境生态效益的相互关系。区域生态经济学的研究目的是通过对上述各种关系的研究，把握其中的客观规律性，建立区域经济系统中的还原因子，即建立生态产业或静脉产业构成循环，从而指导区域社会经济在生态平衡的基础上，实现可持续发展。

（二）区域间多样化的补偿机制

《国务院关于落实科学发展观加强环境保护的决定》明确提出，“要完善生态补偿政策，尽快建立生态补偿机制。中央和地方财政转移支付应考虑生态补偿因素，国家和地方可分别开展生态补偿试点。”《国务院2007年工作要点》已将“加快建立生态环境补偿机制”列为抓好节能减排工作的重要任务。建立和完善生态补偿机制，已经从社会呼吁、科学研究阶段发展到政府操作、试点实施阶段。

生态补偿机制是以保护生态环境、促进人与自然和谐为目的，根据生态系统服务价值、生态保护成本、发展机会成本，综合运用行政和市场手段，调整生态环境保护和建设相关各方之间利益关系的环境经济政策。

1. 补偿主体多样化

补偿主体是指筹集资金、实施补偿的组织机构。只有实行补偿主体多样化，才能构建起完善的区域生态补偿网络。为此，一要坚持以政府部门，如民政局、财政局、环保局等作为区域生态补偿的主导力量；二要动员区域金融事业单位介入区域补偿网络，打破区域金融“肥水不流外人田”的落后观念；三要推动民间组织、环保社团、民间基金会等社会力量加盟区域补偿网络；最后，政府部门、事业单位及民间组织还要加强合作，形成区域生态补偿的联合体。

2. 资金来源多样化

一是开展区域间的生态融资。生态融资可分为三大类型：自然资本融资、人造资本融资和人力资本融资。每一类型融资，又可分为众多的融资方式。生态融资方式丰富多彩，常见的有：借款、集款、贷款、债券、股票、租赁、BOT 融资、投资基金等。如果生态融资进入资本二级市场，运用金融远期、金融期货、金融期权、金融互换以及其他新兴金融衍生工具进行融资，那么生态融资方式将更多。二是开征生态税。政府可以征收生态补偿费和生态补偿税，建立生态补偿基金，作为生态补偿资金的一个重要和稳定的来源。三是财政补偿。应逐步建立国家财政补偿同区域内财政补偿及部门补偿相结合的补偿机制。四是市场化补偿。建立市场机制促进补偿。如：建立排污权交易市场，促进企业之间的相互补贴；五是社会化补偿。建立生态补偿捐助机构，接受来自社会的各种捐赠；发行生态补偿彩票等，从多方位进行资金筹措。

3. 区域间补偿方式多样化

随着生态建设广泛深入开展，市场体系逐步健全，市场发育日趋成熟，新的补偿形式将层出不穷，更加丰富多彩。这样，不同的补偿方式尽可能自由组合，形成众多的新补偿方式；同时，补偿方式和补偿组合方式不断创新。总的来说，区域间要加强以下几种补偿方式：一是要落实好政策补偿。生态效益受益地要制定有关政策来作为对生态效益产出地实施补偿的制度保障。二是资金补偿。生态效益受益地对生态效益产出地实施财政转移支付。三是智力补偿。补偿者开展智力服务，提供无偿技术咨询和指导，培养受补偿地区或群体的技术人才和管理人才，输送各类专业人才，提高受补偿者生产技能、技术含量和管理组织水平。同时，还要加强各种补偿方式之间的相互匹配与组合，使区域间生态补偿方式多样化。

（三）区域循环经济与合作

循环经济本质上是一种生态经济，是生态经济现阶段的实现形式。区域循环经济不能背离区域发展的规律，必须与区域经济规律相一致。区域循环经济又须按照自然界的生态循环原则，以物质和能量的自然流动为基线，构造其产业结构，促进物质资源的循环。

区域循环经济是在区域经济市场机制作用下，按生态循环原则，以物质和能量的自然流动为基线，构造其产业结构，促进物质资源循环的经济形式。它在企业、园区和城市实现了循环经济的基础上，主要通过强化区域联动，构造合理的产业结构，依照科学的产业政策对国际资本投资的地区和产业等进行引导，以优化生产结构、流通结构和投资结构等，完成区域间上下游产业的耦合，形成区域内协调有序的产业链。

因此，跨区域的循环经济项目必须通过区域性合作才能完成，通过加强环境与资源监测的科学化、信息化和网络化建设，按照循环经济模式进一步提升资源型产业，从而实现生态产业的集聚效应和递延效应，这也是区域资源再利用、建设节约型社会、调整区域产业结构以及完善区域经济合作体制的客观需要。

1. 区域内再资源化的需要

发展循环经济是实现区域可持续发展的重要途径。要实现经济的可持续发展，必须自觉地将环境资源因素纳入到经济增长体系之中，走经济发展与资源环境相互协调、经济效益和环境效益同步提高的生态型、环保型经济增长之路。区域循环经济同样以资源利用最大化、废物排放最小化和经济活动生态化为根本目标，强调在物质循环利用的基础上发展经济，促进自然资源的循环使用和循环替代。常常存在这种情况，某一企业、园区、城市的废弃物在异地可成为被再度利用的资源，比如说，炼铁的残渣、矿泥、粉尘、化工下脚料等可以在异地成为水泥、肥料、铺路、提取稀有金属的原料，使这些废料在区域层面再资源化。如果不利用、甚至花高额成本治理这些废料就会造成极大浪费，违背循环经济的基本要求。而由于信息不对称，不能循环利用资源的情况经常发生。因此加强区域间的信息发布、合作，对促进循环经济在区域层面的发展有必要性和可行性。通过废弃物的有效利用，能够达到少排放甚至零排放的目的，推动经济的低代价增长，实现经济与资源、环境的协调发展。

2. 循环经济规模效益的需要

集约型增长方式以更高的效率促进工业增长。同样，对废弃物的再资源化也需要以集约型增长的方式加以处理，以较低的成本达到有效利用的目的。有些问题在企业、园区、城市层面难以解决，需要在区域层次上解决才更有效率。比如说，生活垃圾的处理和电子废弃物的回收，单靠在一个城市建一个处理厂（特别是中小城市）是不经济的，必须在整个区域进行处理才能因规模经济而获得相应的效益。在某些领域，只有整个区域范围实行循环经济，才具有经济上的合理性和推动项目实施的可行性。

3. 区域内平衡发展的需要

从宏观层次看，由于区域内发展必然存在不平衡，各地推进循环经济的能力有差异，尤其在经济相对落后的地区，受就业、地方财政收入、群众生活需求等因素的制约，污染无法有效治理、资源不能防止过度开采。这些问题落后地区自身难以解决，需要通过整个区域的统筹才能获得较好的结果。这时，发达的大城市有责任帮助落后地区开展循环经济，促进整个区域循环经济的平衡发展。发达的大城市通过加强生态保护、开发旅游资源、调整产业结构、培训人才、对口就业安置等方式帮助落后地区发展循环经济，反过来也能对大城市的产业结构调整起到积极作用，并保持和增强区域环境资源优势，实现双赢。

4. 落实重大循环经济措施的需要

随着经济发展水平的提高，资源浪费、环境污染等一系列严重的社会经济问题不断凸显。中国是资源消费大国，更是资源浪费大国，资源的使用效率只有世界发达国家的三分之一。某些资源的循环利用问题、环境保护问题，单在一个城市解决效果并不明显，需要整个区域乃至全社会达成共识、联合行动才能取得较好的效果。比如说白色垃圾问题、过度包装问题、一次性产品等问题，只在某一城市解决是不彻底的，只有点的突破，没有面的推广，就不可能持久。只有整个区域乃至全社会长期的共同行动，才可能取得区域内甚至全社会的实际成果。

5. 解决区域性项目的需要

有些循环经济项目本身就是跨区域的，单一城市无法解决，必须从区域层面进行协调处理。比如说，为治理沙漠化的防护林带、淮河流域治理、长江流域治理、黄河流域治理、海洋污染治理、沿海生态保护、国家自然保护区的保护等，没有区域内各地政府和企业的共同行动，不可能取得成效。最近一场洪水，使淮河上游5亿吨污染物下泄，给洪泽湖等下游养殖业带来毁灭性打击，更说明我们发展区域型循环经济的必要性。

6. 统一认识，共同促进循环经济发展

发展循环经济所寻求的区域合作模式，决不应该仅仅将目光关注于本地，而应利用区域差异化实现互补性合作的双赢局面。实施循环经济，借助区域合作渠道，既能够有效实现循环经济理念，也能为其他城市和地区的循环经济发展提供一个可资借鉴的模式。各地应按照循环经济发展的要求，加强与周边地区的交流与合作，共同促进区域循环经济的发展。

在区域发展中，通过对国土空间开发与保护进行统筹规划和管治，完善区域城市间的交通基础设施以及城市空间总体布局、产业发展、人口发展等，可以提升生态城市功能，解决经济发展中人与自然的和谐问题。区域内各城市都要根据自身条件和主体功能定位，完善区域管理的制度基础，根据不同城市的特点制定相应的生态文明标准与指标，把生态文明理念贯穿于城乡总体规划、分区规划、详细规划中，选择适合本地区的又好又快发展模式。

7. 加强政府引导，做大循环经济园区

既循环又经济，是区域循环经济发展的根本要求。从企业“小循环”，到行业“中循环”，再到区域“大循环”，构建区域循环经济，是我国的全新尝试。2010年12月24日，我国首个省域循环经济发展规划——《甘肃省循环经济总体规划》获国务院批准实施。覆盖甘肃全省的总投资为2133亿元，用于发展72大类重点支撑项目。2011年3月15日，《青海省柴达木循环经济试验区总体规划》获国务院批准实施，这是国务院批复的第二个区域循环经济总体规划。这个循环经济园区是国内唯一布局在藏区、也是目前世界上最大的循环经济园区。

此次区域循环经济的提出，相比于小区域而言，设计范围远远扩大了。相比于行业循环而言，区域循环的设计大量增加了行业与行业之间的纵横融合，形成行业联动和区域互动，将大大提高规模效应、聚集效应和深加工的能力。将对我国加快经济发展方式转变提供新的动力。区域循环助推西部绿色发展，对于我国在资源丰富、生态环境脆弱地区探索发展循环经济，实现科学发展之路具有重要意义。

表1　甘肃省推广的循环经济先进技术

行业	先进技术	关键作用
钢铁和有色行业	尾矿再选技术	回收尾矿
	生物冶金技术	贫矿资源的开发利用
	选冶药剂的绿色合成技术	污染防治、提高回收率
	冶炼废水治理及回用技术	污染防治、提高回收率
石油化工行业	石棉湿法浮选改性工艺	水的处理、回用
	废旧轮胎低温粉碎制取精细胶粉的技术	资源再利用
	好氧生物处理高含盐废水技术	资源化
	炼油污水回用技术、油田污水处理回注技术	污水处理回收
煤电化工行业	煤泥循环硫化床燃烧固硫技术	工业废水回收利用
	煤石、煤泥综合利用技术	三废治理
	热电联产技术	低热值能源利用
	煤粉强化燃烧及质燃料燃烧技术	能源高效利用
建材及新材料行业	高掺量粉煤灰烧结空心砖(多孔砖)技术	粉煤灰利用
	节能型隧道窑焙烧技术	节能
	新型干法水泥生产技术	资源高效利用、节能
	新型干法水泥纯低温余热发电技术	余热利用
装备制造业	清洁能源开发与电网稳定性技术	清洁能源
	失效零部件修复和废旧机电设备再制造技术	节能、节材
	“电子垃圾”资源化单元技术与设备	资源回收利用
	绿色镀膜成套装备技术	污染防治
生态农业	超声波—大孔树脂提取洋葱黄酮类物质技术	节能、资源再利用
	农业节水技术集成模式建立和推广	农业节水
	厌氧发酵技术及大型沼气池“三沼”综合利用技术	资源回收利用及清洁能源开发利用

资料来源：甘肃省循环经济研究会。

（四）生态旅游区域合作

在中国旅游产业快速发展的背景下，区域旅游合作的浪潮席卷全国。文化作为一种内在的意识，对地区之间的交往和合作有着十分重要的影响。旅游业是一个文化产业和创意产业，作为其专业旅游之一的生态旅游业也一样，要做强、做大、做好本地区的生态旅游业，必须要有超前理念，整合旅游区域资源，打破省、市之间的壁垒，做到优势互补、合作共赢，培育统一有序的文化生产要素市场，构筑区域文化合作平台，以市场化手段促进文化资源的优化配置，通过提炼特色，组成产业集群，提高当地生态旅游品牌的认可度、知名度和美誉度。

生态旅游最初渊源于人们回归大自然的旅游活动。在最初时期是以自然环境为基础的，常常被称为“自然旅游”。由于大自然的基准色是绿色，因此也被称为“绿色旅游”。生态旅游是一个不断发展的概念，其内涵将随着旅游业的发展和人类社会的进步而不断扩大。就目前学术界的研究现状可将生态旅游定义为：以大自然环境作为旅游基础，强调在生态环境得到妥善保护并为旅游地居民谋取利益，且促进大自然和人类社会和谐的前提下，满足旅游者回归自然，追求休憩、娱乐、疗养等需求的旅游方式。

1. 区域生态旅游合作是可持续发展的客观要求

生态旅游的内涵更强调的是对自然景观的保护，是可持续发展的旅游。生态旅游不应以牺牲环境为代价而应与自然和谐，并且必须使当代人享受旅游的自然景观与人文景观的机会与后代人相平等，即不能以牺牲旅游资源为代价，剥夺后代人本应合理地享有同等旅游资源的机会，甚至当代人应在不破坏前人创造的人文景观和自然景观的前提下，为后代人建设和提供新的人文景观。

当前，世界经济进入后金融危机时期，可持续发展已经成为各国各地区的高度共识和共同行动，努力探索经济和旅游的转型发展之路，推动绿色发展、生态发展，加快转变经济发展方式，促进旅游与生物多样性有机融合，提升旅游可持续发展水平，是落实科学发展观的重要举措，也是遵循旅游发展规律，加快旅游综合改革和生态文明建设的必然选择。

坚持可持续发展，注重生态环保，是经济发展的规律，也是各国各地区共同努力的目标。中国是世界旅游大国，自古就有崇尚自然、热爱旅游的传统，天人合一的理念，是促进中国旅游业发展以及人与自然和谐发展的重要精神指引。各国各地区应加强旅游生态保护，促进旅游发展与生态合作，共同走旅游可持续发展之路。

2. 生态旅游区域合作的思路

以最快速度实现信息共享、市场互动、资源互补的旅游一体化合作，对于促进区域内旅游发展具有积极的引导作用。立体式的资源整合包括三个层次的资源，第一层是政策及战略资源，指整个区域旅游合作中的旅游资源，以导向型资源为主；第二层是社区及外部资源，指地方社区参与程度、旅游氛围、外部技术及资金等；第三层是区域内生态旅游资源，指合作区域内整体旅游资源及其分布状况。发展生态旅游促进了产业结构的优化和调整，通过发展生态旅游业替代原来的森林工业、种植业、养殖业，有效地控制了污染和生态硬消耗。

生物多样性及其可持续发展，为加快旅游产业的转型升级，促进旅游生态发展提供了良好的契机。营造绿色环保自然的生态旅游发展氛围，按照科学发展观的要求，坚持以世界眼光谋划和推动旅游发展与生物多样性的有机融合，合理推进旅游资源的开发与保护，加强生态资源的保护，积极推进环境污染的综合治理，努力保护生物多样性，有利于促进旅游业与人口资源环境协调发展。

（五）长株潭现代化生态型城市群建设

生态型城市群建设不是城市化发展过程中的某种改良，而是一场彻底的生态革命，是全新的城市化和城市群发展模式。学习借鉴国际国内生态城市建设的经验，长株潭现代化生态型城市群建设在战略上需突出规划引导、产业支撑、基础先行、环境治理等要点。

1. 按生态型城市群要求提升长株潭城市群规划。

规划是生产力。建设长株潭生态型城市群，要按生态型城市群的要求用生态理念进一步提升，完善《长株潭城市群区域规划》，要对长株潭城市群进行深入的生态调查，并根据其经济社会发展战略、城市群总体规划和国家环保总局颁布的有关生态城市建设的指标，科学确定区域范围、发展目标、建设步骤和政策措施。要按照城市群生态位最优化原则、生物多样性原则、城市群成长性原则、生态承载力原则和复合生态原则，做好长株潭生态型城市群总体规划与详细规划，合理确定经济功能和生态功能、生态资源配置规模和布局，科学指导生态型城市群的建设，把长株潭城市群建设成为人与自然、人与人和谐共生、全面发展、持续繁荣的现代化生态型城市群。要坚持依法保障规划的实施，按照《城市规划法》的要求加大对规划实施的执法监督力度，对违反规划的行为及时查处，依法确保规划的严肃性和权威性。

2. 建立现代化生态型产业支撑体系

现代化生态型产业和“两型”产业是现代化生态型城市群发展的经济基础，要重视规划和政策引导，突出不断创新引领，构建高端产业结构，力争建立支撑生态型城市群发展的产业体系。一是大力发展高新技术产业。依托长株潭国家综合性高技术产业基地，发展生物产业、信息产业、航空航天产业、新材料产业和新能源产业。积极采用高新技术和先进适用技术改造提升传统产业。研制开发生态技术、生态工艺，积极选择“适宜技术”发展生态产业和环保产业，通过技术创新保证发展过程低（无）污、低（无）废、低耗。二是合理优化产业布局。长株潭特大城市增长极，要突出现代装备制造业、高新技术产业、现代物流业、知识密集型业务等产业发展。发挥长株潭产业辐射作用，通过优势互补、产业融合，带动周边城市产业发展，形成大区域产业分工配套体系。衡阳重点发展输变电及专用设备、汽车零部件、盐卤化工等产业；岳阳重点发展石化、造纸、现代物流等产业；益阳重点发展能源与新材料、有色金属深加工、农产品精深加工等产业；常德重点发展卷烟、专用机械、新型建材、食品饮料等产业；娄底重点发展能源原材料、煤化工、专用机械制造等产业。三是大力发展现代生态型服务业。重点推进金霞保税物流园、大托铺、九华、石峰等四大物流园区建设和长株潭烟草物流中心建设；以社会管理创新综合试点、国家移动电子商务示范基地、长沙服务外包基地建设为重点，做大金融、工业设计、商务等生产性服务业；大力实施文化、旅游精品工程，建设国家动漫产业基地、创意设计基地和文化会展基地。四是积极发展现代生态农业。在加强城市群区域内国家大型商品粮基地和优质粮食产业工程县建设的同时，集中抓好蔬菜、水产、花木、茶叶、生猪等优势特色农产品产业带建设，实现区域内产业优化布局和规模化生产，进一步扩张农业骨干企业的辐射力，做大做强农产品加工企业集群，带动和提升全省农业产业化进程。依托城市群提升都市农业的结合力，突出培育休闲农业、生态农业和观光农业。五是积极承接沿海“两型产业”转移。在长株潭城市群全力打造全省承接产业转移的示范基地，争当全省乃至全国承接产业转移的排头兵。

3. 加强生态环境治理

生态环境治理是长株潭生态型城市群建设的重要内容。一是全面实施湘江流域水污染综合整治。狠抓“五个一批”（坚决取缔关停一批违法企业、坚决淘汰退出一批落后企业、坚决停产治理一批污染严重企业、坚决限期治理一批重点污染源、坚决搬迁一批布局不合理企业），坚持综合施策，加大治理投入，加强整治监督，实行严格考核，把湘江流域水污染综合治理作为推进长株潭生态型城市群建设的重要突破口和重要标志来抓，并以此带动全省“两型社会”建设。二是探索重点污染区域治理新方案。清水塘、水口山、竹埠港是湖南省的三大“毒瘤”，当前主要是采取就地治污的做法。根据这些地区污染的严重情况，从国际国内治污经验看，就地治污并非解决污染问题的治本之策。学习借鉴首钢和重钢整体搬迁解决污染问题的做法，搬迁治污是从技术和环境容量上最终根治重点污染区域的可选方案。可考虑将清水塘等地区的重化工业企业全部搬迁集中到岳阳城陵矶至陆城一带约30公里的长江岸线上，由省里集中在此联合创办大型重化工业基地，采取企业利税和增加值原有权属关系不变的方式协调好地方利益分配，配套改造提升原有企业生产工艺和发展循环经济，综合利用洞庭湖和长江水资源的大环境容量，以做大做强重化工业、集聚产业发展的方式来解决环境污染问题。三是大力发展循环经济。构建社会、园区、企业三个层次的循环经济体系，建设企业循环、产业循环和区域循环三大循环经济链，争取长株潭城市群整体列入全国循环经济试点，建立城市群再生资源回收利用体系，推进城市垃圾分类收集处理、资源化利用，将长株潭生态型城市打造成为全国循环经济发展的样板区。四是全面推进生态建设。依托长株潭城市群山水相连、绿色相间的丘陵地貌，城市建设保持生态相连、生态多样特色，注重依山就水，推进重要水源区、自然保护区、森林公园、生态隔离带、湿地等生态区域的保护和建设，构建“一心（绿心）、一带（湘江风光带）、多廊道、多斑块”的生态网络。

4. 构建生态型现代综合交通运输体系。

完善的生态型交通运输体系是生态型城市群的重要标志，也是城市群发展的主要驱动力和承载力。据统计，目前我国交通运输行业消耗的石油总量约占全国石油消耗总量的25%。因此，生态型交通运输体系建设不仅对交通运输行业本身意义重大，而且关系到富民强省和“两型社会”建设的质量及可持续性。建设长株潭生态型城市群要坚持交通先行，建设辐射全省的综合立体生态交通网。

二　生态文明建设的国际合作

目前，世界环境面临着前所未有的困境：人类居住和生产环境恶化、原材料涨价、人力资源成本上升、金融危机等等，给人类的生存和发展带来极大的挑战。联合国最近发布的千年生态评估报告称，全球自然环境恶化加剧，当前清洁水源、空气、种子1/3严重退化、1/3非常危险。50%的世界主要河流受到严重污染。全世界70%的渔业资源被长期过度捕捞。过去的50年全球表层土地流失

10 亿公顷，森林减少 1/3 以上。美国《国家地理》杂志披露，夏季北极冰覆盖量 30 年减少了 40%。经济环境危机，是能源危机引发的结果，由于过分开采石油，造成能源紧张，石油价格攀升，影响其他价格上扬，从而导致连锁反应；自然环境危机，是大量使用石油，过分排放二氧化碳，形成地球的温室效应，从而引发多种自然灾害的结果。环境危机如果不引起高度重视，在不久的将来地球将面临巨大灾难。2000 年，美国工业燃料排放的二氧化碳为每人 5 吨碳，总共 150 亿吨。中国的排放量现已开始超过美国。

在现有的工业制度下，各国必须加强生态文明建设中的国际合作。国际合作更多是指经济领域的协作，国际经济合作是指第二次世界大战以后，不同主权国家政府，国际经济组织和超越国家界限的自然人与法人为了共同的利益，在生产领域中以生产要素的移动与重新配置为主要内容而进行的较长期的经济协作活动。在全球化时代，各国的经济政治相互依存达到前所未有的高度，形成你中有我，我中有你的竞争共存局面。适应全球化的发展，国际合作已成为各国生存和发展的必然选择。

（一）树立全球生态文明观

全人类都应牢固树立生态文明观念。地球上的所有生命都是自然大家庭的成员。各种生命之间不仅相互影响，而且还与地球构成了一个密不可分的有机整体。随着经济全球化进程的加速，全人类的命运越来越紧密地联系在一起。环境污染没有国界。任何一个国家都不可能单独解决人类所面临的环境问题。如果其他国家不同时采取相应的行动，任何一个或几个国家的环保努力都将劳而无功。因此，在建设生态文明时，我们应在更深的层次和更广的范围内采取协调行动，共同应对全球环境问题的挑战。

人与自然的相互作用是一般生物与环境互相作用的最高形式。人类社会作为地球表层系统的子系统要在整体进行协调，与地球表层系统的其他子系统相互作用协调统一，而不是无止境地索取和征服。人类以其智能把个人的力量巧妙地组合成集体力量与环境进行结合，形成改变地球表层的巨大物质力量，最终把自然过程与人工过程相结合、自然结构与社会结构相结合，使地球表层向更有序更复杂的方向发展。现代的交通与通信已使地球成为一个地球村，以信息文明的全部成就作为手段对全球生态资源和人力资源进行有效管理。

全球生态环境危机表明人类智能不单单有把人类从自然环境中分离出来的趋势，甚至要突破地球的限制，力求控制全球系统。全球生态文明观有一种终极价值，所有的较小的目标都是为达到它而采取的手段，同时它又是对较小目标进行衡量的标准：人类与地球表层共存就是生态文明，威胁它生存的就是愚昧。全球生态文明观具有建设性的全球意识，它跨越自然地理层次、社会功能层次和文化意识层次，形成社会自然科学的整体化，解释人与生物圈、社会与自然相互关系的本质，并使之符合社会生态过程的综合。全球生态文明观既不是幻想也不是常规，用生态学创始人海克尔的话说，它更不是在任何情况下可以转换或抛弃的主观奢侈品，不是超自然的东西，而是人类继续生存下去的客观需要，是出于实在和生命本性的恩赐。

地球表层系统的形成和发展，决定着人类的发展方向、决定着人类的自我超越。因为，由于生产力规模的增大，某一个国家和地区进行改造自然的措施，都可能涉及其他国家的生态条件，甚至可能影响到整个生物圈，这种跨区域性的污染事件时有发生，可见生态问题在全世界范围内都处于较高的地位。因此生态命令是一个超越国家和地区以及阶层和集团的绝对命令！在生态的绝对命令下，应建立全球性的“统一战线”，按照全球生态文明观来约束破坏生态环境的行为，统一各国和地区对待生态环境的行为模式，用全球生态文明观把各国人民团结到追求人类与自然协调这一真理的大旗下，进行不同层次、不同结构的再调整和再组合。

随着人类对自然资源的开发，国际社会必须投入资金保护自然，进行补偿，该补偿的强度和有效性务必保证使生态潜力的增长速度高于经济的增长速度。可持续发展的生态文明观念虽然是由西方发达工业国家最先提出的，对于工业发达国家来说，是支撑经济增长和维持高福利政策的外部环境所必需的。对于发展中国家来说可持续发展的生态文明观念更加重要，因为它使贫困地区能够在现有资源环境条件下缓解人口膨胀压力，降低高投入低产出的资源环境成本，确保在实现现代化之前不至于使生态环境全面崩溃，保留持续发展的可能性。

全球生态意识的普及仅靠少数启蒙思想家的努力是不够的，生态意识的确立应该是全社会的深层思想运动。自然科学家应该自觉地将研究方向与人类生存和生态保护相联系，逐渐从对人类行为的真理性评价转移到生态价值评价上来，建立可操作的生态价值评价指标体系；社会科学家应该努力使生态文明成为一种具有建设性意义的人类文化传统；决策者的生态意识会自觉地通过政策、法令的实施而形成具有操作性的生态保护规范。从生态意识到人类自觉地保护生态环境的行动，需要数代人的努力。可以预言，人类若不及时制止破坏环境的行为，目前的工业文明必将危及整个人类文明。面对人类的困境，及早确立全球生态文明观具有更广泛的伦理意义。

（二）全球应对气候变暖

目前，全球环境问题呈现出“全球化、综合化、社会化、政治化”的特点。面对日益严重的全球化环境问题，必须采取全球性的措施加以解决。气候变暖作为全球性的问题，更需要国际社会的共同面对和协作，才能促进人类的可持续发展和实现地球环境的平衡与和谐。

全球瞩目的《京都议定书》经过了一波三折的艰难过程，终于在 2005 年 2 月 16 日正式生效实施。这是国际环境领域最重要的事件之一，标志着一个加强国际环境合作、共同应对全球气候变化的新时代已经来临。

1. 非洲国家制订行动方案

非洲大陆是受气候变化影响最为严重的地区。气候变暖造成粮食产量严重不足，还导致该地区疾病流行以及生态平衡被破坏。气候变化已经引起越来越多非洲国家的高度关注。乌干达环境部制定了应对气候变化行动方案，增加在科技和公众教育领域投资，提高公众对气候变化的认知。赞比亚总统班达最近指出，适应气候变化的影响是政府的优先任务。赞比亚强调森林在吸收温室气体方面的作用，将在 2012 年评估森林政策，同时，国家应对气候变化战略也已在准备之中。南非自 2005 年以来每年都召开一次气候变化会议，制订行动方案。

2. 欧盟加大开发可再生能源

欧盟准备在 2013 年前投资 1050 亿欧元发展“绿色经济”。加大开发可再生能源力度，减少对化石能源依赖，计划到 2020 年将温室气体排放量在 1990 年基础上减少 20%。到 2020 年把可再生能源占能源消费的比例提高到 20%，把用于交通的生物燃料至少提高到 10%，将煤、石油、天然气的消耗减少 20%。西班牙拟改变经济发展模式，发展可再生清洁能源，已开始在工业、交通等 7 个方面实施节能增效计划。瑞典计划至 2030 年全国所有汽车都不再使用化石燃料。丹麦首都哥本哈根确定的目标是 2025 年实现碳零排放。葡萄牙已建起世界上功率最大的太阳能光伏电站，与同等发电量的煤动力电厂相比每年可减排近9万吨二氧化碳。德、法、意等《阿尔卑斯公约》缔约国最近也通过一项行动纲领，以应对阿尔卑斯山地区的气候变暖。

3. 美国出台应对措施

美国政府拟出台一整套应对措施：启动“总量控制和碳排放交易”体系；每年确定目标，最终在2020年前将温室气体排放降低到1990年水平，并到2050年再减少80%；此外，还将投资150亿美元开发清洁能源，发展安全核能与清洁煤炭技术。美国环保署将重新审议加州的请求，允许其率先实施严格的汽车尾气排放标准，这将对美国10多个州产生示范效应。

4. 中国广泛参与国际合作

中国是遏制温室气体排放的积极参与者，至今已与97个国家签署了103个环保方面的协议，广泛参与环保科研、技术、政策等领域的国际合作。中国于2007年6月正式发布了《中国应对气候变化国家方案》，于2008年10月发布了《中国应对气候变化的政策与行动》白皮书。值得一提的是，《中国应对气候变化国家方案》是第一个由发展中国家提出的应对气候变化的国家方案。

科学家们普遍认为，地球历史上几次大的生物灭绝事件都与极端气候现象有关。如今，气候变化虽然没有剧烈到大规模毁灭生物物种的程度，但已经对人类生活造成了不可逆转的影响。气候变暖作为全球性的问题，需要国际社会的共同面对和协作，才能促进人类的可持续发展和实现地球环境的平衡与和谐。随着气候暖化引发的各种问题的显现以及相关研究的不断深入，世界各国已普遍认识到气候变化带来的种种危害。为此，很多国家开始采取措施，加强国际合作，应对可以预期的气候危机。全世界都在觉醒！

（三）国际生态安全合作组织

当今世界，生态恶化和突发性生态灾难对人类生存与发展已形成严重威胁，仅靠某个国家和地区已无法控制。正是认识到这个问题，由国际生态安全科学院主席团（隶属联合国新闻部，具有联合国经社理事会咨商地位）会同联合国开发计划署生态中心、联合国环境规划署俄罗斯委员会、联合国青年技术培训组织、北北合作组织（联合国第20届人居理事大会HSP/GC. 20/CRP. 6提案，HSP/GC. 20/CRP. 8决议批准成立）依据联合国千年发展目标1（消除贫困）、目标7（保护环境）、目标8（全球合作），于2006年2月在香港成立了全球性国际组织，即国际生态安全合作组织。

国际生态安全合作组织通过与各国政府机构、非政府组织、企业集团、金融部门之间的合作，维护生态安全，保护生态环境，解决生态危机，应对突发性生态灾难，实现经济、社会、生态的协调发展。根据联合国机构和有关国际组织授权建立国际生态安全评估、监察、认证、仲裁和教育体系。主持召开“国际生态安全合作论坛”和与其宗旨有关的国际会议和国际博览会。

（四）国际生态发展联盟

国际生态发展联盟（EDUI：Ecological Development Union International）作为学术组织是由国内外著名学者、企业家以及政府研究机构的专家组成。为了响应联合国和中国政府所倡导的绿色经济和生态文明理念，关注资源、环境、生态经济、社会的和谐发展，带着对中国乃至对人类社会发展所具有的崇高历史使命感和责任感，集世界智力为生态发展事业服务。EDUI成立于2007年，总部在澳大利亚，下设理事会、高级顾问、行政管理部和执行委员会。

EDUI是非营利性的国际学术组织，宗旨是“谱绿色发展之曲、圆绿色创想之梦、拓绿色财富之途”，推动各地区发展绿色经济、循环经济和低碳经济，促进人与自然协调发展、社会经济与自然环境和谐发展。通过生态的或者资源利用方面创造性的解决方案，在发展中国家创造更多绿色就业，提高社会生活水平，解决贫困，减少废弃物排放和环境污染，以恢复、保护和改善环境和生物多样性。从根本上讲，就是以更小的资源代价和成本创造更多的财富和社会福利。

生态文明的崛起是一场涉及生产方式、生活方式和价值观念的世界性革命，是不可逆转的世界潮流，是人类社会继农业文明、工业文明后进行的一次新选择。它不仅使可持续发展思想在全球范围内得到了最广泛和最高级别的承诺，而且还使可持续发展思想由理论变成了各国人民的行动纲领和行动计划，为生态文明社会的建设提供了重要的制度保障。

21世纪是一个生态文明的世纪。社会所有机构必须把留给后代一个健康的全球生物圈，作为人类的首要责任。人类只是重要的物种之一，而所有物种都是互相依赖的。人类之间和谐，人与自然和谐，这才是真正的和谐。中国特色社会主义应该顺应世界文明发展的潮流，在生态文明的跨越与转型中发挥积极作用，推进全世界可持续发展，实现生态与人类的和谐。

（五）国外生态城市建设典型模式及经验

1. 国外生态城市建设典型模式

国外生态城市建设实践始于霍华德的田园城市，自此以后，一些国家相继进行了生态城市的实践，并取得了一定的成效。

（1）循环经济推动式

循环型生态城市是以循环经济为支撑的生态城市。在循环经济型生态城市建设中，以废弃物“零排放”为理想目标，其核心是建立新型生态工业循环体系。日本是较早提出建立循环型生态城市的国家。1997 年日本通产省（现经济产业省）提出了“生态城市”的规划，以“零排放”为目标，在全国范围内积极推广循环城市建设。到 2001 年 6 月为止，日本 14 个地区建立了循环型生态工业区，这些工业园区很多是集环保研究、环境技术开发、实验和产业化生产为一体的生态工业区。它们通过引进成熟的环保技术和企业，进行大规模再循环利用生产。通过全国范围生态工业园区的建设，日本逐步积累了整体社会达到“零排放”的技术和经验，为最终实现循环型生态城市和循环型社会奠定了良好基础。

（2）“零碳”模式

城市是人类和工业密集区，也是全球气候变暖的主要责任者。零碳城市是针对这种现状提出的一种缓解全球气候变暖的城市发展模式。“零碳”，并非真的不排放，而是指通过采取各种环保措施抵消人类活动中排放的二氧化碳等温室气体，使城市在总体上不增加大气中的温室气体含量。世界上一些城市已经明确提出要建设零碳排放城市，并已经制定出具体的建设日程。如英国政府承诺到 2012 年在全国建立 10 个零碳生态城镇。

（3）公交引导式

公交引导的城市发展模式是将公共交通系统作为城市发展的骨架，引导城市沿公共交通干线有序扩张，避免城市空间摊大饼式的无序蔓延。同时，公共交通引导的发展模式有利于满足高密度用地开发下的出行需要，增强社区活力，有效控制和引导小汽车的发展，改善城市环境。如丹麦的哥本哈根利用公交引导城市发展，成功建立了方便快捷的城市交通系统。

（4）公众参与式

公众参与是国外生态城市建设取得成功的重要原因之一。澳大利亚的怀阿拉市在生态城市的公众参与方面为其他城市树立了典范。如怀阿拉生态城市咨询项目的中标方在各种场合宣传怀阿拉的生态城市项目，频繁在怀阿拉中小学宣传怀阿拉生态城市项目的内容和意义，并开展由年轻一代参与的短故事竞赛，让他们想象怀阿拉市的未来生态城市图景，以便从中获知年轻人的需要，从而有利于进行生态城市的设计。巴西的库里蒂巴市让儿童在学校受到与环境有关的教育，而一般市民则在免费的环境大学接受与环境相关的教育。丹麦的生态城市项目包括建立绿色账户、生态市场交易日、吸引学生参与等内容。这些项目的开展为生态城市的设计和建设奠定了良好的基础。

（5）社区驱动式

社区驱动是指社区的规划、设计、建设、管理和维护全过程都由社区居民参与，是一种社区自助性的开发方式。在可能的情况下，社区居民可以通过各种方式参与生态城市的建设。加拿大的哈单法斯市创立了“社区驱动”的一切程序，并在社区的设计、建设、管理等各个方面邀请社区居民参加，包括对生态城市的项目建设决策以及投资资源等都交由社区社团来进行投票和管理。社区还设有城市生态中心作为公共教育场所，公众在这里通过图书馆、展览、咨询、报告等方式可方便地知晓城市生态的有关知识，了解生态城市规划、设计和建设进展。这种广泛的和深度的公众参与使得生态城市建设获得了巨大成功。

（6）项目推动式

项目推动式是指通过具体的建设项目作为突破来推动生态城市建设。世界著名的德国弗莱堡生态城市就是建立在一系列别具特色的项目之上的。弗莱堡生态城市建设项目包括两个方面。第一，大气环境保护项目。依据交通污染占大气污染的调查结果，弗莱堡通过加强对城市与周边地区之间的公共交通系统管理和鼓励自行车使用来进行环境保护，极大地减少了由交通发展导致的环境污染。第二，能源利用的环境保护项目。通过节约能源、使用新型能源以及发展热电联合等来减少环境负担，提高城市生活质量。其中，在节约能源方面，通过提高能源价格以及分发节能灯等方式来减少居民的能源消耗。在开发新能源方面，利用对太阳能研究、开发和生产项目的资助以及建设“太阳能城市”等措施来推广新能源利用。此外还有城市垃圾处理项目等。每一个项目都具体明确并有系统的推进措施，保证了生态城市建设项目按科学的轨道稳步推进。

（7）紧凑型发展模式

紧凑型发展模式就是采取混合使用和密集开发的策略，使人们的居住地更靠近工作地点和日常生活所必需的服务设施所在地的模式。紧凑型城市不仅包含地理的概念，更重要的是还包含城市内在的紧密关系以及时间、空间的概念，包括建筑物的高度和密度、城市的整体规划布局、每一个建筑群之间联系的紧密度和配套设施功能的完善等。国外提出的城市乡村模式是紧凑型城市的典型代表模式。城市乡村模式是一种紧凑的、功能混合的、适宜步行的邻里模式，是一种具有多元文化与自然特征的乡村小城镇式的社区模式。在城市乡村里，人的一切需求都可以在步行以及骑自行车范围内得到满足，紧凑型模式是针对目前无限扩张蔓延的郊区化城市发展模式所提出的一种理想城市发展模式。

（六）中国—新加坡天津生态城

2007 年 11 月 18 日，中国、新加坡两国政府签署框架协议，在天津滨海新区建设生态城。中新生态城项目体现了中新的发展理念，将借鉴新加坡在水资源利用、环境保护和社会发展方面的技术和运营管理经验，在中国发展一个既能实现经济发展，又能兼顾环境与社会和谐的城市。中新天津生态城的目标是建设和谐、高效、健康、安全、活力、文明的，具有示范性的国际化生态新城，应充分体现“三和”、“三能”，即：人与人和谐共存、人与经济活动和谐共存、人与环境和谐共存，能复制、能实行、能推广。中新天津生态城的建设显示了中新两国应对全球气候变化、加强环境保护、节约资源和能源、构建和谐社会的决心，将作为中国其他生态城市建设的新样板。

1. 以中新生态城建设为契机，破解老工业城建设生态城市的难题

（1）中新生态城建设的新理念

根据《中新天津生态城管理规定》，中新生态城将把新加坡城市规划建设的先进理念、技术与天津的实际情况紧密结合，始终以节能、环保、和谐、以人为本的科学发展观和循环经济理念为指导，运用生态经济、生态人居、生态文化、和谐社区、科学管理的新理念，建设“社会和谐、经济高效、生态良性循环的人类居住形式”，实现人与人和谐共存、人与经济活动和谐共存、人与环境和谐共存。

（2）中新生态城建设的新体制

中新生态城建设将坚持体制机制创新、先行先试，积极推进综合配套改革。在行政管理方面积极构建“小政府、大社会”的体制格局，一方面实行集中统一的行政管理体制，行政审批实行一个窗口受理、集中审批、限时办理、跟踪服务等措施，以提高行政效率；另一方面创新城市管理体制，以形成社会参与、市场运作、政府监管的运行模式和网格化、数字化的管理方式。

（3）中新生态城建设坚持产业引领

中新生态城建设重点是，发展符合节能环保、循环经济要求的房地产、科技研发、服务外包、物流、创意、金融、商贸、会展、旅游等产业，其中，科技研发、金融产业、教育培训和会展旅游将成为生态城重点发展的四大产业，致力于将其建设成为综合性的生态环保、节能减排、绿色建筑、发展循环经济等技术创新和应用推广的平台，国家级生态环保培训推广中心，以及现代高科技生态型产业基地。

（4）中新生态城建设坚持水资源循环利用

中新生态城将在治理水污染的同时，注重水资源的优化配置和循环利用，建立广泛的污水收集和污水回用系统，实施污水集中处理和污水资源化利用工程，多渠道开发利用再生水和淡化海水等非常规水源，提高非传统水源使用比例。同时，在节水方面把人均生活用水指标控制在每人 120 升，人均综合用水量控制在每人 320 升，实现水资源的合理利用。

（5）中新生态城建设坚持节能减排

节能减排是中新生态城建设的重要内容，为确保生态目标的实现，城内建筑将按照绿色建筑标准和绿色施工标准进行建设；在废弃物处理方面，将采取管道运输方式收集废弃物；在公共交通方面，将优先发展公交系统，实现绿色交通发展模式；在能源消耗方面，将积极发展风能、太阳能、地热能源等绿色能源，禁止使用非清洁煤、低质燃油等高污染燃料，优先发展可再生能源。

2. 以中新生态城建设为导向，推进天津建设资源节约型和环境友好型生态城市

中新生态城是中国和新加坡两国政府改善环境、建设生态文明的战略合作项目，是探索新时期我国生态城市建设的典范。中新生态城采用全新的生态理念打造国际性的生态样板新城区，必将对推进天津建设资源节约型和环境友好型生态城市具有巨大的导向作用。

（1）可持续发展理念的导向作用

中新生态城将按照可持续发展的理念，用新的发展思路，打造一座“生态居住新城”。天津建设资源节约型和环境友好型生态城市尤其需要这样的发展理念，以满足合理配置城市资源、保证城市建设符合生态环境健康发展的需要。首先，要在中新生态城建设中以城市生态学和环境经济学为指异，将生态理念纳入天津的发展规划，充分考虑不同地区的自然资源优势和环境承载能力，有针对性地制定城市发展规划，以使经济目标、社会目标和生态目标相统一。其次，在中新生态城建设中，积极弘扬生态文化，倡导绿色消费观念。通过安装环保电子宣传灯箱等宣传手段，在全社会开展节约资源、保护生态环境的宣传活动，提高公众对生态城市建设的认知度，增强保护生态环境的责任感和使命感，调动公众参与建设的积极性。再次，通过宣传中新生态城的项目建设，可充分发挥新闻媒体的积极作用，加强社会舆论监督，对社会上各种不符合生态城市建设要求的行为进行公开曝光，有效保障天津生态城市建设的顺利进行。

（2）构建生态城市管理体制机制的导向作用

首先，通过研究制定中新生态城的总体规划，探索构建生态指标体系，并按照“能复制、能实行、能推广”的原则，将其应用到天津生态城市的实践中，扩大中新生态城的辐射作用。其次，通过及时总结吸取中新生态城在管理体制方面的先进经验和有益做法，通过构建政府主导、市场运作、运转高效的生态城市管理机制，积极稳妥地推进天津环保体制改革。一方面，科学界定生态城市政府管理部门的职能，合理配置管理资源，提高管理效率；另一方面，通过制定并实施生态城市建设目标责任制和责任追究制，对各项生态指标进行层层分解，逐级落实。最后，通过制定并完善生态城市建设的法律法规，将生态城市建设纳入法制化轨道，实现城市环境保护的法制化、规范化和科学化，为天津建设资源节约型和环境友好型城市提供制度保障。

（3）调整优化产业结构的导向作用

中新生态城在产业结构的设计上，主要以商贸、金融等服务业为支柱，形成休闲、商业、民居为主的现代生态城市。这必将对天津市调整优化产业结构发挥积极的导向作用。首先，借鉴中新生态城的建设经验，积极推动产业活动的生态化，坚持把能源资源节约和生态环境保护工作摆在突出位置，加强项目环评机制建设，大力发展非污染性产业，严格控制高耗能、高污染项目，加快淘汰落后生产能力，着力建设一批技术水平高、带动作用强、发展潜力大、资源消耗低的生态项目。其次，政府通过制定相关的环境经济政策，对发展生态产业的企业在税收、信贷等方面给予优惠，调动企业发展环保产业的积极性。最后，积极探索生态产业集群发展模式，按照节约用水、节约用地、降低能耗的原则，重点发展生态工业园区，提升整个工业体系结构层次，努力构筑高端化、高质化、高新化的新兴产业，实现经济又好又快发展。

（4）水资源优化配置和循环利用管理新模式的导向作用

中新生态城在治理水污染的同时，注重水资源的优化配置和循环利用，以解决城市缺水问题。天津应借鉴中新生态城在这方面的经验，加强城市水资源的有效管理。首先，积极建立城市供水安全保障体系，在南水北调工程建成通水的基础上，以引滦、引江输水干线为骨架，统一优化配置地表水、地下水和再生水利用、海水淡化等多水源系统，于桥、尔工庄、北塘、北大港和待建的工庆沱等五大水库应进行联合调度，形成辐射全市城乡的供水安全保障体系。其次，积极建立水资源节约体系，以水权制度和节水法律法规建设为核心，以水资源管理体制和节水科技体系为保障，加大推进工业、农业、科技节水工程建设，形成全社会节约用水、科学用水、文明用水的新机制，构筑节水型社会管理体系。最后，坚持标本兼治的原则，从源头上消除污染源，同时，通过建立严格的考核监督机制，对现有污染问题加强治理，并将污水治理纳入政府工作目标考核体系，层层分解，落实到单位和具体个人。

（5）节能减排新模式的导向作用

中新生态城地处工业区和制造业中心，作为滨海新区综合改革配套试验区的一种探索，以生态环保的模式发展，积极倡导绿色生产方式，这对天津建立资源节约型和环境友好型生态城市必将发挥重要的导向作用。第一，天津在项目建设审批方面应严格执行项目环评和环境准入制度，对超过污染物总量控制指标、不符合绿色生产要求的项目暂停审批，从项目源头加以控制。第二，按照生态城市建设标准，严格控制和削减一氧化硫和化学需氧量等污染物排放总量，启动环境实时监控预警系统。第三，加快节能减排技术开发，通过完善技术创新与转化环境，建立以企业为主体、产学研相结合的产业化体系。第四，在全社会各个领域实施节能减排行动，在政府机构、企业、社区等范围内，积极倡导开展节能减排活动，增强公民的节能减排意识。第五，借鉴中新生态城绿色交通体系的建设经验，创建低能耗、低污染的交通模式，减少汽车尾气的污染。

（6）废弃物管理新机制的导向作用

《中新天津生态城管理规定》明确指出，生态城将在废弃物循环利用方面有所创新，并通过管道运输方式收集废弃物，实现无污染处理。天津应积极研究中新生态城在废弃物处理方面的先进经验与发展思路，不断改进全市的废弃物处理系统。首先，建立一整套的废弃物物流系统，保证其运输系统的顺畅和储存节点的有效性。其次，在生产领域积极推广以分类收集为主导的物资回收利用技术，通过建立物资回收网络、分拣加工中心、专业集散交易中心等，实现废弃物物流系统的正常运转。最后，在生活领域，建立废弃物处理厂，通过掩埋、分解等手段解决生活垃圾，针对餐饮废弃物，通过高温高压灭菌、脱水除油处理、蛋白饲料生产、化工油脂再生等方式，实现废弃物的环保处理。

参考文献

[1] 杨静、王军强：《生态文明与人类发展》，《中国农业大学学报（社会科学版）》2011 年第 2 期。

[2] 刘湘溶：《经济发展方式转变的生态化及其路径选择》，《中国地质大学学报》2011 年第 3 期。

[3] 屈群苹：《生态文明建设的现实困境与路径选择》，《学理论》2011 年第 14 期。

[4] 肖飞：《社会组织参与社会治理的现实困境及路径选择》，《青岛行政学院学报》2011 年第 2 期。

[5] 汪玉奇：《生态文明与全面建成小康社会》，《鄱阳湖学刊》2011 年第 1 期。

[6] 景欣：《产业集群升级的路径选择初探》，《中国证券期货》2011 年第 4 期。

[7] 赵杰红、刘家欣、连正华：《新思路谱写生态文明新篇章》，《环境经济》2011 年第 1 期。

附　录

Appendix

G.19

打造生态园林城市　建设绿色宜居家园

中共湘潭市委　湘潭市人民政府

湘潭地处湖南中部、湘江中游，是长株潭城市群全国“两型社会”建设综合配套改革试验区核心成员之一。辖湘潭县、湘乡市、韶山市、雨湖区、岳塘区5个县（市）区和1个国家级高新技术产业开发区——湘潭高新区。总面积5006平方公里，总人口302万，城镇化率为51%。湘潭历史底蕴深厚，是湖湘文化的重要发祥地，是湖南乃至全国著名的人文胜地，一代伟人毛泽东，开国元勋彭德怀，世界文化名人齐白石，解放军大将陈赓、谭政，无产阶级革命家罗亦农、黄公略等均诞生于此。湘潭是全国重要的工业基地，早在“一五”期间，就被列为国家重点支持建设的23个重点工业城市之一，已形成以钢铁冶金、先进装备制造、清洁能源装备、汽车及零部件、电子信息、精细化工、现代物流等产业为主体，特色鲜明、协调发展的产业体系。湘潭科教资源丰富，科研实力居全省第二位，是全国科技进步先进城市、全国知识产权示范城市、中国优秀旅游城市、国家园林城市、全国双拥模范城市、文明城市创建先进市、中国书法名城。在中国城市论坛2007年北京峰会上，湘潭被列入“中国十大宜居城市”；在

2008 年峰会上，湘潭的城市综合竞争力进入全国 286 个地级以上城市前 80 名，居湖南省第二位。在美国《福布斯》发布的中国大陆最适宜开设工厂的 20 个城市中，湘潭排名第三位。

近年来，在党中央、国务院和湖南省委、省政府的正确领导下，我市深入贯彻落实科学发展观，牢牢把握国家促进中部崛起、老工业基地振兴、“两型社会”试验区建设等重大机遇，着力转方式、调结构，经济社会步入了一个又好又快发展的上升期。地区生产总值连续 6 年保持 13% 以上的增速，固定资产投资、财政总收入等主要经济指标保持 20% 以上的增速。2010 年，全市实现地区生产总值 894 亿元，同比增长 15.2%；财政总收入（不含基金）达 76 亿元，增长 25.4%；完成全社会固定资产投资 633 亿元，增长 36.5%；城镇居民人均可支配收入达 18059 元，农民人均纯收入达到 7817 元，分别增长 12.1% 和 15.3%，为今后一个时期的发展奠定了良好基础。

在推进湘潭又好又快发展的进程中，我们紧紧围绕“经济强市、文化名城、旅游胜地、宜居家园”的发展目标和“两型社会”试验区建设定位，全力创建全国文明城市，并推出了“一创带六创”、“六创托一创”的特色创建方式，即在创建全国文明城市的同时，创建中国优秀旅游城市、国家园林城市、国家卫生城市和全国双拥模范城市、全国科技进步先进城市、全国社会治安综合治理先进城市，着力推动城市实现生态、绿色、和谐发展。特别是在生态园林城市建设方面取得了明显进步，通过多年努力，全市已较好地形成了以公共绿地为“点”，道路绿化、防护绿地为“线”，居住区绿化、单位庭院绿化为“面”的三位一体绿化系统，全市绿地总量、绿地率、人均公园绿地面积等各项绿化指标大幅增加，市民良好的生态环境意识、爱绿护绿氛围、植绿造景机制形成，绿色宜居家园成为全体市民的共同追求。2009 年，我市成为全国文明城市创建先进市，并于 2010 年成功创建为国家园林城市。我们的主要做法有以下几个方面。

一　坚持规划引领，提升绿化水平

城市之美，源于规划。在推进新型城镇化进程中，我们坚持高起点规划、高标准实施，重点突出了城市绿地系统规划的编制和管理，做到先规划后建设，严格按规划办事，增强规划对绿化建设的引领作用，城市绿化水平不断提高。

1. 突出规划先行

按照体现历史文化底蕴、自然风貌特色和现代文明气息的要求，结合湘潭经济社会发展的实际情况，我们于2002年启动了《湘潭市城市绿地系统规划》的制订工作，在广泛征求社会各界意见和建议的基础上，通过调研、论证、公示等环节，2005年经市政府批准后纳入城市总体规划予以实施。《规划》确立了近期和远期城市园林绿化发展目标，明确了“一带、两环、三中心、五轴”的绿地系统结构，突出做好“山水文章”，加强对母亲河湘江的治理和保护，做到“唯江而规，唯江而治，唯江而绿，唯江而美”，着重突出湘潭既有浓厚文化底蕴，又有鲜明时代特征，融自然山水、田园风光和滨江城市特色的现代化开放性都市形象，把整个城市当成一个大园林加以规划。以市域生态资源为基础，以湘潭市城区为核心，在湘江绕城而过形成的“U”形水带上建设核心绿地景观；建设滨江生态绿地绿环、沿江背景山体和郊野森林公园绿环，让城区处在绿环的拥抱之中；将雨湖区、岳塘区两个主要城市公共设施中心和昭山旅游中心，打造成为城市景观中心和特色景观区；把建设路、双拥路、河东大道、芙蓉路、韶山路建设成为融入城市自然特色、人文景观和城市发展历程的“两纵三横”景观轴，最终形成“一江两岸呼应，突出山水洲城、构筑莲城八景”的立体园林绿化景观格局。同时，加快控制性详细规划的编制步伐，提高控制性详细规划覆盖率，确定了规划红线、生态绿线、自然水体保护蓝线。在此基础上，制定了《湘潭市植物多样性保护规划》。目前，我市共有城市乡土园林植物131科、546种，其中珍稀植物174种；引进外来植物14科、34种。

2. 严格规划实施

严格按照《湘潭市城市绿地系统规划》确立的绿地系统布局模式，遵循“城市园林化、郊区森林化、道路林荫化、庭院花园化”和以人为本的要求，充分考虑南方城市绿化与人民生活的和谐相宜，构造人与绿化自然和谐的生态体系。通过规划建绿、拆墙透绿、添景增绿、建路扩绿、见缝插绿等多种途径，实施了公园、游园、广场建设，推进了城区河道治理绿化、城市道路整治绿化、城市出入口景观绿化和单位庭院、居住区绿化建设，使城市越来越绿，越来越美，呈现出点上成景、线上成荫、面上成林、环上成带的绿化格局，“移步换景、物我相得”的优美园林景观逐步形成。针对老城区道路绿化空间不足的实际情况，积极组织实施道路增绿、绿带增树等措施，在原有的人行道上增加1～2米宽的绿化带，以期形成人在树中穿行的格局；在分车带、游园绿地中增加乔灌木和园林景观建设，使老城区变得绿意盎然。新建了护潭广场、雨湖广场、岳塘公园等各类主题公园绿地、小游园。目前，全市共有各类公园8个，绿化广场、街头游园绿地125个，一批园林景观大道和林荫大道先后建成，道路绿化普及率达100%，初步形成了布局合理、生态完善、功能健全、景观优美的城市绿地系统。

3. 强化规划权威

成立了湘潭市城市规划委员会，加强对城市规划工作的指导、监督和协调。建立和健全建设项目联审联验机制和易地绿化补偿制度，加大对重大建设项目选址和设计方案的前置性审查，严格贯彻执行《湘潭市城市绿化管理办法》、《湘潭市“绿线”“绿章”管理办法》等有关文件，建立城市绿线管制制度，实行“绿色图章”管理机制，所有规划设计方案都必须经市园林主管部门组织审查，重点工程项目必须报市政府审批，努力做到一路一树、一园一景，既注重生态功能，又兼顾景观效果，全力凸显鲜明的城市园林特色。园林部门加大了对建设项目附属绿化方案审查，严格执行各项技术指标，从源头上保证了城市绿化的面积和质量。严格执行规划“一支笔”审批制度，做到不符合规划要求的坚决不批，未编制控制性详细规划的地块不得出让、转让和开发建设。

二　发动全民参与，增加城市绿量

在全市深入持久开展全民造绿、营造绿荫空间行动，不断增加城市绿量，全面提升“城在绿中、绿在城中，城在景中、景在城中”的秀美湘潭形象，打造林邑湘潭。

1. 开展全民义务植树活动

坚持全社会办林业，全民搞绿化的方针，实施在城市“见缝插针”，农村“身边添绿”，部门“三边绿化”（路边、河边、城边）的绿化战略，积极推动全民义务植树运动的深入开展，统筹发展城乡绿化事业。每年3月，全体市级领导率先垂范，带头参加义务植树活动；在城市中心区等地建立了义务植树造林基地，对市区400多家单位及各县市区下达义务植树任务，开展以资代劳绿化费的收取工作等等。据不完全统计，“十一五”期间，我市累计完成义务植树2823.75万株，参加义务植树1196.7万人次，建立义务植树基地156个，市民种绿、护绿达到80.75%。通过植树造林，我市林地面积增加到339万亩，森林覆盖率达46.13%，林木绿化率达45.95%。我市建城区绿化率达35.71%，绿化覆盖率达39.72%，人均公共绿地面积达8.34平方米。

2. 开展群众性爱绿护绿活动

充分发挥各类媒体的新闻宣传作用，在报纸、网站开展有关爱绿护绿的征文活动，营造全社会关心、关注绿化工作的浓厚氛围；定期组织市民参与全市的绿化维护和管理，不断增强广大群众参与城市绿化的工作热情；实施《湘潭市认建认养绿地、树木管理办法》，积极策划结婚种"同心林"、升学种"状元林"等创意活动，发动社会各界认养树木，植树添绿。2007~2010年，全市认建认养绿地1.6万余平方米，认养树木1517株，所有认养绿地、树木都实行挂牌标识，市委书记、市长等市领导全部带头认养了树木。

3. 开展园林小区、园林单位创建活动

深入开展园林单位创建活动，将绿化评比纳入政府的表彰范畴。在城市，我们广泛发动沿街单位拆墙透绿，推动绿化共享，鼓励企事业单位和个人投资参与城市绿化建设。2009~2010年，全市拆墙透绿34处，拆墙透绿长度近万米，占应拆除围墙的94.4%。共建成省市级园林式单位153家，占全市有独立庭院单位的62.2%。目前，我市有"全国绿化模范单位"3个，"省级园林式单位"57个、"市级园林式单位"80个。在农村，我们突出农村居住生态环境的改善和生活质量的提升，下发了《关于开展"创绿色家园，建富裕新村"行动，实施"生态家园示范村工程"的通知》，通过采取发放创建补助、签订创建责任状、配送苗木、组织技术力量到村现场指导等形式，全力创建生态家园示范村。韶山村等3个村被评为全国"绿化小康村"。

三　彰显地方特色，打造绿化精品

园林绿化水平的高低，直接影响一个城市的品位和档次。在园林绿化的建设上，我们突出"生态特质，文化特征，建设特色"，坚持绿与美结合、自然与人文历史结合，追求"灵秀精美"的效果，使园林绿化具有时代性、艺术性和地方特色。

1. 注入人文内涵，打造精品园林景观

园林建设精华集中体现在“园”上，亮点也要通过各类“园”来展示。结合“伟人故里、人文湘潭”的特点，我们将园林建设根植于深厚的历史文化底蕴和人文历史内涵，努力做到“园”、“文”交相辉映，“古”、“今”情景交融，在继承与创新中推进生态园林建设。近年来，先后建成了展示红色文化的东方红广场、彰显传统书画艺术文化的白石公园、记录湘潭历史文化渊源的锦源广场和弘扬湖湘文化的湖湘公园等城市园林绿化重点项目。其中，东方红广场《乡情》、白石公园《白石》群雕等，分别获得了国家级城市雕塑大奖。坚持走“生态优先，特色建园”之路，加大对城区老公园的改造提质，重点提质打造了以“水文化”为主题的雨湖公园，以“和”文化为主题的和平公园，以“菊”文化为主题的菊花塘公园，并全部向市民免费开放，使老公园焕发了新的生机，品位和档次得到大幅提升。同时，我们在城市中心区、居民密集区还抓紧建设了一批规模适当、景观优美、文化内涵丰富的小游园、小绿地，供广大市民休闲游憩。

2. 彰显各自特色，建设林荫道路景观

按照绿与路同时延伸的原则，加大道路绿化建设和改造力度。先后完成了湖湘路、宝塔路、富洲路等 20 多条新建道路的绿化。2008 年，投资近 3 亿元对河东大道、雨湖路、韶山路等 25 条主次干道和护潭、芙蓉 2 个大型绿化广场进行提质改造，建成了一批特色鲜明的园林景观大道和林荫大道。2009 年，我们又对 25 条城市主次干道实施路面硬化及人行道修整，改造小街小巷 79 条，并大力实施公园改造、景观道建设等提质工程，城市绿化、亮化、美化、净化水平大幅提升。近两年，又在全市斥巨资建设了一批生态园林景观示范街。在道路绿化建设中，坚持以种植地方优良品种为主，充分考虑行道树品种的选择、植物造景的应用和综合生态功能的体现，突出绿化品位的提高，注重形成“一条街就是一个景点，一个节点就是一个亮点”的各具特色的城市道路绿化景观。目前，市区道路常用的行道树有十多个品种，其他灌木、草、花近百种；同时，合理配置常绿树与落叶树、速生林与慢长林及乔、灌、草的比例，实现了较好的生态和景观效应，形成了以建设路、双拥路和韶山路、河东大道、芙蓉路“两纵三横”为主景观轴的城市道路绿化网络系统。其中韶山路、建设路、双拥路等三条城市主干道，围绕“红色文脉”、“蓝色水脉”和“绿色山脉”三大主题，通过行道树品种的选择、植物造景的应用，建立主题文化情景雕塑，形成了具有美观、生态、自然、大气等特点的景观生态走廊，展示了湘潭城市的独特个性与魅力。

3. 狠抓空间拓展，开展城市立体绿化

坚持平面与立体结合，促进城市绿化向空中延伸，进一步拓展城市绿化空间。以创建、评比园林式单位活动为载体，发动机关、事业、厂矿单位加强绿化，扩展绿化空间，提升绿化档次，做到“开门见绿、推窗见景”。出台政策鼓励屋顶绿化，发动群众阳台摆花，选择重点部分实施垂直绿化，形成立体的、有层次的绿色空间。对城区挡土墙、护坡、围墙进行以攀沿植物为主要品种的垂直绿化建设，对单位、居住区则实施以攀沿植物为主要品种的墙面垂直绿化建设。同时，鼓励居民每家都造“一盆绿”，引导市民将绿色引进阳台、室内，让能绿的地方都绿起来，真正“把森林移进城市”，形成立体、有层次的绿色空间。截至2008年底，全市形成立体绿化10余万平方米，其中屋顶绿化6.9万平方米，全市立体绿化面积达10公顷。同时，我们充分发挥湘江在我市穿城而过的优势，围绕“水贯城、城抱水”的独特禀赋，着力建设湘江风光带，实现以湘江为轴，做足水文章，倾力打造沿江两岸园林绿化景观，做到唯江而动、唯江而行、唯江而美，把湘江打造成“绿色走廊、景观走廊、生态走廊”。

4. 突出科技创新，推动节约型园林建设

在推进城市园林绿化的过程中，我们注重不断引进科技创新的元素，成立了市园林科研所，每年投入科研经费近200万元。建立了园林科研基地，加快园林苗圃基地建设。目前，全市苗圃面积达178公顷，占城市建成区面积的2.45%；城市各项绿化工程所需苗木自给率达86.46%。特别是在我市市花——菊花的繁植和栽培技艺方面，通过积极钻研和创新，不断取得新的突破，多次在全国性的花卉展览中获得各类奖项。同时，坚持走低成本、高效益、节约型园林绿化建设之路，大力开展节水型多功能园林景观建设。在湖湘公园建设中，利用自然水面建设了大型音乐喷泉，并利用该水体开发了全国首家区域集中式地温空调，解决了19万平方米的市政中心的取暖送凉问题，既达到了园林建设的景观效果，又实现了一水多用、综合利用，受到国家发改委、财政部、住建部的充分肯定，并在全国进行推广。

四　加强城市管理，提升绿化效益

城市“三分建设、七分管理”。近年来，通过进一步调整、理顺城市管理体制，推进城市管理重心下移和城市管理领域相对集中行政处罚权，大力实施一系列市容环境综合整治活动，积极探索城市精细化管理，有效地保护了绿化成果，整合了绿化资源，提升了绿化效益。

1. 大力加强城市绿化管理

出台了《湘潭市城市绿化管理办法》、《湘潭市城市绿线管理办法》、《湘潭市古树名木保护管理办法》等规范性文件，初步形成了城市园林绿化管理规章体系。同时，切实加强行业监管。成立了市园林管理局，作为我市城市区域园林绿化行政管理部门，负责城市园林绿化的规划建设和管理、园林科研等工作，下设城市绿化办公室、城市道路绿化维护处等9个日常服务和管理单位，确保了全市园林绿化工作的顺利实施。在管理中，对新建、改建、扩建工程项目配套的绿地率指标纳入绩效考核，实行“一票否决制”，进行全面跟踪、检查和验收。对绿化未达标的建设单位，限期整改；对确实无法达到要求的依法缴纳绿化补偿费。严格按照行政审批制度要求，办理树木移植、砍伐、绿地临时占用等审批手续，并以实施行政处罚权相对集中为契机，采取日常巡查和集中整治相结合的方式，加大了对损绿、毁绿、占绿等破坏绿化行为的查处力度，巩固了城市绿化成果。

2. 有效保护城市人文景观

在城市建设中坚持开发与保护并重，正确处理好城市建设、经济发展与景观保护三者之间的关系，制定了窑湾、关圣殿、鲁班殿、昭山古蹬道、望衡亭等省、市文物古迹的保护方案，明确保护责任，划定了保护范围，有效保护了历史文化古迹，提升了城市文化品位。制定了《湘潭市古树名木保护管理暂行规定》，加大了对古树名木的保护力度，落实专项经费，开展了对古树名木进行普查建档工作，对城区115株古树名木实行编号，并逐株逐群进行实地调查测量、填卡，按县市区统一编号，做到了一树一卡一照片，建立图文档案，并明确保护单位，挂置保护牌，落实保护和复壮措施，为保护我市的古树名木提供了有力的依据。

3. 大幅提高城市环卫水平

严格控制环境卫生污染源，对渣土运输、建筑工地车辆带泥上路、临街店面垃圾三个主要污染源实行高压治理。严格落实“门前三包”责任制，发动店铺业主和管理部门一起参与环境卫生、绿化和秩序管理。2009年，通过深化城管体制改革，推行城市“网格化”、“精细化”管理，城市脏、乱、差治理长效机制逐步健全。开展集中“拆违”行动，拆除违法建筑13万多平方米；实施户外广告专项整治，拆除违规户外广告5万多平方米，对17条城市主次干道进行了门店招牌的统一规范设置。2010年，通过强化综合执法和清扫保洁，大规模开展集中拆违和整治城市交通、户外广告等专项行动，共拆违控违40多万平方米，拆除和规范户外广告5万多平方米，进一步巩固了市容环境整治成果，市容市貌更加整洁美观。大力推进节能与新能源营运推广工作，将100台节能与新能源汽车投入城市公交客运运营。积极推广清洁能源，市区天然气用户已达17.3万户，用气人口63.4万人。居民燃气综合用气普及率达82.9%。加大对环卫设施的投入，近两年新建公厕40座，万人拥有公厕达4.01座。2008年，采取融资租赁、分期支付等方式，投资600多万元，一次性更新分类存放的果壳筒3010只，一次性添置急需的环卫机械设备27台，道路机械化清扫率增长到27.2%。2009年，完成16座联建式和10座独立式公厕和垃圾站的建设，双马垃圾场顺利通过国家住房和城乡建设部的验收，被评为二类无害化垃圾处理场，全市城市生活垃圾无害化处理率达100%。

4. 着力提升城市亮化水平

坚持照明功能与景观功能相统一、路与灯同步延伸的原则，加快了城市路灯建设，高起点实施了城市夜景照明，形成了具有地方特色的夜景照明体系。先后完成湘江一桥、三桥和东方红广场、护潭广场、基建营广场、白石公园的灯饰亮化提质工程；完成双拥路、海关、锦源、雨湖四个城市道路节点的灯饰亮化配套工程。同时，大力提高城市主要道路的路灯明亮率，城市道路路灯装置率98.6%，路灯亮灯率、设施完好率均达到98%以上。此外，还大力推行节能路灯（含风能、太阳能路灯），将中山路、人民路等10条路列入节能试点路段，实现全年节约用电量20%以上。

五　狠抓节能减排，改善生态环境

坚持全面科学规划，制定《湘潭市节能减排科技发展规划》及其《支撑行动方案》、《湘潭市循环经济发展规划》、《湘潭市湘江湾循环经济试验区建设实施方案》、《湘潭湘江流域重金属污染治理规划》，通过覆盖全区域、各领域、多层次的规划体系，统筹抓好节能减排工作，着力改善城市生态。2009 年，我市二氧化硫、砷、镉等污染物减排提前一年动态完成“十一五”减排任务，湘江湘潭段水质状况常年达到三类水质，实现了出境段面优于入境段面，空气质量优良率由 2007 年的 64.8% 提高到 2010 年的 93.8%。2010 年全国环境监测现场会在我市召开。

1. 推进结构减排

通过调整结构，实现由高能耗、高排放、资源依托型的旧“两高一资”产业向高科技含量、高附加值、资源永续利用的新“两高一资”产业转变。一方面，强化以信息技术改造提升冶金、机电等传统优势产业，全市 96% 以上的制造业企业实施了信息化改造。坚决淘汰落后产能，严格执行“五小”等产业退出政策，全市共关停并转小炼锌、小造纸、小水泥和皮革企业等“五小”企业 118 家，企业自备小火电机组全部关停，确定 30 户重点能耗企业逐步停产或关闭。另一方面，把新型产业项目作为优选方向，严把土地、信贷和市场准入关，提高企业准入门槛，促进形成以新兴产业、战略产业为主的产业结构。同时，大力发展循环经济，聘请中国科学院编制了《湘潭市湘江湾循环经济试验区建设实施方案》等 12 个专项规划，突出湘江流域重金属污染治理和湘江湾循环经济试验区建设，已策划开发 97 个项目。

2. 推进工程减排

实施节能减排“1126 工程”，即重点攻克 10 项关键技术和共性技术，推广 10 项实用成熟技术，开发 20 个科技新产品，实施 6 项重大集成应用示范工程。截至 2011 年底，已实现污水处理综合回用超过 1 亿吨，减排重金属 23.2 吨、COD1.5 万吨、二氧化碳 28 万吨，节约标准煤 15.3 万吨，创造节能和资源回收利用经济效益总额超过 6 亿元。同时，实施河东污水处理工程等“十大减排工程”和湘潭发电有限公司脱硫工程等“十大监管工程”，五个县（市）区污水处理厂全部提前竣工投入运行，湘钢中水回收利用工程等循环经济项目先后投入运行。

3. 推进管理减排

在建设“数字城市”，打造“智慧湘潭”的过程中，突出抓好环保“数字化”管理，建成湖南省首家地市级自动化多功能环境应急指挥中心，在湖南省率先实现污染源在线监控，严查超标超量排污、偷排偷放等违法违规行为。同时，严格落实“问责制”和“区域限批”，实施节能减排责任单位法人向媒体公开承诺制度，对没有兑现承诺的企业，进行诫勉谈话，并在媒体公开曝光。开展“湘江枯水期保水安全”专项行动，切实加强对重点行业、重点企业、重点领域的防控和污染治理。着力创新资源环境体制，大力推进节水型社会建设试点，积极推进节水工程建设，关闭了城区57家自备地下水源，有效地保护了地下水资源。切实加强大气扬尘治理，在城区大力实施煤改气和对出租车实行油改气。近年来，全市共投入7.5亿元，完成了12项大型治污减排工程，建成了四个空气质量监测站，城市空气质量和水环境质量进一步改善。

经过多年不懈努力，特别是通过创建全国文明城市和国家园林城市，我市城市园林绿化建设水平大幅提升，绿化景观更加丰富，生态环境显著改善，绿色宜居城市形象更为靓丽。但是，我们也清醒地认识到，与国内先进的园林城市相比，与国家住房和城乡建设部倡导的生态园林城市相比，与让人民群众过上美好生活的新期待相比，我市在推进新型城镇化过程中的园林绿化水平还有一定差距。在今后的工作中，我们将继续坚持把建设园林城市，推动绿色发展作为落实科学发展观、建设“两型社会”的必由之路，作为实现经济社会又好又快发展和人的全面发展的一项基础性、关键性的工作来抓，全力以赴，常抓常新，让人民群众生活得更加幸福、更有归属感。

G.20

中国生态城市建设大事记

（2007 年 10 月 ~2011 年 8 月）

朱 玲

2007 年

2007 年 10 月 15 日 党的十七大在强调坚持中国特色社会主义经济建设、政治建设、文化建设、社会建设的基础上，首次提出了生态文明建设，并赋予生态文明建设与其他建设同等的地位。胡锦涛总书记详细描述了生态文明的主要目标，即“循环经济形成较大规模，可再生能源比重显著上升。主要污染物排放得到有效控制，生态环境质量明显改善。生态文明观念在全社会牢固树立”。

2007 年 11 月 8 日 建设部、国家发展和改革委员会、监察部、民政部、财政部、国土资源部、中国人民银行、国家税务总局和国家统计局九部委联合发布《廉租住房保障办法》，自 2007 年 12 月 1 日起实施。

2007 年 11 月 14 日 国务院发布《关于徐州市城市总体规划的批复》（国函［2007］118 号）原则同意修订后的《徐州市城市总体规划（2007 ~ 2020）》。

2007 年 11 月 18 日 国务院总理温家宝在新加坡与新加坡总理李显龙共同签署了中新两国政府关于在中国天津建设生态城的框架协议。

2007 年 11 月 28 日 国务院总理温家宝主持召开国务院常务会议，研究部署促进资源型城市可持续发展工作。会议指出，促进资源型城市可持续发展，要以增加就业、消除贫困、改善人居条件、健全社会保障体系、维护社会稳定为基本目标，坚持深化改革、扩大开放，坚持以人为本、统筹规划，坚持远近结合、标本兼治，坚持政府调控、市场导向，通过调整产业结构，转变经济发展方式，努力增强资源型城市的发展活力与后劲。

2007 年 11 月 28 日 国家旅游局发布《关于命名钦州市等 31 个城市为“中

国优秀旅游城市”的决定》（旅发［2007］71号），依据《创建中国优秀旅游城市工作管理暂行办法》和《中国优秀旅游城市检查标准》，经过验收组对创优城市的检查和验收，命名钦州等31个城市为“中国优秀旅游城市”。

2007年12月14日 国家发展和改革委员会下发《关于批准武汉城市圈和长株潭城市群为全国资源节约型和环境友好型社会建设综合配套改革试验区的通知》（发改经体［2007］3428号）通知。要求武汉城市圈和长株潭城市群要从各自实际出发，根据资源节约型和环境友好型社会建设综合配套改革试验的要求，全面推进各个领域的改革，并在重点领域和关键环节率先突破，大胆创新，尽快形成有利于能源资源节约和生态环境保护的体制机制，率先走出一条资源消耗低、环境污染少、要素集聚能力强、产业布局和人口分布合理的新型城市化道路，促进经济发展与人口、资源、环境相协调，推进经济又好又快发展，为推动全国改革、实现科学发展与社会和谐发挥示范和带动作用。

2007年12月17日 胡锦涛总书记在新进中央委员会的委员、候补委员学习贯彻党的十七大精神研讨班上的讲话中提出：“贯彻落实全面协调可持续的基本要求，必须按照中国特色社会主义事业总体布局，全面推进经济建设、政治建设、文化建设、社会建设，促进现代化建设各个环节、各个方面相协调，促进生产关系与生产力、上层建筑与经济基础相协调。”他特意就建设生态文明的理论内涵、主要工作作了具体阐发：“建设生态文明，实质上就是要建设以资源环境承载力为基础、以自然规律为准则、以可持续发展为目标的资源节约型、环境友好型社会。”

2007年12月18日 国务院发布《关于促进资源型城市可持续发展的若干意见》（国发［2007］38号），意见指出要在2015年前，在全国范围内普遍建立健全开发补偿机制和衰退产业援助机制，使资源型城市经济社会步入可持续发展轨道。

2007年12月26日 国务院新闻办发表《中国的能源状况与政策》白皮书。着重提出能源多元化发展，并将可再生能源发展正式列为国家能源发展战略的重要组成部分，不再提以煤炭为主。

2008年

2008年1月31日 中新天津生态城联合工作委员会第一次会议在天津召

开。审议通过了中新天津生态城指标体系。指标突出了生态保护与修复、资源节约与重复利用、社会和谐、绿色消费和低碳排放等理念。

2008 年 5 月 6 日　国务院发布《国务院关于西安市城市总体规划的批复》（国函［2008］44 号），原则同意修订后的《西安市城市总体规划（2008～2020 年）》。明确了西安作为国家重要的科研、教育和工业基地，西部地区重要的中心城市、国家历史文化名城的定位。

2008 年 6 月 12 日　国家发改委以（发改高技［2008］1473 号）文批准将深圳列为全国第一个创建国家创新型城市试点。并明确了创建国家创新型城市的总体目标：把自主创新作为深圳城市发展的主导战略，夯实创新基础，完善政策环境，增强创新能力，将深圳建设成为创新体系健全、创新要素集聚、创新效率高、经济社会效益好，辐射引领作用强的国家创新型城市。

2008 年 6 月 19～20 日　由国家城乡建设部和河北省政府主办的“2008 城市发展规划国际论坛暨河北省首届城市规划建设国际博览会”在河北省廊坊市召开。

2008 年 6 月 27 日　胡锦涛总书记在中央政治局集体学习会上强调，必须以对中华民族和全人类长远发展高度负责的精神，充分认识应对气候变化的重要性和紧迫性，坚定不移地走可持续发展道路，采取更加有力的政策措施，全面加强应对气候变化能力建设，为我国和全球可持续发展事业进行不懈努力。

2008 年 8 月 8～24 日　第二十九届奥林匹克运动会在北京举行。奥运会口号为“同一个世界，同一个梦想”。集中体现了奥林匹克精神的实质和普遍价值观——团结、友谊、进步、和谐、参与和梦想。

2008 年 9 月 10 日　“武汉城市圈”综改方案获得国务院的正式批复，成为国内第一个启动综改试点的城市圈（群）。“武汉城市圈”由“1＋8”9 座城市组成，是指在以武汉市为中心的 100 公里半径内，整合黄石、鄂州、黄冈、孝感、天门、潜江、仙桃、咸宁 8 个中小城市，形成湖北乃至长江中游最大、最密集的城市群。

2008 年 9 月 19～21 日　2008 中国城市规划年会及第 44 届国际规划大会在大连举行。本次年会的主题是“生态文明视角下的城乡规划”。

2008 年 9 月 25 日　财政部、环境保护部发布《关于同意天津市开展排放权交易综合试点的复函》（财建函［2008］98 号），原则同意天津开展二氧化硫和化学需氧量等主要污染物排放权交易综合试点。

2008年10月6日 第23个“世界人居日”全球庆典活动在安哥拉首都罗安达举行。主题是“和谐城市”，浙江省绍兴市和江苏省张家港市获得“联合国人居奖荣誉奖”，南京市荣获本年度“联合国人居奖特别荣誉奖”。

2008年10月18日 2008年中国市长论坛暨中国市长协会四届二次常务理事扩大会议在深圳开幕。本次论坛的主题是“科学发展，民生为本，城市安全”。

2008年11月17日 第五届中国城市森林论坛在广州召开。本届论坛以“城市森林与生态文明”为主题。论坛期间全国绿化委员会、国家林业局授予广东省广州市、河南省新乡市、新疆维吾尔自治区阿克苏市“国家森林城市”称号。

2008年11月29日 甘肃省可持续发展研究会成立。甘肃省可持续发展研究会归属于中国可持续发展研究会，是经甘肃省民政厅注册、省科协主管，由甘肃省社会经济与可持续发展研究方面的有关专家、学者和实际工作者联合发起，自愿结合组成的学术性、地方性、非营利性的省级学术社会团体。

2008年12月20日 国务院办公厅发布《关于促进房地产市场健康发展的若干意见》（国办［2008］131号），意见指出，争取用3年时间基本解决城市低收入住房困难及棚户区改造问题。

2009年

2009年1月26日 国务院发布《关于推进重庆市统筹城乡改革和发展的若干意见》（国发［2009］3号）。

2009年3月5日 温家宝在十一届全国人大二次会议政府工作报告中指出要毫不松懈地加强节能减排和生态环保工作。

2009年3月6日 建设部印发《2009年城乡建设档案工作要点》通知（建办厅［2009］5号）。

2009年3月12日 曹妃甸国际生态城正式开工建设。按照规划，生态城建设将按照“世界一流、中国气派、唐山特色”的要求，充分借鉴世界港口城市发展的经验，以“港口、港区、港城”协调发展的理念，努力打造成未来之城、创新之城、生态之城和幸福之城。

2009年3月19日 “2009中国国际节能减排和新能源科技博览会”在北京展览馆开幕。博览会由科技部、国家发展和改革委员会、环保部、交通运输部等

13个部委联合主办，以“节能减排，振兴经济，科技创新，开拓未来”为主题。

2009年4月21日 “中芬合作共青城数字生态城项目”在北京正式签字，项目规划将在江西省共青城选择5平方公里左右的范围规划建设数字生态城。

2009年5月7～8日 第六届中国城市森林论坛在浙江省杭州市召开。论坛主题是“城市森林·品质生活”。在论坛开幕式上，全国绿化委员会、国家林业局授予杭州市、威海市、宝鸡市、无锡市“国家森林城市”称号。

2009年5月21日 丹麦投资公司与成都新都区政府签约“中丹国际学院暨成都欧洲生态城示范园区”项目。项目总投资约40亿元人民币，按照计划园区将按功能分为中欧科教文化产业区、北欧可持续发展生态社区、北欧产业园和科技商务区三大部分。

2009年5月21日 “保定市低碳城市研究会”成立，该研究会是全国第一个从事低碳研究的专门机构。

2009年6月3日 中新（中国、新加坡）天津生态城生态产业园奠基仪式在天津滨海新区举行。重点打造三个产业载体：以生态环保、节能减排技术的研发转化及服务为主的产业园，以软件、培训、金融等产业为主的科技园，以文化创意、动漫、影视等产业为主的动漫园。

2009年6月10日 “无锡低碳城市发展研究中心”在无锡江南大学揭牌成立。

2009年6月12日 联合国环境规划署官员哈里博士向沈阳市政府颁发了“联合国环境署生态城示范城市”认定书。沈阳被列为中国唯一的联合国生态城示范项目。此次联合国生态城示范项目的主题是创建以“零排放”为目标的生态城市。

2009年8月29日 第六届长株潭城市群“两型社会”建设与发展低碳经济论坛暨《长株潭城市群蓝皮书（2009）》首发式在长沙举行。会议围绕论坛主题“两型社会”建设与发展低碳经济进行了交流和讨论。

2009年9月22日 在纽约联合国大会上国家主席胡锦涛发表了题为《携手应对气候变化挑战》的重要讲话，宣布中国将进一步把应对气候变化纳入经济社会发展规划，并继续采取强有力的措施。

2009年10月5日 在以“规划我们城市的未来”为主题的第24个“世界人居日”，山东省日照市因其出色的人居环境和生态环境规划而获得2009年度“联合国人居奖”。

2009 年 10 月 19 日　中国城市科学研究会召开了《中国低碳生态城市发展战略》成果新闻发布会。《中国低碳生态城市发展战略》报告正式发布。报告包括低碳生态城市发展目标、实施路径和实施措施等内容。

2009 年 10 月 22 日　“中国无锡·瑞典生态城”在瑞典举行签约仪式。生态城将借鉴瑞典生态城市建设的理念和经验，充分发挥瑞典在生态城市规划和环境保护技术方面的优势。无锡市人民政府与瑞典环境部签署了《中瑞低碳生态城合作备忘录》，瑞典环境部授予无锡中瑞低碳生态城“中瑞合作示范项目”牌匾。

2009 年 10 月 24 日　世界 500 强企业——西门子与咸宁市政府签署咸宁金桂湖试点区战略合作框架协议。双方一期投资额 10 亿元，将在华打造湖北首个生态城市。

2009 年 10 月 27 日　中国第一个自愿减排联合组织——生态城绿色产业协会成立。由浦发银行与天津中新生态城投资管理公司等十家单位在天津联合发起，旨在通过推广低碳金融解决方案，助推低碳经济在中国的全面推行。

2009 年 10 月 31 日　由新加坡仁恒和美投资有限公司投资的唐山南湖生态城建设项目签约。南湖生态城位于唐山市区东南部，与曹妃甸生态城、凤凰新城和空港城构成唐山“城市四大主题功能区”。

2009 年 11 月 17 日　湖北省出台《武汉城市圈生态环境保护规划》，同时宣布将投巨资为武汉城市圈打造国家级生态城市群。该规划突出城市圈的生态环境建设，包括节能减排、循环经济、生态恢复与环境整治等 9 大类，共计 459 个项目。

2009 年 11 月 25 日　国务院总理温家宝主持召开国务院常务会议，会议决定到 2020 年我国单位国内生产总值二氧化碳排放比 2005 年下降 40% ~45%，作为约束性指标纳入国民经济和社会发展中长期规划，并制定相应的国内统计、监测、考核办法。

2009 年 12 月 5 日　北京门头沟生态研讨会召开。会上宣布，门头沟区将规划建设北京市首个定位于“低碳城市”的“生态城”。

2009 年 12 月 8 日　国家发改委正式出台《黄河三角洲高效生态经济区发展规划》。《规划》要求，到 2015 年，黄河三角洲将基本形成经济社会发展与资源环境承载力相适应的高效生态经济发展新模式。近期目标是，人均地区生产总值达到9万元，核心保护区面积达到550万亩，单位地区生产总值能耗降低22%，万元工业增加值用水量降低20%，主要污染物排放总量减少20%，林木覆盖率达到25%。

2009年12月18日 在哥本哈根会议上，国务院总理温家宝发表重要讲话指出，中国是最早制定实施《应对气候变化国家方案》的发展中国家；中国是近年来节能减排力度最大的国家；中国是新能源和可再生能源增长速度最快的国家；中国是世界人工造林面积最大的国家。

2009年12月25日 《成都市建设低碳城市工作方案》出台。《方案》提出将大力发展低碳排放产业，加快发展新能源、新材料、电子商务和数字新媒体产业，着力提升金融业、物流业、生物医药产业、文化创意产业，积极培育健康产业和环保产业。到“十二五”末，非化石能源消费占全市能源总消费比重达到30%以上；森林覆盖率提高到38%以上；万元GDP二氧化碳排放量降至1.2吨以下，确保在中西部地区处于领先水平。

2010年

2010年1月6日 国家发改委发布《国家发展和改革委员会关于推进国家创新型城市试点工作的通知》（发改高技［2010］30号）原则同意大连、青岛、厦门、沈阳、西安、广州、成都、南京、杭州、济南、合肥、郑州、长沙、苏州、无锡、烟台等城市申报的创建国家创新型城市总体方案，支持以上16个城市开展创建国家创新型城市试点。

2010年1月15日 “怀来发展宣言”发布。宣言表示怀来将建成我国首座零碳经济城市。宣言集中体现为“三个承诺”，即承诺建设零碳产业平台，承诺打造零碳设施环境，承诺倡导零碳生活方式。

2010年1月16日 国家住房和城乡建设部与深圳市人民政府共同签署了我国首个低碳生态示范市框架协议。在这种部市共建的模式下，深圳市将在规划建设低碳产业、公共交通、绿色建筑、资源利用等方面节节探索，先行先试，节节推进发展观念、发展模式的根本性转变。

2010年1月17日 密云旅游局发布消息称北京首个低碳旅游实验区在密云建成。实验区内将不设高耗能、高排放旅游接待设施，只鼓励小型乡村酒店和民俗接待户经营，并在餐饮、住宿、沐浴等接待服务中，推广太阳能、生物质气能等新能源，减少一次性用品的使用。

2010 年 1 月 19 日 广州市南沙区委一届十一次全体会议暨广州南沙开发区 2010 年工作会议召开。会议宣布，南沙区将进一步调整优化产业结构，打造“低碳城”和广州南端绿色新城，积极推进南沙“智慧岛”项目建设规划。

2010 年 1 月 20 日 上海市政府《崇明生态岛建设纲要（2010～2020 年）》发布。崇明岛是上海未来发展的自然生态环境涵养空间，其未来发展主要体现“在保护中发展，重在保护”的定位。

2010 年 1 月 27 日 中国政府网公布《国务院办公厅关于成立国家能源委员会的通知》，国务院总理温家宝出任能源委主任，副总理李克强任副主任，包括外交部、财政部、国土资源部、工信部、科技部等多个部委“一把手”及军队高层出任委员。

2010 年 2 月 9 日 环境保护部发布《关于宜昌市创建成为国家环境保护模范城市的公告》（2010 年第 16 号）、《关于佛山市创建成为国家环境保护模范城市的公告》（2010 年第 17 号）、《关于临安市创建成为国家环境保护模范城市的公告》（2010 年第 18 号）、《关于淮安市创建成为国家环境保护模范城市的公告》（2010 年第 19 号），经国家环境保护模范城市考核组考核验收、环境保护部公示和审议，宜昌市、佛山市、临安市、淮安市均已达到国家环境保护模范城市考核指标要求，决定授予“国家环境保护模范城市”称号。

2010 年 3 月 16 日 《无锡市生态文明建设规划》在京通过了国家环保部组织的专家论证。这是全国首个地级城市编制的生态文明建设规划，为太湖流域乃至全国提供了建设生态文明的规划“范本”。

2010 年 3 月 19 日 “吉林市低碳发展路线图”成果发布会召开。“路线图”提出吉林市未来将从热电联产、发展清洁能源、建筑交通等方面的节能着手发展低碳经济。这是我国应对全球环境变化，开展的第一个以城市为单元的低碳发展案例研究成果。中国社科院公布了迄今首个最为完善的评估低碳城市的新标准体系。

2010 年 4 月 30 日 上海世博会由国家主席胡锦涛宣布正式开幕。此次世博会以“城市，让生活更美好”为主题，以“城市多元文化的融合”、“城市经济的繁荣”、“城市科技的创新”、“城市社区的重塑”、“城市和乡村的互动”为副主题。

2010 年 4 月 26 日 第七届中国城市森林论坛在武汉隆重开幕。论坛主题为“城市森林·低碳城市·两型社会”。国家森林城市是目前我国对一个城市在生态建设方面的最高评价，是最具权威性、最能反映城市生态建设整体水平的荣誉称号。

2010 年 5 月 15～17 日 “世博中国年·2010 城市经济可持续发展高峰论坛”在上海举行，论坛由联合国人居环境发展研究会、亚洲城市品牌研究会、中国城市投资发展协会、中国金融生态城市发展促进会、中国品牌建设协会、今日财富报社联合各大媒体共同举办。论坛主题为“布局低碳经济，塑造城市品牌；优化金融生态，助推经济发展；点燃城市梦想，谱写世博辉煌”。

2010 年 6 月 19 日 由国家环保部批准，中华环保联合会、中国旅游协会旅游景区分会主办的“生态景区中国行暨争创全国低碳旅游实验区”活动正式启动。

2010 年 7 月 5 日 住房和城乡建设部与江苏省无锡市人民政府签署《共建国家低碳生态城示范区——无锡太湖新城合作框架协议》，并授予太湖新城国家低碳生态城示范区牌匾，无锡与瑞典合作的中瑞低碳生态城项目同期奠基开工建设。

2010 年 8 月 10 日 国家发改委发布《关于开展低碳省区和低碳城市试点工作的通知》，明确将在广东、辽宁、湖北、陕西、云南五省和天津、重庆、深圳、厦门、杭州、南昌、贵阳、保定八市开展试点工作。《通知》要求试点省和试点城市要将应对气候变化工作全面纳入本地区“十二五”规划，研究制定试点省和试点城市低碳发展规划。要将调整产业结构、优化能源结构、节能增效、增加碳汇等工作结合起来，明确提出本地区控制温室气体排放的行动目标、重点任务和具体措施，降低碳排放强度，积极探索低碳绿色发展模式。

2010 年 10 月 11 日 中共十七届五中全会通过《中共中央关于制定国民经济和社会发展第十二个五年规划的建议》，对加快建设资源节约型、环境友好型社会，提高生态文明水平提出了全面的要求。

2011 年

2011 年 4 月 23 日 国际生态城市建设理事会在美国拉斯维加斯召开理事会

会议，通过了《国际生态城市建设理事会与中国房地产开发集团合作建立“国际生态城市大学”和“国际生态城市建设理事会永久会址”》的决议。

2011 年 5 月 6 日　中国社会科学院发布《2011 年中国城市竞争力蓝皮书：中国城市竞争力报告》。蓝皮书在进一步完成中国城市竞争力排名的基础上，对包括港澳台在内的中国 294 个城市竞争力研究发现，中国城市竞争力整体快速提升，差距有所缩小。

2011 年 5 月 28～30 日　中国西部国际生态城市建设博览会在西安曲江国际会展中心举行，大会以“彰显生态文明城市、发展生态城市集群、构建和谐魅力西部”为主题。

2011 年 6 月 12 日～13 日　中国城市生态规划学术委员会 2011 年年会暨“绿色中国·生态天津”高峰论坛在天津召开。年会的主题是“绿色中国·生态天津”。年会交流了城市生态规划建设方面的最新成果，共同探讨了中国城市生态规划问题，探寻了城市未来发展之路，把建立可持续的生态系统管理作为城市生态规划管理的战略。

2011 年 6 月 29 日　在“建党 90 周年钜献·2011 年中国品牌总评榜颁奖盛典暨区域经济可持续发展高峰论坛”上，山东省临沂市荣获“2011 年中国宜居生态城市”称号。

2011 年 8 月 3 日　中国社会科学院城市发展与环境研究所和社会科学文献出版社联合发布 2011 年城市蓝皮书《中国城市发展报告 No. 4——聚焦民生》。倡导中国城市化走民生型城镇化道路。蓝皮书指出，2010 年中国城市科学发展指数综合排名前 10 位的城市依次为：深圳、北京、上海、广州、东营、苏州、青岛、无锡、天津、杭州。

2011 年 8 月 6 日　中国生态城市研究委员会城市水学组在北京科技大学成立。中国生态城市研究委员会城市水学组将针对生态城市水环境难题，组织研究团队攻关，并与国家重大水专项、863 项目等国家科研项目有机结合，为地方政府和生态城市建设管理部门提供技术咨询和支持。

2011 年 8 月 14 日　沈阳市苏家屯区正式通过国家环保部创建国家生态区的检查验收。这标志着生活在苏家屯区的老百姓，所喝的水是干净的，呼吸到的空气是清新的，工业是低碳环保的，拥有被蓝天、碧水、青山、绿树环绕的生态环境。

G.21

中国生态事件大事记

（2007～2011年）

2007年

2007年5月29日　在高温条件下，太湖无锡流域突然发生了大面积的蓝藻暴发事件，供给全市市民饮用水的水源迅速被蓝藻污染，无锡陷入了水荒。温家宝总理专程到太湖对污染及治理情况进行调查研究并提出十点具体要求。

2007年7月2日　江苏省沭阳县发生严重水污染事件。当日，地面水厂监测发现，短时间、大流量的污水侵入位于淮沭河的自来水厂取水口，城区生活供水水源遭到严重污染。经过水质检测，取水口的水氨氮含量为每升28毫克左右，远远超出国家取水口水质标准。由于水质经处理后仍不能达到饮用水标准，城区供水系统被迫关闭，城区20万人吃水、用水受到不同程度影响。

2007年8月14日　发生台湾味全奶粉阪崎肠杆菌超标事件。总数为7.26吨的味全较大婴儿奶粉在香港入境时被检验检疫局检验出阪崎肠杆菌超标，检验局依法对该批不合格奶粉做出监督销毁的处理。

2007年12月16日　福建省政府和厦门市政府停止在厦门海沧区兴建台资翔鹭集团对二甲苯工厂（简称“PX项目”）。厦门PX化工项目是一项计划投资108亿元、可能给一座城市带来800亿元以上GDP的“手续完备、程序合法”的化工项目，在科学家、政协委员和广大民意的推动下，最终停建。

2008年

2008年6月11日　云南省水文水资源局监测中发现，阳宗海水体砷超标。云南省水利厅立即组织人员对水体水质加大监测力度，并及时将情况通报云南省环保局。有关调查组经过近两个月对阳宗海流域内的数个水源点和周边16家企业的认真排查，最终确定锦业公司是阳宗海水体砷污染的主要来源。

2008年8月 新疆乌鲁木齐市发现对人身体具有严重危害的“人造新鲜红枣”。“人造新鲜红枣”的制作主要经过两道工序：着色和着味。铁锅里放进酱油，使青枣变成红色，并保持光泽。再次放进加入大量糖精钠和甜蜜素的水池中浸泡，使其口感泛甜。过量食用这种大枣会造成血小板减少，酿成急性大出血等直接身体危害。

2009年

2009年1月22日 三鹿“三聚氰胺奶粉”案终审宣判。自2008年7月始，全国各地陆续收治婴儿泌尿系统结石患者多达1000余人，2009年9月11日，卫生部调查证实这是由于三鹿集团生产婴幼儿配方奶粉受三聚氰胺污染所致。

2009年2月20日 江苏省盐城市区发生严重水污染事件。由于给市区供水的城西水厂、越河水厂受到挥发酚类化合物污染，江苏省盐城市区发生大范围断水，后查明污染源为标新化工厂。8月14日，污染源标新化工厂法人代表胡文标和生产厂长丁月生因犯“投放危险物质罪”分别被判刑11年和6年。这是国内第一次以“投毒罪”判处排污企业的责任人。

2009年2月27日 “咯咯哒”问题鸡蛋所用饲料厂的法人代表获刑。该厂于去年9月两次向饲料中加入三聚氰胺。2008年10月在香港对从内地进口的鸡蛋中检测出三聚氰胺后，引起了广泛关注。

2009年4月24日 四川省成都市区出现了罕见的浮尘天气，整个天空被黄色笼罩，能见度骤然降低。API（空气污染指数）高达500，持续时间长达4天。

2009年5月11日 卫生部就杭州市民状告“王老吉”召开新闻发布会，声明该饮料中含有的夏枯草不在卫生部公布的允许食用的87种中药材名单中。这意味着流传了170多年的凉茶涉嫌违法添加非食用物质。

2009年6月22日 河南新密农民工张海超怀疑自己在工厂得了尘肺，先后被多家权威医院确诊，但在（尘肺）职业病法定诊断机构——郑州市职业病防治所看病时，却被诊断为肺结核。多方求诉无效后，张海超到郑大一附院做了开胸手术，以证明自己确实患的是尘肺，不是肺结核。

2009 年 7 月 23 日 内蒙古赤峰市发生严重水污染事故。由于暴雨的侵袭，大量雨污水淹没了赤峰市新城区九龙供水公司九号水源井。7 月 24 日、25 日赤峰市新城区陆续有居民饮用自来水后患病，患者出现发热、恶心、呕吐、腹泻等症状。27 日，内蒙古赤峰市新城区水受污染事件已致 1154 人就诊、110 人口服药物治疗、15 人住院观察。

2009 年 8 月 湖南武冈市发生因企业污染造成儿童血铅超标的事件。354 名儿童血铅“疑似超标”。几乎在同一时间，陕西凤翔县因东岭冶炼公司铅排放超标，有数百名儿童血铅超标。而同年发生的湖南浏阳镉污染事件已造成了两人死亡、500 余人尿镉超标，厂区周边土壤、农田、林地等被污染。2009 年 12 月下旬，广东清远市出现数十名儿童被集体查出铅中毒。

2010 年

2010 年 7 月 3 日 福建紫金矿业集团公司旗下紫金山铜矿湿法厂污水池发生渗漏，造成严重污染，导致大量鱼类死亡。汀江流域仅棉花滩库区死鱼和鱼中毒约达 378 万斤。

2010 年 7 月 16 日 大连新港至中石油大连保税油库输油管线在油轮卸油作业时发生闪爆，引发管线内原油起火，致上万吨原油入海，受污染海域约 430 平方公里，其中重度污染海域约为 12 平方公里，石油泄漏对于大连湾的海水质量、生态系统和海洋生物产生了很大的威胁。

2010 年 7 月 28 日 发生松花江污染事件。吉林省永吉县境内发生特大洪水，永吉县经济开发区新亚强化工厂一批装有三甲基一氯硅烷的原料桶被冲入松花江中。进入松花江的原辅料桶内装有三甲基一氯硅烷、六甲基二硅氮烷等物质，对松花江环境安全造成巨大隐患。

2011 年

2011 年 2 月 24 日 浙江嘉兴市区发生大气污染事件。2011 年 2 月 24 日晚上 8 时至 10 时，整个嘉兴市区笼罩在刺鼻的臭气之中，引起市民惊恐和疑虑。

经浙江省环境监测中心监测，空气中刺激性气味的特征污染物为氯甲苯，后经查明污染源是位于上海市金山区的一家化工企业。

2011年3月15日 央视《每周质量报告》的3·15节目《"健美猪"真相》报道，河南孟州等地养猪场采用违禁动物药品"瘦肉精"饲养（瘦肉精是一种能够促进瘦肉生长、抑制动物脂肪生长的非常廉价的药品，用瘦肉精喂猪能让猪的单位经济价值提升不少，但它有很危险的副作用，轻则导致心律不整，严重一点就会导致心脏病）。有毒猪肉部分流向河南双汇集团下属分公司济源双汇食品有限公司。

2011年4月7日 在上海市浦东区的一些华联超市和联华超市的主食专柜发现都在销售对人体有危害的染色馒头。这些染色馒头是通过回收馒头再加上着色剂而做出来的，生产日期随便更改。随后，温州等地也发现类似染色馒头，造成"染色馒头"食品安全事件。

2011年4月15日 湖北省宜昌市查获两个使用硫磺熏制"毒生姜"的窝点，现场查获"毒生姜"近1000公斤。"毒生姜"使用有毒化工原料硫磺对生姜进行熏制，使正常情况下视觉不够美观的生姜变得娇黄嫩脆。

2011年4月17日 沈阳警方发现"毒黑豆芽"加工窝点。权威部门对豆芽菜进行检验证实，其中尿素用量超标27倍。毒豆芽是一种对人体有害的豆芽，它外表看似新鲜，但是至少含4种违法添加剂，尿素超标27倍。

2011年6月4日 由中国海洋石油总公司和美国康菲石油公司的全资子公司康菲石油中国有限公司合作开发的蓬莱19-3油田6月初发生溢油事故。污染除了造成840平方公里的劣四类严重污染海水面积以外，还导致了其周边约3400平方公里海域由第一类水质下降为第三、四类水质。溢油污染主要集中在蓬莱19-3油田周边和西北部海域，污染范围外缘线东距长岛38公里，西距京唐港61公里。截至8月25日，渤海溢油事故已经造成累计5500平方公里海面遭受污染，国家海洋局代表国家依法依规向事故责任方——美国康菲公司提起海洋生态损害赔偿诉讼。

2011年6月29 "新华视点"揭开了京津冀"地沟油"产业链黑幕。调查发现天津、河北、北京等地都存在"地沟油"加工窝点，其加工工艺科技含量高，产业链庞大并以小包装的形式进入超市，受害群体十分广泛。

2011年8月14日 大连市委、市政府决定，福佳大化PX项目停产，并正式决定该项目将被搬迁。8 月 8 日，强热带风暴“梅花”侵袭大连，大连福佳大化（PX 项目）沿海在建防波堤坝两段被海浪冲毁，海水倒灌，化工储罐受到威胁，距离决口堤坝仅 100 米范围内，周围就有 20 个左右 20 ~ 30 米高的巨大储油罐，每个占地面积达到一个篮球场大小。一旦不能堵住决口，将导致剧毒化工产品泄漏。

2011 年 8 月 18 日　水利部珠江水利委员会调查组调查结果显示，云南曲靖市“铬渣非法倾倒致污事件”是一起影响人畜饮水安全的严重生态事件。6 月 12 日，云南省陆良化工实业有限公司签订协议的两名承运人将 5000 余吨铬废渣非法倾倒在曲靖市麒麟区农村路边和山坡上，造成倾倒地附近农村 77 头牲畜死亡。铬渣遇水后会产生剧毒物质六价铬，而六价铬一旦汇入地表水，或渗入地下水，将对地表水、地下水和土壤造成严重污染，也会对人的身体健康造成极大危害。另据环保部调查，全国因铬渣堆积已造成 100 余处污染场地。

G.22

参考文献

[1] 理查德·瑞吉斯特著《生态城市——重建与自然平衡的城市》，社会科学文献出版社中译本，2010。

[2] 皮埃尔·雅克等主编《城市：改变发展轨迹》，潘革平译，社会科学文献出版社，2010。

[3] 严耕等著《中国省域生态文明建设评价报告（ECI2010）》，社会科学文献出版社，2010。

[4] 环境保护部自然生态保护司编《生态省建设理论与实践》，中国环境科学出版社，2008。

[5] 王彦鑫著《生态城市建设：理论与实证》，中国致公出版社，2011。

[6] 高德明著《生态文明与可持续发展》，中国致公出版社，2011。

[7] 张敏著《论生态文明及其当代价值》，中国致公出版社，2011。

[8] 洪富艳著《生态文明与中国生态治理模式创新》，中国致公出版社，2011。

[9] 韩玉堂著《生态产业链系统构建研究》，中国致公出版社，2011。

[10] 李想著《发端于生态文明——人与自然和谐共生研究》，中国致公出版社，2011。

[11] 方毅等著《中国生态文明的SST理论研究》，中国致公出版社，2011。

[12] 赵铁锋主编《当代中国的“人—自然观”》，东北师范大学出版社，2008。

[13] 孙久文等编著《城市可持续发展》，中国人民大学出版社，2006。

[14] 张鸿雁等著《城市定位论——城市社会学理论视野下的可持续发展战略》，东南大学出版社，2008。

[15] 北京国际城市发展研究院编著《中国城市蓝皮书》，中国时代经济出版社，2003。

G.23
后　记

城市是人类聚居的乐土，然而城市辉煌与黑暗并存，梦想与毁灭同在。城市文明的引领与“城市病”根除的历史进程同步。生态城市建设就是要将城市生态健康功能与特色发扬光大，将不利于人类健康居住生活的“城市病”逐步根除，使城市更加美丽宜居。

美国城市生态学家瑞吉斯特告诫我们：城市是由人自己创建的有机系统，而城市又改变了人本身、人们的生活乃至人类的进化历程。

中国的城市化进程已近万年。从21世纪始，人类开始步入后城市生活时代。随着我国经济，特别是城镇化的快速发展，我国城市发展模式和道路的选择问题日益突出。如何遵循城市自身的发展规律，落实国家生态文明发展战略，建设资源节约型、环境友好型城市，是摆在我们面前的重大课题。生态城市是从生态系统的整体观来看待和建设城市，它不仅反映了人类谋求自身发展的意愿，更重要的是它体现了人类对人与自然及其相互关系规律认识的升华。作为人类主要聚居地的城市，走生态化发展之路，建设生态健康的宜居城市已成为历史发展的必然趋势，也是城市发展从以自然为本向以人为本，再到以人与自然协调发展为本的进化历程。生态城市是城市发展的一个新的文明阶段，也是人类可持续发展的新模式。

中国的生态城市如何建设和管理？城市居民如何生产和生活？要建立什么样的价值观以适应文明范式的转型？这些问题即是《生态城市绿皮书》要研究和回答的重大理论和实践问题。基于这样的目的和出发点，中国社会科学院组织专家经过精心论证，设立了《中国生态城市建设发展报告》课题，由中国社会科学院哲学所、文化研究中心、社会发展研究中心专家与甘肃省城市发展研究院、兰州城市学院、华东师范大学等科研院所几十位专家合作进行了理论、调查、计量和案例等经验研究形成成果，拟在理论研究和实践调研的基础上，探讨世界文明范式的转型和国内外城市生态文明建设的经验、教训和趋势。并通过总结，提炼中国生态城市建设的经验、创新，揭示我国城市生态文明建设的方向、方式和路径，旨在引领城市生态文明建设，正确处理人与环境的关系，转变人的价值观，转变生产方式，改变生活方式。寻求解决城市生产、生活与消费的新模式，推动生态文明建设全面发展。

《中国生态城市建设发展报告》的立项、理论构架、研究目标、方向定位、评价方法、报告内容、成果结论由主编做出。编撰者有：李景源，孙伟平，刘举科，王定君，汪永臻，杨通进，曾刚，滕堂伟，孔翔，包晓雯，倪外，崔剑波，赵廷刚，胡文臻，常国华，康玲芬，赵有翼，张永丽，卢嘉鑫，钱国权，王翠云，王太春，高天鹏，王玉霞，孔庆浩，张海亮，刘维荣，王恩涌，梁兰，郑小平，陆洋等。社会调查由陈文江，张海亮，梁兰负责。遴选了十个具有地域特色及民族代表性的城市作为样本进行了社会和谐度、居民幸福感调查，回收了3700多份调查问卷，完成了调查报告。附录部分中国生态城市建设大事记由朱玲负责完成。中共湘潭市委、湘潭市人民政府对生态城市建设经验进行了总结和介绍。负责不同部分统稿工作的有曾刚，高天鹏，钱国权，汪永臻，王太春等，最后由李景源，孙伟平，刘举科统稿定稿。

生态城市建设研究与《生态城市绿皮书》的编撰发行工作得到皮书顾问委员会及诸多部门和机构领导专家真诚无私的关心支持。我们对所有支持和关心这项研究的单位和人士表示衷心感谢。我们要特别感谢中国社会科学院领导、甘肃省政府领导和财政厅领导所给予的亲切关怀和巨大支持。

对社会调研与信息采集中给予配合与帮助的城市和志愿者的辛勤劳动表示谢意。

社会科学文献出版社谢寿光社长和责任编辑为本书出版给予了大力支持与辛勤劳动，在此表示诚挚谢意。

《生态城市绿皮书》作为我国生态城市建设理论研究和工程实践以及文明范式转型引领的重大课题，将着力打造成为国家权威发布中国生态城市建设状况的重要窗口与载体，对促进国内生态城市研究和实践发挥积极作用。生态城市建设更深入研究、文化引领、形态结构、功能发挥、管理运行、评价排名、经验总结、释疑解难等后续工作还很艰巨，欢迎有志于生态城市建设研究与《生态城市绿皮书》编撰发行工作的领导、专家学者及志愿者加入我们的队伍。让我们携起手来，共同努力，为建设我们共同的宜居家园，为促进文明范式的转型，推动国家经济建设、政治建设、文化建设、社会建设和生态文明建设协调发展，提高人民生活质量和水平，建设富强民主文明和谐生态的全面小康社会而共同奋斗。

李景源　孙伟平　刘举科

二〇一一年十月九日

中国皮书网

发布皮书研创资讯，传播皮书精彩内容
引领皮书出版潮流，打造皮书服务平台

栏目设置：

- □ 资讯：皮书动态、皮书观点、皮书数据、 皮书报道、皮书新书发布会、电子期刊
- □ 标准：皮书评价、皮书研究、皮书规范、皮书专家、编撰团队
- □ 服务：最新皮书、皮书书目、重点推荐、在线购书
- □ 链接：皮书数据库、皮书博客、皮书微博、出版社首页、在线书城
- □ 搜索：资讯、图书、研究动态
- □ 互动：皮书论坛

www.pishu.cn

中国皮书网依托皮书系列“权威、前沿、原创”的优质内容资源，通过文字、图片、音频、视频等多种元素，在皮书研创者、使用者之间搭建了一个成果展示、资源共享的互动平台。

自2005年12月正式上线以来，中国皮书网的IP访问量、PV浏览量与日俱增，受到海内外研究者、公务人员、商务人士以及专业读者的广泛关注。

2008年10月，中国皮书网获得“最具商业价值网站”称号。

皮书系列

“皮书”起源于十七八世纪的英国，主要指官方或社会组织正式发表的重要文件或报告，并多以白皮书命名。在中国，“皮书”这一概念被社会广泛接受，并被成功运作、发展成为一种全新的出版形态，则源于中国社会科学院社会科学文献出版社。

皮书是对中国与世界发展状况和热点问题进行年度监测，以专家和学术的视角，针对某一领域或区域现状与发展态势展开分析和预测，具备权威性、前沿性、原创性、实证性、时效性等特点的连续性公开出版物，由一系列权威研究报告组成。皮书系列是社会科学文献出版社编辑出版的蓝皮书、绿皮书、黄皮书等的统称。

皮书系列的作者以中国社会科学院、著名高校、地方社会科学院的研究人员为主，多为国内一流研究机构的权威专家学者，他们的看法和观点代表了学界对中国与世界的现实和未来最高水平的解读与分析。

自20世纪90年代末推出以经济蓝皮书为开端的皮书系列以来，至今已出版皮书近800部，内容涵盖经济、社会、政法、文化传媒、行业、地方发展、国际形势等领域。皮书系列已成为社会科学文献出版社的著名图书品牌和中国社会科学院的知名学术品牌。

皮书系列在数字出版和国际出版方面也是成就斐然。皮书数据库被评为“2008～2009年度数字出版知名品牌”；经济蓝皮书、社会蓝皮书等十几种皮书每年还由国外知名学术出版机构出版英文版、俄文版、韩文版和日文版，面向全球发行。

法律声明

“皮书系列”（含蓝皮书、绿皮书、黄皮书）由社会科学文献出版社最早使用并对外推广，现已成为中国图书市场上流行的品牌，是社会科学文献出版社的品牌图书。社会科学文献出版社拥有该系列图书的专有出版权和网络传播权，其 LOGO（ ）与“经济蓝皮书”、“社会蓝皮书”等皮书名称已在中华人民共和国工商行政管理总局商标局登记注册，社会科学文献出版社合法拥有其商标专用权。

未经社会科学文献出版社的授权和许可，任何复制、模仿或以其他方式侵害“皮书系列”和（ ）、“经济蓝皮书”、“社会蓝皮书”等皮书名称商标专用权的行为均属于侵权行为，社会科学文献出版社将采取法律手段追究其法律责任，维护合法权益。

欢迎社会各界人士对侵犯社会科学文献出版社上述权利的违法行为进行举报。电话：010－59367121，电子邮箱：fawubu@ ssap. cn。

社会科学文献出版社